AERODYNAMIK

VON

PROF. DR. R. FUCHS
BERLIN

PROF. DR. L. HOPF
AACHEN

UND

DR. FR. SEEWALD
BERLIN-ADLERSHOF

ZWEITE, VÖLLIG NEUBEARBEITETE UND ERGÄNZTE AUFLAGE
DER „AERODYNAMIK" VON R. FUCHS UND L. HOPF

IN DREI BÄNDEN

I. BAND

MECHANIK DES FLUGZEUGS

VON **L. HOPF**

UNTER TEILWEISER MITWIRKUNG VON
S. DEL PROPOSTO

MIT 268 TEXTABBILDUNGEN

BERLIN
VERLAG VON JULIUS SPRINGER
1934

ISBN 978-3-642-51281-0 ISBN 978-3-642-51400-5 (eBook)
DOI 10.1007/978-3-642-51400-5

SOFTCOVER REPRINT OF THE HARDCOVER 1ST EDITION 1934

Vorwort.

Seit dem Erscheinen unseres früheren Buches über „Aerodynamik" ist das darin behandelte Gebiet so angewachsen, daß die Aufgabe, das vergriffene Buch zu ersetzen, nur durch völliges Neuschreiben gelöst werden konnte. Dabei erschien es uns vorteilhaft, den Stoff in zwei voneinander unabhängig lesbare, sich gegenseitig ergänzende Bände zu verteilen, und zwar nicht nur des großen Umfangs wegen, sondern auch weil die Interessengebiete der Leser sich mehr spezialisiert haben, und weil leider ein so enges Zusammenarbeiten der Verfasser wie früher nicht mehr möglich war. In der jetzigen Gestalt ist aber die Behandlung des Luftschraubenproblems unumgänglich notwendig; um nutzlose Doppelarbeit zu vermeiden, sind wir mit Herrn Dr. Seewald übereingekommen, daß sein ohnehin beim gleichen Verlag vorbereitetes Buch über Luftschrauben mit unseren Bänden zusammengefaßt wird.

Der 2. Band „Theorie der Luftkräfte" von R. Fuchs wird voraussichtlich in einem halben Jahr, der 3. Band „Luftschrauben" von F. Seewald in etwa einem Jahr erscheinen.

Der Verfasser des 1. Bandes dankt Herrn Dr. del Proposto für seine verständnisvolle Mitarbeit, besonders im 3. Kapitel, ferner dem Aerodynamischen Institut Aachen und der Deutschen Versuchsanstalt für Luftfahrt für das Überlassen wichtigen Materials, und insbesondere auch der Verlagsbuchhandlung Julius Springer für freundliches Entgegenkommen bei der Vorbereitung des Werkes und für die sorgfältige Durchführung des Druckes.

Berlin und Aachen, September 1934.

R. Fuchs. L. Hopf.

Inhaltsverzeichnis.

Abkürzungen.

AAI:	Abhandlungen aus dem Aerodynamischen Institut an der Technischen Hochschule Aachen. Berlin: Julius Springer.
DVL:	Deutsche Versuchsanstalt für Luftfahrt, E. V. Berlin-Adlershof.
Gött. Erg.:	Ergebnisse der Aerodynamischen Versuchsanstalt zu Göttingen, herausgegeben von Prof. Prandtl und Prof. Betz. München und Berlin: R. Oldenbourg.
Ing.-Arch.:	Ingenieur-Archiv. Berlin: Julius Springer.
Lufo:	Luftfahrtforschung (Berichte deutscher Versuchsanstalten). München und Berlin: R. Oldenbourg.
N.A.C.A.:	Annual Reports of the National Advisory Committee for Aeronautics. Washington.
R & M:	Technical Reports of the Aeronautical Research Committee; Reports and Memoranda; London.
T. B.:	Technische Berichte der (deutschen) Flugzeugmeisterei; Berlin 1916/18.
W.G.L.:	Wissenschaftliche Gesellschaft für Luftfahrt; Berlin.
ZAHJ:	Transactions of the Aero-Hydrodynamical Institute; Moskau.

Erstes Kapitel.

Grundlagen.

§ 1. Technische Grundbegriffe.

Man teilt ein Flugzeug in folgender Weise ein:

1. Das Tragwerk (Abb. 1). Das Hauptorgan des Flugzeugs ist der „Flügel“; sein Querschnitt oder sein „Profil“ ist hauptsächlich durch

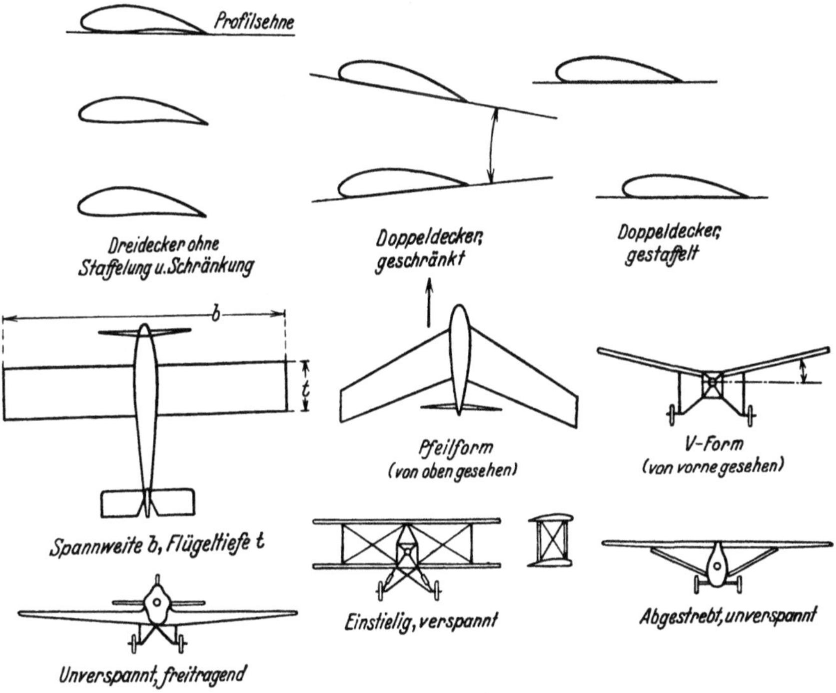

Abb. 1. Tragwerk.

die längliche Gestalt, welche nur vorne starke Krümmungen aufweist und am hinteren Ende spitz zuläuft, charakterisiert. Man versteht unter der „Profilsehne“, der gegenüber alle Richtungen angegeben werden können, diejenige Gerade, die das Profil berührt, wenn es auf eine Ebene, etwa einen ebenen Tisch, aufgelegt wird. Die Profilsehnen eines Flügels müssen nicht alle parallel zueinander verlaufen; ist dies nicht der Fall, so nennt man den Flügel „verwunden“.

Das Tragwerk eines Flugzeugs besteht aus einem oder mehreren Flügeln; man spricht von Eindeckern, Doppeldeckern, Dreideckern usw. Bei Mehrdeckern kann die Flügelanordnung verschieden sein; sind die Profilsehnen der Flügel nicht parallel, so zeigen sie „Schränkung", liegen die Flügel nicht zwischen denselben Vertikalebenen, so spricht man von „Staffelung". Die Abmessung des Flügels in der Flugrichtung heißt „Tiefe" (t), die dazu senkrechte Abmessung „Spannweite" (b), das Verhältnis $\frac{\text{Tiefe}}{\text{Spannweite}}$ nennt man „Seitenverhältnis". Die Flügelkanten (oder die Senkrechten zu den Profilen) müssen nicht rechts und links in dieselbe Richtung fallen, sondern sie können einen

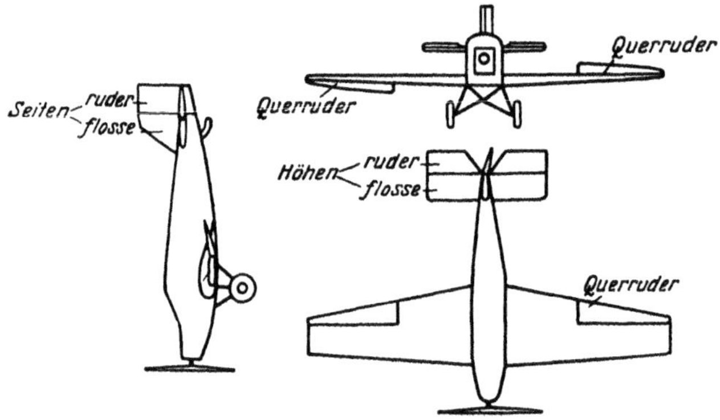

Abb. 2. Leitwerk.

Winkel einschließen. Liegt dieser Winkel in der Horizontalebene des ruhenden Flugzeugs, so spricht man von „Pfeilstellung" der Flügel, liegt er in der Vertikalebene, von „V-Stellung". Man unterscheidet ferner „unverspannte", „verspannte" und „verstrebte" Flugzeuge, je nachdem die Flügel durch ihre Innenkonstruktion die nötige Festigkeit erhalten oder durch Drähte und Streben oder schließlich nur durch Streben gegeneinander und gegen den Flugkörper abgestützt werden.

2. Das Leitwerk (Abb. 2). Es besteht aus kleinen Flügeln oder Flügelteilen, die für den Kräftehaushalt belanglos sind, aber durch weite Entfernung vom Flugzeugschwerpunkt große Momente ausüben und dadurch die Steuerung bewirken können. Verstellbare Flügel oder Flügelteile nennt man „Ruder", feststehende Teile „Flossen". Das Höhenleitwerk besorgt die Auf- und Abwärtsbewegung des Flugzeugs; es besteht, meist aus Flosse und Ruder zusammengesetzt, aus einer oder mehreren Flächen, die parallel zu den Flügeln liegen. Liegt das Höhenleitwerk vor den Flügeln — was heute nur vereinzelt der Fall ist —, so nennt man das Flugzeug eine „Ente"; ist gar kein besonderes Höhenleitwerk vorhanden, so muß der Flügel starke Pfeilstellung aufweisen, damit seine Enden die Höhensteuerung übernehmen können („Pfeilflugzeug", heute gleichfalls selten). Das Seitenleitwerk besteht aus einer, auch meist in „Seitenflosse" oder „Kielflosse" und „Seitenruder" zerlegten Fläche, die sich immer hinter dem Schwerpunkt des Flugzeugs befinden muß. Die Verstellung des Seitenruders allein genügt aber nicht, um das Flugzeug in eine Kurve zu zwingen; es muß noch die richtige Einstellung der Flügel zur Resultierenden aus Schwere und Fliehkraft erzwungen werden; dies geschieht durch „Querruder", bewegliche Teile an den äußeren Flügelenden, die auf beiden Seiten nach verschiedenen Richtungen ausgeschlagen werden. In einzelnen Fällen können die Querruder durch gegensinnige „Verwindung" der Flügel auf den beiden Seiten ersetzt werden.

3. Das Triebwerk, d. i. der Motor samt Luftschraube, Kühlwasser, Öl und Brennstoff. Es werden heute ausschließlich Explosionsmotoren verwendet. Die Kühlung wird durch Wasser oder durch die Luft, welche mit der hohen Fluggeschwindigkeit den Motor umspült, bewirkt; bei den Rotationsmotoren drehen sich die Zylinder selbst, wodurch die Relativgeschwindigkeit der kühlenden Luft erhöht wird. Man baut heute Flugmotoren von 20 bis etwa 1000 PS. In größeren Flugzeugen verwendet man mehrere Motoren, die unabhängig voneinander arbeiten, um größere Sicherheit zu gewährleisten.

4. Der Flugkörper besteht aus dem „Rumpf", welcher die Personen und die zu transportierenden Güter aufnimmt und die Verbindung zwischen Flügeln und Leitwerk herstellt, und dem „Fahrgestell", welches zum Landen und zur Bewegung auf dem Erdboden dient, und welches bei Wasserflugzeugen natürlich durch das „Schwimmergestell" ersetzt wird. Der Rumpf kann in sehr verschiedener Weise ausgeführt sein; er kann in mehrere Teile zerfallen; besonders die Motoren können in besonderen Gondeln untergebracht sein. Große Teile des Flugzeugs können auch in die Flügel eingebaut sein, wie Motoren, Benzintank, Kühler usw.; ja, es können, wie beim bekannten Junkersflugzeug, alle Teile, die Lasten tragen müssen, samt Sitzen der Personen, Motorträgern usw. in eine Konstruktion mit den Flügeln einbezogen werden, so daß an Stelle des Rumpfes nur ein Leitwerksträger erscheint. Beim „Flugboot" sind die Lasten zum großen Teil in dem an Stelle des Fahrgestells tretenden Boot untergebracht. Beim Landflugzeug trägt das Fahrgestell nur ab und zu den Kühler.

5. Die Zuladung besteht aus Personen, Fracht, Instrumenten und dem Betriebsstoff, dessen Menge von der zu durchfliegenden Strecke, bzw. von der Flugdauer abhängt. Zum Entwurf eines Flugzeugs ist meist die Größe der Zuladung gegeben und, wenn man die Motorstärke vorgibt, auch das Gewicht des Triebwerkes. Der Flugzeugkonstrukteur hat dazu Tragwerk, Flugkörper und Leitwerk zu bauen, deren Gewicht als Flugwerkbaugewicht bezeichnet wird.

Das Flugwerkbaugewicht hängt in erster Linie von der Festigkeit ab, die man vom Flugzeug fordert, und diese Forderung wird natürlich durch den Verwendungszweck bestimmt.

§ 2. Aerodynamische Grundbegriffe.

Definitionen. Die Haupteigenschaft eines gegen die Luft bewegten Flügels, durch welche eine Flugtechnik überhaupt erst ermöglicht wird, besteht darin, daß die dabei auftretende Kraft unter Umständen beinahe senkrecht zur Bewegungsrichtung steht, daß also mit der Kraft keine große Arbeitsleistung verbunden sein muß. Wir zerlegen die Kraft in 2 Komponenten, in den senkrecht zur Bewegungsrichtung liegenden „Auftrieb“ A und den der Bewegungsrichtung entgegengesetzten „Widerstand“ W. Die Relativströmung der Luft gegen den Flügel wird beschrieben durch den numerischen Wert v (Abb. 3) der Flug- bzw. Anblasegeschwindigkeit und durch den „Anstellwinkel“ α zwischen dieser Geschwindigkeitsrichtung und der Profilsehne. Von unsymmetrischem Anblasen sehen wir hier zunächst ab (s. Kap. 6). A und W hängen von der Profilgestalt, der Flügelfläche F, von α und von v ab; um allgemein gültige Angaben machen zu können, führt man an Stelle von A und W dimensionslose Beiwerte in folgender Weise ein:

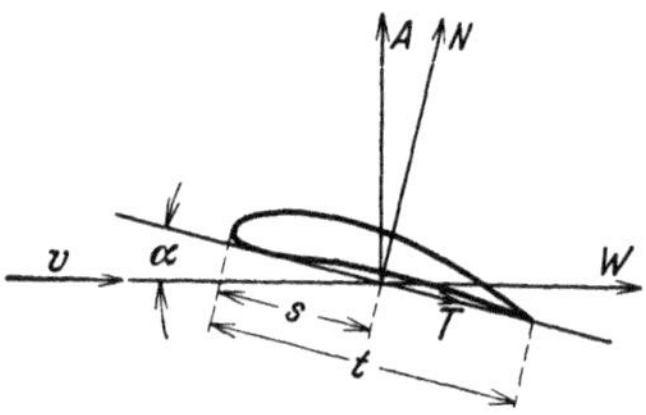

Abb. 3. Flügelkraft.

Nach der Bernoullischen Druckgleichung entsteht bei voller Stauung einer Flüssigkeitsströmung von der Dichte ϱ und der Geschwindigkeit v ein Überdruck

$$q = \frac{\varrho}{2} v^2, \tag{1,1}$$

den man als „Staudruck“ bezeichnet. Dieser Druck ist maßgebend für die Wirkung einer strömenden Flüssigkeit auf einen eingetauchten Körper. Diesen Druck, eine Kraft auf die Flächeneinheit, multipliziert man mit der Flügelfläche F, um eine Kraft zu erhalten; qF ist diejenige Kraft, die am Flügel entstünde, wenn er (etwa senkrecht zum Wind gestellt) die gesamte Anströmung stauen würde, ohne die Abströmung zu stören. Auftriebs- und Widerstandsbeiwert c_a bzw. c_w geben uns den Teil dieser Kraft an, der als Auftrieb bzw. Widerstand tatsächlich auftritt; es gelten also die Beziehungen

$$A = c_a\, q F \qquad W = c_w\, q F \tag{1,2}$$

Die Luftkraft, deren Komponenten A und W sind, entsteht als Resultierende aus den Drucken und Schubspannungen, welche die Luft bei ihrer Relativbewegung gegen den Flügel auf die einzelnen Teile der Flügeloberfläche ausübt. Die Lage dieser Resultierenden ist eine bestimmte und muß noch durch einen weiteren Beiwert angegeben werden. Die resultierende Luftkraft schneidet die Profilsehne in einem bestimmten

Punkte; dessen Abstand s, von der Vorderkante des Profils, oder besser das Verhältnis $\frac{s}{t}$ dieses Abstandes zur Flügeltiefe ist also eine solche Angabe. Man kann auch ganz analog zu (1,2) einen dimensionslosen Beiwert c_m einführen, indem man für das Moment M der Luftkraft um die Flügelvorderkante den Ansatz macht

$$M = c_m\, q\, F\, t \tag{1,3}$$

Wenn man — wie es in vielen Fällen nützlich ist — eine flügelfeste Komponentenzerlegung der Luftkraft in eine „Normalkraft" N und eine „Tangentialkraft" T vornimmt (Abb. 3), so kann man Beiwerte einführen durch die Beziehungen:

$$N = c_n\, q\, F \qquad T = c_t\, q\, F \tag{1,4}$$

und erhält weiter den Zusammenhang

$$c_m = c_n \frac{s}{t} \tag{1,5}$$

Dimensionslose Beiwerte können nur wieder von dimensionslosen Verhältnissen abhängen; es hat also z. B. keinen Sinn zu sagen „c_a hängt von der Wölbung des Flügels, also von einer Länge ab"; dagegen hat es Sinn, c_a als abhängig vom Verhältnis $\frac{\text{Wölbung}}{\text{Tiefe}}$, also von einer reinen Zahl anzusehen; auch Winkel sind reine Zahlen. Unsere Beiwerte können sonach zunächst abhängen von geometrischen Verhältnissen, welche die Profilgestalt oder die Umrißgestalt des Flügels beschreiben, und vom Anstellwinkel, der ja auch als geometrisches Verhältnis, etwa zwischen den Komponenten der Fluggeschwindigkeit in Richtung der Profilsehne und senkrecht dazu, aufgefaßt werden kann.

Mechanisches Ähnlichkeitsgesetz. Tiefer greift nun die Frage nach mechanischen Verhältniszahlen. Wenn die ganzen Wirkungen der Strömung auf den eingetauchten Körper nur von einer ganz bestimmten Kraft, die durch eine einzige Materialkonstante bestimmt wird, herrühren, so gibt es keine solche Verhältniszahl; jede Kraft muß proportional einer durch die Wirkung dieser Materialkonstanten erzeugten Einheitskraft sein. So haben wir oben unserem Ansatz (1,2) die Bernoullische Druckgleichung zugrunde gelegt, welche die Kraftwirkung infolge Trägheit der Flüssigkeit beschreibt und die Materialkonstante ϱ, der Dimension nach im technischen Maßsystem $\left[\frac{\text{kg s}^2}{\text{m}^4}\right]$, in die Gleichungen hereinbringt. Nehmen wir an, daß keine andere mechanische Wirkung vorhanden sei, so muß jede Kraft und Kraftkomponente exakt proportional $q\,F$ sein; die Beiwerte können nur noch von den geometrischen Verhältnissen abhängen. Es wäre wohl grundsätzlich möglich, daß die Proportionalität mit F durch die Abhängigkeit des Beiwertes etwa vom Verhältnis $\frac{b^2}{F}$ gestört würde (b Spannweite), aber andererseits könnte keine andere als die quadratische Abhängigkeit von der Geschwindigkeit auftreten und alle Kräfte müßten proportional der Dichte sein. Daß diese Auffassung bis zu einem gewissen Grad mit der Wirklichkeit im Einklang steht, zeigt die weitgehende Verwendungsmöglichkeit der Theorie idealer Flüssigkeiten, für welche die genannte Annahme wesentlich ist. Aber die Abweichungen sind immer noch viel zu groß, als daß man von dem Einfluß anderer Kraftwirkungen ganz absehen könnte.

Die wichtigste Kraft nach der Trägheit ist die Zähigkeit oder innere Reibung der Flüssigkeiten. Zwischen zwei Flüssigkeitsschichten, welche im Abstand dy mit dem Geschwindigkeitsunterschied du aneinander vorbeigleiten, entsteht eine Schubspannung

$$\tau = \mu \frac{du}{dy} \tag{1,6}$$

wobei die Materialkonstante μ als Zähigkeits- oder Viskositätskoeffizient bezeichnet wird und die Dimension $\left[\frac{\mathrm{kg}}{\mathrm{m}^2}\,\frac{\mathrm{m}}{\mathrm{m/s}}\right] = \left[\frac{\mathrm{kg\,s}}{\mathrm{m}^2}\right]$ hat (Abb. 4a). In

Abb. 4a. Zähigkeit.

der Regel sind im Innern einer Luftströmung die Schubspannungen klein gegen die Drucke nach der Bernoullischen Gleichung, also die Reibungskräfte klein gegen die Trägheitskräfte; in unmittelbarer Nähe eines festen Körpers kann es aber umgekehrt sein, so daß dort in der Regel die Reibungskräfte groß genug sind, um die Strömung entscheidend zu beeinflussen. Dann hängen aber alle Beiwerte c_a usw. noch von dem Verhältnis $\frac{\text{Trägheitskraft}}{\text{Reibungskraft}}$ ab. Wir wollen dieses Verhältnis durch die dimensionierten Größen des physikalischen Vorgangs ausdrücken, nämlich durch ϱ, μ, v und eine lineare Abmessung des Körpers, die wir l nennen. Als solche haben wir oben die Länge $\sqrt{F}$ gebraucht; es ist aber nicht nötig, gerade die Flächengröße hervorzuheben; denn da ja die Beiwerte doch von den geometrischen Verhältnissen abhängen können, ist es gleichgültig, welche Länge wir durch Definition von c_a usw. auszeichnen. Unser oben definiertes c_a kann z. B. von $\frac{b^2}{F}$ abhängen; würden wir ein c_{a1} definieren durch $A = c_{a1}\, q\, b^2$, so würde $c_{a1} = c_a \frac{F}{b^2}$ sein, also nur in anderer Weise wie c_a von dem geometrischen Verhältnis $\frac{b^2}{F}$ abhängen.

Alle Trägheitskräfte werden nun proportional $\varrho\, l^2 v^2$; die Reibungskräfte müssen proportional $\mu\, v\, l$ sein, wie schon aus der Dimension der Gleichung (1,6) hervorgeht und in elementaren Fällen leicht durch Integration bestätigt werden kann; so z. B. ist die Schubspannung τ_0 auf die Wandflächeneinheit in einer Strömung von linearer Geschwindigkeitsverteilung $\left(\frac{du}{dy} = \mathrm{const} = \frac{v}{h}\right)$ gleich $\mu \frac{v}{h}$ (Abb. 4b); die Kraft auf eine Fläche von der Größe l^2, wird also $\mu \frac{v\, l^2}{h}$ oder gleich einem Faktor $\frac{l}{h}$, der ein geometrisches Verhältnis darstellt, multipliziert mit $\mu v l$. Das Verhältnis $\frac{\text{Trägheitskraft}}{\text{Reibungskraft}}$ ist also bei geometrischer Ähnlichkeit, d. h. wenn wir alle Abhängigkeit von geometrischen Verhältnissen beiseite lassen, gleich

$$\frac{\varrho v^2 l^2}{\mu v l} = \frac{\varrho v l}{\mu} = R. \tag{1,7}$$

Wir nennen diese wichtige Verhältniszahl nach ihrem Entdecker die Reynoldssche Zahl und bezeichnen sie mit R.

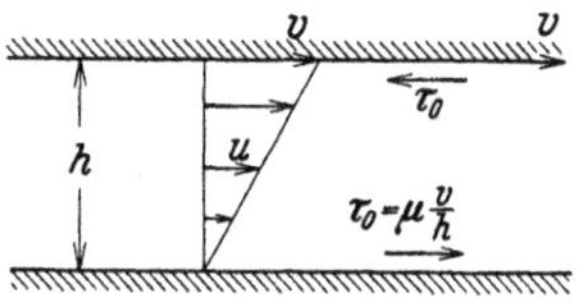

Abb. 4b. Schubspannung infolge Zähigkeit.

Wir können auch rein formal die Form der Reynoldsschen Zahl durch die Überlegung gewinnen, daß die dimensionslosen Beiwerte nur von dimensionslosen Zahlen abhängen können, daß aber aus den einzigen physikalischen Größen, die auftreten, nämlich ϱ, μ, v und l, nur auf eine einzige Weise eine solche Zahl entstehen kann, nämlich in der Verbindung $\frac{\varrho v l}{\mu}$, die in Dimensionen sich folgendermaßen zusammensetzt: $\frac{\text{kg}\,\text{s}^2}{\text{m}^4} \cdot \frac{\text{m}}{\text{s}} \cdot \text{m} : \frac{\text{kg}\,\text{s}}{\text{m}^2}$, so daß sich alle Dimensionsbezeichnungen wegheben.

Man nennt auch den hier allein auftretenden Quotienten $\frac{\mu}{\varrho} = \nu$ den „kinematischen Reibungskoeffizienten“ und schreibt $R = \frac{v l}{\nu}$.

Man könnte noch an den Einfluß zweier anderer Kräfte auf unsere Luftkräfte denken, nämlich der bei Zusammendrückung der Luft entstehenden elastischen Kraft und der Schwerkraft.

Was die Zusammendrückung anlangt, so liegt es nahe, einen bedeutenden Einfluß anzunehmen; denn die Luft ist ja im Gegensatz zum Wasser eine zusammendrückbare oder kompressible Flüssigkeit. Die Anschauung, daß beim Flug die Luft unter dem Flügel zusammengedrückt wird und dadurch der Auftrieb entsteht, hat sicher im Anfang auch bei ernsthaften Forschern eine Rolle gespielt, und hat immer im Kopf von Laien und „Erfindern“ gespukt. Sie ist durch die Erfahrung vollkommen widerlegt; bei allen Vorgängen der normalen Flugtechnik spielt die Zusammendrückung eine verschwindende Rolle. Man kann das durch folgende Überlegung einsehen:

Bei der Fluggeschwindigkeit v treten Druckänderungen Δp von der Größenordnung $\varrho \frac{v^2}{2}$ auf; die Dichteänderung ist $\Delta \varrho = \frac{d\varrho}{dp} \Delta p$, so lange man die Änderungen als klein gegen die ursprünglichen Werte ansehen kann. Die Größe $\frac{dp}{d\varrho}$ ist aber bekanntlich gleich dem Quadrat der Schallgeschwindigkeit c^2; die Gleichung

$$c^2 = \frac{dp}{d\varrho} \tag{1,8}$$

bildet ja die Grundlage der Gasdynamik. Es folgt also eine relative Dichteänderung $\frac{\Delta \varrho}{\varrho}$ von der Größenordnung $\frac{1}{2} \frac{v^2}{c^2}$; da $c = 330$ m/s ist, bleibt diese Größe im normalen Flug ($v \sim 40$ m/s) unter 1 %; im schnellsten bisher erreichten Flug ($v \sim 150$ m/s) beträgt sie etwa 10%. Sollte diese Geschwindigkeit noch wesentlich überboten werden und ein Flug mit beinahe Schallgeschwindigkeit verwirklicht werden, so müßten ganz neue Grundlagen geschaffen werden; es muß dann der Einfluß der Verhältniszahl $\frac{v}{c}$ auf die aerodynamischen Beiwerte berücksichtigt und geklärt werden. Wir wissen schon, daß dieser Einfluß sehr ungünstig ist, indem er den Auftrieb vermindert, den Widerstand bedeutend erhöht. Solange wir uns aber auf dieses Gebiet der Übergeschwindigkeit nicht einlassen, können wir die Abhängigkeit der Beiwerte von $\frac{v}{c}$ vernachlässigen.

Die Schwerkraft hat überhaupt keinen Einfluß auf die Luftkraft, welche ja lediglich eine Reaktion des Körpers auf die Strömung ist. Das einzige Problem, bei welchem ein Einfluß der Schwere wesentlich wird, ist das Schwimmerproblem; denn die Oberflächenwellen werden durch die Schwere erzeugt, sie stellen den Ausgleich der beiden Kräfte Schwere und Trägheit dar. Daher spielt in der Mechanik des Schiffes und des Schwimmers das Verhältnis dieser beiden Kräfte eine bedeutende Rolle. Es heißt die Froudesche Zahl und ist gegeben durch

$$\frac{\varrho\, l^2 v^2}{\varrho\, l^3 g} = \frac{v^2}{l g} \tag{1,9}$$

Wir kommen so zu dem Ergebnis, daß wir alle Luftkraftbeiwerte als abhängig ansehen müssen von den geometrischen Verhältnissen des Körpers, dem Anstellwinkel und der Reynoldsschen Zahl.

Von den numerischen Werten ist unten ausführlich die Rede; die qualitativen Zusammenhänge müssen wir aber hier vorwegnehmen:

Auftrieb und Widerstand. Einen bedeutenden Auftrieb haben nur flügelförmige Körper; aber auch andere Formen können eine kleine Auftriebskraft hervorbringen, wenn sie unsymmetrisch angeströmt werden; von Wichtigkeit ist wohl davon nur der Auftrieb großer Ballonkörper. Der Auftrieb von Flügeln ist besonders groß nur in einem kleinen Bereich von Anstellwinkeln; wenn der Anstellwinkel von etwa -6^0 bis $+15^0$ wächst, so wächst c_a von 0 (Abb. 5) ungefähr linear an bis zu einem größten Wert, der bei 1,0 bis 1,6 liegt, je nach der Profilform; bei größeren oder kleineren Anstellwinkeln ist c_a von derselben Größenordnung wie c_w. Nur in dem erwähnten Anstellwinkelbereich ist die Grenzbedingung des normalen Fluges $c_a \gg c_w$ erfüllt; dieses Gebiet liegt also den überwiegend meisten aerodynamischen Untersuchungen zugrunde; es ist auch das einzige Gebiet, das nach allen Richtungen gründlich experimentell untersucht ist und für das eine ausgebaute Theorie existiert.

Die Abhängigkeit der c_a-Werte von der **Reynolds**schen Zahl ist gering.

Die **Tragflügeltheorie** führt den Auftrieb auf eine Zirkulationsstörung zurück, die sich der einfachen Umströmung des Flügels überlagert; der Flügel verhält sich dabei wie ein längs seiner Spannweite erstreckter Wirbel.

Der **Widerstand** hat verschiedene Quellen.

1. Mit jedem Auftrieb ist ein Widerstand dadurch notwendig verbunden, daß der Wirbel, auf welchen die Theorie den Auftrieb zurückführt, an den seitlichen Flügelrändern sich loslöst, hinter dem Flügel weiterläuft und Energie mit sich forträgt. Man nennt diesen Widerstand den „**induzierten Widerstand**“ wegen formaler Analogie mit elektromagnetischen Vorgängen; er ist dem Quadrat des Auftriebes proportional, so daß

$$c_{wi} \sim c_a^2 \tag{1,10}$$

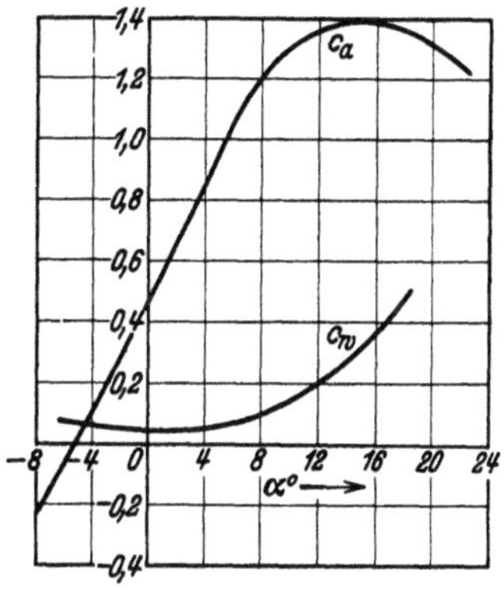

Abb. 5. Auftriebs- und Widerstandsbeiwert eines Flügels.

2. Infolge der Schubspannungen, welche die vorbeistreichende Luft auf die Außenwände eingetauchter Körper ausübt, entsteht eine **Oberflächenreibung**. Sie wird von der sog. **Grenzschichttheorie** gut erfaßt.

3. Die Schubspannungen erzeugen Wirbel, die sich unter bestimmten, von der Grenzschichttheorie wenigstens qualitativ verstandenen Verhältnissen vom Körper ablösen und Energie mit sich in den Raum hinter dem Körper schleppen; diese Energie muß aufgebracht werden durch Arbeit gegen den sog. „**Formwiderstand**“.

4. Bei schwimmenden Körpern kommt noch der **Wellenwiderstand** hinzu.

Den **Widerstandsbeiwert** c_w irgendeines Körpers bezieht man im allgemeinen auf die Stirnfläche f, d. i. die Projektion des Körpers auf eine Ebene senkrecht zur Anblaserichtung; es liegt eine große Menge Versuchsmaterial für diese Werte vor. Die eindrucksvollsten ersten Entdeckungen zeigten die Bedeutung der Ausgestaltung des Hinterendes, die geringere Wichtigkeit der vorderen Spitze und die Kleinheit des Widerstandes eines Ballonkörpers gegenüber einer Kugel oder gar einer Scheibe von gleicher Stirnfläche. Die Zahlen seien vorweggenommen, um die Größenordnung zu zeigen:

Scheibe $c_w = 1{,}1$ Kugel $c_w = 0{,}5$ Ballonkörper $c_w = 0{,}04$.

Der **Widerstand eines Flügelprofils** im normalen Anstellwinkelbereich ist zum einen Teil induzierter Widerstand, zum anderen, meist kleineren Teil Oberflächenreibung und Formwiderstand. Er wächst näherungsweise quadratisch mit α. Da der Anstellwinkel keine praktisch hervortretende Größe ist, kann man sich für viele Probleme mit dem Zusammenhang zwischen c_a und c_w begnügen. Man bevorzugt daher meist eine Darstellung, bei welcher c_a und c_w die Koordinaten sind, das „Polardiagramm". Der Name rührt daher, daß die Strahlen vom Nullpunkt nach der c_a-c_w-Kurve hin (Abb. 6), den Beiwert c_r der resultierenden Kraft darstellen, so daß durch die Kurve dieser Beiwert und die Richtung dieser Resultierenden dargestellt sind. Die Anstellwinkel werden meist an die betreffenden Punkte des Polardiagramms hingeschrieben, so daß man sie auch entnehmen kann. Ein großer Vorteil des Polardiagramms ist die Möglichkeit, den induzierten Widerstand nach Gleichung (1,10) für sich einzutragen; er ergibt eine Parabel durch den Nullpunkt. Da im praktisch wichtigen Bereich c_a viel größer und viel rascher veränderlich ist als c_w, vergrößert man im Polardiagramm den Maßstab von c_w um das Fünffache.

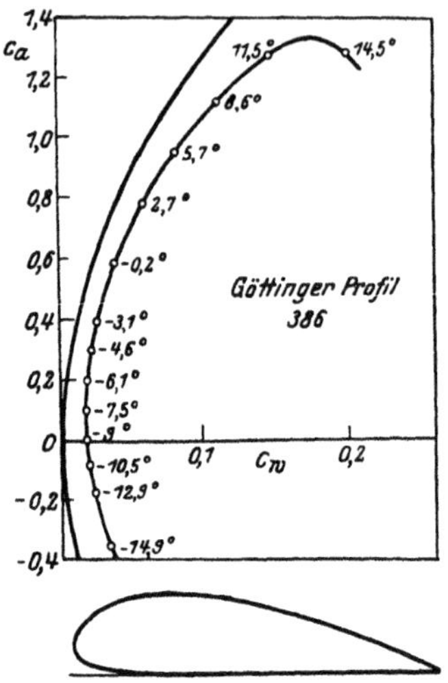

Abb. 6. Polardiagramm eines Flügels.

Wie beim Flügel, kann man auch beim ganzen Flugzeug die beiden Kraftkomponenten auf die Flügelfläche und den Staudruck beziehen und die Beiwerte in den Gleichungen

$$A = c_a\, q\, F \qquad W = c_w\, q\, F$$

auf das ganze Flugzeug beziehen; dann tragen zum Wert von c_a außer den Flügeln das Leitwerk, der Rumpf und alle die Flügelströmung beeinflussenden Teile etwas bei, mitunter eine negative Größe; zu c_w liefert jeder Flugzeugteil seinen Beitrag; den Widerstand nichttragender Teile nennt man „schädlichen Widerstand".

Luftschrauben. Von derselben Art wie die Luftkräfte auf Flügel sind auch die Luftkräfte auf Luftschrauben (Propeller); nur ist die Bewegung des Schraubenblattes (Schraubenflügels) nicht gleichmäßig über seine Spannweite verteilt, sondern von Element zu Element verschieden, je nach der Entfernung von der Drehachse und der Einstellung zur Drehebene. Die geometrischen Verhältnisse gehen aus Abb. 7 hervor; dort bedeuten: k den durch Einbau bestimmten Einstellwinkel, ω die Winkelgeschwindigkeit, r den Abstand des Elementes von der Drehachse, also $r\,\omega$ die Geschwindigkeitskomponente in der Drehebene, zu welcher die Fluggeschwindigkeit v, die praktisch genau genug in Richtung der Drehachse liegt, hinzukommt. Dem Anstellwinkel α bei

Flügeln entspricht also hier die Größe k — arctg $\frac{v}{r\,\omega}$. Die beiden Kraftkomponenten in Richtung und senkrecht zur Drehachse rufen den „Schub" und das „Drehmoment" hervor.

Um Schub S und Drehmoment M einer Schraube vom Halbmesser R dimensionslos aufzutragen, benutzen wir als unabhängige Variable das Verhältnis $\frac{\text{Fluggeschwindigkeit } v}{\text{Umfangsgeschwindigkeit } R\,\omega}$, das wir „Fortschrittsgrad λ" nennen. Mit wachsendem λ nimmt der Anstellwinkel α der einzelnen Schraubenelemente vom Wert k bei $v = 0$ ab und erreicht kleine, günstige Werte von bedeutendem Verhältnis $\frac{c_a}{c_w}$ bei λ-Werten, die dem Betrieb entsprechen. Die Kräfte und Momente beziehen wir hier aus praktischen Gründen nicht auf den gesamten Staudruck, sondern nur auf Luftdichte, Umfangsgeschwindigkeit und Schraubenkreisfläche πR^2; wir definieren einen „Schubwert ψ" und einen „Drehwert μ" durch die Gleichungen:

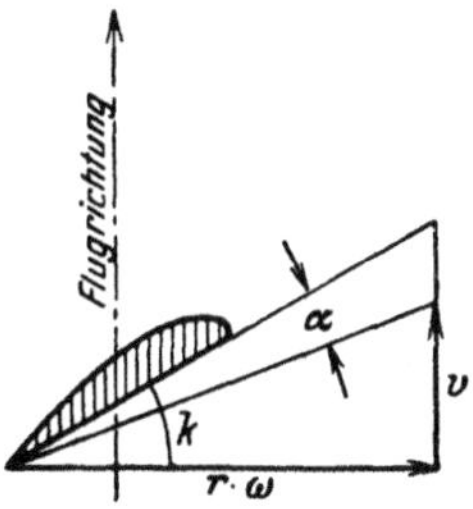

Abb. 7. Luftschraubenelement.

$$\left.\begin{aligned} S &= \psi \cdot \varrho\,\pi R^2 \cdot (R\,\omega)^2 = \psi\,\pi\,\varrho\,R^4\,\omega^2 \\ M &= \mu \cdot \varrho\,\pi R^2 \cdot (R\,\omega^2) \cdot R = \mu\,\pi\,\varrho\,R^5\,\omega^2 \end{aligned}\right\} \qquad (1,11)$$

ψ und μ hängen von λ in der Weise der Abb. 8 ab; der Wert $\psi = 0$ bei $\lambda = \lambda_0$ (0,38 in Abb. 8) entspricht ungefähr $c_a = 0$; die günstigsten Betriebswerte liegen bei λ-Werten, die um 15 bis 20% niedriger als λ_0 sind. Außer von der Schraubenform, Blattzahl und Einstellung hängen ψ und μ auch von der Reynoldsschen Zahl und bei schnellen Schrauben, deren Spitzen etwa halbe Schallgeschwindigkeit erreichen, auch vom Verhältnis $\frac{\text{Umfangsgeschwindigkeit}}{\text{Schallgeschwindigkeit}}$ ab.

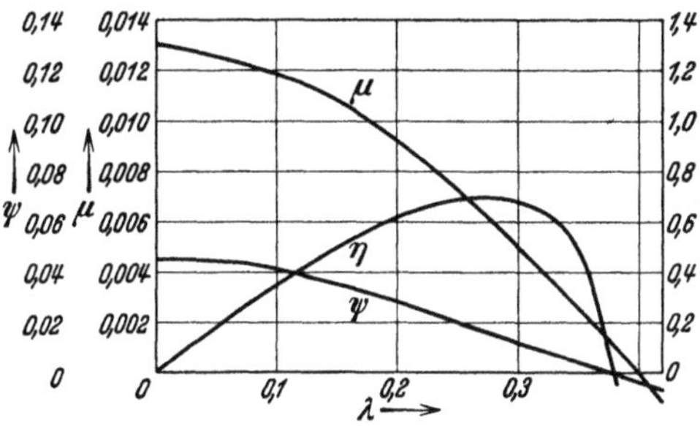

Abb. 8. Beiwerte der Luftschraubenkräfte.

Der λ-Wert, bei welchem $\psi = 0$ wird, hängt wesentlich vom Einstellwinkel k ab; denken wir uns eine Schraube von ebenem oder symmetrischem Profil so verwunden, daß alle Profile den gleichen Anstellwinkel bekommen, so wird $\psi = 0$, wenn dieser Anstellwinkel 0 wird; dies ist der Fall, wenn k = arctg $\frac{v}{r\,\omega}$. Unter diesen Umständen schreitet das Schraubenelement bei einer Umdrehung um $2\,\pi\,r\,\mathrm{tg}\,k$ vorwärts, also um einen für die ganze Schraube konstanten Wert, den man auch

$$H = 2\pi R \lambda_0 \tag{1,12}$$

schreiben kann; man nennt diese Länge die Steigung der Schraube.

Ein weiterer wichtiger Begriff ist der des Wirkungsgrades η. Da die aufgewendete Leistung $L = M\omega$ ist, die nützliche in der Zeiteinheit geleistete Arbeit $= Sv$, ergibt sich die einfache Gleichung:

$$\eta = \frac{Sv}{M\omega} = \frac{\psi v}{\mu R \omega} = \frac{\psi}{\mu}\lambda \tag{1,13}$$

§ 3. Versuche im Flugzeug[1].

Die Zahlwerte, welche man zur Berechnung von Flugleistungen und zum Verständnis von Flugeigenschaften kennen muß, werden durch Modellversuche und durch Versuche im Fluge ermittelt. Beide Methoden haben Vorteile und Nachteile; sie müssen sich daher ergänzen.

Es ist einfach, die Geschwindigkeit und Steighöhe eines Flugzeugs mit Hilfe einiger Bordinstrumente zu messen und ein Urteil über die Steuerbarkeit und Empfindlichkeit beim Fliegen zu gewinnen, soweit dies für den praktischen Betrieb notwendig ist. Dagegen ist es eine sehr schwierige Aufgabe, einwandfreie und allgemein gültige Messungen im Fluge auszuführen. Einesteils dürfen die Instrumente, obwohl sie fein empfindlich anzeigen sollen, nicht zu leicht verletzlich sein, um den Erschütterungen im Fluge, sowie bei der Landung und auch den oft unerfahrenen Händen von Monteuren gewachsen zu sein, sie dürfen auch nicht zu schwer sein. Andernteils ist die Luftbewegung um ein Flugzeug außerordentlich verwickelt; die lokale Anzeige kann durch lokale Luftbewegungen vollkommen verändert sein; der Wert ist gegenüber dem gesuchten Mittelwert verfälscht. Dazu kommt die Schwierigkeit, einen ganz gleichmäßigen Flug herzustellen; die Instrumente schwanken und sind schwer ablesbar; man muß also die recht erheblichen Schwierigkeiten der Registrierung in Kauf nehmen. Es hat sehr lange gedauert, bis wesentliche und fruchtbare Ergebnisse von Versuchen im Fluge vorlagen.

Um gerade die wichtigsten Größen des stationären Fluges zu messen, muß man die Meßinstrumente aus dem Bereich lokaler Störungen entfernen; dieser Bereich erstreckt sich sehr weit; aber man kann mit Hilfe der Zirkulationstheorie die Abweichung berechnen und den Fehler eliminieren, wenn man das Instrument nur weit genug vor dem Flugzeug unter oder über dem Flügel anbringt. Noch radikaler ist die Methode, die Instrumente samt Registriervorrichtungen in ein festes Gehäuse von

[1] Hopf, L., Flugtechnik und Versuche im Fluge. Handbuch der Experimentalphysik, Bd. 4, Teil 3, S. 209. Leipzig: Akad. Verlagsges. m. b. H. 1930. — Bennewitz, K., Flugzeuginstrumente. Berlin: R. C. Schmidt u. Co. 1922. — Rehder, K., Flugzeuginstrumente. Berlin: Volckmann 1933.

Ballonform einzubauen und dieses an einem langen Seil als Log[1] unter dem Flugzeug mitzuschleppen. Vielfach hat man sich auch damit begnügt, die Instrumente an ihrem Platz im Flugzeug mit Hilfe von Messungen von der Erde aus zu eichen.

Die Schwierigkeit einer sauberen Registrierung wurde überwunden durch Verkleinerung des Maßstabes der Registrierung[2]; sehr feine Ritzungen (Diamant auf Glas in Deutschland, Stahlspitzen auf Zelluloid in England) werden in kleinstem Maßstab erzeugt und unter Mikroskop ausgewertet. Man erhält auf diese Weise außerordentlich scharfe Aufzeichnungen.

Auf Einzelheiten der gewöhnlichen Flugzeuginstrumente kann hier nicht eingegangen werden; nur die Haupttypen, die für aerodynamische Messungen von Wichtigkeit sind, seien kurz zusammengestellt.

1. Die Fluggeschwindigkeit wird durch Staurohre und Saugdüsen[3] gemessen. Diese Instrumente beruhen auf der Bernoullischen Druckgleichung, nach welcher die Summe aus Druck p und kinetischer Energie der Volumeinheit $\frac{\varrho}{2}v^2$ in jedem Querschnitt eines Stromfadens denselben Wert hat. In einem hinten geschlossenen Rohr, in welches von vorne ein Luftstrom hineinbläst (Pitotrohr), erhöht sich der statische Druck, welcher an der Stelle der offenen Mündung herrscht, um den ganzen Staudruck $\frac{\varrho}{2}v^2$ gegenüber dem Druck in der ungestörten Flüssigkeit. Um aus der Druckanzeige die Geschwindigkeit bzw. den Staudruck für sich bestimmen zu können, muß man auch den statischen Druck messen, und dies ist in der strömenden Flüssigkeit deshalb schwer, weil man durch das Meßinstrument selbst eine Stauung hervorruft. Man kann den statischen Druck nur an einer Öffnung messen, an der die Strömung glatt und ohne jede Stauung vorbeistreicht; erfahrungsgemäß ist dazu größte Glätte der Lochränder erforderlich. Man muß ferner dem Meßgerät eine Gestalt geben, welcher sich die Strömung leicht anpaßt, an der keine raschen Erweiterungen auftreten und Wirbelablösungen vermieden sind. Prandtl hat dem Staurohr die Form eines Luftschiffvorderteiles gegeben; statischer Druck und Staudruck, die an der vorderen Öffnung auftreten (Abb. 9), wirken an einem Manometer gegen den statischen Druck allein, der an mehreren Öffnungen oder an einem Ringschlitz, an dem die Luft glatt vorbeistreicht, abgenommen wird.

[1] Stevens, L., The measurement of aeroplane speed... R & M 854; 1923/24 S. 273. — Hardy, J. K., Full scale tests of a suspended airlog. R & M 1074; 1926/27 S. 392.

[2] Seewald, F., Über die Messung der Kräfte an Luftfahrzeugen. Z. Flugtechn. Motorluftsch. Bd. 19 (1928) S. 480.

[3] Hunt, F. L. and H. O. Stearns, Aircraft speed instruments. N. A. C. A. 127; 1921 S. 561.

In der Saugdüse (Venturirohr) wird die eintretende Flüssigkeit (Abb. 10) durch Verengerung auf höhere Geschwindigkeit gebracht, wodurch der Druck erniedrigt wird. Man mißt den Unterdruck an der

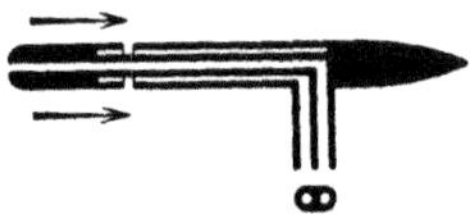

Abb. 9. Staurohr.

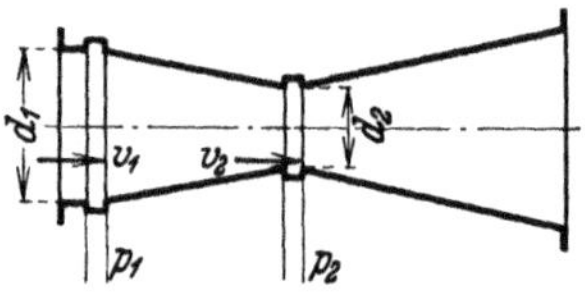

Abb. 10. Saugdüse.

engsten Stelle gegenüber dem Druck an der unverengten vorderen Öffnung. Mit den Bezeichnungen der Abb. 10 wird

$$p_1 - p_2 = \frac{\varrho}{2}\,(v_2^2 - v_1^2) = \frac{\varrho}{2}\,v_1^2\left(\frac{d_1^4}{d_2^4} - 1\right) \qquad (1{,}14)$$

Die Anzeige des Instrumentes ist also dem Staudruck proportional und der Proportionalitätsfaktor ist sehr groß, in der Regel 12 bis 16. Die Empfindlichkeit wird noch erhöht, wenn man in die engste Stelle des Rohres die Austrittsmündung eines kleinen, ebenso gestalteten Rohres einfügt und an dessen engster Stelle mißt. Diese Instrumente wie auch die Staurohre sind sehr unempfindlich gegen Änderungen der Luftstromrichtung; strömt die Luft unter einem Winkel von 20° gegen die Röhrenachse, so wird die Druckanzeige nur um 3% geändert.

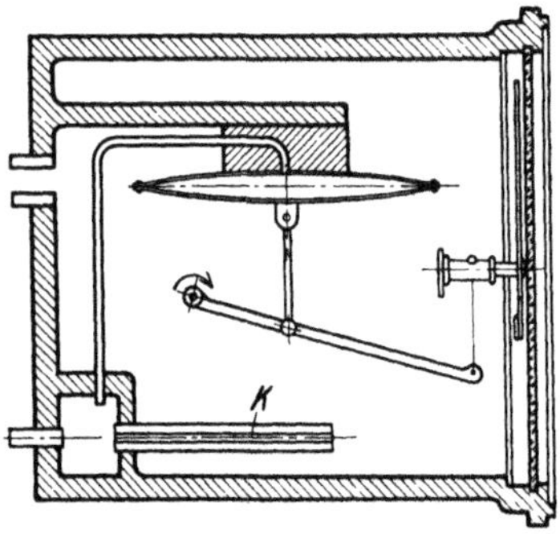

Abb. 11. Variometer nach Rehder Zitat 4.

2. Die Steiggeschwindigkeit kann man direkt mit Variometer messen. Bei diesen Instrumenten steht der Außenraum einer Membrandose direkt mit der äußeren Luft in Verbindung, während sich im Innenraum der Luftdruck durch eine enge Kapillare K nur langsam ausgleichen kann, also seinen Wert nur langsam ändert. Je schneller (Abb. 11) sich der äußere Luftdruck für das Flugzeug ändert, je rascher dieses also steigt oder fällt, um so größer ist die Druckdifferenz, welche die Membrandose anzeigt. Oft wird indes die Steiggeschwindigkeit nur dem Barogramm entnommen, welches den Luftdruck in Abhängigkeit von der Zeit wiedergibt. Die Steiggeschwindigkeit kann dabei nur durch graphische Differentiation, also relativ ungenau bestimmt werden.

In jedem Fall mißt man direkt nur die Druckänderung $\frac{dp}{dt}$, nicht die Steiggeschwindigkeit selbst. Da zwischen Höhe h und Druck p die Beziehung $p = p_0 - \varrho\, g\, h$ besteht, folgt die Steiggeschwindigkeit

$$\frac{dh}{dt} = -\frac{1}{\varrho g}\,\frac{dp}{dt}. \qquad (1{,}15)$$

Man muß also gleichzeitig mit der Druckänderung auch die Dichte ϱ bestimmen. Eine direkte Messung der Dichte hat sich nicht eingeführt, obwohl Konstruktionen von Dichteschreibern bekannt sind; man rechnet die Dichte vielmehr stets aus der Druckangabe des Barographen und der Temperaturmessung aus.

3. **Der Anstellwinkel** kann durch Windfahnen gemessen werden; diese müssen gut gedämpft sein. Ein andersgeartetes Instrument besteht aus einer Kugel mit drei Anbohrungen, von denen die mittlere den vollen Staudruck plus statischen Druck mißt und die zwei symmetrisch dazu gelegenen äußeren bei symmetrischem Anblasen die gleiche Differenz gegen die erste anzeigen, bei unsymmetrischem Anblasen eine dem Anstellwinkel proportionale Differenz aufweisen.

Eine indirekte Methode wird bei den Loginstrumenten verwendet, um Anstellwinkel und Anstiegwinkel gleichzeitig zu messen: Im Flugzeug und in dem etwa 30 m tiefer hängenden Log (welches als ballonförmiger „Stromlinien"-Körper ausgebildet ist) befinden sich zwei gleiche Pendel, deren Lage mit Hilfe von Glühlampen registriert wird; diese Pendel stellen sich, wenn gut gedämpft, in die Richtung der resultierenden Massenkraft, also bei gleichförmig geradliniger Bewegung in die Richtung der Schwere ein. Der Winkel des Pendels gegen eine flugzeugfeste Richtung gibt also die Lage des Flugzeugs gegen die Vertikale, der Winkel gegen die in die Flugrichtung eingestellte Logachse die Lage der Flugbahn gegen die Vertikale an. Die Differenz der beiden Winkel ist der Anstellwinkel. Das Log muß zur genauen Messung genau im Schwerpunkt aufgehängt sein; eine Störung durch lokale Luftströmungen im Flugzeug ist auf diese Weise vollkommen ausgeschaltet.

Man kann auch durch ein gewöhnliches U-Rohr die Neigung des Flugzeugs gegen die Horizontale direkt messen, und die Neigung der Flugbahn aus dem Quotienten „Steiggeschwindigkeit durch Fluggeschwindigkeit" bestimmen. Die Differenz der beiden Neigungen ist der Anstellwinkel.

4. Um die **Drehgeschwindigkeit** zu messen, hat man aerodynamische und Kreiselinstrumente verwendet. Die Differenz der Anzeigen von zwei Staudruckmessern, welche an den beiden Flügelenden angebracht sind, kann allerdings nicht zur Bestimmung der Drehgeschwindigkeit dienen; denn eine einfache Rechnung zeigt, daß der Effekt der verschiedenen Geschwindigkeiten gerade durch die Fliehkraft auf die Luft in den Staudruckmessern kompensiert wird, wenn das Flugzeug richtig in der Kurve liegt. Man muß vielmehr entweder Venturirohre verwenden, deren Nullpunkt aber sehr empfindlich gegen Luftstöße ist, oder nur die Differenz des statischen Druckes, der in beiden Rohren herrscht, heranziehen[1].

---

[1] Pannel, I. R. and R. Jones, The design of a sensitiv yawmeter. R & M 445; 1918/19 S. 1394. — Lindemann, F. A., Turn indicators for aeroplanes. R & M 525; 1918/19 S. 1410.

Häufiger sind heute Kreiselinstrumente im Gebrauch, deren Ausschlag relativ zum Flugzeug bei den kurz andauernden Flugbewegungen sehr wenig gestört ist und kaum systematische Fehler aufweist. In England werden drei Kreisel mit zueinander senkrechten Achsenrichtungen auf einem Brett montiert; sie tragen kleine Glühlampen, die über flugzeugfeste Spiegel registriert werden.

Eine einfache Vorrichtung, um die Lage des Flugzeugs relativ zu einem festen System zu verfolgen, besteht im Einbau einer Camera obscura (Kymograph), in welcher die Lage des Sonnenbildes auf einem Film registriert wird. Diese Methode kann besonders dann gut angewandt werden, wenn das Flugzeug von der Sonne weg fliegt und dabei die Bahn vollständig in einer durch die Sonne gehenden Vertikalebene bleibt.

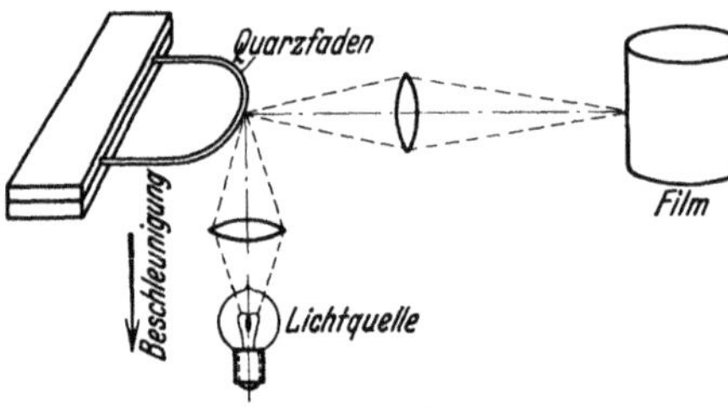

Abb. 12. Beschleunigungsmesser.

5. Zur Messung der Beschleunigung, deren Kenntnis wegen des unmittelbaren Zusammenhanges mit der Beanspruchung besonders wichtig ist, sind mehrere geistreiche Instrumente konstruiert worden.

Beim Beschleunigungsmesser der DVL[1] schwingt eine Masse an einer Blattfeder; der Federweg wird durch Hebelwerk auf eine Trommel übertragen. Die Eigenschwingung ist dabei so klein gehalten, daß eine Beschleunigung, die 0,1 sec konstant bleibt, noch gemessen werden kann; als Dämpfung genügt die Lagerreibung.

Auch das amerikanische Gerät[2] besteht aus einer an einer Feder schwingenden Masse; doch ist es elektrisch gedämpft, und die Registrierung erfolgt photographisch; die schwingende Masse trägt dabei ein Spiegelchen, welches Licht einer feststehenden Quelle auf den Film wirft. Die Eigenschwingungsdauer ist wohl noch kürzer wie beim DVL-Instrument.

Der englische Beschleunigungsmesser[3] ist wohl der einfachste und beweglichste. Er besteht nur aus einer Glasfeder von 0,01 mm Durchmesser (Abb. 12), die zu einem Halbkreis von 1,3 cm Radius gebogen

[1] Wendorff, H. u. G. Wolle, Aufbau und Eigenschaften des DVL-Beschleunigungsschreibers. DVL-Jb 1927 S. 61, Z. Flugtechn. Motorluftsch. Bd. 17 (1926) S. 532.

[2] Norton, F. H. and E. P. Warner, Accelerometer design. N. A. C. A. 100; 1920 S. 89.

[3] Searle, C. and F. A. Lindemann, Preliminary report on the measurements of accelerations on aeroplanes in flight. R & M 376; 1917/18 S. 629. — Searle, G. F. C. and W. Cullimore, Report on measurements... R & M 469; 1918/19 S. 916.

ist; die Eigenschwingung dauert $\frac{1}{20}$ sec, die Dämpfung durch die Luft ist in diesem Fall sehr stark. Hier sind Masse und Feder vereint; die Durchbiegung senkrecht zur Halbkreisebene wird durch einen an der Glasfeder reflektierten Lichtstrahl photographisch registriert und dient als Maß der Beschleunigung. Bei englischen Versuchen sind vielfach drei solche Instrumente für die drei Achsen verwendet worden; auch in das Loggerät kann das kleine handliche Instrument eingebaut werden.

6. Kraftmessung. Die zum Vortrieb des Flugzeugs notwendige Kraft und der Energiehaushalt des Flugzeugs können mit Hilfe von Meßnaben gemessen werden. Bei diesen Instrumenten sind Federn oder Druckölleitungen in die Verbindung der Schraube mit dem Flugzeugrumpf oder zwischen Schraube und Motor eingeschaltet. Man kann auf diese Weise den Schraubenzug, bzw. die Leistung des Motors etwa in Abhängigkeit von der Luftdichte bestimmen.

Die älteste Ausführung ist wohl diejenige der DVL[1]. Bei dieser ist ein Konusstück auf die Motorwelle aufgekeilt; diese trägt nur lose ein Nabenstück, das an Stelle der üblichen Nabe die Luftschraube aufnimmt. Die Fortsetzung des Konusstückes nach vorne über das Nabenstück hinaus trägt die Zylinder von Meßdosen, welche die Kräfteübertragung vom Motor zur Schraube und von der Schraube zum Rumpf vermitteln. Bei der englischen Ausführung[2] ist die Schraube in Walzen gelagert und drückt eine Feder gegen einen Federteller, der auf der Motorwelle festsitzt. Die Verschiebung der Schraube wird durch Hebelgestänge zum Beobachtersitz übertragen und dient zur Schubmessung; eine Drehmomentmessung ist nicht damit verbunden.

Auch die neuen deutschen Ausführungen[3] trennen die Einrichtungen für Schub- und Drehmomentmessung. Ferner werden rotierende Meßdosen vermieden, und die Lagerung der Schraube wird komplizierter gestaltet, um die Nabe einerseits leicht verschieblich, andererseits ohne Spiel auf die Welle zu bringen. Abb. 13 zeigt als Beispiel eine neuere Schubmeßnabe der DVL in schematischer Zeichnung. Vor und hinter der Schraube sind Flansche auf die Welle aufgekeilt, die in ihrem äußeren Teil je vier Walzenpaare tragen. Die Schraube ist nur auf vier Armen gelagert, die zwischen diese Walzenpaare greifen; so sind Klemmungen beim Drehen vermieden. Die Meßdose, die sich nicht mitdreht, ist ringförmig ausgebildet. Zwischen Motorwelle und Meßdose greifen Arme der längsverschieblichen Schraube durch, die durch ein Druckkugellager

[1] Stieber, W., Die Meßnabe für Flugzeuge. T. B. Bd. 3 (1918) S. 221. — Verbesserungen s. Stieber, Z. Flugtechn. Motorluftsch. Bd. 15 (1924) S. 69. — Enoch, O., Die Meßnabe für Schrauben- und Motorprüfungen im Fluge. Z. Flugtechn. Motorluftsch. Bd. 10 (1919) S. 208.

[2] Experiments with a modified thrustmeter. R & M 771; 1921/22 S. 395.

[3] Seewald, F., Über die Messung der Kräfte an Luftfahrzeugen. Z. Flugtechn. Motorluftsch. Bd. 19 (1928) S. 474.

die Schubkraft auf den Kolben der Meßdose leiten. Die Meßdose überträgt die axiale Kraft gleichfalls durch ein Druckkugellager auf den Flansch der Motorwelle.

7. Auch die **Beanspruchung** einzelner Teile und die Druckverteilung auf tragende Flächen ist Gegenstand experimenteller Untersuchung bei verschiedenen Flugzuständen. Schon vor dem Kriege hat man[1] Anordnungen gebaut, um die Spannungen in den einzelnen Seilen eines verspannten Tragwerkes zu messen. Das Seil darf natürlich keinesfalls durch Meßgeräte unterbrochen werden; es wird mit leichtem Knick über drei Rollen geführt, deren mittlere gegen eine Meßdose drückt; diese Druckkraft und die Ausbiegung des Seiles dienen in elementarer Weise zur Bestimmung der Seilkraft. Große Erfolge sind indes mit dieser Anordnung noch nicht erzielt worden. Jetzt verwendet man die oben erwähnten feinen Aufzeichnungen mikroskopisch kleiner Verschiebungen[2] und kann so die Dehnung eines Seilstückes mit einem gewöhnlichen Dehnungsmesser bestimmen. Solche Registrierinstrumente mit Uhrwerk können an jeden beliebigen Flugzeugteil, dessen Dehnung gemessen werden soll, angeschlossen werden und haben eine Größe von nur $30 \times 30 \times 50\,\mathrm{mm}^3$.

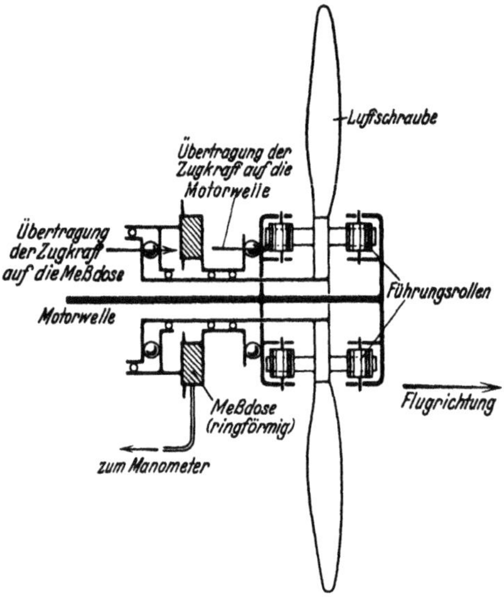

Abb. 13. DVL-Schubmeßnabe.

8. **Hydrostatischer Druck.** In vielen Fällen läßt sich auch ein gutes Bild der aerodynamischen Kräfte gewinnen durch lokale Messung des hydrostatischen Druckes. Dazu braucht man nur eine feine Anbohrung zu machen und von dort den Druck zu einem Manometer zu leiten. Die Anbohrung muß aber sehr sorgfältig geglättet sein; der geringste Grat gibt Stauungen und fälscht somit die Ergebnisse. Um ein Bild von der Druckverteilung um einen Flügel oder ein Leitwerk zu erhalten, bringt man eine größere Anzahl solcher Bohrungen an, leitet die Drucke zu einer entsprechenden Anzahl von Manometern, die auf einem Brett angebracht sind und photographiert werden; so erhält man mit Sicherheit zusammengehörige Messungen.

[1] Hoff, W., Ermittlung der Seilkräfte in Flugzeugkabeln während des Flugs. Z. Flugtechn. Motorluftsch. Bd. 5 (1914) S. 140; Seilkraftmessungen. T. B. Bd. 1 S. 61.
[2] Seewald, F.: Zit. a. S. 13.

9. Schließlich ist noch die Methode von Betz[1] zu erwähnen, welche den Impulssatz der Hydrodynamik verwendet, um aus Geschwindigkeitsmessungen, die vor und hinter einem Flügel (oder einem anderen Flugzeugteil) ausgeführt werden, auf die Kraft, welche zu der Impulsänderung der Strömung gehört, zu schließen.

§ 4. Messungen von der Erde aus.

Die Messungen von der Erde aus mit Hilfe von Theodoliten und Kinematographen bringen zwar die Schwierigkeit mit sich, daß der Wind aus den Beobachtungswerten rechnerisch herauskorrigiert werden muß; sie vermeiden aber alle Schwierigkeiten des Versuchs im Fluge; sie sind daher oft bevorzugt worden und haben bemerkenswerte Resultate erzielt.

Die Fluggeschwindigkeit relativ zur Erde, sowie die Lage des Flugzeugs können durch photographische Registrierung bestimmter Fixpunkte vom Flugzeug aus oder durch Verfolgung der Stellung des Flugzeugs in Theodoliten von der Erde aus gemessen werden. Methoden zur sehr genauen Auswertung der vom Flugzeuge aus erhaltenen Photogramme sind im sog. „Luftbildwesen" zu hoher Vollkommenheit gebracht worden; die Anwendung zur Erkundung im Krieg oder bei Forschungsreisen ist bekannt; zur Messung der Fluggeschwindigkeit oder anderer flugtechnisch interessanter Größen ist diese Methode indes noch nicht viel verwendet worden.

Dagegen hat man mit registrierenden Theodoliten von der Erde aus recht gute Resultate gewonnen[2]. Das Flugzeug wird durch Beobachter von zwei Theodoliten aus verfolgt und die Winkelstellung wird registriert, so oft der Beobachter das Flugzeug in das Fadenkreuz bekommt. Die Fehler bei diesem Verfahren liegen erheblich unter der zulässigen Grenze. Um die Windgeschwindigkeit zu eliminieren, kann man natürliche oder künstliche Wolken beobachten.

Man kann auch etwas einfacher vorgehen, indem man nur die Zeitpunkte genau bestimmt, in welchen das Flugzeug bestimmte Fixpunkte auf der Erde überfliegt. So kann die Flugzeit zwischen zwei Punkten recht gut bestimmt werden. Zum richtigen Wert der Fluggeschwindigkeit und zur Ausschaltung des Windes kann man aber nicht durch Hin- und Herflug auf einer gegebenen Strecke gelangen, wenn diese nicht etwa gerade in der Windrichtung liegt; denn die zwei gemessenen Zeitwerte reichen nicht aus zur Bestimmung der drei Größen: Fluggeschwindigkeit, Windgeschwindigkeit und relative Richtung des Windes. Man

---

[1] Betz, A., Ein Verfahren zur direkten Ermittlung des Profilwiderstandes. Z. Flugtechn. Motorluftsch. Bd. 16 (1925) S. 43.

[2] Koppe, H., Verfahren zur Messung der Geschwindigkeitsleistung von Luftfahrzeugen. Z. Flugtechn. Motorluftsch. Bd. 14 (1923) S. 17. — Heidelberg, V. u. A. Hölzel, Neuere Geschwindigkeitsmessungen. T. B. Bd. 3 S. 174.

muß vielmehr wenigstens ein Dreieck durchfliegen („Stoppdreieck")[1]. Unter der Voraussetzung, daß bei dem ganzen Dreiecksflug die Fluggeschwindigkeit unverändert bleibt, kann eine einfache Konstruktion zur Auswertung dienen (Abb. 14). Sei die Windgeschwindigkeit der Größe und Richtung nach durch eine Strecke w dargestellt, die Fluggeschwindigkeit durch eine Strecke v von beliebiger Richtung; dann sind die beobachteten Werte der Geschwindigkeit v_a, v_b, v_c über Grund Vektorsummen aus v und w. Zieht man die Strecken v_a, v_b, v_c von einem Punkte O aus der Größe und Richtung nach, so liegen die Endpunkte auf einem Kreis um M mit dem Radius v; OM stellt der Größe und Richtung nach die Windgeschwindigkeit dar.

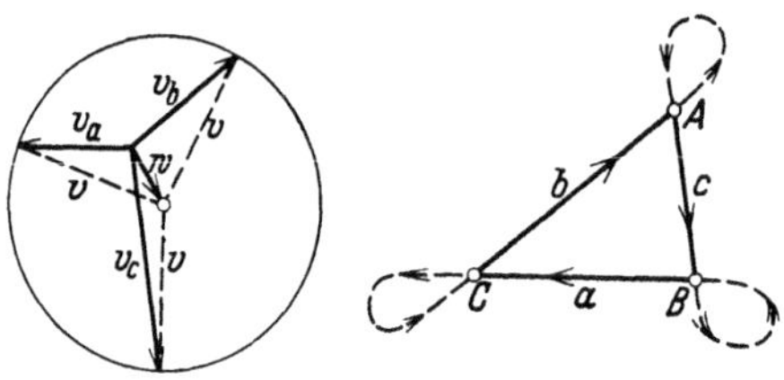

Abb. 14. Stoppdreieck.

Schöne Ergebnisse kann man auch gewinnen, wenn man die Bewegung eines Flugzeugs kinematographisch verfolgt. So kurz dauernde Vorgänge, wie die äußerste Beanspruchung des Flugzeugs beim Abfangen kann man allerdings auf diese Weise nicht verfolgen, wohl aber beschleunigte Bewegungen wie Start und Landung, ja selbst Kurvenflug und Trudeln. Die Zeit wird dabei durch gleichzeitige Aufnahme einer Uhr bestimmt; die Entfernung wird aus dem Verhältnis der bekannten Abmessungen (Spannweite, Radabstand usw.) zur Bildgröße berechnet. Solche Aufnahmen wurden in horizontaler Richtung durchgeführt, um Start und Landung zu verfolgen[2]. Doch wurden auch vorzügliche Aufnahmen eines in 150 bis 200 m Höhe trudelnden Flugzeugs durch eine auf dem Erdboden feste, nach oben gerichtete Kammer erzielt[3]. Dabei ließen sich alle aerodynamisch interessanten Größen recht gut aus dem Vergleich der Bildgrößen mit den wirklichen Größen und aus der Lage des Bildes in Abhängigkeit von der Zeit feststellen.

§ 5. Modellversuche[4].

Die Modellversuchsanordnungen, über die wir hier natürlich nur eine allgemeine Übersicht geben können, kann man in zwei Klassen einteilen, in Schleppversuchsanordnungen, bei welchen der zu unter-

---

[1] Mises, R. v., Fluggeschwindigkeit, Windstärke und Eigengeschwindigkeit im Fluge. Z. Flugtechn. Motorluftsch. Bd. 10 (1919) S. 208.

[2] Spieweck, Br., Photogrammetrische Start- und Landungsmessungen. DVL-Jb. 1927 S. 9.

[3] Hübner, W. u. W. Pleines, Kinematographische Messung der Trudelbewegung. Z. Flugtechn. Motorluftsch. Bd. 30 (1929) S. 29.

[4] Geschichtlicher Überblick s. Flachbart, O., Geschichte der experimentellen Hydro- und Aeromechanik. Handbuch der Experimentalphysik, Bd. 4, 2. Teil, S. 1.

suchende Körper gegen die Luft oder das Wasser bewegt wird, und solche Anordnungen, in welchen die Luft gegen den Körper strömt. Die erstere Art ist die näherliegende, ist darum in der ersten Zeit der Flugwissenschaft besonders ausgebaut worden; doch kann sie sich hinsichtlich der Erfolge nicht mit den Luftstromanlagen messen, die heute allein die maßgebende Rolle spielen.

1. Schleppversuche. Schon ehe es eine Flugtechnik gab, bestimmte man den Luftwiderstand von festen Körpern, indem man sie vorn an Lokomotiven anbrachte und den darauf wirkenden Druck maß. Später verwendete man gelegentlich das Automobil zu demselben Zweck. Der Erfolg dieser Messungen war stets sehr gering; dies liegt hauptsächlich an den unvermeidlichen Erschütterungen bei der Bewegung der Fahrzeuge, durch welche eine sichere Ablesung unmöglich gemacht wird. Diese Erschütterungen werden ja in ihrer Wirkung noch erheblich dadurch verstärkt, daß die Versuchskörper durch das Gerüst vom Fahrzeug weggehalten werden müssen. Tut man dies nicht, so hat man eine starke Beeinflussung der Strömung und somit der Luftkräfte durch das Fahrzeug oder durch die Nähe des Erdbodens, und die Meßergebnisse weichen in ganz unkontrollierbarer Weise von den praktisch wichtigen, gesuchten Größen ab. Man hat auch versucht, die Schleppversuche auf Bahnstrecken in größtem Stil wieder aufzunehmen; man wollte dabei sogar über Modellgrößen hinausgehen und ganze Flugzeugteile und Flugzeuge mit großer Geschwindigkeit gegen die Luft schleppen; aber alle Kunst ist bisher der Schwierigkeiten infolge zu großer Erschütterungen nicht Herr geworden.

Dagegen haben solche Schleppversuche auf geradliniger Strecke sehr schöne Erfolge gezeitigt in den Wasserkanälen, wie sie zuerst und am besten von Ahlborn ausgebildet wurden. Diese bieten die Möglichkeit, Strömungsbilder photographisch festzuhalten, besser als irgendeine andere Anordnung, und liefern daher die wirksamsten Fingerzeige für die theoretische Durchforschung der Flüssigkeitskräfte. Da die kinematische Zähigkeit von Wasser nur den 14. Teil des Wertes für Luft beträgt, kann man mit Wasser bei kleineren Abmessungen und Geschwindigkeiten die praktisch wichtigen Reynoldsschen Zahlen erreichen als mit Luft. Infolgedessen ist es leichter, die störenden Erschütterungen und die großen Schleppgerüste zu vermeiden, und man erhält sehr saubere und exakt arbeitende Anordnungen. Der größte Vorteil liegt in der Möglichkeit, feine Teilchen im Wasser zu suspendieren, deren Bewegung sich auf einer kurz belichteten photographischen Platte deutlich abzeichnet und mit der Bewegung der Flüssigkeitsteilchen, welche dem suspendierten Teilchen benachbart sind, identifiziert werden kann. Am einfachsten lassen sich diese Versuche ausführen, indem man die freie Oberfläche des Wassers mit Bärlappsamen bestreut und von oben photographiert. Aber es gelingt auch, Unterwasserphotographien zu erhalten, indem man den Kanal an einzelnen Stellen seitlich mit Glasplatten begrenzt und mit einer starken Lichtquelle hindurchleuchtend photographiert. Man suspendiert dann Späne von Ahornholz oder Aluminium oder Tröpfchen eingedickter Milch, welche im unbewegten Wasser stilliegen oder nur sehr langsam nach unten sinken. Werden gleichzeitig Aufnahmen von oben und von der Seite gemacht, so gelingt die volle räumliche Darstellung des Strömungsvorganges, auch wenn er von einem nach jeder Richtung endlichen Körper (etwa von einem Flügelmodell von begrenzter Spannweite) hervorgerufen wird. Besonders ergiebig sind diese Aufnahmen, wenn man nach Ahlborn gleichzeitig mit zwei Bildkammern photographiert, wovon eine fest gegen den Kanal angeordnet, die andere mit dem festen Körper verbunden den Kanal entlang geschleppt wird. Die erstere Bildkammer hält die Bahnen der suspendierten Teilchen, wie sie wirklich durchlaufen werden, fest, die „Bahnlinien" (auch absolute Stromlinien oder Kraftlinien genannt); die letztere bringt die Bahnen zur Anschauung, wie sie von Teilchen in einer gegen den festen Körper anströmenden Flüssigkeit beschrieben werden, die (relativen) „Stromlinien". Aus beiden Bildern läßt sich die Geschwindigkeit der Teilchen ihrer Größe und Richtung nach bestimmen und somit das ganze Strömungsfeld.

Die Aufnahmen einer stationären, d. i. in jedem Raumpunkt verschiedenen, aber nicht von der Zeit abhängigen Strömung, dürften beliebig lange exponiert sein; um solche Bewegungen handelt es sich aber bei den Strömungen um feste Körper im allgemeinen nicht. Die Expositionszeit muß also, wenn klare Bilder erzeugt werden sollen, kurz sein; noch mehr ist durch kinematographische Aufnahmen zu erreichen. Die ganze Apparatur erfordert äußerste Präzision und feine Meßtechnik. Auch muß der Kanal recht lang sein, da zur Beschleunigung am Anfang und zur Verzögerung am Ende eine gewisse Zeit nötig ist und in erster Linie gleichförmige Bewegungen von Interesse sind.

Zur Kraftmessung sind die Schleppversuche in Wasserkanälen für das Flugproblem noch nicht herangezogen worden, in erster Linie wohl, weil die Photographie der Strömung ergiebigere Ausbeute versprach, dann wohl auch, weil in dieser Hinsicht die Abtrennung der Oberflächenwellen nicht so leicht zu bewerkstelligen ist und auch die sonstigen Fehlerquellen (Erschütterungen, Mitschleppen einer großen störenden Apparatur) sich nur sehr schwer eliminieren lassen; die Ergebnisse können doch in dieser Hinsicht nicht denen der großen Modellversuchsanstalten ebenbürtig sein.

Experimentell einfacher ist eine seit Lilienthal, Langley und Dines sehr verbreitete Schleppanordnung, bei welcher auf die Geradlinigkeit der Bewegung verzichtet wird, der Rundlauf. Um eine feste Säule wird ein möglichst weit hinausragender Arm gedreht, an dessen Spitze der zu untersuchende Körper befestigt ist. Die Kraftmessung geschieht mit Hilfe einer Feder und einer Registriervorrichtung. Abb. 15 ist eine schematische Darstellung des Apparates nach Lilienthal. Dines hat noch den besonderen Kunstgriff eingeführt, die Luftkräfte durch ein Gewicht, auf welches die Zentrifugalkraft wirkt, ins Gleichgewicht zu setzen; da beide Kräfte dem Quadrat der Geschwindigkeit proportional sind, wird bei dieser Anordnung der Einfluß der Geschwindigkeit eliminiert. Man kann beim Rundlauf die Geschwindigkeit sehr hoch steigern (Langley gibt 30 m/s an) und durch einen Drehzähler leicht messen. Die Ergebnisse sind zur Orientierung recht brauchbar; am Rundlauf sind auch die wichtigsten Tatsachen über den Auftrieb von Tragflügeln (Bedeutung der Krümmung, Auftriebmaximum usw.) gefunden worden; aber für zuverlässige Zahlenwerte sind die Fehler doch viel zu groß. Vor allem bewegt sich der geschleppte Körper nicht in ruhender Luft; es werden immer dieselben Luftteile durchstrichen, die dadurch immer mehr von Wirbeln durchsetzt werden und Eigenbewegungen von der Ordnung der Bewegung des Körpers erhalten. Auch der Mitwind und die Ungleichheit der Geschwindigkeit am inneren und äußeren Ende des Objekts verursachen Fehler. Heute werden Rundlaufanordnungen nur noch zur Untersuchung der beim Kurvenflug auftretenden Kräfte und Momente verwendet.

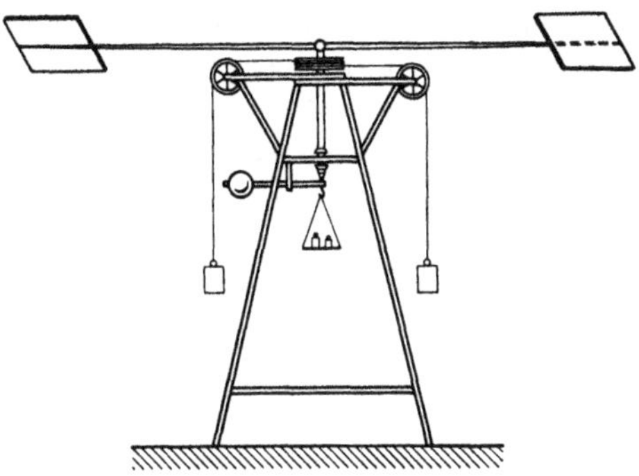

Abb. 15. Rundlauf.

Die feinste Schleppvorrichtung zum Zwecke der Kraftmessung war die Anordnung von Eiffel an seinem 300 m hohen Turm in Paris. An einem Drahtseil durchfiel der Versuchskörper die große Höhe, so daß noch auf einer reichlich großen Strecke gleichförmige Bewegung zu erwarten war. Die Kraft wurde mit einer Feder gemessen und auf einer Trommel aufgezeichnet, die von einem am Drahtseil gleitenden Rädchen angetrieben war. Die Geschwindigkeit der Bewegung wurde dadurch ermittelt, daß eine Stimmgabel ihre Schwingungen auf die Trommel aufzeichnete. War die Bewegung noch keine gleichförmige, so brachte man eine Korrektur durch Berücksichtigung der Trägheitskräfte an; Luftkräfte infolge von Beschleunigung wurden nicht angenommen. Die Resultate, welche Eiffel mit dieser Anordnung erhielt, waren recht genau; sie stimmen mit den später durch feinere Messungen erhaltenen recht gut überein. Allerdings beschränkten sich die Versuche auf die einfachen Widerstandsmessungen; die Flügelkräfte, welche nicht nur ihrem absoluten Betrag, sondern auch ihrer Richtung nach, also wenigstens in zwei Komponenten gemessen werden müssen, wurden nicht untersucht.

Luftkraftmessungen an Pendeln u. dgl. Anordnungen haben keine Erfolge gezeitigt.

2. Luftstromanlagen[1]. Schon in den ersten Jahren der Flugtechnik hat man Luftstromanlagen gebaut und die wichtigsten Erfahrungen darüber gesammelt. Aus diesen Anlagen gingen die bedeutendsten Richtlinien für die Flugtechnik hervor; mit den größeren Anforderungen der Technik an die Zuverlässigkeit der Ergebnisse haben auch die Luftstromanlagen sich entwickelt. Die beiden wichtigsten Typen, auf welche die Entwicklung aufgebaut hat, sind der Göttinger Kanal von Prandtl, in welchem die Luft zwischen festen Wänden geführt wird, und der Freistrahl von Eiffel.

Allen Anlagen gemeinsam ist die Führung der Luft auf einem geschlossenen Weg; keine Anordnung, bei welcher immer frische Luft aus der freien Atmosphäre angesogen wurde, hat sich bewährt. Die Rückführung der Luft kann in einem besonderen Kanal erfolgen, der neben oder unter dem eigentlichen Beobachtungskanal liegt; in diesen kann der Ventilator so eingebaut werden, daß er im Beobachtungskanal keine Störungen hervorruft; die Umlenkung muß durch gekrümmte Schaufeln möglichst störungsfrei gestaltet werden. Man kann auch um die eigentliche aus Beobachtungsstrecke und Ventilator bestehende Anordnung eine geräumige Halle bauen, aus welcher die Luft angesaugt wird und wohin sie wieder zurücktritt; zwischen der Stelle des Ansaugens und der Stelle des Ausblasens wird dabei passenderweise ein Gleichrichter zur Beruhigung eingeschaltet, etwa eine durchbrochene Wand.

Unerläßlich für jede Luftstromanlage sind Gleichrichter, welche die räumliche Ungleichmäßigkeit ausgleichen; als Gleichrichter dienen horizontale und vertikale Blechstreifen, die größere Wirbel zerstören und die lokale Strömung in eine bestimmte Richtung zwingen. Man kann durch Zurechtbiegen der Streifen alle lokalen Abweichungen von der mittleren Strömung beseitigen. Auch die zeitliche Ungleichmäßigkeit erfordert, wenn große Präzision erstrebt wird, einen Ausgleich; zu diesem Zwecke dienen Druckregler. Der Hauptbestandteil des Prandtlschen Druckreglers, der in Göttingen verwendet wird, ist eine manometrische Waage, die auf die Druckdifferenz zwischen Vorder- und Rückseite des Propellers und somit auf eine bestimmte Geschwindigkeit eingestellt ist; jede Änderung dieser Druckdifferenz bringt die Waage zum Ausschlag; dadurch wird über elektrische Kontakte ein Nebenschlußregulator am

[1] Prandtl, L., Herstellung einwandfreier Luftströme (Windkanäle). Handbuch der Experimentalphysik, Bd. 4, 2. Teil, S. 63. Leipzig: Akad. Verlagsges. 1932.

Ventilator eingeschaltet und so die ursprüngliche Luftgeschwindigkeit wiederhergestellt.

Der Freistrahl hat den Vorzug, daß man leichter an die Instrumente und Modelle herankam; andererseits erfordert er eine bessere Abdichtung des Beobachtungsraumes, da er wie eine Strahlluftpumpe so lange Luft aus dem Raum ansaugt, bis der ganze Raum einen der Strahlgeschwindigkeit entsprechenden Unterdruck angenommen hat.

Unter allen Umständen ist es nötig, die in Luftströmen stehenden Modelle sehr frei und von anderen Körpern ungestört aufzuhängen. Feste Träger u. dgl. rufen große Störungen hervor. Nur die Aufhängung an dünnen Drähten hat sich bewährt, und auch dabei muß die Luftkraft auf die Drähte berücksichtigt und herauskorrigiert werden.

Der Energieverbrauch einer Luftstromanlage ist recht bedeutend. Nach einer Göttinger Untersuchung beträgt die dort erforderliche Motorleistung etwa $^2/_3$ der lebendigen Kraft $\left(\frac{\varrho}{2} F v^3\right)$, die in der Zeiteinheit durch einen Querschnitt gefördert wird.

Früher nahm man an, daß die Luftkraftbeiwerte im allgemeinen wenig von der Reynoldsschen Zahl abhängen und übertrug die Modellwerte, obwohl sie zu einer wesentlich kleineren Reynoldsschen Zahl gehörten, ohne weiteres auf die Verhältnisse der Flugtechnik. Es stellte sich aber im Laufe der Zeit heraus, daß der Einfluß doch nicht so unbedeutend ist, und daß man selbst mit der Übertragung qualitativer Ergebnisse vorsichtig sein muß. Daher sucht man heute möglichst hohe Reynoldssche Zahlen im Luftstrom zu erreichen. Diesem Zweck dienen zunächst große Abmessungen des Luftstromes, so daß man nicht mehr Modelle, sondern Flügel und Flugzeugteile selbst untersuchen kann; natürlich gehört dazu ein sehr großer Energieaufwand. Will man bei Modellen bleiben (Abmessung l), so kann man die Reynoldssche Zahl $\frac{v\,l}{\nu}$ auf die erforderliche Größe bringen entweder durch Erhöhung der Geschwindigkeit v oder durch Erniedrigung der kinematischen Zähigkeit $\nu = \frac{\mu}{\varrho}$. In der Erhöhung der Geschwindigkeit ist man jedoch ziemlich beschränkt; denn man darf sich nicht der Schallgeschwindigkeit annähern und kann daher nur etwa doppelte Fluggeschwindigkeit erzeugen; auch dies ist wegen des hohen Energieverbrauches meist nur möglich, wenn man den Querschnitt und somit auch die Modellabmessungen klein hält, wodurch aber wieder die Reynoldssche Zahl herabgedrückt wird. Die kinematische Zähigkeit kann man erniedrigen durch Ersetzung der Luft durch eine andere Flüssigkeit; für Wasser ist ν nur $\frac{1}{14}$, für Kohlendioxyd nur etwa die Hälfte des Wertes für Luft. Am erfolgreichsten ist die Munksche Methode, die in geschlossenem Kanal strömende Luft unter Überdruck zu setzen; dadurch wird die Zähigkeit kaum verändert, während die Dichte und mit ihr die Reynoldssche Zahl proportional dem Druck anwachsen. In dem nach diesem Prinzip erbauten Kanal in Langley-Field[1] kann man einen Druck von 20 atm erreichen und infolgedessen bei einer Modellverkleinerung

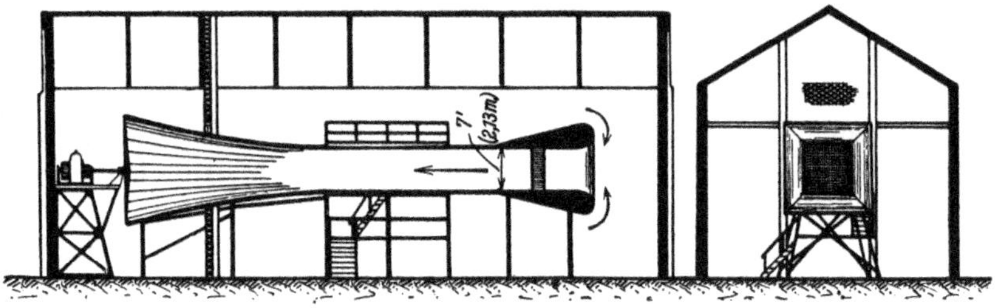

Abb. 16. 7 × 7-Fuß-Kanal des National Physical Laboratory in Teddington (England).

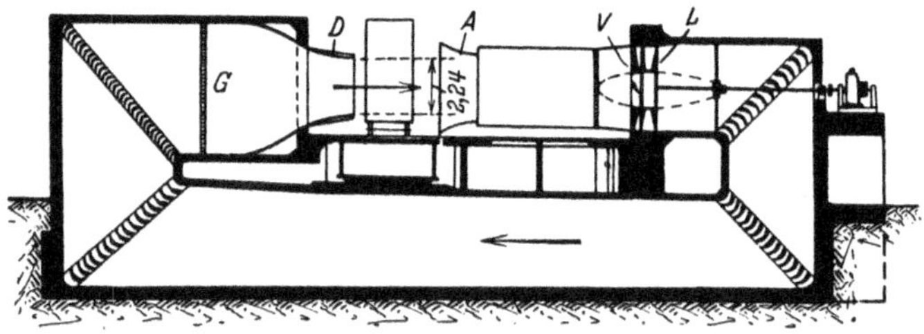

Abb. 17. Großer Windkanal der Aerodynamischen Versuchsanstalt Göttingen.

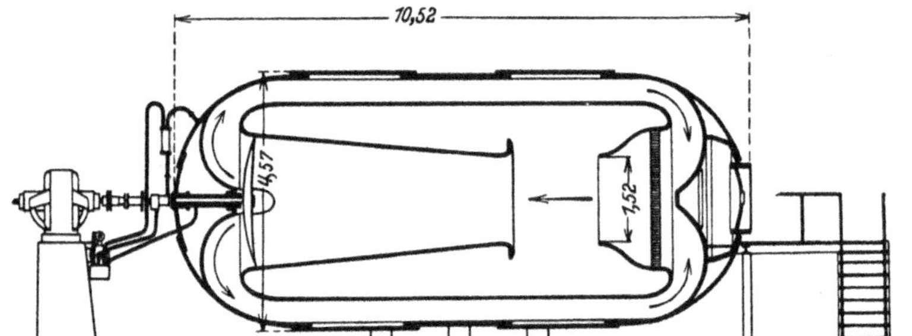

Abb. 18. Überdruck-Windkanal des National Advisory Comittee for Aeronautics in Langley-Field (USA).

auf $\frac{1}{20}$ und Fluggeschwindigkeit die Reynoldssche Zahl des praktischen Fluges erreichen.

Die Abb. 16, 17 und 18 lassen den Aufbau einiger wichtigen Luftstromanlagen erkennen; eine Übersicht über die zur Zeit bekanntesten Anlagen gibt die Tabelle.

[1] Munk, M. and E. W. Miller, The variable density wind tunnel. N. A. C. A. 227; 1925 S. 403.

Tabelle 1.

Ort	Art der Anlage	Querschnitt m²	Luftgeschwindigkeit m/s	Energieverbrauch PS
Göttingen	Freistrahl mit Rückführung	4,0	58	300
Teddington (NPL)	Geschlossener Kanal in Halle	8,8	30	400
Issy les Moulineaux	Freistrahl in Halle	7,1	80	1000
Langley Field (N.A.C.A.)	Überdruck, Freistrahl	1,8	24	253,5
Langley Field (N.A.C.A.)	Freistrahl mit Rückführung	29,25	50	2000
Moskau (ZAHJ)	Geschlossener Kanal mit Rückführung	30,0 oder 7,5	30 bzw. 104	820

§. 6. Theorie.

Die junge Flugtechnik fand wenig theoretische Grundlagen in der damaligen Hydrodynamik; aber keine Technik hatte die Mitarbeit der Theorie so nötig, da ja hier Versuche nicht nur Geld, sondern auch Menschenleben kosten mußten. So hat sich von Anfang an mit der technischen Entwicklung auch eine theoretische Arbeit verbunden, die zu schönen Ergebnissen geführt hat.

Zweierlei Aufgaben stellt die Flugtechnik der theoretischen Forschung. Einerseits ist die physikalische Natur der Luftkräfte aufzuklären, andererseits ist die Bewegung des Flugzeugs unter Einfluß dieser Kräfte zu untersuchen. Die erste Aufgabe erfordert einen mächtigen Ausbau der Hydrodynamik; ihre Bearbeitung durch Lanchester, Joukowski, Prandtl u. a. hat neue wichtige Einblicke in die Lehre von der Flüssigkeitsbewegung gebracht und auch auf den Nachbargebieten der Flugtechnik schöne Früchte getragen. Der Darstellung dieser Untersuchungen ist der 1. Band des vorliegenden Werkes gewidmet. Die Ergebnisse sind für die Probleme dieses Bandes die Grundlagen; durch sie erfahren die Versuche ihre Deutung. Die wichtigsten Kräfte auf Flügel und Schrauben lassen sich schon in genügender Näherung auf Grund der Theorie allein erfassen.

Das Problem der Flugzeugbewegung gehört in die Mechanik des starren Körpers; man nimmt dabei die Kräfte als gegeben an und verfolgt die Bewegung auf Grund der 6 Gleichungen, die für einen starren Körper gelten; im besonderen Fall reiner Längsbewegung reduzieren sich diese auf 3. Die Leistungen eines Flugzeugs werden aus dem Gleichgewicht bei stationärem Flug gerechnet; auch einige Gesichtspunkte für die Stabilität ergeben sich aus den einfachen Verhältnissen stationärer Bewegung. Um aber die ganzen Eigenschaften eines Flugzeugs in bezug auf Stabilität und Steuerung zu erfassen, müssen die Massenkräfte mitberücksichtigt werden. Diese Untersuchungen haben auch schon manche praktisch bedeutsamen Tatsachen ans Licht gebracht, und es ist zu hoffen, daß sie bald mehr wie bisher als Unterlagen für die praktische Wertung von Flugeigenschaften dienen werden.

Zweites Kapitel.

Kräftegleichgewicht im geraden Flug.

§ 1. Aufstellung der Kraftgleichungen.

Wir betrachten ein Flugzeug in ungestörtem, gleichmäßigem, geradeaus gerichtetem Fluge; wir haben also keine Beschleunigungen und Massenkräfte zu berücksichtigen. Auf das Flugzeug wirken die Luftkräfte an Flügeln, Leitwerk und sonstigen Teilen, ferner der Schraubenzug und die Schwerkraft. Die Bewegung des Flugzeugschwerpunktes verläuft in der Symmetrieebene des Flugzeugs. Das Gleichgewicht erfordert die Erfüllung dreier Beziehungen: Die Kräfte in zwei zueinander senkrechten Richtungen und die Drehmomente in der Bewegungsebene müssen ausgeglichen sein. Dann wird das Flugzeug nach keiner Richtung beschleunigt, insbesondere bleiben seine Bahngeschwindigkeit und seine Steiggeschwindigkeit unverändert; auch behält es seine Lage im Raum, mithin seine Orientierung gegen die Bewegungsrichtung unverändert bei. Diese drei Größen bestimmen aber die ganze Bewegung des Flugzeugs; sie sind die Unbekannten unseres Gleichungssystems. Das Problem erhält seinen bestimmten Charakter durch die Abhängigkeit der Kräfte von den Unbekannten, die im allgemeinen nicht analytisch, sondern rein empirisch gegeben ist. Die Luftkräfte sind dem Quadrat der Geschwindigkeit proportional, hängen aber vom Anstellwinkel in komplizierter Weise ab; der Schraubenzug hängt von der Drehzahl und von der Geschwindigkeit des Flugzeugs in einer rein empirisch gegebenen Weise ab; die Drehzahl wiederum ist nicht unmittelbar gegeben, sondern wird durch die zur Verfügung stehende Motorleistung bestimmt. Außerdem stehen die Luftkräfte und der Schraubenzug ceteris paribus in linearer Abhängigkeit von der Luftdichte, welche bei gegebener Druck- und Temperaturverteilung in der Atmosphäre mit der Höhe und somit auch mit der Steiggeschwindigkeit in Beziehung steht.

Wir wollen das Gesagte mathematisch formulieren: Das Flugzeug bewege sich mit der Geschwindigkeit v unter einem Winkel γ gegen die Erdoberfläche (Abb. 19). Ist γ positiv, so steigt es, ist γ negativ, so fällt es. Dabei sei die Schraubenachse um den Winkel β gegen die Bahnrichtung geneigt, die Sehne des Flügels (bei mehreren Flügeln die Sehne des Oberflügels) um den Winkel α, so daß der fest gegebene „Einstellwinkel“ der Flügel gegen die Schraubenachse $\varkappa = \alpha - \beta$. Wir wählen nun ein Koordinatensystem so, daß die x-Achse in die Bewegungsrichtung des Flugzeugs fällt; dann wirkt der aerodynamische Widerstand W in Richtung der negativen x-Achse, der Auftrieb A in Richtung der positiven y-Achse. Die beiden Gleichgewichtsbedingungen für die Kräfte lauten, wenn G das Gewicht und S den Schraubenzug bedeuten:

$$S \cos\beta - G \sin\gamma - W = 0 \tag{2,1}$$

$$S \sin\beta - G \cos\gamma + A = 0 \tag{2,2}$$

Wir setzen nach (1,2) (ϱ Luftdichte, F Flügelfläche):

$$W = c_w \frac{\varrho}{2} v^2 F = c_w q F \tag{2,3}$$

$$A = c_a \frac{\varrho}{2} v^2 F = c_a q F \tag{2,4}$$

womit wir alle Luftkräfte auf die tragende Flügelfläche F beziehen. c_w und c_a sind Beiwerte, die sich auf das ganze Flugzeug beziehen

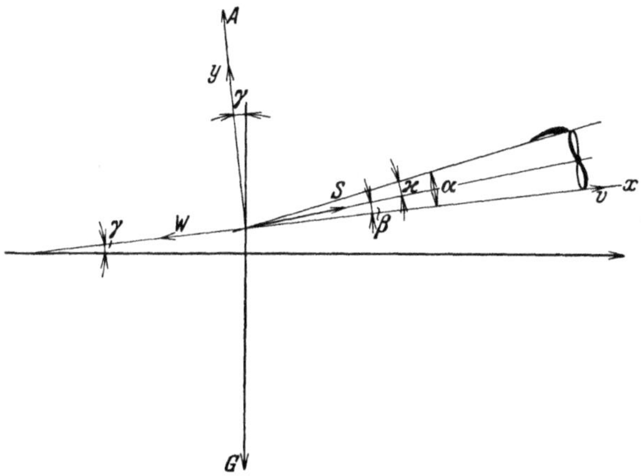

Abb. 19. Bezeichnungen.

und bei deren Berechnung aus den Werten für die einzelnen Teile natürlich auf den Unterschied zwischen β und α geachtet werden muß. In diesen Gleichungen sind α, γ und v Unbekannte; c_a und c_w hängen nur von α ab; S hängt von v und ϱ ab, ferner von der Drehzahl n in der Minute. Ist diese nicht gegeben, so muß man sie aus dem Gleichgewicht der Drehmomente von Motor und Schraube berechnen. Ist die Leistung des Motors N (Pferdestärken) bekannt, so gilt, wenn M das Drehmoment der Schraube bedeutet:

$$M \frac{2\pi n}{60} = 75 N \tag{2,5}$$

Damit haben wir eine neue Gleichung und eine neue Unbekannte n eingeführt; der Zusammenhang zwischen M und S wird als bekannt angesehen ganz analog demjenigen zwischen c_w und c_a.

Man kann auch N und S unmittelbar miteinander in Beziehung setzen durch den Begriff des Wirkungsgrades η. Die von der Schraube in der Zeiteinheit geleistete Arbeit ist nämlich

$$S v = 75 N \eta \tag{2,6}$$

Für Benutzung dieser Gleichung ist Voraussetzung, daß η empirisch bestimmt ist; dann ist bei gegebener Motorleistung der Schraubenzug nur noch eine Funktion der Geschwindigkeit v, und es ist damit keine neue Variable in die Gleichungen (2,1) und (2,2) eingeführt.

Noch haben wir aber drei Unbekannte und nur zwei Gleichungen; die dritte Gleichung verlangt den Ausgleich der Drehmomente am Flugzeug. Es ist bekanntlich gleichgültig, um welchen Punkt man diese Drehmomente rechnet; wir wählen den Schwerpunkt; dann rührt vom Gewicht kein Drehmoment her, da die Schwerkraft durch den Schwerpunkt geht. Aber auch das Moment, welches der Schraubenzug ausübt, ist meist nicht groß, da derselbe fast stets mit kleinem Hebelarm am Schwerpunkt vorbeigeht und dem ganzen Charakter des Flugzeuggleichgewichtes nach nur klein ist gegenüber den Auftriebskräften, welche das Flugzug heben. Die in Gleichung (2,1) stehenden Glieder sind ja in den meisten Fällen klein im Vergleich mit denen der Gleichung (2,2). So wird im wesentlichen — vorbehaltlich späterer genauerer Diskussion — das Gleichgewicht der Drehmomente hergestellt sein, wenn nur die Momente der Luftkräfte sich das Gleichgewicht halten. Diese sind alle der Luftdichte und dem Quadrat der Geschwindigkeit proportional und unabhängig von der Richtung der Schwerkraft. Die beiden Unbekannten v und γ kommen daher in der Beziehung, welche das Gleichgewicht der Drehmomente ausspricht, in 1. Näherung nicht zur Geltung, sondern als einzige Unbekannte der Anstellwinkel α. Dafür tritt in der Momentengleichung als bedeutungsvoll ein weiterer Parameter auf, nämlich der Ausschlag des Höhenruders; von diesem hängt also der Anstellwinkel ab und ist somit durch die willkürliche Betätigung des Steuers vom Führer frei wählbar. Wir werden uns im vierten Kapitel noch ausführlich mit dem Problem des Momentenausgleiches zu befassen haben. Einstweilen schließen wir, daß der Anstellwinkel durch den Momentenausgleich festgelegt ist, daß wir ihn deshalb in den Gleichungen (2,1) und 2,2) nicht als Unbekannte, sondern als gegebenen Parameter anzusehen haben. Verschiedene Anstellwinkel bedeuten verschiedene Luftkraftbeiwerte c_a und c_w und somit verschiedene Flugzustände. Aus den Kraftgleichungen (2,1) und (2,2), für die das Flugzeug nur ein materieller Punkt ist, sind für die verschiedenen Flugzustände die Geschwindigkeit v und der Anstiegwinkel γ zu erschließen. Diese beschreiben die eigentlichen Flugleistungen und entscheiden somit in erster Linie über die Brauchbarkeit eines Flugzeugs für bestimmte Zwecke.

§ 2. Gleitflug.

Am einfachsten gestaltet sich die Diskussion der Kraftgleichungen im Gleitflug, wenn der Motor ganz abgestellt ist, also

$$S = 0.$$

In diesem Fall ergibt Division der Gleichung (2,1) durch (2,2)

$$\operatorname{tg} \gamma = -\frac{W}{A} = -\frac{c_w}{c_a} = -\varepsilon . \tag{2,7}$$

Der „Gleitwinkel“ γ ist also unabhängig von der Flügelfläche und vom Gewicht des Flugzeugs, sowie unabhängig von der Luftdichte und der Höhe des Flugs über dem Erdboden; er ist gegeben durch die „Gleitzahl“ $\frac{c_w}{c_a}$, welche nur von der aerodynamischen Ausgestaltung des Flugzeugs beeinflußt wird. Der Gleitflug wird also um so flacher, je kleiner bei bestimmter Tragkraft der Widerstand gemacht wird.

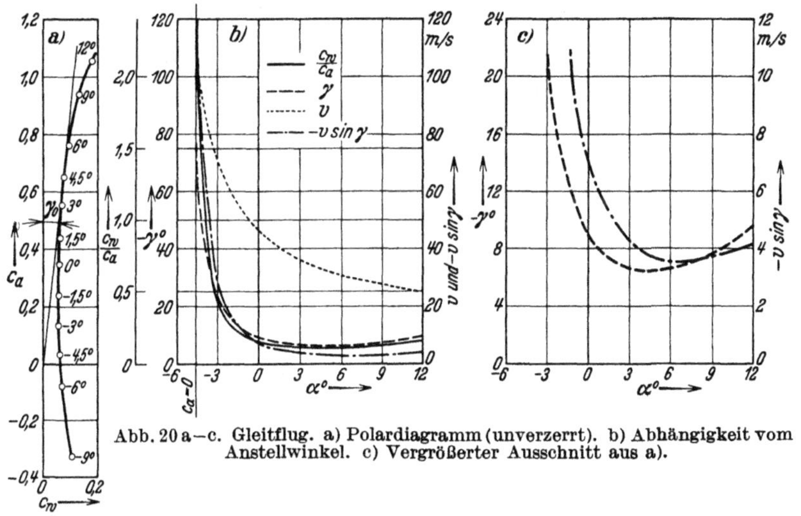

Abb. 20a—c. Gleitflug. a) Polardiagramm (unverzerrt). b) Abhängigkeit vom Anstellwinkel. c) Vergrößerter Ausschnitt aus a).

Im Polardiagramm ist der Winkel γ direkt abzulesen als der Winkel, welchen der vom Anfangspunkt nach einem bestimmten Punkte der Kurve hin gezogene Fahrstrahl mit der c_a-Achse einschließt; man muß aber dabei beachten, daß gewöhnlich der Maßstab der c_w-Achse vergrößert ist, also der Winkel verzerrt erscheint. Der steilste Gleitflug ist natürlich bei verschwindendem Auftrieb senkrecht nach unten gerichtet, der flachste Gleitflug ist durch die Tangente an die Kurve vom Nullpunkt aus gegeben. In Abb. 20a ist das Polardiagramm eines kleinen Flugzeugs, wie es aus Modellversuchen[1] gewonnen wurde, eingezeichnet, dazu in Abb. 20b $\frac{c_w}{c_a}$ und der Gleitwinkel in Abhängigkeit vom Anstellwinkel. Die Geschwindigkeit im Gleitflug kann man durch Einsetzen des gefundenen Wertes von γ in Gleichung (2,2) berechnen. Man erhält

$$v = \sqrt{\frac{G}{F}\,\frac{2}{\varrho}\,\frac{\cos\gamma}{c_a}} \tag{2,8}$$

[1] Zahlwerte nach Munk, M. u. W. Molthan, Messungen an einem Flugzeugmodell AEG DI, T. B. Bd. 3 S. 30.

was man auch auf die Form bringen kann:

$$v = \sqrt{\frac{G}{F}\,\frac{2}{\varrho}\,\frac{1}{\sqrt{c_a^2 + c_w^2}}} \tag{2,8a}$$

Die Geschwindigkeit hängt also nicht nur von aerodynamischen Größen ab, sondern auch von der Größe $\frac{G}{F}$, welche man die „Flächenbelastung“ nennt, ferner von der Luftdichte und somit von der Höhe; und zwar ist die Geschwindigkeit größer bei höherer Flächenbelastung und bei größerer Flughöhe. In Abb. 20b ist auch die Geschwindigkeit in Abhängigkeit vom Anstellwinkel (somit indirekt auch vom Gleitwinkel) eingetragen. Dabei ist eine Flächenbelastung von 40 kg/m² und eine Luftdichte $\varrho = 0{,}1\,\frac{\text{kg s}^2}{\text{m}^4}$, welches etwa einer Höhe von 2 km entspricht, angenommen.

Ferner enthalten Abb. 20b und c die Sinkgeschwindigkeit $w_s = -v \sin\gamma$ des Flugzeugs. Auch diese zeigt ein Minimum, aber bei einem anderen Anstellwinkel als der Gleitwinkel: Führt man w_s durch Multiplikation der Gleichung (2,1) mit v in unsere Grundgleichungen ein, so erhält man sofort durch Elimination von v die Beziehung:

$$w_s = \frac{c_w}{c_a^{3/2}} \cdot \cos^{3/2}\gamma \cdot \sqrt{\frac{2\,G}{\varrho\,F}} \tag{2,9}$$

oder

$$w_s = \frac{c_w}{(c_a^2 + c_w^2)^{3/4}} \sqrt{\frac{2\,G}{\varrho\,F}} \tag{2,9a}$$

Die kleinste Sinkgeschwindigkeit ergibt sich also beim kleinsten Wert von $\frac{c_w}{(c_a^2 + c_w^2)^{3/4}}$, den man immer mit genügender Genauigkeit durch $\frac{c_w}{c_a^{3/2}}$ ersetzen kann. Das Minimum von $\frac{c_w}{c_a^{3/2}}$ muß bei einem höheren Anstellwinkel liegen, als das Minimum der Gleitzahl, da bei diesem c_a noch wächst. Man nennt die Zahl $\frac{c_w}{c_a^{3/2}}$ die „Steigzahl“, da sie für die Steiggeschwindigkeit eine ähnliche Rolle spielt wie für die Sinkgeschwindigkeit.

Ein möglichst langsames Sinken zu erreichen, ist die Hauptaufgabe des Segelflugzeugs; der motorlose Flug oder Segelflug beruht auf der Ausnutzung aufsteigender Luftströme zur Hebung von Flugzeugen. Wird die aufwärts gerichtete Komponente des Windes so groß oder größer als die Sinkgeschwindigkeit des Flugzeugs, so schwebt bzw. steigt das Flugzeug gegenüber dem Erdboden. Da man durch Erniedrigung der Steigzahl und der Flächenbelastung die Sinkgeschwindigkeit heute auf die Größenordnung von 0,7 m/s herabdrücken kann, sind Aufwinde, wie sie an Hängen, am Meeresstrand infolge der Lufterwärmung und an Gewitterwolken mit starker Wirbelbewegung vorkommen, leicht imstande, das Sinken in ein Steigen zu verwandeln, und es bedarf nur der Geschicklichkeit des Piloten, um das Flugzeug lange in solchen

Aufwinden zu halten, bzw. mit den Wolken fortbewegen zu lassen. Für den Weitflug ohne Motor ist demnach auch kleine Sinkgeschwindigkeit, also kleinstmöglicher Wert von $\frac{c_w}{c_a^{3/2}}$ die Hauptsache; verläßt hingegen das Flugzeug den Aufwind in einer bestimmten Höhe und sucht im Gleitflug eine größtmögliche Entfernung zu überfliegen, so ist wieder die Gleitzahl maßgebend. Die Auseinanderhaltung der beiden Minima ist im übrigen praktisch nicht so bedeutungsvoll, da diese Minima sehr flach sind (Abb. 20c), daher sowohl Gleitwinkel als auch Sinkgeschwindigkeit dort gegen Anstellwinkeländerung ziemlich unempfindlich sind.

Die Geschwindigkeit nimmt mit wachsendem Anstellwinkel ab, aber auch bei ihr liegt der große Abfall im Bereich ganz kleiner c_a-Werte. Die Abbildung zeigt, daß dort alle Größen sich sehr rasch mit dem Anstellwinkel ändern und sehr bedeutende Werte annehmen; man pflegt diese steilen Gleitflüge Sturzflüge zu nennen. Sie werden bei allen Flugzeugen, außer bei schnellen Kampfflugzeugen, nach Möglichkeit vermieden; bei Jagdflugzeugen sind sie sehr wichtig; es kann bei der Flucht oder bei der Verfolgung eines Gegners von der größten Bedeutung sein, daß man große Sinkgeschwindigkeit erzielt; unsere Formel (2,8a) lehrt, daß man einem Flugzeug, welches man in dieser Hinsicht besonders leistungsfähig machen will, große Flächenbelastung geben und durch Herabminderung der schädlichen Widerstände und Auswahl eines Profils mit kleinem c_w bei kleinen c_a-Werten die spezifische Gesamtkraft $\sqrt{c_a^2 + c_w^2}$ möglichst tief halten muß.

Kein Minimum durchläuft im Bereich normaler Anstellwinkel die Fluggeschwindigkeit v beim Gleitflug. Will man, etwa beim Start oder bei der Landung auf beschränktem Platz, eine möglichst kleine Geschwindigkeit erzielen, so verwendet man die großen Anstellwinkel in der Nähe des Auftriebsmaximums. Die kleinste Fluggeschwindigkeit wird beim Maximalwert von $\sqrt{c_a^2 + c_w^2}$ erreicht, der mit $c_{a\,\max}$ praktisch zusammenfällt.

Im allgemeinen gehören zu einem bestimmten Gleitwinkel oder zu einer bestimmten Sinkgeschwindigkeit zwei Werte des Anstellwinkels. Vergrößerung des Anstellwinkels führt daher unter Umständen zu einem flacheren Gleitflug, also zu einem Aufrichten der Flugbahn, unter Umständen aber auch zum Gegenteil, was dem natürlichen Gefühl des Führers zuwiderlaufen muß. Die Werte bei großen Anstellwinkeln oberhalb des Minimums von Gleitwinkel und Sinkgeschwindigkeit machen sich wohl beim Fluge in größeren Höhen nicht störend bemerkbar, soweit sie nicht etwa aus Instabilitätsgründen ausgeschlossen sind. Bei der Landung, bei welcher man gerade langsame Bewegung, also große c_a-Werte erstrebt, sind derartige Flugzustände als unangenehm bekannt; man muß den Anstellwinkel erniedrigen, also Steuerausschläge geben, von denen man für gewöhnlich ein Herabdrücken des Flugzeugs erwartet, um die Flugbahn flacher zu gestalten bzw. die Sinkgeschwindigkeit zu erniedrigen. Diese Umkehrung der Steuerwirkung ist vielfach beobachtet worden. (Eine weitgehende Einschränkung dieser Aussagen werden wir aber im fünften Kapitel besprechen.)

§ 3. Motorflug.

Gleichungen. Bei Behandlung des Motorflugs ist es nicht nötig, die Gleichungen (2,1) und (2,2) in der komplizierten vorliegenden Gestalt beizubehalten; man kann sich das Problem wesentlich vereinfachen, wenn man die Größenordnung der einzelnen Werte in Betracht zieht. Beim Horizontalflug ist $\gamma = 0$, beim steilsten Anstieg braucht man nicht mit einem größeren Anstiegwinkel als 20^0 zu rechnen, bei allen wichtigen Problemen mit erheblich geringeren Werten; daher macht man nur einen Fehler, der bei der Ungenauigkeit der Rechnung mit empirischen Werten nicht wesentlich ist, wenn man

$$\cos\gamma = 1 \quad \text{und} \quad \sin\gamma = \gamma$$

setzt. Ferner bleibt der Winkel β unter allen Umständen klein; ein größerer Wert, wie etwa 8^0, kommt nicht leicht vor, so daß unbedenklich

$$\cos\beta = 1 \quad \text{und} \quad \sin\beta = \beta$$

gesetzt werden kann. Und ferner ist der Schraubenzug unter allen Umständen klein gegen das Flugzeuggewicht, wie der Widerstand klein gegen den Auftrieb ist; infolgedessen kommt die kleine Kraftkomponente, mit welcher die Schraube das Flugzeug tragen hilft, gar nicht in Betracht und kann vernachlässigt werden, während hingegen die kleine Komponente der Schwerkraft, welche in die Bewegungsrichtung fällt, von derselben Ordnung wie die Schraubenkraft ist. Wir legen also den weiteren Untersuchungen die vereinfachten Bewegungsgleichungen zugrunde:

$$\left.\begin{aligned} S - G\gamma - c_w F q &= 0 \\ -G + c_a F q &= 0 \end{aligned}\right\} \qquad (2,10)$$

Die Auflösung dieser Gleichungen ist dadurch erschwert, daß sich die Geschwindigkeit nicht so einfach eliminieren läßt wie beim Gleitflug, da der Schraubenzug in rein empirischer Weise von der Geschwindigkeit abhängt; diese Abhängigkeit darf nie vernachlässigt werden; denn sie ist von derselben Größenordnung wie die Abhängigkeit des aerodynamischen Widerstandes von der Geschwindigkeit.

Zudem ist nicht der Schraubenzug unmittelbar bekannt, sondern nur die Motorleistung oder das Motordrehmoment in Abhängigkeit von der Luftdichte. Der Auswertung unserer Gleichungen sind also zunächst drei empirische Kurven zugrunde zu legen, die gegeben sein müssen:

1. Motorleistung in Abhängigkeit von Luftdichte (Abb. 22),

2. Drehwert, Schubwert und Wirkungsgrad der Luftschraube in Abhängigkeit vom Fortschrittsgrad (Abb. 8),

3. Widerstands- und Auftriebsbeiwert des Flugzeugs in gegenseitiger Abhängigkeit (analog Abb. 6).

Man überblickt die Zusammenhänge sehr schön in einem altbekannten Diagramm, das schon Pénaud[1] (1875) verwendet hat:

Zugkraftdiagramm. Nach Gleichung (2,10) gehört zu jedem Staudruck q ein bestimmter Wert von c_a; mit c_a hängt aber c_w zwangsläufig zusammen, so daß der Widerstand W als eindeutige Funktion von q aufgetragen werden kann (Abb. 21). Man sieht am besten c_a als den für den Flugzustand charakteristischen Parameter an und nimmt als Abszisse

$$q = \frac{G}{F\,c_a}, \qquad (2,11)$$

als Ordinate

$$W = \frac{c_w}{c_a}\,G \qquad (2,12)$$

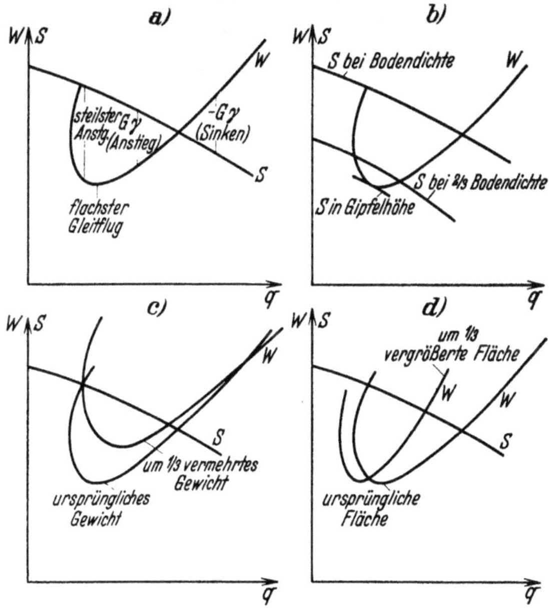

Abb. 21. Zugkraft-Diagramm.

Der Verlauf dieser Kurve folgt aus den allgemeinen Eigenschaften des aerodynamischen Polardiagramms: Für $c_a = 0$ bleibt c_w endlich, infolgedessen gehört zu $q = \infty$ auch $W = \infty$ (Abb. 21); mit fallendem q fällt W; denn $\frac{c_w}{c_a}$ fällt, wenn c_a wächst; für ein bestimmtes c_a erreicht $\frac{c_w}{c_a}$ ein Minimum, ebenso W als Funktion von q; dieses Minimum gehört zu demselben Anstellwinkel wie der flachste Gleitflug; für weiter wachsendes c_a wächst $\frac{c_w}{c_a}$ schnell an, somit wächst auch W bei weiter fallendem q; schließlich übersteigt c_a nicht einen bestimmten Maximalwert; daher kehrt die Kurve bei einem bestimmten Minimalwert von q um; mit kleinerem Staudruck kann man nicht stationär fliegen.

In dasselbe Diagramm muß man nun S als Funktion von q eintragen; jedoch hängt S nicht direkt und einfach vom Staudruck ab, sondern von der Luftdichte und der Geschwindigkeit einzeln. Für jede Luftdichte, also für jede Flughöhe, wird daher S durch eine andere Kurve

[1] Pénaud, A., Aviation. Paris 1875.

dargestellt. Um eine dieser Kurven für eine bestimmte Luftdichte zu berechnen, müssen wir zunächst unserem Diagramm (Abb. 22) den Wert der Motorleistung bei dieser Luftdichte (und natürlich bei der vorgegebenen Drosselstellung des Vergasers) entnehmen; der in dem Diagramm verzeichnete Wert gehört zu einer bestimmten Drehzahl. Um das Drehmoment in Abhängigkeit von der Drehzahl zu erhalten, müßten wir eigentlich die Leistungs- oder Drehmomentswerte für verschiedene Drehzahlen kennen; da aber in der Praxis die Motoren nur mit solchen Drehzahlen verwendet werden, die dem Maximum des Drehmomentes naheliegen, so kann man das Drehmoment M als eine Konstante ansehen, die man etwa aus dem Motorleistungswert durch Division mit der Winkelgeschwindigkeit ω entnimmt. Nun hat man das Schraubendiagramm zu benutzen und muß daher zuerst den Drehwert haben; da nach (1,11)

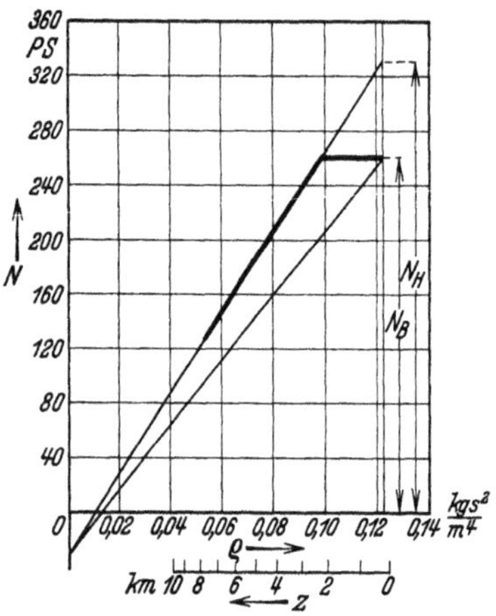

Abb. 22. Motorleistung in Abhängigkeit von der Höhe.

$$\mu = \frac{M}{\pi \varrho R^5 \omega^2} \quad (R \text{ Schraubenhalbmesser}),$$

ist er aus den vorgegebenen Daten zu berechnen, bleibt aber abhängig von der Drehzahl. Für jede Drehzahl ergibt sich aber aus dem Schraubendiagramm der zu dem betreffenden μ-Wert gehörige Fortschrittsgrad λ und daraus die dazu gehörige Geschwindigkeit, sowie die zugehörigen Werte von ψ und η. Aus diesen ist aber nunmehr S zu berechnen und als Funktion von q (bei der gewählten Luftdichte) in das Zugkraftdiagramm einzutragen. S fällt mit wachsendem q.

Die ganze Konstruktion wird besonders einfach, wenn man ω wenigstens näherungsweise konstant setzen kann; dann gehen die S-Kurven derart ineinander über, daß die Abszissen und Ordinaten proportional ϱ verändert werden. Denn einerseits ist S proportional ϱ, andererseits ψ nur eine Funktion der Geschwindigkeit; der Staudruck, welcher bei verschiedener Luftdichte zur gleichen Geschwindigkeit gehört, ist aber auch proportional ϱ. Also ist $\frac{S}{\varrho}$ eine Funktion von $\frac{q}{\varrho}$ (Abb. 21b)[1]. Will man nicht ω konstant setzen, so kann man sich die Rechnung natürlich durch Nomogramme sehr erleichtern.

[1] Man kann graphisch sehr leicht von einer S-Kurve zur anderen übergehen, indem man nach den einzelnen Punkten der Kurve die Fahrstrahlen vom Nullpunkt zieht und auf diesen überall im gleichen Verhältnis nach außen oder nach innen rückt.

Man kann auch die Auftragung dadurch allgemeingültiger und für manche Zwecke übersichtlicher gestalten, daß man dimensionslose Koordinaten verwendet; als solche bieten sich $\frac{qF}{G}$ und $\frac{W}{G}$ bzw. $\frac{S}{G}$ dar. Man kann auch an Stelle der Kräfte die Leistungen als Ordinaten nehmen. Der Gedankengang entwickelt sich dann ganz ähnlich dem hier verfolgten.

Im allgemeinen schneiden sich die S-Kurve und die W-Kurve in zwei Punkten. Diese beiden Punkte entsprechen Gleichgewichtszuständen, bei welchen die Komponente des Gewichtes in der Bewegungsrichtung verschwindet, also Horizontalflügen. Wir finden wieder, wie beim Gleitflug, zwei mögliche Gleichgewichtszustände; man kann mit demselben Flugzeug, derselben Schraube und demselben Motor in zweierlei Weise horizontal fliegen, einmal mit großer Geschwindigkeit, kleinem Anstellwinkel und kleinem c_a und einmal mit kleiner Geschwindigkeit, großem Anstellwinkel und großem c_a. Hier gilt unverändert das von den beiden Möglichkeiten des Gleitflugs Gesagte: die gewöhnlichen wichtigen Flugzustände gehören zu der größeren Geschwindigkeit; aber auch die mit der kleineren Geschwindigkeit kommen vor.

Fliegt man nun — was man stets mit dem Höhenruder erzwingen kann — nicht mit einem der beiden c_a-Werte, welche zu Horizontalflügen gehören, so ist der aerodynamische Widerstand nicht im Gleichgewicht mit dem Schraubenschub; das Gleichgewicht muß durch die Schwerkraft hergestellt werden; die Flugbahn steigt an oder fällt und in ihrer Richtung wirkt die Gewichtskomponente $G\gamma$. Diese ist also offenbar numerisch gleich dem Abstand zwischen den beiden Kurven S und W des Diagramms. Fliegt man mit einer Geschwindigkeit, welche zwischen den beiden Horizontalfluggeschwindigkeiten liegt, so muß nach Gleichung (2,9) die Gewichtskomponente mit dem Widerstand zusammen dem Schraubenschub entgegenwirken, das Flugzeug steigt also unter einem Winkel γ an, der dem Abstand der S-Kurve von der W-Kurve geteilt durch das Flugzeuggewicht gleich ist. Fliegt man mit einer Geschwindigkeit, die außerhalb des durch die Horizontalgeschwindigkeiten abgegrenzten Bereiches liegt, so sinkt das Flugzeug, und der Winkel der Bahn gegen die Horizontale bestimmt sich in derselben Weise. Der steilste Anstieg erfolgt mit derjenigen Geschwindigkeit, welche dem größten Abstand der beiden Kurven entspricht; da die W-Kurve bei ihrem Minimum horizontal verläuft, die S-Kurve aber mit wachsendem q stetig fällt, kann der Punkt steilsten Abstiegs nicht mit dem Minimum der W-Kurve zusammenfallen, sondern muß bei kleinerem q, also bei größerem Anstellwinkel, liegen. Der Anstellwinkel, mit welchem man am steilsten steigen kann, ist stets größer als der Anstellwinkel des flachsten Gleitflugs; die beiden würden zusammenfallen, wenn der Schraubenschub unabhängig von der Geschwindigkeit wäre.

Im Bereich der gewöhnlichen Flugzustände fliegt man um so langsamer, je steiler man ansteigt.

Bei fallender Luftdichte, also in größeren Höhen, bleibt die W-Kurve unverändert, aber die Ordinaten und Abszissen der S-Kurve werden kleiner; damit verkleinert sich sowohl der Geschwindigkeitsbereich des Anstiegs als auch die Entfernung der beiden Kurven und somit der Anstiegwinkel γ. Ein größerer Bruchteil der Schraubenkraft wird zur Überwindung des Widerstandes gebraucht; der zum Anstieg, zum Emporheben des Flugzeugs verfügbare Teil wird immer kleiner. Man gelangt schließlich zu einer Luftdichte, bei welcher die beiden Kurven sich nur noch berühren. In der Höhe, wo diese Luftdichte herrscht, ist ein Anstieg überhaupt nicht mehr möglich, das Flugzeug kann gerade noch horizontal fliegen; es befindet sich in seiner Gipfelhöhe. Größere Höhen sind ihm unerreichbar.

Die Steiggeschwindigkeit $v \cdot \gamma$ ist nicht am größten, wenn der Steigwinkel γ sein Maximum hat; der steilste Anstieg ist nicht der schnellste. Allerdings sind die numerischen Unterschiede nicht groß, da die Maxima von γ und $v \cdot \gamma$ in Abhängigkeit vom Anstellwinkel sehr flach verlaufen. Bei der Unsicherheit der numerischen Werte des Schraubenzugs in Abhängigkeit von der Geschwindigkeit hat es keinen praktischen Sinn, hier allzu große Feinheiten aufdecken zu wollen.

Der zum gewöhnlichen Horizontalflug gehörige Staudruck wird mit wachsender Höhe kleiner; da aber die zu einem bestimmten Staudruck gehörige Geschwindigkeit selbst mit der Höhe wächst, kann man ohne ausführliche numerische Diskussion nicht entscheiden, ob die Geschwindigkeit dabei kleiner oder größer wird. Meist zeigt sich, daß sie in mäßigen Höhen nur geringe Änderungen erfährt und erst in der Nähe der Gipfelhöhe rasch sinkt.

Verkleinerung des Schraubenzugs infolge Änderung der Schraubenform oder der Drehzahl wirkt ähnlich wie Verkleinerung der Dichte; die Möglichkeit des Anstiegs und die Gipfelhöhe werden verringert (Abb. 21b).

Verändert man das Gewicht (Abb. 21c), so bleibt die S-Kurve unverändert, aber Abszisse und Ordinate der W-Kurve wachsen nach Gleichungen (2,11) und (2,12) proportional dem Gewicht. Bei wachsendem Gewicht wird der Zwischenraum zwischen den beiden Kurven schnell verkleinert und der Schnittpunkt des gewöhnlichen Horizontalflugs rückt meist zu kleineren Werten von q. Ein stärker belastetes Flugzeug fliegt im praktisch wichtigsten Bereich unter sonst gleichen Umständen langsamer. Die Gipfelhöhe und die Anstiegwinkel werden stark erniedrigt; denn nicht nur der Abstand zwischen den beiden Kurven wird kleiner, sondern es gehören auch zu gleichen Abständen kleinere Anstiegwinkel, da ja die betreffende Strecke $= G \cdot \gamma$ ist.

Vergrößert man die Flügelfläche (Abb. 21 d), ohne das Gewicht zu ändern, so bleibt die Ordinate der W-Kurve dieselbe, aber die Abszisse wird umgekehrt proportional der Fläche verkleinert. Das bedeutet eine Erniedrigung der Geschwindigkeit, aber eine Vergrößerung des Abstandes der beiden Kurven, also eine Erhöhung der Steigfähigkeit und der Gipfelhöhe.

Polardiagramm. Wenn man den Einfluß des Flügelprofils oder der Flügelanordnung eingehender untersuchen will, so kann es unter Umständen lästig sein, das c_a - c_w-Diagramm erst in ein $\frac{1}{c_a}$ - $\frac{c_w}{c_a}$-Diagramm nach Abb. 21 umzurechnen; man kann dann auch das Polardiagramm direkt verwenden und die Skalen so vervollständigen, daß man zur Ordinate c_a sofort mit Hilfe eines Nomogramms q (und evtl. v) findet und daß man den Wert $\varepsilon = \frac{c_w}{c_a}$, der zu einem Punkt der Polare gehört, an der Umrahmung ablesen kann (Abb. 23). Man muß dann allerdings die Werte $\frac{S}{G}$ berechnen und kann den Anstiegwinkel $\gamma = \frac{S}{G} - \varepsilon$ schnell bestimmen. Gipfelhöhe, größte Last, steilster Anstieg ergeben sich aus der Tangente vom Nullpunkt an die Polare, genau wie der flachste Gleitflug; der dazugehörige Wert von $\varepsilon_{\min}$ ist für die Gipfelhöhe und größte Last $= \frac{S}{G}$, beim steilsten Anstieg $= \frac{S}{G} - \gamma_{\max}$.

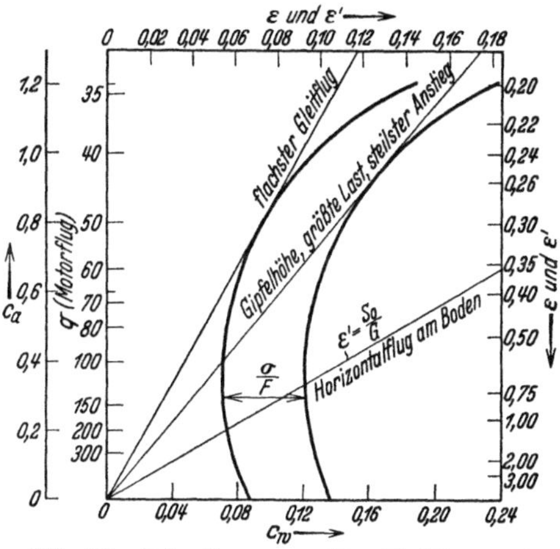

Abb. 23. Polardiagramm für Gleitflug und Motorflug.

Eine erhebliche Vereinfachung kann man erzielen, wenn man nach Everling[1] die Abhängigkeit des Schraubenzugs von der Geschwindigkeit im Gebiet der praktisch verwendeten Geschwindigkeiten durch den Ansatz

$$S = S_0 - \sigma q \tag{2,13}$$

wobei auch S_0 proportional der Luftdichte zu setzen ist. Dabei ist allerdings die Abhängigkeit von der Drehzahl vernachlässigt und eine konstante mittlere Drehzahl angenommen. Man kann bei diesem Ansatz das Glied σq zum Widerstand rechnen („Schraubenwiderstand") und das c_w des Polardiagramms einfach um $\frac{\sigma}{F}$ vermehren; dann rückt

[1] Everling, E., Der Aufstieg von Flugzeugen. Z. Flugtechn. Motorluftsch. Bd. 7 (1916) S. 124.

in dem Diagramm Abb. 23 die Polare um ein Stück nach rechts; der weitere Gedankengang braucht nur noch den Wert $\frac{S_0}{G}$, der ϱ proportional, im übrigen von keiner Variablen mehr abhängig ist.

Praktisch wird man den Ansatz (2,13) wenig verwenden, da die Werte von S_0 und σ nirgends angegeben werden und daher jedesmal erst aus anderen Angaben berechnet werden müssen; dagegen wird uns der Ansatz bei Rechnungen der Stabilität und der Steuerung gute Dienste leisten können, da er die Zusammenhänge vereinfacht und die Ungenauigkeit der Näherung dort keine erhebliche Rolle spielt.

§ 4. Motorflug mit bestimmtem Schraubenwirkungsgrad.

Gleichungen. Zu einer übersichtlichen formelmäßigen Behandlung gelangt man mit Hilfe des Ansatzes (2,6). Darin kommt nur die von der Geschwindigkeit und der Drehzahl abhängige Größe η vor, die empirisch bestimmt werden muß. Aber η verläuft mit einem ziemlich flachen Maximum. Diesem Maximum wird man bei richtiger Auswahl der Schraube stets sehr nahekommen; man kann daher versuchen, für η einen Mittelwert einzusetzen, welcher dem Maximum naheliegt, und kann so die Geschwindigkeit eliminieren. Dieser Ansatz entspricht natürlich nicht der Wirklichkeit, aber er tut ihr doch weniger Gewalt an als die meisten andern. Er hat vor dem erstbesprochenen weiter den Vorzug, daß die Steiggeschwindigkeit mehr in den Vordergrund rückt; dort ließ sich diese nur indirekt berechnen, während unmittelbar die praktisch weniger interessante Größe des Anstiegwinkels hervortrat.

Die beiden Gleichungen lauten nun, wenn mit $w = v \cdot \gamma$ die Steiggeschwindigkeit bezeichnet wird,

$$75\,N\eta - G\,w - c_w F \frac{\varrho}{2} v^3 = 0 \tag{2,14}$$

$$-G + c_a F \frac{\varrho}{2} v^2 = 0 \tag{2,15}$$

Will man die Annahme konstanten Wirkungsgrades nicht machen, so kann man auch diese Gleichungen, wie die früheren, graphisch behandeln; man wählt dann als Abszisse die Geschwindigkeit, als Ordinaten die Leistung der Schraube und die in der Zeiteinheit nötige Arbeit gegen den Luftwiderstand. Die Durchführung liegt auf der Hand; wir können daher hier darüber hinweggehen und wollen nur die analytische Diskussion unter der Voraussetzung $\eta = \text{const}$ besprechen.

Elimination von v führt zu der Gleichung:

$$w = \frac{75\,N\eta}{G} - \frac{c_w}{c_a^{3/2}} \sqrt{\frac{2}{\varrho}\frac{G}{F}} \tag{2,16}$$

In dieser Formel tritt die Wirkung zweier Größen deutlich hervor, der „Leistungsbelastung“ $\frac{G}{N}$ und der „Flächenbelastung“ $\frac{G}{F}$.

Diese beiden Größen sind die wichtigsten Konstruktionswerte beim Flugzeug. Je niedriger beide gehalten werden, um so größer ist die Steiggeschwindigkeit; die Leistungsbelastung fällt noch stärker ins Gewicht als die Flächenbelastung. Als aerodynamischer Wert geht hier $\frac{c_w}{c_a^{3/2}}$ ein, nicht $\frac{c_w}{c_a}$. Der kleinste Wert von $\frac{c_w}{c_a^{3/2}}$ liegt bei einem größeren Anstellwinkel als der von $\frac{c_w}{c_a}$, was durchaus dem in Abb. 21 gefundenen Verhalten entspricht.

Steiggeschwindigkeit. Wichtig ist die Abhängigkeit der Steiggeschwindigkeit von der Luftdichte; diese ist das rechte Maß für die Steigfähigkeit; die Abhängigkeit ist eine doppelte, einerseits vermittels der Luftkräfte, die im zweiten Summanden zum Ausdruck kommen, andererseits vermittels der Motorleistung, welche wesentlich von der Luftdichte abhängt; wir setzen

$$N = N_0 \nu \tag{2,17}$$

wobei N_0 die Leistung am Boden bedeutet, und ν nur eine Funktion von ϱ ist, welche durch die Konstruktion des Motors bedingt ist und empirisch gegeben sein muß, wenn man die Gleichung (2,16) verwenden will.

Die Gipfelhöhe ergibt sich, wenn wir beim kleinsten Wert von $\frac{c_w}{c_a^{3/2}}$ die Steiggeschwindigkeit gleich Null setzen; wir erhalten dann die Beziehung

$$\nu^2 \varrho = \frac{2}{75^2}\left(\frac{G}{N_0}\right)^2 \cdot \frac{G}{F}\left(\frac{c_w^2}{c_a^3}\right)_{\min} \frac{1}{\eta^2} \tag{2,18}$$

Durch diese Gleichung ist die Luftdichte in der Gipfelhöhe mit den Konstruktions- und aerodynamischen Größen des Flugzeugs verbunden. Es tritt darin der Einfluß der einzelnen Größen sehr klar hervor. Mit wachsender Höhe werden ϱ und ν immer kleiner; je kleinere Werte die rechte Seite der Gleichung annimmt, um so höher kann das Flugzeug steigen, wenn ein bestimmter Motor gegeben ist. Man kann am meisten erreichen, wenn man das Gewicht möglichst niedrig hält, da es in der 3. Potenz vorkommt; die Stärke des Motors tritt mit der 2. Potenz in Wirkung, die Fläche nur mit der ersten; durch Verminderung der Leistungsbelastung kann man die Steigfähigkeit also wirksamer erhöhen als durch Verminderung der Flächenbelastung. Natürlich ist bei alledem zu bedenken, daß sowohl bei Erhöhung der Motorleistung als bei Vergrößerung der tragenden Fläche das Flugzeuggewicht ebenfalls erhöht wird, wenn auch nicht im selben Maße. Die Größe $\frac{c_w}{c_a^{3/2}}$ geht in die beiden Gleichungen (2,16) und (2,18) so ein, daß sie unabhängig von der Höhe möglichst klein gehalten werden muß. Man steigt also nach unserem jetzigen Ansatz am schnellsten mit konstantem Anstellwinkel, im Gegensatz zum Ergebnis nach § 3. Das Minimum der Größe $\frac{c_w}{c_a^{3/2}}$ ist aber ziemlich flach, die Unsicherheit daher praktisch von geringer Bedeutung. Den Wert von $\frac{c_w}{c_a^{3/2}}$ kann man durch Auswahl eines Profils, welches hohe Auftriebsbeiwerte bei geringen Widerständen erreicht, herabdrücken, ferner durch günstiges Seitenverhältnis der Flügel und durch Verminderung des schädlichen Widerstandes. Schließlich ist der Wirkungsgrad der Schraube von großer Bedeutung; er läßt sich durch richtige Auswahl der Schraube recht stark beeinflussen; dabei kommt es vor allem auf die richtige Abschätzung der Fluggeschwindigkeit bzw. des Fortschrittgrades an, ferner auf die zulässige Schraubengröße und die — gegebenenfalls durch Getriebe herabgesetzte — Drehzahl.

Von ausschlaggebender Bedeutung erweist sich ferner nach Gleichung (2,18) die Funktion ν; je größer der Wert von ν bei bestimmtem ϱ gehalten werden kann, um so höher und um so schneller kann man steigen; in der ersten Zeit der Flugtechnik bis lange in den Krieg hinein kannte man eine Beeinflussung dieser Größe nicht; man nahm allgemein als Näherung für alle Motoren an, daß die Leistung proportional mit der Luftdichte abnehme, und erhöhte die Steigfähigkeit im wesentlichen durch Erhöhung der Motorstärke, also Erniedrigung der Leistungsbelastung. In den letzten Kriegsjahren setzte aber eine intensive Entwicklung der Motorentechnik ein, welche gerade die Erhaltung großer Motorleistung bei abnehmender Luftdichte zum Ziel hatte. Es gelang eine Beeinflussung von ν in viel bedeutenderer Weise, als dies bei den anderen Größen der Gleichung (2,18) möglich war (s. III, § 2). Darum ist die Steigerung der Steigfähigkeit in erster Linie das Resultat der vervollkommneten Motorentechnik; die Kunst des Flugzeugkonstrukteurs kann in dieser Hinsicht nur relativ kleine Verbesserungen hervorbringen.

Fluggeschwindigkeit. Die Fluggeschwindigkeit v folgt aus der Gleichung (2,15):

$$v = \sqrt{\frac{2}{\varrho}\frac{G}{F c_a}} \tag{2,19}$$

Diese Beziehung genügt ohne weiteres, wenn der Anstellwinkel des Flugs gegeben ist; in diesem Fall ist der Staudruck in allen Höhen derselbe, die Geschwindigkeit wächst also mit wachsender Höhe und ist um so größer, je größer die Flächenbelastung gemacht wird. In letzterem Punkte ist also von Vorteil für die Geschwindigkeit, was von Nachteil für die Steigfähigkeit ist. Soll das Flugzeug schnell sein, so sind kleine Flügelflächen, soll es gut steigen, große Flächen vorzuziehen.

In der Regel ist aber das Problem nicht so einfach abzutun, da nicht der Anstellwinkel gegeben ist. Kennt man etwa nur die Steiggeschwindigkeit, so folgt aus den Gleichungen (2,14)und (2,15) die Geschwindigkeit nicht in analytischer Form, sondern indirekt; denn aus der Steiggeschwindigkeit (2,16) muß man erst die Größe $\frac{c_w}{c_a^{3/2}}$ berechnen; aus dieser folgt dann c_a mit Hilfe des empirisch bekannten Zusammenhanges zwischen c_a und c_w, daraus erst nach (2,19) die Geschwindigkeit. Beim schnellsten Anstieg bleibt der Anstellwinkel konstant, die Geschwindigkeit nimmt also mit wachsender Höhe zu. Beim Horizontalflug, der für die Wertung der Geschwindigkeitsleistung in erster Linie in Frage kommt, d. h. für $w = 0$, wird $\frac{c_w}{c_a^{3/2}}$ von der Luftdichte abhängig; der Zusammenhang ist durch Gleichung (2,18) gegeben (wobei der Index „min" wegfällt); jeder Horizontalflug ist ja ein Flug in derjenigen Gipfelhöhe, die bei einem bestimmten — in der Grenze dem günstigsten — Anstellwinkel erreicht werden kann. Je größer die Höhe, um so kleiner $\nu^2\varrho$, um so kleiner $\frac{c_w^2}{c_a^3}$, um so größer (normalerweise) c_a, um so kleiner der Staudruck, da ja die Dichte mit der Höhe abnimmt.

Als Beispiel diene die folgende Tabelle 2:

Tabelle 2. Geschwindigkeit im Horizontalflug.

Annahme $\frac{G}{F} = 50\,\frac{\text{kg}}{\text{m}^2}$; $\frac{G}{N_0} = 6{,}15\,\frac{\text{kg}}{\text{PS}}$; $\eta = 0{,}67$. Empirisch gegebener Zusammenhang zwischen ϱ und ν und zwischen $\frac{c_a^3}{c_w^2}$ und c_a.

Nach (2,18) $\frac{c_a^3}{c_w^2} = \frac{1{,}52}{\varrho\,\nu^2}$; nach (2,19) $v = \frac{10}{\sqrt{\varrho\, c_a}}$.

Höhe z	ϱ	ν	$\frac{c_a^3}{c_w^2}$	c_a	v	
km	$\frac{\text{kg s}^2}{\text{m}^4}$				m/s	km/h
0	0,128	1,0	11,9	0,25	56	202
1	0,115	1,0	13,2	0,26	58	209
2	0,103	1,0	14,7	0,27	60	216
3	0,093	0,96	17,8	0,29	61	220
4	0,084	0,84	25,8	0,35	58	209
5	0,074	0,73	38,3	0,44	55	198
6	0,066	0,64	56,0	0,66	48	173

Die Horizontalgeschwindigkeit ist eine so wichtige Größe im Flugbetrieb, bei der Bewertung von Flugzeugen und bei Wettbewerben, daß eine genauere Formel, welche die Berechnung aus den Konstruktionsgrößen des Flugzeugs gestattet, erwünscht ist. Formel (2,19) und die analog gebauten Formeln

$$v^3 = \frac{75\,N\,\eta}{F\,\frac{\varrho}{2}\,c_w}, \quad \text{oder} \quad v = \frac{75\,N\,\eta}{G}\,\frac{c_a}{c_w} \qquad (2{,}20)$$

zeigen, daß große Geschwindigkeiten bei kleinen Luftkraftbeiwerten erreicht werden und daß die Motorleistung dabei möglichst groß sein muß; d. h. es muß ein Leistungsüberschuß zum Steigen da sein, aber er darf nicht zum Steigen ausgenützt werden.

Will man nun den Anstellwinkel eliminieren, so muß man eine bestimmte analytische Abhängigkeit des c_w von c_a einführen, und als solche bietet sich nach den Ausführungen S. 9, vor allem im Gebiet kleiner c_a, die Gleichung dar

$$c_w = \zeta \frac{F}{b^2} c_a^2 + c_{w\,S}\,, \tag{2,21}$$

die den Widerstand als Summe des induzierten und des schädlichen Widerstandes darstellt; dabei sind ζ und $c_{w\,S}$ als gegebene Konstanten anzusehen. Dann folgt durch Einsetzen von (2,21) in (2,20) und Elimination von c_a nach (2,15):

$$75\,N\,\eta = \frac{\varrho}{2} F\,v^3\left(\zeta \frac{F}{b^2}\left(\frac{G}{q\,F}\right)^2 + c_{w\,S}\right) = \frac{\zeta\,G^2}{\frac{\varrho}{2}\,b^2\,v} + c_{w\,S}\frac{\varrho}{2} F\,v^3 \tag{2,22}$$

Diese Gleichung kann noch nicht einfach nach v aufgelöst werden, auch wenn wir η als gegebene Konstante ansehen; wenn wir uns aber auf ausgesprochene Geschwindigkeitsflüge (kleine c_a) beschränken, so können wir den induzierten Widerstand als klein gegen den schädlichen, d. h. den 1. Summanden auf der rechten Seite von (2,22) als klein gegen den zweiten ansehen und erhalten in 1. Näherung:

$$v_0^3 = \frac{75\,N\,\eta}{c_{w\,S}\frac{\varrho}{2}F} \tag{2,23}$$

und in 2. Näherung

$$v^3 = \frac{75\,N\,\eta}{c_{w\,S}\frac{\varrho}{2}F} - \frac{\zeta\,G^2}{c_{w\,S}\frac{\varrho^2}{4}\,b^2\,F\,v_0}$$

oder

$$v = v_0\left\{1 - \frac{1}{3}\,\frac{\zeta}{\left(\frac{\varrho}{2}\right)^2 c_{w\,S}}\left(\frac{G}{F}\right)^2\cdot\frac{F}{b^2}\cdot\frac{1}{v_0^4}\right\} \tag{2,23 a}$$

Das 2. Glied der Klammer wird mit den Werten $\zeta = \frac{1}{3}$, $\frac{\varrho}{2} = \frac{1}{16}\frac{\text{kg s}^2}{\text{m}^4}$, $c_{w\,S} = 0{,}03$, $\frac{F}{b^2} = \frac{1}{6}$ gleich $1{,}6\cdot 10^2\cdot\left(\frac{G}{F}\right)^2\cdot\frac{1}{v_0^4}$; dies ist bei normalen Flugzeugen — $\frac{G}{F} = 40\,\frac{\text{kg}}{\text{m}^2}$, $v_0 = 40\,\frac{\text{m}}{\text{s}}$, d. h. $c_a = 0{,}4$ — von der Größenordnung 0,1; für Rennleistungen ist etwa $\frac{G}{F} = 100\,\frac{\text{kg}}{\text{m}^2}$, $v_0 = 120\,\frac{\text{m}}{\text{s}}$, $c_a = 0{,}11$, also das Zusatzglied von der Größenordnung $0{,}8\cdot 10^{-2}$, und sogar Formel (2,23) ausreichend.

Die Horizontalgeschwindigkeit bei kleinen Luftkraftbeiwerten erweist sich als näherungsweise unabhängig vom Gewicht; dagegen ist sie bei gegebener Motorleistung durch Verkleinerung der Flügelfläche zu erhöhen; kleine Flügel sind ja das bekannteste Kennzeichen der Rennmaschinen.

Für den Horizontalflug bei großen c_a-Werten und somit bedeutendem induziertem Widerstand ist Formel (2,23) nicht brauchbar; für den Flug in Gipfelhöhe ist der Anstellwinkel bekannt, also Gleichung (2,19) oder (2,20) ohne weiteres zu verwenden; bei anderen Verhältnissen eliminiert man den Anstellwinkel graphisch oder numerisch. Der Wirkungsgrad η ist natürlich nicht derselbe in Gipfelhöhe und beim raschesten Horizontalflug; je nachdem, ob das Flugzeug Geschwindigkeitshöchstleistungen erreichen oder in Gipfelhöhe (bzw. mit größter Last) horizontal fliegen soll, muß man durch richtige Schraubenauswahl den besten Wirkungsgrad zu kleinen oder zu großen Geschwindigkeiten legen.

Ein weiteres technisch wichtiges Problem, das mit unseren Formeln zu behandeln ist, betrifft die einem Flugzeug erreichbare Geschwindigkeitsspanne. Es kann die Aufgabe sein, einmal in Bodennähe möglichst große Horizontalgeschwindigkeit zu erreichen, ein andermal etwa bei Start oder Landung mit möglichst kleiner Geschwindigkeit zu schweben. Dabei setzen wir nun voraus, daß wir den Motor beliebig drosseln, die Leistung N also beliebig erniedrigen können. Ein Blick auf das Polardiagramm (Abb. 23) zeigt jedoch, daß die kleinste Geschwindigkeit nicht bei der kleinsten Leistung, welche zu $\left(\frac{c_w}{c_a^{3/2}}\right)_{\min}$ gehört, erreicht wird, sondern bei $c_{a\,\max}$, wie ja auch aus (2,19) hervorgeht. Die größte Geschwindigkeit wird bei dem kleinsten Auftriebsbeiwert $c_{a\,0}$ erreicht, für welchen noch ein Horizontalflug möglich ist; dafür ergibt sich analog (2,18)

$$\frac{c_{a\,0}^{3/2}}{c_{w\,0}} = \frac{G}{75\,N\,\eta}\sqrt{\frac{2\,G}{\varrho\,F}} \tag{2,24}$$

Allgemein ist

$$\frac{v_{\max}}{v_{\min}} = \sqrt{\frac{c_{a\,\max}}{c_{a\,0}}}\,; \tag{2,25}$$

dabei ist für Flugzeuge mit großem Leistungsüberschuß ($c_{w\,0} = c_{w\,S}$)

$$c_a = \sqrt[3]{\frac{2}{\varrho}\,\frac{G}{F}\left(\frac{G}{75\,N\,\eta}\right)^2 c_{w\,S}^2}\,; \tag{2,26}$$

für Flugzeuge, die aufs höchste belastet sind, so daß sie in Gipfelhöhe fliegen, erhält $c_{a\,0}$ denjenigen Wert der zum Minimum von $\frac{c_w}{c_a^{3/2}}$ gehört; dann ist die Geschwindigkeitsspanne recht gering.

§ 5. Steigzeit, Flugdauer, Reichweite.

Steigzeit. Geschwindigkeit und Steiggeschwindigkeit in Abhängigkeit von der Luftdichte sind die für die Wertung von Flugleistungen maßgebenden Größen. Es kann aber doch für die Anschauung wesentlich und bei bestimmter Aufgabe des Flugzeugs für den Entwurf bedeutungsvoll sein, nicht nur die Geschwindigkeiten, sondern auch die Strecken und Zeiten selbst zu kennen. Diese werden durch weitere Integration der Gleichungen für die Geschwindigkeiten erhalten und fügen sich infolgedessen noch weniger einem allgemeinen analytischen Ausdruck.

Von der Steiggeschwindigkeit w gehen wir zu der zeitabhängigen Flughöhe z, und von da zu der Steigzeit zwischen zwei Flughöhen über durch die Beziehung

$$w = \frac{dz}{dt} \tag{2,27}$$

Nun ist aber w nicht von der Höhe z direkt abhängig, sondern nur von der Luftdichte (ϱ), so daß die Abhängigkeit der Luftdichte von der Höhe erst bekannt sein muß, wenn Gleichung (2,27) verwertet werden soll. Indes ist auch der Zusammenhang zwischen z und ϱ kein eindeutiger; denn der Zustand der Atmosphäre in jeder Höhe ist erst durch zwei von den drei Größen „Druck, Temperatur und Dichte", welche den Zustand bestimmen, gegeben. Außerdem messen wir bei Steigflügen auch nicht die Höhe selbst, sondern den Druck, der nur mit Hilfe einer konventionellen Eichskala auf den Barographen als Höhe angegeben ist.

Druck und Dichte in der Atmosphäre. Die Beziehung zwischen z und ϱ ist somit von Tag zu Tag, ja von Stunde zu Stunde verschieden; sie hängt von der Temperaturverteilung in der Atmosphäre, somit von Wind und Wetter ab. Wir müssen neben der Höhe z und der Luftdichte ϱ noch den Luftdruck p, welchen der „Höhenschreiber" angibt, und die absolute Temperatur T einführen.

Der Luftdruck auf die Flächeneinheit ist gleich dem Gewicht der darüberliegenden Luftsäule; geht man also um eine gewisse Strecke in die Höhe, so nimmt der Luftdruck um das Gewicht einer Luftsäule von dieser Höhe ab; mathematisch

$$dp = -\varrho g\, dz \quad (g \text{ Schwerebeschleunigung}) \tag{2,28}$$

Ferner sind p, ϱ und T durch die Gleichung der idealen Gase verknüpft:

$$p = R\, T \varrho g \tag{2,29}$$

wobei die Konstante R für Luft den Wert $R = 29{,}3 \frac{\text{m}}{\text{Grad}}$ besitzt. Nimmt nun die Temperatur nach oben um den konstanten Betrag ϑ^0 je Meter ab, so daß

$$dT = -\vartheta\, dz \tag{2,30}$$

so stellt sich ein Gleichgewicht ein, bei welchem in jeder Höhe ein bestimmter Druck und eine bestimmte Dichte herrschen. Bezeichnet der Index 0 den Wert einer Größe am Boden, so wird

$$T = T_0 - \vartheta z \tag{2,31}$$

Führt man diesen Wert in (2,29) ein und drückt mit Hilfe dieser Gleichung ϱ in (2,28) durch p aus, so folgt

$$\frac{p}{p_0} = \left(1 - \frac{\vartheta z}{T_0}\right)^{\frac{1}{R\vartheta}} \tag{2,32}$$

und nach (2,29)

$$\frac{\varrho}{\varrho_0} = \left(1 - \frac{\vartheta z}{T_0}\right)^{\frac{1 - R\vartheta}{R\vartheta}} \tag{2,33}$$

Welche Werte ϑ annehmen kann, folgt aus einer theoretischen Überlegung: Aus (2,32) und (2,33) folgt die Beziehung

$$\frac{p}{p_0} = \left(\frac{\varrho}{\varrho_0}\right)^n \tag{2,34}$$

Das ist eine sog. polytropische Verteilung von Druck und Luftdichte. Schlüsse über den Exponenten $n = \frac{1}{1 - R\vartheta}$ gestattet die Thermodynamik:

Wenn die in den unteren Schichten der Atmosphäre erwärmte Luft nach oben steigt, so wird sie infolge des geringeren Druckes sich ausdehnen; diese Ausdehnung ist je nach der Art des Wärmeaustausches mit der Umgebung eine verschiedene. Wird überhaupt keine Wärme von anderen Luftteilen aufgenommen oder infolge der Kondensation von Wasserdampf erzeugt, so geht die Ausdehnung adiabatisch vor sich; es stellt sich also zwischen den einzelnen Schichten der Atmosphäre ein Gleichgewicht her, bei welchem zwischen Druck und Dichte dieselbe Beziehung herrscht wie bei einer adiabatischen Zustandsänderung. In diesem Fall ist der Exponent n nach den Lehren der Thermodynamik gleich 1,41, daher $\vartheta = 0{,}01$; die Temperatur nimmt um 10^0 auf den Kilometer Höhe ab. Im entgegengesetzten Grenzfall, wenn die aufsteigende Luft aus der Umgebung soviel Wärme aufnimmt, daß ihre Temperatur trotz der Ausdehnung ungeändert bleibt, stellt sich ein isothermes Gleichgewicht her, $\vartheta = 0$. Zwischen diesen Grenzfällen liegen alle wirklich vorkommenden Verteilungen. Beim Ausgleich zwischen den einzelnen Höhenschichten wird der Verlauf meist mehr dem adiabatischen Grenzfall gleichen; dafür erweist eine einfache mechanische Betrachtung die Verteilung als um so stabiler, je geringer die Temperaturabnahme nach oben ist. Daher sind Verteilungen, bei welchen die Temperaturabnahme auf den Kilometer Höhe nicht zwischen 0^0 und 10^0 liegt, in der Wirklichkeit kaum anzutreffen, wenigstens nicht bis in etwa 10 km Höhe, wo andere Einwirkungen die Verhältnisse komplizieren und wo daher unsere einfache Betrachtung nicht mehr gilt.

Kennt man nun durch Messungen mittels Pitotballon oder mittels Bordinstrumenten die Dichteverteilung oder wenigstens die Temperaturverteilung in der durchflogenen Atmosphäre, so können wir entweder direkt oder mit Hilfe der Gleichung (2,33) die Gleichung (2,16) in die Form

$$\frac{dz}{dt} = f(z) \tag{2,35}$$

bringen und integrieren; man kann diese Integration in geschlossener Form ausführen, wenn man einfache analytische Funktionen für die Veränderlichkeit von ν (2,17) mit ϱ und von ϱ mit z einführt. Der Wert dieser Formeln ist aber meines Erachtens gering; denn es wird eine unnötige und dabei oft recht bedeutende Ungenauigkeit in die Rechnung eingeführt und die erhaltene Schlußformel ist auch nicht handlicher als die Differentialgleichung (2,35) selbst. Ist $f(z)$ bekannt, so kann man ja sehr leicht graphisch oder numerisch in Stufen von 1000 m oder auch in kleineren Stufen Schritt für Schritt integrieren und macht dabei sicher kleinere Fehler als bei formelmäßigem Integrieren mit groben Näherungsfunktionen.

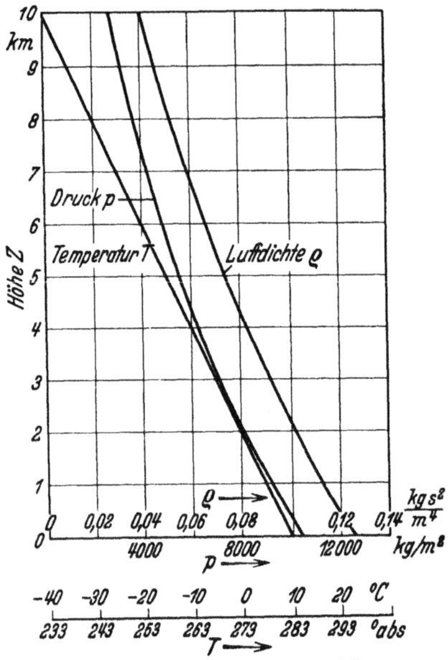

Abb. 24. Normale Atmosphäre.

In der Regel ist das Problem anders gegeben: Entweder man will beim Entwurf die Steigzeiten angeben; dann mißt man die Steigzeiten in einer konventionell festgesetzten „normalen Atmosphäre“. Oder man will einen ausgeführten Steigflug richtig beurteilen; etwa verschiedene Steigzeiten bei einem Wettbewerb mit einander vergleichen; dann muß man umgekehrt durch Differentiation aus dem Barogramm die Steiggeschwindigkeit in Abhängigkeit von der Luftdichte berechnen, und kann nötigenfalls daraus durch Integration bei Annahme der normalen Atmosphäre normale Steigzeiten erhalten.

Als normale Atmosphäre, die auch der Eichung der Barographenstreifen zugrunde liegt, führt man eine solche ein, bei welcher ϑ gerade seinen mittleren Wert 5^0 auf 1000 m annimmt; dann gehorchen Druck und spezifisches Gewicht der Luft den Beziehungen:

$$\frac{p}{p_0} = \left(1 - \frac{0{,}005\,z}{T_0}\right)^{6,83} \tag{2,36}$$

und

$$\frac{\varrho}{\varrho_0} = \left(1 - \frac{0{,}005\,z}{T_0}\right)^{5,83} \tag{2,37}$$ [1]

$$\frac{p}{p_0} = \left(\frac{\varrho}{\varrho_0}\right)^{1,172} \tag{2,38}$$

Dazu setzt man als Bodentemperatur 10^0 C, d. i. die absolute Temperatur $T_0 = 283^0$ fest, den Druck am Boden $p_0 = 10363$ kg/m², was

[1] Die manchmal verwendete Formel* $\frac{\varrho}{\varrho_0} = 0{,}9^{\frac{z}{1000}}$ stimmt bis etwa 5000 m leidlich mit dieser Formel überein; sie ist praktisch für die formelmäßige Ausrechnung der Steigzeit, hat aber physikalisch keinen so klaren Sinn wie die obige.

* Everling, E., Wertung der Steigfähigkeit. T. B. Bd. 1 S. 31 u. S. 247. — Kann, H., Steigfähigkeit der Flugzeuge. T. B. Bd. 1 S. 231.

einem Barometerstand von 762 mm Q.-S. entspricht, also eine Luftdichte $\varrho_0 = 0{,}1275\ \frac{\mathrm{kg\,s^2}}{\mathrm{m^4}}$. Die folgende Tabelle 3 und Abb. 24 geben die einzelnen wichtigen Größen in Abhängigkeit von der Höhe. Die Spalten p und B geben die Druckwerte, welche bei allen gebräuchlichen Barographen mit den angeschriebenen Höhen gemeint sind.

Tabelle 3. Normale Atmosphäre.

z	T_{abs}	p	B	ϱ	$\frac{\varrho}{\varrho_0}$
m	Grad	kg/m²	mm Q.-S.	$\frac{\mathrm{kg\,s^2}}{\mathrm{m^4}}$	—
—500	285,5	10990	808	0,1337	1,050
0	283,0	10360	762	0,1275	1,000
500	280,5	9750	717	0,1212	0,950
1000	278,0	9180	675	0,1150	0,902
1500	275,5	8620	634	0,1090	0,855
2000	273,0	8100	596	0,1033	0,810
2500	270,5	7610	560	0,0979	0,768
3000	268,0	7140	525	0,0928	0,728
3500	265,5	6700	493	0,0879	0,690
4000	263,0	6280	462	0,0831	0,652
4500	260,5	5890	433	0,0785	0,616
5000	258,0	5510	405	0,0743	0,583
5500	255,5	5160	379	0,0702	0,550
6000	253,0	4820	355	0,0663	0,521
6500	250,5	4510	332	0,0626	0,491
7000	248,0	4210	310	0,0590	0,463
7500	245,5	3930	289	0,0557	0,437
8000	243,0	3660	270	0,0525	0,412
8500	240,5	3400	250	0,0493	0,386
9000	238,0	3160	233	0,0463	0,364
9500	235,5	2950	217	0,0436	0,342
10000	233,0	2770	204	0,0414	0,324

Abb. 25 gibt auch Mittelwerte für die Verteilung der Zustandsgrößen in größeren Höhen (Stratosphäre). Diese Werte sind nicht so stark von Tag zu Tag veränderlich, wie die unter 10 km Höhe.

Umrechnung eines Barogramms. Auf die normale Atmosphäre muß man die gemessenen Steigzeiten eines Flugzeugs immer umrechnen, wenn man aus dem Barogramm die Steigfähigkeit beurteilen will. Ein Schema und Beispiel einer solchen Umrechnung gibt Tabelle 4 mit Abb. 26; die Zahlwerte sind einem alten Barogramm aus dem Weltkrieg entnommen (Jagdeinsitzer Ru D I mit BMW-Motor 185 PS, $G = 800$ kg). Für tiefergehende Wertung ist die Kurve der Abb. 26 viel ergiebiger als die numerische Angabe der Steigzeiten; man erkennt daraus Unregelmäßigkeiten im Anstieg, die auf willkürliche Maßnahmen des Flügzeugführers oder auf Vertikalströmungen zurückgeführt werden müssen; man kann auch nur aus dieser Kurve mit einer gewissen Sicherheit auf die Gipfelhöhe extrapolieren.

Tabelle 4. Umrechnung eines Barogramms.

Aus dem Barogramm z und t; aus Thermogramm T; p aus z nach Tabelle 3; $\varrho = \frac{p}{29{,}3\,g\,T}$; $w = \frac{1}{\varrho_m}\,\frac{\Delta p}{60\,\Delta t}$. Daraus w-ϱ-Kurve in Abb. 26. Für die Höhenstufen des Normalbarogramms ϱ_m aus Tabelle 3, dazu w aus Abb. 26. $\Delta\tau = \frac{1000}{60\,w}$.

Nominelle Höhe z km	Druck p kg/m²	Δp kg/m²	Zeit t min.	Δt min.	Temperatur T' Grad Cels.	T Grad abs.	Luftdichte ϱ kg s²/m⁴	Mittelwert ϱ_m kg s²/m⁴	Steiggeschwindigkeit w m/s
0	10360		0,0		16,5	289,5	0,1230		
		1180		2,0				0,1172	9,1
1	9180		2,0		8,0	281,0	0,1113		
		1080		2,3				0,1053	7,4
2	8100		4,3		5,0	278,0	0,0993		
		960		2,2				0,0944	7,7
3	7140		6,5		— 1,0	272,0	0,0894		
		860		2,9				0,0851	5,8
4	6280		9,4		— 8,0	265,0	0,0808		
		770		3,8				0,0768	4,4
5	5510		13,2		—15,0	258,0	0,0728		
		690		4,6				0,0688	3,6
6	4820		17,8		—18,0	255,0	0,0647		
		610		8,4				0,0610	2,0
7	4210		26,2		—22,5	250,5	0,0573		
		230		8,4				0,0560	0,8
7,4	3980		34,6		—24,5	248,5	0,0546		

Höhenstufe km	w m/s	Steigzeit $\Delta\tau$ min.	Gesamte Steigzeit τ min.
0÷1	9,3	1,8	1,8
1÷2	7,6	2,2	4,0
2÷3	7,7	2,2	6,2
3÷4	6,0	2,8	9,0
4÷5	4,4	3,8	12,8
5÷6	3,6	4,6	17,4
6÷7	2,1	8,0	25,4
7÷7,5	0,85	9,8	35,2

Diesen technischen Vorschriften seien einige erklärende Bemerkungen[1] zugefügt, durch welche die Abhängigkeit der Steigzeiten von Tag und Stunde verdeutlicht werden mag:

Zunächst ist der Luftdruck und somit die Höhenschreiberanzeige des Abflugortes nicht nur von seiner Höhenlage (worauf man selbstverständlich Rücksicht nimmt), sondern von der zufälligen Wetterlage abhängig; und noch stärker wie der Druck schwankt die Luftdichte, die auch noch von der Temperatur abhängt. Man muß daher nicht vom Erdboden als Anfangspunkt ausgehen, wenn man den Anstieg von Flugzeugen vergleichen oder werten will, sondern von der Höhe, in welcher eine gegebene Luftdichte herrscht, etwa die der normalen Atmosphäre bei 1000 m. Diese Höhe ist an jedem Tage eine andere, dort wird aber das Flugzeug ceteribus paribus stets mit der gleichen Geschwindigkeit ansteigen.

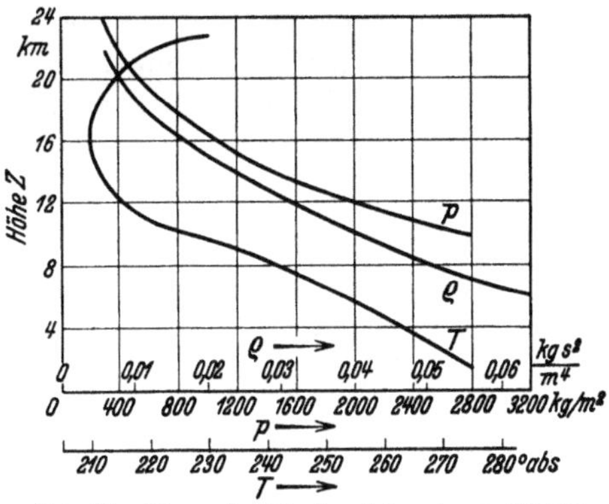

Abb. 25. Normale Stratosphäre in mittleren Breiten.

Soweit ist die Luftdichte allein maßgebend; will man aber den zeitlichen Verlauf des Anstiegs verfolgen, so genügt die Kenntnis der Luftdichte allein nicht. Der Zusammenhang zwischen w und ϱ (etwa nach Abb. 26) führt noch nicht zu einem „Barogramm" (z-t-Diagramm); denn die Schichten von bestimmter Luftdichte liegen an verschiedenen Tagen verschieden weit auseinander; die Zeit, welche das Flugzeug zwischen zwei Schichten von gegebener Luftdichte benötigt, ist also auch kein einwandfreier Maßstab. Diese Zeit ist proportional dem Schichtabstand, der mathematisch durch die Größe $-\frac{dz}{d\varrho}$ ausgedrückt wird. Geht man vom Erdboden aus in die Höhe, so findet man die Luftdichte aus zweierlei Gründen verändert: erstens wird der Druck geringer und infolgedessen die Dichte kleiner, zweitens aber nimmt die Temperatur ab, was bei gleichbleibendem Druck eine Vergrößerung der Dichte hervorrufen würde. Die beiden erwähnten

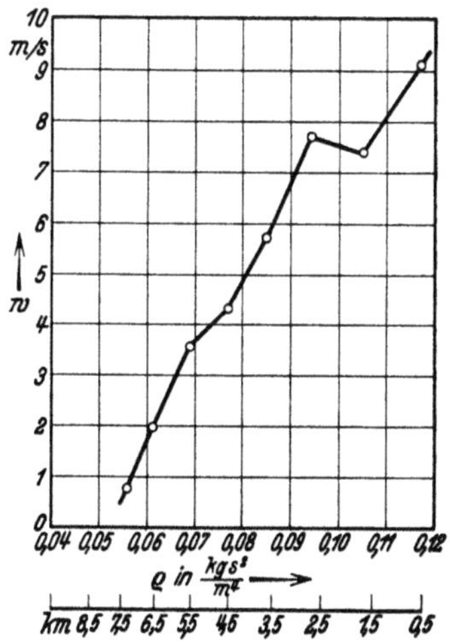

Abb. 26. Hilfsfigur zur Umrechnung eines Barogramms.

[1] Blasius, H., Wertung der Steigfähigkeit. T. B. Bd. 3 S. 193.

Umstände arbeiten sich also entgegen. Bei bestimmter Dichte nimmt der Druck mit der Höhe in ganz eindeutiger Weise ab; es muß also für den Abfall der Dichte von einer bestimmten Dichteschicht aus der Einfluß des Temperaturabfalles ausschlaggebend sein. Daraus folgt, daß der Abstand zwischen zwei Schichten von bestimmter Dichte um so größer ist, je stärker die Temperatur mit der Höhe abnimmt. Je größer also unsere Größe ϑ ist, um so größer wird auch die Steigzeit eines und desselben Flugzeugs ausfallen. Der genaue Zusammenhang folgt aus den Gleichungen (2,28) bis (2,30). Differentiation von (2,29) ergibt nämlich

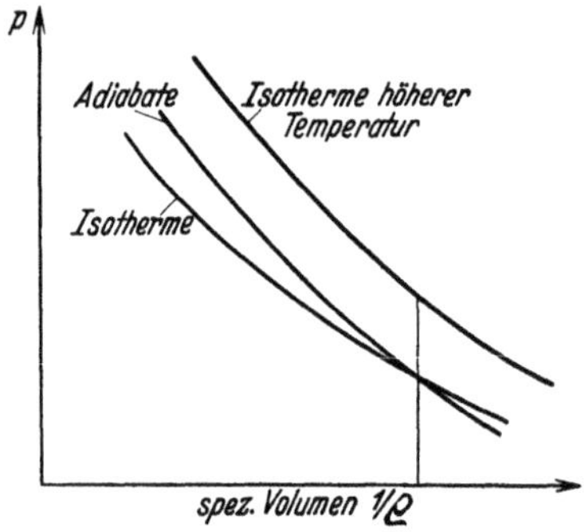

Abb. 27. Thermodynamische Erläuterung zur Umrechnung von Steigzeiten.

$$dp = R\,T\,g\,d\varrho + R\,\varrho\,g\,d\,T.$$

Bei Einführung dieser Beziehung und der Gleichung (2,30) in (2,28) folgt

$$-\varrho\,dz = R\,T\,d\,\varrho - R\,\vartheta\,\varrho\,dz$$

oder

$$-\frac{dz}{d\varrho} = \frac{R\,T}{(1-R\,\vartheta)\,\varrho} \tag{2,39}$$

Diese Formel kann dem Ingenieur vielleicht am schönsten veranschaulicht werden, wenn man das thermodynamische p-$\frac{1}{\varrho}$-Diagramm verwendet: Geht man von einem bestimmten Dichtewert aus, so ist $\frac{dz}{d\varrho}$ proportional $\frac{dp}{d\varrho}$. Das bekannte Diagramm Abb. 27 zeigt nun, daß $\frac{dp}{d\varrho}$ bei der Adiabate, also bei großem ϑ größer ist als bei der Isotherme $\vartheta = 0$, und daß die Neigung derselben Polytrope bei gleichem ϱ um so größer ist, je höher die Temperatur. Die Schichten gleicher Dichte rücken auseinander, wenn der absolute Wert der Temperatur und das Temperaturgefälle wachsen. In welchem Maße dies der Fall ist, welche Unterschiede also im Anstieg eines Flugzeugs bei gleichbleibender Steigfähigkeit nur infolge verschiedener Beschaffenheit der Atmosphäre auftreten, veranschaulichen die Abb. 28 und 29. In der einen sind die Linien gleicher Dichte, in der anderen die Barogramme eines Flugzeugs eingezeichnet, welche sich bei der normalen Atmosphäre $\vartheta = 5\ \frac{\text{Grad}}{\text{km}}$, in den extremen Fällen $\vartheta = 0$ und $10\ \frac{\text{Grad}}{\text{km}}$ und bei $\vartheta = 5\ \frac{\text{Grad}}{\text{km}}$, aber einer um 20^0 niedrigeren Bodentemperatur herstellen. In allen Fällen ist der Druck am Boden normal angenommen. Die Barogramme gehen vom Boden bis fast zur Gipfelhöhe; in Wirklichkeit stellt sich natürlich nie ein regelmäßiges Temperaturgefälle in diesem ganzen Bereich ein; aber unsere Betrachtungen gelten für jede einzelne Höhen- oder Dichtestufe. Man sieht den großen Einfluß von ϑ in großen Höhen; der Einfluß von T_0 bleibt auf niedrigere Höhen beschränkt.

Flugdauer. Um die Dauer eines Fluges zu berechnen, müssen wir die Menge des mitgenommenen Betriebsstoffes und den Verbrauch des Motors kennen. Der letztere ist natürlich proportional der Leistung; das in der Zeiteinheit (Stunde) für die Pferdestärke notwendige Betriebsstoffgewicht sei $\sigma\left[\frac{\text{kg}}{\text{PS}\cdot\text{h}}\right]$. Dann nimmt während des Fluges das Fluggewicht ab, so daß

$$\frac{dG}{dt} = -\sigma N \tag{2,40}$$

Wir bezeichnen das Anfangsgewicht mit G_0, das Endgewicht mit G_1; dann ist $G_0 - G_1$ das mitgenommene Betriebsstoffgewicht. Nun gilt für den Horizontalflug nach Elimination der Geschwindigkeit

$$75 N \eta = \frac{c_w}{c_a^{3/2}} \sqrt{\frac{2}{\varrho F}}\, G^{3/2}; \tag{2,41}$$

also erhalten wir die Gleichung:

$$\frac{dG}{dt} = -\frac{\sigma}{75\eta} \frac{c_w}{c_a^{3/2}} \sqrt{\frac{2}{\varrho F}}\, G^{3/2}. \tag{2,42}$$

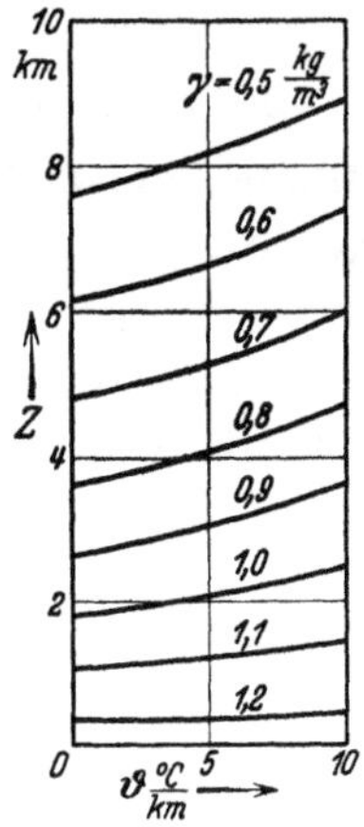

Abb. 28. Linien gleicher Dichte bei verschiedenem Temperaturgefälle

Die Größe $\frac{c_w}{c_a^{3/2}}$ ist aus der Bedingung zu berechnen, daß Horizontalflug herrschen soll; wir nehmen aber an, daß wir den Motor immer soweit drosseln können, daß mit günstigstem (kleinstem) $\frac{c_w}{c_a^{3/2}}$ horizontal geflogen wird. Hierbei macht es einige Schwierigkeit, das wirkliche Maximum zu finden, denn bei gedrosseltem Motor hat ja η nicht mehr seinen größten Wert und kann von der Fluggeschwindigkeit und somit indirekt auch vom Anstellwinkel so abhängen, daß die günstigsten Verhältnisse unter Umständen bei größeren Werten von $\frac{c_w}{c_a^{3/2}}$ erreicht werden.

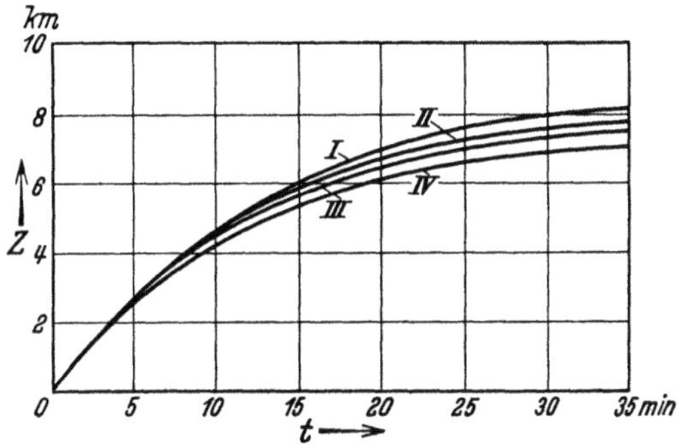

Abb. 29. Abhängigkeit der Steigzeit von der Temperaturverteilung in der Atmosphäre

I $\vartheta = 10\ \frac{\text{Grad}}{\text{km}}$ $T_0 = 283°$

II $\vartheta = 5\ \frac{\text{Grad}}{\text{km}}$ $T_0 = 263°$

III $\vartheta = 5\ \frac{\text{Grad}}{\text{km}}$ $T_0 = 283°$

IV $\vartheta = 0\ \frac{\text{Grad}}{\text{km}}$ $T_0 = 283°$

Immer $p_0 = 10360\ \frac{\text{kg}}{\text{m}^2}$.

Kann man Mittelwerte für η und $\frac{c_w}{c_a^{3/2}}$ einsetzen, so ergibt sich für die Flugdauer T die Beziehung:

$$T = \frac{75\eta}{\sigma} \frac{c_a^{3/2}}{c_w} \sqrt{\frac{\varrho F}{2}} \cdot 2\left(\frac{1}{\sqrt{G_1}} - \frac{1}{\sqrt{G_0}}\right) \tag{2,43}$$

oder wenn G_b das Betriebsstoffgewicht bezeichnet und $\frac{G_b}{G_0}$ als klein angesehen werden kann

$$T = \frac{75\,\eta}{\sigma}\,\frac{c_a^{3/2}}{c_w}\,\sqrt{\frac{\varrho F}{2\,G_0}}\cdot\frac{G_b}{G_0} \qquad (2{,}43\text{ a})$$

Bei bestimmtem Betriebsstoffgewicht ist das leichtere Flugzeug in Hinsicht auf die Flugdauer überlegen; dies ist banal. Ist $\frac{G_b}{G_0}$ ein bestimmter Wert, so erzielt man eine größere Flugdauer durch Kleinhalten der Flächenbelastung.

Reichweite. Um die Flugstrecke zu berechnen, gehen wir aus von der Gleichung

$$\frac{75\,N\,\eta}{G} = \frac{c_w}{c_a}\,v \qquad (2{,}44)$$

Aus dieser folgt

$$d\,G = -\frac{\sigma}{75\,\eta}\,\frac{c_w}{c_a}\,G\,v\,d\,t$$

oder mit x als Wegkoordinate, da $v\,d\,t = d\,x$

$$\frac{d\,G}{G} = -\frac{\sigma}{75\,\eta}\,\frac{c_w}{c_a}\,d\,x \qquad (2{,}45)$$

Der günstigste Anstellwinkel ist für diesen Fall ein anderer, kleinerer, als für die größte Flugdauer; wieder nehmen wir an, daß der Motor immer soweit gedrosselt werde, daß mit dem Minimum von $\frac{c_w}{c_a}$ Horizontalflug erzielt werde. Kann man für η dann einen Mittelwert setzen, so wird die Flugstrecke l:

$$l = \frac{75\,\eta}{\sigma}\,\frac{c_a}{c_w}\ln\frac{G_1}{G_0} = \frac{75\,\eta}{\sigma}\,\frac{c_a}{c_w}\ln\left(1+\frac{G_b}{G_0}\right) \qquad (2{,}46)$$

Wieder ist natürlich bei gleicher Betriebsstoffmenge das kleine Flugzeug überlegen; bei gleichem prozentualem Gewichtsanteil des Betriebsstoffes fällt jeder Einfluß des Fluggewichts fort. Daß eine große Reichweite leichter durch ein großes Flugzeug erzielt werde, war ein früher oft vorhandenes Vorurteil, das inzwischen durch die Praxis der Ozeanflüge längst verschwunden ist.

§. 6. Start und Landung.

Die beschleunigte bzw. verzögerte Bewegung des Flugzeugs auf dem Boden darf nicht allzu viel Raum erfordern; denn die Abmessungen des Flugplatzes sind nicht immer beliebig groß, und das Flugzeug muß auch imstande sein, im Notfall auf engen Plätzen zu starten und zu landen. Es wird sogar verlangt, daß es rasch eine gewisse Höhe erreicht, um allen Hindernissen in der Nähe des Startortes entgehen zu können; in Deutschland werden 20 m Höhe in einer waagrechten Höchstentfernung von 650 m gefordert.

Man muß daher das Flugzeug bei einer möglichst kleinen Geschwindigkeit vom Boden abheben bzw. auf den Boden aufsetzen. Dazu gehört ein möglichst großer Wert von c_a; man wird also den Anstellwinkel höchsten c_a-Wertes einzustellen suchen.

Landflugzeug. Beim Start braucht man nicht von vornherein mit einem solch hohen c_a-Wert, der mit einem hohen c_w-Wert verbunden ist, anzufahren; es ergibt sich vielmehr das Problem, wie das Flugzeug *auf der Erde* am raschesten und auf der kürzesten Strecke beschleunigt werden kann. Der Widerstand ist in diesem Fall einerseits durch den Luftwiderstand, andererseits durch die Reibung am Boden bestimmt, die dem Normaldruck, d. i. der Differenz von Gewicht und Auftrieb, proportional ist (Koeffizient μ). Die Bewegungsgleichung wird daher

$$\frac{G}{g}\frac{d\,v}{d\,t} = S - c_w F \frac{\varrho}{2} v^2 - \mu \left(G - c_a F \frac{\varrho}{2} v^2\right) \qquad (2{,}47)$$

Vom Anstellwinkel abhängig ist dabei die Kraft $(c_w - \mu\, c_a) q F$; je kleiner dieser Ausdruck wird, um so größer ist die Beschleunigung, um so rascher wird die zum Abheben nötige Geschwindigkeit erreicht, und um so kürzer wird auch die Startstrecke. Der günstigste Anstellwinkel gehört also zum Minimum von $c_w - \mu\, c_a$ oder zu

$$\frac{d\,c_w}{d\,c_a} = \mu \qquad (2{,}48)$$

Den Differentialquotienten $\frac{d\,c_w}{d\,c_a}$ kann man unmittelbar dem Polardiagramm entnehmen; er ist Null beim Minimum von c_w und wächst im Bereich der normalen Flugwinkel bis auf etwa 0,2 an. Der Koeffizient μ kann je nach der Bodenbeschaffenheit mit 0,1 bis 0,2 angenommen werden. Der Sinn der Beziehung (2,48) ist leicht anschaulich einzusehen. Bei kleinem μ spielt die Verringerung der Bodenreibung durch großen Auftrieb eine geringe Rolle im Vergleich zum aerodynamischen Widerstand; bei großem μ ist es umgekehrt. Man startet auf glattem Boden mit kleinem Anstellwinkel („Schwanz hoch"), auf rauhem Boden mit großem Anstellwinkel („Schwanz tief").

Um eine bequeme Abschätzung der Startstrecke in Abhängigkeit von den wichtigsten Konstruktionsgrößen des Flugzeugs zu erhalten, integrieren wir Gleichung (2,47); die allgemeine Formel[1] ist indes für den praktischen Gebrauch zu umständlich; wir setzen darum die — beim Start klein zu haltende — Größe $(c_w - \mu\, c_a)$ gleich Null und nehmen für den Schraubenzug, der eigentlich auch von der Geschwindigkeit abhängt, einen Mittelwert im Bereich der kleinen Fortschrittsgrade an. Dann wird

$$v = \frac{g\,(S - \mu\, G)}{G}\, t \qquad (2{,}49)$$

In der Startzeit T muß die kleinste Geschwindigkeit V erreicht werden, bei welcher das Flugzeug durch Ziehen des Höhensteuers vom Boden abgehoben werden kann. Es ist

$$V = \sqrt{\frac{2\,G}{\varrho\, F\, c_{a\,\max}}} \qquad (2{,}50)$$

[1] Blenk, H., Startformeln für Landflugzeuge. DVL-Jb. 1927 S. 1.

wenn der Schraubenzug zum Horizontalflug mit $c_{a\,\max}$ ausreicht (Abb. 30, Kurve 1); dies hängt vom Widerstand bei $c_{a\,\max}$ ab. Ist dies nicht der Fall (Abb. 30, Kurve 2), so muß die Geschwindigkeit erreicht werden, die zum Schnittpunkt der beiden Kurven in Abb. 30 gehört. Wir wollen allgemein den Auftriebsbeiwert beim Abheben mit $c_{a\,0}$ bezeichnen; dann wird die Startzeit

$$T = \sqrt{\frac{2\,G}{\varrho\,F\,c_{a\,0}}} \cdot \frac{G}{g\,(S - \mu\,G)} \tag{2,51}$$

und die Startstrecke (s)

$$s = \frac{g\,(S - \mu\,G)}{G} \cdot \frac{T^2}{2} = \frac{\frac{G}{F}}{\varrho\,g\,c_{a\,0}\left(\frac{S}{G} - \mu\right)} \tag{2,52}$$

Die Startstrecke wächst also proportional der Flächenbelastung und wird kleiner, wenn die mit der Leistungsbelastung wachsende Größe $\frac{G}{S}$, die man „Schraubenzugbelastung" nennen kann, gesteigert wird. Es kommt dabei nicht auf den Schraubenzug im Normalflug, sondern bei kleinen Fortschrittsgraden an; deshalb hat eine Umrechnung von $\frac{G}{S}$ auf Leistungs- und Flächenbelastung mit Hilfe empirischer Formeln nur beschränkten Wert. Die Schraube mit großer Steigung ist hier überlegen.

An Abb. 30 ist durch Vergleich mit Abb. 21a zu erkennen, daß die Geschwindigkeit nach dem Start gesteigert, der Anstellwinkel vermindert werden muß, damit das Flugzeug schnell in die Höhe kommt. Ist der Leistungsüberschuß bei der Geschwindigkeit des Abhebens nicht groß genug, so kann der Start trotz Abhebens vom Boden mißglücken. Gibt man etwa im Falle 2 der Abb. 30, wenn die zu $c_{a\,\max}$ gehörige Geschwindigkeit mit Hilfe des kleineren günstigen Rollanstellwinkels erreicht ist, einen Höhensteuerausschlag, der zu $c_{a\,\max}$ hinführt, so wird das Flugzeug angehoben. Gleichzeitig wird aber die Geschwindigkeit durch den hohen Widerstand wieder herabgedrückt; da dies erst eine sekundäre, langsamer einsetzende Wirkung ist, wird dadurch das Abheben nicht verhindert; aber das Flugzeug fällt gleich wieder auf den Boden zurück.

Bei diesen Überlegungen ist zu berücksichtigen, daß die Luftkräfte selbst durch die Bodennähe verändert werden[1], und zwar wird c_a erhöht, c_w heruntergesetzt; in der Nähe von $c_{a\,\max}$ allerdings ist eher eine Auftriebsminderung infolge Erdbodennähe und keine Minderung von c_w vorhanden.

Bei der Landung muß die Geschwindigkeit rasch vermindert werden. Eine günstige Gleitzahl, die ein langsames Ausschweben ermöglicht,

[1] G. Dätwyler, Untersuchungen über das Verhalten von Tragflügelprofilen sehr nahe am Boden. Mitt. Inst. Aerodyn. Eidg. Techn. Hochsch., Zürich 1934.

kann unter Umständen sehr unerwünscht sein. Eine kurze Strecke kann durch starkes „Ziehen", d. i. Vergrößerung des Auftriebes und des Widerstandes, erreicht werden. Diese Methode hat aber den Nachteil, daß das stark gezogene Flugzeug eine ungünstige Lage gegen den Boden einnimmt und mit dem Schwanz zuerst aufsetzt. Um große bremsende Luftkraft mit angenehmer Lage des Flugzeugs, d. h. nicht zu großem Anstellwinkel, zu vereinigen, bringt man zusätzliche Widerstände an, die willkürlich bei der Landung eingeschaltet werden können, z. B. profilierte Klappen, die wie Windfahnen eingestellt fast keinen Widerstand bieten, aber senkrecht zum Wind gehalten, starke Kräfte erfahren. Oder man erhöht $c_{a\,\max}$ durch die unten (S. 97 und 98) geschilderten Mittel.

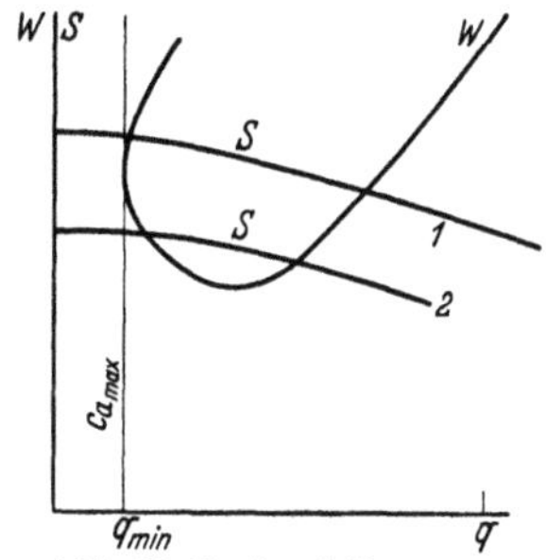

Abb. 30. Zugkraftdiagramm für den Startvorgang.

Wasserflugzeug[1]. Der Start vom Wasser aus ist deshalb schwerer zu berechnen als der Start vom festen Boden aus, weil der Widerstand (P) eines Schwimmers oder Bootes nicht einfach der Belastung (K) proportional ist wie beim Reibungsgesetz fester Körper, sondern in einer komplizierten und durch den Versuch zu ermittelnden Weise von den 3 Variablen: Belastung, Anstellwinkel und Geschwindigkeit abhängt. An Stelle der Belastung kann man auch die Eintauchtiefe des Schwimmers als Variable ansehen; diese ist bei gegebenen α und v durch die Belastung bestimmt. Es muß bekannt sein:

$$P = P\,(K, \alpha, v)\,; \tag{2,53}$$

dann gilt

$$K = G - c_a \frac{\varrho}{2} v^2 F \tag{2,54}$$

und

$$\frac{G}{g}\frac{d\,v}{d\,t} = S - c_w \frac{\varrho}{2} v^2 F - P\,(K, \alpha, v) \tag{2,55}$$

Diese Differentialgleichung kann natürlich nicht durch allgemeingültige Ausdrücke gelöst werden; man muß sie in jedem besonderen Fall unter Zugrundelegung der empirisch gegebenen Zusammenhänge numerisch integrieren. Zur Veranschaulichung[2] diene Abb. 31:

Wir gehen wieder von der Vorstellung aus, daß der Anstellwinkel aus den Gesetzen des Momentengleichgewichtes zwangsläufig bestimmt sei durch den Ausschlag des Höhenruders und darum in den Kraftgleichungen nicht als Variable, sondern als Parameter anzusehen sei. Diese Vorstellung müssen wir hier mehr wie bei den anderen Problemen als eine grobe Näherung ansehen; denn das von Belastung und Geschwindigkeit abhängige Moment, das auf den Schwimmer wirkt, fällt hier sicher

[1] Lower, J. H., Hydrodynamics of marine aircraft. J. Roy. aeron. Soc. (Lond.) Bd. 37 (1933) S. 423.

[2] Verduzio, R., Bestimmung der Kennlinien für den Abflug von Wasserflugzeugen. Innsbrucker Vorträge, S. 211. Berlin: Julius Springer 1924.

stark ins Gewicht, so daß die Momentenbeziehung in Wirklichkeit auch nur eine Beziehung zwischen den 3 Variablen K, α und v ist, und nicht α unabhängig von den anderen Variablen bestimmt. Wir können uns trotzdem nicht von dem einfachen Ansatz frei machen und nehmen also an, der Höhenruderausschlag werde ständig so geändert, daß der Anstellwinkel den gewünschten — konstanten oder während des Starts veränderlichen — Wert annimmt. In Abb. 31a ist die Bilanz der bahnsenkrechten Kräfte aufgetragen; das Gewicht ist eine Konstante, der Auftrieb (A) eine Parabel, wenn α konstant angenommen wird; es steht nichts im Wege, α als gegebene Funktion der Abszisse v anzusehen und

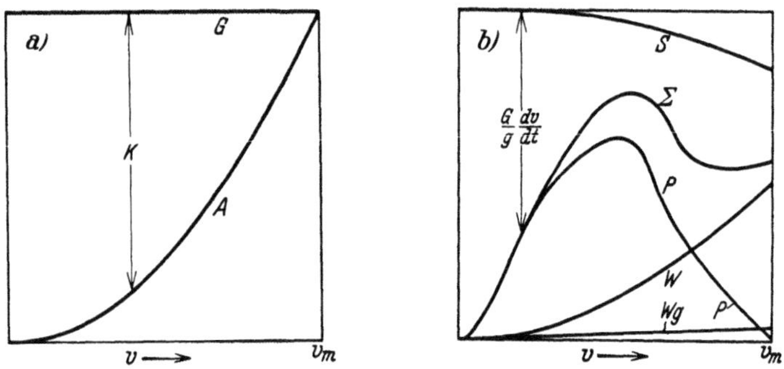

Abb. 31a und b. Kräfte beim Start von Wasserflugzeugen. a) Bahnsenkrechte Kräfte. b) Bahnrichtungskräfte.

die Auftriebskurve dementsprechend einzuzeichnen. Bei der Geschwindigkeit v_m tragen die Flügel das Gesamtgewicht, der Schwimmer ist entlastet, das Flugzeug hebt sich vom Wasser; die Schwimmerbelastung K ist als Differenz der beiden Kurven in Abhängigkeit von v der Abbildung ohne weiteres zu entnehmen. In Abb. 31b sind der Schraubenzug und die Widerstandskräfte eingetragen; letztere sind von dreierlei Art: 1. der Luftwiderstand $W = c_w\, q\, F$, bei konstantem α eine Parabel; 2. der Luftwiderstand W_g des aus dem Wasser ragenden Schwimmerteiles; dieser ist nicht sehr bedeutend, wächst aber stärker als quadratisch mit der Geschwindigkeit, da sich der Schwimmer mit wachsender Geschwindigkeit aus dem Wasser hebt; 3. der Wasserwiderstand P des Schwimmers. Dieser ist aus Versuchsreihen zu entnehmen, da nun α, K und v bekannt sind; er muß außer bei $v = 0$ jedenfalls Null werden bei $v = v_m$, da dann der Schwimmer ganz aus dem Wasser gehoben ist; P weist bei einer mittleren Geschwindigkeit ein Maximum auf; dieses muß natürlich unter dem zu diesem v gehörigen Wert von S liegen, wenn der Start überhaupt möglich sein soll. Die Summe Σ der Widerstände ist gleichfalls in Abb. 31b eingezeichnet; die Differenz der S- und der Σ-Kurve gibt unmittelbar $\frac{G}{g}\frac{dv}{dt}$ in Abhängigkeit von v; woraus sich durch numerische Integration leicht v und die Startzeit bzw. Startstrecke ergeben.

Die Probleme der Wasserung sind mehr vom Festigkeitsstandpunkt aus interessant als vom aerodynamischen; sie sind theoretisch schwierig und noch nicht völlig geklärt; sie sollen daher hier übergangen werden[1].

Drittes Kapitel.

Zahlenwerte.

§ 1. Allgemeine Bemerkungen.

Die bisher abgeleiteten Formeln bleiben inhaltlos, wenn nicht ein ausführliches und für praktische Fälle ausreichendes Zahlenmaterial für die in den Formeln vorkommenden Größen bereitsteht; ein solches soll nach Möglichkeit in diesem Kapitel geboten werden. Einige Größen, wie Gewichte, Motorenleistungen u. dgl. werden dabei einfach aus der Statistik über wirkliche ausgeführte Flugzeuge zu entnehmen sein; andere aber, und gerade die vom aerodynamischen Standpunkt aus wichtigsten, entstammen nicht der Flugpraxis, sondern den wissenschaftlichen Versuchen verschiedenster Art und verschiedenster Herkunft. Dadurch ergibt sich die Schwierigkeit, Ergebnisse zusammenzustellen, die nicht völlig zusammenstimmen und deren gegenseitige Beziehung auch nicht durch eine gemeinsame Basis festzulegen ist. Im großen ganzen sind in der Praxis meist nur spezielle Versuche oder wenigstens hauptsächlich Versuchsmaterialien aus dem eigenen Land zugrunde gelegt worden. In diesem Kapitel ist versucht, das heute bekannte Material aus den verschiedensten Quellen für jedes einzelne Problem heranzuziehen und, so gut es geht, Folgerungen zu ziehen auf die wahrscheinlichsten Zahlenwerte.

Die Hauptaufgabe ist hierbei die Zusammenziehung der einzelnen Auftriebs- und Widerstandswerte, die im Modell an Flugzeugteilen gemessen sind und ihre Zusammenfügung zu den Werten c_a und c_w in den Formeln des vorigen Kapitels; dazu kommt die Wahl der richtigen Werte für den Schraubenwirkungsgrad η. Ein Flugzeug mit Motor und Schraube ist ein einheitlicher Mechanismus; alle Teile wirken zusammen und beeinflussen einander. Die Schraube für sich erzeugt andere Luftbewegungen als die Schraube im Flugzeug, der Motor mit seiner Kühlung stört die Flügelkräfte, das Leitwerk am Rumpf erfährt andere Kräfte als für sich allein usw. Aber die wissenschaftlichen Erkenntnisse sind nur durch Teilung zu gewinnen; an Teilen ist die überwiegende Mehrzahl der numerischen Werte gewonnen, die wir benutzen müssen. In welcher Weise wir diese zum Ganzen wieder zusammenfügen müssen, darüber können uns Modellversuche an ganzen Flugzeugen und eine

[1] Wagner, H.: Zit a. S. 148.

Reihe von schönen Versuchen im Fluge heute einige Auskunft geben. Aber viel Problematisches bleibt doch noch übrig und ist vielleicht nie ganz zu beseitigen. Darüber muß man sich von Anfang an klar sein und sollte den Ansatz der ganzen Berechnung nicht auf allzu große Feinheit und eine Exaktheit einstellen, welche die numerischen Werte nie bieten können.

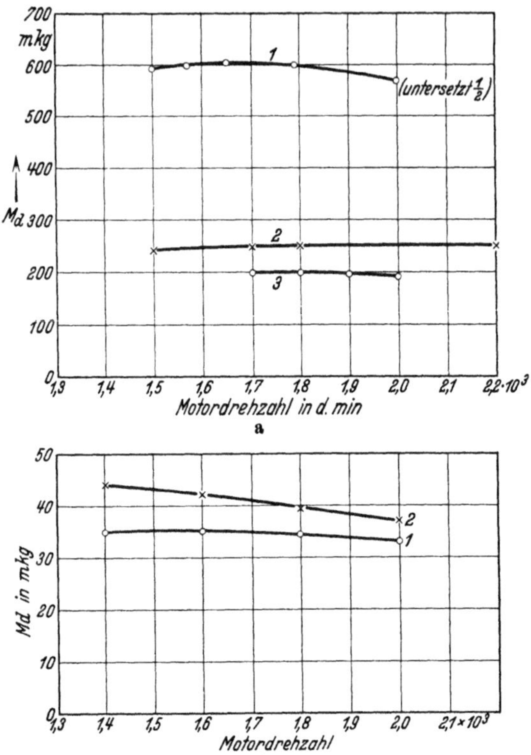

Abb. 32 a—b. Motordrehmomente in Abhängigkeit von der Drehzahl. a) 1. Farman 18 WD. 2. BMW. 3. Fiat A 22 AQ. b) 1. Sh 13a. 2. Argus A 8.

§ 2. Motorleistung.

Wir brauchen das Drehmoment oder die Leistung des Motors bei verschiedenen Drehzahlen und in Abhängigkeit von der Luftdichte. Man wird natürlich einen Motor immer nur in dem Drehzahlbereich benutzen, wo sein Drehmoment ein Maximum hat; dort ist das Drehmoment einigermaßen unabhängig von der Drehzahl; das Maximum verläuft meist sehr flach. Abb. 32 gibt die Zahlwerte für einige gebräuchliche Motoren.

Die Abhängigkeit der Leistung von der Luftdichte kann man mit genügender Genauigkeit in folgender Weise erfassen: Von dem an der Bremse am Boden ermittelten Werte N_{i0} nimmt die indizierte Leistung proportional der Luftdichte ab; ein Teil dieser indizierten Leistung geht aber durch Reibung in Triebwerk und Steuerung verloren oder wird für die Förderung von Betriebsstoff und Kühlwasser verbraucht, steht also nicht der Luftschraube zur Verfügung. Die effektive Leistung N_{e0} ist also kleiner als N_{i0}; das Verhältnis $\frac{N_{e0}}{N_{i0}} = \eta_m$ nennt man den mechanischen Wirkungsgrad des Motors; er ist in der Regel etwa 0,9. Die indizierte Motorleistung N_{iz} in Höhe z ist proportional der Luftdichte; denn je weniger Sauerstoff durch das gegebene Zylindervolumen beim Einsaugen erfaßt wird, um so geringer ist die Verbrennung und deren Energie; es ergibt sich also

$$N_{iz} = \frac{\varrho}{\varrho_0} N_{i0} \tag{3,1}$$

Wir können ferner annehmen, daß die verlorengehende Leistung

$$N_{i0} - N_{e0} = N_{i0}(1 - \eta_m) \qquad (3,2)$$

von z unabhängig ist; dann ergibt sich für die effektive Leistung N_{ez} in Höhe z:

$$N_{ez} = N_{iz} - N_{i0}(1 - \eta_m) = N_{i0}\left[\frac{\varrho}{\varrho_0} - 1 + \eta_m\right] = \frac{N_{e0}}{\eta_m}\left[\frac{\varrho}{\varrho_0} - 1 + \eta_m\right] \qquad (3,3)$$

Diese Formel gibt die höchste für die Schraube verfügbare Leistung, die sog. „Ladungsgrenze" an. In Wirklichkeit wird die Motorleistung, besonders in großen Höhen, stets etwas unter der Ladungsgrenze bleiben, je nach individuellen Eigenschaften des Motors und nach der Einstellung des Vergasers, also nicht in allgemein erfaßbarer Weise.

Für Steigflüge ist es entscheidend, wieweit man das Absinken der Motorleistung mit wachsender Höhe vermeiden oder einschränken kann. Man kann hier zwei Wege einschlagen:

1. Man führt dem Motor künstlich mehr Sauerstoff zu, als er aus eigener Kraft ansaugen kann; dies kann geschehen, indem man reinen, etwa flüssigen Sauerstoff mitnimmt und den Motor damit speist, oder indem man die dem Motor zuzuführende Luft erst durch ein Gebläse auf höhere Dichte bringt; nur die letztere Art und Weise hatte bisher Erfolge, sie ist beschränkt durch das Gewicht des Gebläses und die von ihm verbrauchte mit der Höhe wachsende Leistung.

2. Man gibt dem Motor größere Stärke N_H, ohne indes die ganze Konstruktion, die Festigkeit und die Wärmeabfuhr zu verändern; dies kann durch Vergrößerung der Kolbenfläche oder durch Erhöhung des Kompressionsverhältnisses geschehen. Dann kann man allerdings nicht bei kleinen Höhen mit voller Leistung arbeiten; denn der Motor hält Leistungen über seiner „Betriebsgrenze" nicht aus, und diese ist durch die Bodenleistung des unvergrößerten unverdichteten Motors gegeben. Leistungswerte unter der Betriebsgrenze kann man erhalten, wenn man die (nicht ausnutzbare) Bodenleistung in das Diagramm einträgt und die Ladungsgrenze unter Annahme der unveränderten Reibungsverluste wie oben bestimmt (s. Abb. 22).

Tabelle 5 enthält einige Werte für moderne Motoren.

§ 3. Gewichte.

Das gesamte Gewicht des fliegenden Flugzeugs — kurz als „Fluggewicht" bezeichnet — kann in verschiedener Weise eingeteilt werden; für verschiedene praktische Angaben und verschiedene Probleme sind verschiedene Zusammenfassungen natürlich und brauchbar. Um Verwechslungen zu vermeiden, hat in Deutschland die DVL ganz bestimmte Ausdrücke für die verschiedenen Arten der Zusammenfassung festgelegt[1], die für unsere Zwecke nicht alle aufgeführt zu werden brauchen. Uns

[1] „Hütte", des Ingenieurs Taschenbuch. Bd. 4 S. 182.

Tabelle 5. Motoren.

Fabrikat	Bezeichnung	Dauerleistung am Boden PS	Spitzenleistung am Boden PS	Untersetzung	Drehzahl (Kurbelwelle) $\frac{1}{min}$	Zylinderanordnung	Zylinderzahl	Hubraum l	Kühlung	Kompressionsverhältnis	Gewicht (trocken) kg	Einheitsgewicht $\frac{kg}{PS}$	Mittlerer Brennstoffverbrauch g/PS	Mittlerer Ölverbrauch g/PS
Blackburn	Thrush	35	39	—	2500	Stern	3	1,49	Luft		60	1,72		
Junkers	L 1a	75	80	—	1650	Reihe	6	5,65	,,	1: 4,7	138	1,84	300	
Siemens	Sh 12	108	125	—	1500	Stern	9	8,48	,,	1: 5,6	173	1,60	245	10
Salmson	9 A c	120	133	—	1800	,,	9	9,19	,,	1: 5,4	170	1,42	245	12
Wright	Whirlwind	200	300	—	1870	,,	9	12,9	,,	1: 5,2	230	1,08	280	12
Hispano-Suiza	6 Mb	250	280	—	2000	Reihe	6	13,5	Wasser	1: 6,2	270	1,08	230	6
Junkers	L 5	280	310	—	1500	,,	6	22,9	,,	1: 5,5	315	1,12	230	10
Junkers	Juno 5	420	545	1:1,66	2000	,,	6	16,6	,,	1:16,6	495	1,18	165	
Gnôme et Rhône	Jupiter VI	480	610	—	2100	Stern	9	28,6	Luft	1: 6,57	339	0,71	230	25
BMW	VI 7, 3 Z	500	750	—	1455/1600	60° V	12	46,9	Wasser	1: 7,3	559	1,12	235	
BMW	Hornet Lizenz	500	525	1:0,5	950	Stern	9	27,7	Luft	1: 5,0	365	0,73	240	16
Hispano-Suiza	12 × 60	500	610		2200	60° V	12	27,0	Wasser	1: 6,4	355	0,74	225	
Bristol	Pegasus S 2	532	578	1:0,655	2000	Stern	9	28,7	Luft	1: 5,3	435	0,82		
Curtiss	V′ 1550	600	—	—	2400	60° V	12	25,3	Wasser	1: 5,8	340,5	0,57	241	
Farman	18 WY	600	730	1:0,4	1120	W	18	21,4	,,		422	0,70		
R.R.	Buzzard	836	935	1:0,552	2000/2300	60° V	12	32,8	Dampf	1: 5,5	695	0,83	232	
Isotta Fraschini	Asso 1000	900	1100	—	1450/1750	,,	18		Wasser	1: 5,3	810	0,90	220	

interessiert einerseits die Einteilung in das Gewicht der zum Fliegen notwendigen Maschinen, Bauteile und Ausrüstungsgegenstände — Rüstgewicht — und das Gewicht der mitgenommenen Menschen einschließlich Besatzung und Güter

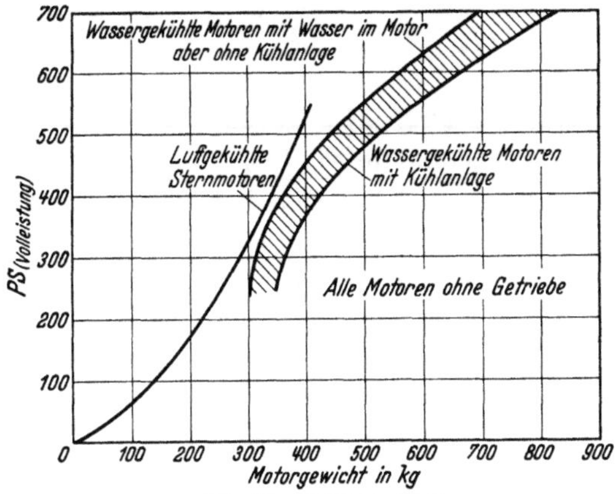

Abb. 33. Motorgewichte.

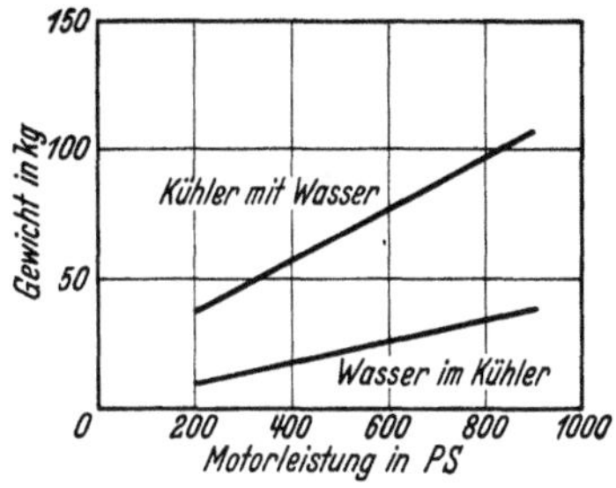

Abb. 34. Kühlergewicht.

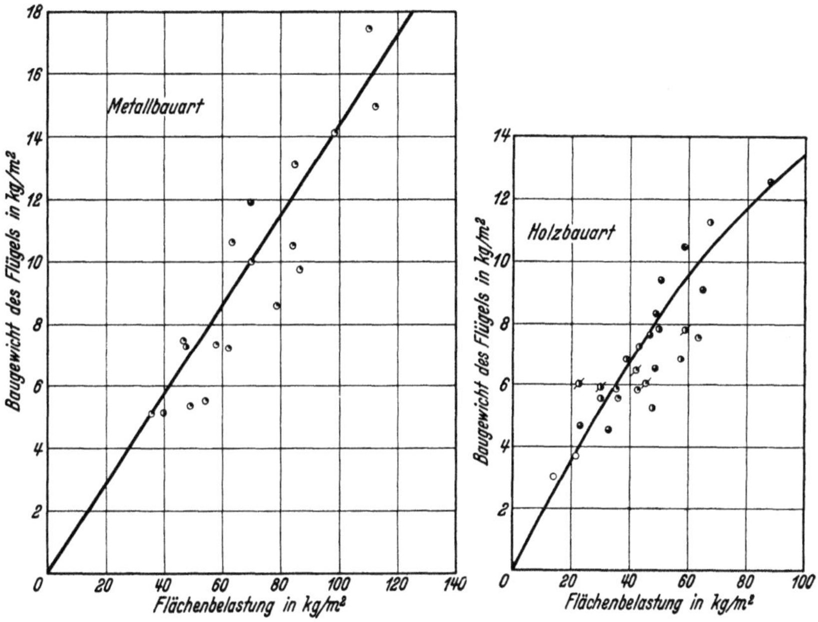

a b

Abb. 35 a—b. Baugewicht des Flügels. a) Metallbauart. b) Holzbauart. ● Flugzeugmuster mit einer Bruchsicherheit im A-Fall = 9, ◑ Flugzeugmuster mit einer Bruchsicherheit im A-Fall = 6, ◔ Flugzeugmuster mit einer Bruchsicherheit im A-Fall = 4, ⊘ bedeutet Eindecker, die übrigen Punkte sind Doppeldecker.

— Zufüllung. Andererseits ist dem Flugzeugkonstrukteur das Problem meist in der Weise gestellt, daß die Zufüllung durch den Verwendungszweck und das Triebwerksgewicht durch die Auswahl des Motors gegeben sind,

Tabelle 6.

Verwendungszweck	Typ	Motortyp	Leistung (Dauer) NPS
Verkehr 1930	Focke-Wulf F 19a, Ente, freitr. Hochd., 4 Flg.	2 Siemens	220
,, 1929	de Havilland D 75a, Hochd., 6 Flg.	Lynx	220
,, 1930	BFW M 24b, freitr. Hochd., 10 Flg.	Hornet	525
,, 1930	Junkers F 13, freitr. Tiefd., 6 Flg.	Junkers L 5	280
,, 1925	Dornier Merkur, Hochd., 12 Flg.	BMW	600
,, 1929	Caproni Ca 101, Hochd., versp.	3 Lynx	660
,, 1930	Farman F 300, verstr. Hochd., 10 Flg.	3 Salmson	690
Post 1929	Heinkel He 10, Schwimmer, halbfreitr. Tiefd.	BMW	600
Verkehr 1929	Burnelli CB 3, Hochd., 20 Flg.	2 Curtiss	1250
,, 1930	Savoia S 63, Seeflzg., Hochd.	2 Isotta	1000
,, 1930	Fokker F IX, Hochd., freitr., 22 Flg.	3 Gnôme	1350
,, 1926	Dornier Superwal b, Flugboot, Hochd.	4 ,,	1900
,, 1928	Rohrbach Romar, Flugboot, 16 Flg.	3 BMW	1920
,, 1929	Junkers G 38, Mitteld., freitr.	4 Junkers	2500
,, 1929	Dornier X, Flugboot, freitr., Hochd.	12 Curtiss	7500
Jagdeinsitzer 1929	Curtius XP 6, versp. Doppeld.	Curtiss	625
,, 1927	Bristol Bulldog, versp. Doppeld.	Bristol	450
Jagdzweisitzer 1930	Bréguet 27, versp. Doppeld.	Hispano-Suiza	500
Aufklärungsflzg., 4sitz. 1930	Savoia S 67, freitr. Hochd.	Isotta	750
Bombenflzg., 4sitz. 1924	Blériot Bl 127, freitr. Eind.	2 Hispano-Suiza	1000
Aufklärungsflzg., 4sitz. 1927	Flygindustri K 30 L, freitr. Tiefd.	3 Junkers	840
Bombenflzg., 4sitz. 1929	Vickers Virginia X, versp. Doppeld.	2 Napier	1000
,, 6sitz. 1925	Farman Supergoliath, versp. Doppeld.	4 Farman	2000
Sport 1930	Morane-Saulnier 180	Salmson	40
,, 1929	Darmstadt D 18	Siddeley	100
,, 1930	Klemm L 25 E	Argus	80
,, 1930	de Havilland DH 80	de Havilland	108
,, 1929	Blériot Spad 92	Hispano	230
,, 1927	Heinkel HD 35	Mercedes	120
Segelflug 1929	Aachen M I	—	—
,, 1929	Darmstadt II	—	—
,, 1929	Grunau Schlesierland	—	—

Gewichtstabelle.

Flügelfläche F m²	Fluggewicht G to	Flächenbelastung $\frac{G}{F}\frac{\text{kg}}{\text{m}^2}$	Leistungsbelastung $\frac{G}{N}\frac{\text{kg}}{\text{PS}}$	Bauzahl $\frac{G}{F}\left(\frac{G}{N}\right)^2$	Rüstgewicht G_r to	Triebwerksgewicht einschließlich Dienstfüllung G_T to	Flugwerksbaugewicht und Ausrüstung G_K to	Zufüllung G_z to	$\frac{G_z}{G_r}$	$\frac{G}{G_z+G_T}$
16,0	1,64	116	7,5	6500	1,17	0,41	0,76	0,47	0,40	1,86
28,2	1,72	61	7,9	3800	1,0	0,39	0,61	0,68	0,64	1,60
43,0	2,88	67	5,5	2000	1,63	0,62	1,01	1,25	0,77	1,55
47,0	3,00	64	10,7	7300	1,48	0,51	0,97	1,52	1,02	1,49
62,0	3,61	58	6,0	2100	2,25	0,94	1,31	1,36	0,60	1,64
55	3,60	65,5	5,5	2000	2,15	1,15	1,00	1,45	0,67	1,38
66	4,20	63,5	6,1	2350	2,40	1,03	1,37	1,80	0,75	1,49
60,9	4,70	77,3	8,0	4800	2,54	0,92	1,62	2,16	0,93	1,52
117	5,90	50	4,7	1150	3,87	1,55	2,32	2,03	0,53	1,64
105	7,40	71	7,4	3900	5,20	1,44	3,76	2,20	0,42	2,03
103	9,00	87	6,7	3900	5,45	1,65	3,80	3,55	0,65	1,73
137	12,00	88	6,3	3500	7,55	2,41	5,14	4,45	0,59	1,75
170	19,00	112	9,9	11000	10,57	2,77	7,8	8,43	0,80	1,70
290	27,00	93	10,8	11000	14,8	3,60	11,2	12,2	0,83	1,71
486	49,00	101	6,5	4300	28,00	9,13	18,9	21,00	0,75	1,62
23,4	1,36	58	2,2	280	0,95	0,62	0,33	0,41	0,42	1,32
28,5	1,47	52	3,3	570	0,90	0,53	0,37	0,57	0,63	1,33
49,3	2,2	45	4,4	870	1,5	0,72	0,78	0,70	0,47	1,55
69	4,0	58	5,3	1600	2,6	1,09	1,5	1,4	0,54	1,60
88	4,46	51	4,5	1000	3,25	1,40	1,85	1,21	0,37	1,70
99	7,51	76	8,9	6000	4,32	1,50	2,82	3,19	0,74	1,61
204	7,99	39	8,0	2500	4,38	1,44	2,94	3,61	0,82	1,58
266	11,6	44	5,8	1300	7,1	3,30	3,8	4,5	0,63	1,48
13,2	0,43	32,5	10,7	3700	0,30	0,10	0,20	0,12	0,40	1,95
12,1	0,56	46	5,6	1500	0,32	0,16	0,16	0,24	0,75	1,40
15,0	0,65	43	8,1	2800	0,32	0,16	0,16	0,33	1,01	1,32
20,6	0,86	42	7,9	2600	0,52	0,18	0,34	0,26	0,50	1,96
24,4	1,07	44	4,6	930	0,85	0,36	0,49	0,22	0,26	1,84
32,4	1,03	32	8,6	2400	0,78	0,33	0,45	0,25	0,32	1,77
17,0	0,188	11	—	—	0,118	—	—	0,70	0,59	—
16,8	0,218	13	—	—	0,148	—	—	0,70	0,21	—
23,0	0,320	14	—	—	0,180	—	—	0,140	0,78	—

und daß nun das Gesamtgewicht zu bestimmen ist; man nennt den Teil des Gewichtes, der durch die Arbeit des Flugzeugkonstrukteurs bestimmt ist, das Flugwerkbaugewicht; das Rüstgewicht setzt sich zusammen aus diesem Flugwerkbaugewicht, dem Triebwerksgewicht und dem Gewicht der Ausrüstung. Tabelle 6 enthält für einige bekannte Flugzeuge die Konstruktions- und Gewichtsgrößen; diese Angaben können als Richtschnur für Abschätzungen dienen. Einzelheiten

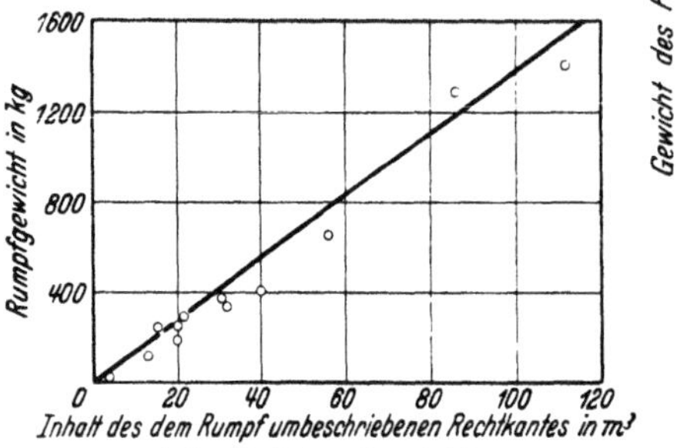

Abb. 36. Rumpfgewicht.

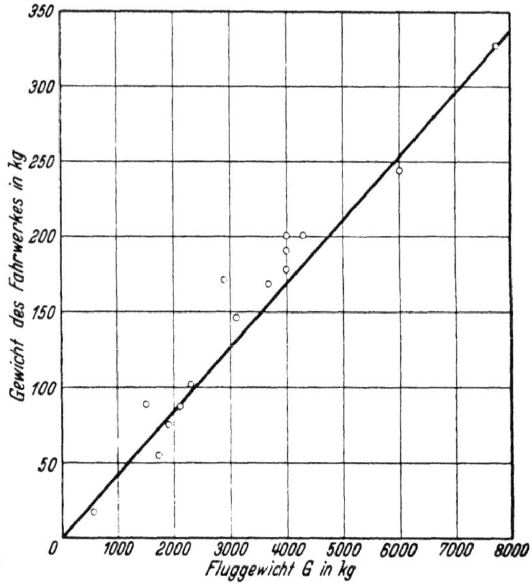

Abb. 37. Gewicht des Fahrwerks.

für alle erscheinenden Flugzeuge enthalten die Jahrbücher, in denen man auch die neusten Daten findet. Die Grundlagen für Tabelle 6

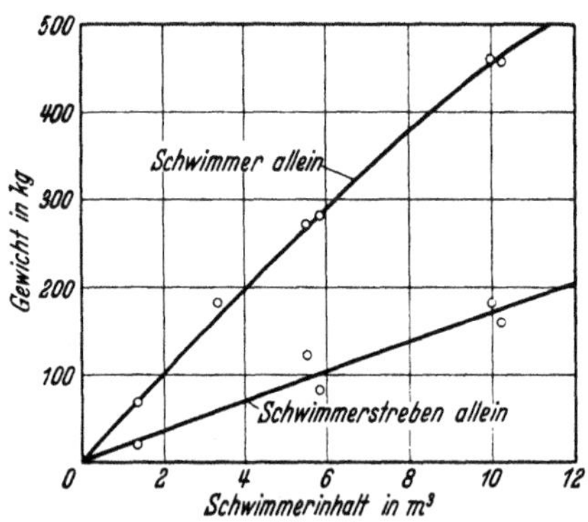

Abb. 38.
Gewicht des Schwimmwerks.

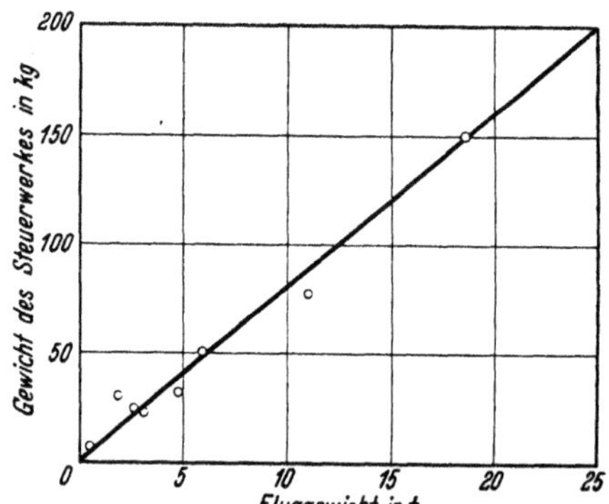

Abb. 39. Gewicht des Steuerwerks (Steuerorgane und Leitwerk).

sind dem Taschenbuch der Luftflotten 1931 von Langsdorff entnommen; dort sind aber nur Rüstgewicht und Zufüllung angegeben; daher mußten zur Berechnung des Flugwerkbaugewichts Triebswerks- und Ausrüstungsgewicht abgeschätzt werden. Durch das Schwanken der Angaben, besonders bezüglich des Motorgewichtes, sowie durch die Verwendung von Mittelwerten ist hier eine gewisse Unsicherheit unvermeidbar; doch wird es viel mehr auf Mittelwerte als auf Genauigkeit der Werte für das einzelne Flugzeug ankommen. Das mittlere Gewicht von Einzelteilen, sowie die Schwankung

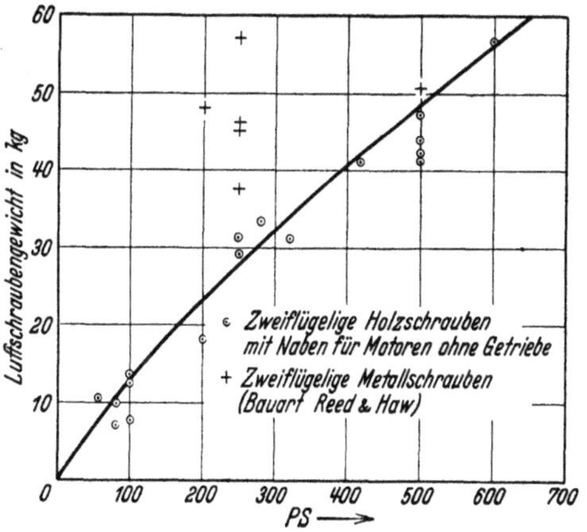

Abb. 40. Gewicht von Luftschrauben.

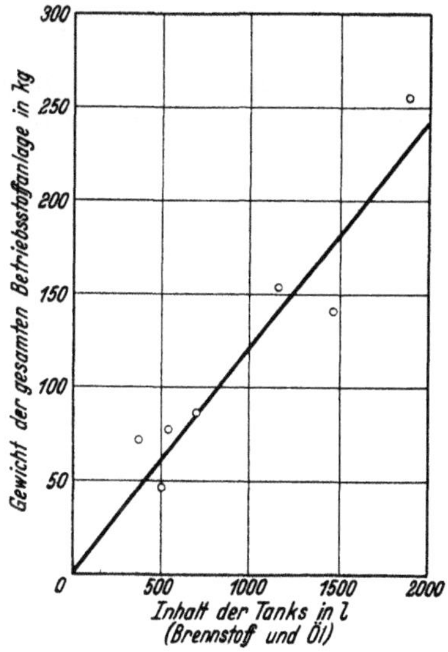

Abb. 41. Gewicht der Betriebsstoffanlage.

der Einzelangaben um die Mittelwerte ist aus den Abb. 33 bis 43 zu ersehen; wir danken diese Abbildungen Herrn Dr. Herb von der DVL; sie stimmen im allgemeinen recht gut mit den Zahlenangaben aus der Kriegszeit überein. Ein auffallender Umstand ist die geringe Abhängigkeit

Tabelle 7. Vergleich einiger Militärflugzeuge 1918 und 1932[1].

Verwendungszweck	Jahr	Motordauerleistung am Boden N PS	Flügelfläche F m²	Fluggewicht G kg	Flächenbelastung $\frac{G}{F}$ $\frac{kg}{m^2}$	Leistungsbelastung $\frac{G}{N}$ $\frac{kg}{PS}$	Bauzahl $\frac{G}{F}\left(\frac{G}{N}\right)^2$	Geschwindigkeit km/h	Gipfelhöhe km
Jagdeinsitzer	1918	200	23	900	39,0	4,5	790	250	8,0
,,	1932	550	30	1500	50,0	2,7	365	350	12,0
Aufklärungsflugzeug	1918	250	40	1420	35,0	5,7	1140	190	6,0
,,	1932	650	50	2500	50,0	3,85	745	260	8,0
Nachtbomber	1918	1200	330	14000	42,5	11,7	5900	130	4,5
,,	1932	1200	150	6500	43,0	5,4	1270	260	6,0

[1] Ich danke diese Tabelle Herrn Dipl.-Ing. A. Gilles vom Aerodynamischen Institut, Aachen.

des Flügelbaugewichtes von der Festigkeit; die Streuung der Einzelangaben verwischt diese Abhängigkeit fast vollkommen.

§ 4. Flügelkräfte.

Zirkulation. Die grundlegende Eigenschaft eines Flügels ist die Entstehung eines großen Auftriebs bei kleinem Widerstand; die Flugtechnik wird dadurch möglich, daß ohne großen Energieaufwand eine große Kraft erzeugt wird, deren

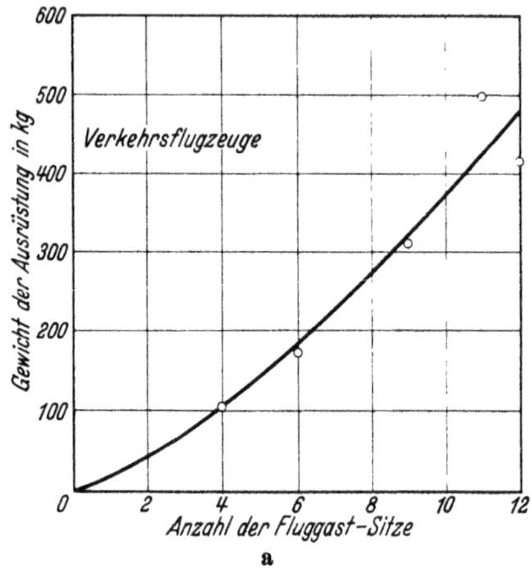

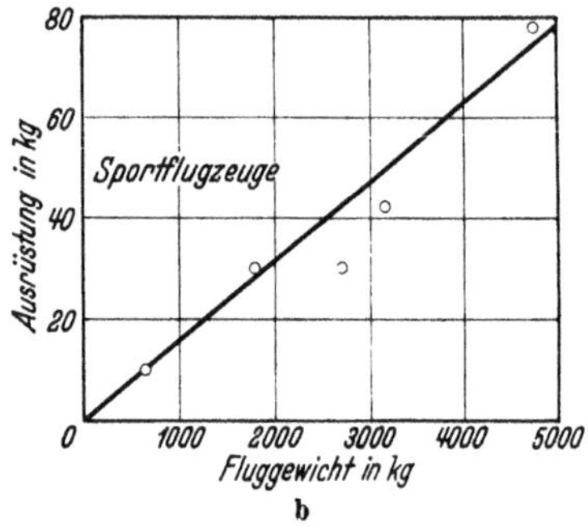

Abb. 42 a und b. Gewicht der Ausrüstung.

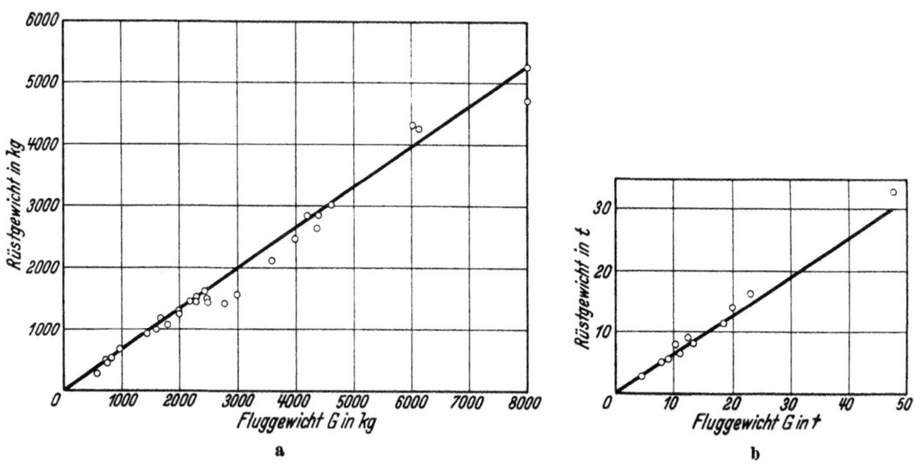

Abb. 43 a und b. Rüstgewicht.

Richtung im wesentlichen senkrecht zur Bewegung verläuft. Die Theorie schafft sich zunächst für den Flügel von unendlicher Spannweite ein einfaches Bild in der Gestalt eines Wirbels, der sich mit einer bestimmten Geschwindigkeit gegen die Luft bewegt. Dabei verstehen wir unter einem Wirbel Luftteilchen, welche sich in drehender Bewegung befinden. Solche Teilchen haben nach Grundgesetzen der Hydrodynamik — den sog. Helmholtzschen Wirbelsätzen — die Eigenschaft, die Drehbewegung immer beizubehalten, solange keine Reibungskraft zwischen den Luftteilchen wirkt. Von einer solchen Reibungskraft, die nur in der Nähe fester Körper eine nennenswerte Größe erhalten kann, mag aber die Theorie zunächst absehen. Wenn wir den festen Körper, nämlich den Flügel, durch Wirbel ersetzen, so tragen wir dem schon Rechnung, daß dort befindliche Luftteilchen durch die Reibung z. B. beim Anfahren des Flügels in drehende Bewegung versetzt werden konnten. Nunmehr sehen wir die Wirbel als gegeben an und folgern den Verlauf der Strömung und die Größe der auftretenden Kräfte aus den Grundgesetzen der Hydrodynamik, wonach keine weiteren Wirbel entstehen und die einmal wirbelnden Teilchen ihre Wirbel nicht verlieren können. Zunächst nehmen wir wirbelnde Teilchen von kleiner Ausdehnung um den Nullpunkt unseres ebenen Koordinatensystems an; dann ergibt sich durch Zusammenfügung der gleichmäßigen Anströmung (Abb. 44a) und der Rundführung der Luft in konzentrischen Kreisen um das Wirbelgebiet („zirkulatorische Strömung", Abb. 44b) eine Gesamtströmung (Abb. 44c), welche in grober Annäherung die Eigenschaften einer Flügelströmung hat. Hier entsteht eine Kraft senkrecht zur Anströmrichtung und keine Kraft in dieser Richtung. Man kann sich dies ohne Rechnung qualitativ auf zwei Weisen deutlich machen:

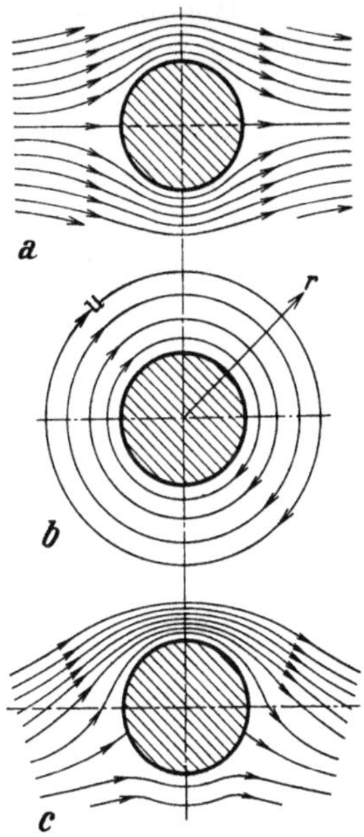

Abb. 44 a—c. Anströmung und zirkulatorische Strömung.

1. Auf die Anströmung überlagert sich oberhalb des Wirbelgebietes eine Bewegung in Richtung der Anströmung, so daß dort die Geschwindigkeit erhöht wird; unterhalb des Wirbelgebietes entsteht ebenso eine Geschwindigkeitserniedrigung. Nach der Grundbeziehung zwischen Druck und Geschwindigkeit, welche bei unseren Voraussetzungen uneingeschränkt gilt, entsteht auf diese Weise Unterdruck oberhalb, Überdruck unterhalb des Wirbelgebietes. Die wirbeltragenden Teilchen erfahren also einen „Auftrieb" nach oben senkrecht zur Anströmrichtung. In der Anströmrichtung ist alles symmetrisch, also keine Ursache für eine Kraft vorhanden.

2. Nach den Grundgesetzen der Mechanik entsteht überall da eine Reaktionskraft, wo Impuls erzeugt oder verändert wird, und zwar entgegengesetzt zu der Richtung der Impulsänderung. Die

anströmende Flüssigkeit hat nun einen Impuls mit einer nach oben gerichteten Komponente, in der abströmenden Luft ist diese Komponente durch die Wirkung der Wirbel nach unten gewendet; jedes Volumteil Luft wird durch die Wirbelströmung aus einer nach oben gerichteten Strömung nach unten abgelenkt. Um diese Impulsänderung nach unten ausüben zu können, muß das Wirbelgebiet eine Reaktionskraft nach oben erfahren, so wie etwa ein leichter in einem Wasserstrahl liegender Körper dadurch schwebend gehalten wird, daß Wasser an ihm abprallt und zurückgeworfen wird und dadurch eine Kraft entsteht, die der Schwere das Gleichgewicht halten kann. Lord Rayleigh nennt dies einmal das „Prinzip des Opfers"; wenn das Flugzeug nicht der Schwere gehorchen und fallen will, so muß es Luft opfern und statt seiner selbst nach unten werfen. Auch bei dieser Auffassung ist das Fehlen einer Kraft in der Strömungsrichtung aus der Symmetrie zu verstehen.

Unser Bild des angeströmten Wirbelgebietes kann somit als roheste Näherung für die Vorgänge am Flügel dienen. Aus der Theorie der reibungslosen Flüssigkeiten läßt sich leicht ableiten (vgl. 2. Band, Kap. II, § 5), daß die Geschwindigkeit u in der zirkulatorischen Strömung (Abb. 44b) nach außen wie $\frac{1}{r}$ abnimmt; daher ist die Größe

$$\Gamma = 2\pi r u \tag{3,4}$$

eine von r unabhängige Konstante; sie bedeutet das Integral der Geschwindigkeit über einen beliebigen den Nullpunkt umschließenden Kreis und ist das Maß für die Stärke der zirkulatorischen Strömung. Man nennt Γ die Zirkulation. Bezeichnet man noch die Anströmgeschwindigkeit in unendlicher Entfernung vom Wirbel mit v und die Luftdichte mit ϱ, so ergibt die Auswertung des Impulssatzes für den Auftrieb A der Gesamtströmung berechnet für die Breiteneinheit (Abb. 44c) die „Kutta-Joukowskische Gleichung":

$$A = \varrho\, v\, \Gamma \tag{3,5}$$

oder, da wir $A = c_a \frac{\varrho}{2} v^2 t$ gesetzt haben (1,2)

$$c_a = \frac{2\,\Gamma}{v\,t} \tag{3,6}$$

Es sei noch hervorgehoben, daß die Luft hierbei wie eine inkompressible Flüssigkeit behandelt und nicht ihre Zusammendrückbarkeit für die Kräfte verantwortlich gemacht wird.

Einfachste ebene Strömung um ein Flügelprofil. Offenbar reicht dies rohe Bild nicht aus, um die praktisch notwendigen Zahlenwerte zu liefern, da die Zirkulation ganz unbestimmt bleibt. Man kann aber auf derselben physikalischen Basis von der einfachen kreissymmetrischen Zirkulationsströmung aus zu komplizierteren Strömungsformen, die Wirbelgebiete umschließen, gelangen (s. 2. Band, Kap. III). So erhält man auch Strömungen um flügelförmige Gebiete, deren charakteristischer

Zug das zugespitzte Hinterende ist. Unter den Strömungen um solche Gebiete, bei Annahme verschiedener Werte der Zirkulation, ist eine dadurch ausgezeichnet, daß sie am spitzen Ende tangential verläuft und eine Umströmung dieses Endes, welche hohe (theoretisch unendliche) Geschwindigkeit erfordern würde, vermeidet. Diese Strömung und die dazugehörige Zirkulation sehen wir als die wirkliche an und erhalten dadurch einen bestimmten Zusammenhang zwischen Zirkulation, Anströmgeschwindigkeit, Flügelform und Anstellwinkel (α).

Die auf Grund dieser einfachen Voraussetzungen berechnete Druckverteilung stimmt recht gut mit der experimentell ermittelten überein, solange man im Bereich normaler Anstellwinkel (etwa $-5^0 \leqq \alpha \leqq 15^0$) bleibt; wesentliche Abweichungen, von denen unten ausführlicher gesprochen werden muß, treten nur am hintersten Teil des Flügels auf. Die Druckverteilung, die außer für aerodynamische Fragen auch für die Beurteilung der Flügelfestigkeit wesentlich ist, für einen mittleren Anstellwinkel zeigt Abb. 45[1,2].

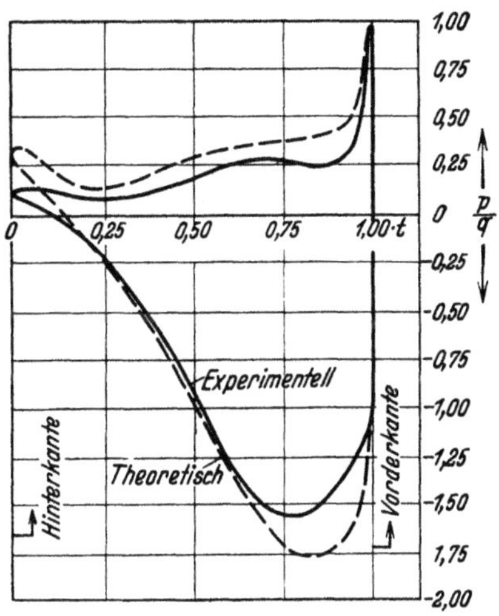

Abb. 45. Druckverteilung an einem Flügelprofil.

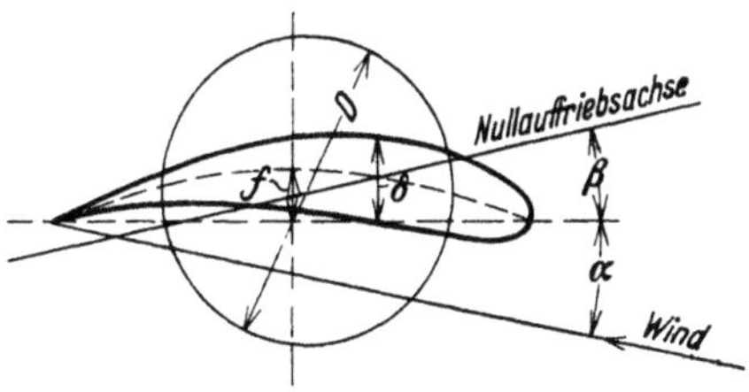

Abb. 46. Bezeichnungen.

Der Zusammenhang zwischen Luftkraft und Flügelform ist jedoch nicht so gegeben, daß unmittelbar die physikalisch meßbaren Größen

[1] Betz, A., Untersuchung einer Joukowskischen Tragfläche. Z. Flugtechn. Motorluftsch. Bd. 6 (1915) S. 173. — Carafoli, E., Confrontation de la théorie des ailes sustentatrice avec l'expérience, Verh. 3. intern. Kongr. techn. Mech., Stockholm Bd. 1 S. 366.

[2] Es ist eine besondere Eigenschaft der Profile mit Kantenwinkel Null am Hinterende (wozu die Joukowski-Profile gehören), daß der Druck am Ende nicht wieder den Wert q, wie am Vorderende, erreicht. Dieser Druck entsteht immer am Staupunkt, wo die Geschwindigkeit Null wird; dies muß nun der Fall sein, wenn Ober- und Unterseite unter endlichem Winkel zusammenstoßen, da die Richtung einer endlichen Geschwindigkeit an dieser Stelle ganz unbestimmt bleiben würde. Ist aber — durch Verschwinden des Kantenwinkels — die Richtung dort eine bestimmte, so braucht die Geschwindigkeit nicht Null zu sein; der hintere Staupunkt fällt weg. Dies kommt natürlich auch bei den Rechnungen mit konformer Abbildung klar heraus.

verbunden wären; man muß sich bei den theoretischen Rechnungen vielmehr der Methode der konformen Abbildung bedienen (Abb. 46), welche die geometrische Form eines Profils mit der Lage (β) und dem Durchmesser (D) eines Kreises verbindet, der nur als mathematische Hilfskonstruktion auftritt. In der Formel für die Luftkraft um ein solches Flügelprofil:

$$\Gamma = 2\pi D v \sin(\alpha + \beta)$$

oder

$$c_a = 4\pi \frac{D}{t} \sin(\alpha + \beta) \qquad c_w = 0 \tag{3,7}$$

treten daher zwei Parameter D und β auf, deren geometrischer Sinn von Profil zu Profil verschieden sein kann. Diesen zwei Parametern entsprechen ja bei der geometrischen Charakterisierung des Profils sehr viele Parameter und es gibt keine allgemeine Vorschrift, um D und β aus diesen zu berechnen. Die Berechnung wird nur dann vollständig klar, wenn wir eines der im 2. Band, Kap. IV, behandelten Profile mit bestimmter Abbildungsfunktion vor uns haben, und nur Messungen an solchen geben einen Anhalt für die Tragweite der Theorie[1].

Vor allen anderen Profilen zeichnen sich durch geometrische Einfachheit die Joukowskischen aus; sie sind vollkommen charakterisiert durch zwei Parameter, als welche wir am besten die Wölbung und die Dicke wählen (Abb. 46).

Unter der Wölbung wollen wir — für alle Profile — das Verhältnis der Pfeilhöhe f der Profilmittellinie zur Profiltiefe t, unter der Dicke das Verhältnis der maximalen Profildicke δ zur Profiltiefe t verstehen; dann sind die Beziehungen zwischen $\frac{D}{t}$ und β einerseits und $\frac{\delta}{t}$ und $\frac{f}{t}$ andererseits (wie im 2. Band gezeigt wird) näherungsweise:

$$\frac{D}{t} = \frac{1}{2}\left(\sqrt{1 + \left(\frac{2f}{t}\right)^2} + 2\,\frac{\delta}{t}\right) \quad \text{und} \quad \cos\beta = \frac{1}{1 + \left(\frac{2f}{t}\right)^2} \tag{3,8}$$

Hierbei ist es wesentlich, daß der Anstellwinkel α in (3,7) nicht, wie wir sonst aus praktischen Gründen pflegen, von der Bitangente an die Flügeldruckseite aus gerechnet wird, sondern von der Verbindungslinie zwischen der hinteren Spitze und dem vordersten Profilpunkt aus (Abb. 46).

An einer großen Serie von Joukowski-Profilen sind systematische Messungen[2] in Göttingen durchgeführt worden; ihre Ergebnisse können wir mit den Formeln (3,8) vergleichen. Dabei bestätigt sich recht gut die Unabhängigkeit des Nullauftriebswinkels β von der Dicke; auch der Verlauf von β in Abhängigkeit von der Wölbung wird (bis

[1] Toussaint, A. et E. Carafoli, Theorie et tracés des profils d'ailes sustentatrices. Paris 1928.

[2] Messungen an Joukowski-Profilen. Gött. Erg. Bd. 3 S. 59 u. Bd. 4 S. 67.

auf einen Meßpunkt bei der größten gemessenen Wölbung) gut durch die Formel wiedergegeben (Abb. 47). Die Größe $\frac{D}{t}$ und mit ihr nach (3,7) der Wert $\frac{d\,c_a}{d\,\alpha} = c_a'$ erweist sich als in 1. Näherung nur von der Dicke abhängig, gleichfalls in Übereinstimmung mit (3,8); der Verlauf mit der Dicke und der numerische Wert werden aber durch (3,8) keineswegs wiedergegeben, so daß die theoretische Darstellung noch nicht befriedigen kann (Abb. 48).

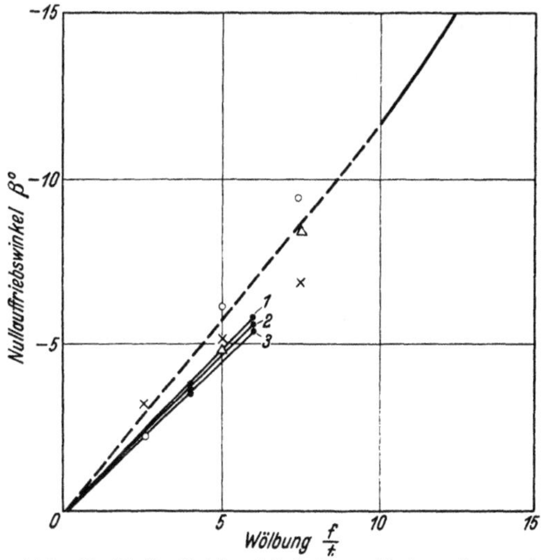

Abb. 47. Nullauftriebswinkel, theoretisch und experimentell, in Abhängigkeit von der Wölbung. - - - - - Theoretische Kurve für Joukowski-Profile. Experimentelle Werte für 7 Profile verschiedener Dicke $\left(\frac{\delta}{t}\right)$ Δ 7 % × 12 % o 21 %. Experimentelle Werte für N. A. C. A.-Profile verschiedener Wölbungspfeillage. 1 in 50 % t 2 in 40 % t 3 in 30 % t.

Profilsystematik. Wir können von hier aus bereits einen Blick auf allgemeinere Flügelprofilformen werfen und fragen, inwieweit die an Joukowski-Profilen gefundenen Eigenschaften allgemeinere Gültigkeit haben. Eine allgemeine Systematik der Profile ist schon öfters versucht worden, wobei meist ein bestimmtes engumgrenztes und ziemlich homogenes Versuchsmaterial zugrunde gelegt wurde; aber schon solche Zusammenstellungen und noch mehr Versuche einer allgemeinen Zusammenstellung der Ergebnisse verschiedener Versuchsanstalten führen zunächst zu einer großen Skepsis gegenüber den verschiedenen Messungen. Vergleichende Versuche[1] zeigten, daß die Abweichungen der Meßergebnisse in verschiedenen Anstalten unter gleichen Bedingungen nicht allzu groß sind, wenigstens nicht im Bereich normaler Anstellwinkel. Man muß

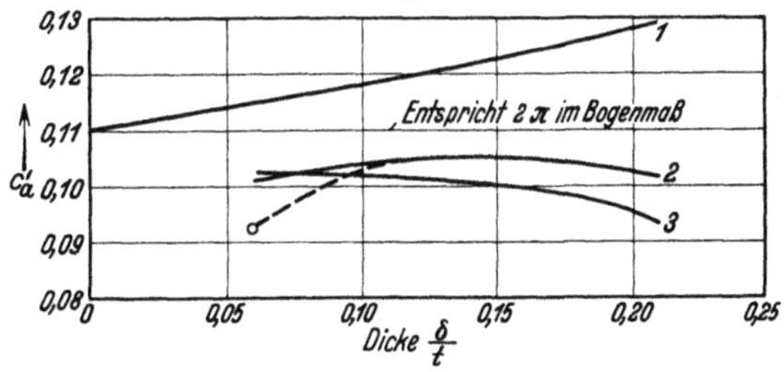

Abb. 48. c_a' für verschiedene Profile in Abhängigkeit von der Dicke. 1. Theoretische Kurve für Joukowski-Profile. 2. Experimentelle Kurve für Joukowski-Profile. 3. Experimentelle Werte für N. A. C. A.-Profile. o Ungewölbtes Profil.

[1] Jurieff, J. N. u. N. P. Lessnikowa, Aerodynamische Untersuchungen. ZAHJ Nr. 33 S. 68.

wohl außer solchen versuchstechnischen Diskrepanzen auch sehr große wirkliche Einflüsse kleiner Profiländerungen vermuten, durch welche eine übersichtliche, praktisch brauchbare Profilsystematik einstweilen unmöglich wird. Beim heutigen Stand der Versuchstechnik können wir noch

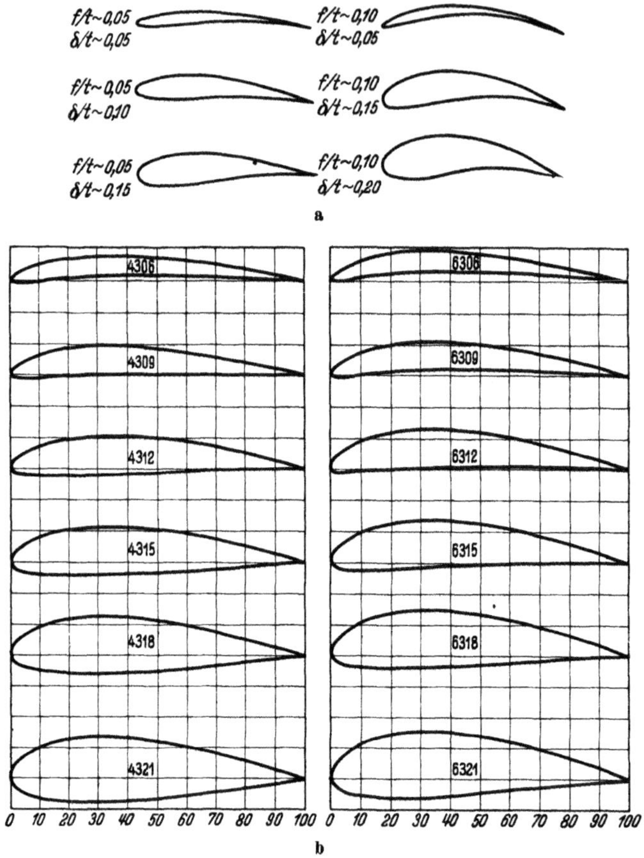

Abb. 49a und b. Systematik der Flügelprofile. a) Joukowski-Profile. Charakteristisch der Kantenwinkel. Null am Hinterende. b) N. A. C. A.-Profile. Es bedeutet z. B. 4312 Wölbung 40% in Entfernung 30% der Tiefe von der Vorderkante, Dicke 12%.

relativ am sichersten Schlüsse aus der systematischen Versuchsreihe N. A. C. A.[1] ziehen, bei welcher in gesetzmäßiger Weise Wölbung, Dicke und Lage der maximalen Wölbung variiert wurden. Die Ergebnisse der Messungen hinsichtlich β und c_a' sind in Abb. 47 und 48 eingetragen; sie bestätigen in praktisch genügender Weise den Verlauf der Größe β (die aerodynamisch nicht sehr wichtig ist) und die Unabhängigkeit der Größe c_a' von der Wölbung, ferner ist auch hier der numerische Wert

[1] Jacobs, E. N. and M. Pinkerton, Tests of N. A. C. A.-airfoils in the variable-density wind tunnel. N. A. C. A. Techn. Notes 1931/32 Nr. 385, 391, 392, 401, 404.

von c_a' erheblich kleiner als der theoretische[1]. Abb. 49 soll einen Einblick in die Systematik der Profile geben, die in Abb. 47 und 48 verwendet sind; sie enthält nur Beispiele, nicht etwa alle verwendeten Profile.

Weitere Gesichtspunkte. Um nun zu einem tieferen Verständnis der Flügelkräfte und zu einer besseren Systematik vorzudringen, müssen wir unser Idealbild durch Berücksichtigung bisher vernachlässigter Umstände zu einem wirklichkeitstreuerem Bild umgestalten. Vor allem sind es drei Richtungen, in denen uns die Erfahrung zum Ausbau zwingt:

1. Unser Idealbild war zweidimensional; d. h. wir nahmen an, daß um jeden Flügelquerschnitt dieselbe Strömung mit denselben Kräften auftritt; die Erfahrung widerlegt diese Annahme und zeigt eine starke Abhängigkeit der c_a-Werte bei gleichem Anstellwinkel von der Spannweite. Wir müssen also zunächst unser Bild des Wirbelfadens auf eine endliche Tragfläche übertragen.

2. Unser Idealbild ergab keinen Widerstand; die Erfahrung zeigt in der Tat unter gewissen Umständen einen im Vergleich zum Auftrieb sehr kleinen Widerstand ($c_w \ll c_a$); aber in anderen Bereichen ist der Widerstand sehr bedeutend und in keinem Fall ist er bei aerodynamischen Rechnungen ganz zu vernachlässigen.

3. Das Strömungsbild der Zirkulationstheorie stellt die wirklichen Vorgänge nur in einem engen Anstellwinkelbereich näherungsweise dar; der Auftrieb kann aber erfahrungsgemäß nicht über einen vom Profil und den Versuchsbedingungen abhängigen Maximalwert steigen, ohne daß eine vollkommene Umgestaltung des Strömungsverlaufs eintritt; auch ein entsprechender Maximalwert negativen Auftriebs ist vorhanden. Außerhalb eines Anstellwinkelbereichs von etwa -10^0 bis $+15^0$ fehlt ein einfaches, brauchbares Bild für den Strömungsverlauf, das zur Kräfteberechnung dienen könnte.

Wir verfolgen nunmehr die drei bezeichneten Wege:

Endlicher Tragflügel. Bei Berücksichtigung der endlichen Flügelspannweite (b) hängen Strömungsbild und Luftkräfte von einem weiteren Parameter, nämlich dem „Seitenverhältnis", ab; darunter versteht man bei einem rechteckigen Tragflügel das Verhältnis $\frac{\text{Tiefe}}{\text{Spannweite}}\left(\frac{t}{b}\right)$, bei allgemeinem Tragflügelumriß und bei Mehrdeckeranordnungen von der gesamten Flügelfläche F und der größten Spannweite b das Flächenverhältnis $\frac{F}{b^2}$. Dieser Einfluß wird von der Theorie heute in praktisch befriedigender Weise erfaßt. Die Zirkulationstheorie für endliche Spannweite wurde schon von Lanchester angebahnt und von Prandtl konsequent durchgeführt, so daß der Einfluß des „Seitenverhältnisses" und der Mehrdeckeranordnung heute aus den Werten für den unendlich

[1] Bei den Abb. 47 und 48 ist die theoretische Korrektur wegen der endlichen Spannweite des Modells nach S. 78 schon angebracht.

breiten Flügel in praktisch genügender Übereinstimmung mit der Wirklichkeit berechnet werden kann.

Die Prandtlsche Tragflügeltheorie[1] geht hervor aus dem geometrischen Satz der Wirbeltheorie, wonach kein Wirbel in einer Flüssigkeit beginnen oder enden kann; er muß entweder in sich geschlossen sein oder an einer Wand (oder freien Oberfläche) enden. Wenn wir also einen Flügel ersetzen durch einen „Wirbelfaden", d. i. durch Teilchen, die linear aneinandergereiht die Spannweite überdecken und sich drehen, wodurch eine Zirkulation und somit ein Auftrieb entsteht, so können wir nicht diesen Wirbelfaden an den seitlichen Flügelenden aufhören lassen. Der Wirbelfaden muß sich von dort aus in die Flüssigkeit hinein fortsetzen und kann das natürlich nur in den vom Flugzeug durchstrichenen

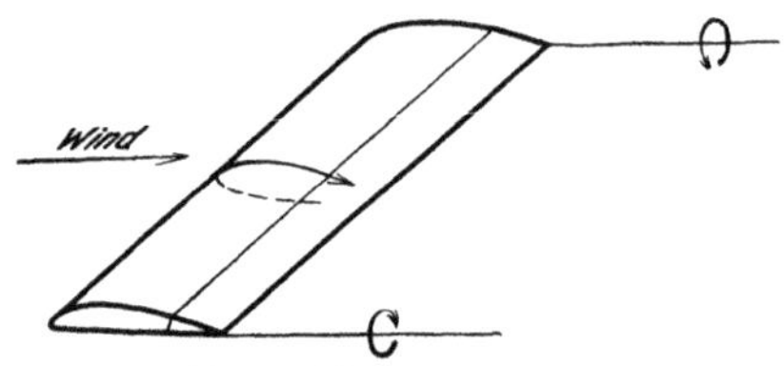

Abb. 50. Hufeisenwirbel.

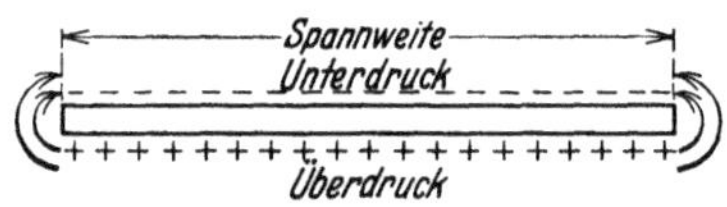

Abb. 51. Druckausgleich um die Flügelenden.

Luftraum hinein, also nach hinten; es entsteht ein hufeisenförmiges Gebilde (Abb. 50). Auch diese Wirbelentstehung können wir uns anschaulich vorstellen, wenn wir an den Überdruck unter und den Unterdruck über dem Flügel denken (Abb. 51). Diese können sich innerhalb des Flügels nicht ausgleichen, wohl aber über die Enden hinweg; so entsteht eine zirkulatorische Strömung um eine senkrecht zur Spannweite nach hinten gerichtete Achse; die Teilchen, welche in dieser Achse liegen und am Flügel in Drehung versetzt werden, lösen sich aber infolge der allgemeinen Strömung vom Flügel los und werden samt ihrem Wirbel nach hinten getragen. So verlängert sich der Wirbel ständig nach hinten; am Flügel bleibt der „gebundene Wirbel", der Mittelteil des Hufeisens, festsitzen; nach hinten wandern ständig die „freien Wirbel". Das Strömungsbild und die Kräfte werden dadurch verändert:

1. Der Druckausgleich vermindert den Auftrieb, so daß zum gleichen Anstellwinkel bei kleiner Spannweite kleinere c_a-Werte gehören müssen als bei großer Spannweite.

2. Zur ständigen Neuerzeugung der freien Wirbel bedarf es einer Energie, die der Flügel bei seiner Bewegung erarbeiten muß, also erfährt er einen Widerstand.

In einer etwas anderen Form kann man denselben Sachverhalt folgendermaßen aussprechen: Die Zirkulation um die Seitenwirbel des

[1] L. Prandtl, Tragflügeltheorie I u. II. Göttinger Akademie 1918 S. 451 u. 1919 S. 107. — Abgedruckt in: L. Prandtl u. A. Betz, Vier Abhandlungen zur Hydrodynamik und Aerodynamik, Göttingen 1927.

Hufeisens erzeugt überall zwischen diesen eine abwärts gerichtete Strömung, auch am Flügel selbst; diese habe dort die Geschwindigkeit w, die natürlich im allgemeinen von Punkt zu Punkt verschieden sein kann. Infolge dieser Zusatzgeschwindigkeit erfolgt die Anströmung (V) nicht (Abb. 52) wirklich in der Richtung entgegen der Fluggeschwindigkeit (Anströmungsrichtung im Unendlichen), sondern etwas von oben. Der Luftkraftvektor (R) liegt aber senkrecht zur wirklichen Anblasrichtung, also senkrecht zur Resultierenden V aus v und w; er erhält somit eine Komponente in Richtung von v, also eine Widerstandskomponente (W_i), und der Auftrieb (A) wird etwas vermindert. Man nennt den so entstehenden Widerstand, der von der endlichen Spannweite herrührt und

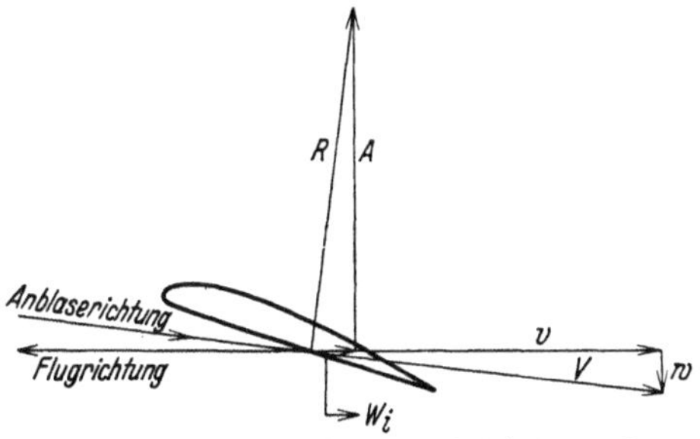

Abb. 52. Flügelkräfte bei Berücksichtigung des Abwindes der Seitenwirbel.

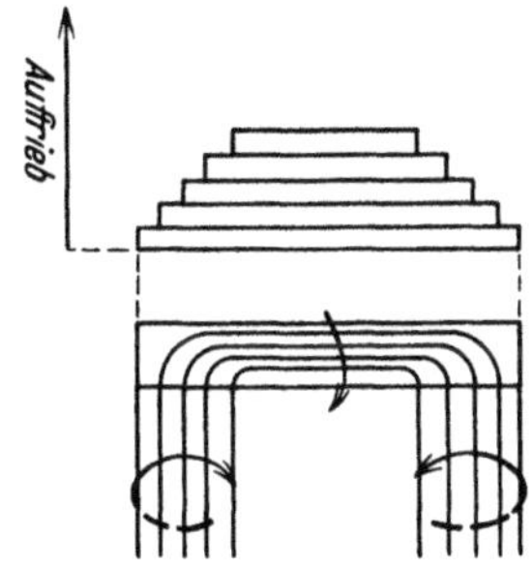

Abb. 53. Wirbel bei ungleichmäßiger Verteilung des Auftriebs über den Flügel.

nichts mit direkter Reibungswirkung zu tun hat, den „induzierten Widerstand"; der Ausdruck rührt von der Analogie der Vorgänge mit der gegenseitigen Beeinflussung von elektrischen Strömen her.

Immer noch ist unser Bild zu eng, um praktisch voll zu befriedigen. Wir haben bisher den gebundenen Wirbel als konstant über die ganze Spannweite verlaufend angesehen, einer gleichmäßigen Auftriebsverteilung entsprechend. Diese Annahme können wir aufgeben; an jeder Stelle des Flügels kann sich ein Teil der Wirbelung loslösen, die wirbeltragenden Teilchen können frei werden und mit der Strömung nach hinten wandern; es ergibt sich dann ein Bild mehrerer ineinandersteckender Hufeisenwirbel, das in der Grenze zu einem Band von losgelösten Wirbeln wird (Abb. 53). Der Auftrieb ist an jeder Stelle des Flügels der Zirkulation des dort vorhandenen gebundenen Wirbels proportional (3,5), der Auftrieb nimmt also von innen nach außen an jeder Stelle um soviel ab, als der Stärke der dort abgehenden freien Wirbel entspricht. Von der Verteilung der freien Wirbel aber hängt Größe und Verteilung der Abwärtsgeschwindigkeit w und somit auch die Größe des induzierten Widerstandes ab. Der induzierte Widerstand wird also durch die Auftriebsverteilung bestimmt und kann nur bei gegebener Auftriebsverteilung exakt berechnet werden. Die Auftriebsverteilung hängt von der Formgebung, Einstellung und Tiefe der verschiedenen

Flügelschnitte längs der Spannweite ab; eine für alle Anstellwinkel gleiche Auftriebsverteilung wird erreicht, wenn man bei konstanter Form und Einstellung nur die Tiefe variiert, also eine passende Umrißform wählt. Die Theorie zeigt, daß der kleinste induzierte Widerstand — bei gegebenem Gesamtauftrieb und gegebener Spannweite — auftritt, wenn der Auftrieb *elliptisch* verteilt ist (Abb. 54); dabei ist die Abwärtsgeschwindigkeit w über die ganze Spannweite konstant.

Die Auftriebsverteilung kennen wir nun im allgemeinen nicht; ihre Berechnung ist sehr schwer; zum Glück zeigt sich, daß die Unterschiede des induzierten Widerstandes nicht groß sind, wenn nur der Gesamtauftrieb und die Spannweite dieselben sind. Rechnung und Messung[1] zeigen, daß bei demselben Seitenverhältnis $\frac{F}{b^2}$ der rechteckige Flügel nur 5% mehr an induziertem Widerstand hervorbringt als der Flügel mit elliptischem Umriß, und daß auch beim dreieckigen Flügel die Abweichung nicht über 12% geht. Man kann also praktisch immer die für elliptische Auftriebsverteilung gültige Formel verwenden:

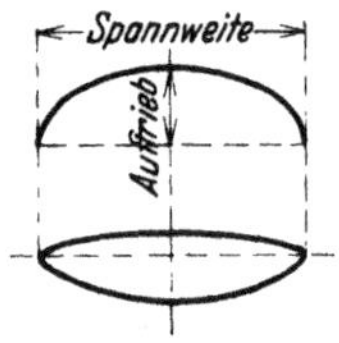

Abb. 54. Elliptische Auftriebsverteilung.

$$W_i = \frac{A^2}{\pi q b^2} \quad \text{oder} \quad c_{wi} = \frac{1}{\pi} c_a^2 \frac{F}{b^2}. \qquad (3,9)$$

Anstellwinkel und Auftriebsbeiwert sind dabei durch die Formel verknüpft

$$\alpha = \alpha_\infty + \frac{1}{\pi} c_a \frac{F}{b^2} \qquad (3,10)$$

wobei α_∞ den Anstellwinkel bedeutet, der bei unendlicher Spannweite (Seitenverhältnis 0) zu c_a gehört.

Wieweit diese Formeln mit Modellversuchen übereinstimmen, ist im 2. Band, Kap. V gezeigt. Formel (3,9) stellt eine Parabel im Polardiagramm dar, die zur Beurteilung der aerodynamischen Eigenschaften eines Flügels unentbehrlich ist. Die Formeln (3,9) und (3,10) können vor allem auch zur Umrechnung von einem Seitenverhältnis (1) auf das andere (2) verwendet werden in der Form

$$c_{w1} - c_{w2} = \frac{1}{\pi} c_a^2 \left[\left(\frac{F}{b^2}\right)_1 - \left(\frac{F}{b^2}\right)_2 \right] \qquad (3,11)$$

$$\alpha_1 - \alpha_2 = \frac{1}{\pi} c_a \left[\left(\frac{F}{b^2}\right)_1 - \left(\frac{F}{b^2}\right)_2 \right] \qquad (3,12)$$

Man kann diese Formeln in der Praxis ohne Bedenken anwenden; sie haben sich in allen Fällen als genau genug erwiesen und können viele Modellversuche ersparen.

Mehrdecker. Auch Mehrdeckeranordnungen kann man auf Grund der Tragflügeltheorie berechnen. Der Gedankengang ist derselbe wie bei Eindeckern; man ersetzt die Flügel durch Wirbelfäden, die sich entsprechend der Auftriebsverteilung vom Flügel loslösen und nach hinten

[1] Untersuchungen über den Einfluß des Flügelumrisses. Gött. Erg. Bd. 1 S. 63.

hufeisenförmig fortsetzen. Jedes Flügelelement steht unter Einwirkung des gesamten Strömungsfeldes, wird also bei Mehrdeckern nicht nur von den Wirbeln des eigenen, sondern auch von den Wirbeln der anderen Flügel beeinflußt. Man hat die Strömung an jedem Flügelelement, daraus die Kraft auf das Element und durch Integration die gesamte Luftkraft zu berechnen. Das Problem ist im allgemeinen kompliziert; die Strömung und die Kräfte hängen außer von den Abmessungen des Mehrdeckers noch von der Auftriebsverteilung auf die verschiedenen Flügel und von der Auftriebsverteilung längs der Spannweite der einzelnen Flügel ab.

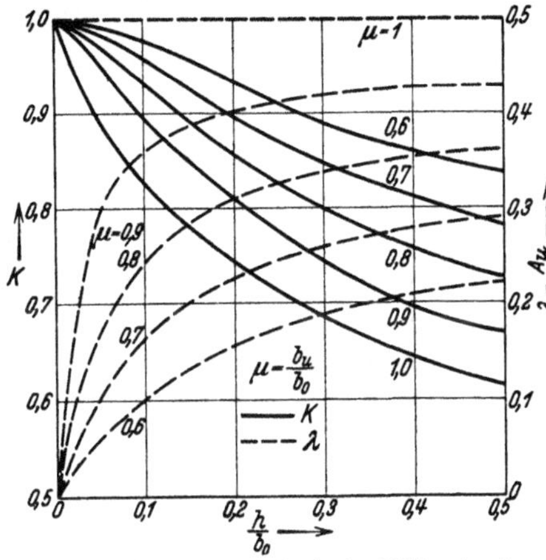

Abb. 55. Beiwerte des induzierten Widerstandes von Doppeldeckern. (Buchstabe K der Abbildung ist als $\varkappa$ zu lesen.)

Analog zum Eindecker ergeben sich beim Mehrdecker die Formeln

$$c_{wi} = \frac{\varkappa}{\pi} c_a^2 \frac{F}{b^2} \qquad (3,13)$$

und

$$\alpha = \alpha_\infty + \frac{\varkappa}{\pi} c_a \frac{F}{b^2} \qquad (3,14)$$

wobei α_∞, wie oben in (3,10), den zu c_a beim unendlich breiten Eindecker gehörigen Anstellwinkel bedeutet und $\varkappa$ einen von den geometrischen Anordnungen und der Auftriebsverteilung abhängigen Parameter. Die Spannweite b eines Mehrdeckers ist dabei immer die Spannweite des breitesten Flügels, gleichgültig ob dies der Oberflügel oder ein Unterflügel ist. Auch hier gibt es wie beim Eindecker gewisse optimale Anordnungen und Lastverteilungen; und auch hier zeigt sich wie beim Eindecker, daß der Beiwert des induzierten Widerstandes bei gegebenem Auftrieb in 1. Näherung nur vom Seitenverhältnis $\frac{F}{b^2}$ und von den Verhältnissen der Spannweiten der einzelnen Flügel zueinander und zu ihrem gegenseitigen Abstand abhängt; alle anderen Einflüsse sind von 2. Ordnung, solange nicht allzu große Abweichungen von den optimalen Verhältnissen auftreten.

Bezeichnen wir die Spannweiten von Ober- und Unterflügel des Doppeldeckers mit b_0 und b_u, ihren gegenseitigen Abstand mit h, so ergeben die Rechnungen von Prandtl für $\varkappa$ die in Abb. 55 eingezeichneten Werte; dabei ist noch $\mu = \frac{b_u}{b_0}$. Diese Werte sind berechnet unter der Voraussetzung, daß der Auftrieb über die einzelnen Flügel elliptisch und so auf die beiden Flügel verteilt ist, daß der induzierte Widerstand möglichst klein wird. Versuche zeigen gute Übereinstimmung mit diesen

Rechnungen bei c_{wi}, dagegen systematisch einen etwas größeren Wert von $\alpha - \alpha_\infty$. Die Abweichung wird durch die verfeinerte Theorie von Prandtl-Bose erfaßt[1].

Das Verhältnis λ des Unterflügelauftriebs A_u zum Gesamtauftrieb A in diesem optimalen Fall ist gleichfalls in Abb. 55 eingetragen. Nach der Tragflügeltheorie hängt $\varkappa$ nicht von der Staffelung ab und von der Schränkung nur insoweit, als sie die Verteilung des Auftriebs auf die beiden Flügel bestimmt; indes ist auch dieser Effekt nicht sehr groß und man kann die $\varkappa$-Werte der Abb. 55 immer benutzen, wenn man

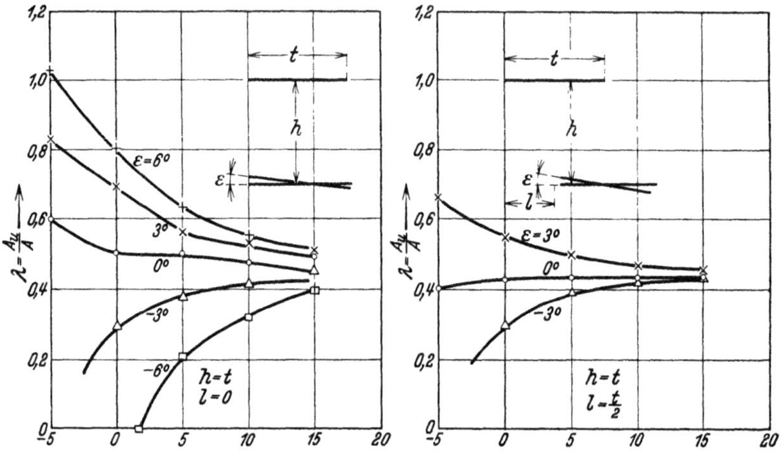

Abb. 56. Lastverteilung auf Doppeldecker bei gleicher Spannweite der beiden Flügel.

einigermaßen in der Nähe des dazugehörigen λ-Wertes bleibt. Dies kann durch Schränkung oder Flächenverteilung erreicht werden, wenn auch nur in einem bestimmten Anstellwinkelbereich; denn die Lastverteilung hängt vom Anstellwinkel ab. Versuchswerte für $b_0 = b_u$, die einen Anhalt dafür geben können, wie man näherungsweise eine optimale Lastverteilung erreichen kann, gibt Abb. 56[2]. Feinere Durchführungen der Tragflügeltheorie, welche im 2. Band, Kap. VII, § 7, ausführlich besprochen sind, ergeben für die Lastverteilung theoretische Werte, die befriedigend mit den Versuchswerten übereinstimmen.

Profilwiderstand. Die Zirkulationstheorie gibt somit den Einfluß verschiedener Anordnung des tragenden Systems gut wieder; da sie aber den Tragflügel durch eine tragende Linie (Wirbelfaden) ersetzt, kann sie die individuellen Eigenschaften von Flügelprofilen nicht klarmachen; und dies wird auch nicht von den rechnerisch sehr komplizierten Erweiterungen geleistet, bei denen flächenhafte oder körperliche Anordnung

[1] Bose, N. u. L. Prandtl, Beiträge zur Aerodynamik des Doppeldeckers. Z. angew. Math. Mech. Bd. 7 (1927) S. 1.

[2] Montgomery Knight and R. W. Noyes, Windtunnel pressure distribution tests on a series of biplane wing models. N. A. C. A. Techn. Notes Nr. 310, 325, 330.

der Wirbelfäden angenommen wird. Ein weiteres Eindringen ist nur durch tieferes Verständnis des **Widerstandsmechanismus** möglich. Wir bezeichnen denjenigen Teil eines Flügelwiderstandes, der nicht als induzierter Widerstand durch die Auftriebsverteilung hervorgerufen wird, als den **Profilwiderstand**; dieser erweist sich als in hohem Maß abhängig von der individuellen Profilgestalt. Der Beiwert c_{wp} ist am kleinsten bei kleinen c_a-Werten und wächst im allgemeinen langsam bei wachsendem Absolutwert von c_a.

Zunächst sollen einige Diagramme die empirischen Ergebnisse darüber darstellen; wir knüpfen dabei an dieselben systematischen Meßreihen an wie oben. Abb. 57 gibt die Werte ($c_{a\,opt}$) des Auftriebsbeiwertes an, bei denen der kleinste Profilwiderstand auftritt; als Abszisse dient dabei die Dicke;

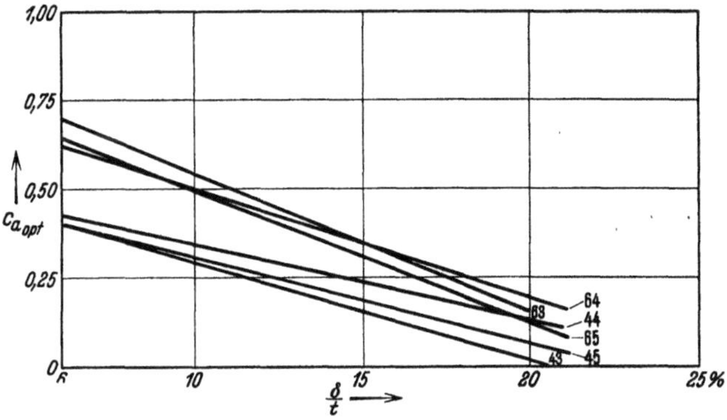

Abb. 57. Auftriebsbeiwerte $c_{a\,opt}$, zu welchen der Minimalwiderstand gehört, in Abhängigkeit von der Dicke (Bedeutung der Zahlen s. Abb. 49).

die Zahlwerte, welche an den einzelnen Kurven angegeben sind, stellen Wölbung und Lage des größten Wölbungspfeiles dar (s. Abb. 49); die Abnahme des Wertes von $c_{a\,opt}$ mit abnehmender Wölbung ist selbstverständlich; ein symmetrisches Profil muß ja bei $c_a = 0$ seinen kleinsten Widerstandswert haben. Die Abnahme von $c_{a\,opt}$ mit wachsender Dicke kann wohl auch als allgemeingültig angesehen werden.

Auch die Minimalwerte des Profilwiderstandes zeigen nach Abb. 58 eine systematische Abhängigkeit von Wölbung und Dicke. Die amerikanischen Messungen[1] im Gebiet mäßiger Wölbung stimmen mit Göttinger Messungen[2] an **Joukowski**-Profilen (die in Abb. 58 nicht eingetragen sind) genügend überein, russische Messungen[3] zeigen eine größere Abhängigkeit von der Dicke. Die in Abb. 58 eingetragenen Messungen an **Joukowski**-Profilen stärkerer Wölbung zeigen, daß der Widerstand solcher Profile verhältnismäßig groß ist.

Nur mit großer Vorsicht kann man allgemeine Aussagen über die Abhängigkeit des Profilwiderstandes vom Anstellwinkel oder vom

[1] Jacobs u. Pinkerton: Zit. a. S. 74.
[2] Gött. Erg.: Zit. a. S. 72.
[3] Glass, Techn. d. Luftflotte, Mosk. Nr. 1.

Auftriebsbeiwert machen. In 1. Näherung kann man den Profilwiderstand im Bereich der gewöhnlichen Fluganstellwinkel als konstant

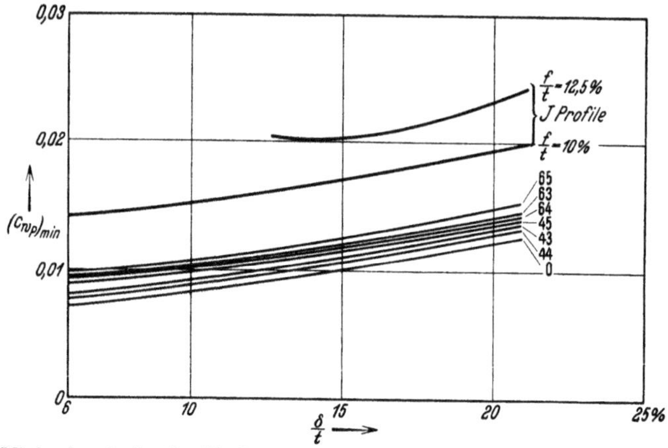

Abb. 58. Minimalwerte des Profilwiderstandes, in Abhängigkeit von der Dicke (Bedeutung der Zahlen s. Abb. 49).

ansehen; doch gilt diese Annahme nur in einem engen Bereich. Die N. A. C. A.-Messungen[1] lassen eine allgemeine Aussage über die Abhängigkeit des Profilwiderstandes vom Auftrieb zu, die in Abb. 59 niedergelegt ist; über die Allgemeingültigkeit dieser Werte läßt sich schwer ein Urteil gewinnen; die in Abb. 59 eingezeichnete mittlere Kurve läßt sich durch eine Formel $c_{wp} \sim (c_a - c_{a\,o\,p\,t})^3$ leidlich gut darstellen; jedenfalls hört jede Sicherheit eines solchen Wertes im Bereich des Auftriebsmaximums und kleiner, aber negativer c_a-Werte auf; nur bei Anstellwinkeln, für welche die Zirkulationstheorie als gute Näherung zu verwenden ist, kann Abb. 59 gebraucht werden.

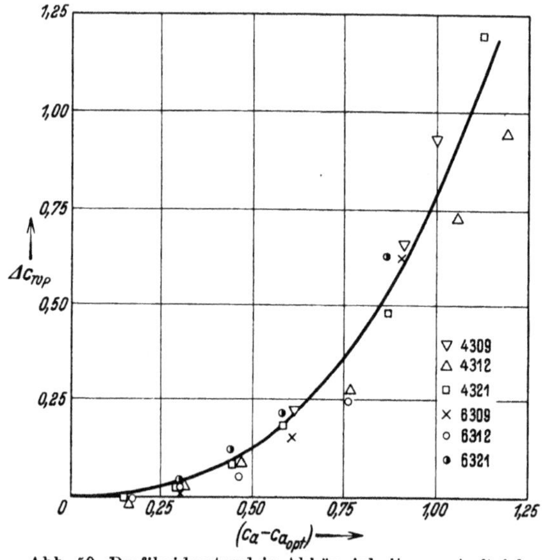

Abb. 59. Profilwiderstand in Abhängigkeit vom Auftrieb $\Delta c_{wp} = c_{wp} - c_{wp\,min}$ (Bedeutung der Zahlen s. Abb. 49).

[1] Higgins, J., The prediction of airfoil characteristics. N. A. C. A. 312; 1929 S. 149. — Jacobs, E. N. u. Pinkerton: Zit. a. S. 74.

Theorie des Widerstandes. Um die Erscheinungen des Profilwiderstandes und deren Rückwirkungen auf den Auftrieb verstehen zu können, müssen wir uns einige Grundbegriffe der Hydrodynamik, die im 2. Band ausführlich auseinandergesetzt sind, kurz vor Augen halten: Der Widerstand eines Körpers in einer Flüssigkeit, soweit er nicht wie der induzierte Widerstand als Folge des Auftriebes aufgefaßt werden kann, entsteht durch die Zähigkeit (oder innere Reibung). Über die Wirkungsweise der Zähigkeit und die damit zusammenhängende Ähnlichkeitsregel s. S. 6. In Strömungen von Luft und Wasser sind die durch Zähigkeit hervorgerufenen Kräfte in der Regel sehr klein gegenüber den hydrostatischen Druckkräften und den Trägheitskräften, die für sich allein keinen Widerstand hervorrufen; aber in der unmittelbaren Nähe fester Körper muß die Reibung entscheidende Bedeutung haben. Es gibt nämlich kein Gleiten der Flüssigkeit an einer festen Berandung; die anliegende Flüssigkeit *haftet fest* an der Wand; die Strömungsgeschwindigkeit muß in der Nähe der Wand von ihrem Wert in der ungestörten Strömung auf den Wert Null herabsinken. Dies wird durch die innere Reibung erzwungen, die deshalb an diesen Stellen eine mit den Trägheits- und Druckkräften vergleichbare Kraft hervorrufen muß; da die Zähigkeitsspannung nach (1,6) $\tau = \mu \frac{d u}{d y}$ ist und μ sehr klein ist, muß $\frac{d u}{d y}$, das Geschwindigkeitsgefälle an der Wand, entsprechend groß sein; das bedeutet aber, daß die Geschwindigkeit von außen nach der Wand zu *rasch* fallen muß; daher ist die Schicht an der Wand, in welcher die Reibungskräfte von Bedeutung sind, entsprechend *schmal*. Man bezeichnet sie nach *Prandtl* als die „*Grenzschicht*“. Man kann nun die Vorgänge mit guter Näherung dadurch darstellen, daß man die Gesamtströmung in zwei Teile teilt:

1. die als reibungslos anzusehende Strömung außerhalb der Grenzschicht, welche den *Druckverlauf* bestimmt;

2. die Grenzschichtströmung, welche durch die Zähigkeit beherrscht wird, auf welche aber der Druck als äußere durch die Außenströmung bestimmte Kraft einwirkt.

Diese Unabhängigkeit des hydrostatischen Druckes von der Strömung innerhalb der Grenzschicht ist die wichtigste Folgerung aus der Annahme, daß die Zähigkeitskonstante klein, die Grenzschicht also schmal sei.

Zu den durch die Zähigkeit nicht veränderten hydrostatischen Druckkräften kommen nun die Schubspannungen hinzu, welche infolge der Zähigkeit an der Wand angreifen; ihre Resultierende bezeichnet man als die „*Oberflächenreibung*“; sie läßt sich in einfachen Fällen, wie z. B. an einer ebenen Platte, unter den vereinfachenden Annahmen der Grenzschichtentheorie berechnen (s. 2. Band, VIII. Kap., § 6). Aber die Ergebnisse dieser Rechnung genügen noch nicht, um den Profilwiderstand eines Flügels und seine Wirkungen zu verstehen. Hierzu sind noch zwei weitere Begriffe wesentlich:

1. Die Flüssigkeitsteilchen verlieren in der Grenzschicht ihre kinetische Energie, die durch die Reibung verzehrt wird; die Veränderung des Druckes stromabwärts in der Grenzschicht wird aber ausschließlich durch die Strömung außerhalb der Grenzschicht bestimmt. Fällt der Druck stromabwärts, so wächst die kinetische Energie der Strömung; steigt aber der Druck stromabwärts, so muß die kinetische Energie der Strömung abnehmen, oder anders ausgedrückt: der Druck kann stromabwärts nur dadurch steigen, daß die Strömung kinetische Energie verliert. Dies ist ja der Inhalt der Bernoullischen Druckgleichung. In der Grenzschicht ist aber ein Teil der kinetischen Energie, die durch Druckabfall gewonnen wurde, durch die Reibung verzehrt; die Flüssigkeitsteilchen der Grenzschicht kommen gegen den steigenden Druck nicht vorwärts, werden vielmehr von Teilchen die unter Wirkung des größeren Druckes zurückgedrängt werden, vom festen Körper weggedrängt und in die freie Strömung hinausgeführt. Die Grenzschicht wird vom Körper abgelöst; die Teilchen, welche in der reibenden Grenzschichtströmung in Wirbelung versetzt werden, tragen diese Wirbelung in den bisher wirbelfreien Raum der Außenströmung hinaus, zerstören so die einfachen Verhältnisse, die der obigen Theorie zugrunde gelegt sind, und transportieren Energie vom Körper weg in das Kielwasser hinaus. Die Energie der so abgelösten Wirbel muß durch die Arbeit des Körpers bei seiner Bewegung aufgebracht werden, also einen Widerstand hervorrufen; man nennt diesen Teil des Widerstandes den „Formwiderstand"; er erscheint als eine Resultierende der durch die Grenzschichtablösung veränderten hydrostatischen Druckkräfte auf den Körper.

Man kann auch experimentell den Formwiderstand von der Oberflächenreibung abtrennen: Mißt man nämlich den hydrostatischen Druck über die ganze Oberfläche eines Körpers und bestimmt durch Integration die Komponenten der Resultierenden in Richtung der Anströmung und senkrecht dazu, so erhält man den Formwiderstand und den Auftrieb. Mißt man aber den Widerstand direkt, so erhält man eine größere Kraft, wie bei der ersten Messung; denn auch die Scherkräfte tragen dazu bei, und dieser Beitrag ist die Oberflächenreibung. Wieweit die Oberflächenreibung auch den Auftrieb beeinflussen kann, wird unten erörtert (S. 90).

2. Es gibt zwei Arten der Strömung zäher Flüssigkeiten, laminare und turbulente. Bei kleiner Reynoldsscher Zahl beherrscht die innere Reibung das ganze Strömungsfeld; die Strömung erfolgt in Schichten — laminar — und stationär, d. h. an jeder Stelle der Strömung bleibt die Geschwindigkeit dauernd dieselbe. Bei großer Reynoldsscher Zahl überwiegen die Trägheitskräfte gegenüber den Reibungskräften;

die Strömung verläuft unregelmäßig, zeitlich veränderlich — turbulent. Der Übergang von laminarer zu turbulenter Strömung ist bei allen Formen der Flüssigkeitsströmung beobachtet; meist erfolgt er plötzlich bei einer ziemlich genau bestimmbaren Reynoldsschen Zahl von der Größenordnung 10^3.

Auch die Strömung innerhalb der Grenzschicht, deren Reynoldssche Zahl etwa durch $\frac{U\delta}{\nu}$ (U Geschwindigkeit am äußeren Rand der Grenzschicht, δ Dicke der Grenzschicht, ν kinematischer Zähigkeitskoeffizient) gegeben ist, zeigt beide Arten. Wo die Grenzschicht beginnt, ist δ stets klein oder Null, die Reynoldssche Zahl steigt aber stromabwärts, da δ wächst. Daher beginnt jede Grenzschicht in laminarer Strömung; bei großer Geschwindigkeit oder bei genügend gewachsenem δ wird aber die „kritische" Reynoldssche Zahl erreicht, bei welcher die laminare Strömung in die turbulente umschlägt; dies ist der Fall, wenn $\frac{U\delta}{\nu} \sim 3000$. Eine turbulente Grenzschicht ist unregelmäßig von Wirbeln durchsetzt; von ihr aus diffundieren Wirbel, die Energie mit sich führen, ständig in die äußere Strömung hinaus. Diese Energie wird erzeugt durch eine Schubspannung in der am Körper anliegenden Randschicht, also durch eine turbulente „Oberflächenreibung", welche im allgemeinen größere Werte als die laminare Oberflächenreibung annimmt und der Berechnung — wie alle turbulenten Vorgänge — nur bei teilweiser Verwendung empirischer Ergebnisse und unsicherer Annahmen zugänglich ist. Eine Ablösung der turbulenten Grenzschicht tritt nicht so leicht wie bei der laminaren Grenzschicht auf; die kinetische Energie der durchwirbelten Schicht ist groß genug, um einen nicht zu schroffen Druckanstieg möglich zu machen. Wird freilich der Druckanstieg steil oder sind Ecken oder allzu starke Krümmungen vorhanden, so löst sich auch die turbulente Grenzschicht vom Körper los; die turbulente Durchmischung der Flüssigkeit mit wirbeltragenden Teilchen aus der Grenzschicht erstreckt sich dann weit in die Flüssigkeit hinein und man kann nicht mehr von einer schmalen „Grenzschicht" reden. Auch kann, wenn die turbulente Grenzschicht durch die Oberflächenreibung zu stark wächst, die Folgerung, daß die Grenzschicht die Druckkräfte der reibungslosen Strömung nicht stört, nicht mehr gezogen werden; denn sie ist an die Schmalheit der Grenzschicht gebunden.

Von der Rauhigkeit der Wand hängen nach den allgemeinen Erfahrungen der Hydrodynamik der Verlauf einer laminaren Strömung, sowie die kritische Reynoldssche Zahl nicht ab; dagegen wird der Verlauf der turbulenten Strömung von der Rauhigkeit entscheidend bestimmt; auch die turbulente Oberflächenreibung wächst stark mit der Rauhigkeit. Diese Feststellung erfährt nur bei kleiner Reynoldsscher Zahl eine Einschränkung; dann kann nämlich eine laminare„ Randschicht", welche immer zwischen Wand und turbulenter Grenzschicht einen Übergang schafft, die Rauhigkeiten überdecken.

Anders wie eine Rauhigkeit ist natürlich eine Störung an der Wand zu werten, deren Abmessung von der Größenordnung der Grenzschichtdicke ist — und diese ist unter Umständen recht niedrig. Durch eine solche Störung wird natürlich auch die laminare Grenzschicht zerstört.

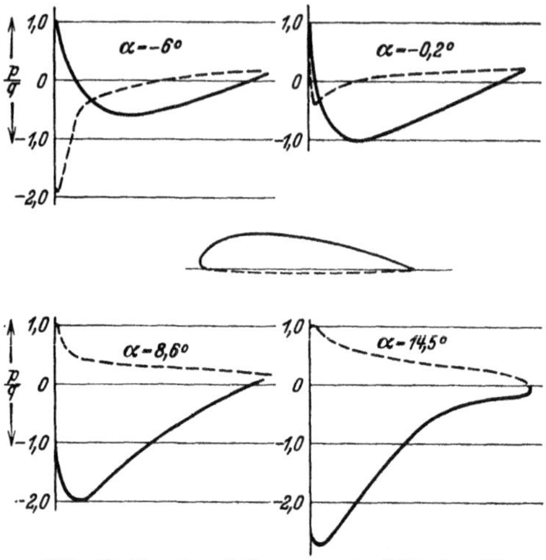

Abb. 60. Druckverteilung um ein Flügelprofil. p Lokaler Druck, q Staudruck der Anströmung.

Anwendung auf Flügelprofile. Alle Flügelprofile haben — ebenso wie alle Strebenprofile und Luftschiffkörper — eine Form, die vorne abgerundet ist und sich nach hinten langsam verjüngt. Bei Anströmung unter kleinem Anstellwinkel ist die Strömung vorne stark konvergent, so daß der Druck vom Staupunkt an stromabwärts rasch sinkt, hinten langsam divergent, so daß der Druck nur sehr allmählich ansteigt. Bei wachsendem Anstellwinkel rückt der Staupunkt auf der Druckseite nach hinten, der Punkt des Druckminimums, hinter dem die Strömung divergent werden muß, auf der Saugseite nach vorne. Abb. 60 zeigt als Beispiel die gemessene Druckverteilung[1] bei 4 Anstellwinkeln; man sieht durch Vergleich deutlich die Wanderung des Staupunkts ($p = q$) und des Druckminimums, sowie die mit wachsendem Anstellwinkel wachsende Schroffheit des Druckanstiegs hinter dem Minimum. Die einzelnen Züge prägen sich je nach der Profilform schwächer oder stärker aus.

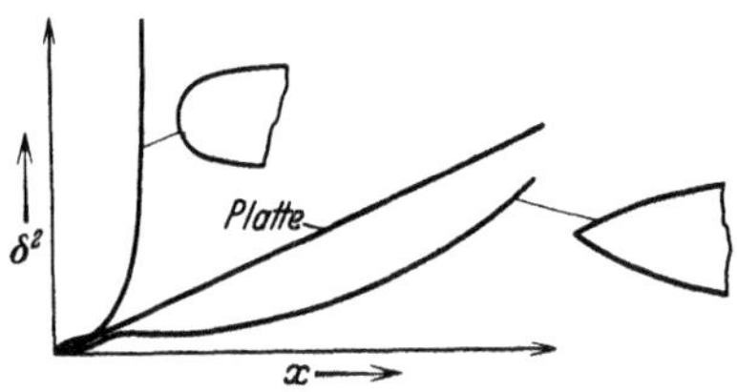

Abb. 61. Grenzschichtentwicklung vom Staupunkt aus. δ Grenzschichtdicke, x Entfernung vom Staupunkt längs der Wand.

Am Staupunkt beginnt mit endlicher Dicke eine laminare Grenzschicht, die sich aber nun anders entwickelt wie bei einer ebenen (unendlich dünnen) Platte. Die Verhältnisse werden in Abb. 61 veranschaulicht durch den gerechneten Verlauf von δ bei symmetrischem Anblasen

[1] Messung der Druckverteilung an 3 Eindeckerflächen und an einem Doppeldecker. Gött. Erg. Bd. 2 S. 43.

einer Platte, einer abgerundeten und einer zugespitzten Vorderkante[1]. Man sieht, daß an der abgerundeten Kante die Grenzschicht außerordentlich rasch steigt, daß die laminare Grenzschicht sich nicht so stark in eine veränderte Richtung führen läßt, wie es in diesem Fall sein müßte, daß sie nur eine langsame Richtungsänderung, wie bei zugespitzter Vorderkante mitmacht. Beim Flügel ist eine derartige Richtungsänderung immer vorhanden, besonders wenn der Anstellwinkel nicht ganz klein ist und der Staupunkt auf der Druckseite liegt. Man muß also annehmen, daß die laminare Grenzschicht vom Staupunkt aus rasch wächst und noch vor voller Umströmung des Flügelkopfes in die

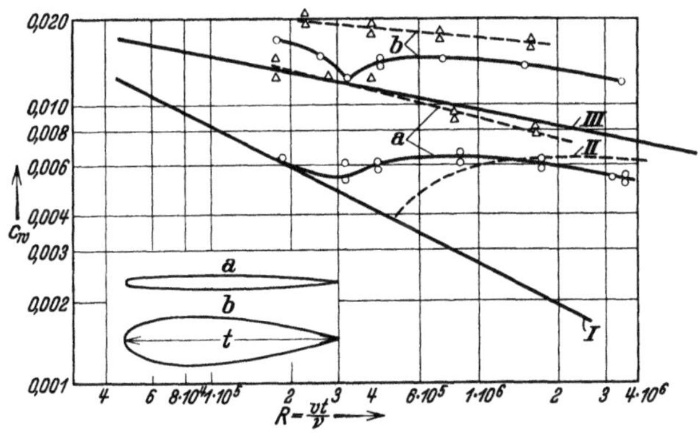

Abb. 62. Oberflächenreibung und Widerstand von symmetrischen Profilen. o Ruhiger Luftstrom, Δ künstlich erhöhte Turbulenz des Luftstroms. I Laminare Grenzschicht, II Übergang, III turbulente Grenzschicht.

turbulente Strömung umschlägt. Nur bei ganz kleinem Anstellwinkel und dünnem Profil kann man erwarten, daß die laminare Oberflächenreibung maßgebend ist; sonst wird die ganze Oberflächenreibung nach dem Gesetz der turbulenten Reibung gehen.

In Abb. 62 sind die berechneten und durch Messung gut bestätigten Werte der Oberflächenreibung bei laminarer (I) und turbulenter (III) Grenzschicht eingezeichnet, ferner die Werte in dem Übergangsgebiet (II), in welchem die Grenzschicht vorne laminar ist und dann in die turbulente Strömung umschlägt. Das dünne symmetrische ohne Anstellwinkel angeblasene Flügelprofil[2] zeigt Widerstandswerte, die kaum von denen der Platte abweichen; bei kleiner Reynoldsscher Zahl scheint sogar die laminare Grenzschichtströmung maßgebend zu sein; sonst überwiegt die turbulente Strömung, wie es zu erwarten ist. Ein Formwiderstand ist nicht bemerkbar. Beim dicken Profil dagegen entsprechen die gemessenen Werte nur einer turbulenten Grenzschicht und es stellt sich ein

[1] Hansen, M., Die Geschwindigkeitsverteilung in der Grenzschicht an einer eingetauchten Platte. Z. angew. Math. Mech. Bd. 8 (1928) S. 31.

[2] John Stack, Tests in the variable-density wind tunnel to investigate the effekts of scale and turbulence on airfoil charakteristics. N. A. C. A. Techn. Note 1931 Nr. 364.

fühlbarer Formwiderstand her, der von der Druckzerstörung im hinteren Profilteil herrührt. Auch in den Göttinger Messungen (Abb. 63) an dünnen Flügelprofilen[1] sieht man nur bei den kleinsten Reynoldsschen Zahlen, die gemessen wurden, eine im wesentlichen laminare Oberflächenreibung und schon bei kleinen Anstellwinkeln — d. i. wenn die Grenzschicht um die Spitze herum muß — überwiegt die turbulente vollkommen. Auffallend ist, daß beim gleichen Anstellwinkel das dickere Profil keinen meßbaren Formwiderstand zeigt, wohl aber das dünnere; dies ist wohl darauf zurückzuführen, daß die Krümmung an der Spitze des letzteren sehr groß ist und daß dort die turbulente Grenzschicht von vornherein verhältnismäßig dick ist.

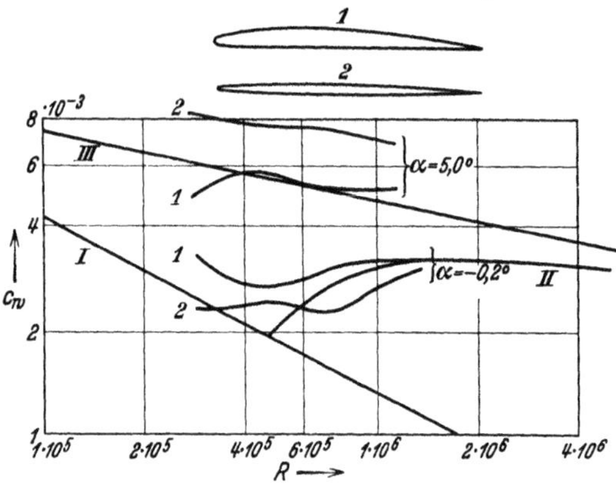

Abb. 63. Widerstand dünner Profile bei kleinen Anstellwinkeln (α). I, II, III s. Abb. 62.

Die Strömungsverhältnisse um ein Flügelprofil können im Modell ganz andere sein als beim wirklichen Flügel, und zwar aus mehreren Gründen: Infolge der kleineren Abmessungen muß beim Modell die Grenzschicht länger laminar bleiben, wodurch die Oberflächenreibung kleiner bleibt als bei der wirklichen Ausführung, aber andererseits die Ablösung früher erfolgt, also der Formwiderstand erhöht wird. Es kommt aber als weiterer Umstand, der die Übertragung vom Modell auf die Wirklichkeit erschwert, hinzu, daß die kritische Reynoldssche Zahl vom Turbulenzgrad der Anströmung abhängt. Je turbulenter der Luftstrom, um so früher schlägt die laminare Grenzschichtströmung in die turbulente um; dadurch werden die Oberflächenreibung und mittelbar der Formwiderstand abhängig von einem schwer kontrollierbaren Umstand; die Turbulenz verschiedener Versuchsanstalten ist verschieden; die Turbulenz der Strömung um das fliegende Flugzeug ist verschieden, je nach der Böigkeit des Windes. Die Unsicherheit, die dadurch in die numerischen Angaben der Luftkräfte kommt, wird uns unten noch öfters begegnen; der Einfluß auf den Profilwiderstand ist aus den Kurven der Abb. 62 zu sehen, die in einem künstlich turbulent gemachtem Luftstrom gewonnen sind. Auch hier zeigt sich, daß fast der ganze Profilwiderstand beim dünnen Profil als Oberflächenreibung angesehen werden muß.

[1] Profilwiderstände zweier dünner Profile bei verschiedenen Kennwerten. Gött. Erg. Bd. 3 S. 87.

Die aus Modellversuchen gewonnenen Werte des Profilwiderstandes sind somit für die Praxis nicht verbindlich; eine Einsicht in die Gesetzmäßigkeiten, wie sie Abb. 62 vermittelt, kann aber wohl zu einer Abschätzung führen. In früheren Jahren wurde der Profilwiderstand meist überschätzt, weil man Modellversuchswerte von c_w, die bei kleinen Kennwerten gewonnen waren, verwandte; als Versuchsanstalten für größere Reynoldssche Zahlen zur Verfügung standen, fand man kleinere Widerstandswerte. Auch an Luftschiffen ist beobachtet worden, daß der Widerstand wesentlich kleiner war, als man nach Modellversuch erwartet hatte.

Will man die Oberflächenreibung eines wirklichen Flügels der Größenordnung nach abschätzen, so nimmt man am besten turbulente Grenzschichtströmung an, bildet aus Flügeltiefe t, Fluggeschwindigkeit v und kinematischer Zähigkeit der Luft ν die Reynoldssche Zahl $\frac{v\,t}{\nu}$ und entnimmt der Kurve III in Abb. 62 den entsprechenden Wert für c_w. Bei Profilen, die sich sehr langsam nach hinten verjüngen, dürfte dieser Wert mit $c_{w\,\min}$ zusammenfallen; bei dicken Profilen ist die Verjüngung oft schärfer, daher der Formwiderstand bedeutender; die Dicke des Profils selbst ist nicht so maßgebend; wenn die Verjüngung klein bleibt, kann auch der Formwiderstand klein gehalten werden. Die Größenordnung von $c_{w\,\min}$, die man durch solche Abschätzung erhält, ist 0,01.

Ist das Profil unsymmetrisch oder wird es unsymmetrisch angeströmt, so entwickelt sich die Grenzschicht oben und unten verschieden; bei positivem Anstellwinkel wächst die Grenzschicht auf der Saugseite rasch, so daß dort Ablösung eintritt; bei negativem Anstellwinkel tritt die Ablösung an der Druckseite zuerst ein. Bei unsymmetrischem Profil verläuft die Strömung am glattesten, also mit geringstem Formwiderstand, bei einem mäßigen, positiven Anstellwinkel, dem das $c_{a\,opt}$ in Abb. 57 entspricht. Danach ist ohne weiteres verständlich, daß mit wachsender Wölbung $c_{a\,opt}$ wachsen muß, und daß $c_{a\,opt}$ bei bestimmter Wölbung um so kleiner ist, je größer die Dicke, d. h. je kleiner die Wölbung der Druckseite ist.

Die Druckseite des Flügelprofils ist meist ungünstiger gestaltet als die Saugseite; daher tritt eine Ablösung auf der Druckseite und somit eine Erhöhung des Profilwiderstandes meist schon bei Anstellwinkeln ein, die nur wenig unter dem zu $c_{a\,opt}$ gehörigen liegen. Nach (2,8a) hat dies zur Folge, daß die Sturzfluggeschwindigkeit nicht zu groß wird. Um einen Profilwiderstand zu erreichen, der im Gebiete kleiner c_a klein bleibt, muß man die Grenzschichtablösung an der Druckseite erschweren durch Wölbung der Druckseite nach unten und symmetrische Ausgestaltung des vorderen Flügelteiles; daß dadurch der Profilwiderstand in diesem Bereich wirklich stark herabgedrückt werden kann[1], zeigt Abb. 64. Die Form der Flugzeugnase hat also großen Einfluß auf die Sturzfluggeschwindigkeit.

Mit wachsender Dicke und wachsender Wölbung bei gegebener Tiefe wird die Divergenz der Strömung im hinteren Teil des Flügelprofils immer stärker; die Ablösung der Grenzschicht tritt früher ein, der Formwiderstand wird größer, wie es Abb. 58 auch zeigt. Dieselben Umstände begünstigen auch größere Oberflächenreibung; denn die Oberfläche wird durch Wölbung und durch Dicke gegenüber der ebenen, dünnen Platte erhöht. Bezieht man aber den Profilwiderstand nicht, wie üblich, auf die Tiefe, sondern auf die Dicke (Stirnfläche je Breiteneinheit), wie man es bei den symmetrischen Strebenprofilen stets tut, so daß

$$c_{wp}^* = \frac{W_p}{\delta q b}, \qquad (3,15)$$

so wird bei konstantem δ mit wachsendem $\frac{\delta}{t}$ die Oberfläche und somit die Oberflächenreibung immer kleiner, aber der Formwiderstand immer größer, so daß sich ein Minimum ergibt (s. u. Strebenprofile).

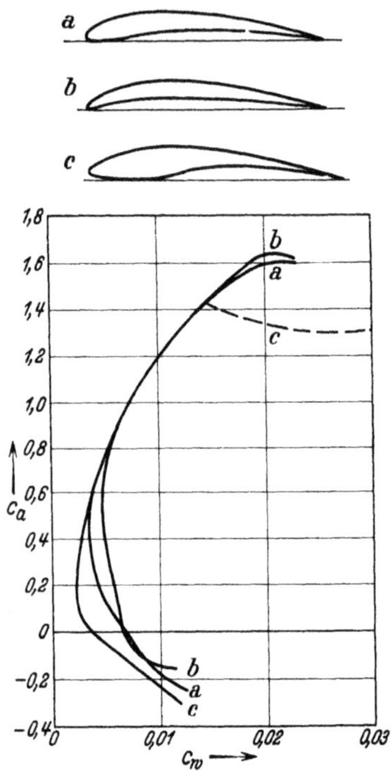

Abb. 64. Einfluß der Flügelnase auf den Profilwiderstand.

Beeinflussung des Auftriebs durch den Profilwiderstand. Solange die Grenzschicht klein bleibt, solange man also mit der Grenzschichttheorie die Strömungsverhältnisse einigermaßen richtig erfassen kann, findet eine Änderung der hydrostatischen Drucke durch die Grenzschicht nicht statt. Soweit dies gilt, kann der Auftrieb nur durch die Schubspannungen vermindert werden; den Betrag dieser Minderung kann man experimentell bestimmen, indem man vom direkt gemessenen Auftrieb eines Profils denjenigen Auftrieb abzieht, der durch Integration über die betreffenden Komponenten der Druckkräfte erhalten wird. Aus derartigen Messungen von Carafoli kann man abschätzen, daß die Auftriebsverminderung durch die Schubspannungen die Größenordnung von etwa 5% hat[2].

[1] Hopf, L. u. H. Rossmann, Die Flügelform und ihr Einfluß auf die Flügelkräfte. T. B. Bd. 1 S. 9. — Munk, M. u. E. Hückel, Systematische Messungen an Flügelprofilen. T. B. Bd. 1 S. 162.

[2] Carafoli, E., Confrontation de la theorie des ailes sustentatrices avec l'experience. Verh. 3. intern. Kongr. techn. Mech., Stockholm Bd. 1 (1930) S. 366. — Toussaint et Carafoli, Théorie et tracé des profiles d'ailes sustentatrices, Libr. Chiron, Paris 1928.

Bedeutender ist die Auftriebsverminderung durch Abreißen der Grenzschicht, wodurch die Druckverteilung, vor allem an der hinteren Saugseite, vollkommen verändert wird. Diese Wirkung hängt innig mit dem Formwiderstand zusammen, muß daher um so größer werden, je größer der Anstellwinkel ist.

Dies ist der Grund für die Abweichung des wirklichen $\frac{d c_a}{d \alpha}$-Wertes von den theoretischen in Abb. 48. Man kann versuchen, die Abweichung quantitativ als Funktion des Profilwiderstandes zu erfassen; doch ist dies nicht ganz befriedigend möglich, da zwei Effekte — Schubspannungen und Formwiderstand — sich übereinanderlagern. Wieselsberger[1] hat Flügel verschiedener Rauhigkeit hinsichtlich des Auftriebs und des Widerstandes bei konstantem Anstellwinkel verglichen und gefunden, daß man durch Extrapolation auf den Widerstand Null zu den theoretischen Auftriebswerten der Abb. 48 kommen kann, wenigstens für die Auftriebswerte oberhalb $c_{a\,opt}$. Die Einzelheiten des gleichen Vorgangs treten noch deutlicher in einer weiteren Göttinger Versuchsreihe[2] hervor (Abb. 65), bei welcher auch die Wirkung lokaler Rauhigkeiten untersucht wird. Am interessantesten ist die Kurve IV. Bei kleinen Anstellwinkeln liegt der Punkt, an welchem sich die laminare Grenzschicht ablösen muß, hinter der rauhen Stelle; eine laminare Strömung wird aber durch Rauhigkeit nicht beeinflußt; infolgedessen können für kleine Anstellwinkel Profilwiderstand und Auftrieb nicht viel von den Werten für den glatten Flügel abweichen. Sobald aber, wie bei größeren Anstellwinkeln, die Grenzschicht an der rauhen Stelle schon turbulent geworden ist, tritt eine erhebliche Beeinflussung ein; die turbulente Grenzschicht wird schnell groß, löst sich schnell ab und ruft so eine Änderung in Druckverteilung und Auftrieb hervor, die kaum unterschieden ist von derjenigen bei

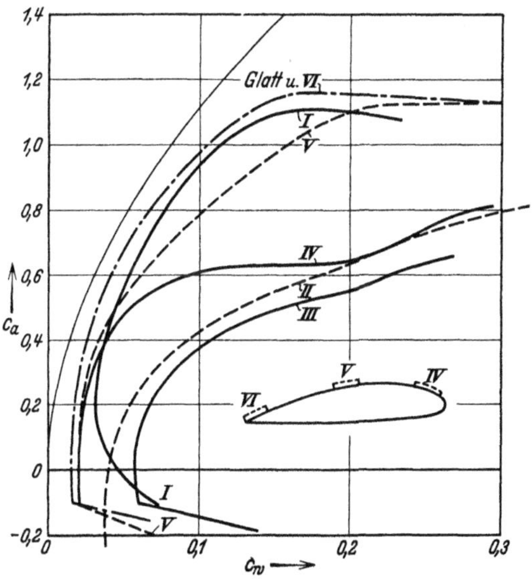

Abb. 65. Polardiagramm bei verschiedener Rauhigkeit. I Druckseite rauh. II Saugseite rauh. III Beide Seiten rauh. IV bis VI Lokale Rauhigkeit entsprechend Flügelskizze.

[1] Wieselsberger, C., Die wichtigsten Ergebnisse der Tragflügeltheorie und ihre Prüfung durch den Versuch. In Kármán-Levi-Citiva, Innsbrucker Vorträge, S. 47. Berlin: Julius Springer 1924.

[2] Rauhigkeitseinflüsse an Tragflügeln. Gött. Erg. Bd. 3 S. 112.

ganz rauher Saugseite. Die Druckseite spielt eine geringere Rolle bei positiven Anstellwinkeln, da an ihr keine Ablösung auftritt; die Grenzschicht wächst dort auch nicht stark, so lange keine erhebliche Wölbung auftritt, wird also vielleicht gar nicht turbulent.

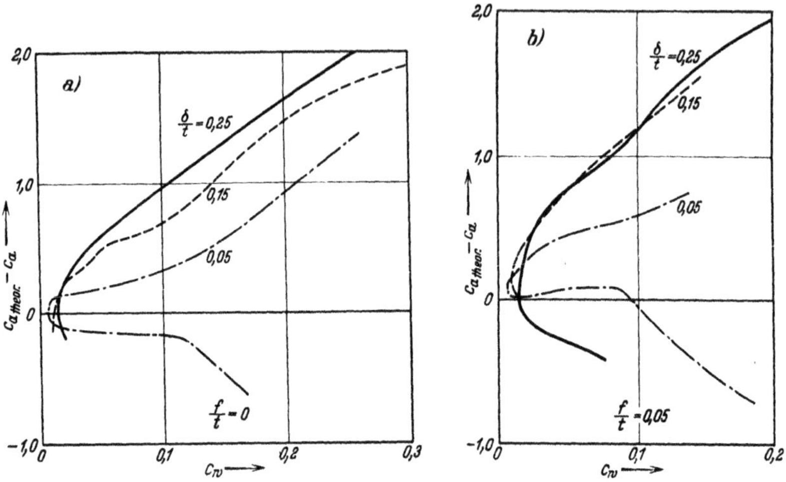

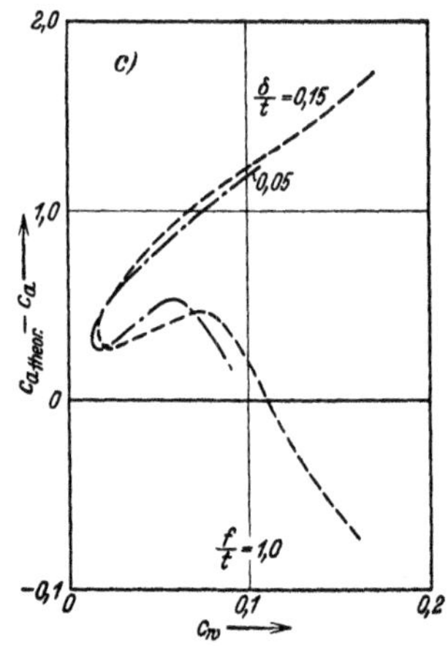

Abb. 66a–c. Auftriebsminderung durch Profilwiderstand [1].

Der Zusammenhang zwischen der Verminderung von c_a gegenüber seinem theoretischen Wert und c_w ist von Wölbung und Dicke abhängig. Abb. 66 zeigt einige experimentelle Werte für glatte Flügel. Betz und Lotz[1] haben auch versucht, den Auftriebsverlust durch Annahme von Quellen auf der hinteren Saugseite, deren Strömung sich der Zirkulationsströmung überlagert, rechnerisch zu erfassen.

Auftriebsmaximum. Mit wachsendem Anstellwinkel wächst der Profilwiderstand und die Auftriebsverminderung wird stärker; schließlich wird die Druckverteilung so gestört, daß die Zirkulationstheorie auch nicht näherungsweise die Verhältnisse darstellt; es bildet sich keine einfache Zirkulationsströmung mehr aus, sondern eine Strömung mit Totwasser oder wirbeldurchsetztem Abströmraum (Abb. 67); bei dieser steht die Druckresultierende im wesentlichen senkrecht zur Sehne, so daß ein Auftrieb zwar vorhanden ist, aber mit wachsendem Anstellwinkel ungefähr wie cos α abnimmt. Alle

[1] Betz, A. u. J. Lotz, Verminderung des Auftriebs von Tragflügeln durch den Widerstand. Z. Flugtechn. Motorluftsch. Bd. 21 (1932) S. 277.

Flügelprofile zeigen das Ansteigen von c_a bis zu einem Maximalwert, dann nach kleinem Gebiet schwer überblickbarer Unregelmäßigkeit den Abfall (Abb. 68).

Der Wert von $c_{a\,\max}$ erweist sich als nicht nur von der Profilform, sondern auch von der Reynoldsschen Zahl und von dem Turbulenzgrad der anströmenden Luft abhängig; daher sind die Modellversuchswerte nur mit großer Vorsicht als maßgebend anzusehen; die unter gleichen Umständen und bei ziemlich großen Reynoldsschen Zahlen ausgeführten N.A.C.A.-Messungen[1], welche der Abb. 69 zugrunde

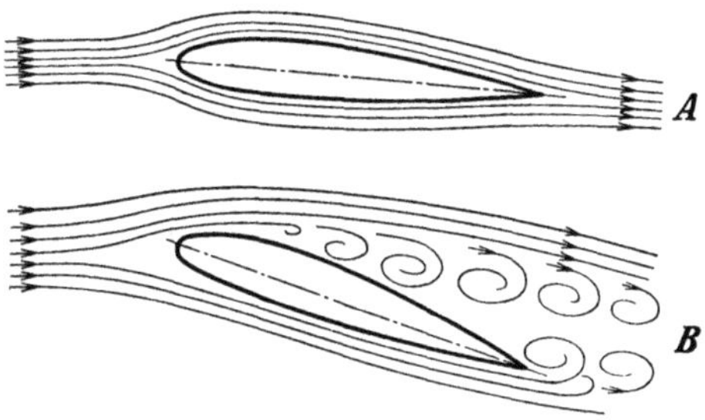

Abb. 67. A Zirkulationsströmung. B Abgerissene Strömung.

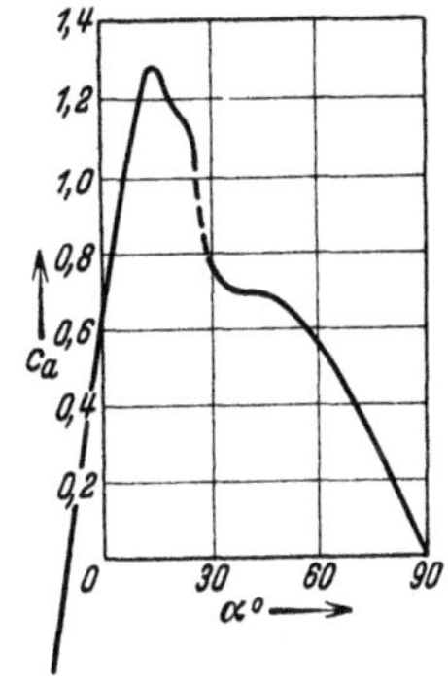

Abb. 68. Verlauf des Auftriebsbeiwertes.

gelegt sind, zeigen auch kein sehr übersichtliches Bild; das Wachsen von $c_{a\,\max}$ mit der Wölbung und der Größtwert bei einer mittleren, mit wachsender Wölbung fallenden Dicke können wohl als allgemeingültige Gesetze angesehen werden.

Die Abhängigkeit des $c_{a\,\max}$ von der Profilform, von der Reynoldsschen Zahl und vom Turbulenzgrad der Anströmung läßt sich nach obigen Ausführungen über Profilwiderstand wohl verstehen[2]; bestimmend ist (Abb. 70) die relative Lage des Punktes T, wo die laminare Grenzschicht in die turbulente Strömungsform umschlägt, gegenüber dem Punkt S, wo sich die laminare Grenzschicht, falls sie noch nicht turbulent geworden ist, von der Wand ablöst. Bei kleinen und mäßigen Anstellwinkeln liegt T immer vor S; der Profilwiderstand rührt von der turbulenten Oberflächenreibung und einer allmählichen Ablösung der turbulenten Grenzschicht her. Der Punkt T liegt dann nach den Ausführungen S. 86 in der Nähe der Vorderkante auf der Saugseite; er rückt mit wachsendem Anstellwinkel, entsprechend dem geringen Zurückrücken des Staupunktes auf der Druckseite, etwas aber nicht sehr viel weiter nach vorne. Der Punkt S fällt ungefähr mit dem Druckminimum

[1] Jacobs u. Pinkerton: Zit. a. S. 74.

[2] Kármán, Th. v., Quelques problémes actuels de l'aerodynamique. Journée internationale de l'aerorautique 1932.

der Abb. 60 zusammen; er rückt mit wachsendem Anstellwinkel sehr stark nach vorne und kann schließlich den Punkt T überholen. Ist dies aber der Fall, so reißt die laminare Grenzschicht ab, ehe sie turbulent wird; dadurch wird die Zirkulationsströmung zerstört, der Auftrieb sinkt und gehorcht ganz anderen Gesetzen. Bleibt T dauernd hinter S, so bleibt die Zirkulationsströmung bis zu höheren Anstellwinkeln erhalten; aber schließlich wird die Druckverteilung an der Saugseite auch durch die turbulente Grenzschicht zerstört und ein Abreißen tritt ein; dieser Prozeß geht langsamer und allmählicher vor sich[1].

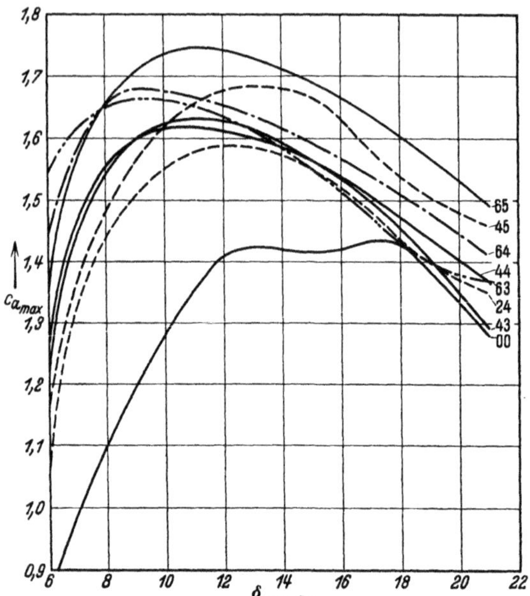

Abb. 69. Auftriebsmaximum in Abhängigkeit von der Profilform (Bedeutung der Zahlen s. Abb. 49).

Die relative Lage von T und S hängt von der Profilform stark ab; bei dünnen Profilen scheint allgemein S schneller nach vorne zu rücken als bei dicken, wo der Druckanstieg hinter dem Minimum sanfter vor sich geht. Bei hochgewölbten Profilen liegt auch im allgemeinen (Abb. 69) $c_{a\,\max}$ höher als bei flachen, und die c_a-α-Kurve verläuft in der Umgebung des Maximums sanfter.

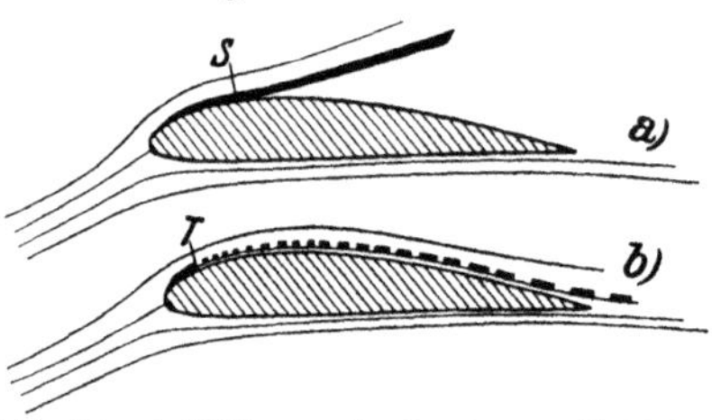

Abb. 70. a) Ablösung der laminaren Grenzschicht. b) Umschlag der laminaren Grenzschicht in die turbulente Strömungsform.

Von der Reynoldsschen Zahl hängt die Lage von S nicht ab; T aber rückt mit wachsender Reynoldsscher Zahl nach vorne; denn es gehört zu einem bestimmten Wert der Zahl $\frac{v\,\delta}{\nu}$, und δ nimmt mit wachsendem v nicht wie $\frac{1}{v}$ ab, sondern langsamer. Nun können zweierlei Fälle eintreten:

a) Wenn mit wachsendem Anstellwinkel S einmal über T hinaus nach vorne rückt, so tritt dies um so später ein, je größer die Reynoldssche

[1] Gruschwitz, E., Die turbulente Reibungsschicht in ebener Strömung bei Druckabfall und Druckanstieg. Ing.-Arch. 1931/32 S. 321.

Zahl ist; das Auftriebsmaximum wächst also mit wachsender Reynoldsscher Zahl. Dies ist besonders der Fall bei Profilen mäßiger Wölbung, die im Modellversuch ein kleines $c_{a\,\max}$ zeigen (Abb. 71, ausgezogene Kurven).

b) Wenn T immer vor S liegt, wie bei hochgewölbten Profilen, die im Modell ein hohes $c_{a\,\max}$ zeigen, so kommt die Zerstörung der Zirkulationsströmung von der Dicke der turbulenten Grenzschicht und deren Ablösung her; diese wird aber gefördert, wenn T nach vorne rückt. Bei solchen Profilen nimmt $c_{a\,\max}$ mit wachsender Reynoldsscher Zahl ab.

So ergibt sich, daß die Unterschiede von Profil zu Profil im Wert von $c_{a\,\max}$ bei wachsender Reynoldsscher Zahl kleiner werden; der Modellversuch also in dieser Hinsicht einen größeren Profilunterschied vortäuscht, als er in Wirklichkeit auftritt.

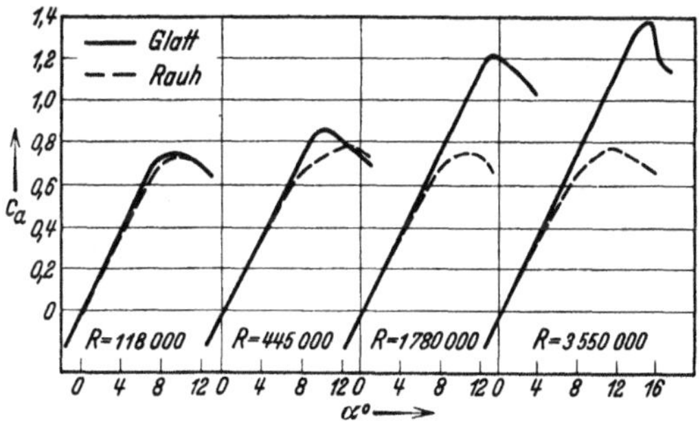

Abb. 71. Einfluß der Reynoldsschen Zahl und der Rauhigkeit auf das Auftriebsmaximum[1].

Durch Rauhigkeit der Flügelsaugseite kann der Verlauf der c_a-α-Kurve in der Nähe des Maximums stark beeinflußt werden. Da durch Rauhigkeit die kritische Reynoldssche Zahl nicht verändert wird, kann man nicht etwa auf diese Weise die Grenzschicht früher zur Turbulenz zwingen und so $c_{a\,\max}$ heraufsetzen. Die Hauptwirkung besteht in einer Anfachung und rascheren Ablösung der turbulenten Grenzschicht, wodurch $c_{a\,\max}$ stark herabgedrückt wird (Abb. 71, gestrichelte Kurven). Bei der ersten Kurve der Abb. 71 spielt die Rauhigkeit keine Rolle, da das Maximum vom Abreißen einer laminaren, also durch Rauhigkeit unbeeinflußten Grenzschicht herrührt. Daß die 3 anderen gestrichelten Kurven dieser ersten beinahe gleich verlaufen, dürfte ein Zufall sein.

Wichtig für die Beurteilung von Modellversuchen ist ferner die Beobachtung, daß der Turbulenzgrad der anströmenden Luft sehr stark auf den Punkt T wirkt; je turbulenter die Anströmung, um so leichter schlägt die laminare Grenzschicht in die turbulente Strömungsform um. Durch künstliche Störungen kann man einen ruhigen Luftstrom mehr oder weniger turbulent machen, dadurch verschiedene Lagen von T erzwingen und verschiedene $c_{a\,\max}$ messen. Das Ergebnis solcher Messungen in Pasadena zeigt Abb. 72. Auf diese Weise kann man die starke Verschiedenheit der $c_{a\,\max}$-Werte in verschiedenen Windkanälen befriedigend erklären. Da im Fluge die Reynoldssche Zahl

[1] Ray W. Hooker, The aerodynamic characteristics of airfoils as affected by surface roughness. N. A. C. A. Techn. Note 457 (1933).

stets sehr groß ist, muß man wohl annehmen, daß auch die Verschiedenheit des $c_{a\,\max}$ von Profil zu Profil nicht so groß ist, wie sie im Modellversuch erscheint.

Das Auftriebsmaximum ist, wie im vorigen Kapitel auseinandergesetzt, verbunden mit der kleinsten Geschwindigkeit, die das Flugzeug erreichen kann, ohne zu fallen, und somit entscheidend für alle Probleme des Starts, der Landung und der Geschwindigkeitsspanne. Die Vermehrung von $c_{a\,\max}$ ist daher ein praktisch höchst wichtiges Problem; auch in den Fragen der Flugsicherheit, die in den folgenden Kapiteln behandelt werden, spielt es eine bedeutende Rolle. Man hat daher nach Mitteln gesucht, um den Wert von $c_{a\,\max}$ noch über den höchsten durch Profilierung erreichbaren zu erhöhen[1].

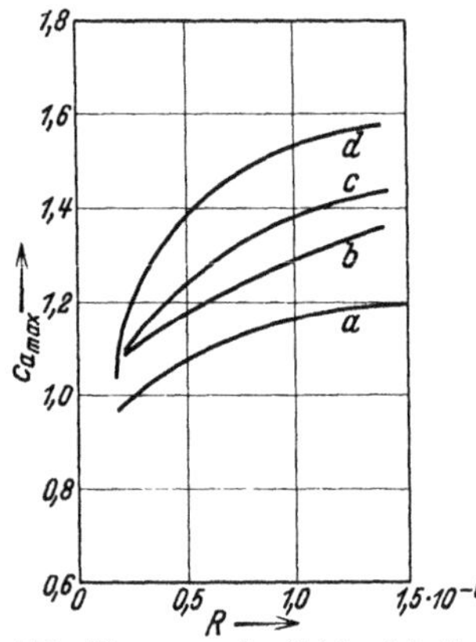

Abb. 72. $c_{a\,\max}$ in Abhängigkeit von der Reynoldsschen Zahl bei verschiedenem Turbulenzgrad des Luftstroms; a bis d wachsende Turbulenz. (Nach Kármán: Zit. a. S. 93.)

Verwendet man zu diesem Zweck sehr hochgewölbte Profile, so kann man Werte von $c_{a\,\max}$ bis zu 2,0 erreichen (z. B. Göttingen 557); aber der Profilwiderstand erhöht sich bei derartigen Profilen für alle Auftriebe so wesentlich, daß eine praktische Verwendung kaum möglich ist. Man muß darum dem Profil nur für die kurzen Augenblicke, in welchen der hohe Auftrieb nötig ist, die Gestalt geben, welche den hohen Auftrieb liefert; im übrigen muß es seine normale Gestalt behalten. Solche veränderlichen Profile sind z. B. von Schmeidler[2] gebaut worden. Man kann dabei auch die Eigenschaft der geknickten Profile, wie sie durch Ausschlag des Ruders gegen eine feste Flosse entstehen, ausnützen, daß sie besonders hohe Auftriebswerte geben, ohne daß dabei ein allzu großer Anstellwinkel des Gesamtflügels und des mit diesem verbundenen Rumpfes nötig wäre; man kann so z. B. den hinteren Flügelteil gegen den vorderen beweglich machen, entweder willkürlich durch den Flugzeugführer oder mit Hilfe einer Feder durch die Fluggeschwindigkeit selbst zu steuern. Auch Hilfsflügel unter der Hinterkante, die im Normalflug im Winde stehen, beim Landen mit ihrer Nase an das Hinterende des Flügels stoßen und so wie Ruder wirken, leisten diesen Dienst. Eine ähnliche Anordnung ist in Göttingen durchgemessen worden und in Abb. 73 für einen nicht extremen Fall dargestellt; dabei wird der

---

[1] Zusammenfassende Darstellung: Haus, Fr., Portances élevées et profils hypersustentateurs. L'aeronautique Bd. 13 (1931) S. 125 u. 205.

[2] Schmeidler, W., Untersuchungen über Flugzeuge mit veränderlichen Flächen. Z. Flugtechn. Motorluftsch. Bd. 22 (1931) S. 325.

große Auftrieb durch Klappen, die aus der Druckseite hervorragen, erzeugt[1].

Wirkungsvoller, wenn auch konstruktiv schwieriger ist die Veränderung der Flügelfläche; die Vorschläge in dieser Hinsicht beziehen sich ausschließlich auf ein Vergrößern der Tiefe; die Erhöhung des induzierten Widerstandes durch diese Maßnahme schadet ja in diesem Fall nicht. Eine Kombination von Flächenvergrößerung und Ausnutzung des Rudereffektes stellt der erfolgreiche Fowler-Flügel dar, bei welchem aus der Hinterkante des Flügels ein Hilfsflügel herausgeführt und unter beliebigem Winkel gegen die Flügelsehne eingestellt werden kann; man erreicht dabei nach Modellversuchen c_a-Werte bis 3,17.

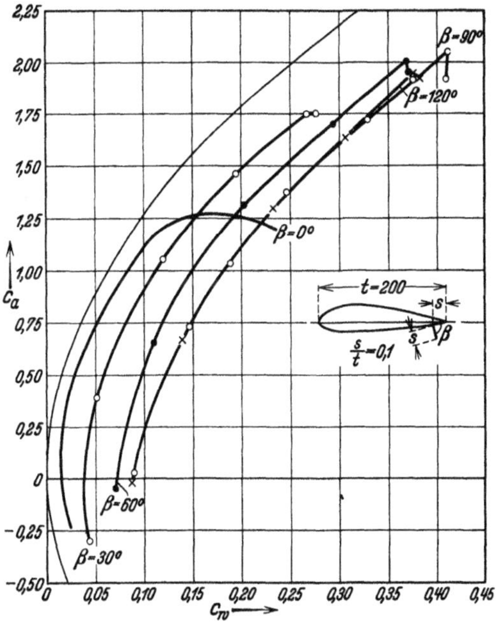

Abb. 73. Auftriebserhöhung durch Klappe an der Druckseite.

Hydrodynamisch interessanter sind die Methoden der Auftriebserhöhung, welche durch Eingriff in die gewöhnliche Profilströmung das Abreißen an der Saugseite verhindern oder wenigstens erschweren: Prandtl[2] hat auch für diesen Fall den Gedanken verfolgt, daß man jede Potentialströmung auch gegen steigenden Druck führen kann, wenn man die Grenzschicht absaugt; Modellversuche haben dabei c_a-Werte bis zu 5,0 ergeben. Andererseits haben Seewald[3] und Katzmayr[4] versucht, der Grenzschicht durch Hineinblasen von Druckluft Energie zuzuführen und dabei c_a-Werte bis 3,3 erreicht. Den gleichen Zweck, der Grenzschicht durch Zuführung von Strömungsenergie das Anströmen gegen steigenden Druck zu ermöglichen, verfolgt die praktisch erfolgreichste Maßnahme zur Auftriebserhöhung, der

[1] Gruschwitz, E. u. O. Schrenk, Über eine einfache Möglichkeit zur Auftriebserhöhung von Tragflügeln. Z. Flugtechn. Motorluftsch. Bd. 23 (1932) S. 597.

[2] Schrenk, O., Versuche mit einem Absaugflügel. Z. Flugtechn. Motorluftsch. Bd. 22 (1931) S. 259; Gött. Erg. Bd. 4 S. 74.

[3] Seewald, F., Die Erhöhung des Auftriebs durch Ausblasen von Druckluft an der Saugseite eines Tragflügels. Z. Flugtechn. Motorluftsch. Bd. 15 (1927) S. 350.

[4] Katzmayr, R., Düsenflügel. Ber. aeromech. Versuchsanst. Wien, Bd. 1, 1. Lief., S. 57.

Schlitzflügel von Handley-Page und Lachmann[1]. Durch den Schlitz wird Luft von der Druckseite nach der Saugseite des Flügels geblasen und so die Ablösung vermieden. Man kann den Schlitz an verschiedenen Stellen des Flügels anbringen; so hat sich z. B. ein Schlitz in der Mitte im Modellversuch als sehr wirkungsvoll erwiesen. Praktisch verwendet wurden nur der Schlitz nahe der Vorderkante, dessen Wirkungsweise in Abb. 74 und 75 nach englischen Messungen übersichtlich dargestellt ist, und der Schlitz vor dem Querruder. Man kann in solchem Fall die Wirkung auch als künstliche Konvergierung der Strömung um das Profil an den Stellen, wo Abreißen droht, auffassen, also den kleinen Hilfsflügel vor dem Hauptflügel als ein Analogon zum Townend-Ring (s.u.) ansehen. Auch beim

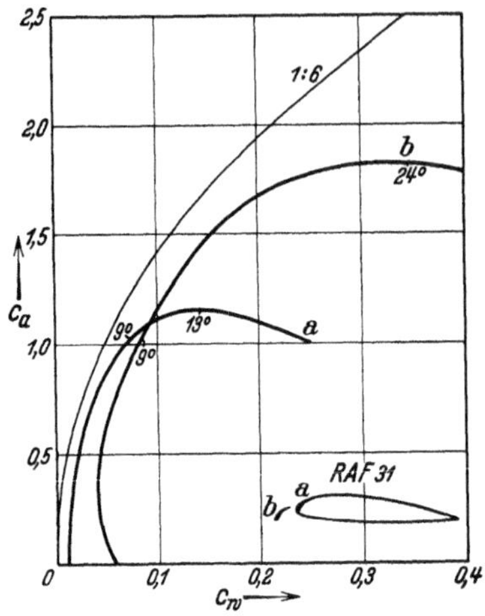

Abb. 74. Schlitzflügel Handley-Page. a) Schlitz geschlossen. b) Schlitz offen.

		c_a max	c_w min	$\frac{c_a \max}{c_w \min}$	$\left(\frac{c_a}{c_w}\right)$ bei c_a max
Profil RAF 15		1,04	0,0094	110	11,6
Profil Clark Y		1,20	0,0108	110	11,0
Profil RAF 28 mit Querruderschlitz		2,10	0,0120	175	6,0
Profil USA 2415 mit Vorderschlitz und Querruderschlitz		2,40	0,0120	200	4,0

Abb. 75. Handley-Page-Flügel (Handley Page Bull. Okt. 1933).

Handley-Page-Flügel tritt eine erhebliche Erhöhung des Profilwiderstandes auf, und zwar auch bei kleinen c_a-Werten, wo ein kleiner Widerstand unbedingt verlangt werden muß. Um diesen Nachteil zu vermeiden,

[1] Handley Page Bulletin (monatlich). — Weick, E. Fred and Millard J. Bamber, Wind-tunnel tests of a Clark-Y-Wing with a narrow auxiliary airfoil in different positions. N. A. C. A. 428; 1932 S. 537. — Lachmann, G., Das unterteilte Flächenprofil. Z. Flugtechn. Motorluftsch. Bd. 2 (1921) S. 164 — Praktische Erfahrungen mit dem automatischen Spaltflügel. Z. Flugtechn. Motorluftsch. Bd. 21 (1930) S. 409. — Control beyond the stall. J. Roy. aeron. Soc. Bd. 36 (1932) S. 276. — Handley-Page, Vortrag i. d. Roy. aeron. Soc. 17. Febr. 1921. — Betz, A., Wirkungsweise von unterteilten Flügelprofilen. Jb. wiss. Ges. Luftf. 1921 S. 23.

hat Handley-Page verschließbare Schlitze gebaut; der richtige Erfolg mit Ausschaltung jeder Widerstandserhöhung hat sich aber erst eingestellt, als man die Öffnung und Schließung des Schlitzes automatisch erfolgen ließ und dazu in höchst geistreicher Weise die Druckverteilung um die angeströmte Flugzeugnase selbst benutzte. Der Schlitz am Querruder soll dort das Abreißen vermeiden und das Querruder wirksam erhalten; auf die Bedeutung des hohen Auftriebsbeiwertes speziell im Gebiet der Querruder werden wir unten (sechstes Kapitel) noch ausführlicher einzugehen haben.

Als weiterer interessanter Versuch, das Abreißen durch Energieerhöhung an den gefährdeten Stellen der Grenzschicht zu vermeiden,

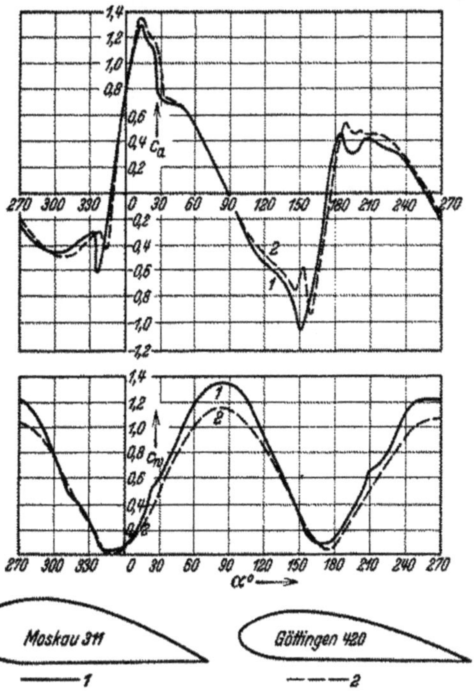

Abb. 76. Auftrieb und Widerstand für alle Anblasrichtungen.

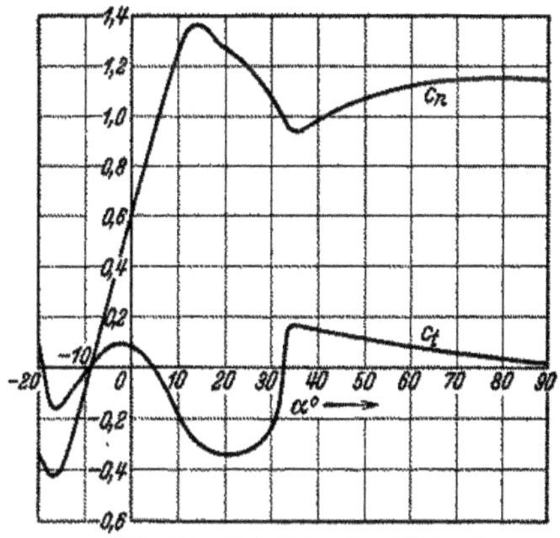

Abb. 77. Beiwerte der Normalkraft c_n und der Tangentialkraft c_t.

ist die Ausbildung der Flügelnase als Rotor zu erwähnen[1], wodurch bei holländischen Messungen c_a-Werte bis 2,4 erreicht wurden.

Auch an der Druckseite reißt die Strömung ab wie an der Saugseite, und zwar beginnt dieser Prozeß meist schon bei positivem c_a und läßt c_a nicht unter ein Minimum von — 0,2 bis — 0,4 sinken. Bei streben- oder keulenförmiger Ausgestaltung der Nase kann man etwa — 0,6 erreichen[2].

Einige Diagramme. Abb. 76 bringt Werte für alle möglichen Anblaserichtungen[3]; dabei sind eine russische und eine Göttinger Messung

[1] Über den Einfluß einer rotierenden Walze in einem Flügel. Verslagen en Verh. v. d. Rijks-Studiedecat voor de Luchtvaart, Amsterdam. Bd. 3 S. 47 u. Bd. 4 S. 1.

[2] Profilmessungen bei negativen Anstellwinkeln. Gött. Erg. Bd. 3 S. 79.

[3] Messungen eines Profils von 0 bis 360°. Gött. Erg. Bd. 3 S. 78. — Shirmunoff, P. M., ZAHJ Nr. 36 S. 20.

nebeneinandergestellt; man sieht eine ganze Reihe von feinen Einzelheiten nicht nur der Werte, sondern auch der Differentialquotienten in beiden Meßreihen hervortreten, was ihren nicht zufälligen Charakter beweist.

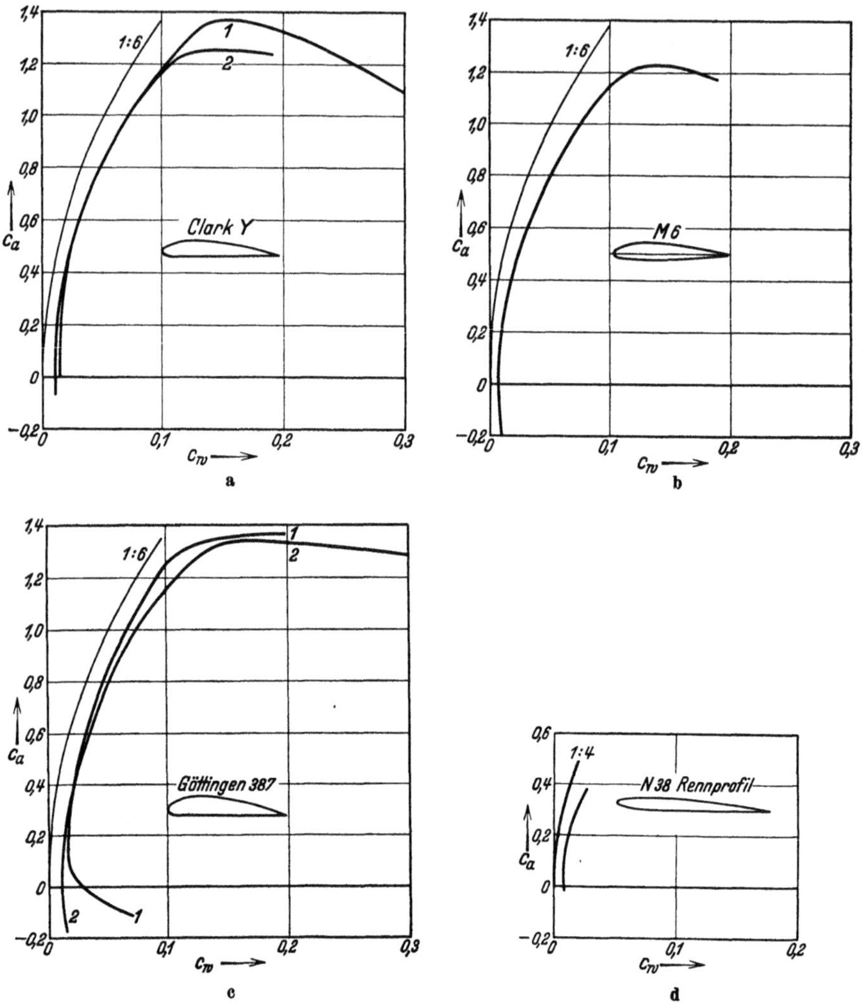

Abb. 78a—d. Bekannte Flügelprofile. a) 1. $\mathfrak{R} = 3{,}61 \cdot 10^6$ Überdruck-Windkanal. 2. $\mathfrak{R} = 3{,}74 \cdot 10^6$ McCook Field. b) $\mathfrak{R} = 3{,}66 \cdot 10^6$ Überdruck-Windkanal. c) 1. $\mathfrak{R} = 4{,}12 \cdot 10^6$ Göttingen. 2. $\mathfrak{R} = 3{,}77 \cdot 10^6$ Überdruck-Windkanal. d) $\mathfrak{R} = 2{,}8 \cdot 10^6$ Langley Field, Propeller-Windkanal.

Abb. 77 enthält die in (1,4) definierten Beiwerte der Normal- und der Tangentialkraft (Komponenten der Luftkraft in der Sehnenrichtung und senkrecht dazu); es besteht die Beziehung

$$\left.\begin{aligned} c_n &= c_a \cos\alpha + c_w \sin\alpha \\ c_t &= c_w \cos\alpha - c_a \sin\alpha \end{aligned}\right\} \tag{3,16}$$

Abb. 78 zeigt einige der bekanntesten Flügelprofile und deren Polardiagramme nach Modellmessungen[1].

§ 5. Schädlicher Widerstand.

Schädlicher Widerstand wird jeder von nichttragenden Teilen des Flugzeugs herrührende Widerstand genannt. Es ist wohl die erste eindrucksvolle Erkenntnis der aerodynamischen Forschung gewesen, daß dieser Widerstand bei schlanken, hinten zugespitzten Körpern bedeutend kleiner ist als bei gedrungenen Körpern von derselben Stirnfläche (Projektion auf die Ebene senkrecht Windrichtung). Die weitere Forschung hat einen Teil dieses Effektes als Einfluß der Reynoldsschen Zahl erkannt; die Geschichte dieser Entdeckung ist interessant genug, um hier erwähnt zu werden: Es fand sich zuerst eine Diskrepanz zwischen den in Paris und in Göttingen ermittelten Widerstandswerten einer Kugel, welche weit über das sonst übliche Ausmaß hinausging. Experimentelle Fehler waren nicht nachzuweisen, der Einfluß der Reynoldsschen Zahl erwies sich in den gemessenen Bereichen als zu klein, um den Widerspruch aufklären zu können. Erst als Prandtl den Bereich der Reynoldsschen Zahlen bei seinen Messungen bedeutend erweiterte, fand er einen schmalen Bereich, in welchem der Einfluß ausnehmend groß war, groß genug, um die Diskrepanz zu beheben[2]. Abb. 79 zeigt das qualitative Verhalten eines jeden eckenlosen Widerstandskörpers; nach einem ziemlich weiten Gebiete ungefähr konstanten Widerstandsbeiwertes findet sich eine kritische Reynoldssche Zahl, bei der die Strömungsform umschlägt und ziemlich plötzlich ein bedeutend niedrigerer Wert des Widerstandsbeiwertes erscheint, der dann weiterhin einigermaßen konstant bleibt. Der Grund für das verschiedene Verhalten ist darin zu sehen, daß die Grenzschicht nach den Ausführungen S. 85 laminar oder turbulent sein kann. Die Oberflächenreibung ist größer bei turbulenter Grenzschicht, der Formwiderstand aber erheblich kleiner, so daß insbesondere bei Körpern, wie eine Kugel, bei denen die laminare Grenzschicht sich bald loslöst, durch den Umschlag in die turbulente Strömung eine erhebliche Ersparung an Widerstand erzielt wird. Der Umschlag wird nun (S. 95)

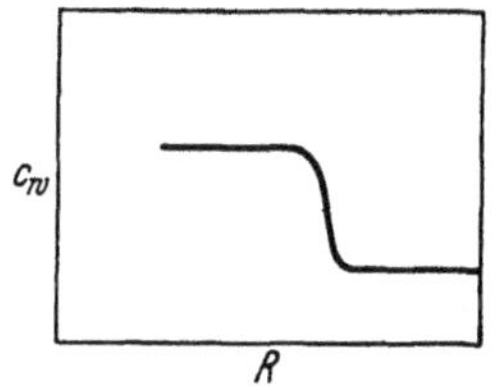

Abb. 79. Widerstandsbeiwert eines eckenlosen Körpers in Abhängigkeit von der Reynoldsschen Zahl (qualitativ).

[1] Louden, F. A., Collection of wind-tunnel data on commonly used wing-sections. N. A. C. A. 331; 1929 S. 589. — Dort noch viele andere Profile, meist in mehreren Kanälen gemessen. — Weick, Fred E., Tests of four racing type airfoils. N. A. C. A. Techn. Notes 1932 Nr. 317.

[2] Prandtl, L., Der Luftwiderstand von Kugeln. Nachr. Ges. Wiss. Göttingen, math.-phys. Kl. 1914 S. 177. — Wieselsberger, C., Luftwiderstand von Kugeln. Z. Flugtechn. Motorluftsch. 1914 S. 140; Physik. Z. Bd. 22 (1921) S. 323.

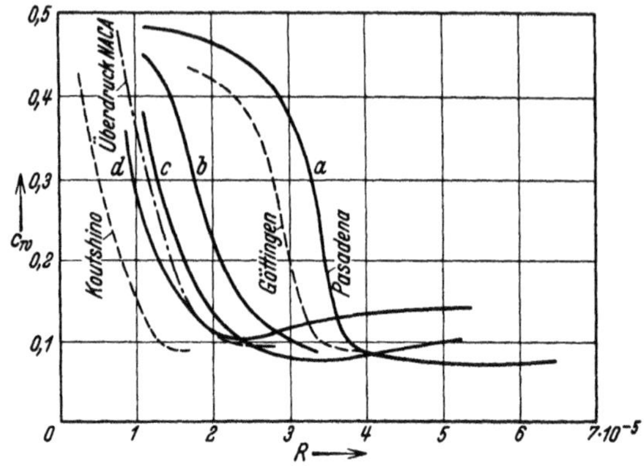

Abb. 80. Widerstand einer Kugel in verschiedenen Versuchsanstalten; a bis d die künstlich erzeugten Turbulenzgrade der Abb. 72.

erleichtert, wenn die Anströmung bereits stark turbulent ist; da aber die Strömung in verschiedenen Versuchsluftströmen verschiedene Turbulenzgrade zeigt, liegt der kritische Umschlagpunkt verschieden und kann, da die Verschiedenheit recht groß ist, geradezu als Maß für die Turbulenz eines

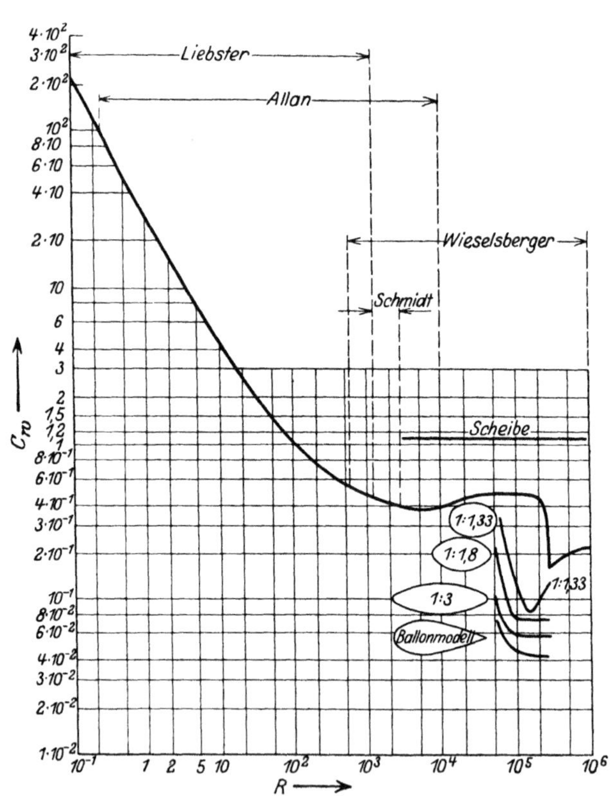

Abb. 81. Widerstand von Rotationskörpern.
(Zit. aus Handbuch der Experimentalphysik, Bd. 7 S. 108.)

Luftstromes dienen. Abb. 80 zeigt nach v. Kármán[1] die Widerstandswerte einer Kugel in verschiedenen Versuchsanstalten. An einer Kugel

[1] Kármán, Th. v. Zit. a. S. 93.

gelingt es auch unter Umständen, durch eine Störung an der Vorderseite, die Grenzschicht vor der Ablösungsstelle turbulent zu machen und so die Ablösung zu vermeiden; Wieselsberger konnte so in der Nähe der kritischen Reynoldsschen Zahl den Widerstand einer Kugel durch einen an der vorderen Seite herumgeschlungenen Drahtreif herunterdrücken. Zur genauen Abgrenzung der Tragweite dieses

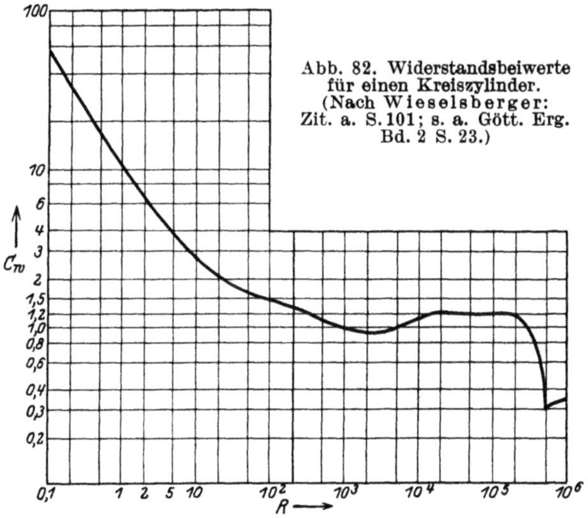

Abb. 82. Widerstandsbeiwerte für einen Kreiszylinder. (Nach Wieselsberger: Zit. a. S. 101; s. a. Gött. Erg. Bd. 2 S. 23.)

Versuches gegenüber den S. 91 besprochenen Rauhigkeitseinflüssen könnten weitere Experimente interessant sein.

Beim Fliegen sind die Verhältnisse wohl im allgemeinen ähnlicher denen bei ruhiger Anströmung des Modells; man muß also bei Flugzeugberechnungen mit den höheren kritischen Reynoldsschen Zahlen der Abb. 80 rechnen.

Bei ganz kleinen Reynoldsschen Zahlen kommen ganz andere Einflüsse ins Spiel; die Strömung wird schließlich, ganz analog der laminaren Strömung im Rohr, stationär und gehorcht der sog. Stokesschen und verbesserten Oseenschen Formel.

Streben, Ballonkörper, Drähte. Die Abb. 81 und 82 geben für verschiedene Formen und verschiedene Abmessungsverhältnisse die c_w-Werte, bezogen auf die Stirnfläche f, und zwar für zylinderförmige und für Rotationskörper, Abb. 83 die kritischen R-Werte für zylinderförmige Körper. Oft wird an Stelle der Reynoldsschen Zahl aus praktischen Gründen der sog. „Kennwert“ $E = v \cdot l$ verwendet; wird ν konstant $= 0{,}143 \frac{\text{cm}^2}{\text{s}}$ (entsprechend einer Temperatur von 13°) gesetzt, die

Geschwindigkeit in $\frac{\text{m}}{\text{s}}$ und die Längenabmessung l in mm gemessen sind, so besteht die Beziehung:

$$E = R \cdot 0{,}143 \cdot 10^{-2} \cdot 10 = \frac{R}{70} \frac{\text{m}}{\text{s}} \cdot \text{mm} \tag{3,17}$$

Abb. 83 ist nicht so ohne weiteres auf jede Strebenform zu übertragen;

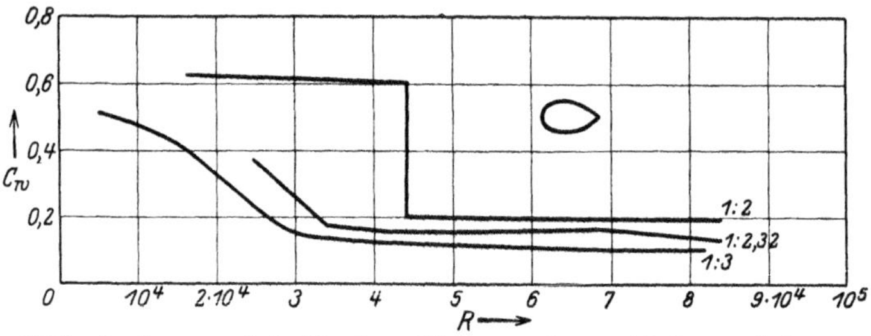

Abb. 82a. Widerstand von zylinderförmigen Körpern mit verschiedenem Seitenverhältnis.

sie ist an Streben normaler, hinten zugespitzter Form mit verschiedener Schlankheit gewonnen; beim Vergleich unähnlicher Formen hat wahrscheinlich die Lage des Hauptspants einen ebenso bedeutenden Einfluß auf die kritische Zahl wie die Schlankheit; nach vergleichenden Messungen[1] an elliptischen und stromlinienförmigen Körpern erhöht sich die kritische Zahl bedeutend, wenn der Hauptspant nach hinten verlegt wird. Die Grenzschicht wächst danach bei stärkerer Abrundung des Strebenkopfes so rasch an (s. Abb. 61), daß der Umschlagpunkt rascher nach vorne rückt als der Ablösungspunkt, der mit dem Hauptspant zusammenfällt.

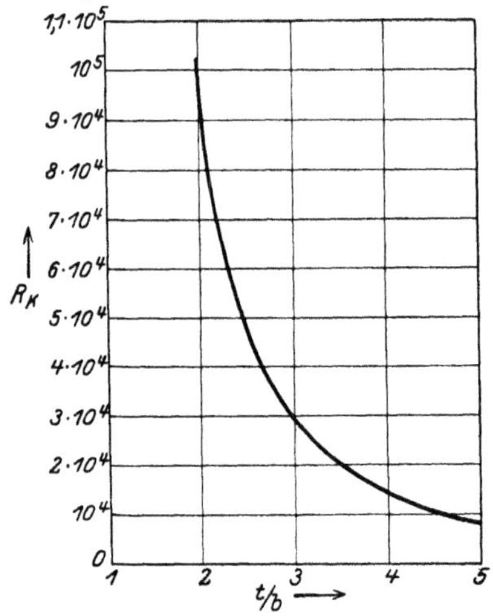

Abb. 83. Kritische Reynoldssche Zahlen bei zylinderförmigen Körpern. (Nach Munk, M.: Luftwiderstandsmessungen an Streben. T. B. Bd. 1 S. 85.)

Im Flugzeug kann der Strebenwiderstand dadurch verändert sein, daß die Anstellung gegen den Luftstrom nicht so symmetrisch wie in den bisher erwähnten Versuchen ist. Eine Drehung um die Strebenachse ruft natürlich einen hier als Seitenkraft wirkenden Auftrieb hervor und einen mit dem Drehwinkel etwa quadratisch vermehrten zusätzlichen Widerstand. Bei einer Neigung der Strebe gegen die Luftstromrichtung wird hingegen der Widerstand

[1] Hartsborn, A. S., Wind tunnel tests of seven struts. R & M 1327; 1929/30 S. 635.

nicht unbedeutend verringert; einesteils wird nämlich dabei die Stirnfläche der Strebe kleiner, andernteils wird die Schlankheit größer; die Berücksichtigung beider Umstände kann zu einer richtigen Abschätzung des wirklichen Widerstandes führen.

Für Drähte und Profildrähte sind die Gesetze dieselben wie für Streben; Abb. 82 kann durch eine etwas genauere russische Messung[1] an Drähten ergänzt werden (Abb. 84). Bei diesen Messungen wurde auch

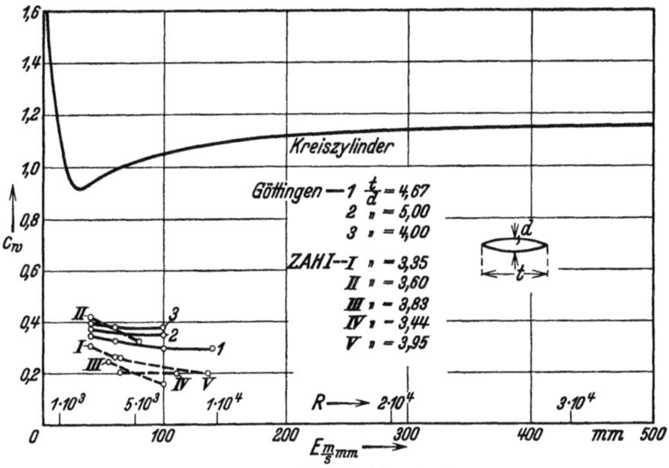

Abb. 84. Drahtwiderstand.

festgestellt, daß der Widerstand von Seilen nicht fühlbar höher ist als der Widerstand von Drähten gleichen Durchmessers; die Rauhigkeit der Oberfläche scheint in diesem Fall fast reinen Formwiderstandes keine Bedeutung zu haben. Abb. 84 enthält auch Meßergebnisse an linsenförmigen (also nicht strebenähnlichen) Profildrähten, die allerdings nur die Größenordnung sicher erkennen lassen[2].

Tabelle 8. $\varkappa$ Verhältnis des Widerstandes des geneigten zum Widerstand des ungeneigten Drahtes; Kreisquerschnitt.

α^0	0	15	30	45	60
$\varkappa$	1	0,9	0,7	0,5	0,2
cos α	1	0,97	0,86	0,71	0,5

Tabelle 8 zeigt den Einfluß der Neigung von Drähten gegen die Anblasrichtung nach Versuchen von Eiffel; man erkennt, daß nicht nur die mit cos α proportionale Stirnflächenverkleinerung wirksam ist, sondern auch die Vergrößerung der Schlankheit, die bei stärkerer Neigung

[1] Jurieff, B. N. and N. P. Lessnikowa, Aerodynamical investigations, Chapter IX. ZAHJ Bd. 33 (1928).

[2] Göttinger Messungen nach K. Pohlhausen, T. B. Bd. 2 S. 13.

die kritische Zahl immer weiter herunterdrückt und so bei starker Neigung den Wert der turbulenten Grenzschichtströmung erscheinen läßt.

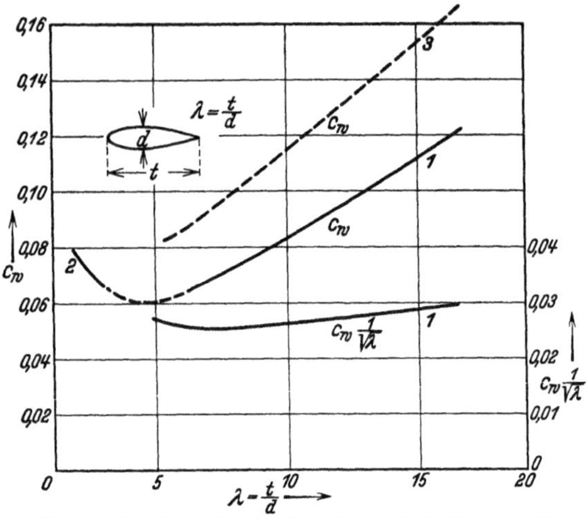

Abb. 85. Strebenwiderstand und sein Verhältnis zur Beanspruchung. 1. N. A. C. A., Techn. Notes 385. 2. R & M Nr. 1327. 3. Gött. Erg. Bd. 1 S. 127.

Abb. 85 enthält Werte von c_w oberhalb der kritischen Zahl in Abhängigkeit von der Schlankheit[1]. Dabei sind auch Göttinger Meßwerte[2] eingetragen, die an sehr kurzen Streben (Höhe $= \frac{5}{3}$ Tiefe) gewonnen sind; sie zeigen den starken Einfluß der Seitenflächen auf den Widerstand.

Der in Abb. 85 eingetragene Wert $\frac{c_w}{\sqrt{\lambda}}$ hat folgende Bedeutung: Man muß einen Draht (oder eine auf Zug beanspruchte Strebe) um so stärker machen, je größer die Beanspruchung ist; in jedem Fall kann man bis zu einem gegebenen Teil der Bruchlast gehen. Die Querschnittsfläche eines solchen Drahtes ist also eine durch die zulässige Beanspruchung in jedem Fall gegebene Größe; zu einer bestimmten Querschnittsfläche gehört aber bei größerer Schlankheit eine kleinere Stirnfläche, so daß der Vorteil kleineren Widerstandes noch vermehrt wird oder — bei großer Schlankheit — die Erhöhung der Oberflächenreibung zum Teil in Kauf genommen werden kann. Der Widerstand je Staudruckeinheit und je Längeneinheit des Drahtes ist $c_w b$; die Breite b aber

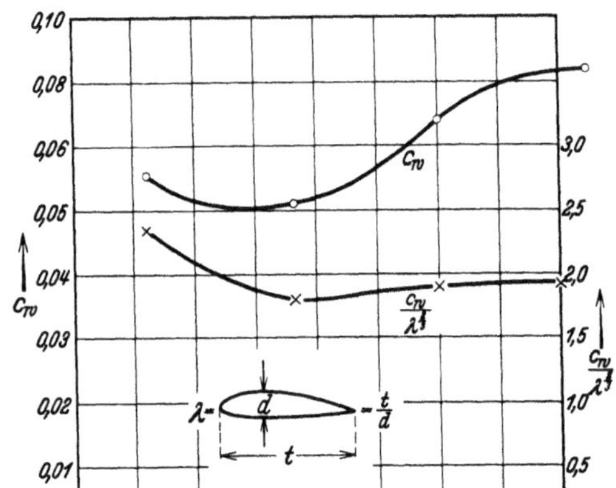

Abb. 86. Ballonkörperwiderstand und sein Verhältnis zum Volumen (N. A. C. A. Rep. Nr. 394) Bezugsfläche $\frac{\pi d^2}{4}$.

[1] Hartsborn: Zit. a. S. 104. — Jacobs, N., Tests of 6 symm. airfoils in the var. dens. wind tunnel. N. A. C. A. Techn. Notes 1931 Nr. 385.

[2] Widerstandsmessungen an symmetrischen Profilen. Gött. Erg. Bd. 1 (1921) S. 127.

drückt sich bei gegebener Querschnittsform durch die Querschnittsfläche Q und die Schlankheit λ aus in der Weise: $b \sim \frac{Q}{b\lambda}$ oder $b \sim \sqrt{\frac{Q}{\lambda}}$. Daher gibt die Größe $\frac{c_w}{\sqrt{\lambda}}$ ein Maß für den Widerstand eines Drahtes bei bestimmter Beanspruchung. Die analogen Kurven für Ballonkörper[1] enthält Abb. 86. Dort ist auch die Größe eingezeichnet, welche Ballonkörper gleichen Volumens nebeneinander stellt. Der Widerstand je Staudruckeinheit ist $c_w f$; die Stirnfläche f ist dabei vom Volumen V und der Schlankheit λ, die in diesem Fall durch $\frac{t}{\sqrt{f}}$ gegeben ist, so abhängig, daß $f \sim \frac{V}{t} = \frac{V}{\sqrt{f}\,\lambda}$; daher ist $f \sim \left(\frac{V}{\lambda}\right)^{2/3}$ und $\frac{c_w}{\lambda^{2/3}}$ ein Maß für den Widerstand bei gegebenem Volumen.

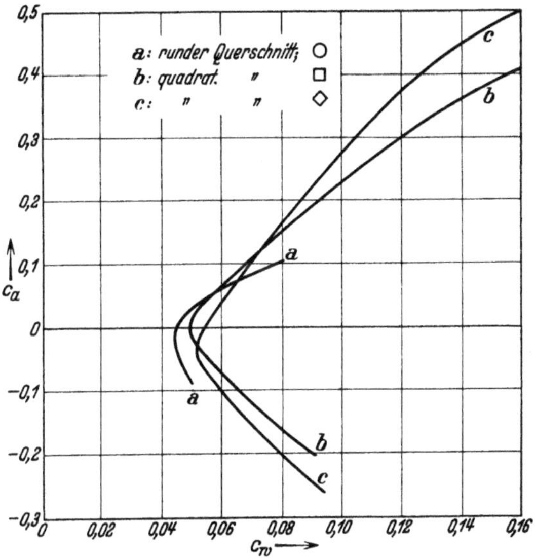

Abb. 87. Auftrieb von Rümpfen.

Ballonkörper, Rümpfe und Schwimmer zeigen bei nichtsymmetrischem Anblasen nicht nur Widerstand, sondern auch Auftrieb. Als Beispiel für die Größenordnung der Auftriebskraft und der damit verbundenen Widerstandserhöhung diene hier nur eine Göttinger Messung[2] (Abb. 87). Dadurch, daß der Rumpf zwischen Flügeln steht, entstehen allerdings ganz andere Strömungsverhältnisse und Kräfte, von denen unten (S. 114 f.) ausführlich gesprochen wird.

Tabelle der schädlichen Widerstände. Für alle übrigen Einzelteile eines Flugzeugs gibt Tabelle 9 die Modellversuchswerte des schädlichen Widerstandes; beim Zusammenzählen der einzelnen schädlichen Widerstände, muß man die „schädlichen Flächen" $c_w f$ addieren.

Leitwerkwiderstand. Die Leitwerkskraft trägt beim normalen Flugzeugtyp zum Auftrieb nichts bei; beim Ententyp ist der Leitwerkauftrieb wesentlich; man muß daher dort die vordere Fläche, welche

---

[1] Abbot, T. H., Airship model tests in the Var. Dens. Windtunnel. N. A. C. A. 394; 1931 S. 583.

[2] Luftkräfte auf einen Stromlinienkörper mit rundem und quadratischem Querschnitt bei Schrägstellung. Gött. Erg. Bd. 2 S. 68.

Tabelle 9. Schädlicher Widerstand von Einzelteilen.

Gegenstand	Bezugsfläche f		$c_w = \frac{W}{q f}$	Quellenangabe
Kreiszylinder, senkrecht zur Bodenfläche angeblasen 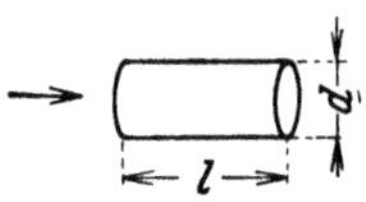	$\frac{l}{d} = 1$	$\frac{\pi d^2}{4}$	0,91	Hütte Bd. 1, 25. Aufl., S. 372 f.
	$= 2$		0,85	
	$= 4$		0,87	
	$= 7$		0,99	
Kreiszylinder, senkrecht zur Mittellinie angeblasen 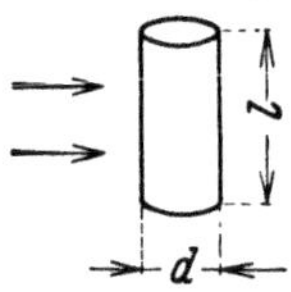	$\frac{l}{d} = 1$	$d \cdot l$	0,63	Hütte Bd. 1, 25. Aufl., S. 372 f.
	$= 2$		0,68	
	$= 5$		0,74	
	$= 10$		0,82	
	$= 40$		0,98	
	$= \infty$		1,20	
Rechteckige Platte 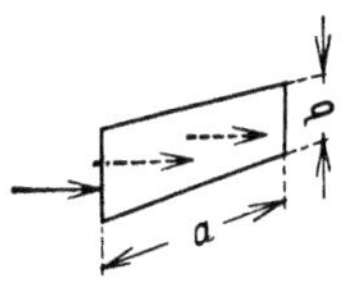	$\frac{a}{b} = 1$	$a \cdot b$	1,1	Hütte Bd. 1, 25. Aufl., S. 372 f.
	$= 2$		1,15	
	$= 4$		1,19	
	$= 10$		1,29	
	$= 18$		1,40	
	$= \infty$		2,01	
Halbkugel (hohl, ohne Boden) 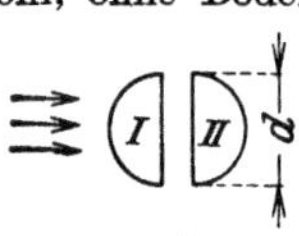	konvex I	$\frac{\pi d^2}{4}$	0,34	Hütte Bd. 1, 25. Aufl,, S. 372 f.
	konkav II		1,33	
Kegel (mit Boden) 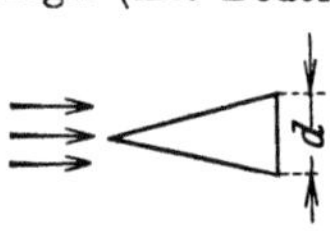	Spitzenwinkel 60^0	$\frac{\pi d^2}{4}$	0,51	Hütte Bd. 1, 25. Aufl., S. 372 f.
	Spitzenwinkel 30^0		0,34	
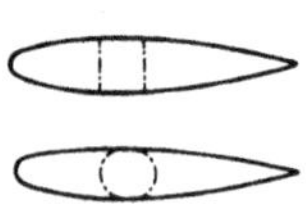	Hauptspant		0,050	Gött. Erg. Bd. 2, S. 69
			0,045	

Tabelle 9. (Fortsetzung.)

Gegenstand		Bezugsfläche f	$c_w = \frac{W}{qf}$	Quellenangabe
Rumpf 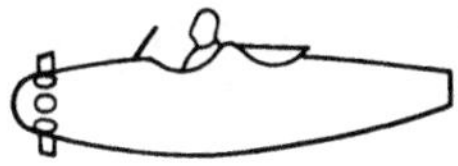		Rumpf allein	1,136	R & M 465; 1918/19 S. 513
		Rumpf mit Pilot . . .	0,173	
		Rumpf mit Pilot und Windschutz	0,217	
		Rumpf mit Pilot, Windschutz und Motor . .	0,548	
Schwimmer (nicht alle skizziert) 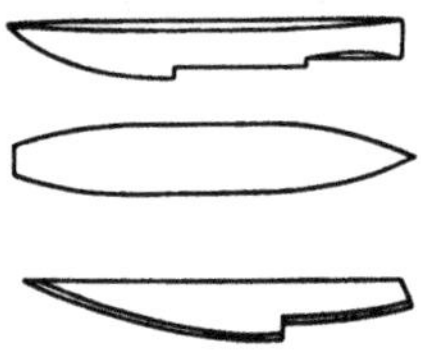	1	$(\text{Volumen})^{\frac{2}{3}}$	0,21	Gött. Erg. Bd. 1, S. 130 f.
	2		0,17	
	3		0,18	
	4		0,16	
	5		0,22	
	6	Nach hinten verjüngt	0,20	N. A. C. A. Nr. 236; 1926 S. 129
	7	Nicht verjüngt, schmaler als 6 . .	0,30	
Luftschiffgondeln  E 8 E 9 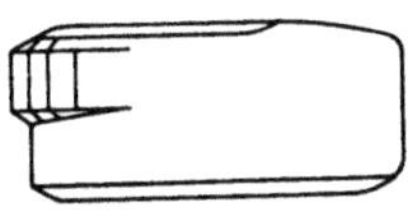 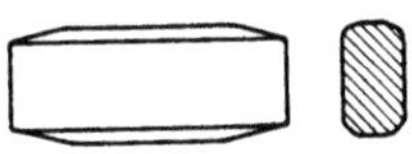			0,12 (E 8)	N. A. C. A. Nr. 236; 1926 S. 129
			0,10 (E 9)	
			0,22 (E 4)	E 4, E 5 (nicht skizziert)
			0,214 (E 5)	
Flugboote				N. A. C. A. Nr. 236; 1926 S. 129
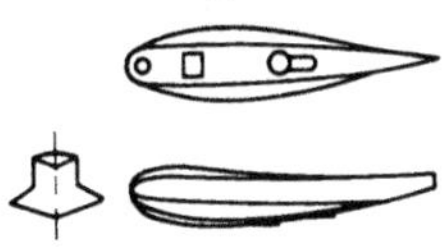			0,111	G 4
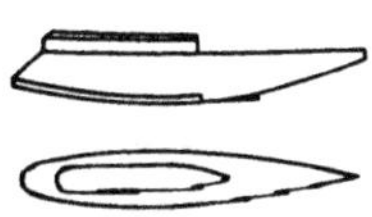			0,155	G 5
			0,104	G 12
			0,161	G 14

Tabelle 9. (Fortsetzung.)

Gegenstand	Bezugsfläche f	$c_w = \frac{W}{qf}$	Quellenangabe
Räder			
	Stirnfläche des unverkleideten Rades	0,53	R & M 579; 1918/19 S. 523
	Stirnfläche des verkleideten Rades	0,310	
	Stirnfläche des unverkleideten Rades	0,68	Luchtvaart Bd. 2 (1923) S. 60
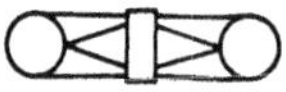	Stirnfläche des verkleideten Rades	0,26	
	Stirnfläche des unverkleideten Rades	0,50	
	Stirnfläche des verkleideten Rades	0,28	

Leitwerkorgane trägt, als Flügel ausbilden und bei Konstruktion und aerodynamischer Berechnung nicht anders wie den Hauptflügel gestalten. Beim Normaltyp hingegen, wo das Leitwerk nur Steuerorgan ist, findet man sehr häufig ganz andere Formen als vollwertige Flügel, z. B. ebene Flächen, symmetrisches Profil, seltsame Umrißformen. Im jetzigen Zusammenhang interessiert uns nur der Widerstand des Leitwerks[1]; dieser ist natürlich vom Auftrieb abhängig, und da auch hier der induzierte Widerstand eine entscheidende Rolle spielt, ist es wichtig, daß man den Leitwerksauftrieb möglichst klein hält. Die Umrißform zeigt sich hier von größerer Bedeutung wie beim Flügel; am besten ist ein einfaches Rechteck oder eine elliptische Form mit möglichst großer Spannweite, und in der Tat sind im Laufe der Entwicklung die Vorurteile zugunsten dreieckiger, geschweifter oder sonst irgendwie besonders gestalteter Flächen verschwunden. Durch Profilierung kann man den Widerstand etwas herabsetzen.

Den größten Einfluß auf den Widerstand hat der Ruderausschlag, besonders bei ausgeglichenen Formen (s. u.). Von diesem Gesichtspunkt aus ist es wichtig, den Ruderausschlag klein zu halten, was ja durch richtigen Momentenausgleich (s. u.) möglich ist. Großer Ruderausschlag kann, wie Abb. 88 zeigt, den Leitwerkswiderstand vervielfachen und so im Haushalt des Flugzeugs eine sehr schädliche Wirkung ausüben.

[1] Gorski, W., Aerod. invest. of tailplanes and elevators balanced and unbalanced. ZAHJ Nr. 49.

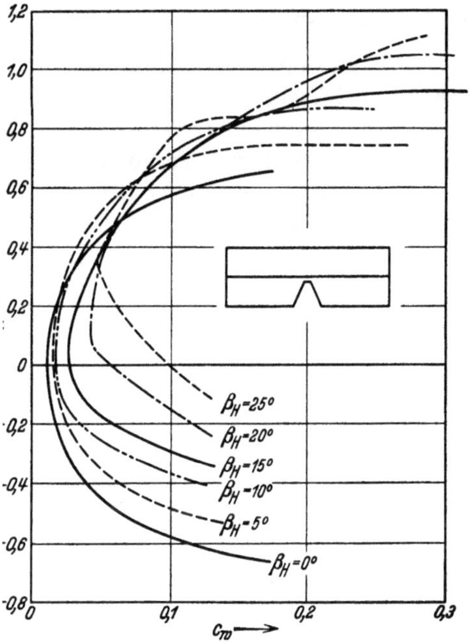

a
Ruderfläche gleich Flossenfläche.

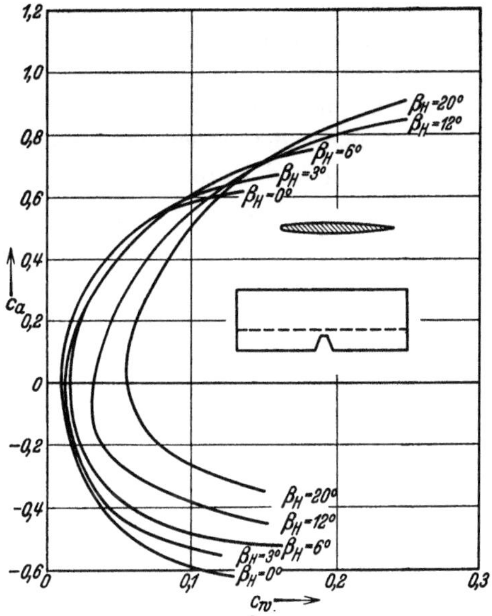

b
Ruderfläche gleich 0,4 Flossenfläche.

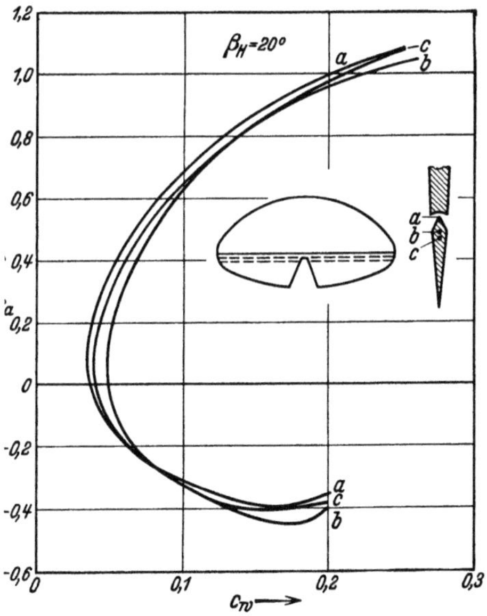

c
Ausgleich durch Verschiebung der Ruderachse.

$\frac{\text{Nasenfläche}}{\text{Ruderfläche}} = \begin{matrix} 0 & \text{a} \\ 18{,}5\ \% & \text{b} \\ 25{,}3\ \% & \text{c} \end{matrix}$

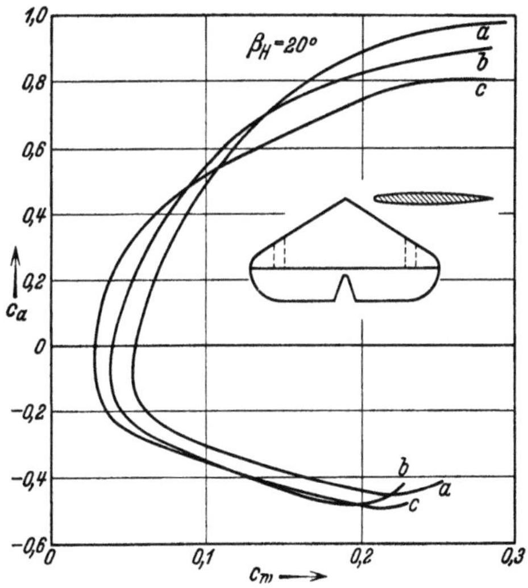

d
Ausgleich durch Klappen.

$\frac{\text{Klappenfläche}}{\text{Ruderfläche}} = \begin{matrix} 0 & \text{a} \\ 12{,}6\ \% & \text{b} \\ 20{,}0\ \% & \text{c} \end{matrix}$

Abb. 88a–d. Polardiagramme von Leitwerken.

§ 6. Gegenseitige Beeinflussung.

Grundlagen. Um nun die Gesamtwerte des Auftriebs und Widerstandes für ein Flugzeug zu erhalten, genügt es nicht, die einzelnen Werte, so wie sie aus den vorhergehenden Abschnitten entnommen werden, zu addieren; es tritt vielmehr eine bedeutende gegenseitige Beeinflussung auf, deren Berücksichtigung notwendig ist. Die Wirkungen dieser Beeinflussung sind hauptsächlich in den folgenden Haupttypen zu finden:

1. Die Strömung um Einzelteile des Flugzeugs verändert lokal die Richtung des Luftstroms und führt die Luft in gestörter Weise an die tragenden Flügel heran. Dadurch wird an einzelnen Stellen die Zirkulation beeinflußt, die Auftriebsverteilung und infolgedessen auch der induzierte Widerstand verändert. Grundsätzlich braucht diese Veränderung noch keine Verschlechterung zu sein; wenn aber die Flügelzelle ohne störende Einbauten nach den Regeln für den minimalen induzierten Widerstand gebaut war, muß sich die Beeinflussung stets im ungünstigen Sinn zeigen. Die oben behandelten gegenseitigen Einwirkungen von Tragflügeln gehören auch hierher, ebenso die Wirkung der Flügelzirkulation auf das Leitwerk, die uns später vom Standpunkt des Momentenausgleiches mehr interessieren wird wie hier.

2. Die Oberflächenreibung eines Körpers kann durch einen anderen Körper insofern verändert werden, als er Störungen in die Grenzschicht trägt und dadurch eine laminare Grenzschicht in eine turbulente umwandeln kann; die Oberflächenreibung wird durch diese Einwirkung erhöht.

3. Der Formwiderstand von Stromlinienkörpern, deren Gestalt den Formwiderstand absolut genommen klein hält, kann durch andere Körper in zweierlei Weise beeinflußt werden:

a) Die eben erwähnte Umwandlung der laminaren Grenzschicht in eine turbulente setzt den Formwiderstand nach den Ausführungen S. 101 bedeutend herunter, und diese Wirkung überwiegt im allgemeinen den unter 2. genannten Effekt. Die turbulente Grenzschicht löst sich erst weiter hinten ab als die laminare. Der S. 103 erwähnte Versuch mit dem um die Kugel gelegten Drahtreif gehört hierher.

b) Die Annäherung eines andern Körpers kann Druckabfall und Druckanstieg vergrößern und dadurch ein rascheres Wachsen und Ablösen der Grenzschicht hervorrufen. Der „Diffusoreffekt“, d. h. die Ablösung der Grenzschicht von der Wand in einer sich erweiternden Strömung, wo der Druck ansteigt, kann durch die Nachbarschaft eines andern Körpers bedeutend vergrößert werden. Das sieht man am besten in dem — leider nicht gemessenen — Fall, daß sich ein Stromlinienkörper in der Nähe einer Wand befindet (Abb. 89). Die Wirkung dieser Wand können wir durch Spiegelung des Körpers darstellen; man erkennt sofort, daß die Erweiterung hinter der engsten Stelle schneller, das bedeutet mit heftigerem Druckanstieg, vor sich geht wie beim einzelnen Körper in unbegrenzter Strömung. Auch ohne Spiegelung sieht man, daß die Stromlinien sich infolge Anwesenheit der Wand mehr zusammendrücken und stärker wieder auseinandergehen müssen als im unbegrenzten Raum, wo an Stelle der Wand Stromlinien liegen, die ausweichen können.

4. Der Widerstand von Körpern, die eine scharfe Wirbelablösung hervorrufen und darum im wesentlichen nur Formwiderstand aufweisen, kann durch Zusammenbau mit gleichartigen Körpern vermindert oder vermehrt werden. Zunächst könnte man vermuten, daß die beiden ebenen und senkrecht zur Zeichenebene unendlich ausgedehnten Platten der Abb. 90 an Widerstand verlieren müßten, wenn man sie zusammenstoßen läßt, weil ja die Wirbelablösung an den aneinanderstoßenden Kanten wegfällt; aber andererseits hat die Grenzschicht vom Staupunkt in der Plattenmitte aus dann den doppelten Weg zur Entwicklung, als bei den einzelnstehenden Platten; die abgelösten Wirbel werden stärker. Welcher der beiden Effekte der größere ist, könnte nur der Versuch entscheiden, der leider in dieser Gestalt nicht vorliegt; man nimmt im allgemeinen an, daß der Widerstand der doppelt breiten Platte den doppelten Wert der einzelnen Platte hat; d. h. nichts anderes, als daß die Reynoldssche Zahl keinen Einfluß auf den Widerstandsbeiwert hat; unter dieser Annahme heben sich die beiden Effekte gerade auf.

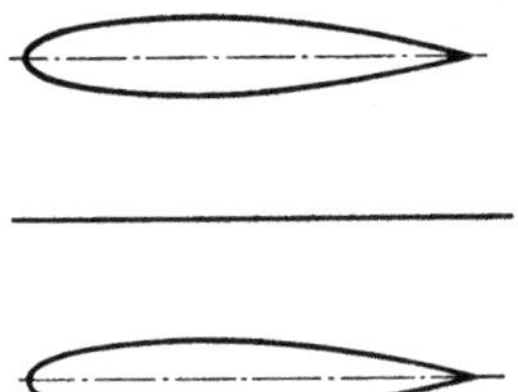
Abb. 89. Stromlinienkörper in Nähe einer Wand.

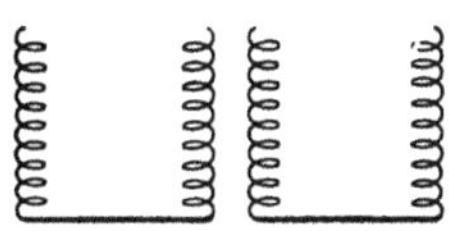
Abb. 90. Zwei Platten, einander angenähert.

5. Hinter einem Körper von bedeutendem Formwiderstand bildet sich ein Raum verminderter Strömungsgeschwindigkeit, der von Wirbeln durchsetzt ist; ein in diesem Raum befindlicher Körper weist einen kleineren Formwiderstand auf als in der freien Strömung. Es tritt eine Abschirmung ein, die bedeutende Wirkung haben kann. Sind aber der abschirmende oder auch der abgeschirmte Körper aerodynamisch gut ausgestaltet, so entfällt die ganze Abschirmwirkung. Der Wirbelraum ist dann klein, der hintere Körper steht nur teilweise in einer stärker durchwirbelten Strömung wie der vordere; der Abschirmeffekt, wenn überhaupt vorhanden, wird durch die infolge Turbulenz der Anströmung erhöhte Oberflächenreibung aufgewogen. Man erkennt dies aus den in Abb. 91 aufgetragenen Messungen von v. Mathes[1] an hintereinander stehenden unprofilierten und profilierten Streben.

6. An verschiedenen Stellen eines Flugzeugs herrscht verschiedene Geschwindigkeit; man kann also Einzelwiderstände herabsetzen, indem

[1] Mathes, P. v., Zur Abschirmwirkung von Widerstandskörpern. Lufo, Bd. 2 (1928) S. 75.

man den Platz des betreffenden Einzelteiles günstig wählt; eine triviale Maßnahme in dieser Richtung ist der Einbau von Flugzeugteilen, Behältern, Motoren u. a. in den Rumpf, in das verkleidete Fahrgestell und die Flügel. Ein Problem ergibt sich erst dann, wenn eine solche Unterbringung physikalisch unmöglich ist, wie insbesondere bei Kühlern. Bei allen Arten der Kühlung ist die intensive Berührung mit strömender Luft notwendig; die Wärmeabfuhr geht stets Hand in Hand mit einer entsprechenden Oberflächenreibung, die also keinesfalls herabgesetzt werden darf. Dagegen ist der Formwiderstand der Kühlvorrichtung von der Wärmeabfuhr unabhängig, darum nur schädlich; nun ist der Formwiderstand eines Körpers aber stark abhängig von der Art der Abströmung; eine divergierende Strömung verstärkt, eine konvergierende schwächt die Wirbelablösung. Leider ist kein schematischer Versuch gemacht, um den Widerstand eines Körpers in divergierender und konvergierender Strömung zu vergleichen; es ist aber wohl einleuchtend, daß im Falle der Konvergenz das Wirbelgebiet hinter dem Körper verkleinert sein muß. Körper, deren Formwiderstand herabgesetzt werden soll, ohne daß die Oberflächenreibung vermindert wird, muß man also in eine konvergente Strömung setzen; man kann eine solche auch künstlich erzeugen, muß dann allerdings den Widerstand neuer Konstruktionsteile in Kauf nehmen, kann aber bei richtiger Anordnung viel gewinnen.

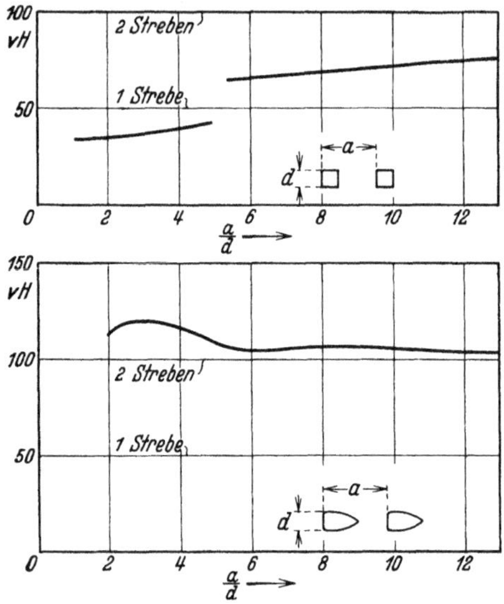

Abb. 91. Unprofilierte und profilierte Streben hintereinander. Widerstand in Prozenten des Widerstandes bei unendlichem Abstand.

Unter diesen Gesichtspunkt gehört auch die Ausnutzung der Flügelhaut zur Kühlung; dabei ist die Kühlvorrichtung an eine Stelle gebracht, wo sie, ohne Formwiderstand zu erzeugen, eine ohnehin vorhandene Oberflächenreibung ausnutzen kann.

Rumpf (Gondel) und Flügel. Die oben gebrachten Werte für den Auftrieb und Widerstand isolierter Rümpfe sind natürlich nicht direkt anwendbar auf Rümpfe oder Gondeln, die in Flügel eingebaut sind oder sich nur in unmittelbarer Nähe von Flügeln, im Bereich der Zirkulation befinden; bei solchen kann man auch nicht näherungsweise die Gesamtströmung in eine Strömung um den Flügel und eine Strömung um den

Rumpf zerlegen und die Luftkräfte addieren; man muß vielmehr die einheitliche Strömung um das kompliziertere Gebilde Rumpf plus Flügel betrachten.

Auf Grund der Tragflügeltheorie kann ein Flügel mit Rumpf oder Gondeln als ein Flügel von wechselndem Profil angesehen werden[1], oder als eine feste Berandung, an welcher der Zirkulationswirbel endet und sich spiegelt[2]. Die Rechnung von Wieselsberger erfolgt nach der im zweiten Band, Kapitel VI auseinandergesetzten Methode; sie ist zwar numerisch etwas weitläufig, aber gedanklich einfach; ihr Hauptanwendungsgebiet sind kleinere Einbauten, wie Motorgondeln; denn Querschnitte von großen Rümpfen, deren Tiefe diskontinuierlich wesentlich von der Flügeltiefe abweicht, können sich nicht wie Flügelprofile verhalten. Immerhin findet man auf diese Weise eine Auftriebsverteilung und einen induzierten Widerstand, der recht gut mit Versuchswerten (Abb. 92) übereinstimmt; die Größenordnung dieses Effektes ist sehr gering; die praktische Schwierigkeit liegt nur darin, in Wirklichkeit solch idealen Verhältnissen, auf welche die Tragflügeltheorie anwendbar ist, nahezukommen. Bei der Berechnung von Lennertz wird der Rumpf durch einen beiderseits ins Unendliche gehenden Zylinder vom Durchmesser der Rumpfbreite ersetzt; die Ergebnisse haben mehr theoretisches Interesse; immerhin geben sie eine Abschätzung für die Tragkraft eines Rumpfes zwischen Flügeln. Wenn an einem solchen Rumpf gar keine Wirbelablösung erfolgte, so könnte er wie ein Tragflügelelement wirken und die Fläche, Rumpfbreite mal Flügeltiefe müßte mit zur tragenden Fläche gerechnet werden. Dies ist nun nicht ganz

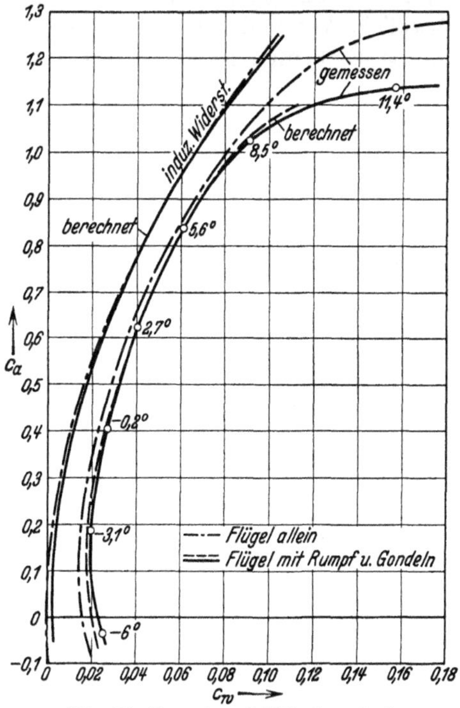

Abb. 92. Rumpf und Flügel nach der Tragflügeltheorie.

[1] Wieselsberger, C., Zur theoretischen Behandlung der gegenseitigen Beeinflussung. Z. Flugtechn. Motorluftsch. Bd. 23 (1932) S. 533.

[2] Lennertz, J., Beitrag zur theoretischen Behandlung des gegenseitigen Einflusses von Tragfläche und Rumpf. AAJ Bd. 8 (1928) S. 3 u. Z. angew. Math. Mech. Bd. 7 (1927) S. 249.

der Fall; unter sehr vereinfachenden Annahmen findet Lennertz, daß bei unendlicher Flügelspannweite die Rumpfbreite (r) vollständig mitträgt, der Rumpf also den Auftrieb $A_r = c_a\, q\, t \cdot r$ (t Flügeltiefe) hat, bei endlicher Spannweite ($2b$) aber eine Verminderung $\Delta A_r = - A_r \cdot \frac{r}{2b}$ eintritt. Man kann vielleicht diesen Wert als untere Grenze für die wirkliche Verminderung bei großen Rümpfen ansehen; auf Gondeln und kleine Einbauten ist diese Formel sicher nicht anwendbar.

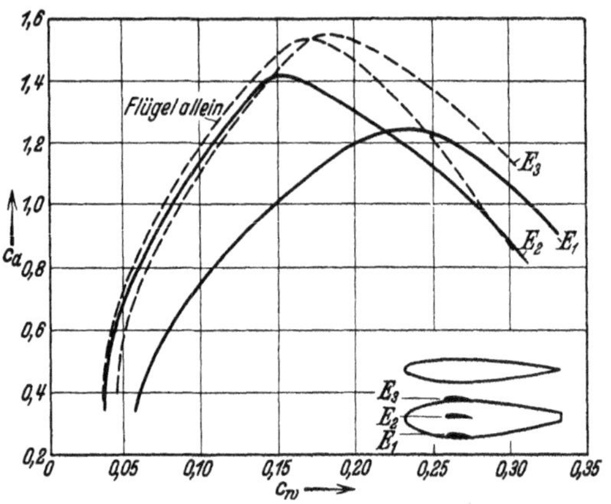

Abb. 93. Verschiedene Stellung der Flügel zum Rumpf. Profil Göttingen 387. Bezugsfläche ist immer Spannweite mal Tiefe.

Die Zirkulationsströmung um einen Flügel wird nun aber viel stärker gestört, wenn durch den Einbau des Rumpfes divergierende Luftströmungen ermöglicht werden, so daß ein Diffusoreffekt eintritt und die Zirkulationsströmung in einem mehr oder weniger breiten Gebiete abreißt. Am mächtigsten wird eine solche Wirkung hervorgerufen durch Tiefdeckeranordnung mit nach hinten verjüngtem Rumpf. Als Beispiel diene eine englische Messung[1] verschiedener Stellungen der Flügel zum Rumpf (Abb. 93); nur beim Tiefdecker tritt eine wesentliche Verschlechterung des Polardiagramms auf; nicht nur der Rumpfwiderstand wird erhöht, sondern auch die Auftriebsverteilung gestört, so daß ein erheblicher induzierter Widerstand erzeugt wird.

Sehr aufschlußreich ist eine Versuchsreihe von Ower[2], bei welcher ein induzierter Widerstand überhaupt nur infolge Störung durch den Rumpf entsteht; dies wird dadurch erreicht, daß das mit Flügelstumpen versehene Rumpfmodell an Flügelatrappen stößt, die bis zur Luftkanalwand reichen. Ein induzierter Widerstand kommt nur dadurch zustande, daß die Auftriebsverteilung durch den Rumpf ungleichmäßig gestaltet wird. Abb. 94 zeigt die Widerstandszunahme abhängig vom Auftrieb für die Mittellage und die Tieflage der Flügelstumpen. Um diese Kurven zu verstehen, muß man bedenken, daß in diesem Falle nicht der induzierte Widerstand bei Auftrieb Null verschwinden muß; dies ist vielmehr nur dann der Fall, wenn der Auftrieb über alle Querschnitte

[1] Parkin, J. H. and G. J. Klein, The interference between the body and wings of aircraft. J. Roy. aeron. Soc. 1930 S. 1,

[2] Ower, E., Interference. J. Roy. aeron. Soc. 1932 S. 531.

gleichmäßig verteilt ist. Bei dem Versuch der Abb. 94 ist aber der Anstellwinkel der Flügel gegen die Rumpfachse Null; wenn der Rumpf keinen Auftrieb hat, ist der Flügelauftrieb schon recht groß, und wenn der Gesamtauftrieb Null ist, haben die Flügel einen kleinen Auftrieb, der Rumpf entsprechenden Abtrieb (siehe Abb. 95a). Zu einer solchen Auftriebsverteilung gehört aber Ablösung freier Wirbel, somit ein induzierter Widerstand. Eine gleichmäßige Auftriebsverteilung wird höchstens bei negativem Gesamtauftrieb erreicht, wo die beiden Kurven der Abb. 95a sich schneiden; dabei ist willkürlich angenommen, daß der Rumpfauftrieb langsamer mit dem Anstellwinkel wächst als der Flügelauftrieb. Die umgekehrte Annahme, daß Rumpfquerschnitte als Flügelprofile mit größerer Tiefe anzusehen seien, müßte zu einem Verlauf des induzierten Widerstandes wie in Abb. 95b führen, der in der Versuchsreihe nicht vorkommt.

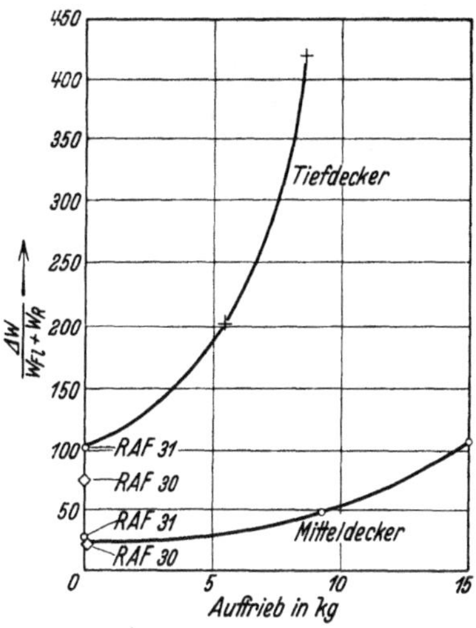

Abb. 94. Rumpf und Flügel unter Ausschaltung der Wirkung endlicher Spannweite (stromlinienförmiger runder Rumpf). Ordinate ist die Widerstandszunahme ΔW des Systems Flügel-Rumpf gegenüber der Summe der Einzelwiderstände (W_{Fl}, W_R), geteilt durch deren Summe: $\frac{\Delta W}{W_{Fl} + W_R}$.

In der Mittellage ist der Effekt vielleicht nach Abb. 95a zu verstehen; der Rumpf trägt dabei, wie eine unten verzeichnete Messung (s. S. 122) zeigt, näherungsweise wie ein entsprechendes Flügelstück. Dies ist auch dadurch bestätigt, daß der zum Auftrieb Null gehörige Widerstand sich nicht ändert, wenn an Stelle des Flügelprofils (RAF 31) ein symmetrisches Profil (RAF 30) genommen wird, wobei ja jeder induzierte Widerstand wegfallen muß. Der induzierte Widerstand bei der Mittellage hält sich auch in mäßigen Grenzen; bei der Tieflage ist er aber sehr bedeutend; hier sind Betrachtungen auf Grund der gewöhnlichen Tragflügeltheorie nicht mehr anwendbar; der Auftrieb der Rumpfprofile und der angrenzenden Flügelprofile gehorcht nicht mehr

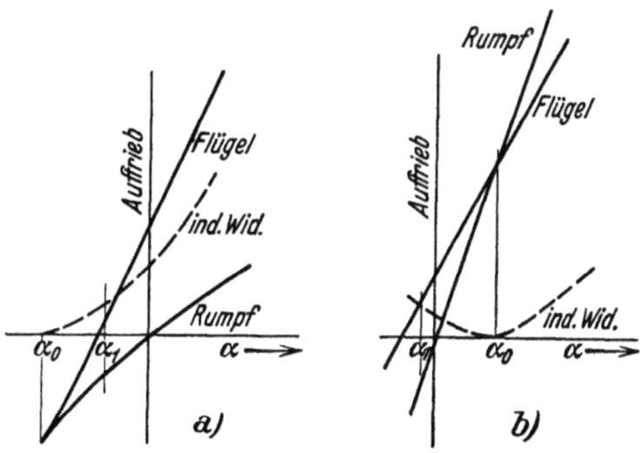

Abb. 95a und b. Rumpfauftrieb und Flügelauftrieb. α_0 Gleichmäßige Auftriebsverteilung, induzierter Widerstand Null; α_1 Gesamtauftrieb Null.

den Gesetzen der Zirkulationsströmung; die Strömung ist abgerissen und der Diffusoreffekt hat die Zirkulationsverteilung an der Stelle des Rumpfes vollkommen zerstört. Soweit eine exakte Auswertung der Messung möglich ist, scheint der Widerstand sogar stärker als quadratisch mit dem Auftrieb zu steigen; das Abreißen der Zirkulationsströmung ergreift von der Flügelwurzel aus mit wachsendem Anstellwinkel weitere Teile des Flügels und stört dadurch die Auftriebsverteilung immer stärker; auch der Profilwiderstand muß aus dem gleichen Grunde mit dem Auftrieb wachsen. Eine solche Flügelanordnung ist also höchst ungünstig.

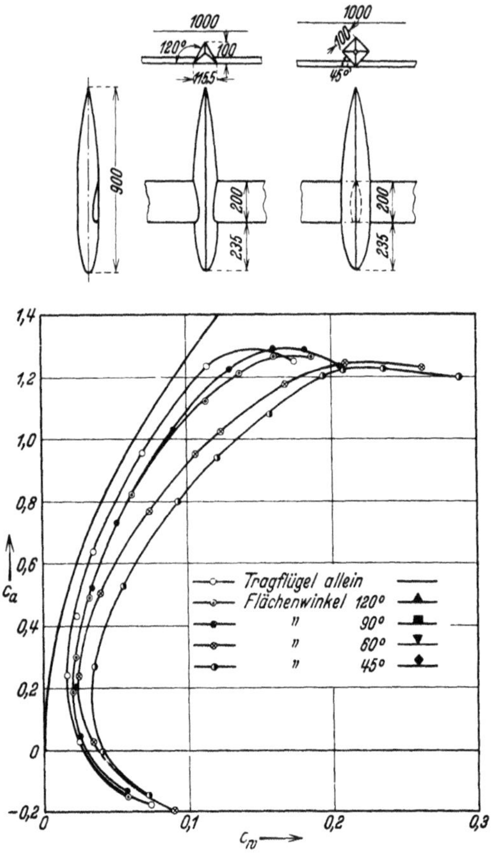

Abb. 96. Verschiedene Winkel zwischen Rumpf und Flügel.

Daß diese schädliche Wirkung von der divergenten Strömung zwischen hinterer Flügelsaugseite und verjüngtem Flugzeugrumpf herrührt, zeigt auch die in Abb. 96 dargestellte Göttinger Versuchsreihe[1]. Bei Rumpfanordnung mit dem Winkel von 120° ist das Polardiagramm nicht mehr verändert, als es den obenerwähnten normalen Zirkulationsstörungen entspricht; hier tritt keine Diffusorwirkung ein; im Gegenteil, die Abströmkante des Flügels ist kleiner als seine Erstreckung an der Stelle seiner maximalen Wölbung, so daß die Stromlinien längs der Flügelsaugseite sich stromabwärts zusammendrängen müssen. Auch wenn die Rumpfkante senkrecht zur Flügelebene angeordnet ist, bleibt die schädliche Wirkung aus. Dagegen muß die Luft an der Flügelwurzel der Anordnungen mit 60° und 45° erst in einen verengten, dann in einen stark erweiterten Raum einströmen, ganz entsprechend dem Schema der Abb. 89; die starke Erhöhung des schädlichen und des induzierten Widerstandes ist die Folge[2].

[1] Muttray, H., Versuche über die Ausbildung der Flügelwurzel von Tiefdeckern. Gött. Erg. Bd. 4 (1932) S. 89.

[2] Siehe auch: Beeinflussung von Tragflügeln durch Motorgondeln. Gött. Erg. Bd. 3 (1927) S. 115.

Um die Diffusorwirkung beim Tiefdecker abzuschwächen, kann man verschiedene Methoden anwenden. Ein großer Teil der Wirkung wird schon ausgeschaltet, wenn die Verjüngung des Rumpfes vermieden wird, wenn also im Bereich der Flügelabstromseite die Rumpfwände einander parallel sind. Schon Abb. 96 (90°) zeigt dies; ein weiteres Beispiel bietet der Vergleich von Tiefdeckern[1] mit verjüngtem und unverjüngtem Rumpf (Abb. 97). Diesem Vorteil des verjüngten Rumpfes steht allerdings oft der Nachteil größeren Profilwiderstandes gegenüber.

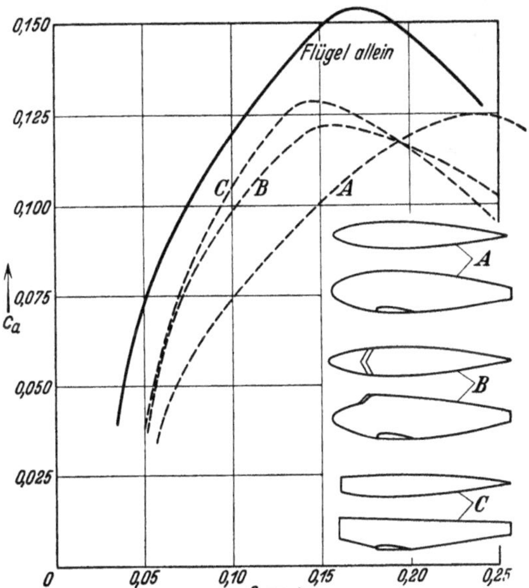

Abb. 97. Tiefdecker mit verschiedenen Rumpfformen (A verjüngt, B und C im Bereich der Flügel unverjüngt).

In den Versuchsreihen der Abb. 93 und 97 wurde noch festgestellt, daß die Effekte bei dünneren Flügelprofilen gemildert sind; die Strömung ist dann weniger divergent.

Daß auch im Fall paralleler Rumpfwände die Diffusorwirkung nicht vollständig vermieden werden kann, zeigt der Göttinger Versuch[2] (Abb. 98), bei welchem senkrecht auf der Saugseite eine dünne ebene Platte befestigt ist. An der Platte bildet sich eine Grenzschicht, deren durchwirbeltes Material, dem Druckgefälle der äußeren Strömung folgend, in das Unterdruckgebiet auf der Flügelsaugseite gelangt, die Grenzschicht dort vergrößert und unter Umständen zum Abreißen bringt. Dieser Effekt ist indes sehr klein im Vergleich zu dem vorher besprochenen.

Eine weitere Möglichkeit, um divergente Abströmung zu vermeiden, besteht in der Ausrundung der Ecken beim Ansatz der Flügel an den Rumpf. Abb. 99 zeigt die vollkommene Wirkung dieser Maßnahme bei den Versuchen der Abb. 96; es ergibt sich eine unvollkommene Wirkung bei gleichmäßiger Ausrundung; der Radius der Ausrundung muß vielmehr stromabwärts wachsen, da nur dann keine Erweiterung des Strömungsraumes auftritt. Eine systematische Meßreihe über den Einfluß des Ausrundungshalbmessers, die im Anschluß an die Versuche

[1] Parkin u. Klein: Zit. a. S. 116.

[2] Muttray, H., Versuche über die Ausbildung der Flügelwurzel von Tiefdeckern. Gött. Erg. Bd. 4 (1932) S. 89.

der Abb. 94 bei Anstellwinkel Null durchgeführt ist, zeigt Abb. 100; dabei wurden die Ecken mit Plastilina ausgefüllt und dieses durch Rumpf

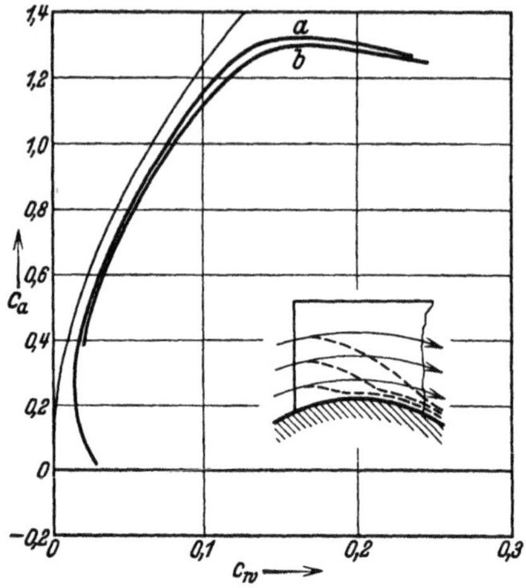

Abb. 98. Störung der Flügelsaugseite durch eine Platte. a) Flügel allein. b) Flügel mit einer Scheibe auf der Saugseite.

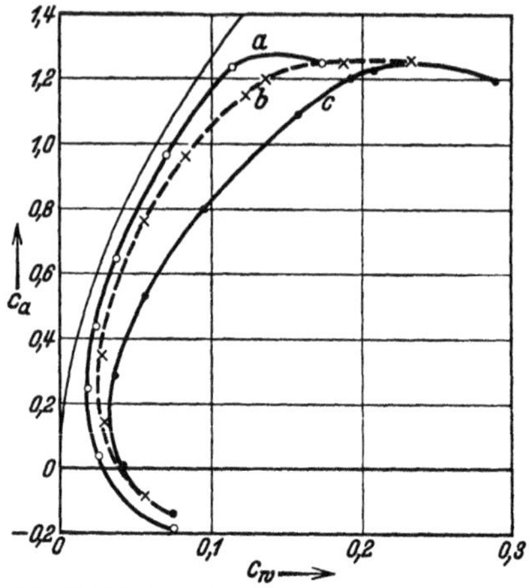

Abb. 99. Wirkung der Ausrundung der Flügelwurzel beim Tiefdecker. a) Flügel allein. b) Flächenwinkel 45° mit Ausrundung. c) Ohne Ausrundung.

und Flügel tangierende Kugeln verschiedenen Durchmessers in die ausgerundete Form gebracht. Es bringt keinen Vorteil, wenn der Ausrundungshalbmesser über einen aus Abb. 100 ersichtlichen mäßigen Betrag erhöht wird. Diese Versuche geben allerdings kein Maß für die wirkliche Widerstandsverminderung, da sie nur die Kräfte auf Flügelstumpen enthalten.

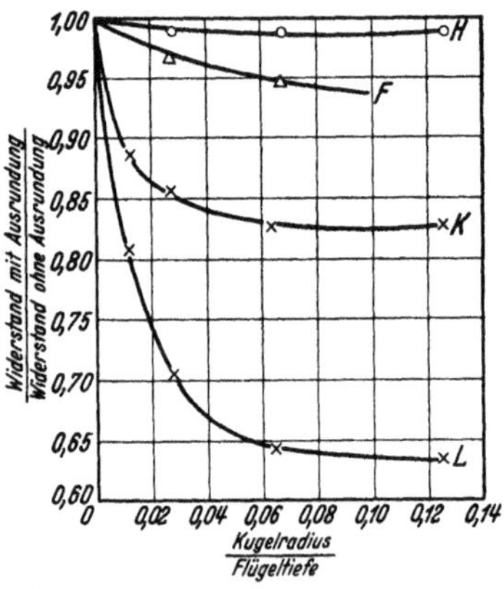

Abb. 100. Abhängigkeit der Ausrundungswirkung vom Radius der Ausrundung (Bedeutung der Buchstaben s. Abb. 104).

Keine Wirkung wird beobachtet, wenn durch Ausschnitte im Flügel der materielle Diffusor entfernt wird; die Abströmung in einen stark erweiterten Raum bleibt dabei dieselbe[1].

Ein kleiner Spalt zwischen Flügelsaugseite und Rumpf behebt die schädliche Diffusorwirkung zum großen Teil; dies wird besonders deutlich an den Messungen der Abb. 101, bei denen nicht große Rümpfe, sondern Motorgondeln verwendet sind, die in allen wesentlichen Punkten dieselben Erscheinungen wie Rümpfe aufweisen[2].

[1] Muttray, H., Neuere Messungen an Flügeln mit Ausschnitten. Gött. Erg. Bd. 4 (1932) S. 85.

[2] Ower, E., A. and C. Hutton, On the interference of a streamline nacelle on a monoplane wing. R & M 1395; 1930/31 S. 332.

Auch die Berührung zwischen Rumpf bzw. Gondel und Flügeldruckseite ruft eine starke Störung hervor; auch hierbei treten divergente Strömungen und starker Formwiderstand auf, aber die Zirkulationsströmung um den Flügel wird dadurch nicht so vollständig erschüttert, da die Vorgänge an der Druckseite gegenüber den Vorgängen an der Saugseite von geringerer Bedeutung sind. Dies tritt schon dadurch hervor, daß der Widerstand einer solchen Anordnung sich mit dem Anstellwinkel kaum ändert, daher die Unterlegenheit des Hochdeckers gegenüber dem Mitteldecker sich auf kleine Anstellwinkel beschränken und bei größeren Anstellwinkeln

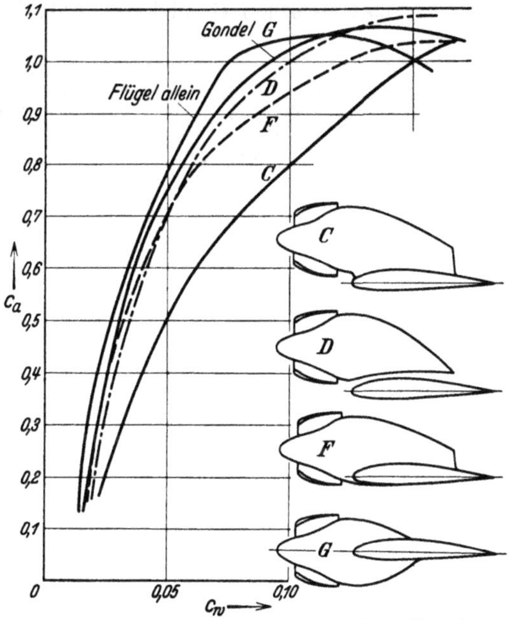

Abb. 101. Flügel und Gondel. Tiefdecker mit und ohne Spalt.

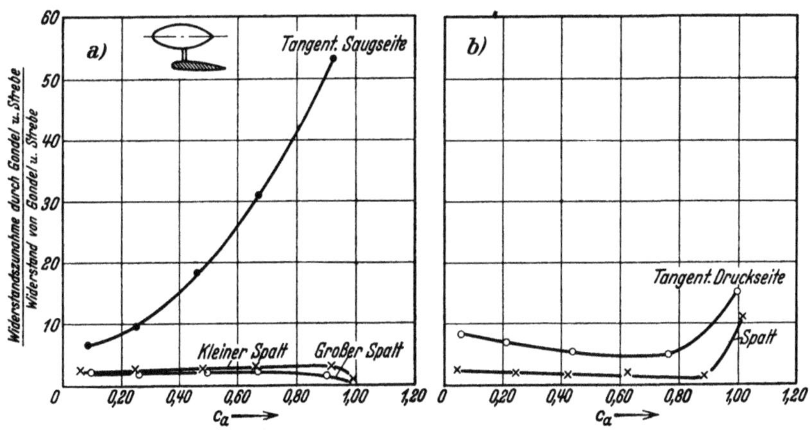

Abb. 102a und b. Wirkung der Berührung zwischen Gondel und Flügel. a) Gondel auf Saugseite, b) Gondel auf Druckseite.

zur allerdings nicht großen Überlegenheit werden kann (Abb. 93). Die Wirkung bei einer Gondel[1] zeigt Abb. 102; auch hier verschwindet die ganze Störung schon bei einem kleinen Spalt zwischen Gondel und Flügel.

[1] Perring, W. and C. Callen, The drag and interference of a nacelle, when installed on the upper surface of a wing. R & M 1414; 1931/32 S. 320.

Eine Ausnahme bildet der Fall der Abb. 103, in welchem eine sehr kleine Gondel unter dem Flügel sitzt[1]; dabei tritt die in den kleinen Spalt zwischen Gondel und Flügeldruckseite einströmende Luft nach kurzer Verengung in einen stark erweiterten Strömungsraum ein, was bei größeren Gondeln oder gar Rümpfen wegfällt. Die Diffusorwirkung ist dabei so kräftig, daß die ganze konvergierende Wirkung einer N.A.C.A.-Haube (s. u.) aufgehoben werden kann. Diese tatsächliche Beobachtung hat den Versuch veranlaßt. Bei wachsendem Anstellwinkel wird der Spalt durch die Gondel immer mehr abgeschirmt, so daß die Störung mehr und mehr entfällt.

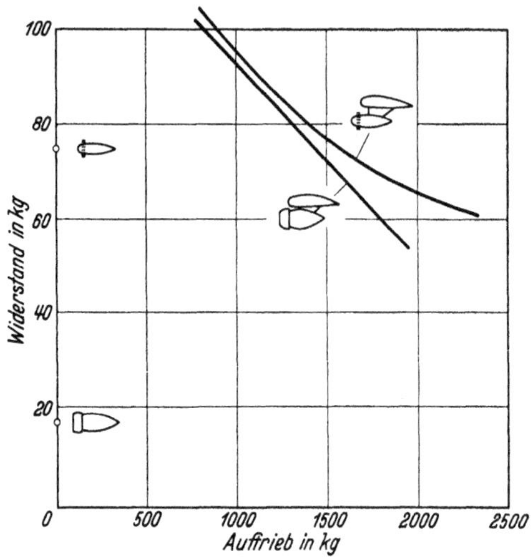

Abb. 103. Kleine Gondel unter dem Flügel; ungünstiger Fall.

Eine weitere nachteilige Anordnung bei unverjüngtem Rumpf ist der Tiefdecker, dessen Flügel zu nahe an die Rumpfnase heranrückt; dadurch wird das Abreißen bei großen Anstellwinkeln gefördert; die Wirkung beschränkt

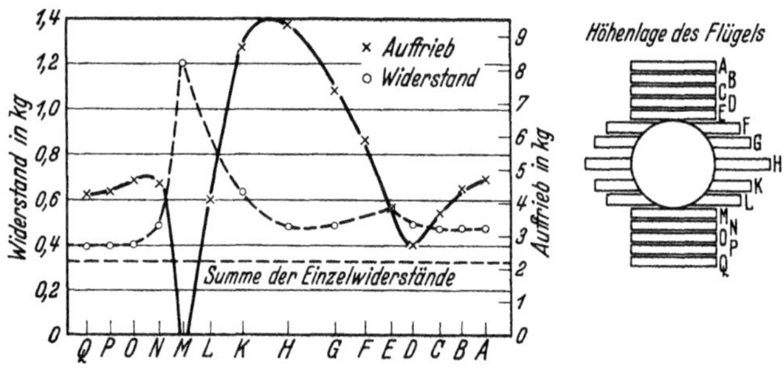

Abb. 104. Widerstand einer Kombination Rumpf-Flügel bei Anstellwinkel Null unter Ausschaltung jeder Wirkung der endlichen Spannweite. Flügeltiefe 610 mm, Rumpfdurchmesser 590 mm, Schlankheit des Rumpfes 3:1.

sich auf die Umgebung des Auftriebsmaximums. Im übrigen ist die Rücklage des Rumpfes gegenüber dem Flügel auch bei Gondeln nicht von großer Bedeutung, solange die Rumpfwände am Flügel parallel bleiben.

Selbst wenn jeder induzierte Widerstand vermieden wird, kann man den Widerstand einer Flügel-Rumpf-Kombination nicht additiv aus

[1] Jacobs, E. N., The drag and interference of a nacelle in the presence of a wing. N. A. C. A. Techn. Notes 1929 Nr. 320.

den Einzelwiderständen zusammensetzen[1]; dies sieht man am besten aus dem Punkte „RAF 30 Mitteldecker“ der Abb. 94. Den Widerstand bei Anstellwinkel Null zeigt, allerdings für ein unsymmetrisches Profil, Abb. 104; in jeder Höhenlage der Flügelstumpen ist der Widerstand erheblich größer als die Summe der Einzelwiderstände. Die Ursache dieser Erhöhung ist die stärkere Divergenz der Strömung infolge des Zusammenbaues; da wo Rumpf und Flügel zusammenstoßen ist die Erweiterung stromabwärts größer als beim Rumpf für sich und beim Flügel für sich. Die Wirkung ist am kleinsten in der Mittelstellung, bei welcher der Winkel zwischen den Tangentialebenen am Rumpf und Flügeln 90^0 ist, am größten beim Tiefdecker, wo die stärkste Diffusorwirkung an der Saugseite eintritt. Beim Hochdecker ist gleichfalls die Wirkung zu spüren, doch infolge der kleineren Geschwindigkeit an der Flügeldruckseite von geringerer Bedeutung.

Aus demselben Versuch läßt sich auch die mittragende Kraft des Rumpfes beim Anstellwinkel Null erkennen. Auch der Auftrieb ist am günstigsten bei der Mittelstellung, und zwar trägt dort, wie eine Abschätzung zeigt, der Rumpf ungefähr ebensoviel wie ein Flügelstück von Rumpfbreite. In allen anderen Fällen trägt der Rumpf bedeutend weniger; es bildet sich eine ungleichmäßige Auftriebsverteilung aus, und somit entsteht auch ohne seitliche Flügelenden ein induzierter Widerstand. Dieser spielt für die in Abb. 104 aufgetragenen Widerstandswerte keine große Rolle, da sie bei kleinen c_a-Werten gewonnen sind.

Die Erhöhung des schädlichen Widerstandes durch Zusammenbau mit dem Flügel tritt noch stärker bei Gondeln hervor. Abb. 102 zeigt schon, daß selbst für günstige Lagen die Widerstandserhöhung durch den Gondeleinbau das 2,5fache des Widerstandes der isolierten Gondel beträgt. In der betreffenden Versuchsreihe fällt auf, daß die Widerstandsvermehrung in fast gleicher Höhe wie bei kleinem Spalt bestehen bleibt, auch wenn der Abstand Flügel-Gondel bis zum 3fachen des Gondeldurchmessers wächst; dies kann zum Teil eine Wirkung der verbindenden Strebe sein.

Die störende Wirkung wächst bei Annäherung an das Auftriebsmaximum, wenn die Gondel unter dem Flügel liegt, sie fällt im entgegengesetzten Fall; beide Erscheinungen müssen wohl durch Abschirmwirkung erklärt werden; im ersteren Fall wird dadurch die Auftriebsverteilung gestört und induzierter Widerstand erzeugt, im letzteren Fall der Gondelwiderstand im Windschatten des Flügels verkleinert. Druckverteilungsmessungen erweisen einen Einfluß der Gondel bis zum seitlichen Abstand 6- bis 7facher Gondelbreite. Berechnungen des induzierten Widerstandes aus der gemessenen Druckverteilung stimmen mit den Wägungen bei großer Entfernung der Gondel vom Flügel, dagegen

[1] Ower, E., Interference. J. Roy. aeron. Soc. 1932 S. 531.

gar nicht bei Berührung; dies zeigt wieder, daß im letzteren Fall durch Diffusorwirkung ein großer Profilwiderstand entsteht.

Der Einfluß der Gondelrücklage ist nach Versuchen nicht bedeutend.

Bei ganz kleinen Gondeln (Abb. 105), die in den Flügel ganz eingebaut werden können[1], kann man die Widerstandserhöhung vermeiden, ja sogar eine Erniedrigung erzielen; hier kann die Gondel wirklich zu einem Teil des Flügels werden und nur bei größeren c_a-Werten vielleicht das Abreißen beschleunigen. Die Abhängigkeit vom Auftrieb hat hier wohl nichts mit dem induzierten Widerstand zu tun; sie ist vielmehr die Folge davon, daß mit wachsendem Auftrieb die Strömungsgeschwindigkeit an der Saugseite größer, an der Druckseite kleiner wird.

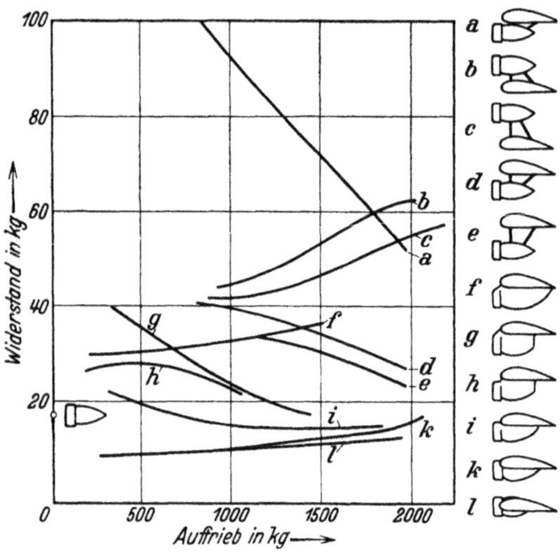

Abb. 105. Verschiedene Gondel-Flügel-Anordnungen.

Aus einigen der letzten Abbildungen scheint eine Beeinflussung des Auftriebsmaximums durch den Rumpfeinbau hervorzugehen; indes ist dieser Effekt nicht gleichmäßig. Die Tiefdeckeranordnung mit starker Diffusorwirkung mag wohl das Auftriebsmaximum herabsetzen; im übrigen aber dürfte ein großer Teil der im Modellversuch beobachteten Wirkungen aus den S. 95 auseinandergesetzten Gründen nicht auf die Wirklichkeit übertragbar sein.

Zusammenfassend müssen wir hervorheben: Der Einbau kleiner Gondeln in einen Flügel ist so möglich, daß ein zusätzlicher Widerstand zur Summe der Einzelwiderstände vermieden wird; beim Einbau des Rumpfes muß man hingegen bei der Widerstandsabschätzung wenigstens den doppelten Wert des isolierten Rumpfwiderstandes einsetzen, bei Gondeln noch mehr. Die Tragkraft des Rumpfstückes zwischen den Flügeln kann bei Mitteldeckern so groß sein wie die eines dort vorhandenen Flügelstückes.

Die Widerstandswerte können sehr viel größer werden, wenn nicht Anordnungen mit großem Diffusoreffekt vermieden werden. Insbesondere beim Tiefdecker muß man durch Verwendung eines unverjüngten Rumpfes, durch gute Ausrundung aller Ecken oder durch Anbringung eines Spaltes zwischen Flügel und Rumpf für die Entfernung solcher schädlichen Wirkungen sorgen. Man vermeide ferner Gondeln von kleiner

[1] Jacobs: Zit. a. S. 122.

Tiefe, die unter dem Flügel sitzen; hier ist gerade der Spalt zwischen Gondel und Flügel sehr schädlich.

Flügel und kleinere Einzelteile. Auch kleinere Flugzeugteile, als Rümpfe und Gondeln sind, können das Abreißen der Flügelströmung fördern, dadurch die Auftriebsverteilung stören und einen erheblichen Widerstand hervorrufen. So zeigt Abb. 106 die starke Wirkung von 2 Strebenpaaren, die hintereinander auf der Saugseite in 15% und 65% der Tiefe angeordnet sind[1]. Wenn nur das vordere Strebenpaar vorhanden ist oder die Streben alle an der Druckseite angeschlossen sind, fällt die Störung fast vollkommen fort; auch Vergrößerung des Winkels zwischen Holm und Strebe (20° in Abb. 106) vermindert die Wirkung bedeutend.

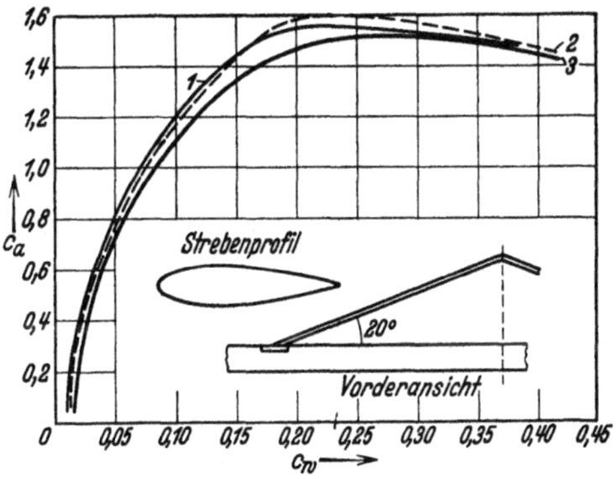

Abb. 106. Streben auf der Flügelsaugseite. 1. Flügel allein. 2. Strebenpaar in 15% Tiefe. 3. Zwei Strebenpaare in 15% und 65% Tiefe.

Eine starke Interferenzwirkung kann durch die Art des Kühlereinbaues hervorgerufen werden. Schon Versuche aus dem Jahre 1916 zeigen den Unterschied zwischen einem Einbau des Stirnkühlers unter und über dem Flügel[2]. Die schädliche Wirkung rührt natürlich von einer Zerstörung der Zirkulationsströmung an der Stelle des Kühlers und der Erzeugung induzierten Widerstandes her; die Wirkung dürfte vollkommen vermieden sein bei den Kühlern, die auf der Druckseite in einiger Entfernung von der Vorderkante angebracht sind. Man darf allerdings bei Beurteilung dieser Anordnungen nicht vergessen, daß die Kühlwirkung in diesen Fällen einigermaßen parallel geht mit dem Widerstand, da beide Größen mit der lokalen Geschwindigkeit wachsen; es ist also möglich, daß man Kühler- und Wassergewicht sparen kann, wenn man vermehrten Widerstand in Kauf nimmt.

Heute ist allerdings die Anordnung von Kühlern im Rumpf oder selbst im Fahrgestell, wo die Flügelkräfte gar nicht dadurch beeinflußt werden, beliebter.

Verwendung der Flügelhaut als Kühler spart jeden Kühlerwiderstand; indes dürfte 1. der Flügel schwer werden, 2. die aufsteigende warme Luft die Grenzschicht vergrößern und daher das Abreißen fördern. Beide Nachteile werden unwichtig bei Rennflugzeugen, da dort kleine Anstellwinkel verwendet werden und die Geschwindigkeit vom Gewicht

[1] Word, K. E., Interference effect and drag of struts on a monoplane wing. N. A. C. A. Techn. Notes 1931 Nr. 365.

[2] Munk, M., Stirnkühler und Tragflächenkühler. T. B. Bd. 2 (1916) S. 19.

wenig abhängt. Die praktische Verwendung der Flügelhautkühler wird hauptsächlich durch die große Empfindlichkeit gegen Beschädigungen erschwert. Der sog. **Tragflächenkühler**, der in den Flügel so eingebaut ist, daß die Luft von der Druckseite nach der Saugseite hin ihn durchströmt, hat im Weltkrieg noch viel Verwendung gefunden; heute ist er verschwunden.

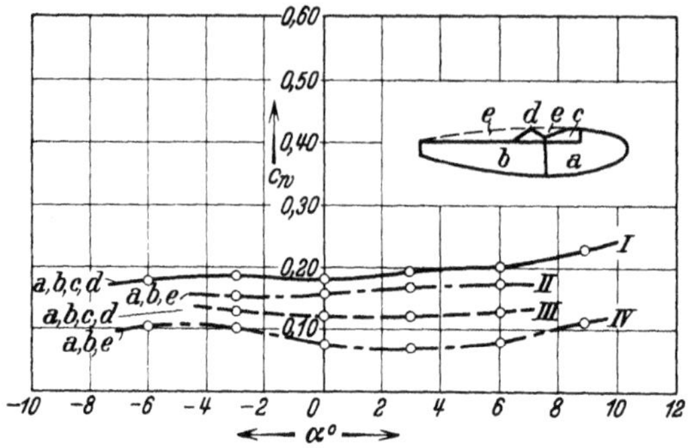

Abb. 107. Rumpfwiderstand. I abcd mit Motor, II abe mit Motor, III abcd ohne Motor, IV abe ohne Motor.

Rumpf und Umbauten. Kein Rumpf zeigt im Flugzeug die glatte theoretisch zugängliche Form der in Tabelle 9 betrachteten Modelle; es ist schon früh durch Versuche, auch im Zusammenhang mit Luftschiffkonstruktionen klargestellt worden, daß kleine Einbauten, hervorstehende Teile u. dgl. den Widerstand unverhältnismäßig erhöhen.

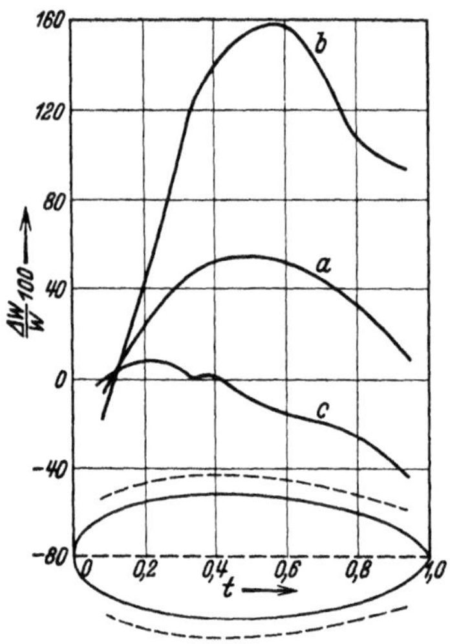

Abb. 108. Rumpf und kleine Kreisscheiben. a) Widerstandszunahme der Kombination. b) Widerstandszunahme des Rumpfes allein. c) Widerstandszunahme der Kreisscheiben allein.

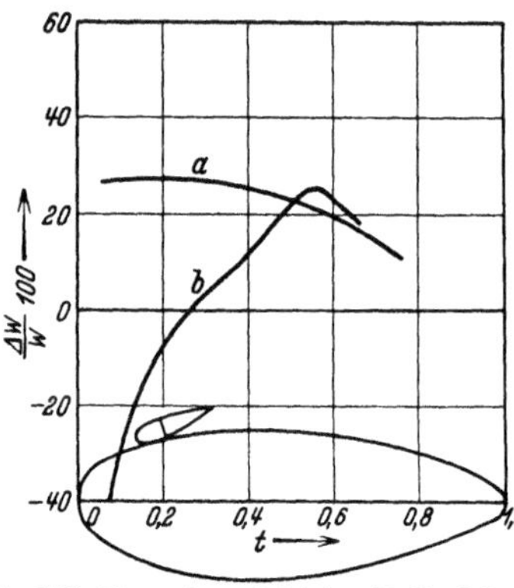

Abb. 109. Rumpf und kleine Ballonkörper. a) Widerstandszunahme der Kombination. b) Widerstandszunahme des Rumpfes allein.

Dies ist auch theoretisch wohl zu verstehen; der kleine Widerstand ballonförmiger Körper ist im wesentlichen Oberflächenreibung, der Formwiderstand ist durch die allmähliche Erweiterung des Abströmungsraumes gering gehalten; jede noch so kleine Quelle von Wirbelablösung und divergenter Strömung muß für den Gesamtwiderstand stark ins Gewicht fallen. Einige Werte aus älteren Messungen[1] zeigt Abb. 107. Dabei

[1] Munk, M., Messungen an Rumpfmodellen. T. B. Bd. 2 (1916) S. 23.

wurde einerseits das aus den Teilen a und b bestehende Modell durch das aufgesetzte Stück e zu einem Ballonkörper ergänzt, andererseits wurden höckerartige Stücke c und d aufgesetzt; auch ein Motormodell konnte hinzugefügt werden.

Systematisch klargestellt ist die Wirkung von Einbauten in einen Rumpf in Versuchsreihen von Ower[1], die den Abb. 108 und 109 zugrunde liegen. Dabei ist der Rumpf an verschiedenen Stellen in Berührung gebracht mit 2 Kreisscheiben und 2 verkleideten Körpern von Ballonform. Die Kurven a stellen die Widerstandszunahme der Kombination Rumpf + Platten (bzw. Ballonkörper) im Verhältnis zum Widerstand des Rumpfes und der Platten (bzw. Ballonkörper) getrennt dar. Sie sind also unter sich nicht vergleichbar, da ja z. B. der Widerstand der Platten für sich ein anderer ist wie der Ballonkörper für sich. Leider ist es nicht möglich, die Werte alle auf den Widerstand des Rumpfes allein zu beziehen und dadurch vergleichbar zu machen, da die betreffenden Angaben nicht vorliegen; die Dimensionen gehen aus der Abbildung hervor. Die Abhängigkeit von der Größe des störenden eingebauten Teiles kann man nach der in Abb. 110 niedergelegten Versuchsreihe beurteilen, bei welcher Gummiringe verschiedener Dicke an verschiedenen Stellen um den Rumpf gelegt sind. Bemerkenswert ist dabei die große Steigerung des Widerstandes, obwohl die höchste Ringdicke nur 1,6% des Rumpfdurchmessers beträgt, ferner die Abhängigkeit von der Lage, besonders die relative Unschädlichkeit der Störung im hinteren Drittel.

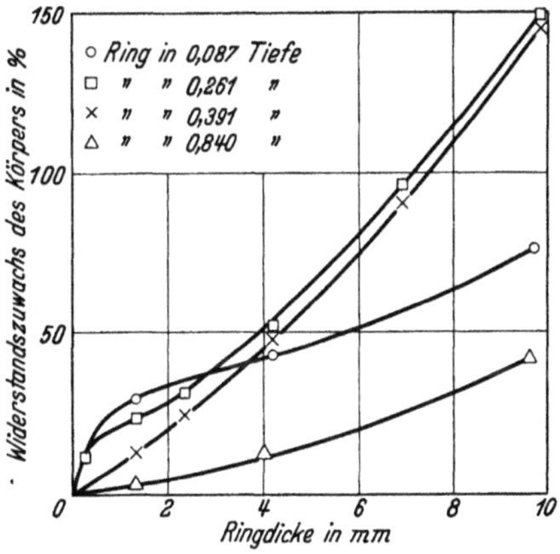

Abb. 110. Widerstandszunahme eines Körpers durch herumgelegte Gummiringe. Maximaler Durchmesser des Körpers 590 mm.

Zum Verständnis können die Kraftmessungen dienen (Abb. 108 und 109, Kurven b und c), bei welchen der Rumpf mit Umbauten im Windstrom steht, aber nur der Rumpf, oder nur die Umbauten an die Waage angeschlossen sind. Die Widerstandszuwächse sind dabei auf den ungestörten Widerstand des betreffenden Teiles bezogen. Wie zu erwarten, stört der Stromlinienkörper mit seiner geringen Wirbelablösung die Strömung um den Rumpf weniger als Platte und Ring, durch welche schon vorne in die an sich konvergente Anströmung Wirbel hineingetragen werden. Weiter hinten liegen die störenden Einbauten in einer Strömung kleinerer Geschwindigkeit; dadurch wird ihr Widerstand vermindert.

[1] Ower, E.: Zit. a. S. 123.

Die starke Minderung des Rumpfwiderstandes durch einen vorne sitzenden Stromlinienkörper rührt von der Saugwirkung her, die dieser Körper am vorderen Rumpfteil erzeugt und die natürlich durch eine gleiche und entgegengesetzte auf den störenden Körper kompensiert wird. Bei noch so guter Verkleidung des angebauten Teiles entsteht ein Zusatzwiderstand über die Summe der Einzelwiderstände hinaus.

Der Widerstand der Ringe in Abb. 110 kann mit guter Annäherung als Widerstand in einer Strömung von der lokalen Geschwindigkeit berechnet werden. Die relativ günstigen Werte bei der vordersten Lage rühren daher, daß dort noch eine laminare Grenzschicht herrscht, deren mittlere Geschwindigkeit kleiner ist als die der turbulenten Grenzschicht; in der hintersten Lage befindet sich der Ring in einem Totwassergebiet.

§ 7. Kühlungswiderstand.

Wärmeabgabe und Oberflächenreibung. Starken Widerstand rufen die Kühleinrichtungen hervor, sowohl die Kühler des wassergekühlten wie die Kühlrippen des luftgekühlten Motors. Diese Teile unterscheiden sich dadurch von allen andern, daß bei ihnen der Widerstand nicht eigentlich „schädlich" ist, sondern notwendig mit der erstrebten Wirkung der Wärmeabfuhr verbunden; der Mechanismus der Wärmeabfuhr von einem übertemperierten Körper aus wirkt auch als Mechanismus der Impulsübertragung und erzeugt dadurch Widerstand. Kann man die Mechanismen der Wärme- und der Impulsübertragung vollkommen identifizieren, so ergibt sich ein zwangläufiger Zusammenhang zwischen den beiden Größen. Dies ist z. B. der Fall bei Vorgängen, die durch die kinetische Gastheorie beherrscht werden; denn danach kommt die innere Reibung dadurch zustande, daß die infolge der unregelmäßigen Wärmebewegung von einer Schicht in die andere eindringenden Moleküle ihren systematischen Impuls transportieren; und die Wärmeleitung rührt daher, daß bei diesem Vorgang mit dem Impuls auch kinetische Energie transportiert wird. Auch bei der turbulenten Strömung, also auch bei der Strömung von Luft in einem Kühler, kann man als Ursache der Impuls- und der Energieübertragung denselben Mechanismus, nämlich die Konvektion der Wirbel zwischen den wandnahen und den wandfernen Schichten, ansehen; man muß daher eine Beziehung zwischen Widerstand und Wärmeübergang erwarten, und in der Tat ist eine solche von Reynolds[1] und Prandtl[2] abgeleitet worden[3]. Wir wollen uns hier

---

[1] Reynolds, O., On the passage of heat. Sci. Pap. Bd. 2 S. 51.

[2] Prandtl, L., Eine Beziehung zwischen Wärmeaustausch und Strömungswiderstand der Flüssigkeiten. Physik. Z. Bd. 11 (1910) S. 1072.

[3] Näheres s. Th. v. Kármán, Über laminare und turbulente Reibung. AAJ 1. Lief. S. 1 u. Latzko, H., Wärmeübergang an einen turbulenten Flüssigkeits- oder Gasstrom. AAJ 1. Lief. S. 36; beide Arbeiten auch Z. angew. Math. Mech. Bd. 1 (1921) S. 233 bzw. S. 268.

den Zusammenhang nur durch eine Dimensionsbetrachtung klarmachen:

Ein Kühler (oder auch ein anderer Körper) im Luftstrom habe die Übertemperatur ϑ über die Temperatur der Luft; er gebe in der Zeiteinheit je Grad Übertemperatur die Wärmemenge Q an die Luft ab; Q hat die Dimension $\left[\frac{\text{kg m}}{\text{s}\cdot\text{Grad}}\right]$. Wenn ein zwangläufiger Zusammenhang zwischen Q und dem Widerstand W [kg] besteht, so müssen die beiden Größen nur durch Vermittlung der spezifischen Wärme für die Masseneinheit $c\left[\frac{\text{kg m}}{\text{Grad}}\cdot\frac{\text{m}}{\text{kg s}^2}\right]$ und die Geschwindigkeit $v\left[\frac{\text{m}}{\text{s}}\right]$ verbunden sein; daraus folgt eindeutig:

$$\left.\begin{aligned} Q &= \text{const}\,\frac{c\,W}{v} \\ \left[\frac{\text{kg m}}{\text{s Grad}}\right] &= \left[\frac{\text{kg m}}{\text{Grad}}\cdot\frac{\text{m}}{\text{kg s}^2}\cdot\text{kg}\cdot\frac{\text{s}}{\text{m}}\right] \end{aligned}\right\} \qquad (3{,}18)$$

Kann man die beiden Mechanismen nicht völlig identifizieren, wie z. B. bei tropfbaren Flüssigkeiten, so kann auch noch die Dichte in den Zusammenhang eingehen und die Eindeutigkeit geht verloren.

Natürlich können wir nicht den hier in Frage kommenden Widerstand W gleichsetzen dem gewöhnlichen aerodynamischen Widerstand eines Kühlers, da es bei diesem wesentlich auf die Formgebung des ganzen Körpers, nicht auf den Kühlmechanismus allein ankommt. Die Größe W in obiger Gleichung kann nur die Oberflächenreibung in den von Luft durchströmten Kühlerelementen bedeuten; man kann diese Größe dadurch messen, daß man einen aus solchen Elementen bestehenden Kühlerblock so in einen Windkanal setzt, daß er den ganzen Querschnitt ausfüllt (Abb. 111) und die Druckdifferenz zwischen den beiden Kühlerseiten mißt. Den so gewonnenen Wert der Reibung kann man auf frei hängende Kühler sinngemäß übertragen, wenn man die verschiedenen Geschwindigkeitsverhältnisse berücksichtigt. Bei der Anordnung Abb. 111 ist die Geschwindigkeit in den Kühlerröhrchen $v_0\varphi$, wenn φ das Verhältnis der lichten Fläche zur gesamten Kühlerfläche bedeutet; in den Röhrchen eines frei hängenden und mit der Geschwindigkeit v angeströmten Kühlers herrscht die Geschwindigkeit $v\,\eta_a$; der sog. „aerodynamische Gütegrad" η_a gibt dabei an, welcher Teil der anströmenden Luftmenge durch den Kühler hindurchtritt; die übrige Luft muß um den Kühler herumströmen, wie um einen stauenden Körper und bringt

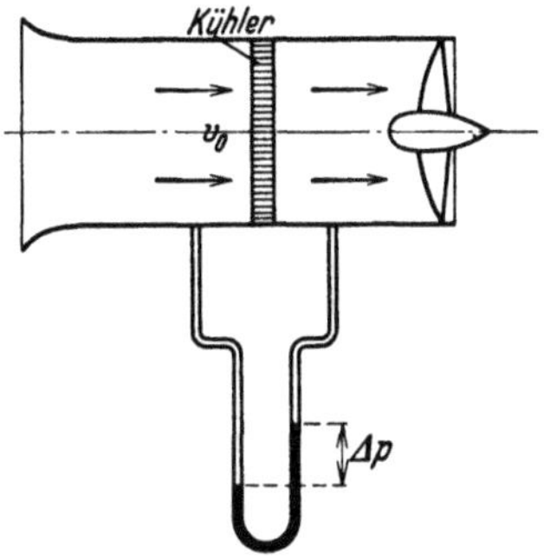

Abb. 111. Anordnung zur Messung der Oberflächenreibung in Kühlern.

einen Formwiderstand hervor, der für die Kühlung belanglos ist, darum als „schädlicher" Widerstand im vollen Sinn des Wortes angesehen werden muß.

Die Größe η_a kann direkt gemessen werden; in Näherung läßt sie sich nach Lorenz[1] auch aus den Versuchen Abb. 111 berechnen mit Hilfe der Annahme, daß der ganze Druckverlust nur durch die Reibung in den Kühlerelementen hervorgerufen wird; die bei dieser Rechnung erhaltenen Werte soll man nach Lorenz um etwa 10% erniedrigen, um den übrigen Verlusten schätzungsweise Rechnung zu tragen.

Durch Temperaturmessungen kann man in der Anordnung Abb. 111 auch die Erwärmung der durchtretenden Luft messen. Würde die ganze Luft die Übertemperatur ϑ annehmen — Idealfall etwa eines unendlich tiefen Kühlers —, so würde, da die Luftmenge bei der Kühlerstirnfläche F_K gleich $\varrho\, v\, F_K\, \eta_a$ ist, die Wärmemenge $\varrho\, v\, F_K\, \eta_a \cdot c\, \vartheta$ aufgenommen (c spezifische Wärme). In Wirklichkeit wird nur ein Bruchteil davon übertragen, den man den „thermodynamischen Gütegrad" nennt und mit η_{th} bezeichnet.

Die an die Luft abgegebene Wärme ist also

$$Q = \eta_a\, \eta_{th}\, \varrho\, v\, F_K\, c\, \vartheta \tag{3,19}$$

Die Oberflächenreibung, welche für W in (3,18) einzusetzen ist, kann man näherungsweise aus dem — in richtiger Weise nach obigen Ausführungen berechneten — Widerstand der Kühlerelemente $c_{w\,0}$ in etwas barbarischer Weise gewinnen, indem man diesen in einen Stirnwiderstand der festen Teile der Stirnfläche und einen Widerstand der lichten Weite im Verhältnis dieser beiden Flächen einteilt; man setzt also

$$W = c_{w\,0}\, \varphi\, F_K \frac{\varrho\, v^2}{2} \tag{3,20}$$

Der Beiwert $c_{w\,0}\varphi$ gehört nach dieser oberflächlichen Abschätzung zu derjenigen Oberflächenreibung, die notwendig mit der Wärmeabgabe Q verbunden ist, bzw. mit deren Beiwert $\eta_a\, \eta_{th}$; so erhalten wir die untere Grenze für den vom Kühler bei gegebener Leistung ausgehenden Widerstand.

In der Tat ergeben die Versuche mit guter Näherung den eindeutigen Zusammenhang von $c_{w\,0}\varphi$ und $\eta_a\eta_{th}$ und einigermaßen auch die von Gleichung (3,20) geforderte Konstanz des Verhältnisses $\frac{\eta_a\, \eta_{th}}{c_{w\,0}\, \varphi}$. Die Beiwerte hängen von den geometrischen Verhältnissen des Kühlers ab, nämlich von φ und vom Verhältnis Röhrchentiefe l zu Röhrchendurchmesser d; die Messungen zeigen in 1. Näherung die erhebliche Vereinfachung, daß die Größen nur von der einen Variablen $\frac{l}{d} \cdot \varphi$ abhängen, die proportional zum Verhältnis Kühlfläche K zu Stirnfläche F_K ist.

[1] Lorenz, H., Wärmeabgabe und Widerstand von Kühlerelementen. AAJ 13. Lief. (1933) S. 12.

Abb. 112 bis 114 enthalten die Abhängigkeit nach den Versuchen von Lorenz, die mit englischen und mit amerikanischen Versuchen[1] recht gut übereinstimmen.

Für feinere Kühleruntersuchungen genügen natürlich diese Mittelwerte nicht; das Versuchsmaterial ist auch noch sehr gering; für die Zwecke der Leistungsrechnung von Flugzeugen können die angegebenen Mittelwerte genügen, wenigstens soweit es sich um Röhrchenkühler mit geraden Luftführungen handelt. Ist eine bestimmte Motorleistung und mit ihr aus dem thermodynamischen Wirkungsgrad eine bestimmte sekundlich abzuführende Wärmemenge Q bei bestimmter Übertemperatur gegeben, so folgt bei Wahl von F_K aus (3,19) unmittelbar $\eta_a \eta_{th}$ und aus Abb. 114 auch $c_{w\,0}\varphi$; da das in Abb. 114 aufgetragene Verhältnis mit $\eta_a \eta_{th}$ etwas wächst, spart man an Widerstand, wenn man $\eta_a \eta_{th}$ groß, also F_K klein hält; doch ist der so erzielbare Gewinn nicht sehr groß.

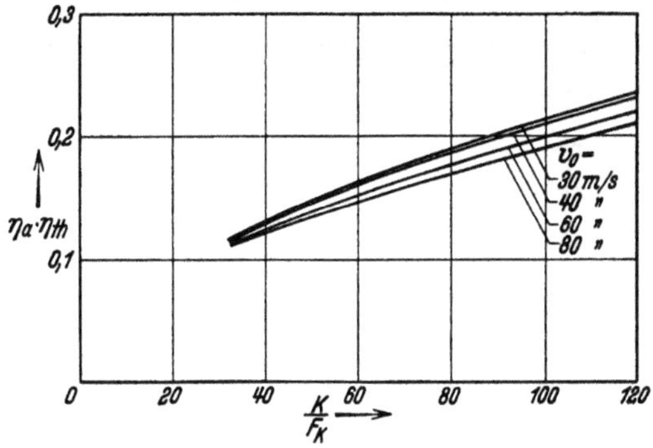

Abb. 112. Wärmeabgabe von Kühlern. K Kühlfläche, F_K Kühlerstirnfläche.

Die für den schädlichen Widerstand des Kühlers maßgebende Größe c_{w0} wird aber um so kleiner, je größer φ ist. Es ist also günstig, einen möglichst großen Teil der Stirnfläche als lichte Weite zu bauen.

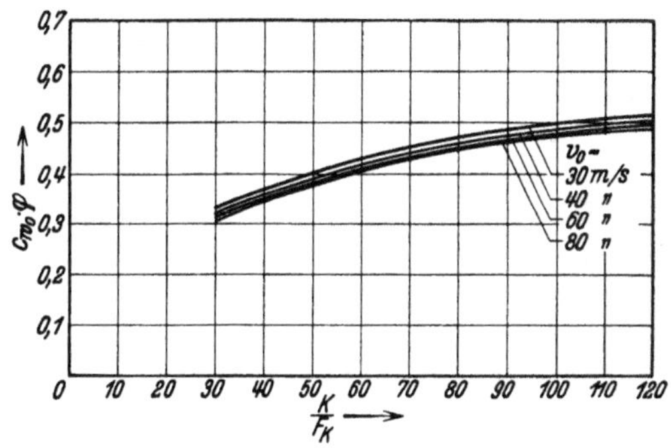

Abb. 113. Oberflächenreibung von Kühlern.

Das Gewicht eines Kühlers ist etwa proportional $F_K l$; zu einem gegebenen F_K gehört nach (3,19) ein bestimmter Wert von $\eta_a \eta_{th}$ und dazu nach Abb. 112 ein bestimmter Wert von $\frac{K}{F_K}$, wenn Q, v und ϑ gegeben sind. Sehen wir weiterhin auch φ und d als gegeben an, so ist, da $\frac{K}{F_K} \sim \frac{l}{d}\varphi$, die Größe $F_K \cdot \frac{K}{F_K}$ dem Gewicht proportional. Nun sieht man aus Abb. 112

[1] Harris, R. G. and W. V. Alford, Wind channel tests on radiators. R & M 934; 1924/25 S. 422. — Harris, R. G. and L. E. Caygill, Further exper. on honeycomb radiators. R & M 952; 1924/25 S. 438. — Parsons, S. R. and D. R. Horper, Radiators for aircraft engines. Technol. Pap. Bur. Stand Nr. 21

unmittelbar, daß $\eta_a \eta_{th}$ nicht proportional $\frac{K}{F_K}$ wächst, sondern erheblich langsamer. Ist also, wie wir hier annehmen, $\eta_a\ \eta_{th}$ umgekehrt proportional F_K [nach (3,19)], so wächst $F_K \frac{K}{F_K}$ und somit das Kühlergewicht mit $\frac{K}{F_K}$ und es erweist sich von diesem Gesichtspunkt aus als vorteilhaft, $\frac{K}{F_K}$ klein zu halten, d. h. F_K auf Kosten von l möglichst zu vergrößern.

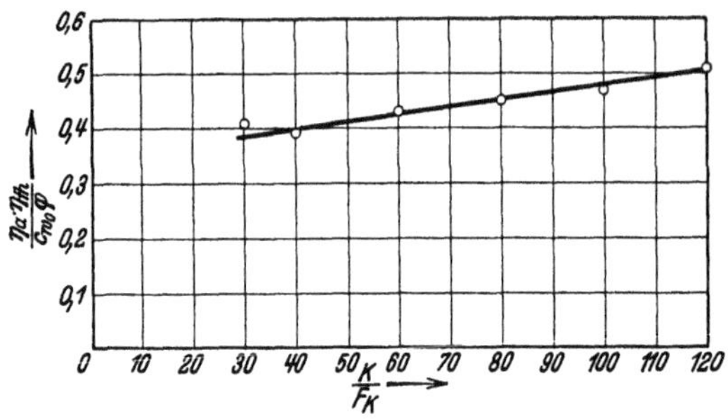

Abb. 114. Verhältnis der Wärmeabgabe zur Oberflächenreibung von Kühlern.

Wichtiger vom Gesichtspunkt der Flugleistungen aus ist die Vermeidung des Formwiderstandes beim Einbau des Kühlers. Hier hat es wenig Sinn, den Kühler und seine Umkleidung für sich zu betrachten, da er stets mit einem größeren Flugzeugteil (Rumpf, Fahrgestell, Flügel) eng verbunden ist und dadurch der Kühlerwiderstand erst bestimmt wird.

Rumpf und Kühler. Beim Einbau des Kühlers in den Rumpf kann man natürlich nicht so verfahren, wie bei Teilen, deren Widerstand als nur schädlich angesehen werden muß. Der Anteil der Oberflächenreibung am Widerstand des Kühlers ist notwendig zur Erzeugung der Wärmeabfuhr. Dagegen ist der Formwiderstand für die Wärmeabfuhr belanglos; die Ablösung von Wirbeln kann nur sekundär die Wärmekonvektion fördern, indem sie neue, kühlere Luftteilchen an die Kühlerteile hinter der Ablösungsstelle treten läßt.

Man macht sich den Unterschied am leichtesten klar an zwei heißen dünnen Platten, die in Richtung des Luftstromes und senkrecht dazu eingestellt sind; bei ersterer tritt als Widerstand nur die zur Kühlung notwendige Oberflächenreibung auf, an letzterer wird bei kleiner Oberflächenreibung und großem Formwiderstand nur eine sehr geringe Kühlwirkung erzielt.

Man muß also den Kühler so anbringen, daß eine starke Luftströmung durch ihn hindurchgeht; je größer die Luftgeschwindigkeit, desto intensiver die Kühlung, desto kleiner das Kühlergewicht; solange nur die Oberflächenreibung größer wird, kann das nicht als Nachteil gewertet werden. Man muß aber nach Möglichkeit jede Wirbelablösung, die einen Formwiderstand verursacht, vermeiden und darf den Platz nicht so wählen, daß die Verdrängungsströmung um den Rumpf allzusehr gestört wird, so daß die Potentialströmung durch Ablösung zerstört und der Formwiderstand des Rumpfes bedeutend erhöht wird. Bei Kühlern sucht man dies hauptsächlich durch Einbau in die Stirn des Rumpfes zu erreichen. Die nötige Luftgeschwindigkeit im Kühler wird durch freien seitlichen Austritt hinter dem Kühler erreicht; die am Rumpf vorbeistreichende Luft saugt dann die nötige Luftmenge durch den Kühler; dabei entstehen nur dort divergente Strömungen und Ablösung, wo sie auch ohne Kühler entstehen; theoretisch läßt sich also auf diese Weise der Widerstand auf den zur Wärmeabfuhr notwendigen Betrag herunterdrücken.

Außer der Oberflächenreibung im Kühler kann auch bei gegebenem Verhältnis (φ) des lichten Querschnitts zur Stirnfläche nicht der Teil des Widerstandes vermieden werden, der infolge des Druckunterschiedes an den festen Teilen des Kühlers entsteht; danach steht der oben mit $c_{w\,0}$ bezeichnete Wert einigermaßen fest. Darüber hinaus hat aber jeder Kühler einen Formwiderstand infolge des Teils der anströmenden Luft, der nicht hindurchgeht, sondern außen herum strömt $(1 - \eta_a)$; dieser Teil muß eine um so größere Rolle beim selben Kühler spielen, je mehr er infolge notwendiger Regulierung künstlich vermehrt wird, etwa durch Abdeckung mit Jalousien. Wenn man denselben Kühler mehr abdeckt, also sein η_a vermindert, so muß die Oberflächenreibung sinken, der Formwiderstand steigen. Versuche von Muttray[1] zeigen nun, daß beim Stirnkühler und beim Brustkühler die beiden Wirkungen sich mit guter Näherung gerade kompensieren; die Widerstandsvermehrung des Systems Rumpf-Kühler gegenüber dem Rumpfwiderstand allein erweist sich als unabhängig von der Durchlässigkeit des Kühlers; auch beim Bauchkühler ist dies näherungsweise der Fall, so lange man nicht zu große Durchlässigkeit hat. Beim einziehbaren Kühler erweist sich derselbe Zusatzwiderstand gut proportional der dem Wind ausgesetzten Kühlerfläche. Das vorliegende Versuchsmaterial ist noch nicht sehr groß, so daß nur mit Vorsicht Schlüsse auf die Zahlenwerte des Formwiderstandes von Kühlern gezogen werden können. Nach Schätzung dürfte der Formwiderstand eines guten Brustkühlers zu vernachlässigen sein; zum Rumpfwiderstand käme in diesem Falle einfach der Widerstandswert $c_{w\,0} F_K$ (F_K Kühlerstirnfläche) hinzu; dabei ist allerdings Voraussetzung, daß der Rumpf vor dem Kühler aerodynamisch günstig gestaltet ist, so daß nicht vor dem Kühler die Strömung abgerissen ist. Die Messungen von Muttray legen ferner die Abschätzung nahe, daß man beim Stirnkühler diesen Wert $c_{w\,0} F$ um 50%, beim Bauchkühler um 100% vermehrt. Dies sind natürlich nur Angaben, die bei der Leistungsberechnung von Flugzeugen verwendet werden können, wobei der Kühlerwiderstand eine kleine, wenn auch nicht zu vernachlässigende Rolle spielt. Das hydrodynamische Problem des Kühlers, das hier fast ganz beiseitegelassen werden mußte, erfordert noch mehrere

[1] Muttray, H., Widerstand und Kühlwirkung eines Flugzeugrumpfes mit verschieden angeordnetem Kühler. Z. Flugtechn. Motorluftsch. Bd. 22 (1931) S. 65 u. 99.

systematische Versuchsreihen zu seiner Lösung; meist sind die Versuche nur unter ganz speziellen, der Praxis entstammenden Bedingungen angestellt[1].

Luftkühlung. Noch wichtiger ist die richtige Dimensionierung und Luftführung bei luftgekühlten Motoren, weil die Kühlfläche nicht in derselben Weise variiert werden kann als bei Flüssigkeitskühlung und es infolgedessen noch mehr auf die volle Ausnutzung der Oberflächenreibung zur Wärmeabfuhr ankommt. Kann der Widerstand der Luftkühlung auf den Betrag eines Kühlerwiderstandes herabgedrückt werden, so ist die Luftkühlung vom Standpunkt der Flugökonomie aus weit überlegen, da sie ja das Kühlergewicht fast ganz einspart. Aber der Widerstand ist schon dadurch von vornherein relativ hoch, weil ein großer Teil des Motors, trotz aerodynamisch schlechter Form, nicht verhüllt sein kann, sondern dem kühlenden Luftstrom ausgesetzt sein muß. Der so entstehende Widerstand ist somit zum Teil Formwiderstand, also für die Kühlung überflüssig. Um bei Erhaltung der Oberflächenreibung den Formwiderstand herabzudrücken, muß man verhindern, daß die zur Kühlung verwendete Luft die Gesamtströmung allzusehr durchwirbelt; man muß den Motor mit seinen Kühlrippen in eine konvergierende Strömung setzen, welche Wirbelablösung verhindert und die erwärmte Grenzschicht ohne Auflösung in Einzelwirbel rasch fortspült. Durch richtigen Einbau, sowie durch konstruktive Maßnahmen wie Townend-Ring und N. A. C. A.-Verkleidung läßt sich viel erreichen.

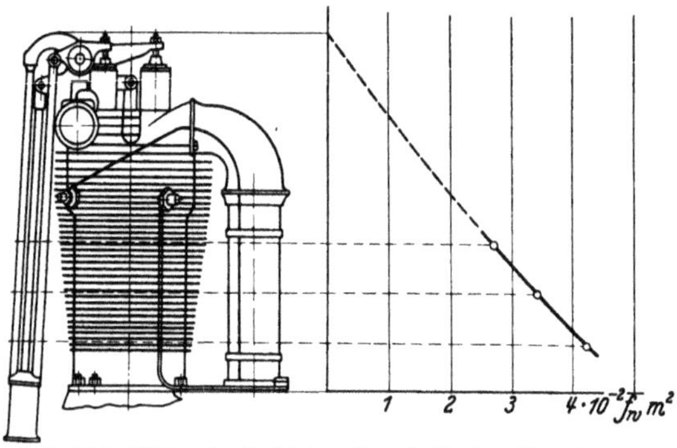

Abb. 115. Widerstandsfläche eines luftgekühlten Motorzylinders in Abhängigkeit von der Einbautiefe.

Der Widerstand eines luftgekühlten Motors, der frei ohne jeden Einbau dem Luftstrom ausgesetzt wird, ist sehr beträchtlich. Aus Versuchen an Sternmotoren kann man den Beiwert, bezogen auf die Stirnfläche zu etwa 0,6 abschätzen. Diese Zahl, die für verschiedene Motoren etwa um 30% verschieden ist, ist natürlich nicht ohne weiteres auf alle Konstruktionen anwendbar. Nie steht der ganze Motor frei; durch den Einbau in den Rumpf oder eine Verkleidung kann viel an Widerstand gespart werden, ohne daß die Kühlwirkung wesentlich leidet. Abb. 115

[1] Versuche im Flug: Jones, E. T., A full scale comparison of the drag and heat dissipation of three radiator systems. R & M 1366; 1930/31, S. 370.

zeigt den Abfall des Widerstandes mit wachsender Einbautiefe[1]; da die wärmsten Stellen (Zylinderköpfe, Ventile u. dgl.) immer aus der Umhüllung hervorragen, läßt sich der Verlust an Kühlwirkung, den ein solcher Einbau mit sich bringt, in Kauf nehmen; aber der überflüssige Formwiderstand geht gerade von diesen Teilen aus und wird auch durch einen solchen Einbau nicht unterdrückt.

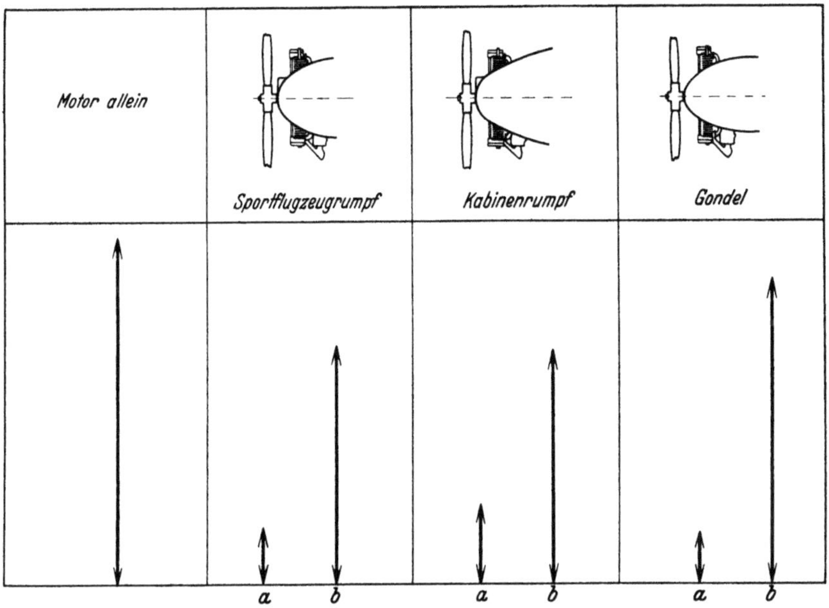

Abb. 116. Luftgekühlter Motor in Rumpf und Gondel eingebaut. a) Rumpf (Gondel) ohne Motor. b) Mit Motor.

Der Widerstand einer Kombination Rumpf-luftgekühlter Motor ist natürlich in keinem Fall gleich der Summe der einzelnen Teile; der Rumpf muß immer wie eine Verkleidung des Motors wirken. Abb. 116 zeigt einige Beispiele nach amerikanischen Messungen[2]. Die Widerstandsverminderung ist um so größer, je günstiger die Abströmverhältnisse sind; die kurze Gondel verhindert die Wirbelablösung an den Zylinderköpfen nur wenig.

Etwas besser wirkt schon die Erzeugung einer konvergenten Strömung an den Zylindern durch richtige Formgebung des Rumpfes[3]. Bei den

[1] Scheubel, N., Über den Luftwiderstand luftgekühlter Sternmotoren. Z. Flugtechn. Motorluftsch. Bd. 22 (1931) S. 72; s. a. Bull. serv. techn. l'aeronautique, Bruxelles Nr. 12.

[2] Weick, F. E., Drag and cooling with various forms of cowling for a „Whirlwind" radial air-cooled engine. N. A. C. A. Rep. Nr. 313 u. 314; 1929 S. 163.

[3] McAvoy, W. H., O. W. Schey and A. W. Young, The effect on airplane performance of the factors that must be considered in applying low drag cowling to radial engines. N. A. C. A. Rep. Nr. 414; 1932 S. 259.

Rümpfen 2 und 3 der Abb. 117 strömt die Luft beschleunigt, also konvergent an den Zylindern vorbei, im Gegensatz zum Rumpf 1. Die Wirkung ist nur durch Messung der Fluggeschwindigkeit bei gleicher Schraubendrehzahl festgestellt; die beobachteten Geschwindigkeitserhöhungen von 233 $\frac{\text{km}}{\text{h}}$ auf 236 $\frac{\text{km}}{\text{h}}$ und 240 $\frac{\text{km}}{\text{h}}$ entsprechen schätzungsweise Verminderungen des Zylinderwiderstandes um 8 bzw. 20%.

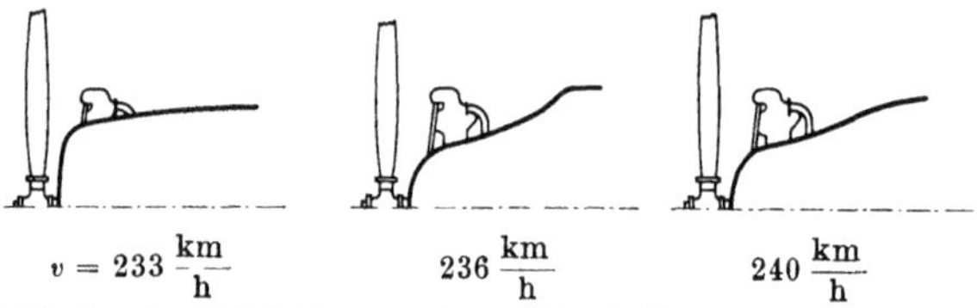

Abb. 117. Geschwindigkeitsvermehrung durch Formgebung des Rumpfes.

N. A. C. A.-Verkleidung. Man kann nun den ganzen Motor durch eine Verkleidung so in den Rumpf einfügen, daß die Strömung ungestört und konvergierend an allen heißen Motorteilen vorbeistreicht und den Motor tangentiell zum Rumpf in einem gegenüber dem Eintrittsquerschnitt kleineren Austrittssquerschnitt so verläßt, daß eine Wirbelablösung und somit ein Formwiderstand vollständig vermieden wird. Die günstigen Formen dieser Verkleidung sind in der amerikanischen Versuchsanstalt systematisch ausprobiert worden, man nennt daher die Anordnung „N.A.C.A.-Verkleidung". Der aerodynamische Effekt ist bei dieser Anordnung eine einfache Folge der konvergierenden Strömung und des tangentiellen Luftaustrittes. Abb. 118 zeigt günstige Formen und ihre Wirkung. Im günstigsten Fall dürfte wohl fast der ganze überflüssige Formwiderstand durch die N.A.C.A.-Verkleidung vermieden werden. Das Gewicht der Verkleidung beträgt etwa 36 kg, kann also auch in Anbetracht der großen Widerstandsersparnis in Kauf genommen werden. Die Hauptschwierigkeit bringt die richtige Luftführung vom Eintritts- zum Austrittsquerschnitt hin; die Versuche ergeben ein starkes Nachlassen der Kühlwirkung, wenn keine Leitflächen zur Luftführung eingebaut werden; sonst findet keine gleichmäßige Umspülung statt und gerade sehr heiße Stellen des Motors bleiben ohne die nötige Kühlung. Durch solche Leitflächen wird das Gewicht erhöht; besonders aber wird die Versuchsarbeit zur richtigen Dimensionierung sehr viel größer und die Übertragung der Erfahrungen von einem Motor auf den andern problematisch[1].

[1] Siehe auch Higginbotham, R. R., Engine cooling problems with venturi cowling. S. A. E. J. Febr. 1932. — Recent N. A. C. A. cowling developements aviation, Aeronautical Engineering section, Febr. 16, 1929 S. 27. — Perring, W. G. A., Wind tunnel experiments on the cowling of air cooled engines. R & M Nr. 1413; 1931/32. — Windler, Rax, Drag tests of $^4/_9$ scale model engine nacelles with various cowlings. N. A. C. A. Techn. Note Nr. 432; 1932.

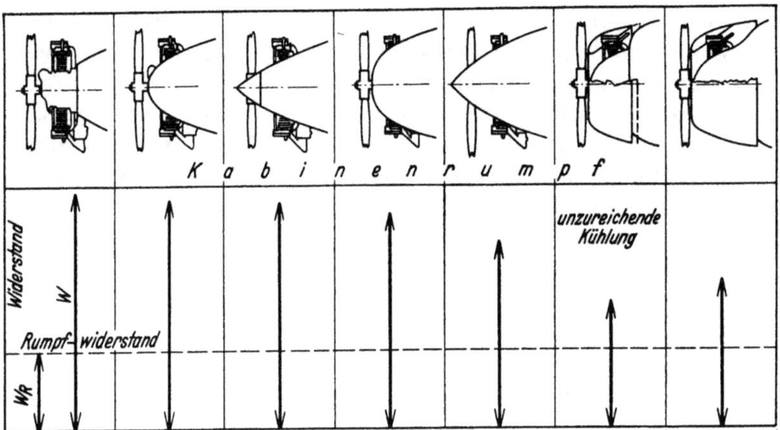

$\frac{\Delta W}{W} =$	4,8	7,2	11,2	15,2	49	40%
$\frac{\Delta W}{W - W_R} =$	7,1	11,1	17,0	22,0	72	59%

Abb. 118.

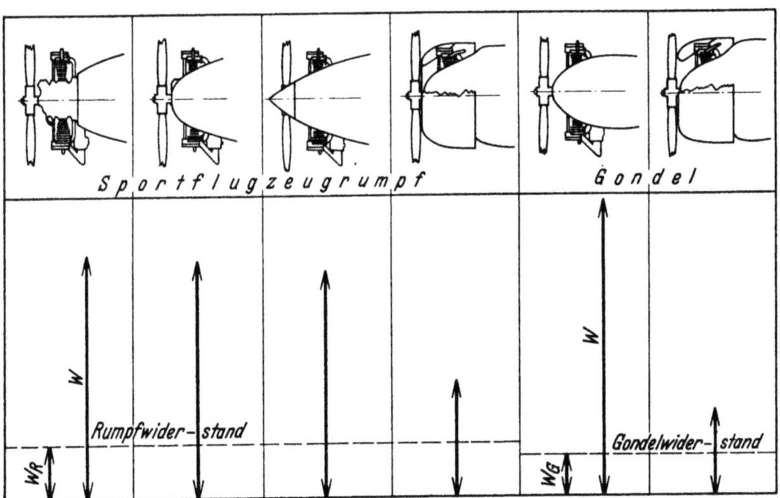

$\frac{\Delta W}{W} =$	4,1	7,1	53,5	$\frac{\Delta W}{W} =$	72,0%
$\frac{\Delta W}{W - W_R} =$	5,1	9,1	69,0	$\frac{\Delta W}{W - W_G} =$	84,0%

Abb. 119. Abb. 120.

Abb. 118—120. Widerstand des Rumpfes mit luftgekühltem Motor bei verschiedenen Formen der Rumpfspitze und bei N. A. C. A.-Verkleidung. In allen Fällen außer dem einen bezeichneten ist durch Schlitze die nötige Kühlung erreicht unter Opferung eines Teiles der Widerstandsminderung.

Townend-Ring. Eine einfachere Anordnung[1], durch welche der luftgekühlte Motor in eine konvergente Strömung gestellt und dadurch der Formwiderstand herabgedrückt wird, ist der Townend-Ring; der profilierte Querschnitt eines solchen (kreisförmigen oder vieleckigen) um den Motor gelegten Ringes zwingt die Luft zu einer Abströmung gegen den Rumpf zu und erzeugt somit, um den Motor gelegt, eine konvergente Strömung hinter dem Motor. Diese Abströmung ist proportional dem Auftrieb des Ringprofiles, während der Widerstand des Ringes, angesichts der Kleinheit dieses Konstruktionsteiles, weniger entscheidend ins Gewicht fällt. Es kommt also wenig auf die Profilform an; einfache gewölbte Bleche bringen den Effekt gut hervor und vermeiden Platzschwierigkeiten für die hervorstehenden Motorteile. Dicke Profile bringen allerdings den öfters genutzten Vorteil mit sich, daß der Ring sich dann als Auspuffsammler verwenden läßt. Die Strömung um den Ring darf nicht abgerissen sein, da sonst der Abwind gestört wird; sie muß aber eine bedeutende Zirkulation und somit eine große Saugwirkung haben.

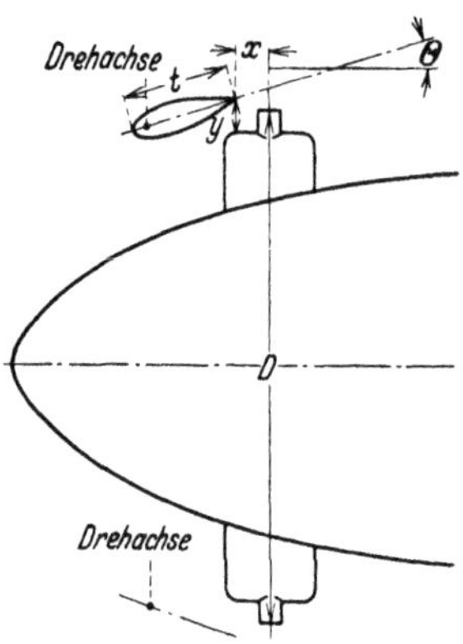

Abb. 121. Townend-Ring, Bezeichnungen.

Die Wirksamkeit des Townend-Ringes hängt somit von seiner richtigen achsialen Rücklage, seinem Durchmesser und seiner Anstellung ab; bei verschiedenen Anstellwinkeln des Flugzeugs muß auch die Wirkung etwas verschieden werden; doch gleichen sich diese Einflüsse in 1. Näherung aus; denn die Anstellwinkel der oberen Ringprofile werden mit wachsendem Flugzeuganstellwinkel größer, die unteren kleiner. Man sollte mit der Einstellung bei achsialem Anströmen unter dem Winkel größten Auftriebs bleiben, damit die Strömung um den Ring nirgends abreißt; aber der Schraubenstrahl, der in vielen Fällen direkt auf den Ring gerichtet ist, mildert ohnehin die Abreißgefahr und überhaupt die Veränderung des Ringanstellwinkels mit dem Flugzustand.

Die Versuche, welche die verschiedenen Formen und Stellungen des Ringes vergleichen lassen, sind nur zum Teil an wirklichen Ringen angestellt; in einigen Versuchsreihen ist der Einfachheit halber die Kreissymmetrie durch eine ebene Symmetrie ersetzt (Abb. 121); an Stelle von Ring und Rumpf treten strebenartige Körper von gleichem Profil; die Ergebnisse dieser Versuche können nicht wohl quantitativ ausgewertet werden, aber qualitative Hinweise geben. In der Übersicht, welche Abb. 122 gibt, ist außer dem Widerstandsbeiwert, der auf die

[1] Townend, H. C. H., Reduction of drag of radial engines by the attachement of rings of aerofoil section including interference experiments of an allied nature, with some further applications. R & M Nr. 1267; 1929/30 S. 540.

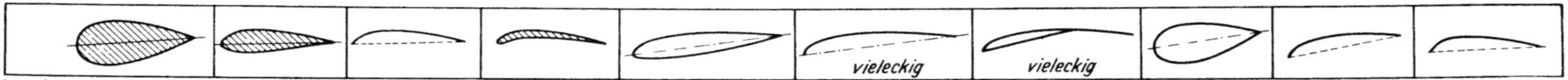

$\frac{t}{D}$	0,250	0,250	0,250	0,250	0,294	0,294	0,294	0,221	0,221	0,221
$\frac{x}{D}$	0,131 0,0817 0,0302	0,0353	0,0353	0,0353	0,0487	0,0487	0,0487	0,427	0,431	0,427
$\frac{y}{D}$	0,483	0,483	0,483	0,483	0,482	0,482	0,482	0,0213	0,0340 0,0103 0,0132	0,0221
θ	4^0	2^0	2^0 $3{,}4^0$	2^0	3^0	$8{,}4^0$	$8{,}4^0$	4^0	8^0	$3{,}4^0$

Widerstand ohne Ring

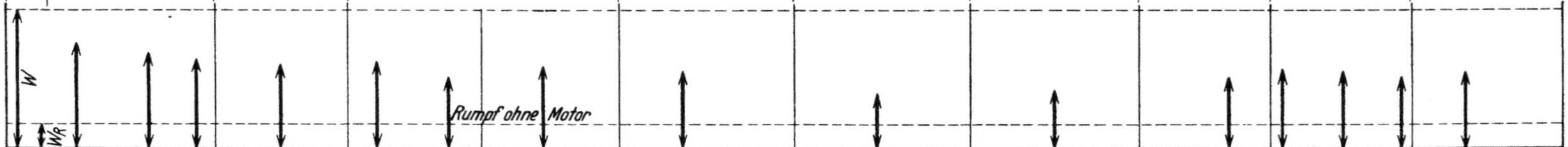

$\frac{\Delta W}{W}$	23,2 30,3 35	38	38 49	41	42,7	60,3	57,5	49	42,4 45,3 47,5	45,5	%
$\frac{\Delta W}{W - W_R}$	28 37 41	46	46 59	50	51	72	69	59	51 54 57	55	%
$-\frac{\Delta V}{V}$	7 9,3			18,6		22		7,9	16,6 17,1 11,4		%

Abb. 122. Versuche über die Wirkung von Townend-Ringen.

Stirnfläche des Motors bezogen ist, die prozentuale Abnahme des Widerstandes ΔW gegenüber dem Widerstand ohne Ring angegeben. Ferner ist die Widerstandsabnahme verglichen mit der Widerstandsdifferenz

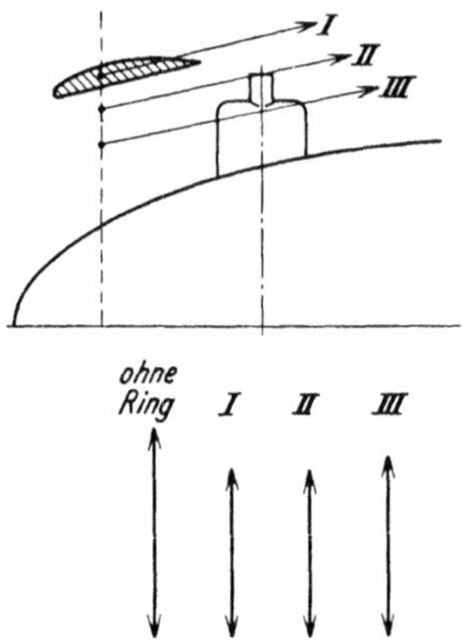

Abb. 123. Townend-Ring; Abhängigkeit von der Höhenlage (y).

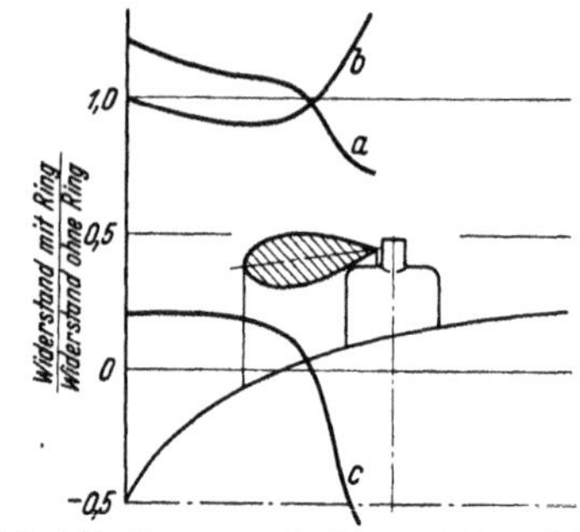

Abb. 124. Townend-Ring; Abhängigkeit von der Rücklage (x). a) Widerstand mit Ring. b) Widerstand des Körpers allein bei Anwesenheit des Ringes. c) Widerstand des Ringes allein bei Anwesenheit des Körpers (Motor mit 7 Zylindern).

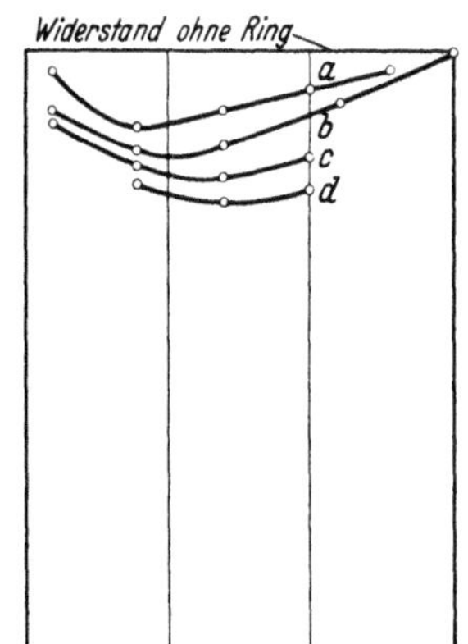

Abb. 125. Townend-Ring; Abhängigkeit von der Einstellung (θ). a) Ebene Platte. b) Strebenform. c) Gewölbte Platte $f = 4,8\%$. d) Gewölbte Platte $f = 7,2\%$.

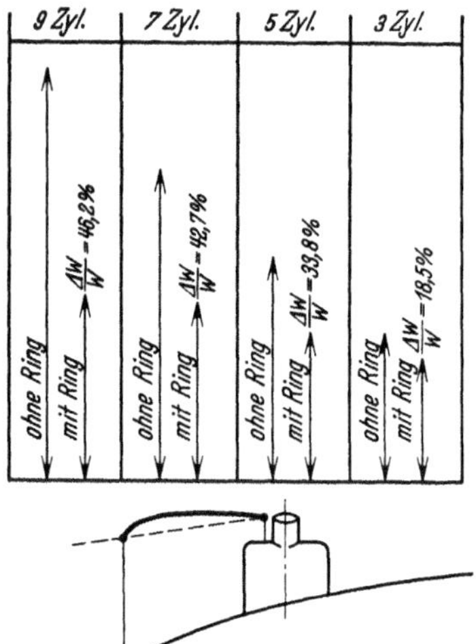

Abb. 126. Townend-Ring; Abhängigkeit von der Zylinderzahl.

Rumpf-Motor minus Rumpf allein, welche den idealen Höchstbetrag der Widerstandseinsparung darstellt; dabei ist noch die zur Kühlung notwendige Oberflächenreibung vernachlässigt, da sie schwer abschätzbar ist; tatsächlich nähert man sich deshalb der erreichbaren

Höchstersparnis mehr, als es nach der Abbildung erscheint. Weiterhin enthält Abb. 122 Angaben über die Verminderung ΔV der Luftgeschwindigkeit zwischen Zylindern; diese Größe kann als Maß für die Verminderung der Kühlwirkung dienen. Kompensiert man diese Verminderung durch Vergrößerung der Kühlrippen, so sind die Nachteile, die sich aus der Vergrößerung des Gewichts und der Oberflächenreibung ergeben, schätzungsweise weit unter den Vorteilen durch den Ring gelegen.

Abb. 123, 124 (Kurve a) und 125 zeigen die Abhängigkeit der Wirkung eines Townend-Ringes von Höhenlage, Rücklage und Einstellung θ; man sieht dabei sehr gut, daß bei verschwindender Zirkulation um den Ring jede Widerstandsverminderung wegfällt, mit wachsender Zirkulation, also wachsendem Ringauftrieb die Wirkung wächst und bei kleinem θ mit dem Abreißen der Strömung die Wirkung nachläßt. Die Analogie zwischen der ΔW - θ-Kurve der Abb. 125 und einer c_a - α-Kurve springt in die Augen.

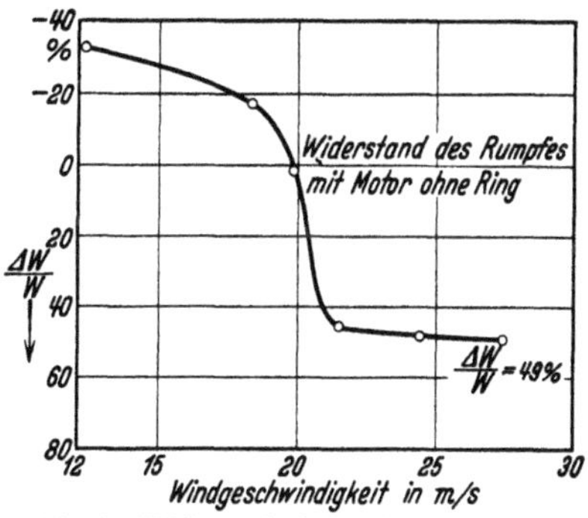

Abb. 127. Wirkungslosigkeit des Townend-Ringes bei zu kleiner Geschwindigkeit und abgerissener Strömung (Versuchsbedingungen Abb. 122, Nr. 8).

Die Wirkung des Ringes ist natürlich um so einschneidender, je größer die Zylinderzahl ist (Abb. 126).

Abb. 127 zeigt die Gefahr der Widerstandserhöhung durch einen Ring im abgerissenen Zustand; bei kleinen Kennwerten löst sich die laminare Grenzschicht ab, ehe sie turbulent wird, bei größeren Kennwerten bildet sich eine turbulente Grenzschicht aus, die praktisch nicht abreißt, daher die nötige Zirkulation und Saugwirkung hergibt; die beiden Bereiche in Abb. 127 sind durchaus analog den beiden Bereichen des Strebenwiderstandes in Abb. 79. Aus all diesen Angaben geht hervor, daß sich allgemeine schematische Regeln für die richtige Gestaltung des Ringes nicht geben lassen; man muß den hydrodynamischen Sinn der Anordnung im Auge behalten und nur dafür sorgen, daß um den Ring eine möglichst ungestörte, möglichst starke Zirkulationsströmung entsteht, die gerade am Motor und unmittelbar hinter ihm eine konvergente Strömung erzwingt.

Um die Vorgänge bei einer Strömung um den Townend-Ring zu klären, wurden in einer Anzahl von Versuchen der Widerstand des Ringes und der des Rumpfes einzeln gemessen und so die gesamte Luftkraft in zwei Teile zerlegt. Die Kurven b und c der Abb. 124 zeigen einen Teil der Ergebnisse, die hydrodynamisch nicht uninteressant sind, aber eigentlich den Blick vom wesentlichen Sinn des Ringes ablenken; denn der Hauptteil der auftretenden Drucke, und somit auch der auftretenden Kräfte auf Rumpf und Ring für sich, rührt von der Verdrängungsströmung her, die in 1. Annäherung als Potentialströmung angesehen werden kann; die Summe aller von diesem Teil der Strömung herrührenden Kräfte ist theoretisch Null, in Wirklichkeit sehr klein. Jedenfalls findet man den Hauptteil der Widerstandsersparnis an Rumpf oder Ring am anderen Teil als Widerstandserhöhung wieder. Bringt

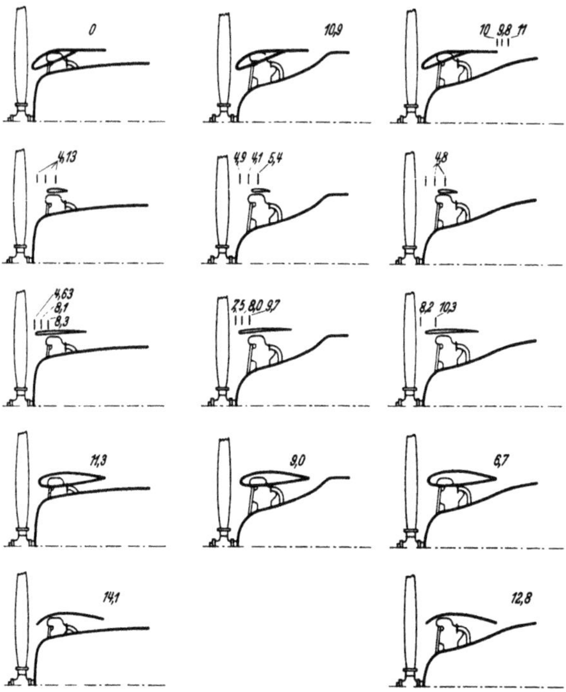

Abb. 128. Ergebnisse von Versuchsflügeln mit Townend-Ring und N. A. C. A.-Verkleidung, Fluggeschwindigkeitszunahme in Prozenten.

man den Ring in eine solche Lage zum Rumpf, daß eine Saugwirkung an der Rumpfnase auftritt, so muß die Gesamtkraft auf den Rumpf klein oder sogar negativ, d. i. dem Windstrom entgegen gerichtet sein; aber natürlich erfährt der Ring eine entsprechend größere Rücktrittskraft. Ein einfaches und eindrucksvolles Experiment kann man in der Weise anstellen, daß man im Windstrom ein Rumpfmodell einem fest aufgehangenen profilierten, richtig eingestellten Ring nähert; der anfänglich verspürte Rücktrieb geht in einen starken Vortrieb über. Bei der Lage, welche der wirklichen Lage des Townend-Ringes entspricht, erfährt, durch Vermehrung der natürlichen Saugwirkung, der Rumpf eine größere Rücktriebskraft, während auf den Ring eine Vortriebskraft wirkt, die als eine Auftriebskomponente aufgefaßt werden kann. Wenn man die Wirkung des Townend-Ringes auf diesen Auftrieb zurückführt, so ist das insofern richtig, als der Auftrieb und der oben mehrfach erwähnte Abwind der Zirkulationsströmung nur verschiedene Teile desselben Tatbestandes sind; aber das Wesentliche der Wirkung liegt nicht in dem Vorhandensein dieses Auftriebs bzw. dieses Abwindes, sondern in der Verminderung des Formwiderstandes in der konvergenten Strömung ohne Herabsetzung der Oberflächenreibung an den Kühlflächen. Bei Bemessung der Befestigung muß man allerdings die Kraft, welche auf den Townend-Ring allein wirkt, beachten; der Vortrieb beträgt bis zu 60% des Widerstandes von Rumpf und Motor ohne Ring.

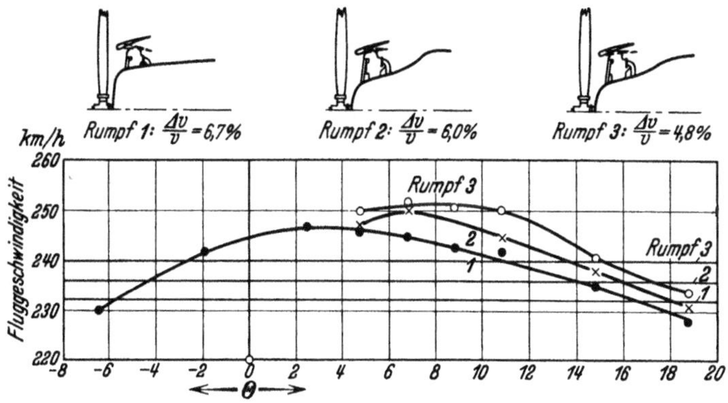

Abb. 129. Abhängigkeit der Wirkung eines Townend-Ringes von der Einstellung nach Versuchsflügen.

Vergleich der beiden Anordnungen. Die praktische Anwendbarkeit der N.A.C.A.-Verkleidung und des Townend-Ringes wurde durch Versuche im Flug[1] untersucht, bei welchen die Geschwindigkeit bestimmt und die Kühlung durch Messung der Motortemperatur kontrolliert wurde. Die Skizzen der Abb. 128 zeigen die Anordnungen; dazu ist der Geschwindigkeitsgewinn infolge Anbringung des Ringes bzw. der Verkleidung angegeben. Im allgemeinen liegt der Gewinn etwas unter demjenigen, der aus den Modellversuchen errechnet wird; denn in der Praxis hat der Townend-Ring immer einen etwas größeren Durchmesser als der Motor, während bei den günstigsten Anordnungen im Windkanal der Ringdurchmesser gleich dem des Motors ist und die hervorstehenden Motorteile an der Ringsaugseite verkleidet sind. Im übrigen bestätigen die Versuche in Hinsicht auf konstruktive Einflüsse die Erfahrungen der Modellversuche; auch die Abhängigkeit vom Ein-

[1] Siehe a. S. 136 — Gough, Melon N., Effect of the angular position of the section of a ring cowling on the speed of an XFJC-1 airplane. N. A. C. A. Techn. Note 355; 1930. — Schey, O. W., E. Johnson and Melon N. Gough, Comparative performance obtained with XFJC-1 airplane using several different engine cowlings. N. A. C. A. Techn. Note 334; 1930.

stellwinkel wird in den Flugversuchen der Abb. 129 wiedergefunden; diese sind mit einem neuneckigen Ring angestellt; man sieht, daß eine falsche Einstellung den ganzen Effekt verhindern, ja sogar eine Geschwindigkeitsverminderung hervorrufen kann.

In der Wirksamkeit ist im allgemeinen die N.A.C.A.-Verkleidung dem Townend-Ring überlegen; die Widerstandsverminderung ist bedeutender. Dagegen ist der Townend-Ring wesentlich einfacher in der Konstruktion. Während die richtige N.A.C.A.-Verkleidung in jedem einzelnen Fall durch mühevolle Versuche ausprobiert werden muß, läßt sich der Townend-Ring auch an fertigen Flugzeugen ohne Rücksicht auf die Rumpfform anbringen; er beeinträchtigt ferner in viel geringerem Maße die Zugänglichkeit des Motors; schließlich hat er den Vorzug des kleineren Gewichtes. Bei einem 400—500pferdigen Motor wiegt der Townend-Ring etwa 9 kg, die N. A. C. A.-Verkleidung etwa 36 kg.

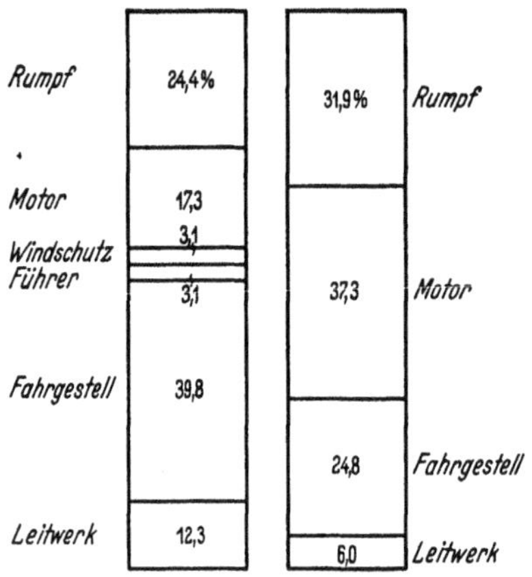

Abb. 130. Zusammensetzung des schädlichen Widerstandes eines Flugzeugs.

Zusammensetzung des schädlichen Widerstandes. Aus den Angaben für das Zusammenwirken von Rumpf, Flügeln, Motor und Kühlvorrichtung kann man den gesamten schädlichen Widerstand eines Flugzeugs abschätzen; wieviel Einzelteile, wie Drähte, Streben, Leitwerk, Fahrgestell usw. beitragen, geht auch aus den obigen Einzelangaben hervor und kann in 1. Näherung additiv hinzugenommen werden. Einige Versuchsergebnisse[1], welche den prozentualen Anteil der einzelnen Teile am schädlichen Widerstand angeben, enthält Abb. 130; die Modelle hatten dabei keine Flügel und keine Kühlungsverkleidung; der Widerstandsanteil des Einzelteils bedeutet hier die Differenz zwischen dem ganzen Widerstand und dem nach Entfernung des betreffenden Teils verbleibenden Widerstand.

Der Beiwert des gesamten schädlichen Widerstandes bewegt sich bei Flugzeugen, wenn man die einzelnen schädlichen Flächen addiert, etwa zwischen $c_w = 0{,}02$ und $0{,}03$.

[1] Weick, Fred E., Full scale drag tests on various parts of Sperry Messenger airplane. N. A. C. A. Techn. Note 271 (1928). — Herrenstein, W. H., Full scale drag tests on various parts of Fairchild cabin monoplan. N. A. C. A. Techn. Note 340; 1930.

§ 8. Wasserwiderstand von Schwimmern[1].

Um den Start von Seeflugzeugen berechnen zu können, braucht man den Wert des Wasserwiderstandes (P) der Schwimmer in Abhängigkeit von der Form und von den drei Variablen: Trimmwinkel γ (zwangläufig mit dem Anstellwinkel α des Flugzeugs verbunden), Geschwindigkeit v und Schwimmerbelastung K. Die wichtigsten Formfaktoren sind Breite, Anzahl und Ausbildung der Stufen, gegenseitige Entfernung zweier Schwimmer, Anstellung des Buges, Kielausbildung. Eine große Anzahl von Versuchen in natürlicher Größe und von Modellversuchen hat die Technik zu schönen Erfolgen auf diesem Gebiet geführt, und auch die veröffentlichten Versuche — die hier wohl nur einen kleinen Teil der angestellten Versuche ausmachen — enthalten wertvolles Material; trotzdem können systematische Folgerungen aus den vorliegenden Ergebnissen nicht gezogen werden, weil sie alle von zu speziellen Voraussetzungen ausgehen und noch kein klares Bild der Funktion von drei Variablen, selbst in einem beschränkten Bereich, ergeben.

Der Grund hierfür liegt hauptsächlich darin, daß man dem Schwimmer beim Versuch unter der gegebenen Belastung die Selbsteinstellung gestattet, und zwar in der Regel nicht nur hinsichtlich der Eintauchtiefe, sondern auch hinsichtlich des Trimmwinkels; das bedeutet aber, daß der Trimmwinkel durch das Momentengleichgewicht unter den speziellen Versuchsbedingungen bestimmt wird, also etwa wenn der Schwimmer ohne Flugwerk untersucht wird, durch das Gleichgewicht zwischen den Momenten des Wasserdruckes auf den Schwimmerboden und des Gewichtes in seiner zufälligen, nur von den Versuchsbedingungen bestimmten Lage[2]. Der Trimmwinkel würde vom wirklichen Flugzeug nur dann in der gleichen Weise angenommen werden, wenn die Momente des Flugwerkes unter sich ausgeglichen oder sehr klein gegen die Momente der Schwimmerkräfte wären und wenn sich das Gewicht durch die Schwimmergestellstreben in gleicher Weise auf den Schwimmer übertragen würde wie im Versuch. Beide Voraussetzungen werden im allgemeinen nicht zutreffen; gehört aber etwa zur gleichen Geschwindigkeit und zur gleichen Belastung ein verschiedener Trimmwinkel im Versuch und in der technischen Wirklichkeit, so wird der Widerstand ganz verschieden und der Startvorgang kann ganz anders verlaufen. Man kann sich von dieser Schwierigkeit nur dadurch ganz frei machen, daß man auch den Trimmwinkel willkürlich verändert, etwa durch Verschiebung des belastenden Gewichtes; dabei genügt es, bei einigen Trimmwinkeln in einem gewissen Bereich von Belastungen, die mit

[1] Herrmann, H., Schwimmer und Flugkörper. Ber. u. Abh. d. W.G.L. 1926 14. Heft S. 126. — Seewald, F., Einige Probleme aus dem Arbeitsgebiet der aerodynamischen Abteilung der DVL; DVL-Jb. 1931 S. 1.

[2] Systematische Versuche: Herrmann, H., G. Kempf u. H. Kloess, Schleppversuche an Zweischwimmerpaaren. DVL-Jb. 1928 S. 80.

wachsender Geschwindigkeit abnehmen, zu messen. Solche Meßreihen liegen heute vor, sind aber nicht vollständig veröffentlicht.

Die besondere Schwierigkeit, welche sich der richtigen Verwendung aller Schwimmerversuche und besonders der Auswertung der Modellversuche entgegenstellt, liegt in den Gesetzen der mechanischen Ähnlichkeit; diese sind wohl grundsätzlich bekannt, aber in diesem Falle schwer anzuwenden; auch scheinen Unklarheiten im allgemeinen nicht ganz behoben, so daß diese Gesetze in der Praxis nicht voll ausgenutzt zu werden scheinen. Um das Gesetz, wonach der Widerstand von Belastung, Trimmwinkel und Geschwindigkeit abhängt, physikalisch exakt zu fassen, gehen wir zu dimensionslosen Größen über.

Die Verhältniszahl $\frac{P}{K}$ hängt auch hier, wie oben beim Tragflügelproblem, ab von den Formverhältnissen, dem Trimmwinkel γ und der Reynoldsschen Zahl $\frac{v\,l}{\nu_w}$, die aus der Geschwindigkeit v, der Längenabmessung l des Schwimmers und der kinematischen Zähigkeit ν_w des Wassers gebildet wird; letztere ist maßgebend für den Wert der Oberflächenreibung. Noch stärker wird aber der Widerstand durch die Kräfte beeinflußt, welche von der freien Oberfläche herrühren und das Deplacement bestimmen, d. i. von Schwere und Trägheit. Ist das Deplacement D selbst eine gegebene Größe, so wird $\frac{P}{K}$ abhängig vom Volumverhältnis $\frac{D}{l^3}$ und der Froudeschen Zahl $\frac{g\,l}{v^2}$ [1], die das Verhältnis der Schwerkraft zur Trägheitskraft darstellt. Das Schwimmerproblem ist aber nun stets in der Weise gestellt, daß weniger das Deplacement als die belastende Kraft K im Vordergrund steht; man benutzt daher als maßgebende Verhältniszahlen besser die Verhältnisse dieser Kraft K zur Schwerkraft und zur Trägheitskraft als unabhängige Variable; diese Verhältnisse sind $\frac{K}{\varrho_w\,g\,l^3}$ und $\frac{K}{\varrho_w\,v^2\,l^2}$, wenn noch ϱ_w die Dichte des Wassers bedeutet. Das Verhältnis dieser beiden Zahlen ist wieder die Froudesche Zahl. Wir verwenden aus rein formalen Gründen lieber die reziproken Werte. Wir erhalten somit für den Schwimmwiderstand bei gegebener Form das Gesetz:

$$\frac{P}{K} = f\left(\gamma,\ \frac{v\,l}{\nu_w},\ \frac{\varrho_w\,g\,l^3}{K},\ \frac{\varrho_w\,v^2\,l^2}{K}\right) \tag{3,21}$$

Nun ist es praktisch nicht allgemein möglich, im Modellversuch die Reynoldssche und die Froudesche Zahl gleichzeitig nachzubilden, so daß bei richtiger Wahl von K die ganzen Modellverhältnisse der Wirklichkeit entsprechen würden. Man kann sich aber die Aufgabe wesentlich vereinfachen, wenn man sich die heutigen theoretischen Kenntnisse über Oberflächenreibung[2] zunutze macht, den Anteil der

[1] Siehe S. 8.
[2] Siehe S. 83ff., sowie Bd. II, Kap. VIII, § 6 und 10.

Oberflächenreibung abschätzt und vom gemessenen Wert abzieht. Dieses einfache Subtrahieren — bzw. Addieren der abgeschätzten Oberflächenreibung bei der Großausführung — kann wohl kaum einen großen Fehler zur Folge haben; denn die beiden Teile des Widerstandes rühren von grundverschiedenen Ursachen her, nämlich der Verdrängungswiderstand von Normaldrucken, die Oberflächenreibung von den tangentiellen Spannungen.

Eine weitere Vereinfachung ergibt sich daraus, daß im technisch wichtigsten Bereiche größerer Geschwindigkeiten die Abhängigkeit von der Zahl $\frac{\varrho_w g l^3}{K}$ gering wird, d. h. physikalisch, daß die wesentliche Kraft, die den Schwimmer trägt, von der Trägheit der verdrängten Wasserteilchen herrührt, und die Schwere des verdrängten Wassers — die im Falle der Ruhe allein maßgebend ist — beim rasch bewegten und schon stark aus dem Wasser gehobenen Schwimmer keine wesentliche Rolle mehr spielt. So kann man — abgesehen vom Bereich sehr kleiner Werte der Abszisse — die gemessenen Widerstandswerte als Funktion der Zahl $\frac{\varrho_w v^2 l^2}{K}$ als einparametrige Schar (Parameter γ) darstellen. Dies hat Schröder[1] zuerst abgeleitet und durch Auswertung von Versuchen bestätigt. Er hat dabei noch nicht einmal die Korrektur durch Abzug der Oberflächenreibung angebracht. Durch Beachtung dieser Modellregel in den gebotenen Grenzen können viel Versuche gespart werden; es ist ja gleichgültig, ob man nur l oder v oder K oder mehrere dieser Größen gleichzeitig verändert.

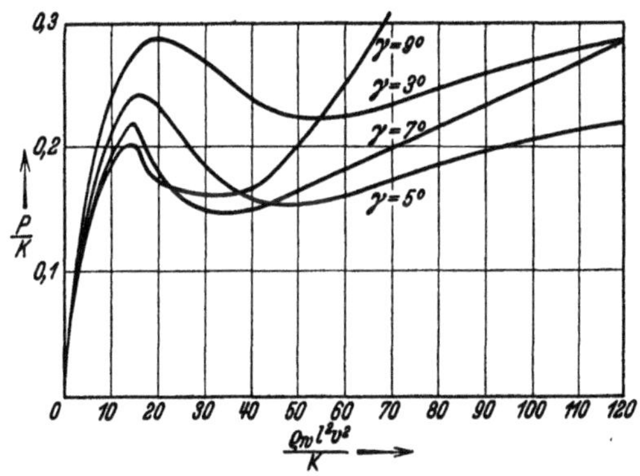

Abb. 131. Widerstand eines Schwimmers in Abhängigkeit vom Verhältnis der Trägheitskraft zur Belastung und vom Trimmwinkel (γ). Unkorrigierte Werte.

Leider liegen solche durch Abzug der Oberflächenreibung korrigierte Messungen nicht vor, so daß hier als Beispiel nur unkorrigierte Werte einer Meßreihe[2] Verwendung finden können. Abb. 131 ist also nicht quantitativ verwendbar; sie zeigt nur qualitativ die Zusammenhänge; da die Reibungskräfte und Schwerkraft bei kleiner Geschwindigkeit erheblicher ins Gewicht fallen, sind die Werte der Abb. 131 bei großen

[1] Schröder, P., Ein Übertragungsgesetz der Hydrodynamik und seine Anwendung bei der Untersuchung des Starts von Seeflugzeugen. Z. Flugtechn. Motorluftsch. Bd. 22 (1931) S. 8.

[2] Unveröffentlicht.

$\frac{\varrho w\, l^2 v^2}{K}$ wohl einigermaßen richtig, bei kleinen $\frac{\varrho w\, l^2 v^2}{K}$ (d. i. großen Froudeschen Zahlen) um etwa 20% zu hoch.

Ein einwandfreies Material, das die Abhängigkeit von der Form klarstellt und auf Grund dessen bestimmte Vorschriften über den Start gegeben und Rechnungen durchgeführt werden können, muß der Zukunft vorbehalten bleiben.

Theoretische Ansätze zur Berechnung des Verdrängungswiderstandes an der freien Oberfläche aus der Mechanik der idealen Flüssigkeiten sind von H. Wagner, besonders im Hinblick auf die Stoßvorgänge bei der Wasserung verfolgt worden[1].

§ 9. Schraubenkraft.

Versuchsergebnisse an isolierten Schrauben. Ein schwieriges und vielseitiges Problem ist die numerische Angabe der Werte für Schraubenkraft und Wirkungsgrad, die bei Berechnung der Flugleistungen einzusetzen sind. Die Hauptaufgabe für den Flugzeugerbauer ist die Auswahl der richtigen Schraube; die zweite Aufgabe ist die richtige Abschätzung der Werte von S und η. Beide Aufgaben sind nicht aus dem Versuchsmaterial an isolierten Schrauben allein zu lösen, obwohl dieses Material die Grundlage bilden muß; Schraube und Flugzeug beeinflussen sich aber gegenseitig so stark, daß die Zahlenwerte des Versuches bedeutend abgeändert werden können.

Wir gehen hier nicht auf die Theorie der Schraube und auf das Versuchsmaterial ein, lassen also die Aufgabe der Schraubenauswahl beiseite und verweisen auf den 3. Band des vorliegenden Werkes. Dagegen können wir die Frage nicht umgehen, welche Zahlwerte von S und η bei richtiger Schraubenwahl in unsere Gleichungen einzusetzen sind; dabei streifen wir die tieferliegenden Probleme der Luftschraube nur soweit, als dies zum Verständnis notwendig ist.

Hat man einen bestimmten Motor, so ist das Drehmoment eine gegebene, von der Vergaserstellung und der Luftdichte abhängige, von der Drehzahl in weitem Bereich unabhängige Größe. Auch die Drehzahl, mit welcher der Motor im Dauerzustand betrieben werden soll, ist vorgeschrieben; sie ändert sich aber in gewissen Grenzen mit dem Flugzustand und mit der Luftdichte. Man wählt nun die Form der Schraube, besonders die Steigung, sowie den Schraubendurchmesser so, daß bei einer gegebenen Geschwindigkeit oder in einem gegebenen Geschwindigkeitsbereich möglichst günstige Werte des Wirkungsgrades auftreten.

Die Versuchsergebnisse trägt man, da unser Ausgangspunkt das Drehmoment ist, am besten in ein μ-λ-Diagramm[2] ein, das den Dreh-

[1] Wagner, H., Über Landung von Seeflugzeugen. Z. Flugtechn. Motorluftsch. Bd. 22 (1931) S. 1 u. Z. angew. Math. Mech. Bd. 12 (1932) S. 193.

[2] Siehe S. 11.

wert in Abhängigkeit vom Fortschrittsgrad darstellt. Der Wert des Wirkungsgrades, der zu einem bestimmten Punkt der Kurve gehört, kann an die Kurve angeschrieben werden; trägt man in das Diagramm

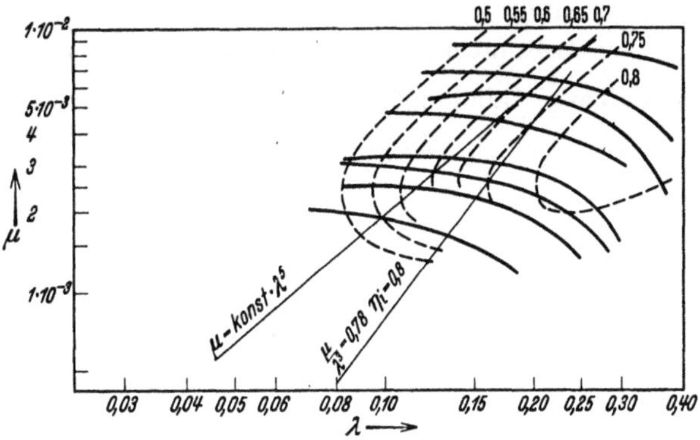

Abb. 132. Diagramm einer Schraubenfamilie.

eine Schar von Kurven ein, die etwa zu Schrauben ähnlicher Form mit verschiedener Steigung gehören, so kann man die Punkte gleichen Wirkungsgrades durch Kurven verbinden und so Linien konstanten Wirkungsgrades erhalten. In dieser Form ist das Diagramm am brauchbarsten zur Schraubenauswahl; da wir viel mit Potenzformeln, welche μ und λ kombinieren, zu tun haben, ist es praktisch, die Logarithmen von μ und λ an Stelle der Größen selbst aufzutragen.

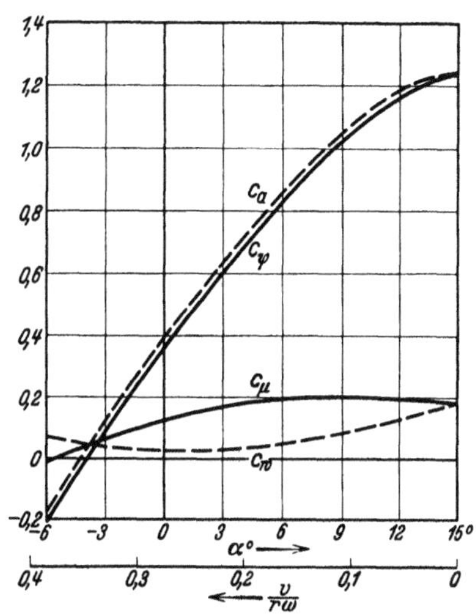

Abb. 133. Beiwerte c_ψ und c_μ.

Abb. 132 enthält ein solches Diagramm[1] für eine Schar ähnlicher Schrauben. Da sich die Messungen auf isolierte Schrauben beziehen, kann der Wert des Wirkungsgrades aus ihnen nicht ohne weiteres auf Schrauben am Flugzeug bezogen werden; wir wollen ihn also zunächst noch nicht mit dem Werte η in den Formeln des 2. Kapitels identifizieren und ihn mit η_0 bezeichnen. Zum Verständnis muß man sich klarmachen, daß hier die Luftkraft in anderer Weise in Komponenten zerlegt ist als bei Flügeln üblich, nämlich in Richtung der Achse und senkrecht dazu; den Unterschied gegenüber der gewöhnlichen Zerlegung

[1] Bendemann, F. u. G. Madelung, Praktische Schraubenberechnung. T. B. Bd. 2 S. 53.

in c_a und c_w erkennt man aus Abb. 133, in welcher die beiden Komponenten mit c_ψ und c_μ bezeichnet sind; aus solchen Beiwerten setzen sich die Werte ψ und μ zusammen. Aus den geometrischen Verhältnissen der Abb. 7 folgt ohne weiteres, daß für Geschwindigkeit Null der Anstellwinkel des Schraubenprofiles seinen größten Wert hat, und daß er mit wachsendem $\frac{v}{r\,\omega}$ abnimmt. Der Verlauf der μ-Kurven in Abb. 132 wird so leicht verständlich. Zu großen Werten von μ gehören nun aber kleine Werte von $\frac{\psi}{\mu}$ und daher auch kleine Werte von η_0 nach Gleichung (1,13); der günstige Bereich großer η_0-Werte liegt auch hier bei derselben Größenordnung der Anstellwinkel, wie die günstigsten Werte der Gleitzahl und der Steigzahl bei Flügeln. Die vollständige Berechnung der η_0-Werte durch Zusammensetzung der auf die einzelnen Profile wirkenden Kräfte unter Berücksichtigung der abgelösten Wirbel nach der Tragflügeltheorie führt zu sehr befriedigenden Ergebnissen; sie findet sich im 3. Band. Hier wollen wir zum Verständnis nur die einfachste, älteste Schraubentheorie, die sog. **Strahltheorie**, heranziehen:

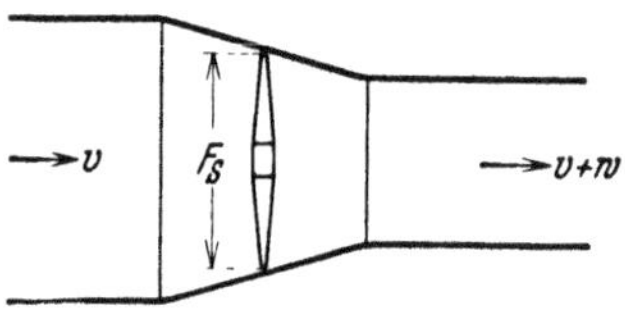

Abb. 134. Mechanismus der Luftschraube nach der Strahltheorie.

Strahltheorie. Diese Theorie faßt die Schraube als einen Mechanismus auf, welcher der auf eine Kreisfläche gleichförmig anströmenden Luft eine Zusatzgeschwindigkeit erteilt (Abb. 134), ohne daß dabei Energie verlorengeht. Nach dem Impulssatz erfährt ein solcher Mechanismus eine Vortriebskraft S, die mit dem erfaßten Luftvolumen Q, der Luftdichte ϱ und der Zusatzgeschwindigkeit w zusammenhängt durch die Beziehung

$$S = \varrho\, Q\, w \tag{3,22}$$

Die in der Zeiteinheit erzeugte Zusatzenergie L ist hierbei

$$L = \frac{\varrho\, Q}{2}\left[(v + w)^2 - v^2\right] = \varrho Q\left(v\,w + \frac{w^2}{2}\right),$$

die Arbeit in der Zeiteinheit ist gleich der Kraft S mal der Geschwindigkeit $\frac{Q}{F_S}$, wobei F_S die Schraubenkreisfläche bedeutet. Der Energiesatz ergibt also die Beziehung

$$S\,\frac{Q}{F_S} = \varrho Q\left(vw + \frac{w^2}{2}\right). \tag{3,23}$$

Der „ideale“ Wirkungsgrad dieser Anordnung η_i ist gegeben durch

$$\eta_i = \frac{S\,v}{L} = \frac{1}{1 + \frac{w}{2\,v}} \tag{3,24}$$

Dieser Wert muß eine obere Grenze für jeden erreichbaren Wirkungsgrad darstellen, da bei dem hier zugrunde gelegten Mechanismus jede

Energieverzehrung ausgeschlossen wurde. Um eine Beziehung zwischen η_i und den Beiwerten der Schraubenkräfte zu erhalten, schreiben wir Gleichung (3,23) dimensionslos

$$\frac{S}{\varrho F_S v^2} = \frac{\psi_i}{\lambda_i^2} = \frac{w}{v} + \frac{1}{2}\left(\frac{w}{v}\right)^2 = \frac{2 - 2\eta_i}{\eta_i^2} \qquad (3,25)$$

Hierbei bedeutet der Index i, daß der Beiwert sich auf die ideale, nicht auf eine wirkliche Schraube bezieht. Da in der Flugtechnik die Leistung primär gegeben ist, nicht der Schub, gebraucht man Gleichung (3,25) besser in der bei Benutzung von (1,13) folgenden Form:

$$\frac{L}{\varrho F_S v^3} = \frac{\mu_i}{\lambda_i^3} = \frac{2 - \eta_i}{\eta_i^3} \qquad (3,26)$$

Die Gleichung sagt aus, daß der Wirkungsgrad einer Schraube um so höher gesteigert werden kann, je größer die Fluggeschwindigkeit und je kleiner die Flächenleistung $\frac{L}{F_S} = \frac{75\,N}{F_S}$ ist.

Würde diese einfache Betrachtung ohne weiteres auf die Wirklichkeit anwendbar sein, so würden die Kurven $\frac{\mu}{\lambda^3} = \text{const}$ (im logarithmischen Diagramm Gerade) die Kurven gleichen Wirkungsgrades in Abb. 132 sein. Eine solche Kurve ist auch eingezeichnet, sie weicht wesentlich von der wirklichen Kurve ab. Die Abweichung kommt von der in Wirklichkeit infolge des Widerstandes auftretenden Energiezerstreuung her, oder, wie man auch sagen kann, von der als Reaktion auf die Widerstandskräfte auftretenden Strahlrotation. Den Schnittpunkten der Geraden $\eta_i = \text{const}$ mit den μ-Kurven entsprechen um so höhere mittlere Anstellwinkel des Schraubenblattprofiles, je größer — innerhalb derselben Schar — die Steigung der Schraube ist. Es gibt einen solchen Anstellwinkel, welcher den besten Wirkungsgrad ergibt, in Analogie zum Anstellwinkel kleinster Gleitzahl; bei größeren Anstellwinkeln nimmt der Wirkungsgrad langsam ab, bei kleineren sinkt er sehr schnell, wieder in Analogie mit dem Verhalten der Gleitzahl (Abb. 20).

Leistungsberechnung. Das Diagramm Abb. 132 kann man nun in der Regel nicht in der einfachen Weise benutzen, daß man zu einem gegebenen Fortschrittsgrad Drehwert und Wirkungsgrad abliest und etwa daraus erst die nötige Motorleistung berechnet. In der Regel wird zunächst weder μ noch λ gegeben sein, sondern von der Wahl etwa des Schraubenhalbmessers abhängen, während die Motorleistung meist gegeben ist. In solchen Fällen hat man noch eine weitere Beziehung zwischen μ und λ, die sich im logarithmischen Diagramm als Gerade darstellt. Kennt man z. B. v, $\omega \left(= \frac{2\pi n}{60}\right)$ und die zur Verfügung stehende Motorleistung L, während man den Schraubenhalbmesser noch sucht, so hat man nach (1,11) die Beziehung

$$\mu = \frac{L}{\pi \varrho \omega^3 R^5} = \frac{L}{\pi \varrho \omega^3} \cdot \left(\frac{\lambda \omega}{v}\right)^5 = \frac{L \omega^2}{\pi \varrho v^5} \cdot \lambda^5 = \text{const} \cdot \lambda^5, \qquad (3,27)$$

die in Abb. 132 eingezeichnet ist. Jeder Schnittpunkt dieser Geraden mit einer μ-λ-Kurve gehört zu einem bestimmten Schraubenhalbmesser, mit welchem die betreffende Schraube bei der gegebenen Geschwindigkeit und mit der gegebenen Drehzahl die Leistung des Motors aufnimmt; der dazugehörige Wirkungsgrad folgt aus der durch den Schnittpunkt gehenden Kurve $\eta_0 = \text{const}$. Der größte Wirkungsgrad wird mit demjenigen Schraubenhalbmesser erreicht, der zum Berührungspunkt der Geraden mit einer η_0-Kurve gehört.

Hat man eine bestimmte Schraube mit bestimmtem Halbmesser, so geht man wieder von der nunmehr fest gegebenen μ-λ-Kurve aus. Dem Diagramm muß nunmehr entnommen werden, welche Drehzahlen und welcher Wirkungsgrad zu einem bestimmten Flugzustand gehören.

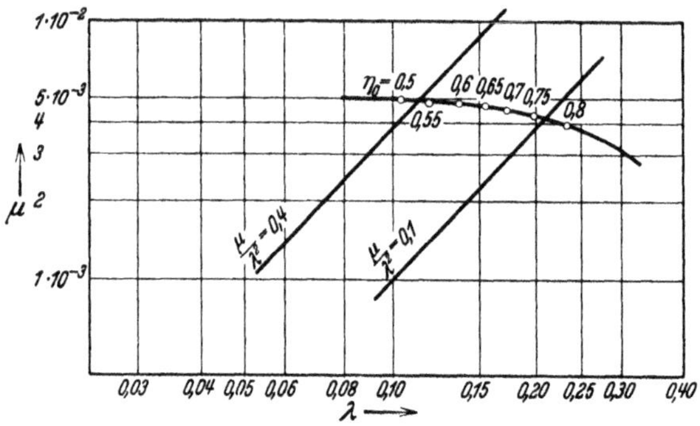

Abb. 135. Berechnung von η_0 bei gegebenem c_a.

Für die Zwecke der Leistungsberechnung von Flugzeugen gehen wir am besten von c_a aus, das durch den Ausschlag des Höhenruders bestimmt ist; bei gegebener Luftdichte ϱ folgt dann aus dem Fluggewicht die Geschwindigkeit v; aus Vergaserstellung und Luftdichte folgt das Drehmoment M des gegebenen Motors und daraus dann $\frac{\mu}{\lambda^2} = \frac{M}{\pi \varrho R^3 v^2}$; die Linien $\frac{\mu}{\lambda^2} = \text{const}$ kann man in das Diagramm einzeichnen (Abb. 135); ihre Schnittpunkte mit der μ-λ-Kurve der Schraube ergeben η_0. So erhält man die mit den verschiedenen c_a-Werten verbundenen Werte von η_0. Da $\frac{M}{\varrho v^2}$ und mit ihm $\frac{\mu}{\lambda^2}$ bei Änderung der Höhe und der Fluggeschwindigkeit erheblich schwanken kann, muß man bei der Auswahl einer festen Schraube einen Kompromiß schließen, um nicht Flugzustände mit allzu schlechtem η_0 zu haben. Besser ist es, Verstellschrauben zu verwenden, bei denen durch willkürliche Veränderung der Steigung der mittlere Blattanstellwinkel immer in der Nähe des günstigsten, und somit immer ein hoher Wirkungsgrad erhalten werden kann. Indes sind die konstruktiven Schwierigkeiten der Verstellschrauben sehr groß und noch nicht ganz überwunden.

Die erreichbaren Werte von η_0 wachsen mit der Steigung der Schraube an. Ein Beispiel des Verlaufes von η_0 in Abhängigkeit von λ bei einer Schraubenfamilie gibt Abb. 136 [1].

Schraube am Flugzeug. Der so gemessene Wert η_0 ist nun noch nicht identisch mit dem Wirkungsgrad η, den wir in den Formeln des 2. Kapitels verwandten, und der Begriff des Wirkungsgrades überhaupt verliert seine einfache Bedeutung, wenn wir nicht mehr die Schraube für sich, sondern die Schraube am Flugzeug betrachten[2]. Die Auffassung, wonach ein Flugzeug einen bestimmten im Luftstrom oder im Gleitflug meßbaren Widerstand hat und dieser Widerstand durch die gleichfalls im Luftstrom meßbare Schubkraft der Schraube ins Gleichgewicht gesetzt wird, ist zu sehr idealisierend, um praktisch zu genügen. In Wirklichkeit saugt die Schraube aus dem Vorstrom die Luft an, bläst sie mit erhöhter Geschwindigkeit und in drehender Bewegung nach hinten aus und erzeugt so ein Strömungsfeld, in welchem die Kräfte gegenüber der ungestörten Gleitflugbewegung einigermaßen verändert sind. Vor allem Rumpf und Leitwerk, Motor und Kühler, aber auch die Flügel werden von diesen Zusatzbewegungen erfaßt, und ihr Widerstand wird vergrößert. Auch die Strömung um die Luftschraube wird durch die störenden Flugzeugteile verändert. Doch wirkt sich das nur als Korrektur auf den mittleren Fortschrittsgrad aus und beeinflußt wenig die Werte von Kraft und Drehmoment, solange der Schraubendurchmesser mindestens doppelt so groß als der Rumpfdurchmesser ist. Bei Zugschrauben ist fast nur die Widerstandserhöhung im Schraubenstrahl wesentlich, bei Druckschrauben fällt diese Wirkung fort; doch ist die Schraube selbst mehr beeinflußt, da sie zum Teil in einem Unterdruckgebiet arbeitet. Man kann sich diese gegenseitige Beeinflussung schön klarmachen, wenn man sich den unwirklichen extremen Fall der Abb. 137 vorstellt, in welchem die Schraube ganz vom Rumpf umschlossen wird. Dabei wird der Schraubenstrahl am Rumpf vollständig gestaut; eine Impulserhöhung tritt wohl hinter der Schraube, nicht aber hinter dem Flugzeug ein, so daß eine Vortriebskraft auf den ganzen

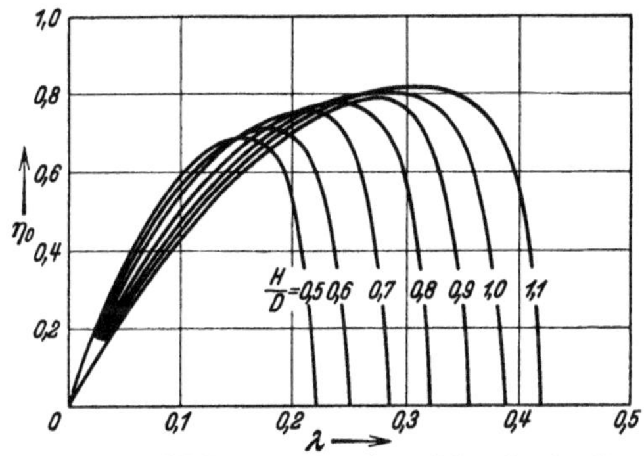

Abb. 136. Wirkungsgrade einer Schraubenfamilie. (H Steigung, D Durchmesser.)

[1] Entnommen aus W. F. Durand, Tests of 13 navy type model propellers. N. A. C. A. Nr. 237; 1926 S. 153.

[2] Betz, A., Der Wirkungsgradbegriff beim Propeller. Z. Flugtechn. Motorluftsch. Bd. 19 (1928) S. 171.

Mechanismus überhaupt nicht zustande kommt. Dementsprechend leistet natürlich die Schraube auch keine Arbeit; sie muß nicht ständig neue Luft nach hinten werfen, wie in wirklichen Flugzeugen; nur zur Aufrechterhaltung der Luftrotation im Raum zwischen Schraube und Rumpf wird Energie verbraucht.

Wegen dieser gegenseitigen Beeinflussung ist die Zerlegung des einheitlichen Organismus Schraube-Flugzeug in eine vortreibende Schraube mit der Zugkraft S und ein rücktreibendes Flugzeug mit Widerstand W keineswegs eindeutig, sondern willkürlich. Man kann in doppelter Weise vorgehen, wie es die Skizzen der Abb. 138 veranschaulichen:

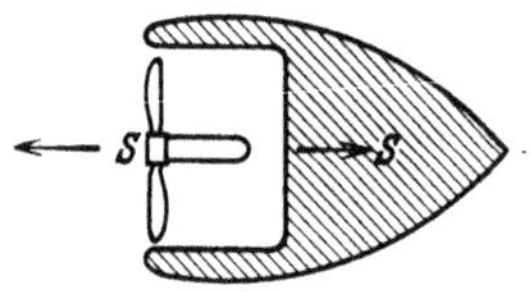

Abb. 137. Volle Stauung des Schraubenstrahls am Rumpf.

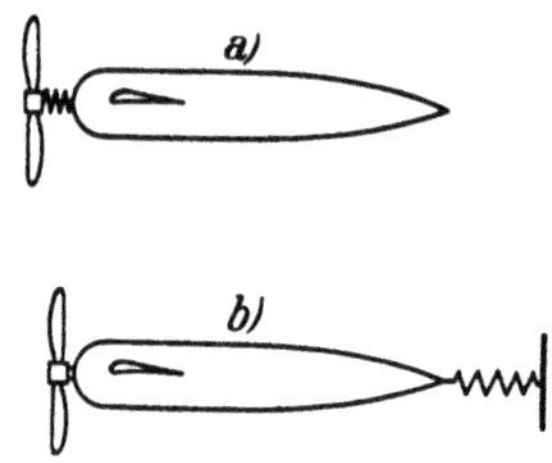

Abb. 138a und b. Meßnabenschub (a) und Propulsionsschub (b).

1. Zwischen Schraube und Flugzeug denkt man sich ein Meßinstrument eingeschaltet, welches die zwischen den beiden Körper wirkenden Kräfte feststellt; ein solches Instrument ist z. B. die S. 17 beschriebene Meßnabe. Den so gemessenen Schraubenschub nennt man daher „Meßnabenschub“. In diesem Falle ist der Widerstand W nicht identisch mit dem Gleitflugwiderstand; er hängt vielmehr noch von Gestalt und Fortschrittsgrad der Schraube ab, und entsprechend ist die Schubkraft der Schraube von Gestalt und Lage des Flugzeugs beeinflußt. Die Verwendung dieser Begriffe für S und W ist logisch, aber nicht praktisch; sie wäre zur Leistungsberechnung nur dann geeignet, wenn ein bedeutendes und allgemeines Versuchsmaterial mit Meßnaben gewonnen wäre. Der Begriff des „Meßnabenwirkungsgrades“ wird aber unanschaulich; denn die von der Schraube geleistete Arbeit Sv wird zum Teil dazu verwendet, um einen von der Schraube selbst erzeugten Widerstand, nämlich die Erhöhung des Flugzeugwiderstandes gegenüber dem Gleitflugwiderstand, zu überwinden und dieser Teil kann nicht wohl als „nützliche“ Arbeit angesehen werden. Im Extremfall (Abb. 137) wird natürlich der Meßnabenwirkungsgrad Null, da v und somit die Vortriebsleistung hierbei verschwinden müssen, nicht aber die Motorleistung, durch welche die Luft in Drehung erhalten wird.

2. Man mißt den Widerstand des Mechanismus Schraube-Flugzeug in Abhängigkeit von der Drehzahl der Schraube, etwa mit einem nach Abb. 138b angeordneten Instrument. Der bei Drehzahl Null sich ergebende Wert ist identisch mit dem Gleitflugwiderstand und läßt sich aus Modellversuchswerten aufbauen. Hierbei ist es noch willkürlich,

aber auch gleichgültig, ob man den Widerstand der stillstehenden Schraube hinzurechnen will oder nicht; bei Entnahme der Werte aus Gleitflugversuchen wird man dies tun, bei Entnahme aus Modellversuchen nicht; immerhin ist der Widerstand einer stillstehenden Schraube nicht zu vernachlässigen. Dreht sich nun die Schraube, so wird die am Meßinstrument gemessene Kraft kleiner und ändert schließlich ihr Vorzeichen, wie das Beispiel Abb. 139 zeigt[1]. Die Differenz zwischen den so gemessenen Kräften und dem Widerstand W ohne (bzw. bei stillstehender) Schraube sehen wir als Schraubenkraft S an; man nennt dieses S den „Propulsionsschub" und den daraus errechneten Wirkungsgrad $\eta = \frac{S\,v}{L}$ den „Propulsionswirkungsgrad". Da wir uns bei all unsern praktischen Rechnungen im wesentlichen auf Modellversuche stützen, ist es für uns geboten, den Propulsionswirkungsgrad als die in unseren Gleichungen auftretende Größe η anzusehen.

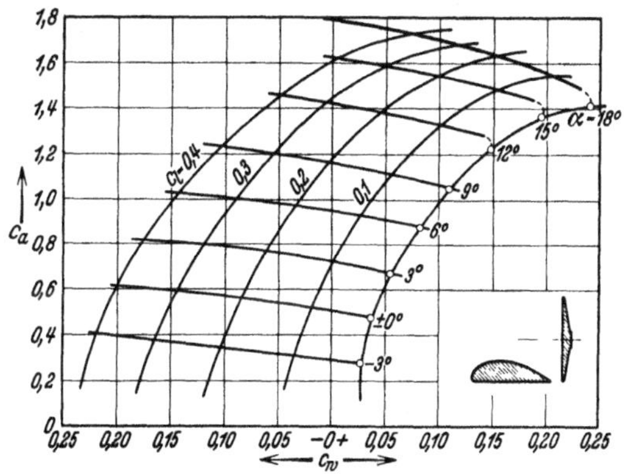

Abb. 139. Modellversuch mit Flügel und laufender Schraube $c_L = \frac{L}{q F v}$ (L Motorleistung).

Hier tritt noch die Schwierigkeit auf, ob man die Differenz S zwischen den beiden Messungen bei gleichem Anstellwinkel oder bei gleichem c_a zu nehmen hat; natürlich ist auch dies nicht logisch eindeutig, sondern willkürlich und nur vom praktischen Gesichtspunkt zu beurteilen. Die Strömung durch die Schraube kann die Zirkulation beeinflussen und somit den Auftrieb ändern; in Abb. 139 ist eine Erhöhung von c_a bei gleichem Anstellwinkel zu erkennen; die Größe dieser Erhöhung hängt von der Anordnung der Schraube gegen den Flügel ab; mit dem Auftrieb wird auch der induzierte Widerstand erhöht, somit S und der Wirkungsgrad. Auch hierbei — wie bei allen grundsätzlichen Betrachtungen — zeigt sich, daß c_a die praktischste und physikalisch sinnvollste unabhängige Variable ist, welche die Flugzustände bezeichnen kann; denn auch hier heben sich die verschiedenen Wirkungen so auf, daß die Differenz bei konstantem c_a ungefähr konstant bleibt und daß man η als eindeutige Funktion von c_a ansehen kann. Das Auftriebsmaximum wird durch die Schraube nicht unwesentlich erhöht.

[1] Seiferth, R., Die gegenseitige Beeinflussung zwischen Tragflügel und Propeller. Ber. u. Abh. d. W.G.L. Bd. 14 (1926) S. 108; s. a. Betz, A.: Zit. a. S. 153.

Der Unterschied von η_0 und η ist durch verschiedene Modellversuchsreihen und durch Flugversuche gemessen[1]; doch ist es kaum möglich, eine praktische und zuverlässige Vorschrift zur Berechnung zu geben;

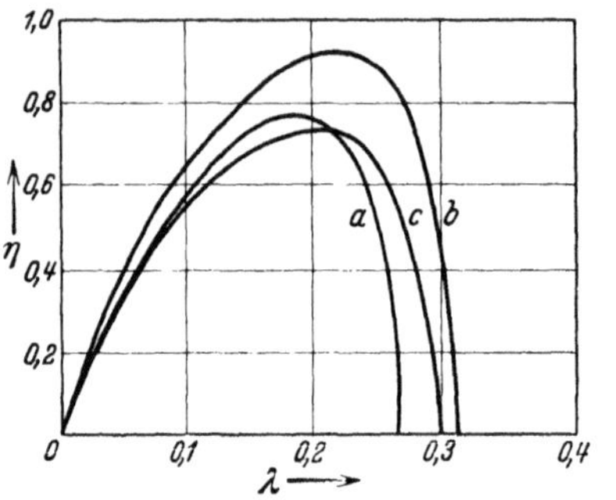

Abb. 140. Wirkungsgrad der Schraube. a) Schraube allein. b) Meßnabenwirkungsgrad. c) Propulsionswirkungsgrad.

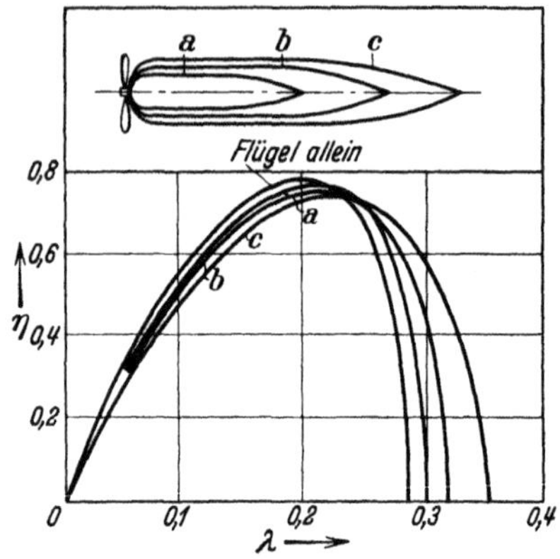

Abb 141. Propulsionswirkungsgrad derselben Schraube mit verschiedenen Rümpfen. Verminderung von η_{max}. a) 2 %. b) 5 %. c) 7 %.

da der Unterschied 10 bis 20% betragen kann, kommt durch diesen Umstand eine Unsicherheit in die Berechnung der Flugleistungen, welche

	ηmax Propulsiv	Abnahme von ηmax	$f_s = \frac{w}{q}$ Schädliche Fläche des Körpers ohne Schraube
	0,727	0%	—
	0,690	5,1%	0,066
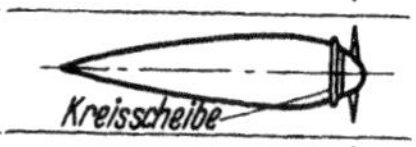	0,649	10,7%	0,268
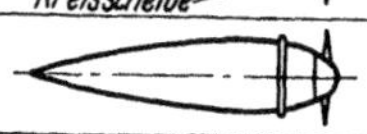	0,624	14,2%	0,260
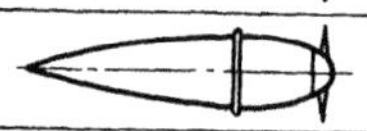	0,625	14,1%	0,237
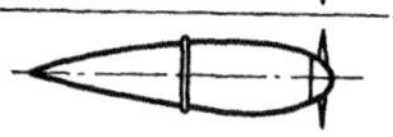	0,633	13,0%	0,211

Abb. 142. Propulsionswirkungsgrad derselben Schraube mit verschiedenen Rümpfen.

die genaue Bestimmung der andern Zahlenwerte ziemlich illusorisch macht. Man definiert einen „Strahlwirkungsgrad" η_{str} durch die Beziehung

$$\eta = \eta_0 \cdot \eta_{str} \tag{3,28}$$

[1] Ausführliches Literaturverzeichnis s. 3. Band.

Die Abb. 140 bis 142 sind aus dem Versuchsmaterial entnommen, bei dem nur ein Rumpf mit einer laufenden Schraube als Modell diente; Abb. 140 zeigt den Unterschied zwischen dem Wirkungsgrade der isolierten Schraube, dem Meßnaben- und dem Propulsivwirkungsgrad; aus Abb. 141[1] ist die Verminderung des $\eta_{\max}$ und seine Verschiebung zu größeren Fortschrittsgraden mit wachsendem Rumpfquerschnitt zu ersehen; die Verminderung von η bei festgehaltenem λ erreicht noch größere Werte als die Verminderung von $\eta_{\max}$. Abbild. 142[2] zeigt, daß auch $\eta_{\max}$ stärker vermindert werden kann, wenn hinter der Schraube ein Hindernis steht, welches die Strömung mehr als ein glatter Rumpf stört; die Tabelle enthält auch Werte der schädlichen Fläche ohne Schraube; dabei ergibt sich, daß der Nachteil eines größeren Widerstandes überwogen werden kann durch den Vorteil eines größeren Strahlwirkungsgrades. Die hier auftretenden Werte sind schon von der Größenordnung derjenigen, die an ganzen Flugzeugen gemessen sind; eine schöne Übersicht[3] über den Einfluß des Flugzeugkörpers einschließlich der Flügel auf den Rumpf gibt Abb. 143; man kann wohl annehmen, daß in den entfernten Lagen eine gegenseitige Beeinflussung von Flugzeug und Schraube nicht mehr eintritt und den Wirkungsgrad der isolierten Schraube mit 80% veranschlagen; dann ergeben sich η_{str}-Werte bis zu 86% herunter und in den normalen Lagen der Schraube etwa 92 bis 94%.

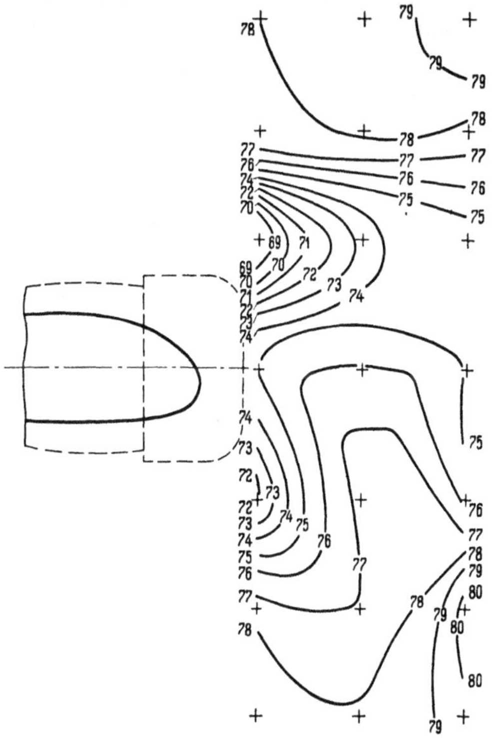

Abb. 143. Propulsionswirkungsgrad bei verschiedener Lage der Schraube vor Rumpf und Flügeln. Die Kreuze bezeichnen die Meßpunkte.

[1] Fage, A. u. a., Experiments with a family of airsrews, including effect of tractor and pusher bodies, Part I. R & M 830; 1922/23 S. 240.

[2] Bateman, H., H. C. H. Townend and T. A. Kirkup, Experiments with a family of airscrews. R & M 1030; 1926/27 S. 291.

[3] Wood, D. H., Tests of nacelli-propeller combinations invarious positions with reference to wings. Part I a. II. N. A. C. A. Rep. 415, 1932.

Diese Strahlwirkungsgrade sind hoch verglichen mit den im Fluge gemessenen. Ebert[1] hat die Gleitflugpolare durch Messung der Fluggeschwindigkeit und der Steiggeschwindigkeit in dem Zustand, bei welchem die Meßnabe den Schub Null anzeigte, bestimmt und weiterhin den Meßnabenschub bei Horizontalflügen und Vollgasflügen gemessen. Er hat auch eine Rechenmethode entwickelt, um die auftretenden Werte aus dem Strömungsfeld hinter der Schraube zu verstehen und praktisch vorauszuberechnen. Auf die Einzelheiten wird im 3. Band eingegangen; eine einfache Rechenformel geht aus den vorliegenden Messungen noch nicht hervor. Man verwendet gelegentlich als 1. Näherung, aber nur mit großer Unsicherheit für normale Typen, eine Formel[2]

$$\eta_{str} = 1 - 0{,}025 \frac{F}{F_S} . \qquad (3,29)$$

Viertes Kapitel.

Momentengleichgewicht im geraden Flug.

§ 1. Längsmoment und statische Stabilität.

In den früheren Kapiteln haben wir das Flugzeug nur als materiellen Punkt betrachtet; für alle Probleme der translatorischen Bewegung ist ja nur die Bewegung des Flugzeugschwerpunktes maßgebend. Nun müssen wir nach dem Gleichgewicht der Drehmomente fragen. Von den 3 Unbekannten in den Gleichungen der ebenen Bewegung — Geschwindigkeit, Steigwinkel, Anstellwinkel — haben wir bisher nur zwei als Unbekannte angesehen und die Gleichgewichtszustände als Funktion des vorgegebenen Anstellwinkels berechnet. Dabei gingen wir von der Voraussetzung aus, daß der Flugzeugführer durch bestimmte Steuermaßnahmen den Anstellwinkel frei wählen kann; den Zusammenhang zwischen Steuermaßnahme und Anstellwinkel liefert die Gleichung des Momentengleichgewichtes.

Wir wählen als Bezugspunkt der Momente den Flugzeugschwerpunkt (Abb. 144); dann fällt das Moment des Gewichtes fort und auch das Moment des Schraubenzugs ($S \cdot h$), sowie die Momente der schädlichen Widerstände ($W \cdot w$) sind in der Regel klein. In 1. Ordnung bedeutungsvoll sind nur das Moment M_F der Luftkraft auf die Flügel und das Moment M_H der Luftkraft auf das Leitwerk; das letztere ist

---

[1] Ebert, H., Flugversuche zur Messung der Flugzeugpolare und der Beeinflussung der c_a- und c_w-Werte durch den Schraubenstrahl. DVL-Jb. 1932 S. II 1.

[2] Madelung, G., Beitrag zur Theorie der Triebschraube. DVL-Jb. 1928 S. 27. Dabei ist der Zahlenfaktor gegenüber dem Madelungschen 0,02 im Hinblick auf die Ebertschen Ergebnisse erhöht.

durch Ruderausschlag frei veränderlich. Bezeichnet man die resultierende Flügelkraft mit P, ihren Hebelarm um den Schwerpunkt mit r, die entsprechenden Größen am Leitwerk mit P_H und l, so lautet die Momentengleichung:

$$M = M_F + M_H - Sh + Ww = Pr + P_H l - Sh + Ww = 0 \qquad (4,1)$$

Wir setzen dabei „kopflastige" Momente, welche das Flugzeug vorne nach unten zu drücken suchen, als positiv an. Es ist wesentlich, daß die Leitwerkskraft P_H für den Kräftehaushalt des Flugzeugs keine Rolle spielt; sie ist sehr klein im Vergleich mit den anderen Kräften und wird nur für den Momentenhaushalt bedeutungsvoll durch den großen — und daher nahezu konstanten — Hebelarm. Die Kraft P_H ist sehr stark abhängig von der Lage des Ruders: dadurch wird das Kräftegleichgewicht kaum, das Momentengleichgewicht aber entscheidend beeinflußt.

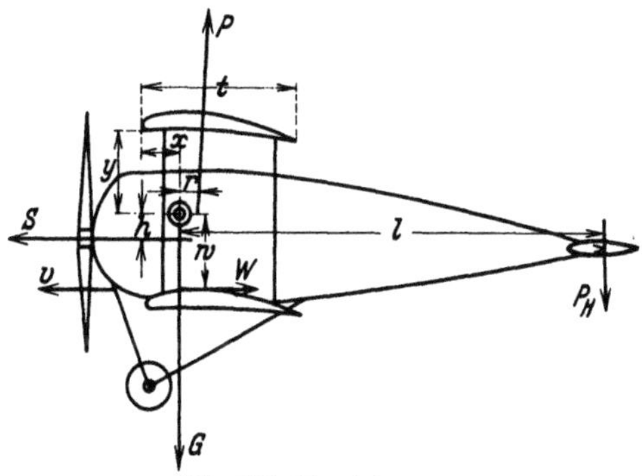

Abb. 144. Bezeichnungen.

Im engsten Zusammenhang mit dem Momentenausgleich steht die sog. statische Stabilität. Stabilität ist Eigenschaft eines Gleichgewichtszustandes; nicht jeder Gleichgewichtszustand ist stabil; ein auf dem Finger balancierter Stock oder ein auf die Spitze gestelltes Ei sind im Gleichgewicht, aber nicht im stabilen Gleichgewicht; sich selbst überlassen geben sie die Gleichgewichtslage zugunsten einer beschleunigten Bewegung auf, welche erst in einer anderen, einer stabilen Gleichgewichtslage, endet. Über die Stabilität eines Gleichgewichtszustandes entscheidet folgender Gedankengang: Man denkt sich das System um unendlich wenig aus seiner Gleichgewichtslage herausgerückt, also z. B. den balancierten Stock nicht vertikal, sondern unter einem kleinen Winkel gegen die Schwerkraftrichtung geneigt. Dann ist kein Gleichgewicht mehr vorhanden; die Kräfte und Momente, welche sich vorher das Gleichgewicht hielten, haben jetzt eine nicht verschwindende Resultierende von bestimmter Richtung bzw. ein Moment von bestimmtem Drehsinn. Sucht nun diese Resultierende oder dies Moment das System in den alten Gleichgewichtszustand zurückzubringen, so ist dieser Zustand durch eine kleine Störung nicht dauernd zu erschüttern; man kann ihn als stabil bezeichnen. Wirkt aber die Resultierende so, daß die Störung des Gleichgewichtszustandes weiter vergrößert wird, daß also das System sich immer weiter aus dem ursprünglichen Zustand entfernt, so ist dieser instabil. Diese Schlußweise wendet man auch auf den Gleichgewichtszustand eines fliegenden Flugzeugs an; ein Zustand stationärer Bewegung kann ebensogut auf Stabilität untersucht werden, wie ein Ruhezustand.

Ein Flugzeug, welches in gleichförmigem Fluge mit ausgeglichenem Moment begriffen ist, werde durch irgendeine Störung aus seiner Lage zur Flugbahn herausgedreht, so daß sein Anstellwinkel geändert wird. Dann ist der Ausgleich der Momente aufgehoben, ein bestimmtes Drehmoment kommt zur Wirkung. Sucht nun dieses Moment das Flugzeug in seine ursprüngliche Lage zurückzudrücken, so ist die zufällige äußere Einwirkung nicht imstande, das Flugzeug dauernd von seiner gleichmäßigen Bahn abzudrängen; die Bewegung des Flugzeugs ist eine stabile. Tritt der umgekehrte Fall ein und sucht das entstehende Moment das Flugzeug noch mehr aus seiner ursprünglichen Lage zu entfernen, so kann das Flugzeug von selbst nicht in seine alte gleichförmige Bewegung zurückkehren, die Bewegung ist instabil. Für stabiles Verhalten ist also erforderlich, daß z. B. bei einer zufälligen Vergrößerung des Anstellwinkels ein Moment entsteht, welches das Flugzeug mit der Spitze nach unten zu drücken sucht, ein kopflastig wirkendes Moment.

Von vornherein muß beachtet werden, daß Stabilität oder Instabilität Eigenschaften eines Gleichgewichtszustandes sind. Daher kann die Stabilität nur im Zusammenhang mit dem Momentenausgleich behandelt werden.

Mathematisch ist das Problem in folgender Weise zu formulieren: Bei einem bestimmten Anstellwinkel α erfährt das Flugzeug ein Drehmoment M, das von den Abmessungen des Flugzeugs und von der Stellung des Ruders abhängt. Kopflastige Momente seien positiv gerechnet. Dann liefert Gleichung (4,1) einen bestimmten Wert von P_H und dadurch einen bestimmten Ruderausschlag β_H. Stabilität ist vorhanden, wenn mit wachsendem Anstellwinkel das Kopflastmoment wächst, also wenn

$$\frac{\partial M}{\partial \alpha} > 0 \tag{4,2}$$

ist. Hier ist der partielle Differentialquotient maßgebend, nicht der totale, so daß bei der Differentiation v und β_H als von α unabhängig angesehen werden. In den Ausdruck für $\frac{\partial M}{\partial \alpha}$ ist der aus (4,1) errechnete Wert von β_H einzusetzen. Die physikalische Vorstellung ist dabei, daß das Ruder beim gleichförmigen Flug auf Ausgleich der Momente eingestellt wird, aber unverändert bleibt bei einer zufälligen Störung des Gleichgewichtes. Numerisch hängt $\frac{\partial M}{\partial \alpha}$ wenig von β_H ab; für das grundsätzliche Verständnis ist es indes wichtig, diesen exakten Gedankengang vor Augen zu haben; manche mißverständliche Folgerung kann dann vermieden werden.

§ 2. Flügelmoment.

Beiwerte. Zunächst müssen wir die experimentellen Daten über das Flügelmoment M_F zusammenstellen. Dabei dient uns für den einzelnen Flügel die vordere Flügelspitze, d. i. der Durchschnittspunkt der Flügelvorderkante mit der Symmetrieebene als Bezugspunkt. Sehen wir von Pfeilstellung ab, können wir auch sagen: die Flügelvorderkante ist unsere Bezugsachse. Oben schon (1,3) und (1,5) haben wir die beiden dimensionslosen Größen c_m und $\frac{s}{t}$ definiert durch

$$M_F = c_m q F t = c_n \frac{s}{t} q F t ; \tag{4,3}$$

sie hängen außer von der geometrischen Form des Flügels nur vom Anstellwinkel ab. Die Ergebnisse der Versuchsanstalten enthalten meist den Beiwert c_m; die Größe $\frac{s}{t}$ ist nur für geometrische Darstellung praktisch.

Das Flügelmoment resultiert aus der Druckverteilung um das Rippenprofil, die im 2. Band, Kap. IV in ihren Hauptzügen berechnet ist und in unseren Abb. 45 und 60 durch einige charakteristische Fälle gezeigt wird. Der Auftrieb Null kommt nicht dadurch zustande, daß die Drucke überall klein werden, vielmehr treten im vorderen Teil des Profiles starke Stauungen auf, die einen resultierenden Druck nach unten hervorbringen; im hinteren Teil entstehen aber an der Oberseite hohe Saugdrucke, welche die Kraftwirkung der vorderen Stauungen aufheben, und mit diesen zusammen ein Moment erzeugen. Mit wachsendem Anstellwinkel breitet sich das Gebiet der Saugwirkung immer weiter nach vorne aus, entsprechend der wachsenden Zirkulation, somit der wachsenden Strömungsgeschwindigkeit an der vorderen Oberseite. Der Beiwert c_m ist bei verschwindender Normalkraft ($c_a \sim c_n = 0$) nicht ebenfalls Null, sondern positiv, kopflastig; die Saugwirkung hebt den Flügel hinten, während die Stauwirkung ihn vorne nach unten drückt. Mit dem wachsenden Auftrieb geht das Moment proportional; aber der Anstieg von c_m entspricht nicht ganz dem Anstieg von c_n; einesteils werden ja die Drucke mit wachsendem c_n größer, andernteils rückt aber ihr Schwerpunkt, den man den „Druckpunkt" oder auch „Druckmittelpunkt" nennt, weiter nach vorne, wie aus Abb. 60 deutlich zu ersehen ist. Die theoretische Berechnung (s. 2. Band, Kap. IV, § 4) ergibt $\frac{d\, c_m}{d\, c_a} = \frac{1}{4}$, und dieser Wert erweist sich auch experimentell als richtig; die Versuche bestätigen vor allem, daß $\frac{d\, c_m}{d\, c_a}$ kaum von der Profilform abhängt. Dagegen kann der Wert von c_m bei $c_a = 0$ durch die Formgebung des Profils stark beeinflußt werden. Die Proportionalität von c_m und c_n bzw. c_a hört in der Nähe des Auftriebsmaxismus auf; die Saugwirkung auf der Oberseite des Flügels wird schwächer und gleichmäßiger über die Oberseite verteilt; eine theoretische Rechnung für die Druckverteilung gibt es in diesem Falle nicht. Der Schwerpunkt dieser Saugwirkung rückt gegenüber den Lagen bei gut ausgebildeter Zirkulationsströmung wieder etwas nach hinten. Die Folge ist eine Erhöhung des kopflastigen Momentes, denn c_n (s. Abb. 77) sinkt nicht wie c_a, sondern nähert sich bei großen Anstellwinkeln einem konstanten Wert. Der typische Verlauf des Beiwertes c_m in Abhängigkeit von α und c_a ist in Abb. 145 aufgezeichnet.

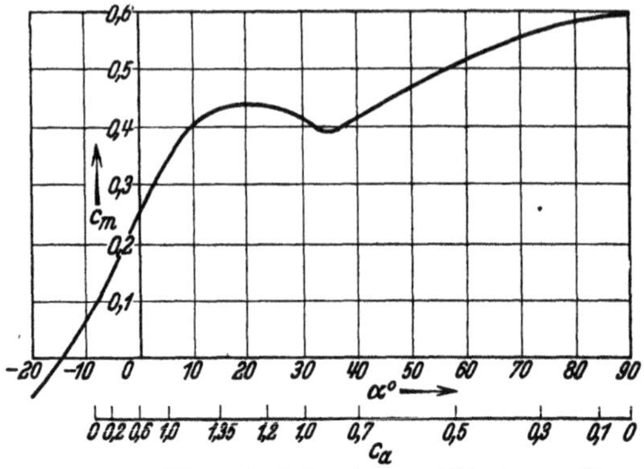

Abb. 145. Momentenbeiwert eines Flügels um die Vorderkante.

Noch anschaulicher lassen sich die Verhältnisse (Abb. 146) darstellen, indem man von der Flügelsehne aus den resultierenden Luftkraftbeiwert ($c_r = \sqrt{c_a + c_w^2}$) als Vektor der Größe, Richtung und Lage nach für die verschiedenen Anstellwinkel einzeichnet. Ist $c_n = 0$, was praktisch identisch ist mit $c_a = 0$, so verläuft der Pfeil des Vektors parallel zur Flügelsehne nach hinten; denn die ganze Luftkraft ist dann Widerstand. Da diese resultierende Kraft mit einem kopflastigen Moment verbunden ist, muß sie in Abb. 146 unterhalb des Flügels liegen, und zwar mit recht bedeutendem Hebelarm, im Mittel etwa um das 1,75fache der Flügeltiefe. Mit steigendem Auftrieb wird der Vektor größer und mehr und mehr nach vorne geneigt; der Angriffspunkt auf der Sehne rückt von hinten immer weiter nach vorne. Bei den großen c_a-Werten greift die Resultierende in etwa $^1/_3$ der Flügeltiefe von vorne an; dann rückt sie langsam nach hinten, um bei sehr großen Anstellwinkeln etwa 0,45 der Flügeltiefe wieder zu erreichen; die Lage der Druckpunkte in Abhängigkeit vom Anstellwinkel zeigt Abb. 147. Die Lage des Druckpunktes ist hauptsächlich für statische Berechnungen wichtig, bei aerodynamischen Überlegungen geht man besser von anderen Darstellungen aus.

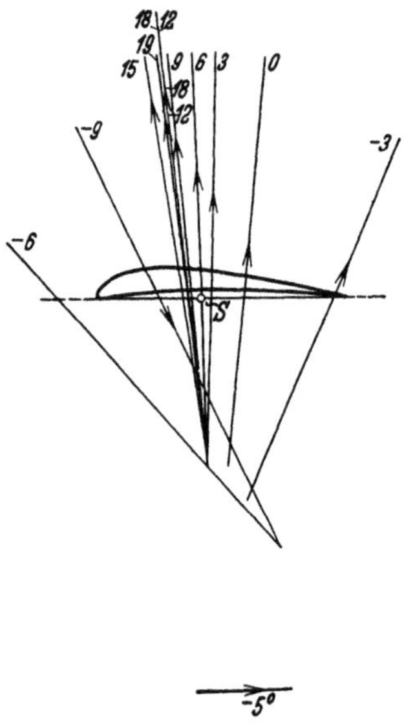

Abb. 146. Kraftstrahlendiagramm eines Flügels.

Bei ebenen dünnen Flächen verläuft die Strömung bei verschwindendem Auftrieb, d. i. bei $\alpha = 0$, ganz symmetrisch, Stau- und Saugwirkungen treten gar nicht auf, das Moment ist Null; mit wachsendem Auftrieb wächst auch das Moment und der Druckpunkt rückt schnell von der Vorderkante nach hinten gegen die Mitte zu; die ebene Fläche verhält sich also hier gerade entgegengesetzt wie der gewölbte Flügel.

Statische Stabilität eines Flügels. Man kann von diesen Ergebnissen aus mit Hilfe der Abb. 146 einen Schluß auf die Stabilitätsverhältnisse ziehen, der in den Anfängen der Flugwissenschaft bedeutend überschätzt worden ist. Sieht man einen einzelnen Flügel als ein fliegendes System an, so muß sich bei gegebenem Anstellwinkel die Fluggeschwindigkeit immer so einstellen, daß die resultierende Luftkraft gerade den andern, hier als konstant anzusehenden Kräften, Gewicht und Schraubenzug, das Gleichgewicht hält; wenn man nun ein Diagramm mit Vektoren der Luftkraft, analog der mit Vektoren des Luftkraftbeiwertes gezeichneten Abb. 146 sich vorstellt, so werden alle Vektoren gleich groß, im übrigen aber in Richtung und Lage denen der Abb. 146 ganz gleich. Der Übergang von einem Anstellwinkel zu einem höheren bedeutet also beim Flügel das Vorrücken einer konstanten Kraft gegen die Flügelvorderkante zu, d. h. ein Abnehmen des kopflastigen Momentes. Nach obiger Stabilitätsbetrachtung (S. 160) bedeutet dies Instabilität; das Abrücken des Kraftvektors von der Vorderkante nach hinten, das bei ebenen Flächen auftritt, bedeutet hingegen Vergrößerung des kopflastigen Momentes bei Vergrößerung des Anstellwinkels, somit Zurückdrücken des Flügels auf kleinere Anstellwinkel, also Stabilität.

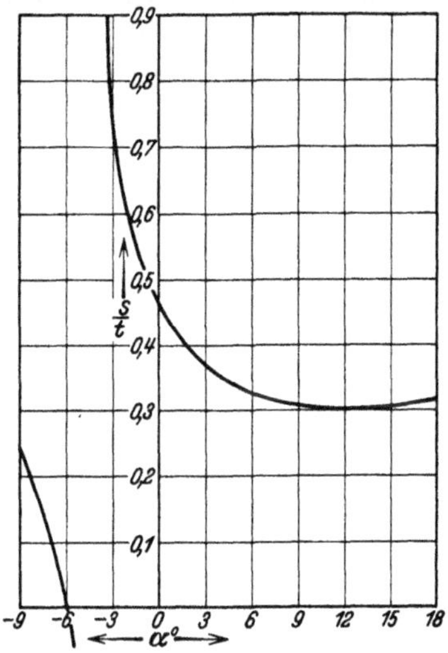

Abb. 147. Druckpunktwanderung. s Abstand des Druckpunktes von der Vorderkante (s. Abb. 3).

Es folgt: Der gewölbte Flügel für sich genommen ist instabil, die ebene Fläche für sich genommen stabil. Diese Erkenntnis ist in ihrer Tragweite sehr beschränkt. Man hat sie auch erweitert und als Maß der Stabilität oder Instabilität die Druckpunktverschiebung angesehen; man hat etwa geschlossen: „da sich die Luftkraft in Abb. 146 bei $\alpha = -3^0$ sehr viel stärker mit wachsendem α nach vorne verschiebt als bei $\alpha = 9^0$, ist der Flügel bei kleinen Anstellwinkeln sehr viel instabiler als bei großen". Diese Schlußfolgerung ist irreführend. Es hat nämlich nur Sinn von Stabilität zu reden, wenn man einen Gleichgewichtszustand betrachtet; man muß also von vornherein auch die anderen Kräfte in der Überlegung mit erfassen, also mindestens eine bestimmte Schwerpunktlage annehmen; wenn der Schwerpunkt in S (Abb. 146) liegt, so ist bei einem Anstellwinkel 6^0 das System im Gleichgewicht, und zwar in instabilem Gleichgewicht; denn bei zufälliger Erhöhung des

Anstellwinkels rückt die Luftkraftresultierende nach vorne und erzeugt mit der Schwerkraft ein schwanzlastiges Drehmoment, welches den Anstellwinkel erst recht zu vergrößern strebt. Aber nun können wir nichts über die Stabilität dieses Systems bei einem anderen Anstellwinkel aussagen, solange wir nicht angeben, wie ein Gleichgewichtszustand mit diesem Anstellwinkel erreicht werden soll. Dies kann etwa dadurch geschehen, daß der Insasse dieses Flugzeugs, das nur aus einem Flügel besteht, sein Gewicht entsprechend verlegt; dann muß er z. B. nach hinten zu dem Druckpunkt bei $\alpha = 0^0$ rücken, um Gleichgewicht mit $\alpha = 0^0$ zu erzielen; dies Gleichgewicht wäre dann wieder instabil, und zwar instabiler als das vorherige. Obiger Gedankengang ist für diesen Fall richtig.

Aber der praktische Fall der Flugtechnik ist ein ganz anderer. Der Flügel ist dort nur ein Teil des fliegenden Systems, der seinen Teil (M_F) zum Momentenausgleich und auch seinen Teil $\left(\frac{\partial M_F}{\partial \alpha}\right)$ zur statischen Stabilität beiträgt; der Schwerpunkt liegt fest und der Übergang auf verschiedene Anstellwinkel (Flugzustände) wird durch das Steuer erreicht. In diesem Fall kann unsere Überlegung nur auf den einen Flugzustand angewandt werden, in welchem die Luftkraft des Flügels gerade durch den Schwerpunkt geht, in welchem also das Leitwerk ganz entlastet ist; über andere Zustände können wir ohne genaue Mitrechnung der Leitwerkskraft gar nichts aussagen. Bei der Steuerung durch Gewichtsverlegung ist das Gleichgewicht mit kleinem Anstellwinkel instabiler als mit großem; aber es werden dabei Zustände mit verschiedenen Schwerpunktlagen verglichen; die größere Instabilität gehört zu einem weiter hinten liegenden Schwerpunkt.

Abhängigkeit von der Schwerpunktlage. Auch wenn der Flügel nur ein Teil des Flugzeugs ist, wird sein Anteil an Moment und Stabilität in erster Linie durch seine relative Lage zum Schwerpunkt des Flugzeugs bestimmt. Um das Moment M der Flügelkraft um den Schwerpunkt zu berechnen, zerlegt man die resultierende Luftkraft in die Normalkraft mit Beiwert c_n und die Tangentialkraft mit Beiwert c_t. Dann folgt mit den Bezeichnungen der Abb. 144.

$$M = c_m q F t - c_n q F x + c_t q F y \qquad (4,4)$$

Da c_n im praktischen Bereich sehr groß gegenüber c_t ist, folgt eine sehr starke Abhängigkeit von der Rücklage x, während die Abhängigkeit von der Tieflage y sich in engeren Grenzen hält. Die Abb. 148 und 149 veranschaulichen diese Abhängigkeit. Dort ist die Größe $c_M = \frac{M}{F q t}$ als Funktion des Anstellwinkels aufgetragen[1]. Es bedeutet Kopflastigkeit,

[1] Es bedeutet also c_m der Momentenbeiwert um die Flügelvorderkante, c_M um den Schwerpunkt.

wenn die Momentenkurve oberhalb, Schwanzlastigkeit, wenn sie unterhalb der Abszissenachse verläuft. Als Grenzen der Rücklage sind Vorderkante und Flügelmitte, als Grenzen der Tieflage übliche Lagen von Unter- und Oberflügel eines Doppeldeckers angenommen.

An beiden Abbildungen fällt zunächst auf, daß sich alle Kurven in einem Punkte schneiden; die Bedeutung dieser Schnittpunkte ist leicht einzusehen. Die Rücklage bzw. Tieflage des Schwerpunktes sind dann ohne Einfluß auf das Moment, wenn die resultierende Luftkraft parallel bzw. senkrecht der Flügelsehne verläuft. Der erstere Fall fällt sehr nahe zusammen mit dem Fall verschwindenden Auftriebes, gehört also zum steilsten Sturzflug; einer der Schnittpunkte von Abb. 149 entspricht

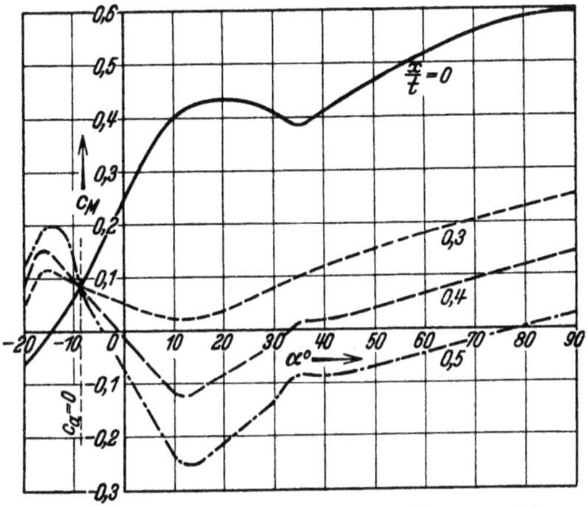

Abb. 148. Einfluß der Rücklage des Schwerpunktes auf das Flügelmoment.

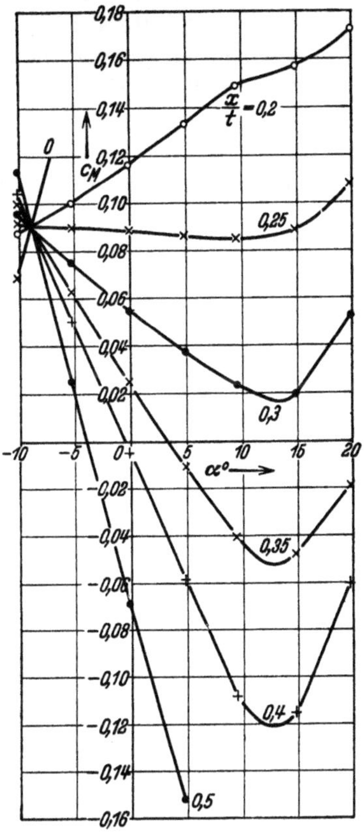

Abb. 148a. Vergrößerter Ausschnitt aus Abb. 148.

einem Anstellwinkel des normalen Flugs. Die Tieflage übt, wie man sieht, gewöhnlich einen sehr geringen Einfluß aus; nur im Sturzflug kann sie von Bedeutung werden.

Der Stabilitätsanteil eines Flügels im Flugzeug, gegeben durch den Differentialquotienten der Momentenkurven, hängt sehr empfindlich von der Schwerpunktlage ab, und zwar fast ausschließlich von der Rücklage. Liegt der Schwerpunkt im vordersten Teil des Flügels, so steigt das Moment mit wachsendem Anstellwinkel steil an, der Stabilitätsbeitrag ist positiv und groß; liegt es in der Mitte des Flügels oder noch weiter hinten, so wirkt der Flügel stark instabilisierend. In den mittleren Lagen, die bei dem jetzt herrschenden Flugzeugtyp die einzig praktisch verwendbaren sind, haben die Momente im Durchschnitt kleine Werte im Vergleich zu den Werten bei anderen Schwerpunktlagen. Der praktische Wert einer derartigen Schwerpunktlage liegt darin, daß nur kleine Leitwerkkräfte nötig sind, und zwar kleine Kräfte auf die feste Flosse, da der Absolutwert der Momente mäßig ist, und kleine Kräfte auf das Ruder, da der Unterschied der Momente in verschiedenen Flugzuständen nur gering ist. Der Stabilitätsbeitrag hält sich in mäßigen Grenzen und ist negativ. Bei einer solchen Schwerpunktlage zeigen die Flügel für sich bei schnellem Flug (kleinem Anstellwinkel) Kopflastigkeit, bei langsamem Flug (großem Anstellwinkel) Schwanzlastigkeit, aber beides in recht geringem Maße.

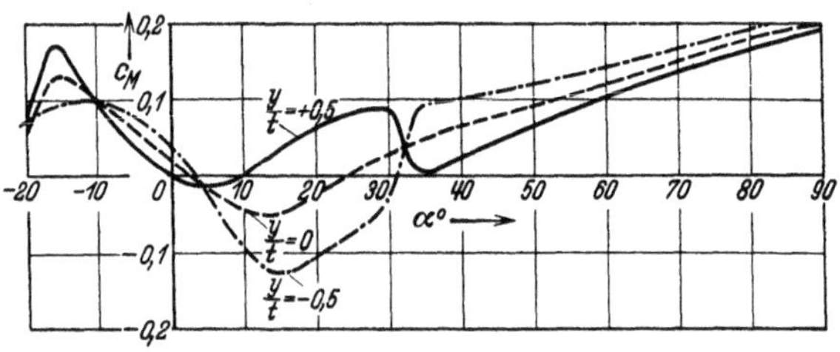

Abb. 149. Einfluß der Tieflage des Schwerpunktes auf das Flügelmoment $\left(\frac{x}{t} = 0{,}35\right)$.

Der Einfluß der Tieflage auf die Momente und auf die Stabilität ist weit geringer. Dies ist physikalisch selbstverständlich, wenn man in Betracht zieht, daß die Luftkräfte fast ausschließlich senkrecht zum Flügel wirken. Das primitive Gefühl ist durch die Erfahrung an Ballonen in dieser Hinsicht etwas mißleitet; man findet vielfach die Vorstellung, daß die Tieflage ausschlaggebend für die Stabilität sein müsse, weil dies bei allen Maschinen mit statischem Auftrieb, wie bei Luftschiffen und Schiffen, der Fall ist. Hier handelt es sich aber um Kräfte ganz anderen Charakters, die der allgemeinen Erfahrung nicht so geläufig sind. Auch der erfahrene Ingenieur kann sich nicht leicht über dies falsche Gefühl hinwegsetzen.

Einfluß der Profilform. Der Einfluß der Profilgestaltung beschränkt sich fast ganz auf den Wert von c_m beim Auftrieb Null. Der weitere Verlauf ist, wenn man die Abhängigkeit von c_a betrachtet, ziemlich genau der theoretische durch $\frac{d\,c_m}{d\,c_a} = \frac{1}{4}$ gegebene; da auch die Größe $\frac{d\,c_a}{d\,\alpha}$ einigermaßen unabhängig von der Profilform ist, gilt dies auch für die Abhängigkeit des c_m von α. Auch der Verlauf für große Anstellwinkel scheint immer ungefähr derselbe zu sein; indes liegen darüber nicht genügend Messungen vor, um einen Profileinfluß ausschließen zu können. Der Wert c_m bei $c_n = 0$ wächst systematisch mit der Wölbung an, was auch aus der Theorie folgt. Er läßt sich auch bei gewölbten Flügeln herunterdrücken durch S-förmigen Verlauf der Profilmittellinie; dadurch entsteht nämlich an der Hinterkante ein kleines, aber mit großem Hebelarm um die Vorderkante wirkendes Abtriebgebiet, durch welches das kopflastige Moment der andern Profilteile mehr oder weniger kompensiert werden kann. Munk[1] hat aus der Tragflügeltheorie für dünne Profile solche S-förmigen Profile, bei welchen c_m mit c_n verschwindet, berechnet und den Effekt bei der Ausführung bestätigt gefunden (Beispiel Abb. 150, Profil M 6). Der Abb. 150 können Zahlwerte entnommen werden.

Dieser Anfangswert von c_m hat zunächst keine Bedeutung für die Stabilität, welche nur durch $\frac{\partial c_m}{\partial \alpha}$ ausgedrückt wird. Aber eine indirekte Beziehung besteht doch; je kleiner nämlich der Anfangswert (bei $c_a = 0$) der Kurven in Abb. 150 ist, um so kleiner ist bei einer bestimmten, etwa der günstigsten Rücklage des Schwerpunktes das Flügelmoment, um so weniger ausgleichende Leitwerkskraft ist also nötig, und um so geringer ist auch die instabilisierende Wirkung des Flügels. Könnte man einen negativen Anfangswert erreichen, so würde der Anteil der Flügel an der Stabilität positiv sein.

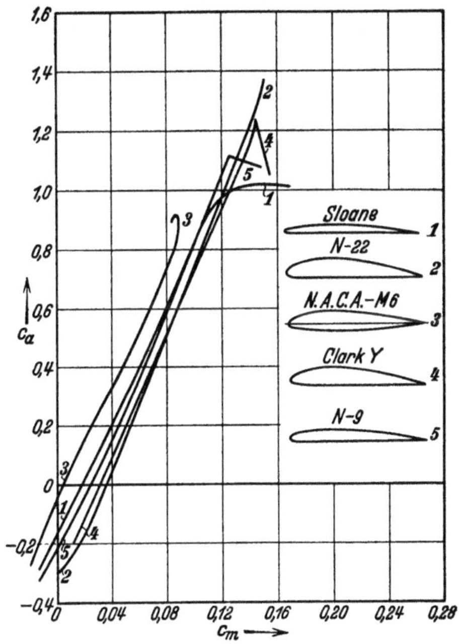

Abb. 150. c_m-c_a-Kurven für verschiedene Profile.

Fallen die Nullpunkte von c_m und c_n zusammen, so folgt für den Anstellwinkelbereich, in welchem beide Größen proportional zu α verlaufen, wegen

$$c_m = c_n s ,$$

daß die Druckpunktlage s konstant bleibt. Es gibt eine bestimmte Rück- und Tieflage des Schwerpunktes, bei welcher näherungsweise immer die Luftkraftresultierende durch den Schwerpunkt geht, und bei welcher die Ausgleichs- und Stabilitätsverhältnisse besonders einfach werden; man nennt diesen Punkt in der Theorie den „Brennpunkt" des Flügelprofils). Bei normalen Profilen liegt er so tief, daß er praktisch als Flugzeugschwerpunkt nicht in Betracht kommt; bei S-förmigen Profilen rückt er weiter nach oben in praktisch zugängliche Nähe der Flügelsehne.

[1] Munk, M., General theory of thin wing sections. N.A.C.A. Rep. 142; 1922 S. 243.

Auf Eindecker von endlicher Spannweite läßt sich alles bisher Gesagte anwenden; man muß nur c_m als Funktion von c_a ansehen und beim Übergang von c_a zu α als unabhängiger Variablen die Spannweite nach der Tragflügeltheorie berücksichtigen (3,11). Der Anfangswert von c_m ist eine reine Profileigenschaft und hängt nicht von der Spannweite ab. Eine Verwindung des Flügels, oder auch die gegenseitige Induktion der einzelnen Profile, durch welche der Anstellwinkel in verschiedenen Querschnitten verschieden wird, bleibt so lange ohne Einfluß auf den Mittelwert über den ganzen Flügel, als wir uns im Bereiche linearer Abhängigkeit des c_m von α befinden.

Pfeilflügel. Eine starke Beeinflussung des Momentenausgleiches entsteht durch Pfeilstellung; in diesem Fall hat jeder Querschnitt des Flügels eine andere Lage zum Schwerpunkt, und das Moment ergibt sich durch Integration über den ganzen Flügel. Wenn man einem Flügel in einem Flugzeug unter Festhaltung des Schwerpunktes Pfeilstellung nach hinten gibt, so wird dadurch der Schwerpunkt relativ zur mittleren Vorderkante vorgeschoben und dadurch die instabilisierende Wirkung des Flügels im Flugzeug vermindert, bei großer Pfeilstellung sogar in eine stabilisierende Wirkung verwandelt; durch die Pfeilstellung wird hierbei genau dasselbe erreicht, wie durch Vorverlegung des Schwerpunktes relativ zur Flügelvorderkante (Abb. 148). Man kann aber bei Pfeilstellung durch passende Verwindung des Flügels auch den Anfangswert von c_m herabsetzen und somit das Flügelmoment erniedrigen. Wenn nämlich die äußeren, weiter hinten liegenden Teile einen kleineren Anstellwinkel haben als die inneren, vorderen Teile des Flügels, so tragen sie weniger zum Auftrieb bei; durch die Verwindung wird die Tragkraft des Flügels nach vorne geschoben; infolgedessen wird ihr kopflastiges Moment erniedrigt. Der Vorteil einer derartigen Anordnung — Pfeilstellung nach hinten und „positive" Verwindung — ist also derselbe, der oben für die S-förmigen Profile hervorgehoben wurde: der Schwerpunkt kann ohne Vergrößerung der absoluten Momentenwerte weiter vorgelegt werden, als beim unverwundenen Flügel; dadurch wird die instabilisierende Wirkung des Flügels herabgesetzt.

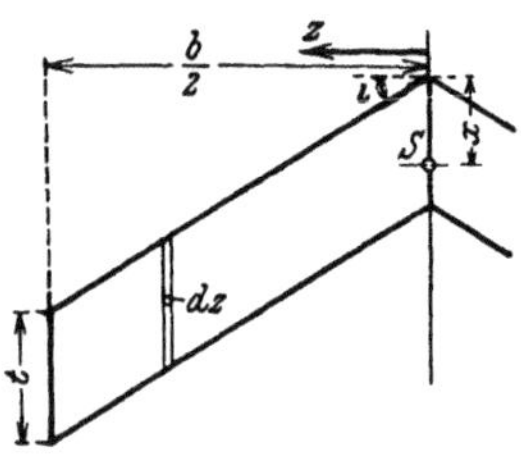

Abb. 151. Pfeilflügel.

In 1. Näherung können wir diese Zusammenhänge leicht formelmäßig erfassen, wenn wir von aller gegenseitigen Beeinflussung absehen und den Anstellwinkel nach außen linear abnehmen lassen: $\alpha = \alpha_0 - \varkappa \frac{2z}{b}$. Setzen wir noch $c_m = c_{m0} + c_m' \alpha$ und $c_n = c_n' \alpha$, wobei wir α von dem Winkel verschwindenden Auftriebes an rechnen, und vernachlässigen c_t, so ergibt sich mit den Bezeichnungen der Abb. 151:

$$\frac{dM}{q\,t^2} = \left[c_{m\,0} + c_m'\,\alpha - c_n'\,\alpha\left(\frac{x}{t} - \frac{z}{t}\,\mathrm{tg}\,\iota\right)\right] dz \tag{4,5}$$

und durch Integration von $z = 0$ bis $z = \frac{b}{2}$ und Verdoppelung wegen der 2 Pfeilseiten:

$$\left.\begin{aligned} c_M &= \frac{M}{2\cdot\frac{b}{2}\,q\,t^2} = \frac{M}{q\,F\,t} = \\ = c_{m\,0} - \left\{c_m' - c_n'\left(\frac{x}{t} - \frac{b}{4\,t}\,\mathrm{tg}\,\iota\right)\right\}&\left(\alpha_0 - \frac{\varkappa}{2}\right) - \frac{1}{24}\,c_n'\,\frac{b}{t}\,\varkappa\,\mathrm{tg}\,\iota = \\ &= \bar{c}_m - \bar{c}_n\,\frac{x}{t} - \frac{1}{24}\,c_n'\,\frac{b}{t}\,\varkappa\,\mathrm{tg}\,\iota \end{aligned}\right\} \tag{4,6}$$

wenn die überstrichenen Beiwerte die Mittelwerte bedeuten, welche die Größen c_m, c_n und x in der Mitte des Flügels annehmen. Der Stabilitätsbeiwert des Flügels wird unabhängig von der Verwindung

$$c_M' = \frac{1}{q\,F\,t}\,\frac{\partial M}{\partial \alpha} = c_m' - c_n'\,\frac{x}{t}; \tag{4,7}$$

der Anfangswert $c_{m\,0}$ wird erniedrigt um $\frac{1}{24}\,c_n'\,\frac{b}{t}\,\mathrm{tg}\,\iota$, also nicht durch Pfeilstellung und Verwindung einzeln, sondern nur durch ihre Kombination beeinflußt.

Über die Stabilitätsverhältnisse des Pfeilflugzeugs findet man gelegentlich falsche Vorstellungen, indem von einer Stabilisierung durch Pfeilstellung und Verwindung gesprochen wird; durch diese Maßnahmen wird nur der Absolutwert des Momentes herabgesetzt, nicht dessen Abhängigkeit vom Anstellwinkel. Man kann ein „Nur-Flügel-Flugzeug" so bauen, daß sein Moment bei $c_n = 0$ negativ wird; man muß nur $\varkappa$ und ι entsprechend wählen. Man kann dann den Schwerpunkt so legen, daß $c_m' - c_n'\,\frac{x}{t}$ noch positiv ist; nach der theoretischen Formel ist dies im vorderen Viertel des Flügels der Fall; das ist bei Pfeilstellung leicht zu erreichen; denn x bedeutet ja hier die mittlere Rücklage hinter der Flügelvorderkante. Dann verläuft die Momentenkurve wie in Abb. 152; das Gleichgewicht beim Anstellwinkel α_1 ist stabil. Wird dieses Flugzeug nun dadurch gesteuert, daß die Anstellung der äußeren, hinten liegenden Flügelprofile verändert wird — auch die Wirkung von Klappen und Rudern läßt sich so auffassen — so wird dadurch die Verwindung verändert, die Schwerpunktlage aber natürlich nicht. Die Momentenkurve behält ihre Neigung bei, wird nur parallel zu sich verschoben; Verschiebung nach oben in Abb. 152 bedeutet Steuerung zu kleineren Anstellwinkeln, Steileranstellen der Flügelspitzen, Drücken, Verminderung der Verwindung $\varkappa$. Die Stabilität dieses Flugzeugs ist für alle Lagen dieselbe; dabei ist nur linearer Verlauf von c_n und c_m angenommen, was bei allen normalen Flugzuständen zulässig ist.

Anders freilich würden die Stabilitätsverhältnisse aussehen, wenn die Steuerung durch Schwerpunktverlegung erfolgen sollte. Dann bleibt der Momentenwert bei $c_n = 0$ unverändert; durch Vorverlegung des Schwerpunktes wird das Flugzeug nach unten gedrückt und stabiler, entsprechend stärkerem Anstieg der Kurve in Abb. 152, beim Ziehen

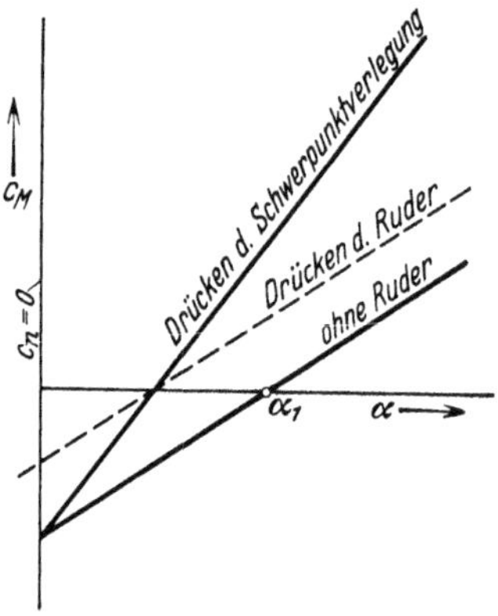

Abb. 152. Momente eines Pfeilflugzeugs beim Steuern durch Ruderlegen und durch Schwerpunktverschiebung.

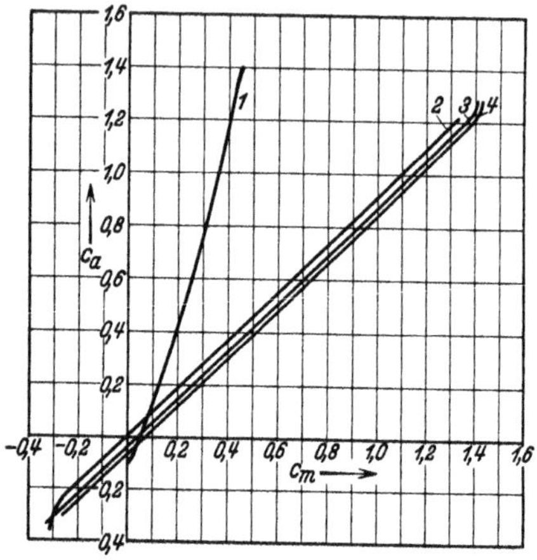

Abb. 153. Göttinger Messungen an Pfeilflügeln. 1. $\iota = 0$, $\varkappa = 0$. 2. $\iota = 23°$, $\varkappa = 0$. 3. $\iota = 23°$, $\varkappa = -4{,}5°$. 4. $\iota = 23°$, $\varkappa = -10°$.

durch Zurückverlegung des Schwerpunktes jedoch verliert das Flugzeug an Stabilität. Es mag zunächst paradox erscheinen, daß mit wachsendem Anstellwinkel der Druckpunkt eines solchen Pfeiles (der ja bei Gleitfluggleichgewicht mit dem Schwerpunkt in dieselbe Vertikale fallen muß) nach hinten rückt, nicht nach vorne wie beim gewöhnlichen Flügel. Das wird durch die Kombination von Verwindung und Pfeilstellung erzwungen und ist nicht mehr der Fall, wenn $\varkappa$ tg ι zu klein ist, um den Momentenbeiwert bei $c_n = 0$ negativ zu machen.

Bei diesen Überlegungen haben wir die gegenseitige Induktion der Flügelprofile nicht berücksichtigt; die Durchrechnung des Pfeilflügels auf Grund der Tragflügeltheorie ist sehr schwierig; denn die Ersetzung des Flügels durch einen linearen Wirbelfaden versagt an der Pfeilspitze.

Die in Abb. 153 dargestellten Göttinger Messungen[1] lassen erkennen, wieweit die qualitativen Überlegungen mit der Wirklichkeit übereinstimmen. Die Auswertung ergibt die Werte der Tabelle 10; die Momente sind auf die Pfeilspitze bezogen.

Danach bleibt der gemessene Stabilitätsbeitrag c_m' nur um etwa 5% hinter dem nach Gleichung (4,7) gerechneten zurück; daß die Formel einen etwas zu großen Wert ergeben muß, läßt sich begreifen; die Formel

[1] Messungen an Tragwerken mit Pfeilstellung und Verwindung. Gött. Erg. Bd. 2 S. 53.

setzt gleichförmige Verteilung des Auftriebs voraus, in Wirklichkeit tragen die hinten liegenden Teile des Flügels, welche im Sinne der Abb. 148 eine Vergrößerung von c_m' hervorrufen, weniger wie die vorderen Teile, die auf Verkleinerung von c_m' hinwirken; in den Versuchen der Tabelle 10 ist dieser Effekt sehr gering. Die Änderungen von $c_{m\,0}$ hingegen

Tabelle 10. Pfeilflügelmessungen.

ι	$\varkappa$	c_m'	c_m' theor	$c_{m\,0}$	Diff.	$\frac{1}{24} c_n' \frac{b}{t} \varkappa \operatorname{tg} \iota$
0	0	2,14		4,1		
23	0	8,84	($c_n' = 8{,}63$)	5,7		
23	4,5	8,86	9,08	3,1	2,6	5,6
23	10	8,18		—0,3	6,0	12,5

sind in Wirklichkeit nur halb so groß als die Formel vermuten läßt; hierbei wirkt sich die Überschätzung der Kräfte auf die außen liegenden Flügelteile viel stärker aus; die Schwanzlastigkeit, die von diesen Teilen aus bei $c_n = 0$ das Kopflastmoment der vorderen Flügelteile kompensieren soll, ist bedeutend schwächer als nach der Formel.

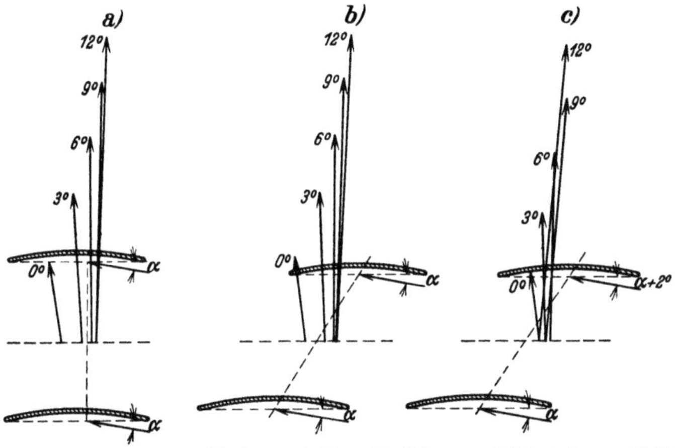

Abb. 154. Momente von Doppeldeckern. a) Ohne Staffelung und Schränkung. b) Staffelung ohne Schränkung. c) Staffelung und Schränkung.

Die Erhöhung von $c_{m\,0}$ durch Pfeilstellung ohne Verwindung läßt sich ohne Berechnung der Abwindverhältnisse nicht verstehen. Eine andere unveröffentlichte Messung mit $\iota = 15$ bzw. 30^0 und $\varkappa = 3{,}0^0$ und $5{,}9^0$ ergab für c_m' und auch für $c_{m\,0}$ gute Übereinstimmung mit der Formel; dies mag an den kleineren $\varkappa$-Werten, vielleicht auch am kleineren Seitenverhältnis $\frac{b}{t}$ liegen.

Mehrdecker. Auf Mehrdeckeranordnungen kann man die Ergebnisse der Überlegungen über das Pfeilflugzeug ohne weiteres übertragen. Für die Stabilität ist auch hier in 1. sehr guter Näherung nur die Schwerpunktlage maßgebend; Staffelung und Schränkung der Flügel haben keinen Einfluß darauf. Dagegen kann man durch Verbindung von Staffelung und Schränkung den Wert c_{m0} herabdrücken und dadurch alle Vorteile, die beim Pfeilflugzeug hervorgehoben wurden, erzielen; man muß nur dem vorne liegenden Flügel den höheren Anstellwinkel („Voranstellung") geben. Daß fast immer der Oberflügel vorausgestaffelt ist, hat vorwiegend technische Gründe (Sicht); doch ist diese Anordnung auch vom Gesichtspunkt des Momentenausgleiches vorteilhaft; denn der Oberflügel trägt ja infolge Induktion vom Unterflügel her immer etwas stärker wie der Unterflügel, ist daher schon dadurch von selbst etwas vorangestellt. Will man das gesamte Moment des Tragwerkes herabsetzen, so ist es also günstig, wenn der Oberflügel stärker trägt als der Unterflügel.

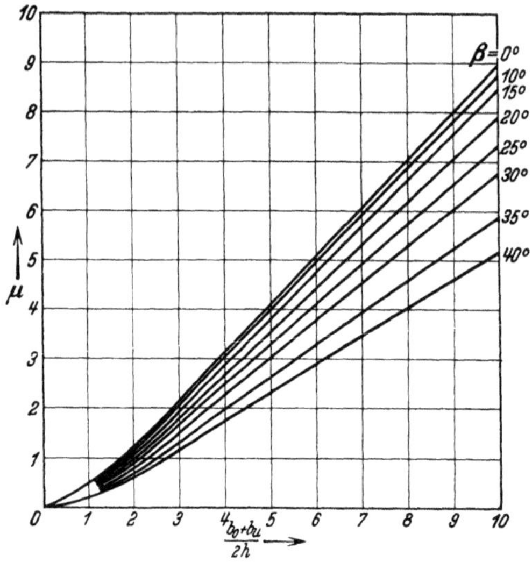

Abb. 155. Beiwert μ der Doppeldeckerrechnung.

Abb. 154 zeigt die Momentenkurven von Doppeldeckern und ihre Kraftstrahlendarstellung[1].

Zur Berechnung des Momenten einer Mehrdeckeranordnung muß man die Methoden des 2. Bandes, Kap. VII, § 5 bis 7 verwenden, da die einzelnen Flügel gesondert gerechnet werden müssen[2]. Durch die gegenseitige Induktion werden zwei Wirkungen hervorgerufen: die Anströmgeschwindigkeit und die Anstellwinkel der einzelnen Flügel werden verändert.

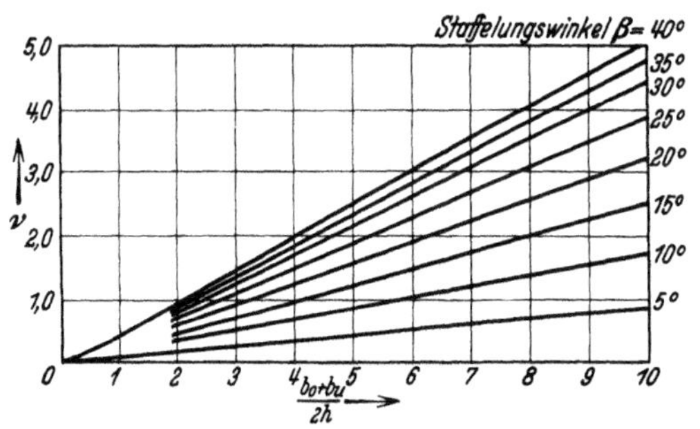

Abb. 156. Beiwert ν der Doppeldeckerrechnung.

[1] Betz, A., Angriffspunkte der Windkräfte bei Doppeldeckern. Z. Flugtechn. Motorluftsch. Bd. 5 (1914) S. 162.

[2] Betz, A., Die gegenseitige Beeinflussung zweier Tragflächen, Z. Flugtechn. Motorluftsch. Bd. 5 (1914) S. 253.

Fuchs, R., Systematische Rechnungen über Auftrieb und Widerstand beim Doppeldecker. T. B. Bd. 2 (1918) S. 177.

1. Durch den gebundenen Wirbel wird die Luftgeschwindigkeit über dem Flügel erhöht, unter dem Flügel erniedrigt; daher muß immer beim Doppeldecker der Oberflügel mit größerer Geschwindigkeit angeströmt werden als der Unterflügel; die relative Momentenänderung steht mit der relativen Geschwindigkeitsänderung im Zusammenhang $\frac{\Delta M}{M} = 2\frac{\Delta v}{v}$; die Integration über die Hufeisenwirbel eines Doppeldeckers ergibt nach Betz Δv und daraus mit dem in Abb. 155 eingezeichneten Koeffizienten μ die Formeln:

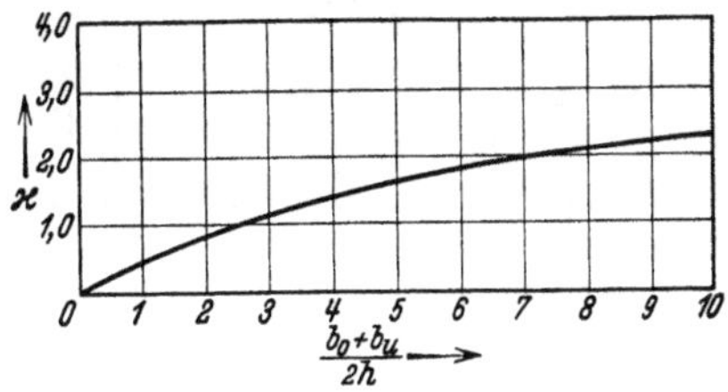

Abb. 157. Beiwert ϰ der Doppeldeckerrechnung.

$$\left.\begin{aligned}\Delta M_0 &= \frac{\mu}{2\pi}\frac{F_u}{b_0 b_u} c_{au} M_0 \\ \Delta M_u &= -\frac{\mu}{2\pi}\frac{F_0}{b_0 b_u} c_{a0} M_u\end{aligned}\right\} \qquad (4{,}8)$$

Dabei bedeuten die Indizes 0 und u Ober- und Unterflügel.

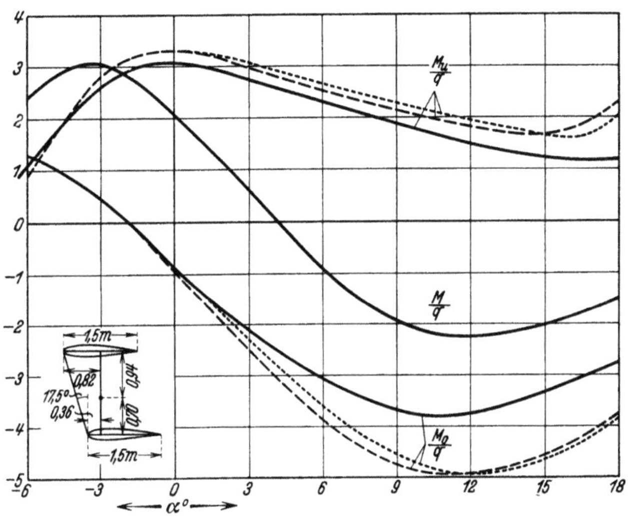

Abb. 158. Momentenberechnung eines Doppeldeckers. - - - - Modellversuch Eindecker $\frac{F}{b^2} = \frac{1}{6}$. — — — Auf richtiges Seitenverhältnis korrigiert. ——— Nach (4,8) und (4,9) umgerechnet.

Die freien Wirbel verändern die Geschwindigkeit in Flugrichtung nicht.

2. Der Anstellwinkel des nach vorne gestaffelten Flügels (immer der Oberflügel) erfährt infolge des gebundenen Wirbels am andern Flügel eine Anströmung nach oben, also eine Anstellwinkelerhöhung, der nach hinten gestaffelte Flügel eine gleich große Anstellwinkelerniedrigung. Durch die freien Wirbel entsteht an allen Flügeln eine

Tabelle 11. Berechnung des Flügelmomentes.

Bezeichnung	Formel	$\alpha =$ -6^0	-3^0	0^0	3^0	6^0	9^0	12^0	15^0	18^0	Bemerkungen
$\frac{M_0}{q}$	Aus Modellversuch mit den gegebenen Abmessungen berechnet	1,25	0,51	—1,14	—2,29	—3,63	—4,75	—4,71	—4,82	3,92	Ausgeglichen in den punktierten Kurven der Abb. 158
$\frac{M_u}{q}$		0,87	2,69	3,27	3,05	2,50	2,35	2,03	1,57	2,26	
Korrektion auf das richtige Seitenverhältnis:											
$c_{a0} = c_{au}$		—0,176	0,125	0,428	0,650	0,867	1,07	1,24	1,35	1,11	$\frac{\text{Momente}}{\text{Staudruck}}$ in m^3 Winkel in Grad
$\Delta\alpha_0$	$= 0{,}69\ c_{a0}$	+0,12	—0,09	—0,30	—0,45	—0,60	—0,74	—0,85	—0,93	—0,77	
$\Delta\alpha_u$	$= 0{,}57\ c_{au}$	+0,10	—0,07	—0,24	—0,37	—0,50	—0,61	—0,71	—0,77	—0,63	
Korrektion auf gegenseitige Induktion: $\mu = 11{,}1$; $\nu = 1{,}74$; $\varkappa = 1{,}69$:											
$\frac{M_0}{q}$	Aus der gestrichelten Kurve in Abb. 158	1,30	0,40	—1,05	—2,45	—3,83	—4,72	—4,90	—4,52	—3,75	Für c_a wurde näherungsweise der Modellwert mit dem nicht ganz korrekten Seitenverhältnis eingesetzt
$\frac{1}{q}\,\Delta M_0$	$= 0{,}214\ c_{au}\,\frac{M_0}{q}$	—0,050	0,010	0,086	0,340	0,712	1,080	1,252	1,308	0,850	
$\Delta\alpha_0$	$= -0{,}0276\ c_{au}$	Sehr klein, zu vernachlässigen.									
$\frac{M_u}{q}$	Aus der gestrichelten Kurve in Abb. 158	0,80	2,80	3,30	3,05	2,50	2,10	1,80	1,65	2,25	
$\frac{1}{q}\,\Delta M_u$	$= -0{,}240\ c_{a0}\,\frac{M_0}{q}$	0,032	—0,084	—0,342	—0,476	—0,544	—0,540	—0,502	—0,562	—0,670	
$\Delta\alpha_u$	$= 2{,}13\ c_{a0}$	—0,375	0,27	0,91	1,38	1,84	2,28	2,64	2,87	2,37	

Abwärtsströmung und somit eine Erniedrigung des Anstellwinkels, die von der Staffelung nicht abhängt. Die Formeln für die Anstellwinkeländerungen lauten mit den Koeffizienten der Abb. 156 und 157

$$\left.\begin{aligned} \Delta\alpha_0 &= \frac{57{,}3}{4\pi}(\nu - \varkappa)\frac{F_u}{b_0 b_u} c_{au} \\ \Delta\alpha_u &= \frac{57{,}3}{4\pi}(-\nu - \varkappa)\frac{F_0}{b_0 b_u} c_{a0} \end{aligned}\right\} \qquad (4{,}9)^{1}$$

Man geht praktisch am besten so vor, daß man an den — zuerst auf das richtige Seitenverhältnis des Einzelflügels umgerechneten — Momenten der einzelnen Flügel die Korrektur (4,8) anbringt und dann die so berechneten Ordinatenwerte längs der Abszisse α um den Betrag (4,9) mit entgegengesetztem Vorzeichen verschiebt. Dies ist in Tabelle 11 und Abb. 158 an einem Beispiel mit folgenden Abmessungen durchgeführt:

$F_0 = 17{,}5\,\text{m}^2$ $b_0 = 12{,}4\,\text{m}$ $t_0 = 1{,}50\,\text{m}$ $x_0 = 0{,}818\,\text{m}$ $y_0 = -0{,}935\,\text{m}$
$F_u = 15{,}0\,\text{m}^2$ $b_u = 11{,}0\,\text{m}$ $t_u = 1{,}50\,\text{m}$ $x_u = 0{,}300\,\text{m}$ $y_u = 0{,}700\,\text{m}$
$\beta = 17{,}5^0$

§ 3. Leitwerkmoment.

Normalkraftbeiwert. Die Leitwerkflächen unterscheiden sich von Flügeln hauptsächlich dadurch, daß sie aus zwei, willkürlich gegeneinander bewegbaren Teilen bestehen, Flosse und Ruder. Man kann alle Wirkungen des Leitwerkes auch ohne diese Unterteilung durch einen frei gegen die Rumpfachse drehbaren kleinen Flügel erreichen; doch sind solche Leitwerke ohne feste Flosse jetzt sehr selten geworden; sie können im übrigen bei Berechnungen als kleine Flügel angesehen werden. In früheren Jahren unterschieden sich die Leitwerkflächen auch durch ihre Umrißformen wesentlich von Flügeln; insbesondere wurden sie ohne Rücksicht auf den Vorteil guten Seitenverhältnisses gebaut; heute sind auch diese Formen, die keinerlei aerodynamische Vorteile aufweisen, größtenteils verschwunden. Zur Berechnung von Leitwerken müssen wir also unsere Ausführungen über Flügel nur durch Untersuchungen über den Einfluß der Ruderstellung (β_H) gegenüber der Flosse ergänzen. Dabei ist vor allem die Kraftkomponente $c_{n\,H}$ senkrecht zur Flossensehne von Bedeutung; denn diese Komponente hat als Hebelarm die Rumpflänge; wir vernachlässigen den kleinen Winkel zwischen

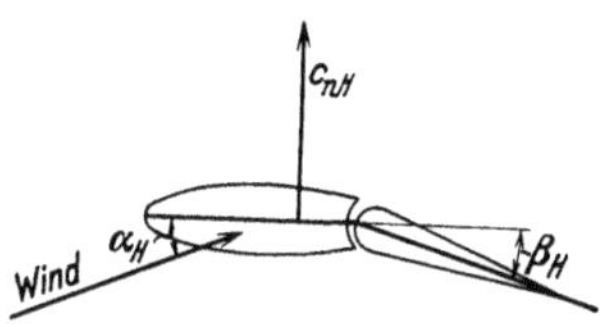

Abb. 159. Flosse und Ruder; Bezeichnungen.

[1] Anmerkung bei der Korrektur: In jüngster Zeit hat Herr Fuchs die Berechnung revidiert und die Beiwerte μ, ν, $\varkappa$ durch andere ersetzt; die alten — hier noch verwendeten — Werte geben zu hohe Auftriebsbeträge für den Oberflügel. Die verbesserte Doppeldecker-Rechnung findet der Leser in dem bald erscheinenden zweiten Band dieses Werkes (Kapitel VII, § 6).

Flossensehne und Rumpfachse, der auf den Hebelarm keinen nennenswerten Einfluß haben kann (Abb. 159). Der Widerstand des Leitwerkes ruft kein Moment hervor; er ist auch bis auf Extremfälle, die natürlich beachtet werden müssen, von geringer Bedeutung für den Kräftehaushalt des Flugzeugs (s. Abb. 88).

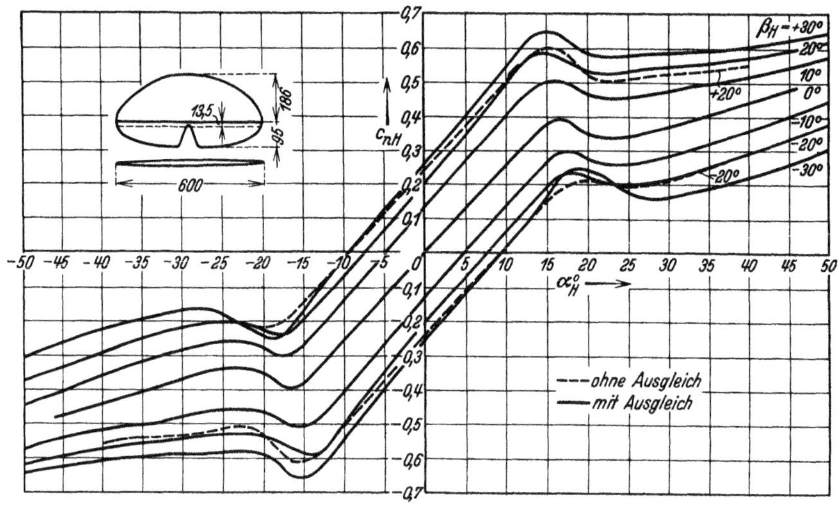

Abb. 160. Normalkraftbeiwert des Leitwerkes. Ruderfläche 18,5% der Leitwerkfläche.

Abb. 160 zeigt $c_{n\,H}$ in Abhängigkeit von α_H und β_H im weitesten vorkommenden Bereiche[1]; im mittleren Teil bei normalen Fluganstellwinkeln verlaufen die Kurven einigermaßen parallel; auch wo Abweichungen von dieser Parallelität in dem gesamten Versuchsmaterial sich finden, sind sie nicht systematisch. Daher ist der für die Stabilitätsbetrachtungen wichtigste Beiwert $\frac{\partial c_{n\,H}}{\partial \alpha_H}$ unabhängig vom Ruderausschlag und somit eine für die normalen Flugzustände konstante Größe. Eine eigentümliche Unsicherheit gibt das Versuchsmaterial bezüglich des Betrages von $\frac{\partial c_{n\,H}}{\partial \alpha_H}$; man sollte erwarten, daß dieser Wert im wesentlichen vom Seitenverhältnis abhänge und bei kleinem $\frac{F}{b^2}$ unabhängig vom Umriß die von den Flügelmessungen her bekannte Größe habe. In Abb. 161 ist die theoretische Kurve berechnet aus

$$\frac{\partial \alpha_H}{\partial c_{n\,H}} = \frac{\partial \alpha_\infty}{\partial c_{n\,H}} + \frac{57{,}3}{\pi}\,\frac{F}{b^2}$$

mit einem $\frac{\partial c_{n\,H}}{\partial \alpha_\infty} = 0{,}102$ nach Abb. 48 eingezeichnet; die älteren Messungen fügen sich auch recht gut ein; daß für große $\frac{F}{b^2}$ der Einfluß

[1] Gorski, W., Aerodynamische Untersuchungen von Schwanzflächen und Höhenrudern mit und ohne Ruderausgleich. ZAHJ Nr. 49 S. 49.

des Umrisses größer wird und der Betrag von $\frac{\partial c_{nH}}{\partial \alpha_H}$ unter dem theoretischen bleibt, ist auch verständlich. Unerwartet ist dagegen die Tatsache, daß gerade die neueren, wohl besseren Messungen an Leitwerken wesentlich kleinere Werte ergeben; der Grund kann nicht angegeben werden; es empfiehlt sich aber bei praktischen Rechnungen lieber den kleineren Wert zu nehmen.

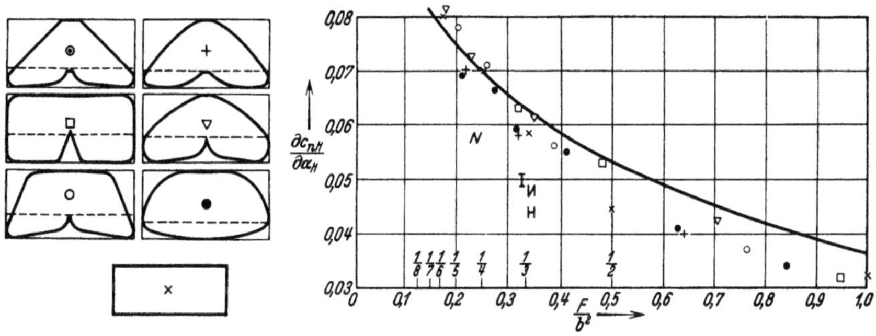

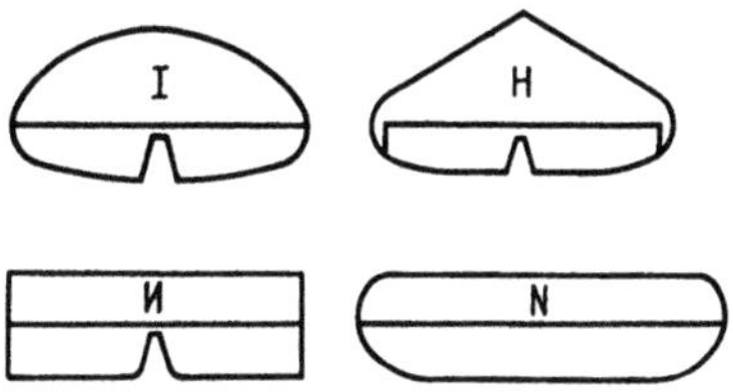

Abb. 161. Beiwert des Stabilitätsbeitrags $\frac{\partial c_{nH}}{\partial \alpha_H}$ für verschiedene Umrisse.
I, H, И Gorski Zitat S. 110.
N Gött. Erg. Bd. 3 S. 102.
Die übrigen sind Göttinger Messungen aus dem Material der Deutschen Flugzeugmeisterei 1918.

Einfluß des Rumpfes. Im Flugzeug sind c_{nH} und $\frac{\partial c_{nH}}{\partial \alpha_H}$ noch weiter herabgesetzt durch die Einwirkung des Rumpfes, welcher die Strömungsgeschwindigkeit an großen Teilen des Leitwerkes herabsetzt; Ausmessung[1] des Strömungsfeldes und Kraftmessungen zeigen eine Drosselung der Strömungsgeschwindigkeit durch den Rumpf und eine geringe Herabsetzung des Anstellwinkels. Man kann die Wirkung abschätzen und im Sinne der Grenzschichttheorie in Zusammenhang mit dem Rumpfwiderstand bringen[2]; die Geschwindigkeitsdrosselung muß dabei proportional der Wurzel aus dem Widerstandsbeiwert werden. Die Messungen des Geschwindigkeitsverlustes lassen sich mit guter Näherung durch die Formel darstellen:

$$\frac{\Delta c_{nH}}{c_{nH}} = -c_1 \sqrt{c_w}\, \frac{a}{b_H} \tag{4,10}$$

wobei b_H die Leitwerksspannweite bedeutet, a die Breitenerstreckung des Rumpfhauptspantes, c_w den Rumpfwiderstandsbeiwert bezogen auf

[1] Gorski, W., Untersuchung des Einflusses vom Rumpf auf Schwanzfläche und Höhenruder eines Flugzeugs. ZAHJ Nr. 49 S. 5.

[2] Jurawtchenko, A., Experimentelle Korrektion infolge gegenseitiger Beeinflussung von Rumpf und Leitwerk. ZAHJ Nr. 49 S. 40.

den Hauptspant und c_1 einen Koeffizienten, der von der Rumpfgestalt abhängt und mit 0,70 für einen ovalen, 1,30 für einen rechteckigen und 1,65 für einen dreikantigen Querschnitt angegeben wird; dabei ist zu bemerken, daß die Verjüngung beim ovalen Rumpf am größten ist und daß die Verjüngung in der Richtung senkrecht zum Leitwerk beim dreikantigen Rumpf sehr gering ist, so daß man qualitativ wohl sagen kann, daß der Koeffizient c_1 um so kleiner wird, je stärker der Rumpf sich verjüngt. Die Messungen reichen nicht aus, um etwa die beim Problem der Rumpf-Flügel-Interferenz hervorgehobenen Gesichtspunkte anzuwenden. Die Anstellwinkelverminderung in Größenordnung von 1^0 bis $1{,}5^0$ kann durch die Formel

$$\Delta\,\alpha_H = -\,c_2\,\frac{a}{b_H} \qquad (4{,}11)$$

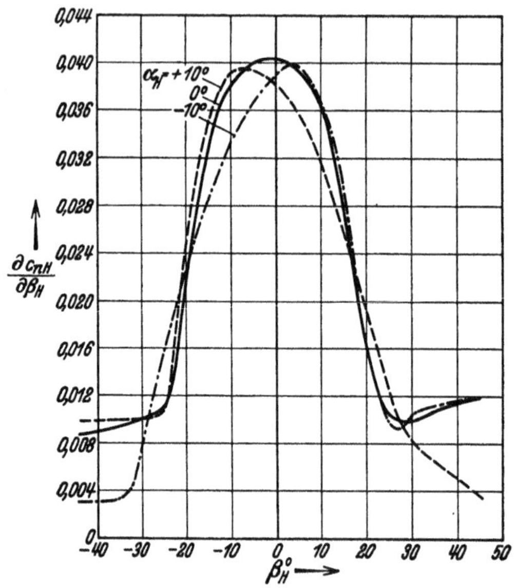

Abb. 162. Empfindlichkeit gegen Ruderausschlag.

mit $c_2 = 3{,}6$ bzw. 6,0 bzw. 7,3 für den ovalen, viereckigen und dreikantigen Rumpfquerschnitt dargestellt werden, so daß schließlich die Formel gilt ($c_{n\,H\,0}$ unbeeinflußter Wert des isolierten Leitwerkes)

$$c_{n\,H} = \left(1 - c_1\sqrt{c_w}\,\frac{a}{b_H}\right)\left(c_{n\,H\,0} - c_2\,\frac{a}{b_H}\,\frac{\partial\,c_{n\,H\,0}}{\partial\,\alpha}\right) \qquad (4{,}12)$$

Die Formel bewährt sich auch, wenn c_w durch Einbauten in den Rumpf erheblich (bis zum 7,5fachen) erhöht ist; es ergeben sich Erniedrigungen des Beiwertes um 10 bis 20%.

Die Wirkung eines Ruderausschlages kann aus dem Differentialquotienten $\frac{\partial\,c_{n\,H}}{\partial\,\beta_H}$ bei festgehaltenem α_H beurteilt werden; sie hängt am meisten von der relativen Größe der Ruderfläche R_H ab, also vom Verhältnis $\frac{R_H}{F_H}$. Sie ist im Bereich kleiner Ruderausschläge (bis $\sim 10^0$) näherungsweise eine Konstante, nimmt dann aber sehr rasch ab. Abb. 162 zeigt den Verlauf nach englischen[1] Messungen; bei ausgeglichenen Rudern (s. u.) nimmt dieser Beiwert rascher mit wachsendem β_H ab, so daß ein gewisser Verlust an Ruderempfindlichkeit eintritt.

[1] Bryant, L. W. and H. B. Irving, Experiments on the effect of altering the position of the hinges of the elevators for the BE2C aeroplane. R & M 254; 1916/17 S. 157.

Um den Einfluß des Verhältnisses $\frac{R_H}{F_H}$ zu überblicken, vergleichen wir in Abb. 163 die Änderung des $c_{n\,H}$ infolge Ruderausschlages mit der Änderung infolge Anstellwinkeländerung, wobei wir uns auf den Bereich linearer Abhängigkeit beschränken. Ein bestimmter Wert von $c_{n\,H}$ kann aus der Nullage heraus entweder durch die Anstellwinkelerhöhung $\Delta\,\alpha_H$ ohne Ruderausschlag oder durch den Ruderausschlag $\Delta\,\beta_H$ bei $\alpha = 0$ erreicht werden. Der Ruderausschlag $\Delta\,\beta_H$ tut also dieselbe Wirkung wie die Anstellwinkeländerung $\Delta\,\alpha_H$ eines als Ganzes beweglichen Leitwerkes (ohne Flosse); der Quotient $\frac{\Delta\,\alpha_H}{\Delta\,\beta_H} = \zeta$ ist also ein Maß für die Wirkung des Ruderausschlages und muß um so größer sein, je größer $\frac{R_H}{F_H}$; er wird $= 1$ für $R_H = F_H$. Die Kurve (exp.) Abb. 163 ist aus englischen Messungen[1] entnommen; andere Meßreihen fügen sich der Größenordnung nach ein, wie eingezeichnete Punkte erkennen lassen. Es kann sein, daß die englischen Meßpunkte deshalb höher liegen als die anderen, weil sie an einem Modell mit Rumpf gewonnen sind und es dahinsteht, ob die Korrektur in diesem Fall mit und ohne Ruderausschlag dieselbe sein kann. Die Beziehung zwischen Ruderausschlag und Anstellwinkeländerung ist auch von Munk[2] nach der Abbildungstheorie dünner Profile berechnet worden; die dort sich ergebenden ζ-Werte sind in Abb. 163 eingezeichnet und liegen nur wenig über den gemessenen.

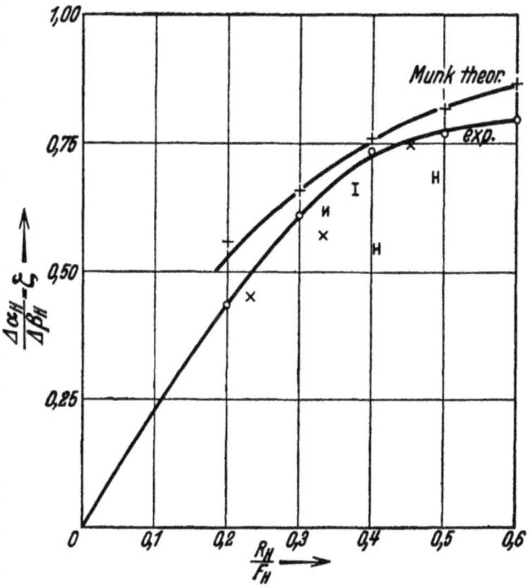

Abb. 163. Anstellwinkeländerung, die einem Ruderausschlag äquivalent ist (Bedeutung der Zeichen s. Abb. 161).

Zusammenfassend können wir im praktisch wichtigsten Bereich den linearen Ansatz für die Leitwerksnormalkraft machen:

$$c_{n\,H} = \frac{\partial\, c_{n\,H}}{\partial\, \alpha_H}\,\alpha_H + \frac{\partial\, c_{n\,H}}{\partial\, \beta_H}\,\beta_H = \frac{\partial\, c_{n\,H}}{\partial\, \alpha_H}\,(\alpha_H + \zeta\,\beta_H) \qquad (4{,}13)$$

wobei der Wert von $\frac{\partial\, c_{n\,H}}{\partial\, \alpha\, H}$ aus Abb. 161, der Wert von ζ aus Abb. 163 zu entnehmen ist.

[1] Irving, H. B. and A. S. Batson, Model experiments on the pitching moment and hinge moment due to elevators of various sizes on B.E.2C-tailplane. R & M Nr. 679; 1920/21 S. 317.

[2] Munk, M., General theory of thin wing sections. N. A. C. A. Rep. 142; 1922 S. 245.

Die Widerstandsbeiwerte für Leitwerke verschiedener Anordnung sind schon in Abb. 88 verzeichnet. Aus denselben Abbildungen gehen die für die Dynamik des überzogenen Flugs und des Trudelns, sowie für Entenkonstruktionen wichtigen Maximalwerte von c_{nH} hervor. Abb. 164 bringt einige Messungen über die Lage der Luftkraftresultierenden; dafür gelten dieselben Gesetze wie bei Flügeln; doch zeigt

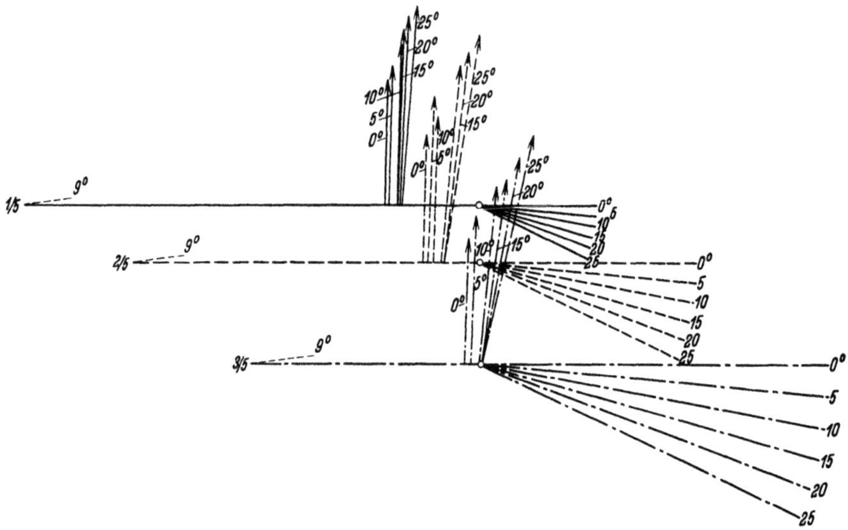

Abb. 164. Kraftstrahlendiagramme für verschiedene Verhältnisse $\frac{R_H}{F_H}$ (1/5, 2/5, 3/5).

sich schon bei kleinem Ruderausschlag, daß der Druckpunkt an die Ruderachse heranrückt, so daß man für Stabilitätsrechnungen immer mit hinreichender Genauigkeit den Abstand Flugzeugschwerpunkt-Ruderdrehachse als Hebelarm der Leitwerkskraft einsetzen kann.

Ruderdrehmoment. Eine wichtige Größe ist ferner das zur Drehung des Ruders notwendige Moment M_R, dessen Beiwert definiert wird durch

$$c_R = \frac{M_R}{q\, t_R\, R_H} \tag{4,14}$$

Man bezieht das Moment in diesem Fall auf Rudertiefe (t_R) und Ruderfläche (R_H), nicht auf Fläche (F_H) und Tiefe (t_H) des ganzen Leitwerkes, weil auf diese Weise der Einfluß des Flächenverhältnisses in 1. Näherung ausgeschaltet wird; dies sieht man aus Abb. 165, wo die beiden Bezugsmöglichkeiten zur Auswertung von Göttinger Messungen[1] verwendet wurden. Abb. 166 enthält einen weiten Bereich von c_R-Werten in Abhängigkeit von α_H und β_H nach einer russischen Meßreihe[2]. Da es

[1] Messungen an Höhenleitwerken. Gött. Erg. Bd. 3 S. 102.

[2] Gorski, W.: Zit. a. S. 110.

praktisch nicht auf den von $\frac{R_H}{F_H}$ entscheidend abhängigen Winkel β_H, sondern mehr auf den — vom Leitwerk durch den Momentenausgleich geforderten — Beiwert $c_{n\,H}$ ankommt, sind in Abb. 167, wo α_H als Abszisse und β_H als Parameter dient, auch die Kurven konstanter $c_{n\,H}$ eingezeichnet. Dabei sind für c_R die Meßwerte unter starker Ausgleichung verwendet, für $c_{n\,H}$ die Formel (4,13) mit den empirischen Werten von $\frac{\partial c_{n\,H}}{\partial \alpha_H}$ und von ζ.

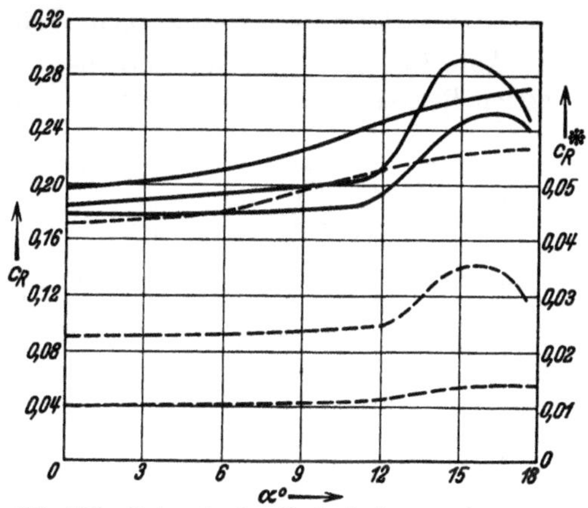

Abb. 165. Beiwerte des Ruderdrehmomentes von 3 Leitwerken mit verschiedener Rudergröße; $\beta = 20°$.
——— $c_R = \frac{M_R}{q\,t_R\,R_H}$ — — — $c_R^* = \frac{M_R}{q\,t_H\,F_H}$.
Die Verschiedenheit der c_R-Werte bei kleinerem β_H ist noch wesentlich kleiner.

Die Kraft, welche vom Piloten am Steuer ausgeübt werden muß, und die für statische Rechnungen wichtige Beanspruchung durch das Rudermoment sind natürlich nicht allein durch c_R bestimmt, sondern durch $c_R\,q$, so daß ein hohes c_R besonders bei schnellem Flug, also bei kleinem Flugzeuganstellwinkel, vermieden werden muß.

Man kann c_R stark dadurch herabdrücken, daß man Teile des Ruders vor die Drehachse legt („Ruderausgleich"); dies kann dadurch

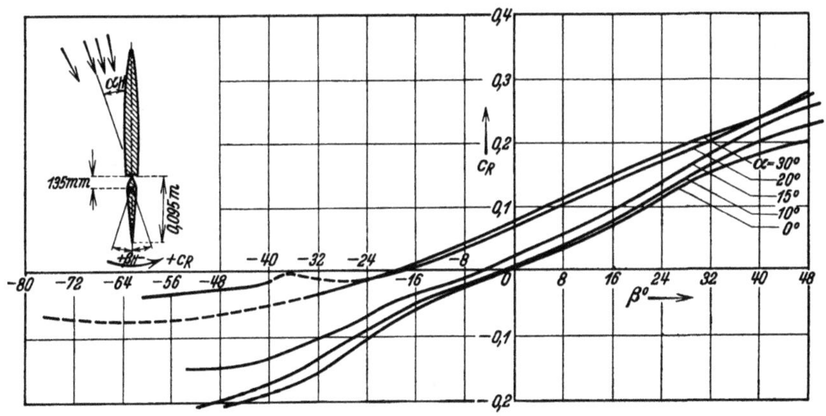

Abb. 166. Beiwert des Ruderdrehmomentes c_R in Abhängigkeit von α_H und β_H.

geschehen, daß man die normale Form des Ruders beibehält, nur die Achse von der Berührungskante Flosse-Ruder aus nach rückwärts verlegt und durch Ausgestaltung dieser Berührungskante einen Spalt bei nicht allzu großen Ausschlägen vermeidet (Beispiel: Abb. 88c), oder dadurch, daß man die Berührungskante als Drehachse beibehält, aber außen Klappen anbringt, welche vor der Drehachse liegen (Beispiel: Abb. 88d). Die erstere Art ist die gebräuchlichere; bei ihr entstehen keine so bedeutenden zusätzlichen Widerstandskräfte.

Abb. 168 stellt die Wirkung des Ausgleichs auf c_R im Falle des ersten Beispiels bei $\alpha_H = 0$ und $\alpha_H = 15^0$ dar; die Werte bei $\beta_H = 0$ bleiben natürlich durch den Ausgleich unverändert; die c_R-β_H-Kurven bei gleichem Ausgleich laufen ungefähr parallel.

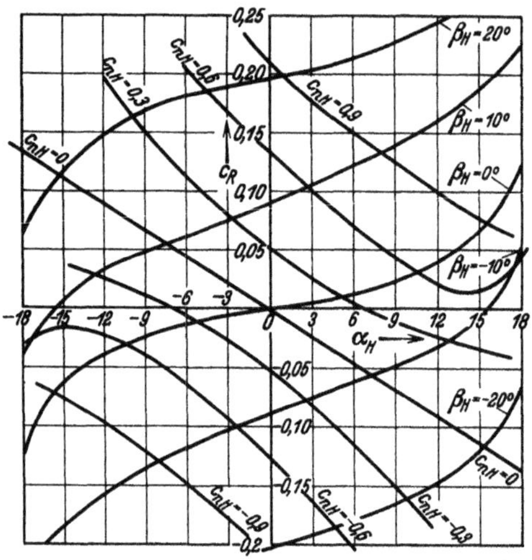

Abb. 167. c_R in Abhängigkeit von α_H, β_H und c_{nH}.

Eine andere Methode zur Erniedrigung von c_R ist das Flettner-Ruder, ein kleines Hilfsruder, durch dessen Ausschlag das Ruder in die gewünschte Lage gezwungen wird; das gesamte Leitwerk erhält dadurch eine S-förmige Gestalt; der Druck auf die hinteren Leitwerkteile wirkt am großen Hebelarm den Hauptdrucken auf das Ruder entgegen und vermindert ihr Moment.

Losgelassenes Steuer. Schließlich ist für Stabilitätsrechnungen der Wert von c_{nH} in Abhängigkeit von α_H bei losgelassenem Steuer von Bedeutung. Vernachlässigt man das Moment des Rudergewichtes um die Ruderachse, so findet man aus Diagrammen wie Abb. 167 ohne weiteres die zu $c_R = 0$ gehörigen c_{nH}-Werte bei verschiedenen α_H. Man kann aus Abb. 167 abschätzen, daß bei Verwendung des dort zugrunde gelegten unausgeglichenen Ruders der Normalkraftbeiwert c_{nH} für 6^0 Anstellwinkelerhöhung bei losgelassenem Steuer um 0,3 steigt; dies bedeutet einen Stabilitätsbeiwert $\frac{\partial c_{nH}}{\partial \alpha_H}$ von ungefähr 0,050 gegenüber 0,0575 bei festgehaltenem Steuer, also eine relativ geringe Stabilitätsminderung von 13% bei einem Flächenverhältnis $\frac{R_H}{F_H} = 0,45$.

Ruderausgleich rückt die Schnittpunkte der c_R-Kurven mit der β_H-Achse auseinander, ohne die Werte von c_{nH} in Abhängigkeit von α_H und β_H wesentlich zu ändern (Abb. 160). Wenn bei losgelassenem Steuer in dem Beispiel der Abb. 168 der Anstellwinkel um 15^0 wächst, so steigt c_{nH} um die in der Abbildung verzeichneten Beträge, d. i. um so weniger, je größer der Ausgleich; durch Verwendung eines Ruderausgleiches selbst in der aerodynamisch guten Form des Beispieles wird also die stabilisierende Wirkung des Leitwerkes bei losgelassenem Steuer nicht unerheblich herabgesetzt.

Im allgemeinen kann man nun das Gewichtsmoment nicht vernachlässigen, welches die Einstellung des Höhenruders bei losgelassenem Steuer bestimmt; dieses Moment rührt nicht nur vom Gewicht des Ruders selbst her, sondern auch — durch Vermittlung der Steuerseile — vom Gewicht des Knüppels und anderer beweglicher Steuerteile. Es ist zum Unterschied von allen andern in diesem Kapitel erwähnten Momenten nicht dem Staudruck proportional und ist abhängig von der Lage des Flugzeugs im Raum. Damit aber wird dem einfachen Gedankengang, welcher zum Begriff der statischen Stabilität führt, der Boden entzogen; wir können das Problem erst richtig mit den Gesichtspunkten des folgenden Kapitels behandeln. Solange wir im Rahmen der bisherigen Betrachtungen bleiben, können wir nur konstante Geschwindigkeit annehmen und ein konstantes Gewichtsmoment des Ruders berücksichtigen; dann ändert sich β_H mit α_H so, wie es eine Gerade $c_R = \text{const}$ verlangt und die Änderung von c_{nH} mit α_H ist geringer als bei konstantem β_H, wie aus Abb. 167 unmittelbar hervorgeht; die statische Stabilität ist ungefähr dieselbe wie bei Vernachlässigung des Gewichtsmomentes; jedoch verliert hier, wie im 5. Kapitel deutlich werden wird, der Begriff der statischen Stabilität einen großen Teil seiner Bedeutung (s. S. 227).

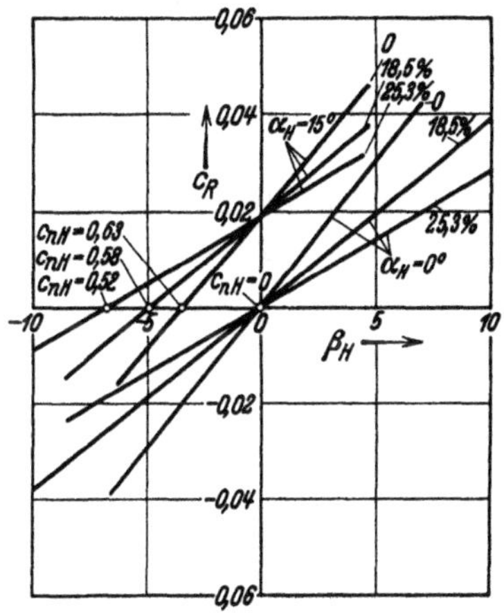

Abb. 168. c_R in Abhängigkeit von β_H bei verschiedenem Ruderausgleich (18,5 % bedeutet z. B., daß 18,5 % der Ruderfläche vor der Ruderdrehachse liegen). Die Werte von c_{nH} bei $c_R = 0$ sind wichtig zur Berechnung der Leitwerkanstellung bei losgelassenem Ruder.

Abwind. Die Beiwerte der Leitwerkskräfte für die Momentenrechnung kann man nun nicht einfach den obigen Abbildungen entnehmen; denn der Anstellwinkel und die Anströmgeschwindigkeit des Leitwerkes sind nicht identisch mit Anstellwinkel und Anströmgeschwindigkeit der Flügel, vielmehr wird gerade durch die Flügel, aber auch durch andere Flugzeugteile und durch die Schraube, die Luftströmung stark verändert. Der Haupteinfluß geht von der Zirkulationsströmung um die Flügel und von ihren freien Wirbeln aus; am Ort des Leitwerkes ergibt sich daraus eine senkrecht zur Bewegungsrichtung nach unten gerichtete Zusatzströmung (w), ein „Abwind".

Die Folge des Abwindes ist eine Verminderung des Anstellwinkels um den Betrag artg $\frac{w}{v}$ oder $\frac{w}{v}$, da w als sehr klein gegen v angesehen werden kann. Der Abwind w und somit auch die Verminderung des Anstellwinkels (Δ) sind nun proportional der Zirkulation um die Flügel, somit proportional dem Flügelauftrieb. Bezeichnen α_H den Anstellwinkel des Leitwerkes und α den Anstellwinkel der Flügel (oder der Flugzeugachse), so ist $\alpha_H = \alpha - \Delta$, wenn wir für den Augenblick den festen Einstellwinkel der Flosse gegen die Flugzeugachse $= 0$ setzen. Nun muß das Leitwerkmoment beim Zusammenrechnen mit dem Flügelmoment abhängig von α, nicht von α_H eingesetzt werden; auch der Stabilitätsanteil des Leitwerkes ist gegeben durch $\frac{\partial M_H}{\partial \alpha}$, nicht etwa durch $\frac{\partial M_H}{\partial \alpha_H}$. Bezeichnen wir den Normalkraftbeiwert des Leitwerkes unter Berücksichtigung dieses Abwindeffektes mit $c_{n\,H}^*$, so daß

Abb. 169. Wirkung des Abwindes (w).

$$c_{n\,H}^*(\alpha) = c_{n\,H}(\alpha_H)\,, \tag{4,15}$$

so gilt:

$$\frac{\partial c_{n\,H}^*}{\partial \alpha} = \frac{\partial c_{n\,H}}{\partial \alpha_H} \cdot \frac{\partial \alpha_H}{\partial \alpha} = c'_{n\,H}\left(1 - \frac{\partial \Delta}{\partial \alpha}\right) \tag{4,16}$$

Die stabilisierende Wirkung des Leitwerkes wird also durch den Abwind herabgesetzt. Da Δ proportional c_a, also im normalen Flugbereich proportional α ist, wird $\frac{\partial \Delta}{\partial \alpha}$ eine Konstante, die vom Seitenverhältnis bzw. der Mehrdeckeranordnung der Flügel und von der Rumpflänge abhängt.

Die Größe des Abwindes (Δ) ist aus der Prandtlschen Tragflügeltheorie von Helmbold[1] berechnet worden; die Grundlagen dazu sind im 2. Band, Kap. VI, § 12 zu finden. Die Schwierigkeit bei dieser Aufgabe liegt in der Unsicherheit über das Verhalten der freien Wirbel hinter dem Tragflügel. Es ist eine einfache Integrationsaufgabe, den Abwind an jeder Stelle hinter dem Tragflügel zu berechnen, wenn der Ort der Wirbel festliegt, wie es in den beiden Extremfällen 1. elliptischer Verteilung, 2. des einfachen Hufeisenwirbels der Fall ist. Die genauere Analyse zeigt[2] indes, daß auch bei einem rechteckigen überall gleich angestellten Flügel nicht der einfache Hufeisenwirbel angesetzt werden darf, daß dies vielmehr nur im Grenzfall $\frac{F}{b^2} \to 0$ berechtigt ist; auch bei elliptischer Fläche,

---

[1] Helmbold, H. B., Über die Berechnung des Abwindes hinter einem rechteckigen Tragflügel. Z. Flugtechn. Motorluftsch. Bd. 16 (1925) S. 291 u. Bd. 18 (1927) S. 11.

[2] Betz, A., Beiträge zur Tragflügeltheorie. Z. Flugtechn. Motorluftsch. 1920 Beih. Nr. 2.

wenn die gebundenen Wirbel genau die optimale Verteilung des Auftriebes ergeben, verlaufen die freien Wirbel nicht einfach nach hinten; sie tun dies nur bei kleiner Zirkulation ($c_a \to 0$), sonst rollen sie sich kurz hinter dem Flügel auf und lassen sich dann durch zwei Einzelwirbel ersetzen, deren Distanz kleiner ist als die Spannweite. Helmbold gibt folgende Näherungen an, in welchen die Zahlenwerte Näherungswerte für bestimmte Integrale, keine empirischen Größen sind, und wobei noch ε das Verhältnis der Rücklage des Aufpunktes hinter dem mittleren Druckpunkt $\left(\frac{t}{3}\text{ hinter Vorderkante}\right)$ zur halben Spannweite des Flügels bedeutet:

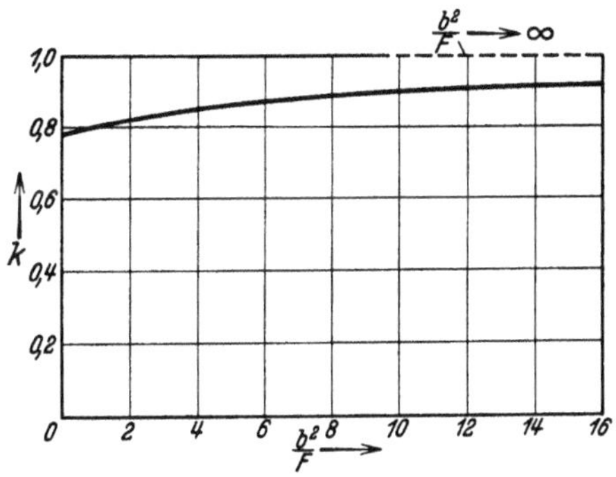

Abb. 170. Zur numerischen Berechnung des Abwindes nach (4,18).

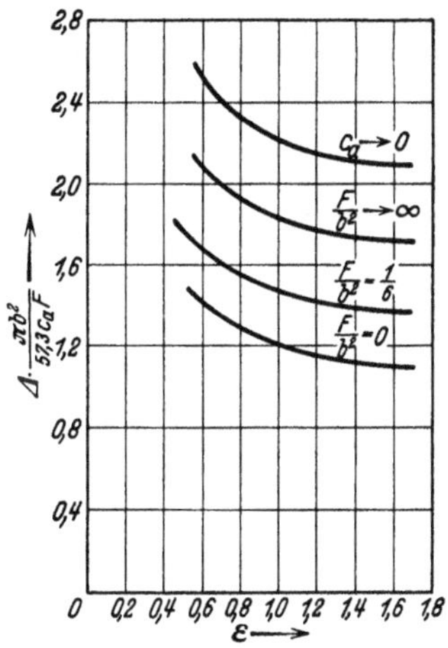

Abb. 171. Abwindformel (Δ in Grad); $\varepsilon = \frac{\text{Entfernung Aufpunkt vom mittleren Druckpunkt}}{\text{halbe Spannweite}}$.

1. Elliptische Auftriebsverteilung, kein Aufrollen der freien Wirbel, Grenzfall $c_a \to 0$:

$$\Delta_1 = \frac{57{,}3\, c_a F}{\pi b^2}\left[1{,}36 + \frac{\sqrt{\varepsilon^2+1}}{\varepsilon} - \frac{0{,}45}{\varepsilon} - 0{,}11\,\varepsilon\right] \text{(Winkelgrad)} \quad (4{,}17)$$

2. Hufeisenwirbel bei einem rechteckigen Tragflügel, Distanz der aufgerollten Wirbel und mit ihr der Koeffizient k in errechneten Zusammenhang mit $\frac{F}{b^2}$ nach Abb. 170:

$$\Delta_2 = \frac{57{,}3\, c_a F}{\pi b^2}\left[\frac{1}{2k^2}\left(1 + \frac{\varepsilon}{\sqrt{\varepsilon^2+k^2}}\right) + \frac{1}{2\,\varepsilon\sqrt{\varepsilon^2+1}}\right] \text{(Winkelgrad)} \quad (4{,}18)$$

Die Formel für Δ_2 ergibt in der Grenze $\frac{F}{b^2} \to 0$, d. h. für $k = 1$, gerade den halben Wert von Δ_1 weit hinter dem Flügel, d. i. für große ε; in dieser Grenze ist also der Abwind bei Annahme eines Hufeisenwirbels von der Flügelspannweite nur halb so groß, wie bei elliptischer Auftriebsverteilung ohne Aufrollen der freien Wirbel. Bei der Berechnung der Flügelkräfte aus der Tragflügeltheorie ergaben sich zwischen diesen beiden Extremfällen nur Unterschiede von der Größenordnung 10%; hier sind die Unterschiede wesentlich, und dies ist auch einleuchtend, da das Leitwerk mitten im Gebiet der freien Wirbel liegt. Die wenigen vorliegenden Abwindmessungen[1] bestätigen die Formeln; bei kleinen c_a-Werten liegen die Meßpunkte in der Nähe der Kurve Δ_1, bei wachsendem c_a rücken sie stark nach unten (Abb. 171). Helmbold empfiehlt eine Interpolationsformel:

$$\Delta = \left(1 - \frac{c_a}{\sqrt{c_a^2+1}}\right)\Delta_1 + \frac{c_a}{\sqrt{c_a^2+1}}\Delta_2 \tag{4,19}$$

Vom Anstellwinkel α hängt Δ nur durch Vermittlung von c_a ab, das auch als Faktor in Δ_1 und in Δ_2 auftritt. Die für Stabilitätsrechnungen wichtige Größe $\frac{\partial \Delta}{\partial \alpha}$ wird:

$$\left.\begin{aligned}\frac{d\Delta}{\partial \alpha} = \frac{57{,}3\, c_a' F}{\pi b^2}\Bigg[\left(1 - \frac{c_a}{\sqrt{c_a^2+1}}\right)\delta_1 + \frac{c_a}{\sqrt{c_a^2+1}}\delta_2 - \\ - \frac{c_a\,(c_a^2/2+1)}{(c_a^2+1)^{3/2}}(\delta_1 - \delta_2)\Bigg]\end{aligned}\right\} \tag{4,20}$$

wenn $\delta_{1,\,2}$ die nur von ε abhängigen Zahlenkoeffizienten in den eckigen Klammern von (4,17) und (4,18) bedeuten.

Bei nicht rechteckigen Flügeln, die sich nach außen verjüngen, wird man infolge stärkeren Zusammendrängens der freien Wirbel nach der Mitte zu einen verstärkten Abwind erwarten.

Der Einfluß der Höhenlage h des Leitwerkes über der Flügelsehnenebene ist geringer; doch mag es für manche Fälle wichtig sein, wenigstens die Größenordnung zu kennen. Es sei η das Verhältnis dieser Höhenlage zur halben Spannweite; aus der Theorie ergibt sich, wenn $\varepsilon^2 \gg \eta^2$ und $\varepsilon^2 \gg \frac{F}{2b^2}$ gesetzt wird, was praktisch stets der Fall ist, die Formel

$$\left.\begin{aligned}\Delta_2 = \frac{57{,}3\, c_a F}{\pi b^2}\Bigg\{\frac{1}{2k^2}\left(1 + \frac{\varepsilon}{\sqrt{\varepsilon^2+k^2}}\right)\left[1 - \eta^2\left(\frac{1}{k^2} + \frac{1}{2(\varepsilon^2+k^2)}\right)\right] + \\ + \frac{1}{2\varepsilon\sqrt{\varepsilon^2+1}}\left[1 - \eta^2\left(\frac{1}{\varepsilon^2} + \frac{1}{2(\varepsilon^2+k^2)}\right)\right]\Bigg\}\end{aligned}\right\} \tag{4,21}$$

im mittleren Fall ($\varepsilon = 1$ $k = 1$) ergibt dies z. B.

$$\Delta_2 = \Delta_{20}\left(1 - \frac{5}{4}\eta^2\right) \tag{4,21a}$$

wenn Δ_{20} den Wert in der Mittellage $\eta = 0$ bedeutet. Der Abwind nimmt von der Mittellage aus symmetrisch langsam ab.

Abschirmwirkung. Gegenüber der Anstellwinkeländerung ist die Geschwindigkeitsänderung am Leitwerk belanglos, solange es sich um normale Betriebszustände handelt. Bei großen Anstellwinkeln jedoch, wenn keine einfache Zirkulationsströmung mehr vorhanden ist, sondern hinter dem Flügel ein wirbeldurchsetzter Raum verminderter Geschwindigkeit, ja selbst in besonderen Fällen mit Rückströmung

---

[1] Munk, M. u. Cario, Luftstromneigung hinter Flügeln. T. B. Bd. 3 (1918) S. 10.

entsteht, tritt eine Abschirmwirkung auf, die das Leitwerk ganz oder teilweise aktionsunfähig macht und daher sehr gefährlich werden kann. Man muß versuchen, das Leitwerk, solange seine Wirkung notwendig ist, aus dem abgeschirmten Raum heraus zu halten oder man muß es so stark vergrößern, daß die Abschirmwirkung aufgewogen wird.

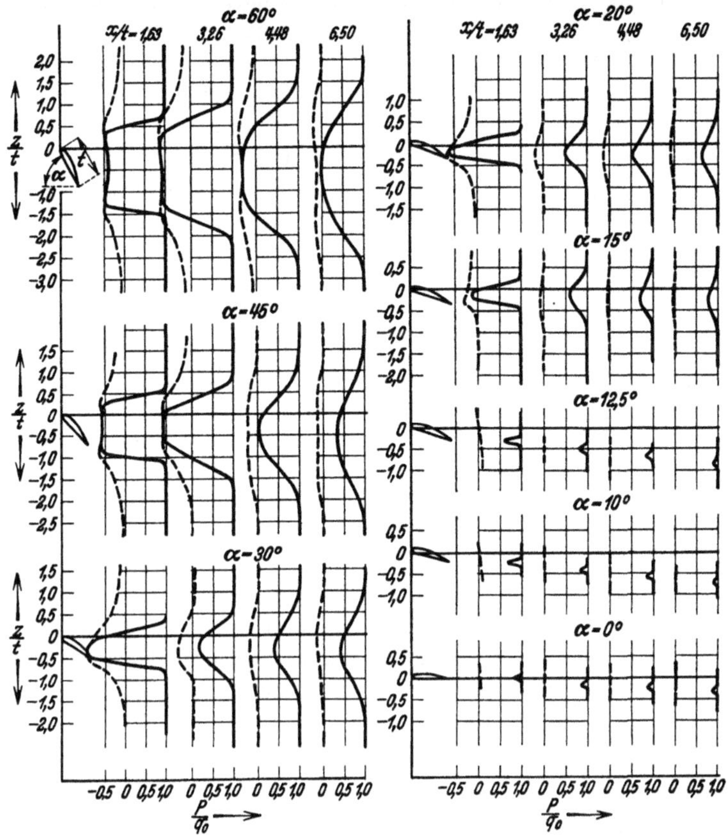

Abb. 172. Verteilung des Gesamtdruckes (im Staurohr) und des statischen Druckes hinter einem Flügel bei verschiedenen Anstellwinkeln; q_0 Staudruck (= Gesamtdruck) in der ungestörten Strömung. z Koordinate senkrecht zur Windrichtung und zum Holm. ——— Gesamtdruck. — — — statischer Druck. Seitenverhältnis 1:8.

Über die Größe der Staudruckminderung und die Lage des abgeschirmten Raumes liegen ausführliche Göttinger Versuche[1] vor. Die Staudruckminderung ist bei kleinen Anstellwinkeln auf ein sehr schmales Gebiet beschränkt, das infolge des Abwindes mit wachsender Entfernung vom Flügel stark nach unten rückt. Jenseits des Auftriebsmaximums wird die Abschirmung stärker und wächst rasch an, sowohl hinsichtlich ihres

[1] Peterssohn, E., Abwindmessungen hinter Tragflügeln mit abgerissener Strömung. Z. Flugtechn. Motorluftsch. Bd. 22 (1931) S. 289.

Betrages als auch hinsichtlich des erfaßten Raumes; es entsteht zudem unmittelbar hinter dem Flügel ein bedeutender Unterdruck. Nach hinten zu wird durch die Reibung das von der Abschirmung erfaßte Gebiet größer, dafür die maximale Wirkung kleiner. Ein Beispiel gibt Abb. 172. Lehrreich ist ferner die in Abb. 173 gezeigte Abgrenzung der Abschirmgebiete bei verschiedenen Anstellwinkeln. Danach ist eine hohe Lage des Leitwerkes gerade bei den für das Einsetzen von Trudelbewegungen wichtigen Anstellwinkeln von 15 bis 20° gefährlich; die Lage auf der Flügelsehne scheint die beste zu sein. Die Entwicklung des abgeschirmten Gebietes hinter dem Flügel läßt sich auch aus der neueren Turbulenztheorie berechnen[1].

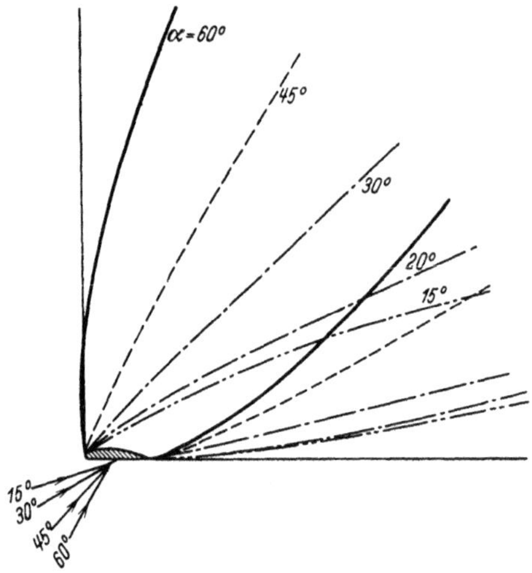

Abb. 173. Abgeschirmte Gebiete hinter einem Flügel bei verschiedenen Anstellwinkeln. Rechteckflügel, Seitenverhältnis 1:8.

Solche Abschirmwirkungen können auch bei **Sturzflügen** vorkommen; bei sehr kleinen Anstellwinkeln und kleinem Auftrieb treten nämlich gleichfalls Ablösungen auf, die sich in der Erhöhung des Profilwiderstandes und einem bei kleinen negativen c_a-Werten auftretenden Auftriebsminimum äußern. Diese Abschirmwirkung ist wahrscheinlich die Ursache schwerer Abstürze, bei welchen das Flugzeug nicht mehr aus dem Sturzflug zu heben ist.

Wirkung des Schraubenstrahles. Die Vorgänge am Leitwerk werden weiterhin erheblich kompliziert durch den **Schraubenstrahl**; die Hauptwirkung besteht darin, daß das Leitwerk meist hinter der Schraube in einem Luftstrom erhöhter Geschwindigkeit liegt; die Zusatzgeschwindigkeit w berechnet sich nach dem Impulssatz aus der Schraubenstrahltheorie (s. S. 150) zu

$$\frac{w}{v} = \frac{S}{2 F_S q} = \frac{\sigma}{2}, \quad \text{also} \quad \frac{q_H}{q} = 1 + \sigma \qquad (4,22)$$

wobei allerdings $\left(\frac{w}{v}\right)^2$ vernachlässigt ist. Man nennt $\sigma = \frac{\psi}{\lambda^2}$ (1,11) den „**Belastungsgrad**". Ein so hoher Wert der Zusatzgeschwindigkeit wird aber in den Modellversuchen[2] nicht beobachtet; in Wirklichkeit zeigen

[1] Tollmien, W., Die Kármánsche Ähnlichkeitshypothese in der Turbulenztheorie und das ebene Windschattenproblem. Ing.-Arch. Bd. 4 (1933) S. 1.

[2] Misztal, Fr., Zur Frage der schräg angeblasenen Propeller. AAJ H. 11 S. 5.

sich auf der langen Strecke zwischen Schraube und Leitwerk erhebliche Reibungswirkungen, wohl auch unterstützt durch den Rumpf und andere Hindernisse; der Strahl wird verbreitert, die lokale Geschwindigkeitserhöhung vermindert, ganz analog den (im Vorzeichen entgegengesetzten) Vorgängen bei Abschirmung (Abb. 172). Modellmessungen nach ist bei normaler Rumpflänge die Zusatzgeschwindigkeit infolge Schraubenstrahles etwa halb so groß als nach Formel (4,22). Versuche im Flug scheinen im allgemeinen noch niedrigere Werte zu ergeben; doch läßt sich nichts Bestimmtes aussagen, da die Meßergebnisse stark streuen.

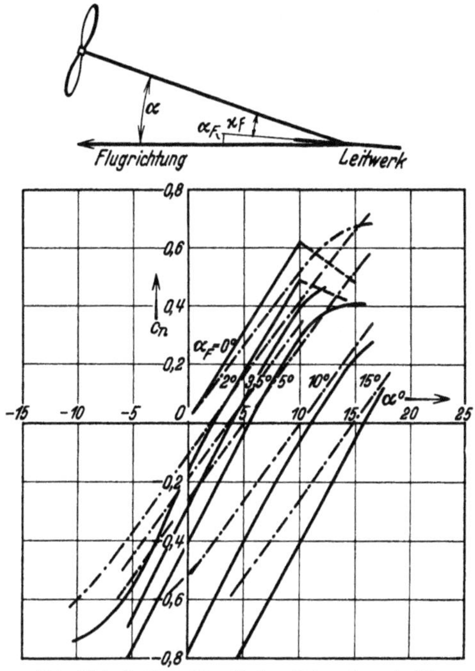

Abb. 174. Leitwerkkraft im Schraubenstrahl. – · – ohne Schraube, —— mit Schraube, $\sigma = 1{,}05$. (Im Diagramm lies $\varkappa_F$ statt α_F.)

Wesentlich schwieriger ist die Wirkung des Schraubenstrahles zu erfassen, wenn der Anstellwinkel nicht Null ist, die Flugrichtung also nicht mit der Ausblasrichtung der Schraube zusammenfällt. Dann kann nicht nur die Luftgeschwindigkeit, sondern auch die Anblasrichtung am Leitwerk stark verändert werden. Die Bedeutung dieser Einwirkung für die Stabilität kann man sich klarmachen, wenn man die Strömung im Schraubenstrahl für sich allein betrachtet und sie als ungestört durch den Flugwind ansieht; in diesem Idealfall sind nämlich die Strömung am Leitwerk und somit die Leitwerkkraft bei allen Anstellwinkeln dieselben und es entfällt jede stabilisierende Wirkung des Leitwerkes. In Wirklichkeit addiert sich natürlich zu der Strahlgeschwindigkeit der Flugwind vektoriell und bringt die Abhängigkeit vom Anstellwinkel herein; aber die Abhängigkeit der Gesamtströmung vom Anstellwinkel ist geringer als in den bisherigen Rechnungen, in denen der Schraubenstrahl unberücksichtigt geblieben ist. Im selben Sinn der Stabilitätsminderung wirken noch zwei andere Ursachen:

1. Die schräg angeblasene Schraube erfährt in der Ebene Anblasrichtung-Schraubenachse eine Auftriebskraft senkrecht zur Anblasrichtung; als Reaktion auf diese Kraft findet sich hinter der Schraube eine Abwärtsgeschwindigkeit, die mit dem Anstellwinkel wächst.

2. Mit wachsendem Anstellwinkel rückt das Leitwerk nach unten aus der Zone des Schraubenstrahles, der von der Hauptströmung erfaßt und durch Reibung verändert wird, heraus; bei Anstellwinkeln von der Größenordnung 15^0 entfällt daher der stabilisierende Effekt der erhöhten Geschwindigkeit im Schraubenstrahl.

Abb. 174 zeigt die im Schraubenstrahl gemessene Kraft auf das Leitwerk bei verschiedenen Anstellwinkeln nach den Modellmessungen von Misztal. Die Herabsetzung des Anstellwinkels, solange $\alpha \geqq \varkappa_F$, und die Steigerung des Anstiegs c_n' durch den Schraubenstrahl treten klar hervor; auch das Aufhören der stabilisierenden Wirkung bei großem α ist deutlich zu erkennen (außer bei $\varkappa_F = 15^0$). Mit wachsender Fluggeschwindigkeit wächst der Fortschrittsgrad und fällt der Belastungsgrad; die Wirkung der Zusatzgeschwindigkeit wird dadurch geringer. Misztal gibt auch eine theoretische, gut mit der Erfahrung stimmende Formel für die Winkeländerung am Leitwerk durch den Schraubenstrahl an; doch ist diese Formel etwas umständlich für die vorliegenden Zwecke. Die Größenordnung erhält man wohl einigermaßen richtig, wenn man zum Flugwind v die Zusatzgeschwindigkeit w' vektoriell addiert; dabei setzt man, aus Rücksicht auf die Reibungswirkung, w' nicht gleich der theoretischen Zusatzgeschwindigkeit w, sondern kleiner; andererseits mag der oben (S. 189) vorgeschlagene Koeffizient 0,5 zu klein sein, da wir dabei den Abwind (S. 189) vernachlässigt haben; ohne Anspruch auf Sicherheit wollen wir den Koeffizienten 0,7 wählen und erhalten als Abwindwinkel infolge des Schraubenstrahles (Abb. 175)

Abb. 175. Vektorielle Zusammensetzung des Flugwindes und des Schraubenwindes.

$$\Delta_S = + \frac{w' \cdot \alpha}{v + w'} \quad \text{und} \quad \frac{\partial \Delta_S}{\partial \alpha} = + \frac{0{,}7 \cdot \frac{\sigma}{2}}{1 + 0{,}7 \cdot \frac{\sigma}{2}} \tag{4,23}$$

Dies ergibt z. B. für den Belastungsgrad $\sigma = 1{,}0$ (Abb. 174) eine Abwindkorrektur $\frac{\partial \Delta_S}{\partial \alpha} = 0{,}26$; die Abwindkorrektur wird in der Regel von der Wirkung der Zusatzgeschwindigkeit überwogen.

Es kommt aber noch eine weitere mittelbare Wirkung des Schraubenstrahles hinzu[1], die numerisch nicht leicht abgeschätzt werden kann. Wo nämlich der Schraubenstrahl die Geschwindigkeit in unmittelbarer Nähe der Flügel, besonders an der Saugseite, erhöht, wird nicht nur die Auftriebskraft ($\sim v^2$) größer, sondern auch die Zirkulation ($\sim v$) und mit ihr der Abwind. Am Rande des Schraubenstrahles

[1] Toepfer, C., Auftriebsverteilung und Längsstabilität. Z. Flugtechn. Motorluftsch. Bd. 22 (1931) S. 366.

wird die Zirkulation plötzlich kleiner; die Intensität der dort abgelösten hufeisenförmig nach hinten verlaufenden Wirbel ist verhältnismäßig groß; wo sie dem Leitwerk nahe kommen, können sie einen bedeutenden Abwind hervorrufen. Es ist allerdings durchaus unsicher, wie dieser Abwind vom Anstellwinkel abhängt und wieviel er infolgedessen zur Stabilität beiträgt; man sollte vielleicht erwarten, daß dieser Teil gar nicht mit dem Anstellwinkel verändert wird und daher für die Stabilitätsrechnung belanglos ist; doch kann man mangels systematischer Messungen nichts Bestimmtes darüber aussagen (s. a. S. 199).

Zusammenfassend erhalten wir für das Leitwerkmoment:

$$M_H = q F_H l \cdot c'_{nH} (\alpha - \Delta - \Delta_S) \cdot \frac{q_H}{q} \tag{4,24}$$

und für den Stabilitätsanteil des Leitwerkes:

$$\frac{\partial M_H}{\partial \alpha} = q F_H l \cdot c'_{nH} \left(1 - \frac{\partial \Delta}{\partial \alpha} - \frac{\partial \Delta_S}{\partial \alpha}\right) \cdot \frac{q_H}{q} \tag{4,25}$$

§ 4. Das ganze Flugzeug.

Momentendiagramm. Der Momentenausgleich zwischen Flügeln und Leitwerk wird mit den Bezeichnungen der Abb. 144 ausgesprochen in der Gleichung

$$c_M F t q + c^*_{nH} F_H l q_H = 0$$

oder

$$c_M + c^*_{nH} \frac{F_H l}{F t} \frac{q_H}{q} = 0 \tag{4,26}$$

Die „statische Stabilität" des Flugzeugs ist gegeben durch den Ausdruck

$$c'_M + c^{*\prime}_{nH} \cdot \frac{F_H l}{F t} \cdot \frac{q_H}{q} \tag{4.27}$$

Dabei hängt der 1. Summand c'_M wesentlich von der Schwerpunktlage ab; wenn Störungen durch Schraubenstrahl und Flügelkielwasser vermieden werden, kann man $q_H = q$ setzen; dann bleibt als maßgebender konstruktiver Faktor $\frac{F_H l}{F t}$ übrig. Hier tritt nur das statische Moment des Leitwerkes um den Schwerpunkt $F_H l$ auf, nicht Leitwerksfläche und Rumpflänge für sich. Erst bei den Rechnungen der dynamischen Stabilität werden wir auf das Trägheitsmoment $F_H l^2$ stoßen.

Im Momentendiagramm (Abb. 176) sind die beiden Summanden der Gleichung (4,26) aufgetragen, und zwar das Leitwerkmoment ohne Ruderausschlag, ferner die das gesamte Moment des Flugzeugs darstellende Summe. Diese muß mit wachsendem Anstellwinkel ansteigen, wenn das Flugzeug statisch stabil sein soll. Welches Maß der Stabilität erstrebenswert ist, wird vom Einzelfall abhängen; Nutzen und Nachteil großer Stabilität kann nur in dynamischen Betrachtungen, wie sie das folgende Kapitel enthält, abgewogen werden.

Zu kleine Stabilität muß man schon deshalb vermeiden, weil dabei kleine Störungen, unvorhergesehene Abschirmwirkungen u. dgl. zu Instabilität führen müssen, welche wohl unter allen Umständen vermieden werden muß. Macht man andererseits die Stabilität zu groß, so braucht man große Momentenveränderung durch Ruderausschlag, um verschiedene Anstellwinkel zu erzwingen; das hat große Verstellmomente und großen Leitwerkwiderstand zur Folge.

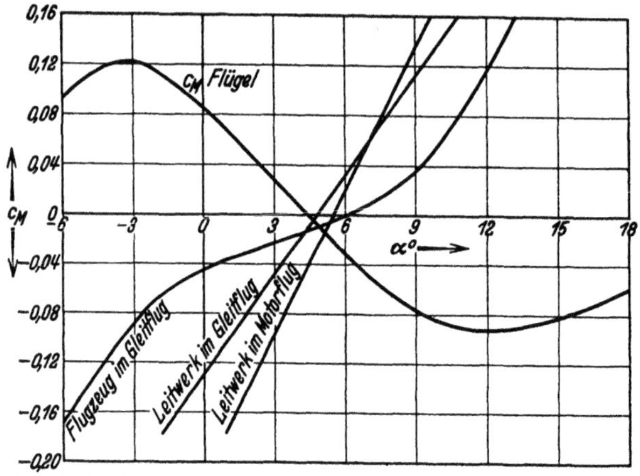

Abb. 176. Beiwerte des Momentes von Flügel, Leitwerk und ganzem Flugzeug nach (4,27).

Auch für die einzelnen Konstruktionsgrößen, besonders für die Schwerpunktlage, lassen sich keine allgemein gültigen Vorschriften machen. In den meisten Fällen ist wohl eine Schwerpunktlage zu empfehlen, welche das Flügelmoment im normalen Flug klein hält, so wie in Abb. 176 angenommen; dabei liegt der Schwerpunkt etwa in 0,35 bis 0,40 t hinter der Vorderkante. Eine solche Schwerpunktlage hat den Vorteil, daß im normalen Flug kein großes Flügelmoment auftritt; dadurch ist das Leitwerk entlastet, der Rumpf nicht beansprucht.

Legt man den Schwerpunkt weiter nach vorne, so kann theoretisch das statische Moment des Leitwerkes kleiner gemacht werden als bei der ersterwähnten Lage; denn c_M' wird kleiner. Aber der Absolutwert der im Mittel auszugleichenden Momente ist größer; man kann auch bei kleinem $F_H l$ die dazu nötigen Werte erreichen, muß aber dazu der Flosse einen großen negativen Anstellwinkel geben oder durch großen Ruderausschlag („Ziehen") das nötige schwanzlastige Moment hervorrufen.

Bei weit zurückliegendem Schwerpunkt muß $F_H l$ größer werden, damit Stabilität erreicht wird.

In Abb. 176 ist auch die Änderung des Leitwerkmomentes infolge Schraubenstrahles zu erkennen, nämlich infolge Vermehrung des Staudrucks und Herabsetzung des Anstellwinkels. Die Änderung des Momentes bei einem bestimmten Anstellwinkel ist bedeutend und führt zu einer Änderung des Anstellwinkels beim An- oder Abstellen des Motors. Dieser Unterschied zwischen Gleitflug und Motorflug ist am geringsten, wenn das Leitwerk nahezu entlastet ist ($\alpha \backsim 6^0$ in der Abb. 176). Auch dieser Umstand spricht für eine Schwerpunktlage, wie sie in Abb. 176 angenommen ist.

Vielfach wird gefordert, daß auch bei losgelassenem Steuer ein normaler stabiler Flug festgehalten wird. Dann muß man der Berechnung

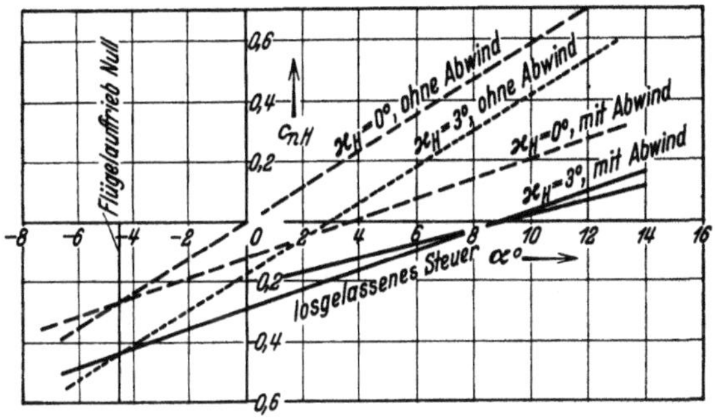

Abb. 177. Berechnung des Leitwerkmomentes aus der Modellmessung. Die Bezeichnung „losgelassenes Steuer" bezieht sich auf die schwächer ansteigende Linie.

des Leitwerkes die Überlegungen nach S. 182 zugrunde legen und die Flosse so gegen die Flügel einstellen, daß gerade beim gewünschten Anstellwinkel Momentenausgleich eintritt.

Im Momentendiagramm ist der Differentialquotient der Flügelkurve durch die Schwerpunktlage bestimmt, der Differentialquotient der Leitwerkskurve durch $\frac{F_H l}{F t}$, der Schnittpunkt der Leitwerkskurve mit der Abszisse durch den Schränkungswinkel $\varkappa_H$ zwischen Flügel und Flosse. Die Empfindlichkeit gegen Steuermaßnahmen kann durch eine Leitwerkskurve, die zu bestimmtem Ruderausschlag gehört, dargestellt werden.

Abb. 177 zeigt, wie die Leitwerkskurve im Diagramm des Flugzeugs aus der Modellmessung berechnet werden kann. Durch den Abwind wird der Anstieg der Kurve herabgesetzt; da der Abwind bei $c_n = 0$ mit der Zirkulation wegfällt, müssen die beiden Kurven bei $c_n = 0$ durch denselben Punkt gehen. Soll die Leitwerkskurve bei einem bestimmten Winkel (9^0 in Abb. 177) die Abszisse schneiden, also das Leitwerk gerade bei diesem Winkel entlastet sein, so muß man eine Schränkung $\varkappa_H$ einführen, durch welche die Leitwerkskraft beim Anstellwinkel Null negativ wird; die Flosse erhält dadurch eine negative Einstellung gegen die Flügelsehne. Man erkennt aus der Abb. 177 auch, daß durch den Abwind die Wirkung einer Flossenverstellung vergrößert wird, und zwar um den Faktor $\frac{1}{1 - \frac{\partial \Delta}{\partial \alpha}}$.

Für die Verschiebung der Leitwerkgeraden längs der α-Achse infolge Ruderausschlags gilt dasselbe wie für die Verschiebung infolge Schränkung; sie muß in der Rechnung vor Anbringung der Abwindkorrektur berücksichtigt werden. Die Wirkung eines Ruderausschlags, wenn sie durch diese Verschiebung und die Änderung des Anstellwinkels, nicht etwa durch das erzeugte Moment gemessen wird, erhöht sich gleichfalls durch den Abwind.

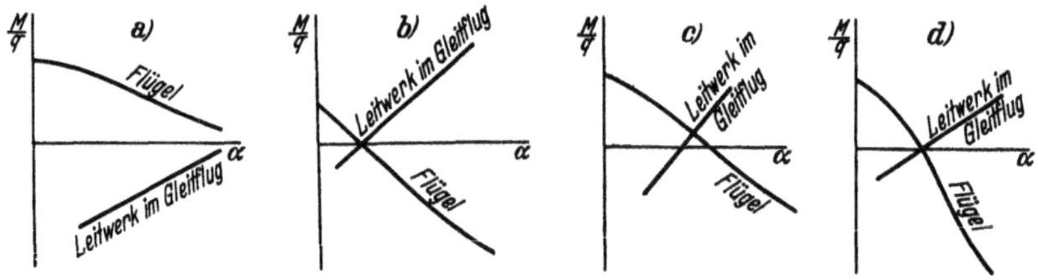

Abb. 178a—d. a) Fehler: Schwanzlastigkeit im Motorflug. Abhilfe: Rücklegung des Schwerpunkts. b) Fehler: Kopflastigkeit im Motorflug. Abhilfe: Vorlegung des Schwerpunkts. c) Fehler: Kopflastigkeit in Motor- und Gleitflug. Abhilfe: Flachere Einstellung der Flosse. d) Fehler: Instabilität. Abhilfe: Vergrößerung des Leitwerkmomentes.

Die schematischen Skizzen der Abb. 178 zeigen, wie Fehler des Momentenausgleiches im Diagramm hervortreten und weisen auf Abhilfemaßnahmen hin.

Beispiel. Als numerisches Beispiel sei ein Leitwerk betrachtet, das zu den S. 174 berechneten Flügelmomenten paßt; wir nehmen dabei Gleitflug an. Im praktisch wichtigen Bereiche ist das Leitwerkmoment

$$c'_{nH} F_H l (\alpha - \Delta)$$

und der Stabilitätsanteil $c'_{nH} F_H l \left(1 - \frac{\partial \Delta}{\partial \alpha}\right)$; wählen wir ein Seitenverhältnis 1 : 3, so können wir c'_{nH} mit $0{,}05 \frac{1}{\text{Grad}}$ veranschlagen; mit Rücksicht auf Rumpfabschirmung setzen wir besser nur $0{,}045 \frac{1}{\text{Grad}}$ in Rechnung. Um den Wert des Abwindes richtig abzuschätzen, beschränken wir uns auf den Normalzustand von etwa $4{,}5^0$ Anstellwinkel ($c_a = 0{,}75$), für welchen bei der angenommenen Schwerpunktlage das Flügelmoment Null ist. In Formel (4,20) können wir nach Tabelle 11 (S. 174) $c'_a = 0{,}072$ setzen, für ε unter der Annahme, daß $l \sim \frac{b}{2}$, den Wert 1; für den Oberflügel ist $\frac{F}{b^2} = 0{,}114$, für den Unterflügel 0,124; wir setzen den Koeffizienten $k = 0{,}90$ für beide Flügel und können dann den Faktor $\frac{F}{b^2}$ in (4,20) durch die Summe für die beiden Flügel 0,24 ersetzen. So ergeben sich die Zahlwerte:

$$\delta_1 = 2{,}2; \qquad \delta_2 = 1{,}6; \qquad \frac{\partial \Delta}{\partial \alpha} = 0{,}54\,.$$

Der Stabilitätsanteil des Flügelmomentes ist nach Abb. 158

$$\frac{1}{q}\frac{\partial M}{\partial \alpha} = 0{,}5\,\frac{\text{m}^3}{\text{Grad}}$$

Danach erhalten wir als untere Grenze für das statische Moment des Leitwerkes:

$$F_H\, l = \frac{0{,}5}{0{,}045 \cdot (1 - 0{,}54)} = 24{,}2\,\text{m}^3$$

In Wirklichkeit muß man, um eine sichere Stabilität zu haben, höher gehen, etwa auf $30\,\text{m}^3$, also bei $l \sim \frac{b}{2} = 6\,\text{m}$ die Leitwerksfläche $F_H = 5\,\text{m}^2$ machen. Dies entspricht einem Verhältnis $\frac{F_H\, l}{F\, t} = 0{,}62$. Diese Zahl ist recht hoch und wird auch von bewährten, ausreichend stabilen Flugzeugen nicht immer erreicht; wir haben aber hier mit besonders sicheren Werten gerechnet und eine ungünstige Schwerpunktlage angenommen. Soll auch das Leitwerk beim selben Anstellwinkel entlastet sein, bei dem das Flügelmoment Null ist, so muß die Flosseneinstellung $\varkappa_F$ danach vorgenommen werden; gegenüber der Nulleinstellung des Leitwerkes allein, also gegenüber der Rumpfachse muß das Leitwerk nach unten geschränkt werden, und zwar um einen Betrag $\varkappa_F$, der sich zu dem gewünschten Schränkungswert bei Abwind verhält, wie $1 - \frac{\partial \Delta}{\partial \alpha}$ zu 1; bei den vorliegenden Zahlwerten wird $\varkappa_F = 2^0$.

Bei losgelassenem Höhensteuer wird der Winkel, an dem das Leitwerk entlastet ist, nicht verändert; die Stabilität wird etwas geringer, solange wir vom Gewichtsmoment des Leitwerkes absehen. Bei Motorflug wird die Stabilität erhöht; der Ausgleichanstellwinkel wird aber größer; denn das Leitwerk wird durch den Propellerabwind bei $4{,}5^0$ Flügelanstellwinkel immer noch einen Abtrieb infolge negativer effektiver Anstellung erfahren. Der Schraubenstrahl bringt in einem solch ausgeglichenen Zustand ein Wirkung hervor, wie das „Ziehen“ des Höhenruders, und das ist im allgemeinen günstig; in Flugzuständen, bei denen das Leitwerk nicht entlastet ist, verstärkt der Schraubenstrahl die ziehende oder drückende Wirkung des Leitwerkes.

Abschätzung. Will man Momentenausgleich und statische Stabilität eines Flugzeugs nur oberflächlich abschätzen, so muß man unbedingt die Schwerpunktrücklage x kennen; man kann dann mit guter Näherung den (negativen) Beiwert der Flügelstabilität $= c_n' \left(\frac{1}{4} - \frac{x}{t}\right)$ setzen; dabei kann man den Wert von c_n' der ausgezogenen Kurve in Abb. 161 oder Gl. (3,10) entnehmen und bei Mehrdeckern den Faktor $\varkappa$ der Abb. 55 berücksichtigen. Entnimmt man der Abb. 161 auch einen passenden Wert von c_{nH}' und vermindert ihn in Rücksicht auf die

Rumpfabschirmung um 10% und in Rücksicht auf den Abwind um 50%, so folgt als Faustregel die Stabilitätsbedingung

$$\frac{F_H\, l}{F\, t} \geqq \frac{c'_n\left(\frac{x}{t}-\frac{1}{4}\right)}{0{,}4\, c'_{nH}} \tag{4,28}$$

Pfeilform und Verwindung müssen natürlich sinngemäß nach den Formeln (4,5) bis (4,7) berücksichtigt werden; und selbstverständlich ist unsere Faustregel, wie jede Faustregel, nur mit Vorsicht anwendbar.

Ente. Unsere Betrachtungen lassen sich sinngemäß auch auf Konstruktionen übertragen, die vom heutigen Normaltypus abweichen, so z. B. auf die „Ente“; so nennt man Flugzeuge mit vorne liegender kleinerer Tragfläche, die zum Steuern dient. In diesem Falle steht das Leitwerk nicht im Abwind des Flügels und die Wirkung des Leitwerkabwindes auf die Flügel ist schwer abzuschätzen, da nur die mittleren Flügelteile in einem nach unten gerichteten Luftstrom liegen, während die äußeren Teile von der aufwärts gerichteten Strömung außerhalb der Hufeisenwirbel erfaßt werden. So ist die wesentliche gegenseitige Beeinflussung der beiden Tragflächen bei der Ente eine Änderung der Auftriebsverteilung am Hauptflügel, die durch Verwindung einigermaßen kompensiert werden kann, im allgemeinen aber zu einer Vermehrung des induzierten Widerstandes führt. Im Momentendiagramm der Ente (Abb. 179) spielen Leitwerk- und Flügelmoment die entgegengesetzten Rollen wie beim Normaltyp; für das vorne liegende Leitwerk ist die Rücklage des Schwerpunktes sehr groß; das schwanzlastige Moment wächst daher mit dem Anstellwinkel; der Stabilitätsanteil des Leitwerkes ist negativ. Die Stabilität muß durch die Flügel erzielt werden; der Schwerpunkt muß daher entsprechend Abb. 148 im vorderen Viertel des Flügels liegen. Für ein gewöhnliches Flügelprofil sind große Momente auszugleichen; man verwendet daher am besten S-förmige Profile wie etwa M 6 (Abb. 150). Das Leitwerk muß im ganzen normalen Flugbereich starke kopflastige Momente ausgleichen, auch schon im Sturzflug bei $c_a = 0$; das Leitwerk muß also so eingestellt sein, daß es einen starken Auftrieb auch dann erfährt, wenn der Flugzeugauftrieb Null ist; der Anstellwinkel des Leitwerkes ist bei der Ente stets größer als der Anstellwinkel des Flügels, im Gegensatz zum Normaltyp. Es ist eine längst bekannte allgemeine Forderung der Stabilitätstheorie, daß die vordere Tragfläche steiler angestellt sein muß, als die hintere. Dieser Umstand hat für die Entenbauart die Folge, daß das Leitwerk leicht an die Grenze des Auftriebes gelangt und daher dem „Ziehen“ einer Ente eine Schranke gesetzt sein kann. Dies kann den Nachteil haben,

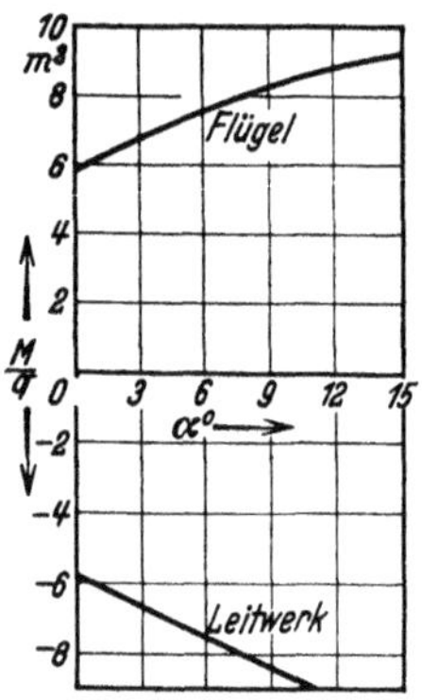

Abb. 179. Momentendiagramm der Ente.

daß große Ruderausschläge und somit große Widerstandskräfte auftreten; man kann unter Umständen durch Spaltflügel am vorne liegenden Leitwerk günstigere Verhältnisse erzwingen. Für manche Verwendungszwecke kann es auch von Vorteil sein, wenn ein zu starkes Ziehen, ein „Überziehen", von vornherein ausgeschlossen ist.

Stabiles und instabiles Flugzeug. Das Gesamtmoment eines stabilen Flugzeugs in Abhängigkeit vom Anstellwinkel zeigt Abb. 180; charakteristisch ist der relativ flache Verlauf im Bereich normaler Anstellwinkel. Es gibt für jeden Ruderausschlag nur einen Gleichgewichtszustand. Beim Ziehen des Höhenruders rückt dieses Gleichgewicht zu einem höheren Anstellwinkel, beim Drücken zu einem niedrigeren — ganz im Sinne der gegebenen Steuerausschläge. Durch äußerstes Ziehen wird meist ein Gleichgewichtsanstellwinkel, der etwas über dem zu $c_{a\,max}$ gehörigen liegt, erreicht, aber niemals etwa 25 bis 30° oder ähnliche Winkel, wie sie beim Trudeln beobachtet werden. Es gibt aber auch Flugzeuge mit kleinem Höhenruder, welche nicht einmal bis zum Auftriebsmaximum gezogen werden können; das kann ein Nachteil sein, da die Manövrierfähigkeit dadurch beeinträchtigt ist; es bringt aber den Vorteil, das Flugzeug von den später (fünftes Kapitel, § 7) zu erörternden Gefahren bei hohen Anstellwinkeln fernzuhalten. Durch stärkstes Drücken kommt man auf etwa $\alpha = -8^0$, dem Rückenflug entsprechend.

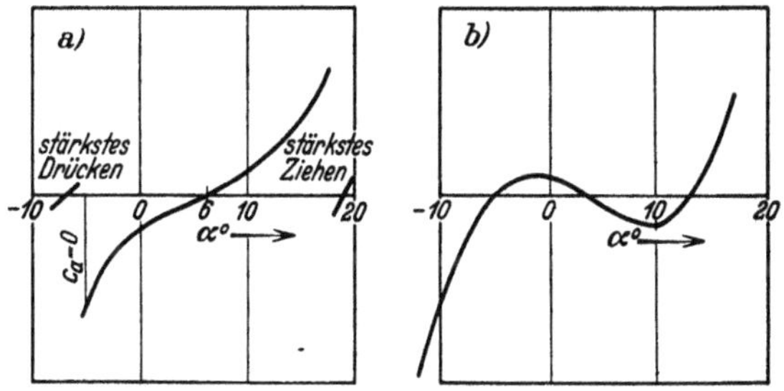

Abb. 180. a) Stabiles Flugzeug. b) Instabiles Flugzeug. Bei $\alpha = 20^0$ verläuft die Kurve steiler, weil jenseits des Auftriebsmaximums der Abwind wegfällt; Schirmwirkungen sind hier vernachlässigt.

Von Instabilität eines Flugzeugs kann nur innerhalb des normalen Flugbereiches die Rede sein und auch da tritt keine starke Instabilität auf. Das Momentendiagramm eines „instabilen" Flugzeugs hat die Gestalt der Abb. 180b. Es gibt 3 Gleichgewichtszustände, von denen nur der mittlere instabil ist. Die äußeren beiden Gleichgewichtszustände, welche zu einem steilen Sturzflug und einem stark gezogenen oder sogar „überzogenen" (s. u., S. 255) Flug gehören, verhalten sich stabil; für sie gilt alles oben über die Grenzzustände des stabilen Flugzeugs Gesagte. Wird nun etwa — was vielleicht nur momentweise möglich ist — der instabile Zustand eingehalten und dann das Höhenruder gezogen, so rückt der instabile Zustand zu einem kleineren Anstellwinkel, also von dem erstrebten Zustand weg; das Flugzeug wird aber, da ja ein schwanzlastiges Moment wirkt, sich aufrichten und in den Gleichgewichtszustand großen Anstellwinkels übergehen. Dies ist auch noch der Fall, wenn bei stärkerem Ziehen nur noch dieser eine Gleichgewichtszustand vorhanden ist. Ganz analoge Verhältnisse finden sich beim Drücken; der stabile Zustand kleinen Anstellwinkels bleibt immer erhalten und muß immer als Folge eines Steuerausschlags „Drücken" erreicht werden. Das instabile Flugzeug fliegt wohl immer in den äußeren Zuständen, nie mit dem mittleren Anstellwinkel, immer also in Zuständen, in welchen es stabil ist[1]. Es scheint im übrigen zweifelhaft und ist jedenfalls durch Versuche nicht belegt, daß überhaupt instabile Flugzeuge praktisch verwendungsfähig sind; vielleicht gab es in der ersten Zeit der Flugtechnik solche Flugzeuge, die immer mit sehr großem oder sehr kleinem Anstellwinkel nach Abb. 180b geflogen sind, heute sicherlich nicht mehr.

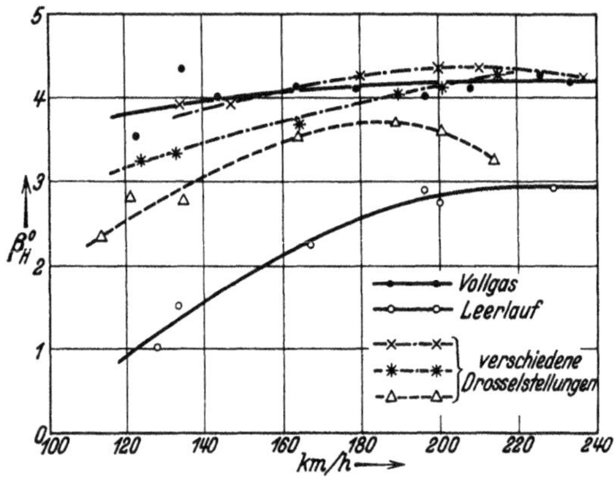

Abb. 181. Ergebnisse eines Versuchsfluges; Ruderausschlag in Abhängigkeit von der stationären Geschwindigkeit.

Versuchsflüge. Um im Versuchsflug[2] das Momentengleichgewicht eines Flugzeugs zu untersuchen, kann man durch Verschiebung eines Laufgewichtes oder durch Pumpen von Wasser aus einem vorne gelegenen Tank in einen hinten gelegenen ein bekanntes Moment erzeugen und durch Ruderausschlag ausgleichen. Auf diese Weise kann die Leitwerkskraft in Abhängigkeit von Anstellwinkel und Ruderausschlag bestimmt werden; aus dem Ruderausschlag kann man dann das Flügelmoment des Flugzeugs bei fester Schwerpunktlage in Abhängigkeit vom Anstellwinkel bestimmen und somit Schlüsse auf die Stabilität des Flugzeugs ziehen. Dabei ist es natürlich wesentlich, in welcher Weise bei den Versuchen der Motor reguliert wird, ob die Drehzahl konstant gehalten wird oder die Stellung des Gashebels unverändert bleibt. Versuchs-

[1] Dadurch soll natürlich nicht geleugnet werden, daß bei Versuchsflügen auch gelegentlich instabile Flugzustände eine Zeitlang aufrechterhalten werden können.

[2] Maas, H. J. van der, Stabilitätsmessungen im Fluge, Vorträge aus dem Gebiete der Aerodynamik, Aachen 1929, S. 197. Berlin: Julius Springer 1930. — Verslagen en Verhandelingen von den Rijks-Studiedienst voor de Luchtvaart, Bd. 5. Amsterdam 1929. — Blenk, H., Flugversuche zur Bestimmung der statischen Längsstabilität. DLV-Jb. 1930 S. 49. — Hübner, W., Stabilitäts- und Steuerkraftmessungen. DVL-Jb. 1930 S. 638. — Ergebnisse von Messungen der Stabilität um die Querachse. DVL-Jb. 1931 S. 684. — Flugmessungen über den Einfluß eines Spaltes zwischen Höhenruder und -flosse auf die statische Stabilität und Steuerbarkeit um die Querachse. DVL-Jb. 1932 S. VIII 1.

technisch am einfachsten ist es, nur den Höhenruderausschlag und den Staudruck zu messen, der ja mit dem Anstellwinkel zwangläufig zusammenhängt. Man erhält dann Kurven wie in Abb. 181; dort ist eine bei der DVL. durchgeführte Versuchsreihe mit verschiedenen Drosselungen des Motors dargestellt, nach welchen man die Wirkung des Schraubenstrahles beurteilen kann. Wachsendes v bedeutet fallenden Anstellwinkel; da solche Flugzustände durch Drücken erreicht werden sollen, tritt die erwartete Wirkung in einfacher Weise ein, wenn β_H mit fallendem α_H wächst; das bedeutet, daß negatives $\frac{d\beta_H}{d\alpha}$ und das dazugehörige positive $\frac{d\beta_H}{dv}$ auf Stabilität, negatives $\frac{d\beta_H}{dv}$ auf Instabilität hinweisen. Man hat allgemein aus diesen Versuchen den Schluß gezogen, daß Flugzeuge im Motorflug instabiler sind als im Gleitflug; da Überlegungen auf Grund von Modellversuchen den gegenteiligen Schluß nahelegen, sind hier einige kritische Bemerkungen am Platze:

Hier sind die gewöhnlichen Differentialquotienten, nicht die partiellen geschrieben; denn in den Versuchen sind vollständige Gleichgewichtszustände, die zu verschiedenen Geschwindigkeiten gehören, verglichen. Die Schlüsse auf die Stabilität sind auch deshalb meines Erachtens nicht ganz einwandfrei; der Begriff der statischen Stabilität hängt an der Änderung des Momentes mit dem Anstellwinkel bei konstanter Geschwindigkeit; dieser Begriff ist wohl zu eng, um alle Stabilitätsprobleme zu umfassen, wie im nächsten Kapitel gezeigt werden wird; er ist aber für sich genommen sinnvoll, wie gerade aus den Überlegungen des nächsten Kapitels hervorgeht, und sollte nicht durch einen anderen ersetzt werden; die Ausdrücke $\frac{d\beta_H}{d\alpha}$ oder $\frac{d\beta_H}{dv}$ sind nicht geeignet, um als Ausdrücke für die Stabilität selbst angesehen zu werden. So widerspricht z. B. der Schluß, daß die Kurve stärkster Drosselung der Abb. 181 bei großem v instabile Flugzustände darstelle, den Modellversuchen, die eher im Gebiet kleiner Anstellwinkel erhöhte Stabilität erwarten lassen. Indes ist diese Messung nicht vereinzelt, auch in den anderen Versuchsarbeiten finden sich gerade bei großem v negative Werte von $\frac{d\beta}{dv}$. Die Wirkung kann wohl nur von dem S. 190/191 beschriebenen Effekt herrühren; dieser wird, wenn wir Gleichgewichtszustände vergleichen, mit fallendem α, d. i. steigendem v, kleiner, weil mit wachsender Fluggeschwindigkeit die Zusatzgeschwindigkeit des Schraubenstrahles und die davon herrührende Zusatzzirkulation samt ihrem Abwind abnehmen. Dieser Effekt kommt also von der Geschwindigkeitsänderung her und hat nichts mit der statischen Stabilität zu tun. Indes muß zugegeben werden, daß diese Erklärung nur auf Vermutung beruht, und daß einige veröffentlichte Versuche den Schluß auf Instabilisierung durch den Schraubenstrahl nahelegen; dann könnte man in solchen Fällen die Stabilität herstellen, wenn man dem Flügel im Bereich des Schraubenstrahles kleinere Einstellwinkel gibt als außen; man müßte bei Flugzeugen mit 2 Schrauben an den Seiten die gegenteilige Wirkung auf das Leitwerk, das dabei im Aufwind liegt, feststellen; jedenfalls sollten meiner Ansicht nach noch eingehendere Versuche die Strömung am Leitwerk klären; sonst ist der allgemeine Schluß, daß dasselbe Flugzeug im Motorflug instabiler sei als im Gleitflug, nicht überzeugend; die Modellversuche (S. 189) lassen das Gegenteil als wahrscheinlicher erscheinen.

Zu Irrtümern Anlaß geben kann die Einführung der Größe $\frac{d\beta_H}{d\alpha}$ als eines Maßes der Stabilität. Wenn $\frac{d\beta_H}{d\alpha}$ klein ist, so bedeutet das, daß ein kleiner Ruderausschlag eine große Wirkung hervorbringt; es kann bedeuten, daß das Flugzeug mit nur kleiner Stabilität einer Veränderung seines Anstellwinkels widerstrebt; es kann aber auch bedeuten, daß das Leitwerk besonders wirkungsvoll ist, so daß schon ein kleiner Ruderausschlag ein sehr großes Moment hervorruft. Im Falle der Abb. 181 ist zweifellos das Leitwerk im Vollgasflug mächtiger als bei Leerlauf des Motors, weil das Leitwerk im Schraubenstrahl steht; diese Verstärkung der Leitwerkwirkung bedeutet aber gleichzeitig eine Verstärkung der Stabilität. Man kann im allgemeinen wohl erwarten, daß bei Ausschaltung einer allzu ungünstigen Zirkulationsverteilung um das Gebiet des Schraubenstrahles ein Flugzeug im Motorflug nicht instabiler ist wie im Gleitflug; jedenfalls sollten weitere Versuche die einzelnen Wirkungen des Schraubenstrahles auf das Leitwerk klarstellen und die Größe $\frac{d\beta_H}{d\alpha}$ sollte nicht unmittelbar zur Beurteilung der Stabilitätseigenschaften benutzt werden.

Fünftes Kapitel.

Gestörte und gesteuerte Längsbewegung.

§ 1. Probleme.

Übersicht. Wir haben uns bisher nur mit der stationären Längsbewegung eines Flugzeugs befaßt; die Berechnung des Kräfte- und Momentengleichgewichtes gab uns alle Vorschriften, die für den elementaren Flugzeugentwurf bedeutungsvoll sind. Die Grundbeziehungen waren einfach; die Schwierigkeiten lagen nur in der Gewinnung des numerischen Materials von genügender Zuverlässigkeit. Mit der Erfüllung aller bisherigen Forderungen ist aber das aerodynamische Problem des Flugzeugs keineswegs erschöpft, verschiedene gut ausgeglichene Flugzeuge von derselben Leistungsfähigkeit können sich im praktischen

Flugbetrieb sehr verschieden verhalten. Bei Störungen, bei Steuermaßnahmen, bei Landung und Start und in außergewöhnlichen Lagen zeigen sich Flugeigenschaften, die ein im Sinn unserer bisherigen Überlegungen vollkommenes Flugzeug wertlos machen können. Diese Flugeigenschaften werden durch Einflieger festgestellt, durch Probieren oder auf Grund praktischer Erfahrungen verbessert, aber nicht allgemein theoretisch vorhergesehen. Die systematische Kenntnis und theoretische Erfassung und somit die sichere Vorherbestimmung der Flugeigenschaften und ihrer Abhängigkeit von Konstruktionsmaßnahmen ist das Ziel der Flugzeugdynamik, welche uns in den folgenden Kapiteln beschäftigen soll; ihr wesentliches Merkmal ist die Berücksichtigung der in den vorigen Kapiteln vernachlässigten Trägheitskräfte.

Die quantitative Durchrechnung und Bemessung von Flugzeugen vollzieht sich heute lediglich nach den Darlegungen der vorigen Kapitel, und in dieser Hinsicht wird auch wohl die Zukunft keine Änderung bringen. Die praktische Aufgabe der tiefergehenden Untersuchungen, in die wir jetzt eintreten, liegt vielmehr darin, für den Entwurf qualitativ festzulegen, welche Grundsätze von verschiedenen Zwecken gefordert werden, welche Folgen einzelne Veränderungen für das Verhalten des Flugzeugs in normalen und abnormen Fällen mit sich bringen, welches Verhalten in den verschiedenen Fällen erstrebenswert ist, wie in gewissen Fällen qualitative Verbesserung zu erreichen ist. Die folgenden Untersuchungen sind daher nicht so beschaffen, daß sie bei der Berechnung jedes einzelnen Flugzeugs herangezogen werden und daher jedem Flugzeugbauer geläufig sein müssen, wohl aber streben sie an, maßgebend für die allgemeinen Richtlinien des Flugzeugbaues zu sein. Die Flugzeugdynamik sucht theoretische Untersuchungen und systematische Versuchsarbeit an die Stelle recht unsicherer Erfahrungen zu setzen. Die Vertiefung und Erweiterung der theoretischen Einsichten in die Bewegung des Flugzeugs ist daher für die Zukunft der Flugtechnik von größter Wichtigkeit.

Viele fundamentale Fragen können durch Berechnungen des stationären Flugs nie geklärt werden; dazu gehören in erster Linie alle Fragen der Stabilität und der Steuerung, der Sicherheit, Geschmeidigkeit, Wendigkeit des Flugzeugs in all seinen Bewegungen; ferner die für jede statische Berechnung wichtige Frage nach der Beanspruchung des Flugzeugs in verschiedenen Zuständen. Die Beanspruchung ist ja im stationären Fall klein; im wesentlichen hat dabei das Flugzeug gerade sein Gewicht zu tragen; aber bei beschleunigter Bewegung treten Trägheitskräfte, insonderheit Fliehkräfte, auf, deren Größe das Flugzeuggewicht weit überwiegen kann und deren Kenntnis für die Festigkeitsanforderungen maßgebend sein muß. Man hat alle diese Fragen bisher gelöst, indem man gesicherte wissenschaftliche Ergebnisse, die sich auf den stationären Flug beziehen, an der Hand der Erfahrung und unter

Einführung von Koeffizienten möglichst sachgemäß übertragen oder sich im Einzelfall auf das Urteil des Flugzeugführers verlassen hat. Zum wissenschaftlichen Kulturgebiet kann dieser ganze Komplex von Problemen nur werden, wenn die gestörte und beschleunigte Bewegung eingehend theoretisch studiert wird. Im allgemeinen dürften die heute bekannten Erfahrungswerte über die Luftkräfte ausreichen, um bis zur theoretischen Klärung der Begriffe durchdringen zu können. Diese wird ihrerseits den Weg für die weitere experimentelle Erforschung weisen; nur die Entwicklung der Technik kann festsetzen, welche Genauigkeit der Messungen nötig ist.

Begriff der Stabilität. Unsere bisherigen Betrachtungen haben schon einmal über den Rahmen der stationären Bewegung im eigentlichen Sinne hinausgewiesen, nämlich bei Anschneidung der Stabilitätsfrage; wir gelangten zu einem Begriff der „statischen Stabilität". Bei der großen Bedeutung der Sicherheitsfrage in der Flugtechnik ist die numerische Berechnung dieser Größe und die Beachtung derselben beim Flugzeugentwurf praktisch von größtem Wert; aber weder das praktische noch das theoretische Bedürfnis ist durch diese Behandlung der Stabilitätsfrage befriedigt; die Frage muß mit den Mitteln der Mechanik nichtstationärer Systeme in Angriff genommen werden. Ehe wir zur Darlegung dieser Stabilitätstheorie schreiten, wollen wir noch die begriffliche Unsicherheit der statischen Stabilitätsbetrachtung hervorheben.

Der Gedankengang war folgender: Ein Flugzeug wird aus seiner Lage zu seiner Bahn herausgedreht, seine Lage im Raum also geändert, während die Flugbahn erhalten bleibt; dann muß, wenn Stabilität vorhanden sein soll, ein Moment auftreten, welches das Flugzeug in seine ursprüngliche Lage im Raum zurückdreht. Die Betrachtung knüpft also nur an eine der drei Gleichgewichtsbedingungen, nämlich an die Momentengleichung, an und hebt nur eine der drei Variablen, nämlich die Lage des Flugzeugs im Raum, hervor, während die Richtung der Flugbahn und die Geschwindigkeit gar nicht beachtet werden; man muß sich vielmehr vorstellen, daß diese von selbst solche Werte annehmen, welche die beiden ebenfalls nicht beachteten Kraftgleichungen befriedigen. Dies ist offenbar eine sehr willkürliche Beschränkung im Gedankengang; es ist durchaus nicht einzusehen, warum gerade das Gleichgewicht der Momente bei der Stabilitätsbetrachtung ausgezeichnet werden muß.

In der Tat steht der Stabilitätsbetrachtung des Momentengleichgewichtes eine andere[1], von Painlevé herrührende, an der Seite, welche ganz analog an die Gleichgewichtsbedingung der Bahnkräfte anknüpft, und zwar in der Darstellung der Abb. 21. Bei Konstruktion der Abb. 182 ist angenommen, daß das Gleichgewicht der bahnsenkrechten Kräfte.

[1] Painlevé, P., Étude sur le regime normal d'un aéroplane. Techn. aéron Bd. 1 (1910) S. 3.

im Horizontalflug von selbst hergestellt sei; das Flugzeug fliege immer mit einem solchen Anstellwinkel, daß Gewicht und Auftrieb einander gleich seien. Dann gibt es zwei Gleichgewichtszustände I und II. Nun befinde sich das Flugzeug in stationärem Fluge im Gleichgewichtszustand I und werde durch eine Störung ein wenig daraus entfernt, z. B. werde die Geschwindigkeit erhöht; dann wird, wie man aus der Abbildung ersieht, der Widerstand W des Flugzeugs erhöht, der Schraubenschub S verkleinert; infolgedessen entsteht eine verzögernde Kraft in der Bahnrichtung, durch welche die Geschwindigkeit wieder auf ihren ursprünglichen Gleichgewichtswert herabgedrückt wird. Der Gleichgewichtszustand ist also stabil. Wird dagegen bei einem Flugzeug im Flugzustand II die Geschwindigkeit vermehrt, so wird der Schraubenschub größer als der Widerstand; es entsteht eine beschleunigende Kraft in der Bahnrichtung, das Flugzeug verläßt den Zustand II, um sich dem Zustand I zu nähern; der Zustand II ist also instabil. Diese scheint der Erfahrung zu entsprechen; der Flug mit kleiner Geschwindigkeit, der „überzogene" Flug, ist als unsicher bekannt; von den beiden Möglichkeiten horizontal zu fliegen, ist nur der schnelle Flug praktisch verwendbar. Dieser Gedankengang ist völlig analog demjenigen, welcher unserer Betrachtung der statischen Stabilität zugrunde lag. Hier ist an Stelle der Momentengleichung die Gleichung der Bahnkräfte ausgezeichnet, an Stelle der Lage des Flugzeugs im Raum die Geschwindigkeit. Von der Lage im Raum und der Flugbahnrichtung ist angenommen, daß sie durch Erfülltsein der zwei nicht beachteten Gleichungen bestimmt sind.

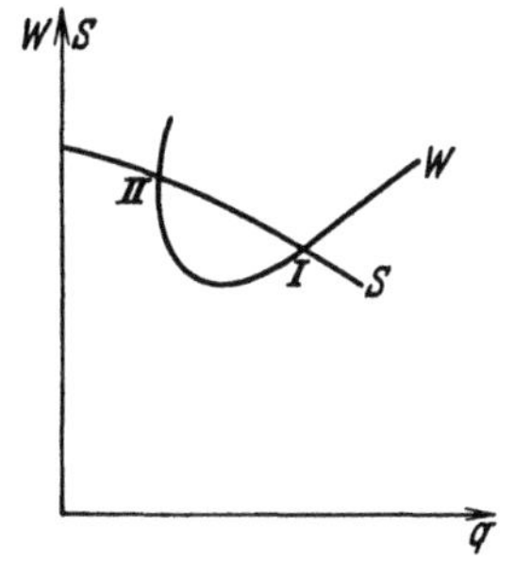

Abb. 182. Stabilitätsbetrachtung Painlevés.

Eine ähnliche Betrachtung könnte man schließlich auch an die Gleichung der bahnsenkrechten Kräfte und die Variable der Flugbahnrichtung anknüpfen; ein derartiger Gedankengang existiert aber in der Literatur nicht; er führt zu Schlüssen, die sich zum Teil mit den obigen decken, zum Teil aber auch von der Erfahrung keineswegs gestützt sind. Aus unseren Betrachtungen der stationären Bewegung ist aber nicht einzusehen, warum der erste Gedankengang besser als der Painlevésche oder der letzterwähnte sein sollte. Um darüber zur Klarheit zu gelangen, muß eine allgemeinere Überlegung einsetzen, bei welcher alle drei Variablen als veränderlich angesehen und alle drei Gleichungen mit ihren Beschleunigungsgliedern berücksichtigt werden. Diese Überlegung, welche allein stichhaltig ist, wird zeigen, daß der gewöhnlichen statischen Stabilitätsbetrachtung ein Sinn innewohnt, daß dagegen der Painlevésche Gedankengang und verwandte Betrachtungen von unhaltbaren Voraussetzungen ausgehen und daher zu unhaltbaren Folgerungen führen.

§ 2. Die allgemeinen Gleichungen der Längsbewegung.

Gleichungen. Wir müssen an die Gleichungen (2,1), (2,2) und (4,1) anknüpfen und dieselben durch die Beschleunigungsglieder erweitern. In der Flugrichtung wirkt eine Komponente der Schraubenkraft, entgegen der Flugrichtung beim Anstieg eine Schwerkraftkomponente und der Widerstand. Halten diese Kräfte sich nicht das Gleichgewicht, so entsteht eine Beschleunigung $\frac{d\,v}{d\,t}$, welche, da $\frac{G}{g}$ die Masse des Flugzeugs bedeutet, durch die Gleichung gegeben ist:

$$\frac{G}{g}\frac{d\,v}{d\,t} = S\cos\beta - G\sin\gamma - c_w F\frac{\varrho}{2}v^2 \qquad (5,1)$$

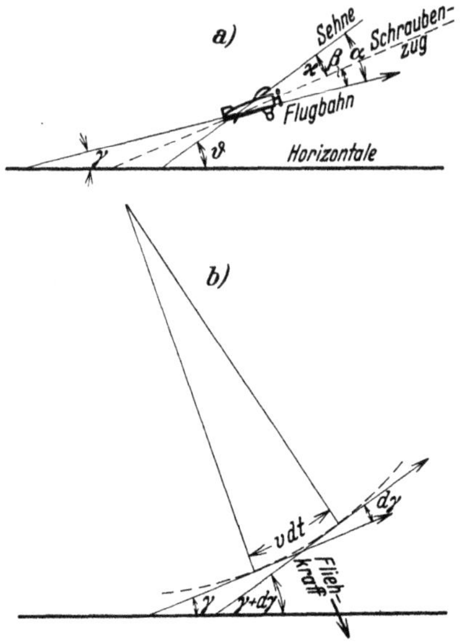

Abb. 183. Bezeichnungen.

Die Bezeichnungen sind dieselben wie früher und auch aus Abb. 183 ersichtlich. Der Schraubenschub hängt von der Geschwindigkeit ab; man muß wieder irgendein empirisches Gesetz für diese Abhängigkeit einführen, und zwar empfiehlt es sich vielfach, hier wie in Gleichung (2,13) einfach eine lineare Funktion von v^2 zu wählen und den Gültigkeitsbereich von vornherein zu beschränken. Durch die Vereinigung der Größe σ mit c_w bleibt nur S_0 (das wieder nicht etwa dem Schraubenschub im Stand gleichgesetzt werden darf) als Konstante in der Gleichung stehen und die Gleichung bleibt analytisch einfach.

Senkrecht zur Flugrichtung („bahnsenkrecht") gibt es keine Geschwindigkeitsänderung; die Trägheitswirkung kommt als Fliehkraft zur Geltung mit der Größe $\frac{G}{g}\frac{v^2}{r}$, wenn r den Krümmungsradius der Bahn bedeutet. Die Größe r will man natürlich nicht in der Gleichung stehen haben; Abb. 183 zeigt die Beziehung $\frac{v\,d\,t}{r} = d\,\gamma$, so daß die wichtige Variable γ an dieser Stelle hereinkommt. In der positiven Richtung wirken senkrecht zur Bahn der Auftrieb und eine Komponente der Schraubenkraft, in der negativen Richtung die Gewichtskomponente. Ist $\frac{d\gamma}{d\,t}$ positiv, steigt also die Bahn an, so wirkt die Fliehkraft in der negativen Richtung; sie tritt also in die Gleichung mit der Größe $-\frac{G}{g}v\frac{d\gamma}{d\,t}$ ein, und die Gleichung lautet:

$$0 = -\frac{G}{g}v\frac{d\gamma}{d\,t} + S\sin\beta - G\cos\gamma + c_a F\frac{\varrho\,v^2}{2} \qquad (5,2)$$

Die Momentengleichung schließlich ist zu vervollständigen durch das Trägheitsglied der Drehbewegung. Die Winkelbeschleunigung im Raum ist $\frac{d^2\vartheta}{dt^2}$, das Trägheitsmoment $J_y = i_y^2 \frac{G}{g}$, wenn i_y den Trägheitsradius des Flugzeugs um die Querachse y (Holmachse) bedeutet[1]. Wegen des Vorzeichens müssen wir bedenken, daß wir ϑ entgegen dem Uhrzeigersinn in der Abbildung wachsen lassen, aber kopflastige Momente, welche in der Abbildung im Uhrzeigersinn wirken, als positiv gerechnet haben. Die Momentengleichung muß daher lauten:

$$J_y \frac{d^2\vartheta}{dt^2} = \frac{G}{g} i_y^2 \frac{d^2\vartheta}{dt^2} = -M \tag{5,3}$$

Dämpfungsmoment. Das Moment M hängt wie früher vom Anstellwinkel, von der Geschwindigkeit und vom Ruderausschlag ab; aber es kommt hier noch eine Einwirkung in Betracht, die bei der stationären Bewegung nicht vorhanden ist, nämlich ein dämpfendes Moment infolge der Drehung des Flugzeugs im Raum. Im gleichmäßigen Geradeausflug sind für die Luftkräfte nur Anstellwinkel und Größe der Geschwindigkeit (oder die zwei Geschwindigkeitskomponenten der Schwerpunktbewegung in einem flugzeugfesten Koordinatensystem) maßgebend. Dabei ist Voraussetzung, daß alle Flugzeugteile parallele gleich große Bewegungen ausführen, daß also Anstellwinkel und Geschwindigkeit, wenn für einen Teil des Flugzeugs gegeben, ohne weiteres für alle Teile zu berechnen sind, da sie in eindeutigem Zusammenhang stehen; daß sie nicht notwendig dieselbe Größe für alle Teile haben müssen, zeigt das Beispiel des Abwindes. Bei der nichtstationären Bewegung ist aber der Zusammenhang kein zwangläufiger mehr. Wenn das Flugzeug sich nicht nur wie ein materieller Punkt bewegt, sondern sich auch noch um seinen Schwerpunkt dreht, so müssen durch diese Drehung die Luftkräfte auf die einzelnen Flugzeugteile beeinflußt werden. Die Zusatzbewegung irgendeines Flugzeugteiles verläuft im allgemeinen unter einem beliebigen Winkel gegen die Richtung der Schwerpunktbewegung; die Komponente der Zusatzbewegung, welche in diese Richtung fällt, verändert die Geschwindigkeit, die Komponente senkrecht dazu den Anstellwinkel. Nun ist diese Zusatzbewegung offenbar um so größer, je größer der Dreharm, also je größer der Abstand des betreffenden Flugzeugteiles vom Schwerpunkt ist; daher kann als wesentlich nur eine Wirkung auf das Leitwerk in Betracht kommen. Da ferner die Verbindungslinie des Leitwerkes mit dem Schwerpunkt ungefähr in die Richtung der Schwerpunktbewegung fällt, erhält das Leitwerk durch seine Drehung um den Schwerpunkt eine Zusatzgeschwindigkeit fast nur in Richtung senkrecht zur Schwerpunktbewegung. Dies bedeutet also — wie aus Abb. 184 zu ersehen — eine Änderung des Leitwerkanstellwinkels α_H infolge der Drehung. Die Zusatzgeschwindigkeit ist gleich

[1] Achsenbezeichnung s. u. Abb. 212.

Dreharm l mal Winkelgeschwindigkeit $\frac{d\vartheta}{dt}$; sie setzt sich mit der Geschwindigkeit v des Schwerpunktes vektoriell zusammen zur resultierenden Geschwindigkeit V des Leitwerkes, welche, da $l\frac{d\vartheta}{dt}$ stets klein gegen v bleibt, der Größe nach sich von v nicht wesentlich unterscheidet, aber einen Winkel

$$\Delta\alpha_H = \frac{l\frac{d\vartheta}{dt}}{v}$$

mit der Richtung der Schwerpunktbewegung einschließt; der Leitwerkanstellwinkel wird um diesen Betrag erhöht, wenn $\frac{d\vartheta}{dt}$ positiv ist, wenn also die Flugzeugspitze sich nach oben dreht.

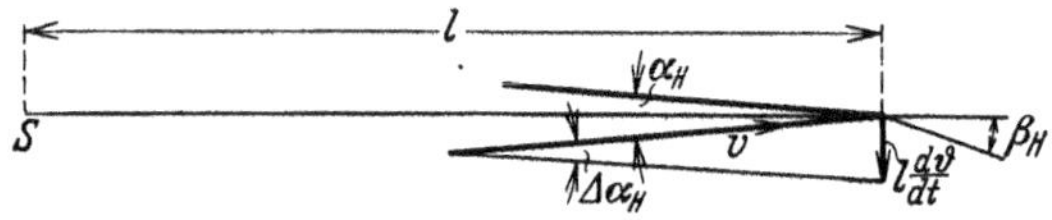

Abb. 184. Entstehung des Dämpfungsmomentes.
(Die hier eingezeichnete Zusatzströmung $l\frac{d\vartheta}{dt}$ entspricht negativer Drehung $\frac{d\vartheta}{dt}$.)

Entwickeln wir das Flugzeugmoment nach der kleinen Größe $\frac{l\frac{d\vartheta}{dt}}{v}$, so wird

$$M = M_1 + \frac{\partial M_H}{\partial \alpha_H}\frac{l\frac{d\vartheta}{dt}}{v}.$$

Nun sind sowohl der Momentenwert bei stationärem Flug M_1 wie auch M_H proportional v^2; setzen wir

$$M_1 = m v^2 \tag{5,4}$$

so hängt m noch vom Anstellwinkel α und von der Ruderlage β_H ab. Der Faktor $\frac{\partial M_H}{\partial \alpha_H}$ wird

$$\frac{\partial M_H}{\partial \alpha_H} = \frac{\partial c_{nH}}{\partial \alpha_H}\frac{\varrho}{2}v^2 F_H l.$$

Hierbei tritt der Differentialquotient $\frac{\partial c_{nH}}{\partial \alpha_H}$ auf, nicht $\frac{\partial c_{nH}}{\partial \alpha}$, wie bei unseren Berechnungen der statischen Stabilität. Es kommt auf die Abhängigkeit des Momentes vom wirklichen Leitwerkanstellwinkel, nicht vom Flügelanstellwinkel, an. Der Abwind bleibt hierbei vollkommen außerhalb der Überlegung. Führen wir die Abkürzung ein

$$n = \frac{\partial c_{nH}}{\partial \alpha_H}\frac{\varrho}{2}F_H l^2 \tag{5,5}$$

so erhält (5,3) die Gestalt, in welcher wir die Gleichung stets verwenden wollen:

$$J_y\frac{d^2\vartheta}{dt^2} = -m(\alpha,\beta_H)v^2 - n v\frac{d\vartheta}{dt} \tag{5,6}$$

Die Größe n ist stets positiv und vom Anstellwinkel im gewöhnlichen Flugbereich so gut wie unabhängig.

Überblick. Die physikalische Grundtatsache, welche der ganzen Längsbewegung ihr Gepräge gibt, drückt sich darin aus, daß in Gleichung (5,2) der Winkel ϑ, in Gleichung (5,6) der Winkel γ nicht vorkommt. Die Richtung der Flugbahn wird nur durch den Ausgleich der Kräfte festgelegt und geändert, die Lage des Flugzeugs im Raum nur durch die Momente. Unter dem Einfluß der bahnsenkrechten Kräfte dreht sich die Flugbahn, unter dem Einfluß der Momente das Flugzeug. Die Verbindung der beiden Einwirkungen wird dadurch hergestellt, daß die Luftkräfte weder von ϑ noch von γ, sondern nur vom Anstellwinkel

$$\alpha = \vartheta - \gamma \tag{5,7}$$

abhängen. Diese Gleichung (5,7) tritt noch zu den Gleichungen (5,1), (5,2) und (5,6) für die vier Unbekannten v, ϑ, γ, α hinzu. Der Einfluß der willkürlichen Steuerung, den der Parameter β_H beschreibt, macht sich nur in der Momentengleichung geltend. Durch das Steuer dreht man nur das Flugzeug herum; erst mittelbar wird durch diese Drehung der Anstellwinkel verändert, das Kräftegleichgewicht gestört und so eine Drehung der Flugbahn herbeigeführt.

Streng genommen machen sich die Wirkungen sowohl des Steuerausschlages (β_H) als auch der Flugzeugdrehung $\left(\frac{d\vartheta}{dt}\right)$ nicht nur in der Momentengleichung, sondern auch in den Kraftgleichungen geltend, so daß eigentlich auch in den Gleichungen (5,1) und (5,2) die Größen c_a und c_w als von β_H und $\frac{d\vartheta}{dt}$ abhängig angesehen werden müßten. Aber diese Abhängigkeit zeigt sich nur in den Teilkräften, welche vom Leitwerk herrühren, und da diese ohnehin — im Gegensatz zu den Momenten — sehr klein gegen die Tragwerkskräfte sind, ist die Vernachlässigung ganz belanglos.

Über die numerischen Werte aller in unseren Gleichungen auftretenden Größen geben die in den vorigen Kapiteln beschriebenen Messungen Auskunft; nur das Dämpfungsmoment n kann nicht durch statische Kraftmessung bestimmt werden. Für normal gebaute Flugzeuge muß wohl die Näherungsformel (5,5) gut stimmen; dennoch ist die Bestätigung durch den Versuch wünschenswert, und zur Beurteilung des Dämpfungsmomentes von Pfeilflugzeugen kann nur der Versuch führen. Man bestimmt das dämpfende Moment am Flugzeugmodell, indem man dasselbe im Schwerpunkt festhält und mittels einer Feder von bekannten Eigenschaften Schwingungen um eine Gleichgewichtslage ausführen läßt. Diese Schwingungen verlaufen unter Einfluß der Luftkräfte gedämpft; das Dekrement gibt ein Maß für das Dämpfungsmoment. Ob allerdings dieses Dämpfungsmoment bei Schwingungen dasselbe ist, welches einer langsamen Drehung des Flugzeugs entgegenwirkt, ist fraglich; die verwendeten Schwingungen sind recht rasche; es muß bei der Auswertung auf unendlich langsame Schwingungen extrapoliert werden. Die von uns vernachlässigten Luftkräfte, welche bei Beschleunigungen auftreten, müssen sich bei Schwingungen ungleich stärker äußern als bei der nichtstationären Flugzeugbewegung[1].

§ 3. Aufstellung der Stabilitätsgleichung.

Dynamische Stabilität. Die Gleichungen der allgemeinen Längsbewegung sind mathematisch recht schwierig; sie enthalten die Unbekannten in komplizierter, zum Teil nur empirisch gegebener Form, sind daher im allgemeinen nicht einfach lösbar; die Unbekannten lassen sich nicht explizite durch einfache bekannte Funktionen ausdrücken. Diese Schwierigkeit läßt sich überwinden, wenn man nur nach der Stabilität des Fluges fragt; in diesem Falle führt die konsequente Durchführung des Gedankenausganges, den wir oben für spezielle Fälle kennengelernt hatten, zur Methode der kleinen Schwingungen, welche von Bryan[2] zuerst auf dieses Problem angewandt worden ist. Wieder wird wie früher das Flugzeug in einem Zustand betrachtet, der nur unendlich wenig von einem Gleichgewichtszustand, d. i. von einem Zustand stationären Geradeausflugs, abweicht. Nur nehmen wir jetzt nicht willkürlich nur eine der Variablen als veränderlich an, wie früher den Winkel α (oder ϑ), sondern lassen eine kleine Veränderung aller Variablen zu. Dann können wir aber auch nicht mehr die Stabilität nach der Richtung einer auftretenden Kraft oder eines auftretenden Momentes allein beurteilen, uns also nicht mehr mit Schlüssen helfen, zu denen Betrachtungen der stationären Bewegung führen, sondern müssen die gestörte Bewegung in ihrem zeitlichen Verlaufe verfolgen. Am Anfang der Bewegung haben die Variablen Werte, welche nicht die Gleichgewichtsbedingungen erfüllen; die Folge muß also eine beschleunigte Bewegung sein, in deren Verlauf die Variablen ihre Werte ändern. Geht die Änderung so vor sich, daß man sich im Laufe der Zeit den Werten der stationären Bewegung immer mehr nähert, so können wir diese als stabil bezeichnen; entfernen sich aber die Werte der Variablen immer mehr von den Werten der stationären Bewegung, von denen sie am Anfang nur unendlich wenig abweichen, so ist der Flugzustand der stationären Bewegung instabil. Dieser Gedankengang beruht ersichtlich auf demselben Grundgedanken wie derjenige, der zum Begriffe der statischen Stabilität hinführte; nur die willkürliche Spezialisierung auf eine bestimmte Veränderung des stationären Zustandes ist weggefallen.

---

[1] Bairstow, L., B. M. Jones and A. W. H. Thompson, Investigations into the stability of an aeroplane. R & M 77; 1912/13 S. 135. — Betz, A., Ein experimenteller Beitrag zum vollständigen Problem der Flugzeugstabilität. Z. Flugtechn. Motorluftsch. Bd. 7 (1916) S. 145. — Hunsaker, J. u. a., Dynamical stability of airplanes. Washington 1916.

[2] Bryan, G. H., Stabilität der Flugzeuge (Übers. v. H. G. Buder). Berlin: Julius Springer 1914.

Eine Erweiterung der Möglichkeiten liegt auch darin, daß nun der zeitliche Verlauf, nicht die Richtung der entstehenden Kraft für die Stabilität maßgebend ist. Dies können wir uns am einfachen Beispiel eines Pendels verdeutlichen: Nach dem Gesichtspunkt der statischen Stabilität ist ein Pendel, dessen Schwerpunkt über dem Aufhängepunkt liegt, im instabilen, ein Pendel, dessen Schwerpunkt unter dem Aufhängepunkt liegt, im stabilen Gleichgewicht; denn das bei unendlich kleiner Drehung entstehende Moment hat stets die Richtung nach der unteren Lage hin. Die Größe des Momentes kann ein Maß für die Größe der Stabilität abgeben. Nach dem neuen Gedankengang wird die Lage des Pendelschwerpunktes über dem Aufhängepunkt wieder als instabil beurteilt werden; denn die Störung verläuft so, daß diese Lage im Laufe der Zeit immer mehr verlassen wird; aber auch die andere Lage wird nicht ohne weiteres als stabil gelten können; denn im Laufe der Zeit schwingt das Pendel um diese Lage, und zwar ungedämpft, wenn wir von der Luftreibung absehen. Das Pendel nähert sich seiner Ruhelage um so mehr, je größer die von der Luft herrührende Dämpfung ist; diese wird also als Maß der Stabilität dienen; der numerische Wert dessen, was „Stabilität" genannt wird, hat gar nichts mit dem zu tun, der im alten Gedankengang als Maß der Stabilität herauskam. Wir können uns ferner den Mechanismus etwas komplizierter vorstellen, so etwa, daß auf das Pendel außer der Reibung und der Schwerkraft noch andere Kraftwirkungen ausgeübt werden, die unter Umständen — z. B. bei Resonanz — die Pendelschwingungen verstärken können; dann kommen auch Fälle vor, in welchen das Pendel wohl um seine ursprüngliche Lage schwingt, aber diese Schwingungen mit der Zeit mehr und mehr anwachsen. Die Schwingungen erfolgen um die ursprüngliche Ruhelage, das Pendel entfernt sich aber zeitweise immer mehr von dieser Ruhelage und diese kann daher im Sinne unseres neuen Gedankenganges nicht mehr als stabil gelten. Wir haben einen Fall vor uns, in welchem das betrachtete System „statisch stabil", aber „dynamisch instabil" ist.

Die beiden Stabilitätsbegriffe gehen also vom gleichen Grundgedanken aus, haben aber recht verschiedene Bedeutung; man wird geneigt sein, den Begriff der dynamischen Stabilität als den eigentlichen physikalisch sinnvollen, und den Begriff der statischen Stabilität als einen beschränkt gültigen Näherungsbegriff anzusehen. Aber andererseits ist die Instabilität einer statisch instabilen Lage physikalisch doch etwas ganz anderes als das Anwachsen von Schwingungen um eine statisch stabile Lage. Es ist also nicht ohne weiteres zu sagen, ob die statische oder die dynamische Stabilität für das Verhalten eines Systems maßgebend ist. Zu dieser Frage werden unsere späteren nicht auf kleine Schwingungen beschränkten Untersuchungen Gesichtspunkte bringen.

Mathematische Fassung. Mathematisch reduzieren sich die Gleichungen eines mechanischen Systems, welches mit der Methode der kleinen Schwingungen auf Stabilität untersucht werden soll, auf lineare Differentialgleichungen; denn alle Variablen sollen nur unendlich wenig von den bekannten Werten im Gleichgewichtszustand abweichen; jede Funktion der Variablen, welche in den Gleichungen vorkommt, kann daher in eine Taylorsche Reihe entwickelt werden und erscheint genau genug als lineare Funktion. Eine solche Gleichung oder ein solches Gleichungssystem wird durch Exponentialfunktionen gelöst, so daß jede Variable als eine Summe von Funktionen $e^{\lambda t}$ erscheint. Dabei ist λ durch die Differentialgleichungen unabhängig von den Anfangsbedingungen bestimmt, und zwar treten so viele, im allgemeinen verschiedene Werte von λ auf, als Anfangsbedingungen zu erfüllen sind. Alle Werte von λ können komplex sein; der imaginäre Teil von λ gibt die zeitliche Frequenz einer Schwingung an, der reelle Teil die Amplitudenänderung dieser Schwingung mit der Zeit; die Schwingung wächst im Laufe der Zeit an oder klingt ab, je nachdem der reelle Teil von λ positiv oder negativ ist. Ist λ rein reell, so klingt die Strömung ab oder wächst an, je nachdem λ negativ oder positiv ist; aber eine Schwingung ist nicht vorhanden, der Vorgang verläuft aperiodisch. So viele Werte λ haben kann, so viele partikuläre Integrale hat die Differentialgleichung; ist nur ein solcher Wert positiv, so wächst die Störung im Laufe der Zeit an. Mathematisch lautet also die Bedingung der Stabilität, daß unter allen auftretenden Werten von λ keiner einen positiv reellen Wert haben darf.

Wir haben nun diesen Gedankengang auf unsere Gleichungen (5,1), (5,2) und (5,6) anzuwenden; wir setzen

$$\left.\begin{aligned} v &= v_0 + \delta v \qquad \alpha = \alpha_0 + \delta\alpha \qquad \beta = \beta_0 + \delta\beta \\ \gamma &= \gamma_0 + \delta\gamma \qquad \vartheta = \vartheta_0 + \delta\vartheta \end{aligned}\right\} \tag{5,8}$$

und entwickeln die einzelnen Summanden in unseren Gleichungen nach den kleinen Größen $\delta v, \delta\alpha \ldots$ Da die Größen $v_0, \alpha_0 \ldots$ für sich die Gleichungen der stationären Bewegung erfüllen, also $\frac{d v_0}{d t} = 0$, $\frac{d\alpha_0}{d t} = 0, \ldots$, bleiben in den Gleichungen nach der Entwicklung keine Glieder stehen, die nicht eine der kleinen Größen enthalten. Es wird, wenn noch $c_w' = \frac{d c_w}{d\alpha}$, $c_a' = \frac{d c_a}{d\alpha}$, $c_m' = \frac{d c_m}{d\alpha}$ geschrieben wird:

$$\left.\begin{aligned} \frac{G}{g}\frac{d\delta v}{d t} &= -S\sin\beta_0\,\delta\beta - G\cos\gamma_0\,\delta\gamma - c_w' F\frac{\varrho}{2} v_0^2\,\delta\alpha - c_w F\varrho v_0\,\delta v \\ 0 &= -\frac{G}{g} v_0 \frac{d\delta\gamma}{d t} + S\cos\beta_0\,\delta\beta + G\sin\gamma_0\,\delta\gamma + c_a' F\frac{\varrho}{2} v_0^2\,\delta\alpha + \\ &\quad + c_a F\varrho v_0\,\delta v \\ \frac{G}{g} i_y^2 \frac{d^2\delta\vartheta}{d t^2} &= -\frac{d m}{d\alpha} v_0^2\,\delta\alpha - 2 m v_0\,\delta v - n v_0 \frac{d\delta\vartheta}{d t} \end{aligned}\right| \tag{5,9}$$

Hierbei ist S als Konstante, also als unabhängig von v angesehen; die tatsächliche Abhängigkeit kann in der ersten Gleichung, wie oben auseinandergesetzt, durch Vergrößerung des c_w berücksichtigt werden; in der zweiten Gleichung ist sie ganz belanglos wegen der relativen Kleinheit des Gliedes $S \sin \beta$.

Diese Gleichungen werden durch richtige Zusammenordnung und durch Berücksichtigung der Beziehungen

$$\delta \beta = \delta \alpha \quad \text{und} \quad \delta \gamma = \delta \vartheta - \delta \alpha$$

in die übersichtliche Form gebracht:

$$\left.\begin{aligned} 0 &= \left(\frac{G}{g}\frac{d}{dt} + c_w F \varrho v_0\right) \delta v + \Big(S \sin \beta_0 + \\ &\quad + c'_w F \frac{\varrho}{2} v_0^2 - G \cos \gamma_0\Big) \delta \alpha + G \cos \gamma_0 \, \delta \vartheta \\ 0 &= c_a F \varrho v_0 \delta v + \Big(S \cos \beta_0 + c'_a F \frac{\varrho}{2} v_0^2 - G \sin \gamma_0 + \\ &\quad + \frac{G}{g} v_0 \frac{d}{dt}\Big) \delta \alpha + \left(G \sin \gamma_0 - \frac{G}{g} v_0 \frac{d}{dt}\right) \delta \vartheta \\ 0 &= 2 m v_0 \delta v + \frac{dm}{d\alpha} v_0^2 \delta \alpha + \left(\frac{G}{g} i_y^2 \frac{d^2}{dt^2} + n v_0 \frac{d}{dt}\right) \delta \vartheta \end{aligned}\right\} \quad (5.10)$$

Dies sind drei homogene lineare Differentialgleichungen für die drei Variablen δv, $\delta \alpha$, $\delta \vartheta$, welche wir nun alle drei proportional $e^{\lambda t}$ setzen. Durch diesen Ansatz werden die Differentialgleichungen befriedigt; in den Gleichungen (5,10) ändert sich nichts als daß das Zeichen λ, für das Symbol $\frac{d}{dt}$ eintritt. Wir gelangen also zu drei homogenen linearen, algebraischen Gleichungen mit drei Unbekannten δv, $\delta \alpha$, $\delta \vartheta$ bzw. deren mit $e^{\lambda t}$ multiplizierten Faktoren. Diese haben bekanntlich nur dann eine von Null verschiedene Lösung, wenn die Hauptdeterminante verschwindet; diese Bedingung wird durch eine Gleichung ausgedrückt, welche außer bekannten Größen noch λ enthält und zur Bestimmung von λ dient. Sie lautet:

$$\begin{vmatrix} \frac{G}{g}\lambda + c_w F \varrho v_0 & S \sin \beta_0 + c'_w F \frac{\varrho}{2} v_0^2 - G \cos \gamma_0 & G \cos \gamma_0 \\ c_a F \varrho v_0 & S \cos \beta_0 + c'_a F \frac{\varrho}{2} v_0^2 - G \sin \gamma_0 + \frac{G}{g} v_0 \lambda & -\frac{G}{g} v_0 \lambda + G \sin \gamma_0 \\ 2 m v_0 & \frac{dm}{d\alpha} v_0^2 & \frac{G}{g} i_y^2 \lambda^2 + n v_0 \lambda \end{vmatrix} = 0 \quad (5,11)$$

Vor der Ausrechnung können wir diese Determinante durch verschiedene Umformungen noch bedeutend übersichtlicher gestalten. Zunächst erfüllen die Größen mit dem Index 0 zusammen mit den Größen c_a, $c_w \ldots$, welche sich gleichfalls auf den stationären Flug beziehen, die Gleichungen des stationären Geradeausflugs

$$S \sin \beta_0 - G \cos \gamma_0 = - c_a F \frac{\varrho}{2} v_0^2$$

und

$$S \cos \beta_0 - G \sin \gamma_0 = c_w F \frac{\varrho}{2} v_0^2 ,$$

mit deren Hilfe die mittlere Kolonne (senkrechte Reihe) der Determinante vereinfacht werden kann. Ferner gehen wir nach dem Vorgang von Quittner[1] und Kármán-Trefftz[2] zu dimensionslosen Größen über, wodurch das Allgemeingültige besser hervortritt. In der zweiten Kolonne erscheinen dimensionslose Größen, wie c_a, c_a', ..., wenn wir dieselben nur mit $Fq = F\frac{\varrho}{2}v_0^2$ dividieren; auch die anderen Kolonnen dividieren wir durch Fq, in der ersten Kolonne müssen wir außerdem mit v_0 multiplizieren, um auf dimensionslose Werte zu kommen. Durch diese Umformung wird erreicht, daß in den ersten beiden Zeilen (waagrechten Reihen) die Unbekannte nur in der Form

$$\mathfrak{z} = \frac{G}{g}\frac{v_0}{Fq}\lambda \tag{5,12}$$

auftritt. Um auch in der dritten Zeile nur diese Form zu erhalten, müssen wir sie noch mit $\frac{G v_0^2}{g F q i_y^2}$ multiplizieren; durch alle diese Maßnahmen wird bekanntlich der Wert einer Determinante nur um konstante Faktoren geändert.

Wir führen für m einen Momentenbeiwert ein, indem wir es auf die Flügelfläche und auf den Abstand des Leitwerkes vom Schwerpunkt beziehen; letzteres ist, wenn es sich um das ganze Flugzeug handelt, die natürlichere Bezugsgröße als die Flügeltiefe:

$$m = c_m F\frac{\varrho}{2}l \tag{5,13}$$

Da die Momente im stationären Flug ausgeglichen sind, ist $m = 0$, wodurch das erste Glied der letzten Zeile verschwindet. Nun haben wir:

$$\begin{vmatrix} \mathfrak{z} + 2c_w & c_w' - c_a & \frac{G}{qF}\cos\gamma_0 \\ 2c_a & \mathfrak{z} + c_a' + c_w & -\mathfrak{z} + \frac{G}{qF}\sin\gamma_0 \\ 0 & \frac{2lG}{\varrho g F i_y^2}c_m' & \mathfrak{z}^2 + \frac{n v_0^2}{Fqi_y^2}\mathfrak{z} \end{vmatrix} = 0 \tag{5,14}$$

In dieser Gestalt wird der stationäre Flug (Gleichgewichtszustand) nur durch Größen von sehr allgemeiner Bedeutung charakterisiert; neben den Luftkraftbeiwerten und ihren Ableitungen tritt noch der Quotient $\frac{G}{qF}$ auf, und zwar ist, wenn man die belanglose Komponente des Schraubenzuges $S\sin\beta_0$ vernachlässigt,

$$\frac{G}{qF} = \frac{c_a}{\cos\gamma_0}, \tag{5,15}$$

so daß in den ersten beiden Zeilen außer den Luftkraftbeiwerten nur

---

[1] Quittner, V., Untersuchung über die Stabilität der Flugzeuge. Jb. wiss. Ges. Luftf. Bd. 3 (1914/15) S. 144.

[2] Kármán, Th. v. u. E. Trefftz, Über Längsstabilität und Längsschwingungen von Flugzeugen. Jb. wiss. Ges. Luftf. Bd. 3 (1914/15) S. 116.

der Anstiegwinkel γ_0 stehenbleibt. Dazu kommt in der letzten Zeile die Größe

$$\mu = \frac{2\,l\,G}{\varrho\, g\, F\, i_y^2}\, c'_m\,, \tag{5,16}$$

welche die statische Stabilität des Flugzeugs enthält, und die Größe

$$\nu = \frac{n\, v_0^2}{F\, q\, i_y^2} = c'_{n\,H}\,\frac{F_H}{F}\,\frac{l^2}{i_y^2} \tag{5,17}$$

nach Gleichung (5,5), welche das Dämpfungsmoment infolge der Flugzeugdrehung enthält.

Die Ausrechnung der Determinante führt zu einer Gleichung vierten Grades in $\mathfrak{z}$. Es gibt also vier Werte von $\mathfrak{z}$ bzw. λ, welche die Gleichung befriedigen, und es treten vier unabhängige Integrationskonstanten auf, welche zur Erfüllung der Anfangsbedingungen zur Verfügung stehen. Dies muß mathematisch so sein; denn von den drei Bewegungsgleichungen sind zwei erster, eine zweiter Ordnung. Physikalisch ist der Anfangszustand nur durch vier, anstatt durch sechs Bedingungen bestimmt, weil die beiden Anfangskoordinaten des Schwerpunktes, also die Lage des Schwerpunktes gegen irgendein Koordinatensystem, belanglos sind.

Die Gleichung des 4. Grades lautet nun:

$$\left.\begin{aligned}(\mathfrak{z}^2 + \nu\,\mathfrak{z})\,[(\mathfrak{z} + 2\,c_w)\,(\mathfrak{z} + c'_a + c_w) + 2\,c_a\,(c_a - c'_w)] + {}\\ \mu\,[(\mathfrak{z} - c_a \operatorname{tg}\gamma_0)\,(\mathfrak{z} + 2\,c_w) + 2\,c_a^2] = 0\end{aligned}\right\} \tag{5,18 a}$$

oder ausmultipliziert:

$$\mathfrak{z}^4 + a\,\mathfrak{z}^3 + b\,\mathfrak{z}^2 + c\,\mathfrak{z} + d = 0$$

wobei

$$\left.\begin{aligned}a &= (c'_a + 3\,c_w) + \nu = A + \nu\\ b &= 2\,(c_a^2 + c_w^2 + c'_a\,c_w - c_a\,c'_w) + (c'_a + 3\,c_w)\,\nu + \mu = B + A\,\nu + \mu\\ c &= 2\,(c_a^2 + c_w^2 + c'_a\,c_w - c_a\,c'_w)\,\nu + (2\,c_w - c_a \operatorname{tg}\gamma_0)\,\mu = B\,\nu + C\,\mu\\ d &= 2\,c_a\,(c_a - c_w \operatorname{tg}\gamma_0)\,\mu = D\,\mu\end{aligned}\right\} \tag{5,18 b}$$

Für die Rechnung empfiehlt es sich unter Umständen

$$\operatorname{tg}\gamma_0 = \frac{S}{G\cos\gamma_0} - \frac{c_w}{c_a}$$

einzusetzen. Im Gleitflug ist $C = 3\,c_w$ und $D = \dfrac{c_a^2 + c_w^2}{c_a}$.

Die Algebra lehrt nun, daß dann und nur dann alle $\mathfrak{z}$ einen negativ reellen Teil haben, also die Stabilitätsbedingung erfüllen, wenn

$$a > 0 \quad b > 0 \quad c > 0 \quad d > 0 \quad \text{und} \quad (a\,b - c)\,c - a^2\,d > 0 \tag{5,19}$$

Numerische Abschätzung. Die Diskussion der Gleichungen (5,18) oder der Bedingungen (5,19) wird erst fruchtbar, wenn man sich über die Größenordnung der einzelnen darin vorkommenden Ausdrücke klar geworden ist. Unsere Abb. 185a und b geben ein Bild aller in Frage kommenden Funktionen von c_a, c_w und γ_0 in Abhängigkeit von α. Dabei ist der Fall des Gleitflugs angenommen, in welchem alle Größen nur vom Polardiagramm des Flugzeugs abhängen. Im Motorflug findet man qualitativ denselben Verlauf; man kann als vernünftigen Wert für numerische Rechnung etwa $\frac{S}{G} = 0{,}3$ annehmen und c_w für alle α um etwa 0,05 erhöhen. Hier glauben wir von der numerischen Durchführung dieses Falles absehen zu dürfen. Die Größenordnungen sind von individuellen Verhältnissen nicht sehr abhängig, weder von aerodynamischen noch von konstruktiven.

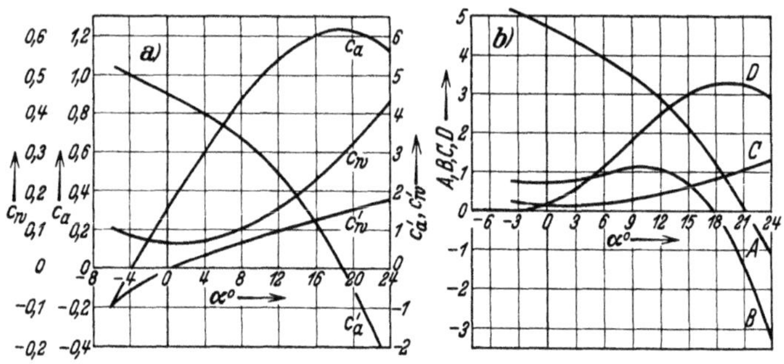

Abb. 185a und b. Koeffizienten der Längsstabilitätsgleichung.

Auch die Größe ν ist bei den meisten Flugzeugen normaler Bauart nicht sehr verschieden; sie hängt nur von den Leitwerksabmessungen ab; ihre Bedeutung für die Konstruktion besteht darin, daß sie durch den Ausdruck $F_H l^2$ bestimmt wird, während im Ausdruck der statischen Stabilität nur das Produkt $F_H l$ auftritt. Wenn also das letztere durch den statischen Momentenausgleich festgelegt ist, kann man, je nachdem man größeres oder kleineres Dämpfungsmoment haben will, F_H auf Kosten von l, oder l auf Kosten von F_H tunlichst klein halten. Die einzelnen Faktoren von ν in Gleichung (5,17) haben bei normalen Flugzeugen etwa die Größen:

$$c'_{nH} \sim 3, \qquad \frac{F_H}{F} \sim \frac{1}{8}, \qquad \frac{l}{i_y} \sim 3{,}5 \text{ bis } 4,$$

also

$$\nu \sim 5 \text{ bis } 6,$$

von welcher Größenordnung wohl nur schwanzlose Flugzeuge, für welche anders gerechnet werden muß, wesentlich abweichen. Für ν finden wir also einen größeren Wert, als ihn im Mittel einer der Ausdrücke der Abb. 185 erreicht; es fällt stärker ins Gewicht als die aerodynamischen Größen der Kraftgleichungen.

Noch wichtiger und auch in weit höherem Maßstabe veränderlich ist der Einfluß der statischen Stabilität μ. Wir überblicken die Größenordnung am besten, wenn wir im Anschluß an (5,13) ansetzen:

$$\frac{2}{\varrho}\frac{\partial m}{\partial \alpha} = c'_m F l = \varkappa c^{*\prime}_{nH} F_H l \qquad (5{,}20)$$

Hierbei ist $c_{n\,H}^{*\prime} F_H\, l$ der Stabilitätsanteil des Leitwerkes, also eine wesentlich positive Größe, und $\varkappa$ ein Faktor, welcher die Verminderung dieser Größe durch instabilisierende Wirkung der Flügel ausdrückt im Sinne der Darlegungen des vierten Kapitels. Dieser Faktor beträgt bei gut ausgeglichenen Flugzeugen vielleicht $^1/_{10}$ bis $^1/_5$. Außerhalb der gewöhnlichen Flugzustände wird $\varkappa$ größer; bei ganz kleinen Auftriebsbeiwerten nähert er sich mitunter fast 1, in der Nähe des Auftriebsmaximums wird er immer 1, bei größeren Anstellwinkeln sogar größer; dort verschwindet die instabilisierende Wirkung der Flügel, der Stabilitätsanteil der Flügel wird schließlich positiv, ein Verhalten, auf dessen aerodynamische Wichtigkeit später noch hingewiesen wird. Nun wird

$$c_m' = \varkappa\, c_{n\,H}^{*\prime} \frac{F_H}{F} \sim \varkappa \cdot 1{,}7 \cdot \frac{1}{8},$$

also $c_m' \sim 0{,}04$ im gewöhnlichen Flugbereich und c_m' bis zu 0,2 bei ganz kleinen und ganz großen Anstellwinkeln. c_m' erscheint nun multipliziert mit $\frac{2\,l\,G}{g\,\varrho\, i_y^2\, F}$. Dieser Faktor hat einen sehr hohen Betrag; selbst bei sehr großen Flugzeugen mit kleiner Flächenbelastung in niedriger Flughöhe beträgt er etwa 100, bei kleinen, hoch belasteten Flugzeugen in großer Höhe steigt er über 1000; im Mittel muß man etwa 250 annehmen. Infolgedessen kann der Beiwert μ eine Größe erhalten, welche alle anderen in der Gleichung (5,18) vorkommenden weit übertrifft; selbst bei sehr gut ausgeglichenen indifferenten Flugzeugen muß man für μ mindestens dieselbe Größenordnung wie für ν oder irgendeinen anderen Ausdruck in (5,18) erwarten, bei großen und kleinen Anstellwinkeln ganz erheblich mehr. Von der Konstruktion hängt μ sehr empfindlich ab; es ist daher vielfach und leicht zu beeinflussen. Für die Wurzeln von (5,18), also für die Stabilität des Flugzeugs, ist darum die mit μ proportionale statische Stabilität in allererster Linie maßgebend.

§ 4. Diskussion der Stabilitätsgleichung.

Fälle von Instabilität. Zunächst können wir nun aus den Beziehungen (5,19) einige Schlüsse ziehen:

Das Vorzeichen von d wird nur durch das Vorzeichen von μ bestimmt, denn $c_a - c_w \operatorname{tg} \gamma_0$ ist immer positiv; Anstiegwinkel, die diesen Ausdruck negativ machen, liegen ganz außer dem Bereich des flugtechnisch Möglichen. Daraus folgt aber, daß dynamische Stabilität nur möglich ist, wenn μ positiv ist, wenn also statische Stabilität vorhanden ist. Damit haben wir die Berechtigung unserer früheren Stabilitätsüberlegungen nachträglich erwiesen. Von der anderen statischen Stabilitätsbetrachtung in § 1 dieses Kapitels ist hier nichts zu bemerken; sie läßt sich aus den allgemeinen Stabilitätsbetrachtungen nicht erweisen; die ihr zugrunde liegenden Voraussetzungen treffen nicht zu.

Weiterhin sehen wir aber, daß statische Stabilität allein noch nicht zur dynamischen Stabilität genügt; denn auch wenn μ positiv ist, können die Bedingungen (5,19) teilweise verletzt sein:

1. Der Koeffizient B wird bei großen Anstellwinkeln negativ; ist also μ klein, so könnte der Ausdruck c negativ werden, besonders wenn ν groß ist. Von praktischer Bedeutung ist aber diese Instabilitätsmöglichkeit nicht, da gerade bei großen Anstellwinkeln μ stets sehr große Werte annimmt, $\varkappa$ in Gleichung (5,20) wird dort $= 1$.

2. Der Ausdruck C kann bei sehr kleiner Leistungsbelastung negativ werden; doch liegt ein solcher Fall wohl außer dem praktischen Bereich; es müßte dazu $\frac{S}{G} > \frac{3\,c_w}{c_a}$ sein, also größer als der dreifache Wert, welcher zum Horizontalflug mit dem betreffenden Anstellwinkel erforderlich wäre.

3. Die Diskriminante $(ab - c)\,c - a^2 d$ kann negative Werte annehmen, wenn μ nicht zu groß ist. Dies sieht man daraus, daß sie ein in μ quadratischer Ausdruck ist, welcher für kleine Dämpfungsmomente ν zwei positive Nullstellen hat. Für $\nu = 0$ wird nämlich

$$(ab - c)\,c - a^2 d = (A\,B + A\mu - C\mu)\,C\mu - A^2 D\mu$$

und dieser Ausdruck verschwindet für $\mu = 0$ und

$$\mu = \frac{A}{A - C} \cdot \frac{A\,D - B\,C}{C} \tag{5,21}$$

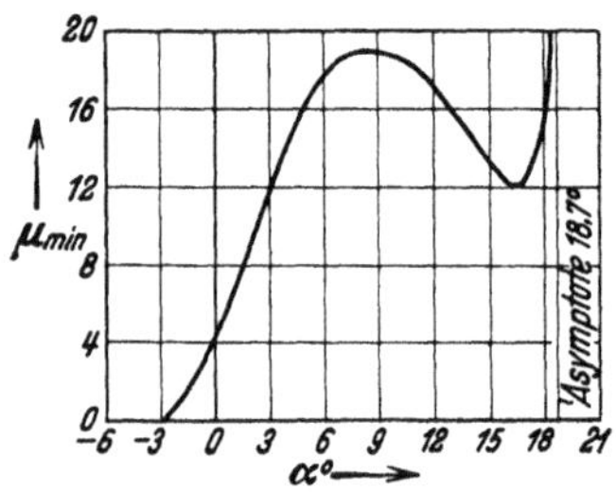

Abb. 186. Mindestwerte von μ, welche bei $\nu = 0$ zur dynamischen Stabilität erforderlich sind.

Alle Faktoren in diesem Ausdruck sind im praktischen Bereich fast durchweg positiv; nur $A\,D - B\,C$ wird für ganz kleine Auftriebsbeiwerte negativ, und $A - C$ in der Nähe des Auftriebsmaximums; der Ausdruck selbst ist in Abb. 186 aufgezeichnet. Ist μ größer als (5,21), so wird die Diskriminante positiv. Bei verschwindendem Dämpfungsmoment ist also trotz statischer Stabilität keine dynamische Stabilität vorhanden, wenn μ nicht in den in Abb. 186 angegebenen Wert überschreitet. Für Anstellwinkel $\leqq -2{,}5^0$, also im Sturzflug, wenn $A\,D - B\,C \leqq 0$, genügt für $\nu = 0$ jedes noch so kleine μ zur dynamischen Stabilisierung. Andererseits reicht keine statische Stabilität dazu aus, wenn in der Nähe des Auftriebsmaximums beim Anstellwinkel $18{,}7^0$ $A - C = 0$ wird.

Wieweit dieses Verhalten sich auch bei endlichem Dämpfungsmoment zeigt, könnte man auch aus der Diskriminante erkennen; man kommt aber dabei zu wenig übersichtlichen Rechnungen; wir wollen daher diese Frage an der Gleichung (5,18) unmittelbar diskutieren und zugleich die Frage nach dem numerischen Wert der Wurzeln und nach dem damit zusammenhängenden Charakter der Schwingungen aufrollen. Insbesondere muß uns wichtig sein, ob die Wurzeln reell oder komplex sind, ob also die Störungen aperiodisch anwachsen bzw. abklingen, oder ob sie wie gedämpfte bzw. anwachsende Schwingungen verlaufen.

Große statische Stabilität. Zuerst heben wir die leicht zu durchschauenden Fälle extremer Werte von μ hervor: Ist μ außerordentlich groß, wie fast immer für sehr kleine und sehr große Anstellwinkel, so sind zwei Paare von Wurzeln vorhanden; das eine Paar ist von mäßiger Größe, hierfür kommen nur die mit μ multiplizierten Glieder der Gleichung (5,18a) in Betracht; das andere Paar ist von der Größenordnung $\sqrt{\mu}$, dabei bleiben als von erster Ordnung nur die Glieder $\mathfrak{z}^4$ und $\mu\mathfrak{z}^2$ stehen.

Das erste Wurzelpaar folgt mit den Bezeichnungen (5,18b) aus der Gleichung

$$\mathfrak{z}^2 + C\mathfrak{z} + D = 0$$

zu

$$\mathfrak{z} = -\frac{C}{2} \pm \sqrt{\frac{C^2}{4} - D} \tag{5,22}$$

Im normalen Flug ist $D > \frac{C^2}{4}$, daher sind diese Wurzeln komplex; C ist bis auf den erwähnten Fall extrem niedriger Leistungsbelastung stets positiv. Diese partikuläre Lösung stellt also eine abklingende Schwingung dar, und zwar eine Schwingung von kleiner Frequenz und kleiner Dämpfung; denn der imaginäre und der reelle Teil sind klein; z. B. für $\alpha = 6^0$ entnehmen wir Abb. 185

$$\mathfrak{z} = -0{,}12 \pm 1{,}07\, i,$$

daraus folgt nach (5,12)

$$\lambda = -0{,}075 \pm 0{,}67\, i,$$

wenn wir eine Flächenbelastung von 40 kg/m², eine Geschwindigkeit $v_0 = 40$ m/s und Luftdichte am Boden, also $q = 100$ kg/m² annehmen. Die dadurch dargestellte Schwingung hat also eine Dauer von $\frac{2\pi}{0{,}67} = 9{,}3$ s, und ihre Amplitude ist auf den halben Wert gesunken nach 9,25 s, was ungefähr einer Schwingung entspricht.

Für ganz kleine Auftriebsbeiwerte wird $\frac{C^2}{4} > D$; in der Grenze $c_a = 0$ wird nämlich im Gleitflug $\frac{C^2}{4} = \frac{9}{4}\, c_w^2$ und $D = 2\, c_w^2$; im steilsten Sturzflug verlaufen diese Störungen also aperiodisch, aber unter allen Umständen gedämpft.

Tiefer in den Charakter der Schwingungen können wir eindringen, wenn wir die Gleichung in der Determinantenform (5,14) und die Grundgleichungen (5,10) betrachten. Wir würden zu der Gleichung (5,22) gelangen, wenn wir von vornherein $\delta\alpha = 0$ setzen und nur die Kraftgleichungen betrachten würden. Die Schwingungen sind also reine Schwerpunktschwingungen mit konstantem Anstellwinkel, für welche das Flugzeug nur ein materieller Punkt ist; das Flugzeug behält seine Lage zur Bahn unverändert bei; da infolgedessen $\delta\vartheta = \delta\gamma$, sind die

Variablen der Bewegung nur die Geschwindigkeit und die Richtung der Bahn. Wir werden später ausführlicher und allgemeiner auf diese sog. „Phygoid"-Bewegung einzugehen haben.

Das zweite Wurzelpaar ergibt sich in 1. Näherung aus der Gleichung

$$\mathfrak{z}^2 + \mu = 0$$

zu

$$\mathfrak{z} = \pm i \sqrt{\mu} \tag{5,23}$$

Wieder finden wir einen periodischen Ablauf der Störung, diesmal aber von sehr hoher Frequenz. Daß in 1. Näherung kein reeller Teil auftritt, liegt nur daran, daß der imaginäre Teil so groß ist; in 2. Näherung tritt offenbar eine Dämpfung von der Größenordnung ν auf, die gegenüber der Dämpfung des ersten Wurzelpaares immer noch groß ist, aber erst in einer Zeit vieler Schwingungen zur Wirkung kommt. Der Charakter dieser Schwingungen folgt daraus, daß die in (5,23) auftretenden Glieder nur aus der Momentengleichung folgen. Diese Schwingungen haben mit dem Kräfteausgleich, also mit der Flugbahn, nichts zu tun. Vergleichen wir (5,23) mit der letzten Gleichung (5,10):

$$\mathfrak{z}^2 \, \delta\vartheta + \mu \delta\alpha = 0,$$

so kommen wir unmittelbar zu der Beziehung

$$\delta\vartheta = \delta\alpha \quad \text{oder} \quad \delta\gamma = 0.$$

Dieses Wurzelpaar stellt also eine reine Drehschwingung um die unveränderte und unbeschleunigte Flugbahn dar.

Durch diese Trennung in zwei Schwingungstypen haben wir die Haupteigenschaften möglicher Bewegungsformen herausschälen können; die wirkliche Flugzeugbewegung vereinigt natürlich beide so, daß sie einander bis zu einem gewissen Grad stören. Allerdings wird dadurch, daß die erstbehandelten so viel langsamer verlaufen und abklingen wie die anderen, nach kurzer Zeit der erste Typus allein in Erscheinung treten.

Die Überlegungen gelten unverändert für sehr große statische Instabilität ($\mu < 0$ und sehr groß); nur sind dann die Wurzeln (5,23) reell entsprechend einem aperiodischen Abklingen und Anwachsen; das Anwachsen des Anstellwinkels bei unveränderter Flugbahnrichtung ist das Hauptmerkmal dieser instabilen Bewegung.

Statische Indifferenz. Beim statisch indifferenten Flugzeug ($\mu = 0$) zerspaltet sich die Gleichung (5,18a) ebenfalls in zwei quadratische:

$$\mathfrak{z}^2 + \nu\mathfrak{z} = 0 \tag{5,24}$$

und

$$\mathfrak{z}^2 + A\mathfrak{z} + B = 0 \tag{5,25}$$

Die Wurzeln der ersten $\mathfrak{z}_1 = 0$ und $\mathfrak{z}_2 = -\nu$ folgen aus der Momentengleichung allein, wenn $\delta\alpha = 0$ und $\delta v = 0$ gesetzt wird; sie zeigen an, daß das Flugzeug indifferent gegen seine Lage ϑ im Raum ist, daß aber eine Drehbewegung $\left(\frac{d\vartheta}{dt}\right)$ stark gedämpft ist. Die Wurzeln der zweiten Gleichung

$$\mathfrak{z}_{3,4} = -\frac{A}{2} \pm \sqrt{\frac{A^2}{4} - B}$$

sind ebenfalls rein reell, da $\frac{A^2}{4}$ stets größer als B oder B negativ ist (s. Abb. 185); die eine dieser Wurzeln ist im normalen Bereich stets groß gegen die andere (Abb. 187); beide sind für normale Flugzustände negativ, gehören also zu abklingenden Störungen. Die Stabilität ist nur für negative B gestört; dann wird die kleinere Wurzel positiv, einer kleinen Instabilität entsprechend. Der Charakter dieser beiden Schwingungen folgt aus den Kraftgleichungen mit $\delta\vartheta = 0$. Geschwindigkeit und Anstellwinkel nehmen aperiodisch ihre Gleichgewichtswerte an, während — der statischen Indifferenz entsprechend — die Lage des Flugzeugs im Raum unverändert bleibt. Auch diesen Bewegungstypus werden wir noch genauer kennenlernen.

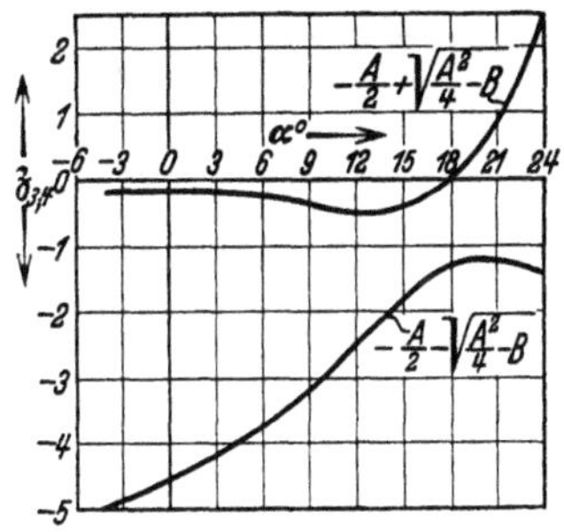

Abb. 187. Indifferentes Flugzeug; $\mathfrak{z}$-Werte.

Aperiodische Lösungen. Um nun weiter zu untersuchen, für welche Werte von μ der aperiodische Verlauf der Schwingungen, wie bei $\nu = 0$, erhalten bleibt, sehen wir in Gleichung (5,18a) μ als die Unbekannte an und lassen $\mathfrak{z}$ alle reellen, aperiodischem Verlauf entsprechenden Werte durchlaufen. Dann ist

$$\mu = -\frac{\mathfrak{z}^4 + (A + \nu)\,\mathfrak{z}^3 + (B + A\,\nu)\,\mathfrak{z}^2 + B\,\nu\,\mathfrak{z}}{\mathfrak{z}^2 + C\,\mathfrak{z} + D} \qquad (5,26)$$

Ist $\mathfrak{z}$ reell positiv, so werden Zähler und Nenner dieses Bruches in allen normalen Fällen positiv; das bedeutet, daß ein aperiodisches Anwachsen der Störung nur bei negativem μ, also bei statischer Instabilität, möglich ist; jede Instabilität bei statischer Stabilität kann daher nur einen Verlauf in der Art anwachsender Schwingungen bedeuten. Eine Ausnahme bildet nur der Fall $B < 0$, welcher bei kleinem positivem $\mathfrak{z}$ zu kleinem positivem μ führt. Doch ist dieser Fall ohne praktische Bedeutung, da bei so hohen Anstellwinkeln die statische Stabilität immer sehr groß ist.

Die Kurve „μ als Funktion von $\mathfrak{z}$" nach Gleichung (5,26) ist in Abb. 188a für konstantes ν und verschiedene α, in Abb. 188b für konstantes α und verschiedene ν gezeichnet. Die Kurve schneidet nach Gleichung (5,24) und (5,25) die $\mathfrak{z}$-Achse im Nullpunkt und in drei anderen Punkten, die (vom Fall $B < 0$ abgesehen) auf der negativen Achse liegen. Solange der Nenner in (5,26) keine reellen Wurzeln hat, kann die Kurve keine Unendlichkeitsstellen haben; sie weist vielmehr zwei Maxima und ein Minimum auf. Jeder Schnittpunkt einer Parallelen zur Abszisse (μ = const) mit einer Kurve ergibt einen reellen Wert von $\mathfrak{z}$ bei dem betreffenden μ. Wenn bei wachsendem μ zwei solcher Schnittpunkte erst zusammenfallen, dann verlorengehen, so bedeutet das, daß nunmehr an Stelle reeller $\mathfrak{z}$ komplexe Werte treten, gedämpften Schwingungen entsprechend. Nur in einem schmalen Bereich kleiner positiver und negativer μ verlaufen alle Störungen aperiodisch; für größere negative μ treten zwei periodisch verlaufende Teilstörungen zu den zweien, die für jedes negative μ aperiodisch bleiben, und deren eine — die anwachsende — in ihrer Bedeutung alle anderen weit überwiegt.

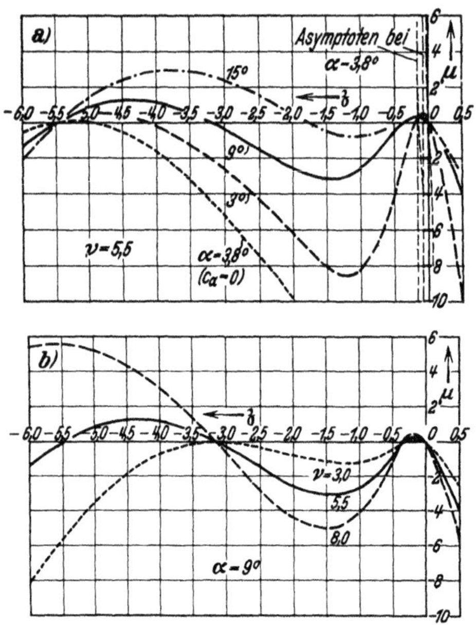

Abb. 188 und b. Aperiodische Lösungen der Stabilitätsgleichung: a) konstante Dämpfung, b) konstanter Anstellwinkel.

Im normalen Flug verliert schon für sehr kleine positive Werte von μ der Störungsverlauf seinen aperiodischen Charakter und wird zur gedämpften Schwingung. Die zwei Schnittpunkte mit der $\mathfrak{z}$-Achse, welche von den Wurzeln der Gleichung (5,25) herrühren, hängen nur vom Anstellwinkel, der dritte Schnittpunkt nach Gleichung (5,24) nur vom Dämpfungsmoment ab. Erhöhung des Dämpfungsmomentes ν hält die Störungen für größere μ aperiodisch; in Anbetracht des großen Bereiches der μ-Werte spielt das aber praktisch wohl keine Rolle. Man sieht, daß bereits für sehr kleine statische Stabilität alle Störungen nach der Art gedämpfter oder anwachsender Schwingungen verlaufen müssen.

Eine Ausnahme bildet wieder der steilste Sturzflug; für dazugehörige α hat nämlich der Nenner von (5,26), wie schon im Anschluß an (5,22) hervorgehoben, zwei reelle Nullstellen; bei kleinen $\mathfrak{z}$-Werten treten daher zwei Unendlichkeitsstellen auf, und zwei bei den anderen Kurven vorhandene Extremen fallen weg. Bei statischer Instabilität verlaufen in diesem Falle alle vier Teilstörungen aperiodisch, bei statischer Stabilität zwei Teilstörungen.

Im allgemeinen liegen zwei Schnittpunkte der μ-Kurve mit der $\mathfrak{z}$-Achse bei Werten, die, absolut genommen, groß gegen die Werte der zwei anderen Schnittpunkte sind. Schon bei kleinen μ-Werten zeigt sich die Tendenz, daß sich zwei scharf geschiedene Typen des Störungsverlaufes ausbilden, einer mit großer, einer mit kleiner Dämpfung; dies gemahnt an die beiden Schwingungstypen von hoher und niederer Frequenz, die wir oben im Fall $\mu \to \infty$ vorfanden. Der Anschluß an diese läßt sich gewinnen, wenn wir nun die periodisch verlaufenden Störungen diskutieren.

Periodische Lösungen. Zu diesem Zweck benutzen wir die eben hervorgehobene Tatsache, daß immer zwei der vier Wurzeln von (5,18) groß gegen die beiden anderen sind, und gelangen zu einem von v. Kármán und Trefftz[1] angegebenen Näherungsverfahren. Wir bezeichnen die beiden großen Wurzeln mit $\Xi \pm iH$, die beiden kleinen Wurzeln mit $\xi \pm i\eta$ und setzen zur Abkürzung

$$\left.\begin{aligned} \Sigma &= (\Xi + iH) + (\Xi - iH) = 2\,\Xi \\ \sigma &= (\xi + i\eta) + (\xi - i\eta) = 2\,\xi \\ \Pi &= (\Xi + iH)\,(\Xi - iH) = \Xi^2 + H^2 \\ \pi &= (\xi + i\eta)\,(\xi - i\eta) = \xi^2 + \eta^2 \end{aligned}\right\} \tag{5,27}$$

Dann bestehen nach den Grundlehren der Algebra zwischen diesen Größen und den Koeffizienten der Gleichung (5,18b) folgende Beziehungen:

$$\left.\begin{aligned} \Sigma + \sigma &= -(A + \nu) \\ \Pi + \Sigma\sigma + \pi &= B + A\nu + \mu \\ \Sigma\pi + \Pi\sigma &= -(B\nu + C\mu) \\ \Pi\pi &= D\mu \end{aligned}\right\} \tag{5,28}$$

Sind nun σ und π klein gegen Σ und Π, so erhalten wir eine 1. Näherung für Σ und Π aus den ersten beiden Gleichungen (5,28)

$$\left.\begin{aligned} \Sigma_1 &= -(A + \nu) \\ \Pi_1 &= B + A\nu + \mu \end{aligned}\right\} \tag{5,29}$$

Einsetzen dieser Werte in die beiden letzten Gleichungen (5,28) liefert die 1. Näherung für π und σ:

$$\left.\begin{aligned} \pi_1 &= \frac{D\mu}{\pi_1} = \frac{D\mu}{B + A\nu + \mu} \\ \sigma_1 &= \frac{-(B\nu + C\mu) - \Sigma_1\pi_1}{\Pi_1} = \frac{-(B\nu + C\mu)(B + A\nu + \mu) + (A + \nu)D\mu}{(B + A\nu + \mu)^2} \end{aligned}\right\} \tag{5,30}$$

Die so erhaltenen Werte sind schon recht gut; man kann aber auch leicht in jedem einzelnen Fall den Fehler abschätzen und die Genauigkeit beliebig verbessern. Man braucht dazu nur mit den Werten σ_1 und π_1 wieder in die ersten beiden Gleichungen (5,28) einzugehen und dadurch verbesserte Werte Σ_2 und Π_2 aus diesen zu berechnen; mit

[1] Zit. a. S. 212.

diesen verbesserten Werten liefern die letzten beiden Gleichungen verbesserte Werte σ_2 und π_2; und dies Verfahren läßt sich beliebig oft wiederholen. Für alle praktischen Bedürfnisse reicht die 1. Näherung aus; diese wird auch in der englisch-amerikanischen Literatur durchgehends in der von Bairstow[1] angegebenen Form benutzt, daß sich die Gleichung (5,18) näherungsweise in zwei Gleichungen 2. Grades zerlegen läßt:

$$[\mathfrak{z}^2 + a\,\mathfrak{z} + b]\left[\mathfrak{z}^2 + \frac{b\,c - a\,d}{b^2}\,\mathfrak{z} + \frac{d}{b}\right] = 0\,.$$

Wir können aus unserer 1. Näherung folgende Schlüsse ziehen: Die Dämpfung des einen Schwingungspaares

$$\Xi = \frac{\Sigma}{2} = -\frac{A+\nu}{2} \tag{5,31}$$

ist bedeutend; denn sowohl A wie ν sind meist große Werte; die Dämpfung ist unabhängig von der statischen Stabilität und wächst linear mit dem Dämpfungsmoment.

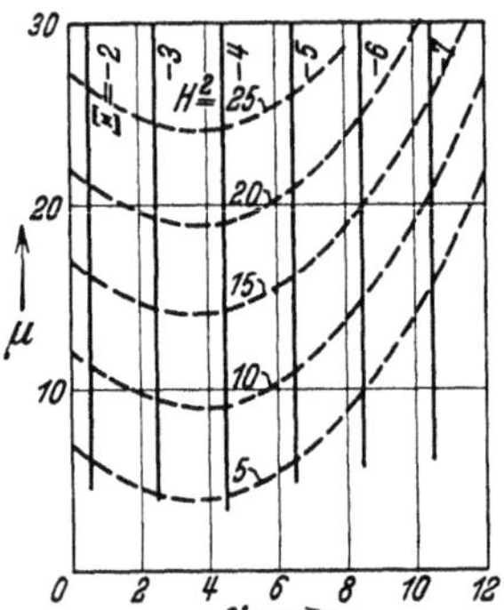

Abb. 189. Große Wurzeln der Stabilitätsgleichung.

Das Quadrat der Frequenz dieser stark gedämpften Schwingungen berechnet sich zu

$$H^2 = \Pi - \Sigma^2 = B + A\,\nu + \mu - \left(\frac{A+\nu}{2}\right)^2 \tag{5,32}$$

Es wächst linear mit der statischen Stabilität und erreicht sehr hohe Werte, da die Größenordnung von μ sehr hoch werden kann.

Die Beziehungen (5,31) und (5,32) stellen wir in einem von Quittner und v. Kármán-Trefftz eingeführten Diagramm (Abb. 189) dar, welches in Abhängigkeit von μ und ν bei bestimmtem Anstellwinkel (in der Abbildung 9^0) die Linien gleicher Dämpfung $\Xi = \text{const}$ und die Linien gleicher Frequenz $H^2 = \text{const}$ enthält. Der Übergang zu dem früher diskutierten Grenzfall $\mu \to \infty$ wird aus Gleichung (5,32) deutlich. H wird gleich $\sqrt{\mu}$ und groß gegen Ξ. Für große μ können wir die durch Ξ und H gegebene Störung als eine Drehschwingung auffassen; für kleine μ und kleinere Frequenzen ist diese Auffassung nicht mehr zulässig; in diesem Fall bleibt die Bahn nicht mehr unverändert; denn für verschwindende μ rührt nur die eine der beiden absolut großen Wurzeln von der Momentengleichung, die andere von den Kraftgleichungen her.

Das andere Schwingungspaar ist — im Sinne unseres Näherungsverfahrens — durch kleine Werte von ξ und η charakterisiert; es handelt sich also um Schwingungen kleiner Frequenz und kleiner Dämpfung. Insbesondere ist hervorzuheben, daß sowohl σ als auch π und damit Dämpfung und Frequenz dieser Schwingungen nicht mit μ ins Unendliche wachsen, sondern mäßig bleiben, entsprechend dem früher für

---

[1] Bairstow, L., Zit. a. S. 208.

$\mu \to \infty$ gefundenen Verhalten. Auch mit wachsendem ν wachsen Dämpfung und Frequenz nicht beliebig.

Da σ positive und negative Werte annehmen kann, gibt es auch unter Umständen anwachsende Schwingungen und somit Instabilität. Die Linien

$$\xi = \frac{\sigma_1}{2} = \text{const}$$

sind nach (5,30) Kegelschnitte in der μ-ν-Ebene. Der Kegelschnitt $\mu = 0$ grenzt das Instabilitäts- vom Stabilitätsgebiet ab; er schneidet die μ-Achse ($\nu = 0$) stets im Punkte $\mu = 0$ und im Punkte

$$\mu = \frac{A\,D - B\,C}{C}.$$

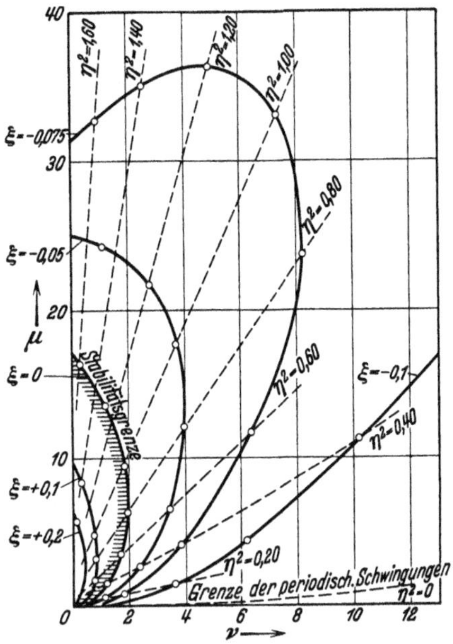

Abb. 190.
Kleine Wurzeln der Stabilitätsgleichung.

Dieser Ausdruck unterscheidet sich von dem oben unter (5,21) verzeichneten nur durch den dort noch auftretenden Faktor

$$\frac{A}{A - C} = \frac{c_a' + 3\,c_w}{c_a' + c_w + c_a \operatorname{tg} \gamma_0},$$

der nur in der Nähe des Auftriebsmaximums von 1 wesentlich verschieden sein kann; in diesem Bereich ist unsere Näherung also nicht zureichend. Doch ist dieser Fall nicht von praktischer Bedeutung. Abb. 190 zeigt die Kurven gleicher Dämpfung und gleicher Frequenz für die langsamen, schwach gedämpften Schwingungen, wieder beim Anstellwinkel 9^0. Um diese Abbildung zu zeichnen, bringt man die Gleichungen (5,30) am besten auf die Form

$$\left.\begin{aligned} 2\,\xi\,(B + A\nu + \mu) + B\,\nu + C\mu - (A + \nu)\,(\xi^2 + \eta^2) &= 0 \\ \text{und} \qquad (\xi^2 + \eta^2)\,(B + A\nu + \mu) - D\mu &= 0 \end{aligned}\right\} \quad (5{,}33)$$

und löst diese nach ν und μ auf. Die Kurven $\eta^2 = \text{const}$ werden Gerade, sobald $\xi^2 \gg \eta^2$, was im wichtigsten Bereich der Fall ist.

v. Kármán und Trefftz haben zur Gewinnung der Abb. 189 und 190 einen etwas allgemeineren Weg eingeschlagen, der rechnerisch etwas umständlicher ist, aber die Nachteile der Näherung vermeidet. Sie schreiben Gleichung (5,18) in der Form

$$\nu\, f(\mathfrak{z}) + \mu\, g(\mathfrak{z}) + h(\mathfrak{z}) = 0 \qquad (5{,}34)$$

wobei die Funktionen f, g, h außer von $\mathfrak{z}$ nur noch vom Anstellwinkel abhängen.

Es ist

$$\left.\begin{aligned} f(\mathfrak{z}) &= \mathfrak{z}^3 + A\,\mathfrak{z}^2 + B\,\mathfrak{z} \\ g(\mathfrak{z}) &= \mathfrak{z}^2 + C\,\mathfrak{z} + D \\ h(\mathfrak{z}) &= \mathfrak{z}^4 + A\,\mathfrak{z}^3 + B\,\mathfrak{z}^2 \end{aligned}\right\} \tag{5,35}$$

Diese Funktionen werden für $\mathfrak{z} = \xi + i\,\eta$ in einen reellen und einen imaginären Teil dadurch zerlegt, daß man sie in Taylorsche Reihen nach der Größe $i\,\eta$ entwickelt. Diese Reihen brechen, da die Funktionen ganz rational von niedrigem Grade sind, nach wenigen Gliedern ab.

Reeller und imaginärer Teil von (5,34) müssen für sich Null sein; dies ergibt für μ und ν die beiden linearen Gleichungen

$$\left.\begin{aligned} &\nu\left[f(\xi) - \frac{\eta^2}{2} f''(\xi)\right] + \mu\left[g(\xi) - \frac{\eta^2}{2} g''(\xi)\right] + \\ &\quad + \left[h(\xi) - \frac{\eta^2}{2} h''(\xi) + \frac{\eta^4}{24} h^{IV}(\xi)\right] = 0 \\ &\eta\left\{\nu\left[f'(\xi) - \frac{\eta^2}{6} f'''(\xi)\right] + \mu\, g'(\xi) + \right. \\ &\quad \left. + \left[h'(\xi) - \frac{\eta^2}{6} h'''(\xi)\right]\right\} = 0 \end{aligned}\right\} \tag{5,36}$$

Will man eine Kurve konstanter Dämpfung zeichnen, so hat man $\xi = \text{const}$ zu setzen und μ und ν als Funktionen des alle positiven Werte durchlaufenden Parameters η^2 darzustellen; will man Kurven gleicher Frequenz haben, so ist $\eta^2 = \text{const}$ zu setzen und analog zu verfahren. Daß immer eine Lösung $\eta = 0$ existiert, zeigt nur das Vorhandensein aperiodischer Lösungen an; die erste Gleichung (5,36) geht in diesem Fall in Gleichung (5,26) für reelle $\mathfrak{z}$ über.

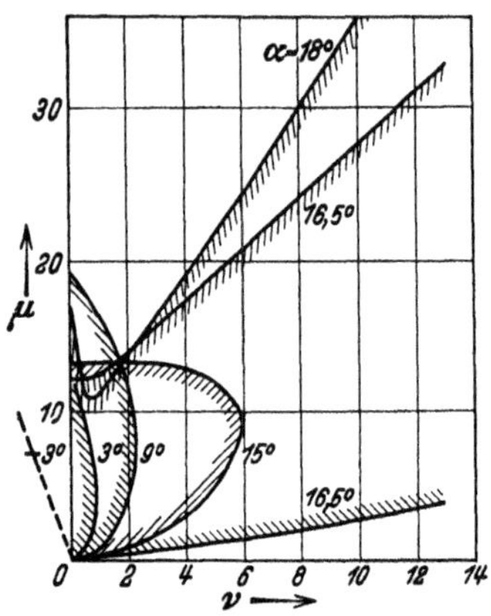

Abb. 191. Instabilitätsbereich (schraffiert) bei verschiedenen Anstellwinkeln.

Für den wichtigsten Fall der Stabilitätsgrenze ($\xi = 0$) wird z. B.

$$\left.\begin{aligned} \mu &= \frac{(A\,\eta^2)^2 + \eta^2\,(B - \eta^2)^2}{(B - \eta^2)(D - \eta^2) + A\,C\,\eta} \\ \nu &= \frac{A\,\eta^2\,(D - \eta^2) - C\,\eta^2\,(B - \eta^2)}{(B - \eta^2)(D - \eta^2) + A\,C\,\eta} \end{aligned}\right\} \tag{5,37}$$

Diese Formeln sind zur Zeichnung der Abb. 191 benutzt, in welcher für verschiedene Anstellwinkel die Linien $\xi = 0$ eingetragen und die Instabilitätsbereiche (schraffiert) abgegrenzt sind. Für diese Kurven sind die Näherungsformeln (5,33) schlecht zu brauchen, da bei großen Anstellwinkeln und besonders für kleine ν die Größen η^2 von derselben Größenordnung wie H^2 werden, so daß nicht mehr $\pi \ll \Pi$.

Der Instabilitätsbereich in der μ-ν-Ebene wird mit wachsendem Anstellwinkel immer ausgedehnter. Für $B = 0$ ($\alpha = 18^0$) artet der

Kegelschnitt, welcher nach (5,30) die Kurve annähert, in zwei Gerade aus, deren eine mit der ν-Achse zusammenfällt. Bei normalen Flugwinkeln gibt es bei jedem Dämpfungsmoment einen Bereich kleiner und großer statischer Stabilität, welcher dynamische Stabilität verbürgt; im steilen Sturzflug genügt bei jeder Dämpfung jede statische Stabilität dazu; bei $B = 0$ gibt es keinen solchen Bereich kleiner statischer Stabilität mehr; es muß zur dynamischen Stabilisierung unbedingt ein Mindestwert der statischen Stabilität überschritten sein, der mit wachsendem Dämpfungsmoment wächst. Letztere Gesetzmäßigkeit steht im Gegensatz zu dem Verhalten bei normalen Flugwinkeln, wo bei wachsendem Dämpfungsmoment immer kleinere statische Stabilität erforderlich wird.

Numerisches Beispiel. Es sei $\mu = 20{,}0$; $\nu = 6{,}00$; $\alpha = 9^0$; A, B, C, D aus Abb. 185. Dann werden nach (5,29) und (5,30)

$$\Sigma_1 = -(3{,}50 + 6{,}00) = -9{,}50$$

$$\Pi_1 = 1{,}10 + 3{,}50 \cdot 6{,}00 + 20{,}0 = 42{,}1$$

$$\pi_1 = \frac{1{,}78 \cdot 20{,}0}{42{,}1} = 0{,}845$$

$$\sigma_1 = \frac{-1{,}10 \cdot 6{,}00 - 0{,}35 \cdot 20{,}0 + 9{,}50 \cdot 0{,}845}{42{,}1} = -0{,}133\,.$$

Wir verbessern nun:

$$\Sigma_2 = -9{,}50 + 0{,}13 = -9{,}37$$

$$\Pi_2 = 42{,}1 + 9{,}37 \cdot 0{,}133 - 0{,}845 = 42{,}5$$

$$\pi_2 = \frac{1{,}78 \cdot 20{,}0}{42{,}5} = 0{,}838$$

$$\sigma_2 = \frac{-13{,}6 + 9{,}37 \cdot 0{,}838}{42{,}5} = -0{,}136\,.$$

Man sieht, wie gut das Verfahren konvergiert und wie einfach es zu handhaben ist. Es folgen nun

$$\Xi = -4{,}68, \qquad H = 4{,}54, \qquad \xi = -0{,}068, \qquad \eta = 0{,}913.$$

Um zu den physikalischen Größen überzugehen, müssen wir auf Gleichung (5,12) zurückgreifen; mit der Annahme einer Geschwindigkeit $v_0 = 35$ m/s ist alles bestimmt; denn $\frac{G}{qF} = \frac{c_a}{\cos\gamma_0} = 0{,}940$ nach den Annahmen der Abb. 185a, da $\operatorname{tg}\gamma_0 = \frac{c_w}{c_a}$ zu setzen ist. Somit folgt der imaginäre Teil von $\lambda = 1{,}38$ bzw. $0{,}278\,\frac{1}{\mathrm{s}}$; das bedeutet Schwingungen von der Dauer 4,54 bzw. 22,6 Sekunden. Die Dämpfung dieser Schwingungen wird angegeben durch den reellen Teil von $\lambda = -1{,}42$ bzw. $-0{,}0206\,\frac{1}{\mathrm{s}}$. Die rascheren Schwingungen werden also auf ein Zehntel ihrer Amplitude in 1,62 s gedämpft, d. i. im Verlauf von 0,357 Schwingungen, die langsamen Schwingungen in 112 s, also nach 4,96 Schwingungen.

Losgelassenes Steuer. Bei der Übertragung dieser Stabilitätsuntersuchungen auf den Flug mit losgelassenem Steuer tritt noch eine vierte Variable, nämlich der Ruderausschlag β_H, auf; sie wird bestimmt durch eine vierte Grundgleichung, nämlich durch das Gleichgewicht der Momente um die Ruderachse. Dadurch tritt ein weiterer Freiheitsgrad in die Gleichungen, eine weitere Schwingungsmöglichkeit, durch welche Frequenzen und Dämpfungen gegenüber den mit festem Ruder berechneten Werten verändert werden können. In dieser vollständigen Fassung ist das Problem indes nicht durchgeführt; die freie Schwingung des losgelassenen Ruders um die Ruderachse ist wohl allgemein von sehr viel größerer Frequenz als die langsamen Schwingungen der obigen Stabilitätstheorie; sie wird also wahrscheinlich diese nicht beeinflussen.

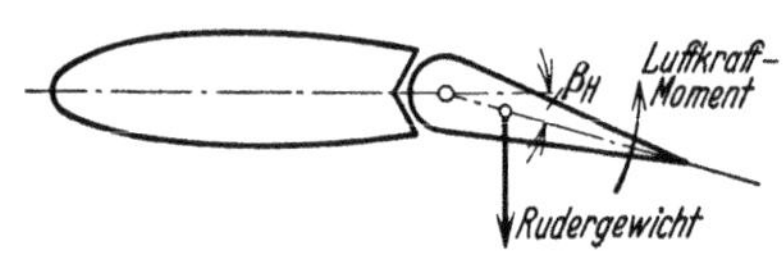

Abb. 192. Moment des Rudergewichtes.

Daher hat Blenk[1] näherungsweise in die Beziehungen der Stabilitätstheorie den Momentenverlauf bei losgelassenem Steuer, so wie wir ihn in Abb. 168 erfaßt haben, eingesetzt. Dabei wird die Stabilitätsgleichung zwar nicht in der Ordnung erhöht, aber wesentlich komplizierter; der Momentenbeiwert des Leitwerkes hängt nämlich bei losgelassenem Steuer nicht nur vom Anstellwinkel, sondern auch von der Geschwindigkeit und vom Lagenwinkel ϑ ab; es treten also in der letzten Zeile der Determinante (5,14) zwei neue Glieder auf, die beide nicht von $\mathfrak{z}$ abhängen. Die Abhängigkeit von der Geschwindigkeit bringt ein Glied in der ersten, die Abhängigkeit von ϑ ein Glied in der dritten Kolonne. Wir wollen hier nicht die ganze Rechnung durchführen, sondern nur qualitativ den Ursprung dieser Glieder und ihre Wirkung auf die Stabilität überlegen:

1. Der Momentenbeiwert des Leitwerkes wird von der Anblasegeschwindigkeit abhängig, wenn das Gewicht des Ruders ein Moment um die Ruderachse hat. Diesem konstanten Moment wird das Gleichgewicht gehalten durch ein Luftkraftmoment, das mit dem Ausschlagwinkel β_H und mit dem Staudruck q wächst. Wird also q größer, so muß β_H kleiner werden, und umgekehrt. Durch diesen Effekt kommt eine stabilisierende Wirkung zustande; denn wenn etwa v wächst, fällt β_H; die Folge ist ein „ziehendes“ Moment, entsprechend einer Verminderung des effektiven Leitwerkanstellwinkels; die durch dieses Moment hervorgerufene Anstellwinkelvermehrung bringt durch den größeren Widerstand eine Verminderung der Geschwindigkeit und somit eine Zurückführung in den ursprünglichen Zustand hervor.

Man könnte sich grundsätzlich ein Flugzeug denken, das bei festem Höhenruder instabil ist, bei losgelassenem Steuer jedoch infolge des besprochenen sekundären Effektes nach einer Störung schließlich wieder

[1] Blenk, H., Über die Längsstabilität eines Flugzeugs mit losgelassenem Höhensteuer. Z. Flugtechn. Motorluftsch. Bd. 21 (1930) S. 189.

in seinen Anfangszustand kommen könnte. Bei einem solchen Flugzeug würde zwar eine Anfangsstörung des Anstellwinkels zunächst anwachsen; sobald aber die Geschwindigkeit sich entsprechend zu ändern beginnt, würde sich der Ruderausschlag so einstellen, daß die Störung zurückgehen müßte.

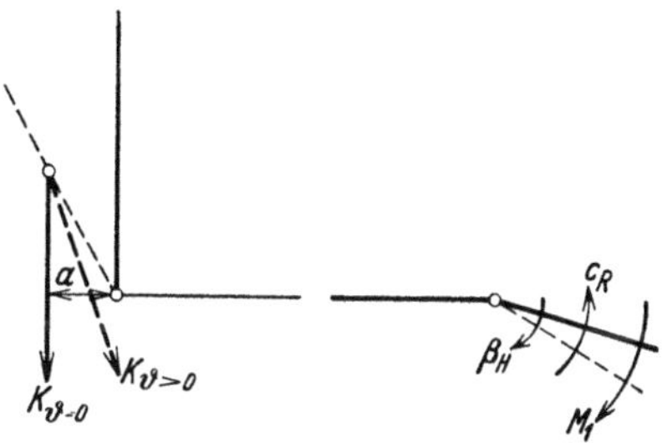

Abb. 193.
Moment des Steuerknüppelgewichtes.
= = = Zusammengehörige Stellungen des Knüppels und des Ruders.

2. Der Ruderausschlag ist mit der Lage des Steuerknüppels verbunden. Das Gewicht des Steuerknüppels übt nach Abb. 193 ein Moment um die Drehachse aus, das sich mit dem Moment der Steuerseilkraft, die vom Ruderausschlag abhängt, ins Gleichgewicht setzt; ein bestimmtes Moment am Steuerknüppel erzwingt also eine bestimmte Ruderlage. Nun hängt das Moment am Steuerknüppel von der Lage der Schwerkraft im Flugzeug, also vom Winkel ϑ, ab; und zwar wächst, wie Abb. 193 zeigt, das Moment im Sinn des „Ziehens" an, wenn ϑ wächst. Richtet sich das Flugzeug auf, so übt die Schwerkraft ein solches Steuermoment aus, daß das Flugzeug noch mehr aufgerichtet wird. Diese Wirkung ist also eine instabilisierende. Wir bezeichnen das Moment des Steuerknüppelgewichtes um die Drehachse mit $K\,a$; dies Moment muß infolge der Verbindung durch die Steuerseile um so größer werden, je größer β_H ist und fallen, wenn ϑ wächst; aber es muß nicht mit β_H und ϑ verschwinden; wir können es daher, wenn wir noch einen Übersetzungsfaktor k einführen, proportional $(k\,\beta_H + \vartheta_0 - \vartheta)$ setzen. Diesem Moment proportional ist das von den Steuerseilen um die Ruderachse ausgeübte Moment M_1, dessen Drehsinn aus Abb. 193 hervorgeht, und dem durch das Luftkraftmoment[1] $\frac{\partial c_R}{\partial \beta_H}(\beta_H + \zeta_1\,\alpha_H)\,R_H\,t_R\,q$ das Gleichgewicht gehalten wird; dabei ist ζ_1 ein analog ζ in Abb. 163 eingeführter Faktor, der zur linearen Darstellung des Momentes dient. Der Ruderausschlag β_H, der sich bei losgelassenem Steuer einstellt, ergibt sich aus dem Gleichgewicht der beiden Momente. Wenn wir noch durch $\frac{\partial c_R}{\partial \beta_H} R_H t_R\, q$ dividieren und alle Konstanten in die eine m_1 zusammenfassen, erhalten wir

$$(\beta_H + \zeta_1\,\alpha_H) = m_1\,(k\,\beta_H + \vartheta_0 - \vartheta)$$

oder

$$\beta_H = \frac{-\zeta_1\,\alpha_H + m_1\,(\vartheta_0 - \vartheta)}{1 - k\,m_1} \tag{5,38}$$

[1] Bezeichnungen s. S. 180.

Mit β_H wächst und fällt der Normalkraftbeiwert des Leitwerkes $\frac{\partial c_{nH}}{\partial \alpha_H}(\alpha_H + \zeta \beta_H)$ und somit das Leitwerkmoment; dieses steigt mit α_H langsamer als bei festgehaltenem Steuer ($\beta_H = \text{const}$) und sinkt mit wachsendem ϑ. Beide Effekte vermindern die Stabilität; soll ein Flugzeug also bei losgelassenem Steuer stabil bleiben, so muß man das Gewichtsmoment des Steuerknüppels um die Steuerachse möglichst herabdrücken. Ein Überausgleich würde von diesem Standpunkt aus günstig sein und wird wohl auch nicht zu Täuschungen des Gefühls für die Lage des Flugzeugs führen, wenn das Gewichtsmoment klein gegen das von den Luftkräften hervorgerufene Moment der Steuerseile bleibt.

Da nach diesen Überlegungen das Momentengleichgewicht bei losgelassenem Steuer nicht nur von α, sondern auch von ϑ und v abhängt, verliert der Begriff der statischen Stabilität seinen einfachen Sinn. Wenn man die dynamische Stabilitätsrechnung durchführt, wie es Blenk getan hat, so ist alles klar bestimmt und man könnte die statische Stabilität als das von $\mathfrak{z}$ freie Glied der Gleichung (5,18) definieren, in welchem dann neben $\frac{\partial M}{\partial \alpha}$ auch $\frac{\partial M}{\partial v}$ und $\frac{\partial M}{\partial \vartheta}$ maßgebend sind. Indes kommt die stabilisierende Wirkung des Geschwindigkeitseffektes bei der Flugzeugbewegung erst langsamer zur Geltung wie die Wirkungen, die von der Veränderung $\delta\alpha$ und $\delta\vartheta$ herrühren. Wir werden in den späteren Paragraphen die Wichtigkeit dieses Umstandes deutlicher sehen; bei der dynamischen Stabilitätsrechnung zeigt er sich darin, daß $\frac{\partial M}{\partial v}$ nur in dem von $\mathfrak{z}$ freien Glied vorkommt, also nur für die langsamen Schwingungen von Bedeutung ist. Dagegen ist die Wirkung einer ϑ-Änderung eine ebenso schnelle wie die einer α-Änderung; darum kann man die Instabilisierung durch m_1 nicht beiseite lassen, wenn man einen Begriff der statischen Stabilität definieren will; in der Tat tritt $\frac{\partial M}{\partial \vartheta}$ in allen Koeffizienten der Gleichung (5,18) auf, in denen $\frac{\partial M}{\partial \alpha}$ auftritt.

Es bleibt also sinnvoll, den Ausdruck (5,38) einer Definition der statischen Stabilität zugrunde zu legen und den Beiwert des Leitwerkanteiles, wie oben durch

$$\frac{\partial c_{nH}}{\partial \alpha_H}\left(1 + \zeta \frac{\partial \beta_H}{\partial \alpha_H}\right)$$

zu definieren; man muß sich nur überlegen, welche Abhängigkeit des Winkels ϑ von α_H bei Berechnung des Ausdrucks $\frac{\partial \beta_H}{\partial \alpha_H}$ angenommen werden muß. Hält man ϑ konstant, während α_H seinen Wert ändert, so bedeutet das eine Änderung der Flugbahnrichtung ohne Änderung der Lage; setzt man $\vartheta = \text{const} + \alpha_H$, so bedeutet das ein Festhalten der Flugbahnrichtung und ein Herausdrehen des Flugzeugs aus seiner

Lage ohne Veränderung der Schwerpunktbewegung. Offenbar ist nur die letztere Annahme sinnvoll im Geiste der Betrachtung S. 160, die zum Begriff der statischen Stabilität geführt hat. Der Beiwert des Leitwerkanteiles an der statischen Stabilität bei losgelassenem Steuer wird also

$$\frac{\partial c_{nH}}{\partial \alpha_H}\left(1 - \zeta \frac{\zeta_1 + m_1}{1 - k\, m_1}\right) \tag{5,39}$$

Dazu kommt wie früher die Abwindkorrektion. Da die statische Stabilität eines Flugzeugs als kleine Differenz zweier großer Summanden herauskommt, kann schon ein kleiner Wert von m_1 den einen Summanden so verändern, daß die Differenz sehr stark vermindert und unter Umständen negativ wird.

Ein Glied mit $\frac{\partial M}{\partial v}$ tritt in der dynamischen Rechnung auch auf, wenn man die Wirkung des Schraubenstrahles auf das Leitwerk mit berücksichtigt. Bei einer Steigerung der Fluggeschwindigkeit wird die Zusatzgeschwindigkeit w hinter der Schraube kleiner, erstens weil der Schraubenschub kleiner wird, zweitens weil die von der Schraube erfaßte Luftmenge größer wird. Die Leitwerkskraft wird also mit wachsender Fluggeschwindigkeit kleiner, wodurch je nach dem Flugzustand die ziehende oder drückende Wirkung des Leitwerkes verkleinert wird. Dadurch kann eine Stabilisierung oder eine Instabilisierung hervorgerufen werden; doch kann dieser Effekt bei genügender Stabilität kaum praktisch hervortreten.

Versuche. Eine experimentelle Prüfung der Stabilitätstheorie ist nicht leicht zu erhalten. Es liegen nur einige Versuche vor, bei denen die Schwingungen im Fluge aufgezeichnet und ausgemessen worden sind. Eine einfache Vorrichtung, um die Lage eines Flugzeugs gegen ein festes System (ϑ) in Abhängigkeit von der Zeit zu verfolgen, besteht im Einbau einer Camera obscura („Kymograph"), welche die Lage des Sonnenbildes auf einem Film registriert; dabei fliegt das Flugzeug von der Sonne weg und die Bahn muß vollständig in einer durch die Sonne gehenden Vertikalebene bleiben. So haben Bairstow[1] und ausführlicher Norton und Brown[2] gedämpfte und angefachte Längsschwingungen gut aufnehmen können und gute Übereinstimmung mit den Rechnungen gefunden. Auch leichtes Anwachsen von Schwingungen, also dynamische Instabilität, wurde so gelegentlich nachgewiesen, aber als ganz ungefährlich für den Flug erkannt.

So interessant und anschaulich die Ergebnisse der Stabilitätstheorie sein mögen, ihre direkte praktische Anwendbarkeit ist doch nicht groß; bei der Konstruktion kümmert man sich im allgemeinen um Dämpfung

[1] Bairstow, L., Applied aerodynamics, S. 91. London 1920.

[2] Norton, F. H. and W. G. Brown, Complete study of the longitudinal oscillation of a NEJ airplane. N. A. C. A. 162; 1923 S. 127.

und Schwingungsfrequenz wenig. Um zu erkennen, wie Störungen verlaufen und wie Steuermaßnahmen wirken, und um die praktisch wichtigen Gefahrpunkte zu sehen, muß man die Flugbewegung in ihrem zeitlichen Verlauf ohne Einschränkung auf kleine Schwingungen verfolgen. Wir müssen uns also der allgemeineren Fassung des dynamischen Problems zuwenden, das wir in den einfachsten und vereinfachtesten Fällen ($\mu \to \infty$ und $\mu = 0$, und nur kleine Schwingungen) auf S. 217f. angefaßt haben.

§ 5. Bewegung bei sehr großer statischer Stabilität.

Zur Methode. Bei Beschränkung auf kleine Schwingungen werden die Bewegungsgleichungen künstlich linearisiert und dadurch in geschlossener Form integrierbar. Will man nun diese Beschränkung fallen lassen, so muß man auf allgemeine Integration in geschlossener Form verzichten. Um die Bewegung des Flugzeugs in jedem Einzelfall verfolgen zu können, muß man bestimmte Zahlwerte für die Beiwerte und die Konstanten annehmen und die Gleichungen Schritt für Schritt integrieren. Diese Methode ist immer anwendbar, und die Rechnung bleibt auch im allgemeinen übersichtlich, wenn man ständig den physikalischen Sinn der Differentialgleichungen vor Augen behält; aber sie ist sehr mühevoll und führt schließlich, da man immer nur numerisch bestimmte und somit vielleicht zufällig gegriffene Fälle bearbeiten kann, nicht immer zu allgemein verbindlichen Resultaten. Man muß also versuchen, sich durch solche Integrationen in Einzelfällen zur Klarlegung der Größenordnung einzelner Einwirkungen führen zu lassen; man kann dann mehr oder weniger belanglose Luft- oder Massenkräfte vernachlässigen und gewisse ideale Typen von Flugzeugbewegungen hervorheben, die einfacher und vollständiger verfolgt werden können. Wirkliche Vorgänge können durch solche Typen zwar nicht exakt, aber in ihren wesentlichen Zügen wiedergegeben werden; die typischen Bewegungen geben vor allem Aufklärung über die verschiedenen Möglichkeiten und Gefahren, sowie über die Maßnahmen, welche zu ihrer Förderung oder Behebung notwendig und nützlich sein können.

Solche Flugtypen wurden oben schon im Bereich der kleinen Schwingungen und im Anschluß an die numerisch komplizierteren Rechnungen der Stabilitätstheorie hervorgehoben. Wir werden im folgenden allgemeinere und zahlreichere Typen darstellen, teils im Anschluß an die Vorgänge bei kleinen Schwingungen, teils auf Grund von schrittweisen numerischen Integrationen, teils mit Hilfe einfacher Voraussetzungen, die durch den physikalischen Sinn der Bewegungsgleichungen nahegelegt werden.

Diese allgemeinen Bemerkungen gelten nicht nur für die Längsbewegung, sondern auch für die allgemeineren Vorgänge bei Seitenbewegungen. Zunächst beschränken wir uns aber auf die Längsbewegung und knüpfen an die auf S. 217f. diskutierten Idealfälle sehr großer und verschwindender Stabilität an:

Phygoidentheorie. Die Bewegung eines Flugzeugs im Grenzfall $\mu \to \infty$ ist die erste und lange Zeit die einzige bekannte allgemeine Bewegung eines Flugzeugs gewesen. Wir sahen oben, daß sich in diesem Falle die Gleichung 4. Grades in zwei Gleichungen 2. Grades spaltet, deren eine zu einer schnell verlaufenden reinen Drehung bei unveränderter Flugbahn gehört, während die andere eine langsam verlaufende Schwerpunktbewegung mit konstantem Anstellwinkel darstellt. Das Bild der ganzen Bewegung wird im wesentlichen durch die Schwerpunktbewegung bestimmt; die Drehungsschwingungen klingen rasch ab oder überlagern sich, ohne wesentlich die Schwerpunktbewegung zu stören; an Stelle des wirklich konstanten Anstellwinkels kann höchstens ein um einen konstanten Mittelwert schnell oszillierender treten. Die Konstanz des Anstellwinkels macht diesen Fall mathematisch besonders einfach; alle rein empirischen Funktionen verschwinden damit aus den mechanischen Gleichungen. Dennoch käme man noch nicht auf einen einfachen analytischen Ausdruck, wenn man nicht noch mehr vereinfachte. Lanchester[1], dem man die Untersuchung dieser sog. „Phygoidbewegung" dankt, hat noch alle dissipativen und energieverzehrenden Kräfte (Widerstand) vernachlässigt, welche jedenfalls als klein gegen Gewicht und Auftrieb angesehen werden können; er nimmt an, daß Widerstand und Schraubenschub sich ständig von selbst das Gleichgewicht halten, daß also ihre Differenz (die übrigens unter Umständen, wenn die Geschwindigkeit klein wird, so groß wie die einzelne Größe werden kann) stets weggelassen werden kann. Eine derartige Vereinfachung, die auf dem Zurücktreten der dissipativen Kräfte gegenüber Auftrieb und Gewicht beruht, werden wir in allen Fällen wiederfinden; die relative Kleinheit des Widerstandes gegenüber dem Auftrieb ist ja die Grundtatsache, welche das Fliegen erst ermöglicht.

Unter diesen Annahmen nehmen die beiden Gleichungen (5,1) und (5,2) die Form an:

$$\left.\begin{aligned} \frac{dv}{dt} &= -g\sin\gamma \\ v\frac{d\gamma}{dt} &= -g\cos\gamma + c_a\frac{\varrho}{2}\frac{F}{G}v^2 \end{aligned}\right\} \qquad (5,40)$$

Die Vernachlässigung der dissipativen Kräfte hat zur Folge, daß die erste Gleichung sich mittels des Energieprinzipes in einfacher Weise integrieren läßt; durch Multiplikation mit v kommt sie unmittelbar in die

[1] Lanchester, F. W., Aerodonetics. Chapter III (London 1908). Deutsch: 2. Band der „Aerodynamik", übersetzt von C. u. A. Runge (Teubner 1911).

gewöhnliche Form der Energiegleichung; Arbeit wird nur von der Schwere geleistet; der Auftrieb steht ja immer senkrecht zur Bewegungsrichtung. Es empfiehlt sich, die Höhe y über einem Nullniveau, welche die Arbeit der Schwere mißt, als neue Unbekannte einzuführen. Nach Abb. 194 wird

$$v \frac{d v}{d t} = -g v \sin \gamma = g \frac{d y}{d t},$$

wenn y nach unten positiv gerechnet wird.

Integriert:
$$\frac{v^2}{2} = g y + \text{const} \tag{5,41}$$

Setzen wir diese Konstante $= 0$, so bedeutet das, daß y von einer Höhe aus gerechnet wird, in welcher das Flugzeug die Geschwindigkeit Null besitzt; diese Höhe kann entweder gar nicht oder nur ohne Geschwindigkeit, also in einer Spitze, erreicht werden. Aus dieser Höhe ohne Anfangsgeschwindigkeit abgeworfen, erreicht das Flugzeug — oder ein Modell — in der Höhe y die Geschwindigkeit v.

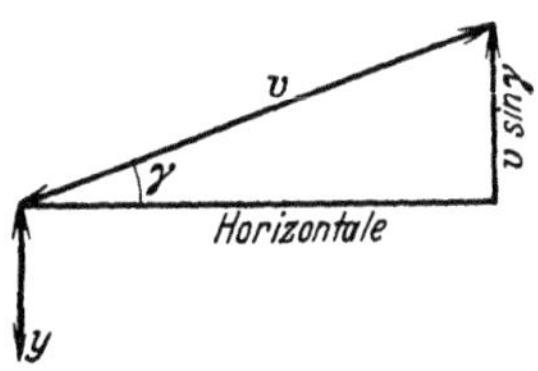

Abb. 194. Bezeichnungen zur Phygoidtheorie.

In Gleichung (5,40) setzen wir zur Abkürzung
$$k = c_a \frac{\varrho}{2} \frac{F}{G};$$

ferner eliminieren wir die Zeit, indem wir die unabhängige Veränderliche y einführen:

$$\frac{d\gamma}{dt} = \frac{d\gamma}{dy} \cdot \frac{dy}{dt} = -v \sin \gamma \frac{d\gamma}{dy} = v \frac{d \cos \gamma}{d y}.$$

Wir eliminieren auch v mittels Gleichung (5,41) und erhalten:

$$2 g y \frac{d \cos \gamma}{d y} = -g \cos \gamma + 2 k g y.$$

Durch Division mit $\sqrt{y}$ können wir die Variablen trennen:

$$\frac{d}{dy}\left(\sqrt{y} \cos \gamma\right) = k \sqrt{y}$$

$$\sqrt{y} \cos \gamma = \frac{2}{3} k y^{3/2} + C$$

oder

$$\cos \gamma = \frac{2}{3} k y + \frac{C}{\sqrt{y}} \tag{5,42}$$

Die drei Bestimmungsstücke eines momentanen Flugzustandes sind mit den in (5,42) auftretenden Größen folgendermaßen verknüpft: Der Anstellwinkel ist durch k gegeben, die Geschwindigkeit ist bestimmt durch die absolute Größe von y nach Festlegung des Nullniveaus; die Bahnneigung steckt bei bestimmter Geschwindigkeit in der Konstanten C. Ist in irgendeinem Augenblick der Flugzustand gegeben, so daß die drei Konstanten in (5,42) festgelegt sind, so enthält (5,42) den ganzen weiteren Verlauf der Flugbahn, nämlich die Bahnneigung in Abhängigkeit von der Höhe. Der Anstellwinkel bleibt konstant, die Geschwindigkeit in jedem Augenblick ist durch (5,41) gegeben. Es bleibt noch Gleichung (5,42) zu diskutieren:

Von den Kurven „cos γ als Funktion von y“ in Abb. 195 geht nur die eine, welche zu $C = 0$ gehört, durch den Nullpunkt; die anderen verlaufen hyperbelartig mit der Geraden $C = 0$ und der Ordinate als Asymptoten, und zwar mit der positiven oder negativen Ordinatenachse, je nachdem $C \lesseqgtr 0$. Die Neigung der Geraden $C = 0$ ist durch k, also durch den Anstellwinkel, bestimmt. In der Abbildung ist $c_a = 1{,}0$, $\varrho = 0{,}125$ kg s^2/m^4 und $\frac{G}{F} = 38{,}0$ kg/m^2 angenommen, also $k = 0{,}0164 \frac{1}{\mathrm{m}}$.

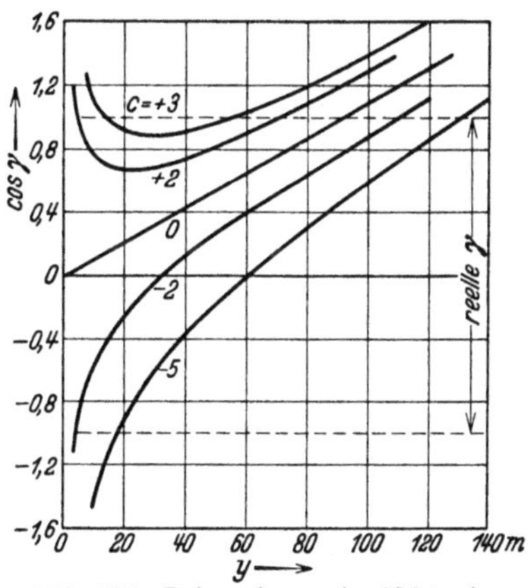

Abb. 195. Bahnneigung in Abhängigkeit von der Höhe (cos γ als Funktion von y).

Da cos γ nur zwischen den Werten -1 und $+1$ reell ist, kommt diesen Kurven ein physikalischer Sinn nur zwischen diesen Werten zu. Dadurch wird auch für jeden Fall ein gewisser Bereich von y-Werten abgegrenzt, innerhalb dessen die ganze Bewegung verläuft. Die Bahnkurven hat Lanchester „Phygoiden“ genannt.

Die Bewegungskurven und die Geschwindigkeit in jedem Bahnpunkt zeigt Abb. 196. Nur für $C = 0$ wird die Höhe $y = 0$ und somit die Geschwindigkeit Null erreicht; das Flugzeug erreicht diese Höhe in senkrecht nach oben gerichtetem Fluge ($\gamma = +90^0$) und verläßt sie senkrecht nach unten fallend ($\gamma = -90^0$).

Ist $C > 0$, so nimmt cos γ nur positive Werte in einem mehr oder minder engen Bereich um $+1$ an; die Flugbahnneigungen gegen die Horizontale schwanken also in gewissen Grenzen um den Wert Null; das Flugzeug führt eine Art Wellenbewegung aus. Wird C so groß, daß die Kurve in Abb. 196 die Gerade cos $\gamma = +1$ nur berührt, so bleibt das Flugzeug im ganzen Verlauf der Bewegung in einer bestimmten Höhe und behält seine Geschwindigkeit unverändert bei. Dies ist der Sonderfall stationärer Bewegung; daß diese nur horizontal verlaufen kann, liegt an der Vernachlässigung des Widerstandes. Geschwindigkeit und Anstellwinkel, und somit y und k, hängen natürlich zwangsläufig zusammen.

Ist $C < 0$, so verläuft die Bewegung ebenfalls zwischen zwei Höhen y, aber γ kann alle Werte von 0^0 bis 360^0 durchlaufen; die Bahn biegt sich also zeitweise nach rückwärts. Da letztere Richtung (cos $\gamma < 0$) nach Abb. 195 nur bei den kleinen y-Werten, also mit kleinerer Bahngeschwindigkeit, eingehalten wird, rückt das Flugzeug trotzdem nach der x-Richtung vorwärts, und es ergibt sich das in Abb. 196 eingezeichnete durch numerische Integration von (5,41) gewonnene Bild. Diese Bewegung ist nun in der Erfahrung sehr bekannt als Schleifenflug oder looping the loop, im Luftkampf unentbehrlich, zuerst 1913 von Pégoud vorgeführt. Um aus dem stationären Flug in den Schleifenflug zu kommen, muß man in Abb. 195 entweder auf der Geraden $\cos\gamma = +1$ bleibend, also im Horizontalflug, die Geschwindigkeit erhöhen, oder bei konstanter Geschwindigkeit $\cos\gamma$ stark verkleinern, also die Flugbahn stark drücken oder heben, oder schließlich die Neigung der Geraden $C = 0$ erhöhen durch Vergrößerung des Anstellwinkels. Die letztere Maßnahme wird unter allen Umständen nötig sein; denn nur bei sehr großen Anstellwinkeln wird die statische Stabilität groß genug, so daß nur dort die Extrapolation $\mu \to \infty$ mit Sicherheit anwendbar ist.

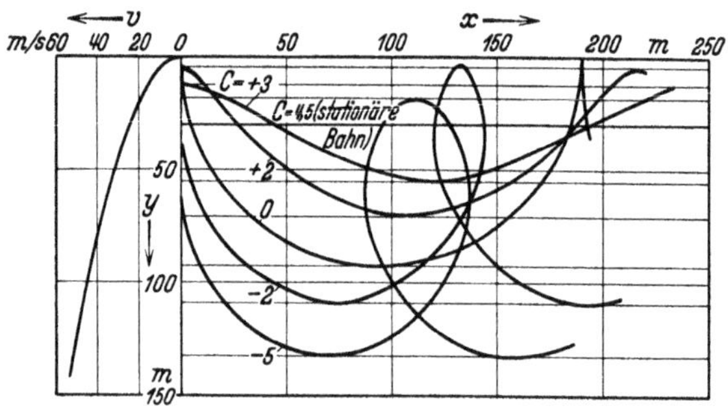

Abb. 196. Phygoiden.

Störung und Steuerung. Wir müssen uns nun klarmachen, was unser Ergebnis für die praktische Theorie der Stabilität und Steuerung des Flugzeugs bedeutet. Wir haben die allgemeine nichtstationäre Bewegung des Flugzeugs in erster Linie von zwei Fragestellungen aus zu verfolgen:

1. Wie verläuft eine Störung? Durch einen Zufall, eine Bö oder eine andere unbeabsichtigte Ursache seien die Bestimmungsgrößen v, α, γ, ϑ zu Werten gekommen, die keinem Gleichgewichtszustand entsprechen; wir fragen nach dem zeitlichen Verlauf der Variablen, einesteils wie in der Theorie der Stabilität, ob sie sich den Werten der gleichförmigen Bewegung annähern oder sich daraus entfernen, andernteils welche Änderungen am schnellsten eintreten, also für die ersten Augenblicke der nichtstationären Bewegung, in welchen noch keine Gegenmaßnahme wirksam werden kann, maßgebend sind.

2. Wie wirkt eine Steuermaßnahme? Hierbei müssen wir von Anfangswerten ausgehen, die zu einem Gleichgewichtszustand gehören; durch Ruderausschlag ist aber dieses Gleichgewicht gestört und das neue Gleichgewicht gehört zu anderen Werten der Variablen. Die Bewegung muß wie bei der Störung verfolgt werden; nur sind die Anfangswerte nicht so willkürlich, sondern an Gleichgewichtsbedingungen gebunden. Analoge Maßnahmen, durch welche nicht nur das Momenten-, sondern das Kräftegleichgewicht erschüttert wird, sind Ballastabgabe und Motordrosselung.

Bei sehr großer statischer Stabilität wird der zum Gleichgewicht gehörige Anstellwinkel durch ein sehr großes Drehmoment festgehalten. Zum Erreichen verschiedener Flugzustände sind große Leitwerkskräfte nötig. Bei Störung und Steuerung stellt sich der richtige Anstellwinkel schnell ein; dabei treten rasch gedämpfte kleine Schwingungen auf, wie sie oben beschrieben sind. Die Schwerpunktbewegung verläuft in Richtung und Geschwindigkeit nach der Phygoidentheorie. Im allgemeinen führt eine langsame Dämpfung in den stationären Gleichgewichtszustand hinein; Ausnahmen bedeuten nur die in § 4 erwähnten Fälle übergroßer Motorstärke oder besonders hoher Anstellwinkel, in welchen die Amplituden der Phygoidschwingungen mehr und mehr angefacht werden. Numerische Durchrechnungen solcher Fälle liegen nicht vor; sie sind wohl auch praktisch nicht sehr interessant.

§ 6. Bewegung bei statischer Indifferenz.

Der Grenzfall des statisch indifferenten Flugzeugs[1] ($\mu = 0$) kann auf eine wirkliche Flugzeugbewegung nur in einem beschränkten Anstellwinkelbereich, allerdings gerade im wichtigsten, angewandt werden; für kleine und für große Anstellwinkel ist immer Stabilität vorhanden (s. Abb. 180). Der normale Flugzustand wird dabei nur durch eine bestimmte Ruderlage erhalten; eine kleine Abweichung im Sinn des „Drückens" oder „Ziehens" führt das Flugzeug sofort in einen Zustand sehr raschen bzw. sehr langsamen Flugs hinein, wofür nicht mehr die Näherung des indifferenten Typus maßgebend sein kann. Es läßt sich also im Grenzfall nichts Gültiges über Steuermaßnahmen sagen; aber der Verlauf einer Störung zeigt allgemein bedeutungsvolle Züge.

Wir gehen von den allgemeinen Bewegungsgleichungen aus und setzen in (5,6) die Größe $m = 0$; wir nehmen also diejenige Ruderstellung an, welche in dem Bereich normaler Flugwinkel Momentengleichgewicht herstellt. Dann bleibt das Gleichgewicht zunächst noch innerhalb dieses Bereiches unbestimmt; Gleichung (5,6) in der Form

$$\frac{d^2 \vartheta}{d t^2} = -\frac{n}{J_y} v \frac{d \vartheta}{d t} \tag{5,43}$$

ergibt aber, daß $\frac{d \vartheta}{d t} = 0$ bleibt, wenn es am Anfang der Bewegung Null ist. Der Winkel ϑ, der die Lage des Flugzeugs im Raum festlegt, behält also während der ganzen Bewegung seinen Wert unverändert bei; durch ihn sind über die Kraftgleichungen Geschwindigkeit und Bahnneigung eindeutig bestimmt; dieses Ergebnis hatten wir oben (S. 218) schon im speziellen Fall der kleinen Schwingungen gefunden.

In der Konstanz von ϑ liegt die Indifferenz eines solchen Flugzeugs; wenn die Ruderlage überhaupt so ist, daß das Flugzeug im

[1] Fuchs, R. u. L. Hopf, Die allgemeine Längsbewegung des Flugzeugs. T. B. Bd. 3 (1918) S. 317.

Gleichgewicht sein kann, behält es eine zufällig eingenommene Lage im Raum unverändert bei. Der Gegensatz zur Phygoidbewegung, bei welcher nicht ϑ, sondern α konstant bleibt, ist charakteristisch.

Die anderen Fluggrößen folgen nun aus den Gleichungen (5,1) und (5,2), welchen wir unter Berücksichtigung der Beziehung $\vartheta = \vartheta_0 = \text{const}$, unter Vernachlässigung von $S \sin\beta$ und mit $\cos\beta = 1$ die Form geben:

$$\frac{dv}{dt} = \frac{Sg}{G} - g\sin(\vartheta_0 - \alpha) - \frac{\varrho}{2}\frac{F}{G}c_w v^2 \tag{5,44}$$

$$v\frac{d\alpha}{dt} = g\cos(\vartheta_0 - \alpha) - \frac{\varrho}{2}\frac{F}{G}c_a v^2 \tag{5,45}$$

Der Charakter der Lösungen wird entscheidend dadurch bestimmt, daß die einzelnen Summanden auf der rechten Seite von (5,45) wesentlich größer sind als die auf der rechten Seite von (5,44); die bahnsenkrechten Kräfte sind von höherer Ordnung als die in der Bahn wirkenden, eine für den normalen Flug fundamentale Tatsache. Bei einer Abweichung der Werte α und v von ihren Gleichgewichtswerten tritt in (5,45) eine größere Differenz der äußeren und der Luftkräfte auf als in (5,44), die Zentrifugalbeschleunigung am Flugzeug wird größer als die Bahnbeschleunigung; der Anstellwinkel ändert sich relativ schneller als die Fluggeschwindigkeit. Nur in dem speziellen Fall, daß die rechte Seite von (5,45) klein wird, daß also das Gleichgewicht der bahnsenkrechten Kräfte nur wenig gestört ist, werden die beiden Beschleunigungen von der gleichen Größenordnung. Jede Störung muß also zeitlich in zwei getrennten Akten verlaufen: erst stellt sich bei fast gleichbleibender Geschwindigkeit der Anstellwinkel auf den Wert ein, welcher bei dieser Geschwindigkeit dem Gleichgewicht der bahnsenkrechten Kräfte entspricht; dann nimmt die Geschwindigkeit langsam ihren Gleichgewichtswert an, während ständig das Gleichgewicht der bahnsenkrechten Kräfte näherungsweise gewahrt bleibt.

Dieser Verlauf in zwei Akten, diese relativ schnelle Einstellung des Anstellwinkels ist eine allgemeine Tatsache, die wir auch oben beim stark stabilen Flugzeug gefunden hatten und fast in allen Fällen wiederfinden werden. Der Unterschied in den beiden Grenzfällen ist nur der Wert, welchen der Anstellwinkel schnell annimmt; dies ist nämlich bei großer Stabilität der Gleichgewichtswert der Momentengleichung (der identisch ist mit dem Werte vollständigen Gleichgewichtes), bei Indifferenz der Wert, welcher das partielle Gleichgewicht der bahnsenkrechten Kräfte bei der gerade herrschenden Geschwindigkeit herstellt.

Im einzelnen kann man die Verhältnisse klarstellen, indem man für bestimmte Anfangswerte die Gleichungen (5,44) und (5,45) numerisch integriert; man setzt die Anfangswerte in die rechten Seiten ein, erhält unmittelbar die Zahlenwerte für die Differentialquotienten, läßt diese Differentialquotienten für ein kleines Zeitintervall (etwa $^1/_{10}$ s) gelten und rechnet mit den so erhaltenen Endwerten von v und α als neuen

Anfangswerten oder als Mittelwerten des neuen Zeitintervalls. Dieses Verfahren ist einfach durchführbar; da keine hohe Genauigkeit erstrebt wird, lohnt es sich auch kaum, exaktere Verfahren (etwa nach Kutta) anzuwenden.

Man trägt die Ergebnisse am besten in ein v-α-Koordinatensystem ein, für welches die Zeit nur die Rolle eines Parameters spielt; da ϑ einen bestimmten konstanten Wert hat, ist der ganze momentane Flugzustand durch einen Punkt in diesem Koordinatensystem dargestellt. Die Integralkurve in diesem Koordinatensystem enthält alle Flugzustände, die das Flugzeug bei einer beschleunigten Bewegung durchläuft. In Abb. 197 sind die beiden Kurven teilweisen Gleichgewichtes eingetragen, welche man durch Nullsetzen der rechten Seiten von (5,44) und (5,45) erhält. Für Kurve I ist $\frac{d\alpha}{dt} = 0$, für Kurve II $\frac{dv}{dt} = 0$. Befindet sich also das Flugzeug z. B. in einem Flugzustand, der durch einen Punkt der Kurve I dargestellt wird, so ändert sich in diesem Augenblick sein Anstellwinkel nicht, wohl aber seine Geschwindigkeit. Nur in den Schnittpunkten der beiden Kurven herrscht vollständiges Gleichgewicht. Die Kurven grenzen Gebiete in der v-α-Ebene ab, in welchem Anstellwinkel bzw. Geschwindigkeit sich mit verschiedenem Vorzeichen ändern, und zwar lehren (5,44) und (5,45), daß α und v wachsen, wenn sie auf den durch die Schraffierung angedeuteten Seiten der betreffenden Kurven liegen, anderenfalls sich vermindern. Der die Flugbewegung darstellende Punkt wird sich daher normalerweise auf die Gleichgewichtskurven zu bewegen; die Geschwindigkeit nimmt zu, wenn sie kleiner ist als die zu dem betreffenden Anstellwinkel gehörige Geschwindigkeit, bei welcher die Kräfte in der Bahnrichtung im Gleichgewicht sind usw. Nur die Winkel über dem Auftriebsmaximum zeigen eine Ausnahme, welche die Kurve mit dem Anfangspunkt C illustriert; befindet sich das Flugzeug einmal in einem solchen Anfangszustand, so wächst der Anstellwinkel weiter. Bei allen diesen hohen Anstellwinkeln ist der stationäre Flug instabil, ein Verhalten, welches schon aus der Lösung von (5,25) gefolgert werden konnte.

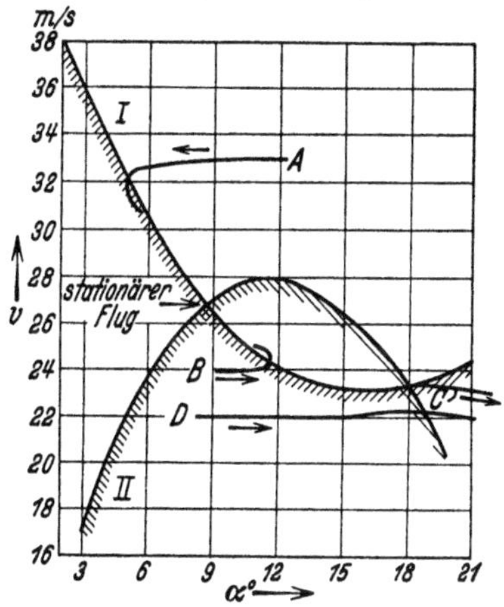

Abb. 197. Indifferentes Flugzeug. I $\frac{d\alpha}{dt} = 0$ II $\frac{dv}{dt} = 0$.

Die in Abb. 197 eingezeichneten v-α-Kurven, welche die Bewegung eines gestörten Flugzeugs darstellen, sind Ergebnisse numerischer Integration; sie zeigen, wie ein durch eine Bö oder irgendeine sonstige

Störung hervorgerufener Anfangszustand verlassen wird, und wie sich das Gleichgewicht einstellt. An allen Kurven zeigt sich der oben als typisch bezeichnete Ablauf in zwei Akten; die Kurve verläuft erst einigermaßen parallel zur v-Achse, bis sie in die Nähe der Gleichgewichtskurve für die bahnsenkrechten Kräfte kommt; dann verläuft sie in deren unmittelbarer Nähe, und zwar auf der schraffierten Seite $\left(\frac{d\alpha}{dt} > 0\right)$, wenn die Geschwindigkeit sinken, auf der nichtschraffierten Seite $\left(\frac{d\alpha}{dt} < 0\right)$, wenn sie wachsen muß. Auf diese Weise gelangt das Flugzeug in seinen vollkommenen Gleichgewichtszustand.

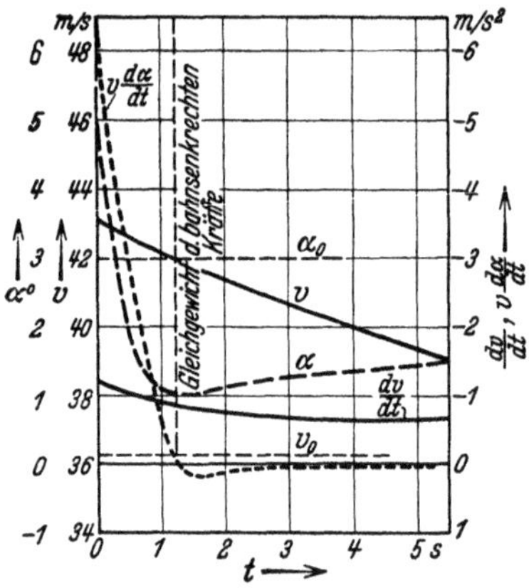

Abb. 198. Verlauf einer Störung beim indifferenten Flugzeug.

Interessant ist z. B., wie das Flugzeug aus dem Anfangszustand B in seinen Gleichgewichtszustand übergeht; obwohl dieser sich durchaus stabil verhält, entfernt sich α anfangs weiter von seinem Gleichgewichtswert, während v unverändert bleibt. Ferner ist noch auf die Bewegung D hinzuweisen; bei dieser gelangt die darstellende Kurve überhaupt nicht in die unmittelbare Nähe der Kurve I; das Gleichgewicht der bahnsenkrechten Kräfte stellt sich überhaupt nicht her; der Anstellwinkel wächst unbegrenzt weiter und das Flugzeug verläßt ganz den Bereich vernünftiger Flugzustände. Diese Bewegung ist ganz unabhängig von der Größe von ϑ_0 und nur dadurch verursacht, daß die Geschwindigkeit unter den kleinsten Wert herabgesunken ist, bei welchem noch ein Gleichgewicht bahnsenkrechter Kräfte überhaupt möglich ist, also unter den Wert (mit $\cos\gamma = 1$)

$$v = \frac{2}{\varrho}\frac{G}{F}\cdot\frac{1}{c_{a\,\max}}.$$

Wir werden uns mit diesem „überzogenen Flugzustand“ noch allgemeiner und ausführlicher zu befassen haben.

Abb. 198 zeigt den zeitlichen Verlauf der beiden Größen α und v im Fall einer Störung von der Art A in Abb. 197. Dabei sind als Gleichgewichtswerte (durch ϑ_0 und die Konstruktion des Flugzeugs gegeben) $\alpha = 3^0$, $v = 36{,}2$ m/s angenommen. Da α und v nicht unmittelbar vergleichbare Größen sind, zeigt die Abbildung auch die beiden Beschleunigungen $\frac{dv}{dt}$ und $v\frac{d\alpha}{dt}$. Trotzdem die Störung des Anstellwinkels recht gering, die Geschwindigkeitserhöhung sehr groß gewählt sind, sieht man schön, wie anfangs die Zentrifugalbeschleunigung das 5- bis 6fache der Bahnbeschleunigung ist, und wie das Gleichgewicht der bahnsenkrechten

Kräfte, wenn es einmal erreicht ist, nahezu festgehalten wird. Ausführlichere Rechnung zeigt, daß bis zur Herstellung des Gleichgewichtes etwa $1/2$ Minute vergeht.

Die Kurven I und II liegen verschieden für verschiedene ϑ_0; die Unterschiede zwischen den für die ganze Bewegung wichtigeren Kurven I sind aber sehr gering, solange ϑ_0 nicht stark negativ wird, solange man also nicht steile Sturzflüge betrachtet; daß für verschiedene ϑ_0 der Punkt vollkommenen Gleichgewichtes verschieden liegt, rührt fast ausschließlich von der starken Abhängigkeit der Kurve II von ϑ_0 her.

Eine Steuerung des Flugzeugs innerhalb des Indifferenzbereiches ist nur dadurch möglich, daß ein Ruderausschlag kurz gegeben und wieder zurückgenommen wird; dadurch entsteht eine Drehgeschwindigkeit $\frac{d\vartheta}{dt}$, die durch die Dämpfungswirkung des Leitwerkes (ν) schnell kleiner wird, und asymptotisch zu einem neuen Wert von ϑ hinführt. Zu diesem ϑ finden sich in derselben Weise wie oben die Gleichgewichtswerte der andern Variablen aus den Kraftgleichungen. Indes dürfte ein solcher Steuervorgang doch weit von praktisch vorkommenden Flugbewegungen abliegen; wir können daher auf seine numerische Durchführung verzichten.

§ 7. Störung und Steuerung.

Allgemeiner Verlauf. In den Grenzfällen war die Diskussion deshalb einfach, weil sich die drei Bewegungsgleichungen durch physikalische Gesichtspunkte trennen ließen. Die Festsetzung der statischen Stabilität gab unmittelbar die Lösung der Momentengleichung; die Gleichung der Bahnrichtungskräfte wurde in einem Fall durch das Energieintegral, im anderen Fall durch die Erkenntnis der langsamen Veränderlichkeit der Geschwindigkeit befriedigt; die dritte Gleichung ergab die charakteristische Lösung.

Wenden wird uns nunmehr zum allgemeinen Fall beliebiger statischer Stabilität, so müssen wir die drei Bewegungsgleichungen nebeneinander betrachten. Zunächst bleiben bei einer Störung im allgemeinen die entstehenden Bahnrichtungskräfte klein gegen die bahnsenkrechten Kräfte; es tritt also auch im allgemeinen Fall die Geschwindigkeitsänderung im Anfang einer Bewegung zurück gegenüber den Drehbewegungen; nur bestimmt nicht bloß — wie in den Grenzfällen — eine einzige Drehung das Verhalten des Flugzeugs, sondern die Drehung des Flugzeugs $\left(\frac{d\vartheta}{dt}\right)$ und die Drehung der Flugbahn $\left(\frac{d\gamma}{dt}\right)$ werden durch verschiedene Einflüsse geregelt. Das Flugzeug dreht sich unter dem Einfluß entstehender Momente, also insbesondere, wenn mit Willen des Führers durch einen Steuerausschlag das Momentengleichgewicht gestört wird; die Flugbahn krümmt sich, wenn das Gleichgewicht der bahnsenkrechten Kräfte gestört wird. Die eine

Drehung hat die andere immer zur sekundären Folge, und zwar nur durch Vermittlung der Luftkräfte, die weder von ϑ noch von γ, sondern nur von ihrer Differenz, dem Anstellwinkel α, abhängen. Nur durch Vermittlung des Anstellwinkels wirkt die Kraft auf die Lage des Flugzeugs im Raum und das Moment auf die Flugbahn. Diese Zusammenhänge geben der gestörten und gesteuerten Bewegung des Flugzeugs ihren besonderen Charakter.

Diagramm. Um die Verhältnisse schön zu überblicken, benutzt man am besten wieder ein Diagramm in der Art unserer Abb. 197. Nur haben wir jetzt drei Veränderliche, da ϑ nicht festliegt. Wir stellen den Flugzustand durch einen Punkt in einem (v, α, ϑ)-Raum dar und verfolgen den Verlauf einer beschleunigten Flugzeugbewegung, indem wir die Bahn dieses Punktes im (v, α, ϑ)-Raum aufsuchen. In diesem Raum liegen alle Punkte, welche das Gleichgewicht der bahnsenkrechten Kräfte darstellen, auf einer Fläche; die Schnittkurven dieser Fläche mit den Ebenen $\vartheta = \text{const}$, welche wir in Abb. 197 schon betrachteten, liegen im Bereich der normalen Flugzustände, nämlich für jeden Motorflug und flachen Gleitflug sehr nahe beieinander (Abb. 199); da diese Fläche für die ganze Bewegung entscheidende Bedeutung besitzt, gibt diese Unabhängigkeit von ϑ die Möglichkeit eines guten Überblickes über die ganzen Verhältnisse in einem ebenen (v, α)-Diagramm; das ist der große Vorteil dieser Darstellung[1].

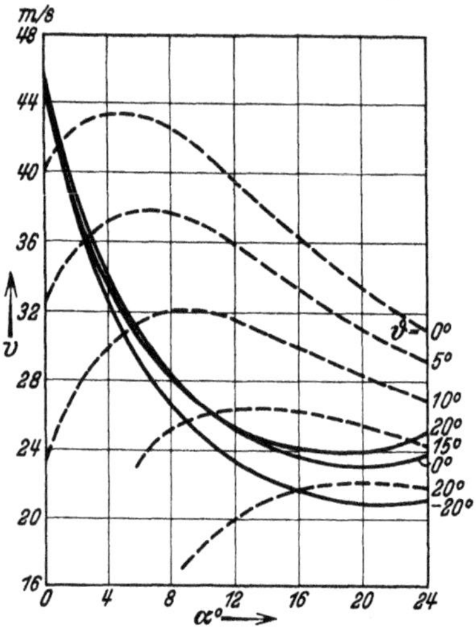

Abb. 199. Kurven partiellen Gleichgewichts. Motorflug. ——— Gleichgewicht der bahnsenkrechten Kräfte. – – – Gleichgewicht der Bahnkräfte.

Die Fläche des Gleichgewichtes bahnsenkrechter Kräfte teilt wieder den Raum in zwei Teile, welche sich aber im allgemeinen Fall nicht wie beim indifferenten Flugzeug durch das Vorzeichen von $\frac{d\alpha}{dt}$, sondern durch das Vorzeichen von $\frac{d\gamma}{dt}$ unterscheiden. Liegt der Punkt, welcher den augenblicklichen Flugzustand darstellt, auf der schraffierten Seite der Kurve I von Abb. 200, so ist nach Gleichung (5,2) $\frac{d\gamma}{dt} < 0$, die Flugbahn krümmt sich nach unten; liegt er auf der anderen Seite, so krümmt sie sich nach oben.

Auch für die Drehung des Flugzeugs gibt es eine derartige charakteristische Kurve III in unserem Diagramm Abb. 200, nämlich die Ebene

[1] Fuchs u. Hopf: Zit. a. S. 235.

$\alpha = \text{const}$, auf welcher in Gleichung (5,6) für gegebene Ruderlage, also festes β_H, die Größe m verschwindet; dies ist die Fläche, in welcher die Momente im Gleichgewicht sein können. Auch diese ist von ϑ unabhängig, also eine Ebene; sie erscheint deshalb übersichtlich als Gerade im (v, α)-Diagramm. Auf den beiden Seiten dieser Ebene haben die Momente verschiedenen Drehsinn; die Drehbewegung des Flugzeugs wird in verschiedener Weise erzeugt oder geändert; und zwar hängt die Art und Weise dieses Einflusses von der statischen Stabilität des Flugzeugs ab. Auf der schraffierten Seite der Geraden III wirkt auf das stabile Flugzeug ein kopflastiges Moment, auf das instabile ein schwanzlastiges. Die Auswirkung dieser Momente auf die Drehung des Flugzeugs ist nicht so einfach wie die Auswirkung der bahnsenkrechten Kräfte auf die Krümmung der Flugbahn; denn sie ergeben nicht die Drehgeschwindigkeit $\frac{d\vartheta}{dt}$ selbst, sondern nach (5,6) die Drehbeschleunigung, und diese wird noch beeinflußt durch die Dämpfung. Trotzdem kann das besonders interessante Einsetzen der Drehbewegung bei Störung und Steuerung dem Diagramm qualitativ leicht entnommen werden.

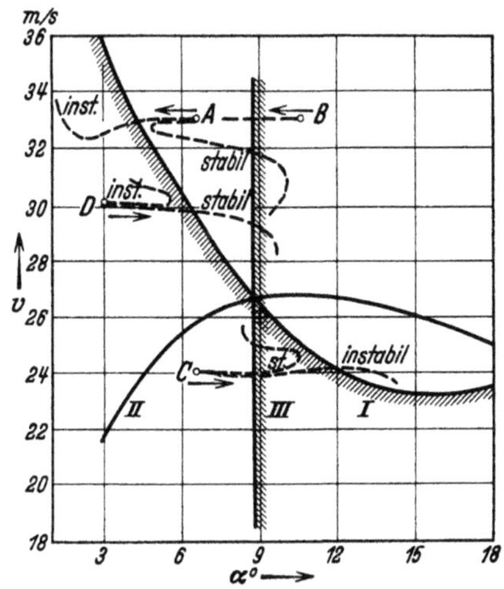

Abb. 200. v-α-Diagramm für den allgemeinen Fall der Längsbewegung.

Die dritte Kurve (II) unseres Diagramms, welche das Gleichgewicht der Bahnrichtungskräfte darstellt, ist von geringerer Bedeutung, da der Ausgleich dieser Kräfte viel langsamer vor sich geht und die Geschwindigkeitsänderung zurücktritt gegenüber den beiden Drehbewegungen. Auch ist die Übersicht über die Geschwindigkeitsänderung nicht so klar im ebenen Diagramm zu geben. Kurve II in Abb. 200 gibt den Durchschnitt der Gleichgewichtsfläche mit derjenigen ϑ-Ebene, für welche bei der bestimmten Ruderstellung volles Gleichgewicht herrscht; aber die Durchschnittskurven mit den übrigen ϑ-Ebenen sind von dieser Kurve ganz verschieden (s. Abb. 199).

Störung. Wir betrachten nun zunächst eine Störung, welche durch den Punkt A in Abb. 200 dargestellt wird; der Anfangswert von $\frac{d\vartheta}{dt}$ sei Null, d. h. eine Drehung des Flugzeugs soll erst infolge der Störung zustande kommen; die Anfangswerte von ϑ und γ sind nebensächlich. Im ersten Augenblick setzt eine Krümmung der Flugbahn ein, welche durch die Lage des Punktes A numerisch bestimmt ist, und zwar eine

Krümmung nach oben. Das Flugzeug dreht sich im ersten Augenblick noch nicht, infolgedessen ist für den zeitlichen Verlauf des Anstellwinkels allein das Vorzeichen von $\frac{d\gamma}{dt}$ maßgebend, der Anstellwinkel nimmt zunächst ab; die Bewegung wird also im ersten Augenblick durch eine Kurve dargestellt, welche — wie oben beim indifferenten Flugzeug — auf die Kurve I zu verläuft. Das Moment erzeugt inzwischen nach und nach eine Drehung des Flugzeugs $\frac{d\vartheta}{dt}$, und zwar bei statischer Stabilität eine Drehung im positiven Sinn, also der Flugbahn nach. Flugzeug und Flugbahn drehen sich nach oben. Mit der Zeit wird $\frac{d\vartheta}{dt}$ immer größer, $\frac{d\gamma}{dt}$ immer kleiner, je mehr sich die Kurve, welche der darstellende Punkt von A aus beschreibt, der Kurve I nähert. Infolgedessen wird die Differenz der beiden Drehungen, die Anstellwinkeländerung $\frac{d\alpha}{dt} = \frac{d\vartheta}{dt} - \frac{d\gamma}{dt}$ immer kleiner und muß schließlich ihr Vorzeichen wechseln. Dies muß vor Erreichen der Kurve I der Fall sein; denn an dieser wird ja $\frac{d\gamma}{dt}$ jedenfalls Null, während $\frac{d\vartheta}{dt}$ einen positiven Wert erreicht hat. Die „Bewegungskurve" von A aus[1] wird also die Kurve I (besser gesagt die Fläche I) nicht überschreiten, die Flugbahn wird anhaltend in die Höhe steigen, und zwar immer steiler; die Drehung des Flugzeugs wird hingegen gehemmt, je mehr sich die Bewegungskurve wieder der Geraden III nähert; $\frac{d\vartheta}{dt}$ nimmt ab und wird nach Überschreiten von III schließlich negativ; da $\frac{d\gamma}{dt}$ gleichzeitig stark wächst, fällt der Anstellwinkel bald wieder. Die ganze Drehung verläuft periodisch, so daß der Anstellwinkel innerhalb bestimmter Grenzen bleibt, die um so enger sind, je größer die statische Stabilität des Flugzeugs ist. Die Flugbahn hebt sich ständig, und zwar in periodischer Folge mehr oder weniger schnell, das Flugzeug pendelt in mäßigen Grenzen um die Flugbahn, der Winkel ϑ zeigt zwar periodisches Steigen und Fallen, wächst aber im Mittel doch an. Die Kurve II sinkt mit wachsendem ϑ zu tieferen Werten von v, entfernt sich also im Laufe der Bewegung vom Punkte A. Die Geschwindigkeit wird daher immer rascher sinken, was ja physikalisch bei einer immer steiler ansteigenden Bewegung selbstverständlich ist. So nähert sich unsere Bewegungskurve schließlich mit abnehmender Geschwindigkeit — also im Verlauf des langsamen Ausgleiches der Bahnrichtungskräfte der Kurve I in der Nähe ihres Schnittpunktes mit der Kurve III. Jenseits dieses Schnittpunktes wird auf Kurve I weiter $\frac{d\gamma}{dt} = 0$, aber $\frac{d\vartheta}{dt}$ kann

[1] Diese Kurven sind nicht gerechnet; sie sollen nur den allgemeinen Verlauf andeuten.

negativ werden und somit $\frac{d\alpha}{dt}$ negativ; die Bewegungskurve überschreitet daher dort die Kurve I, $\frac{d\gamma}{dt}$ wird negativ, die Bahn sinkt wieder, und nach und nach wird sich in der Art gedämpfter Schwingungen der stationäre Flug wieder einstellen. Dieser weitere Verlauf der Bewegung wird wohl von der Stabilitätstheorie richtig dargestellt, er hat aber kaum ein großes praktisches Interesse; denn der Führer wird nie das Flugzeug so lange sich selbst überlassen.

Bei statischer Instabilität zeigt die Flugbahn im ersten Augenblick dasselbe Verhalten wie bei Stabilität; aber das entstehende Drehmoment beschleunigt das Flugzeug im entgegengesetzten Drehsinn; das Flugzeug wird nicht der Flugbahn nach, sondern von ihr weggedreht. Während γ steigt, sinkt ϑ; der Anstellwinkel vermindert sich schnell; die Bewegungskurve überschreitet die Kurve I, und dann senkt sich die Flugbahn immer rascher; in diesem Fall folgt die Flugbahn dem Flugzeug nach. Die Geschwindigkeit kann bei dieser Bewegung im ersten Augenblick nicht nennenswert sinken, sie steigt im Laufe der Bewegung sogar an; denn die Kurve II rückt mit fallendem ϑ zu größeren Geschwindigkeitswerten, und die Bewegungskurve wird daher bald in das Gebiet von positivem $\frac{dv}{dt}$ einrücken. Die momentane Geschwindigkeitserhöhung und Anstellwinkelerniedrigung, welche unser Anfangswert A bezeichnet, hat ein Abwärtsstürzen des Flugzeugs zur Folge. Eine automatische Rückkehr zum stationären Flugzustand gibt es dabei nicht. In Wirklichkeit tritt eine Hemmung dieser Bewegung allerdings dadurch ein, daß bei kleinem α die Instabilität verlorengeht und ein stabiler Gleichgewichtszustand sich einstellt (s. Abb. 180b).

Betrachten wir den Punkt B als Ausgangspunkt der gestörten Bewegung, so ändert sich das ganze Bild kaum. Dadurch, daß im ersten Augenblick $\frac{d\gamma}{dt}$ einen großen, $\frac{d\vartheta}{dt}$ aber den Wert Null hat, wird die Bewegungskurve an die Kurve I herangezogen und die Bewegung der beschriebenen vom Punkte A aus nach wenigen Augenblicken sehr ähnlich. Auch in diesem Fall wird bei Instabilität das Flugzeug beschleunigt abwärts stürzen, nicht etwa steiler und verzögert ansteigen, wie man vielleicht erwarten möchte. Die letztere Bewegung des instabilen Flugzeugs wird bei einer Störung eintreten, bei welcher, wie im Falle C, die Geschwindigkeit unter den Gleichgewichtswert gesunken ist, während eine Störung D zum Sturz nach unten wie bei A führen muß, im Sinne der eingezeichneten Bewegungskurven. In erster Linie entscheidend für den Ablauf dieser Bewegungen ist es, auf welcher Seite von III die Bewegungskurve auf die Kurve I auftrifft. Da sich bis zu diesem Zeitpunkt die Geschwindigkeit kaum verändert hat, ist dies in Abb. 200 ohne weiteres zu erkennen. Die von der Störung C

hervorgerufene Bewegung eines statisch stabilen Flugzeugs verläuft ganz analog denen von A und B aus; nur haben wir hier ein ständiges Sinken der Flugbahn mit Geschwindigkeitsvermehrung. Von D aus wird die Bewegung der früher beschriebenen ähneln; nur im ersten Augenblick senkt sich die Flugbahn, später steigt sie ständig, bis die Umgebung des Schnittpunktes der Kurven I, II und III erreicht ist.

Steuerung. Ebenso können wir den Steuerungsvorgang qualitativ überblicken. Der Anfangszustand ist in diesem Fall ein Gleichgewichtszustand; das Gleichgewicht der Kräfte wird auch durch den Ruderausschlag zunächst nicht gestört; aber es entsteht ein zusätzliches Moment. Die Größe m verläuft bei bestimmtem Ruderausschlag für das stabile und das instabile Flugzeug so, wie es Abb. 201 andeutet. Durch Steuerbetätigung ändert sich der Parameter β_H, und zwar wird durch „Ziehen" ein Schwanzlastmoment auf das Flugzeug ausgeübt, durch „Drücken" ein Kopflastmoment. Da wir Kopflastmomente stets positiv gerechnet haben, werden die Kurven „m als Funktion von α" durch Steuerbetätigung im Sinne der Pfeile in Abb. 201 näherungsweise parallel verschoben. Hier zeigt sich ein wichtiger Unterschied zwischen stabilem und instabilem Verhalten. Wird das Flugzeug z. B. gedrückt, so rückt der Punkt $m = 0$, welcher das Momentengleichgewicht darstellt, beim stabilen Flugzeug zu kleineren Anstellwinkeln, welchen im Gleichgewichtsfall größere Geschwindigkeit und ein mehr abwärts gerichteter Flug entspricht, beim instabilen Flugzeug aber zu höheren Anstellwinkeln, welchen im Gleichgewichtsfall nicht der durch Drücken erstrebte Flugzustand entspricht. Das instabile Flugzeug führt dennoch zuerst die Bewegung aus, welche durch die Steuermaßnahme erzwungen wird; denn es hat nicht die Neigung, sich seinem Gleichgewichtszustand zu nähern, sondern sich daraus zu entfernen.

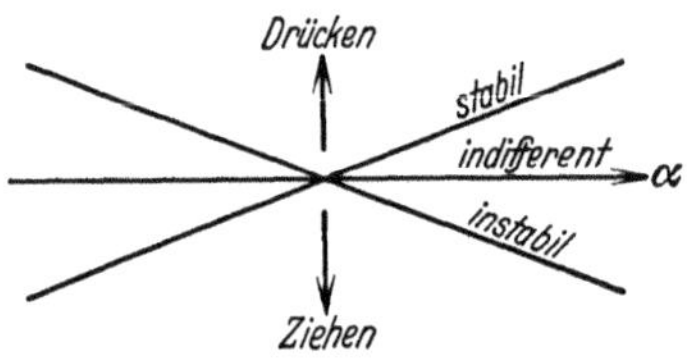

Abb. 201. Ziehen und Drücken. Ordinate m.

In Abb. 202 ist die Bewegung dargestellt, welche durch „Ziehen" hervorgerufen wird. Der Ausgangspunkt der Bewegung liegt jedenfalls auf der Kurve des Gleichgewichtes der bahnsenkrechten Kräfte; deshalb ist $\frac{d\gamma}{dt}$ im ersten Augenblick gleich Null; aber $\frac{d^2\vartheta}{dt^2}$ ist positiv, und zwar verhalten sich das stabile und das instabile Flugzeug in dieser Beziehung gleich. Der Anstellwinkel wächst, und mit ihm nach den Eigenschaften unseres Diagramms $\frac{d\gamma}{dt}$. Also nicht nur das Flugzeug, sondern auch die Flugbahn drehen sich sowohl bei Stabilität wie bei Instabilität im gewünschten Sinn. Im weiteren Verlauf der Bewegung nimmt das drehende Moment beim stabilen Flugzeug ab, beim instabilen wächst es; infolgedessen wird die Drehung des Flugzeugs im ersteren Fall langsamer wachsen als im letzteren, und dasselbe Verhalten müssen auch der Anstellwinkel und die Drehung der Flugbahn — das eigentliche Ziel der Steuermaßnahme — zeigen. Beim stabilen Flugzeug ist dieser Bewegung eine Grenze gesetzt; nach Überschreiten der Ebene III wird $\frac{d\vartheta}{dt}$ wieder kleiner, schließlich negativ, und es setzt eine periodische Bewegung ein, wie sie oben bei Besprechung der Störung beschrieben wurde; beim instabilen Flugzeug steigen Flugzeug und Flugbahn immer steiler an. Das instabile Flugzeug ist also empfindlicher gegen einen Ruderausschlag als das stabile; seine Flugbahn krümmt sich beim gleichen Ruderausschlag schneller, oder es ist zur Erzielung der gleichen Wirkung auf die Flugbahn ein kleinerer Ausschlag nötig. Dafür nähert es sich nicht von selbst einem Gleichgewichtszustand und würde z. B. beim Ziehen beliebig weiter steigen und zu gefährlichen Flugzuständen gelangen, wenn nicht ein neuer entgegengesetzter Ruderausschlag es in die Nähe des erstrebten Gleichgewichtes zurückführte. Auch die Geschwindigkeit ändert sich beim instabilen Flugzeug schneller als beim stabilen; in unserem Beispiel wächst ϑ bei Instabilität schneller, die Bewegungskurve entfernt sich daher schneller von der Fläche des Gleichgewichtes der Bahnrichtungskräfte, welche ja mit wachsendem ϑ zu kleineren Geschwindigkeitswerten verschoben wird; und mit wachsender Entfernung von dieser Fläche wächst auch der absolute Betrag von $\frac{dv}{dt}$.

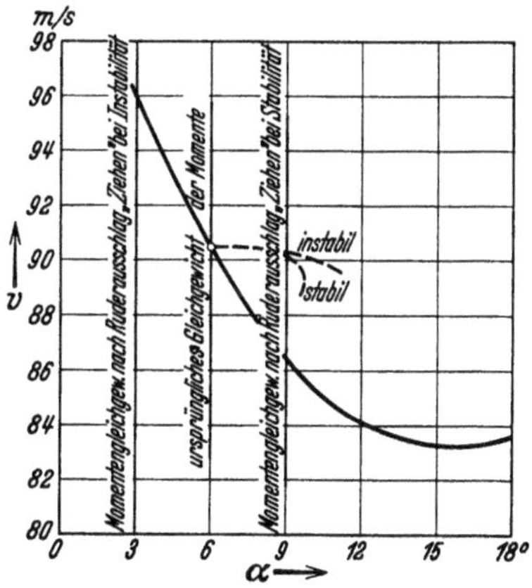

Abb. 202. Wirkung einer Steuermaßnahme „Ziehen“.

Beispiele. Als Beispiel einer nichtstationären Flugzeugbewegung verfolgen wir den Verlauf einer Störung unter den folgenden Bedingungen: Das Flugzeuggewicht sei $G = 1530$ kg, die Flügelfläche $F = 41{,}3$ m^2, die Luftdichte $\varrho = 0{,}107$ kg s^2/m^4, c_a und c_w seien durch Abb. 185 gegeben; der Schraubenschub sei dargestellt durch die Gleichung $S = 542 - 0{,}05\, q\, F$ kg, so daß der Wert von c_w um den Beiwert des „Schraubenwiderstandes“ 0,05 erhöht erscheint; die statische Stabilität sei konstant und positiv, durch den Ruderausschlag sei Gleichgewicht bei $\alpha = 3^0$ erzwungen, so daß

$$m = 0{,}00191\ (\alpha - 3).$$

Unter diesen Bedingungen entsprechen dem stationären Geradeausflug die Werte

$$\alpha_g = 3^0 \qquad \gamma_g = 4^0 \qquad \vartheta_g = 7^0 \qquad v_g = 36{,}2 \text{ m/s}.$$

Dieser Zustand sei so gestört, daß am Anfang zwar die Lage des Flugzeugs gegen den Erdboden unverändert bleibe, aber die Geschwindigkeit und Bahnrichtung aus dem Gleichgewicht gebracht seien. Die Anfangswerte seien

$$\alpha_0 = 7^0 \qquad \gamma_0 = 0^0 \qquad \vartheta_0 = 7^0 \qquad v_0 = 43{,}1 \text{ m/s}.$$

Die beschleunigte Bewegung ist in Abb. 203 dargestellt, und zwar für eine so lange Zeit, als sie vielleicht praktisch gar nicht von Interesse ist. Die Kurven sind mit Hilfe numerischer Integration gewonnen. Zuerst sinkt der Anstellwinkel rasch, er erreicht seinen Gleichgewichtswert bereits nach $^1/_4$ s; ϑ sinkt erst etwas, dann steigt es stark an; nach

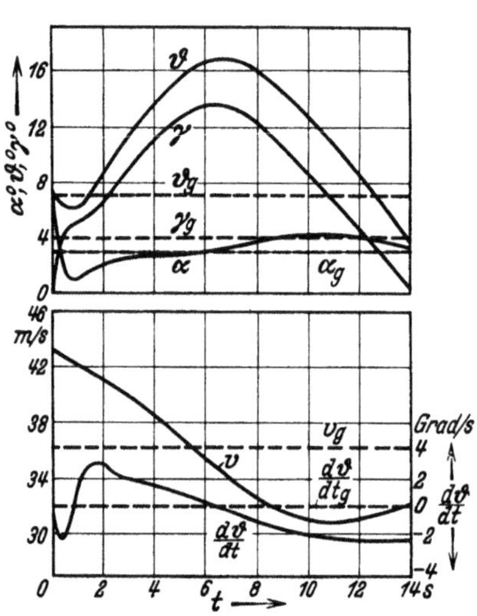

Abb. 203. Verlauf einer Störung.

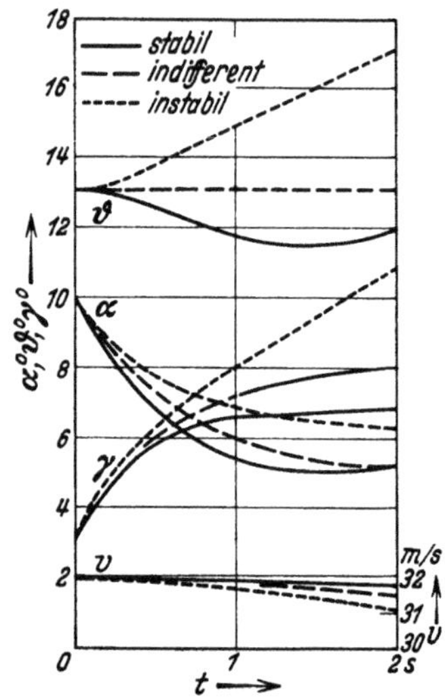

Abb. 204. Verlauf einer Störung beim stabilen, indifferenten und instabilen Flugzeug.

$^1/_2$ s hat γ seinen Gleichgewichtswert wieder erreicht, von da an steigt die Flugbahn steiler an bis zu $\gamma \sim 14^0$. Erst nach 6,5 s ist die Geschwindigkeit so weit gesunken, daß das Steilerwerden der Flugbahn aufhört, erst nach etwa 12 s ist γ wieder auf seinen Gleichgewichtswert herabgekommen. Der Anstellwinkel ändert sich nach 2 s nur noch wenig, die dann einsetzende periodische Bewegung, die sich im Maximum von ϑ und γ und im Minimum von v deutlich abzeichnet, wird einen phygoidenartigen Charakter erhalten, nur natürlich durch die Widerstandskräfte gedämpft sein. Auch die schnellen und stark gedämpften Schwingungen der Stabilitätstheorie sind an dem Verlauf von α, γ und ϑ bis etwa zu 3 sec zu erkennen.

In Abb. 204 ist der Verlauf einer Störung in Abhängigkeit von der statischen Stabilität dargestellt; die Flugzeugkonstanten sind genau so wie im ersten Beispiel angenommen, nur der Momentenverlauf ist in den drei Fällen $m = \pm\, 0{,}00191\ (\alpha - 6)$ bzw. $m = 0$.

Die Gleichgewichtswerte sind:

$$\alpha_g = 6^0 \qquad \gamma_g = 7{,}1^0 \qquad \vartheta_g = 13{,}1^0 \qquad v_g = 30{,}6\ \text{m/s};$$

die Anfangswerte seien:

$$\alpha_0 = 10^0 \qquad \gamma_0 = 3{,}1^0 \qquad \vartheta_0 = 13{,}1^0 \qquad v_0 = 32{,}0\ \text{m/s}.$$

Die Bahn des instabilen Flugzeugs steigt rascher wieder an als die des stabilen, seine Geschwindigkeit wird auch rascher vermindert; dabei geht sein Anstellwinkel langsamer an den Gleichgewichtswert heran als der des stabilen Flugzeugs und sinkt nicht unter diesen; er steigt im Laufe der späteren Bewegung wieder an. Aber das Flugzeug richtet sich gegen den Erdboden sehr rasch auf, die Bahn steigt steiler und steiler an, und ohne Hilfe des Ruders tritt ein Zustand stationären Fluges nicht mehr ein.

§ 8. Typische Bewegung bei der Höhensteuerung.

Um den typischen Vorgang bei Ausschlag des Höhenruders herauszuschälen und den Einfluß der einzelnen Konstruktionsgrößen auf die Steuerbarkeit zu überblicken, berechnen wir die ersten Augenblicke der Bewegung, in welchen nach obigen Ausführungen die Geschwindigkeit noch mit guter Näherung ihren Ausgangswert unverändert beibehält. Da wir uns auf den Bereich normaler Fluganstellwinkel beschränken können, erscheinen bei dieser Rechnung die empirischen Funktionen c_a und c_m als lineare Funktionen, so daß das Gleichungssystem linear und leicht zu behandeln ist. Der Ausgangszustand der Bewegung ist ein Gleichgewichtszustand; dieser wird durch Ruderausschlag gestört, und zwar scheint es am sinnvollsten, wenn wir die Störung durch den Beiwert des zusätzlichen Momentes $\Delta\, c_m$ charakterisieren, nicht etwa durch den Ruderausschlag oder durch die Anstellwinkeldifferenz zwischen dem Ausgangszustand und dem neuen zum gewählten Ruderausschlag gehörigen Gleichgewicht. Wir fragen nach der Reaktion von Flugzeugen mit verschiedenen Werten der Konstruktionsgrößen auf das gegebene zusätzliche Steuermoment; dabei ist uns besonders wichtig der Verlauf der Flugbahn, gegeben durch $\frac{d\gamma}{dt}$, bzw. da $\frac{d\gamma}{dt}$ bei Beginn der Bewegung aus einem Kräftegleichgewicht heraus Null ist, durch die höheren zeitlichen Ableitungen. Die vereinfachten Gleichungen lauten, wenn die auf den Ausgangszustand bezüglichen Größen den Index 0 tragen und die Differenz $\alpha - \alpha_0$ abkürzend mit α_1 bezeichnet wird:

$$\frac{G}{g}\, v_0 \frac{d\gamma}{dt} = c_a' \alpha_1 F q_0 \tag{5,46}$$

$$\frac{G}{g}\, i_y^2 \frac{d^2\vartheta}{dt^2} = -(\Delta\, c_m + c_m' \alpha_1) F l q_0 - n v_0 \frac{d\vartheta}{dt} \tag{5,47}$$

Bei dieser Definition ist

$$\varDelta c_m = \frac{\partial c_{nH}}{\partial \alpha_H} \zeta \varDelta \beta_H \frac{F_H}{F} \quad \text{(s. S. 179)} \tag{5,48}$$

Wir gehen nun zu dimensionsloser Darstellung über und führen als unabhängige Variable

$$\mathfrak{t} = t \frac{g}{v_0} \frac{F q_0}{G} = t \frac{g \cdot \cos \gamma_0}{v_0 c_{a0}} = t \cdot \frac{\varrho g F v_0}{2G}$$

ein; dann erhalten die Gleichungen mit Benutzung der Bezeichnungen (5,16) und (5,17) die Gestalt:

$$\left.\begin{aligned} \frac{d\gamma}{d\mathfrak{t}} &= c_a' \alpha_1 \\ \frac{d^2 \vartheta}{d\mathfrak{t}^2} &= -\mu \alpha_1 - \nu \frac{d\vartheta}{d\mathfrak{t}} - \varDelta c_m \frac{2 l G}{\varrho g F i_y^2} \end{aligned}\right\} \tag{5,49}$$

Wir führen diese Gleichungen auf eine einzige mit der für uns interessantesten Variablen $\frac{d\gamma}{d\mathfrak{t}} = u$ zurück, indem wir in die zweite Gleichung

$$\alpha_1 = \frac{u}{c_a'} \quad \text{und} \quad \frac{d\vartheta}{d\mathfrak{t}} = u + \frac{d\alpha_1}{d\mathfrak{t}} = u + \frac{1}{c_a'} \frac{du}{d\mathfrak{t}} \tag{5,50}$$

einführen; dabei ergibt sich:

$$\frac{d^2 u}{d\mathfrak{t}^2} + (c_a' + \nu) \frac{du}{d\mathfrak{t}} + (c_a' \nu + \mu) u = -\varDelta c_m \frac{2 l G}{\varrho g F i_y^2} c_a' \tag{5,51}$$

Am Anfang der Bewegung sind die Drehgeschwindigkeiten der Flugbahn $\left(\frac{d\gamma}{d\mathfrak{t}}\right)$ und des Flugzeugs $\left(\frac{d\vartheta}{d\mathfrak{t}}\right)$ Null, also nach den Beziehungen (5,50)

$$u = 0 \quad \text{und} \quad \frac{du}{d\mathfrak{t}} = 0 \tag{5,52}$$

Infolgedessen läßt sich die anfängliche Drehbeschleunigungsänderung der Bahn $\frac{d^2 u}{d\mathfrak{t}^2}$, die grundsätzlich als ein Maß der Steuerfähigkeit angesehen werden könnte, aus (5,51) entnehmen:

$$\left.\begin{aligned} \frac{d^2 u}{d\mathfrak{t}^2} &= -\varDelta c_m \frac{2 l G}{\varrho g F i_y^2} c_a' \\ \text{oder} \quad \frac{d^2 u}{d\mathfrak{t}^2} &= -\varDelta c_m \frac{2 l G}{\varrho g F i_y^2} c_a' \frac{g^2 F^2 q_0^2}{v_0^2 G^2} = -\varDelta c_m \frac{g l q_0 F}{i_y^2 G} c_a' = \\ &= -\varDelta c_m \frac{g l}{i_y^2} \frac{c_a'}{c_{a0}} \cos \gamma_0 \end{aligned}\right\} \tag{5,53}$$

Es ist auffallend, daß in dieser 1. Näherung gar keine Einwirkung der Konstruktionsgrößen zu erkennen ist, vor allem kein Einfluß der statischen Stabilität; denn der Einfluß des Trägheitsradius ist trivial und der Einfluß der Länge ist nur formal, da ja die Größe c_m mit der Länge als Momentenarm berechnet ist. Die Größe $\frac{c_{a0}}{\cos \gamma_0}$ bzw. $\frac{F q_0}{G}$ charakterisiert den Flugzustand, aber nicht eine bestimmte Flugzeugbauart; c_a' ist nur vom Seitenverhältnis abhängig; mit wachsendem $\frac{b^2}{F}$ wächst demnach auch die Steuerfähigkeit. In der Nähe des Auftriebsmaximums, wo c_a' klein wird, sinkt die Steuerbarkeit rasch; jenseits des Auftriebsmaximums würde die Bahn eines gezogenen Flugzeugs sich abwärts krümmen, wenn ein solcher Zustand erreichbar wäre. Wir werden dies Verhalten beim „Überziehen" in § 11 ausführlicher zu besprechen haben.

Die vollständige Lösung der Gleichung (5,51) mit den Anfangsbedingungen (5,52), welche den Bewegungstypus festlegt, ist elementar zu erhalten:

$$u = -\Delta c_m \frac{2lG}{\varrho g F i_y^2} \frac{c_a'}{c_a'\nu + \mu}\left[1 - e^{-\frac{c_a'+\nu}{2}t}\left\{\cos\sqrt{c_a'\nu + \mu - \left(\frac{c_a'+\nu}{2}\right)^2}\,t + \frac{c_a'+\nu}{2\sqrt{c_a'\nu + \mu - \left(\frac{c_a'+\nu}{2}\right)^2}} \sin\sqrt{c_a'\nu + \mu - \left(\frac{c_a'+\nu}{2}\right)^2}\,t\right\}\right] \tag{5,54}$$

oder wenn wir von den dimensionslosen wieder zu den greifbar physikalischen Größen übergehen:

$$\frac{d\gamma}{dt} = -\Delta c_m \frac{gl}{k^2}\left(\frac{Fq_0}{G}\right)^2 \frac{g}{v_0} c_a' \frac{1}{\mathfrak{m}^2 + \mathfrak{n}^2}\left[1 - e^{-\mathfrak{n}t}\left\{\cos \mathfrak{n}t + \frac{\mathfrak{n}}{\mathfrak{m}}\sin \mathfrak{m}t\right\}\right] \tag{5,55}$$

mit den Abkürzungen:

$$\mathfrak{m} = \sqrt{(c_a'\nu + \mu) - \left(\frac{c_a'+\nu}{2}\right)^2}\,\frac{g}{v_0}\frac{Fq_0}{G} \quad \text{und} \quad \mathfrak{n} = \frac{c_a'+\nu}{2}\frac{g}{v_0}\frac{Fq_0}{G} \tag{5,56}$$

Der Einfluß von μ und ν ist aus dem Verlauf der Funktion

$$f(\mathfrak{m},\mathfrak{n}) = \frac{1}{\mathfrak{m}^2+\mathfrak{n}^2}\left[1 - e^{-\mathfrak{n}t}\left\{\cos \mathfrak{m}t + \frac{\mathfrak{n}}{\mathfrak{m}}\sin \mathfrak{m}t\right\}\right]$$

zu erkennen, die in Abb. 205 für verschiedene $\mathfrak{m}$ und $\mathfrak{n}$ aufgezeichnet ist. Je größer μ und mit ihm $\mathfrak{m}^2 + \mathfrak{n}^2$, um so niedriger ist der Endwert der Drehgeschwindigkeit, der um so schneller angenähert wird, je größer $\mathfrak{n}$ ist. Frequenz und Dämpfung hängen nach (5,56) von den Konstruktionsgrößen und vom Flugzustand ab; sie wachsen mit der Fluggeschwindigkeit; beide Ausdrücke sind übrigens identisch mit den entsprechenden Größen, die bei den raschen Schwingungen der Stabilitätstheorie auftreten (S. 222). Der Endwert von $\frac{d\gamma}{dt}$ ist dem in Abb. 205 erscheinenden proportional, und zwar ist

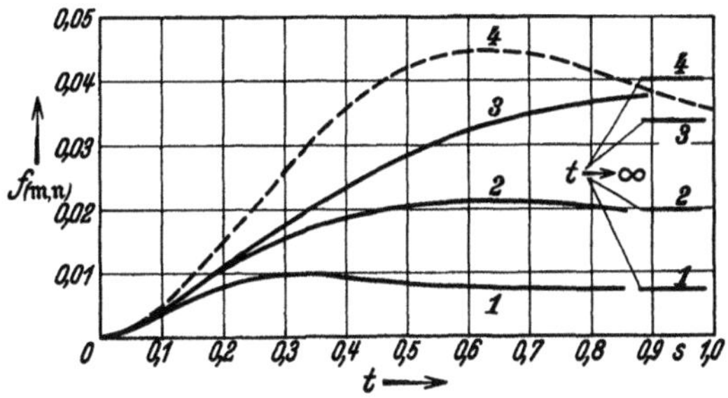

Abb. 205. Typische Bewegung bei Höhensteuerung. 1. $\mathfrak{n} = 5$, $\mathfrak{m} = 10$. 2. $\mathfrak{n} = 5$, $\mathfrak{m} = 5$. 3. $\mathfrak{n} = 5$, $\mathfrak{m} = 0$. 4. $\mathfrak{n} = 2$, $\mathfrak{m} = 5$.

$$\left(\frac{d\gamma}{dt}\right)_\infty = -\Delta c_m \frac{lv_0}{i_y^2}\frac{c_a'}{c_a'\nu + \mu} \tag{5,57}$$

Dieser Wert ist wohl das geeignetste Maß für die Steuerbarkeit eines Flugzeugs. In der Regel können die vereinfachenden Annahmen unserer Rechnung bis zur näherungsweisen Erreichung des Endwertes von $\frac{d\gamma}{dt}$ als gültig angesehen werden; die Vorgänge der Abb. 205 spielen sich ja in der 1. Sekunde ab.

Zur numerischen Auswertung ist zu bemerken, daß der Faktor $\frac{g}{v_0}\frac{F q_0}{G}$ von der Größenordnung $^1/_4$ bis 1 ist und daß der Radikant im Ausdruck für $\mathfrak{m}$ näherungsweise durch μ gegeben ist; denn er kann in der Form $\mu - \left(\frac{c_a' - \nu}{2}\right)^2$ geschrieben werden und $c_a' - \nu$ ist im normalen Flug meist klein gegen μ.

§ 9. Typische Bewegung bei plötzlicher Entlastung.

Eine weitere typische Längsbewegung des Flugzeugs tritt ein, wenn unmittelbar in das Gleichgewicht der bahnsenkrechten Kräfte eingegriffen wird; das geschieht bei plötzlicher Entlastung, also insbesondere bei Bombenabwurf. Wir werden mit dieser Bewegung auch bei der Seitensteuerung zu rechnen haben.

Voraussetzungen und Rechnungsgang sind dieselben, wie im letzten Paragraphen; die Gleichungen sind nur dadurch verändert, daß das inhomogene, der äußeren Kraft entsprechende Glied in der anderen Gleichung auftritt. Bezeichnen wir mit ΔG die Gewichtszunahme, so daß bei Entlastung ΔG negativ ist, so werden die beiden Gleichungen mit denselben Bezeichnungen und Zusammenfassungen wie oben:

$$u = \frac{d\gamma}{dt} = c_a' \alpha_1 - \frac{\Delta G}{F q_0} = c_a' \alpha_1 - \frac{\Delta G}{G} c_{a0}, \tag{5,58}$$

wenn wir uns auf $\cos\gamma_0 = 1$ beschränken, also Sturzflug ausschließen, und

$$\frac{d^2\vartheta}{dt^2} = -\mu\alpha_1 - \nu\frac{d\vartheta}{dt} \tag{5,59}$$

Aus der ersten Gleichung erhalten wir jetzt $\alpha_1 = \frac{u}{c_a'} + \frac{\Delta G}{G}\frac{c_{a0}}{c_a'}$ und $\frac{d\vartheta}{dt} = u + \frac{d\alpha_1}{dt} = u + \frac{1}{c_a'}\frac{du}{dt}$.

Die Differentialgleichung lautet ähnlich wie früher:

$$\frac{d^2u}{dt^2} + (c_a' + \nu)\frac{du}{dt} + (c_a'\nu + \mu)\,u = -\frac{\Delta G}{G}\mu\, c_{a0} \tag{5,60}$$

Die Anfangsbedingungen sind hier $\alpha_1 = 0$ und $\frac{d\vartheta}{dt} = 0$ oder durch u ausgedrückt:

$$u = -\frac{\Delta G}{G} c_{a0} \quad \text{und} \quad \frac{du}{dt} = -c_a' u = +c_a'\frac{\Delta G}{G} c_{a0} \tag{5,61}$$

Die Lösung mit Berücksichtigung der Anfangsbedingungen wird:

$$
\left.
\begin{aligned}
u = & -\frac{\Delta G}{G}\,\frac{c_{a0}}{c'_a\nu+\mu}\Bigg[\mu + e^{\frac{-c'_a+\nu}{2}t}\Bigg\{c'_a\nu\cos\sqrt{(c'_a\nu+\mu-\left(\frac{c'_a+\nu}{2}\right)^2}\,t \\
& + \frac{c'_a\nu\,\frac{c'_a+\nu}{2} - c'_a\,(c'_a\nu+\mu)}{\sqrt{c'_a\nu+\mu-\left(\frac{c'_a+\nu}{2}\right)^2}}\,\sin\sqrt{c'_a\nu+\mu-\left(\frac{c'_a+\nu}{2}\right)^2}\,t\Bigg\}\Bigg]
\end{aligned}
\right\} \quad (5{,}62)
$$

oder

$$
\left.
\begin{aligned}
\frac{d\gamma}{dt} = & -\frac{\Delta G}{G}\,\frac{g}{v_0}\,\frac{1}{c'_a\nu+\mu}\Bigg[\mu + e^{-\mathfrak{n}t}\Bigg\{c'_a\nu\left(\cos\mathfrak{m}t + \frac{\mathfrak{n}}{\mathfrak{m}}\sin\mathfrak{m}t\right) - \\
& - \frac{c'_a\,(c'_a\nu+\mu)}{\mathfrak{m}}\sin\mathfrak{m}t\Bigg\}\Bigg] \\
= & -\frac{\Delta G}{G}\,\frac{g}{v_0}\cdot f_1\,(\mu,\nu,c'_a)
\end{aligned}
\right\} \quad (5{,}63)
$$

Abb. 206 zeigt den Verlauf in einigen charakteristischen Fällen. Wieder ist der Endwert wohl das beste Maß für die Schnelligkeit der Bewegung; im vorliegenden Fall ist allerdings die Schnelligkeit kein Vorzug, sondern im Gegenteil eine langsame Drehung und ein ruhiges Hineingehen in den neuen Gleichgewichtszustand wünschenswert. Der Endwert

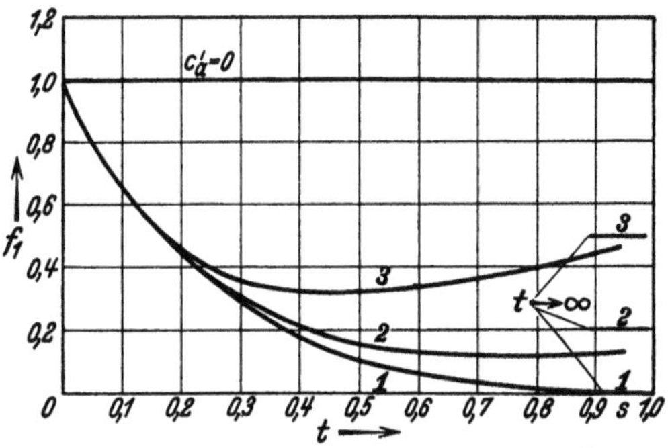

Abb. 206. Typische Bewegung für Entlastung $c'_a = 4$, $\nu = 5$. 1. $\mu = 0$. 2. $\mu = 5$. 3. $\mu = 20$.

$$
\left(\frac{d\gamma}{dt}\right)_\infty = \frac{-\Delta G}{G}\,\frac{g}{v_0}\,\frac{\mu}{c'_a\nu+\mu} \qquad (5.64)
$$

ist um so kleiner, je kleiner die statische Stabilität gehalten wird; also auch hier ist eine kleine statische Stabilität von Vorteil. Eine bedeutende Dämpfung ist nützlich; sie vermindert den Endwert von $\frac{d\gamma}{dt}$ und sorgt für rasche Annäherung an diesen. Im Bereich des Auftriebsmaximums vermindert sich die Anfangsdrehung sehr langsam; jedoch kommt man rasch in ein Gebiet größerer c'_a, wo normales Verhalten einsetzt. Die betrachtete Bewegung ist ja immer mit Anstellwinkelminderung verbunden; eine Gefahr des Überziehens durch Abwurf besteht nicht; nach (5,58) sind die Kurven $\frac{d\gamma}{dt}$ in Abb. 206 direkt ein Maß für das Sinken von α.

§ 10. An- und Abstellen des Motors.

Das Problem des Übergangs zwischen Gleitflug und Motorflug weicht insofern von den bisher betrachteten ab, als hierbei — solange wir Nebenumstände außer acht lassen — die beiden bisher allein maßgebenden Gleichgewichte der Momente und der bahnsenkrechten Kräfte erhalten bleiben und nur in das Gleichgewicht der Bahnkräfte eingegriffen wird. Ein solcher Übergang geht also langsamer vor sich als die bisher behandelten Flugbewegungen.

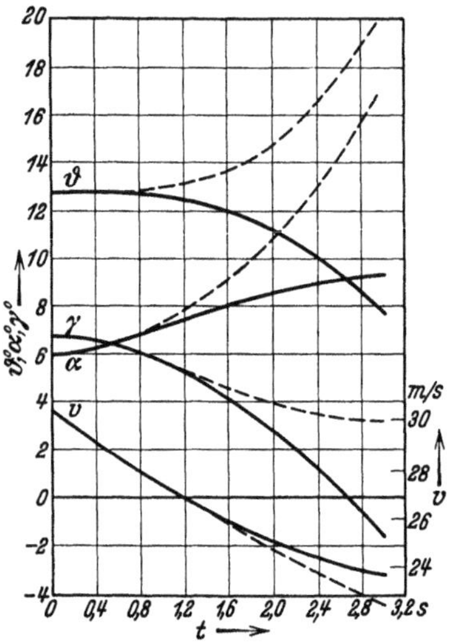

Abb. 207. Bewegung beim Abstellen des Motors. ——— Stabiles Flugzeug. — — — Instabiles Flugzeug.

Wird der Motor eines in stationärem Flug befindlichen Flugzeugs plötzlich abgestellt, so muß zunächst die Geschwindigkeit sinken; das Gleichgewicht der Bahnkräfte wird so gestört, daß die Kurve II der Abb. 200 sich nach unten verschiebt, entsprechend negativem $\frac{dv}{dt}$. Die Geschwindigkeitsänderung stört nun das Gleichgewicht der bahnsenkrechten Kräfte, nicht aber zunächst das Momentengleichgewicht; die Flugbahn erfährt also eine Drehung, und zwar eine Drehung nach unten; denn Sinken der Geschwindigkeit bei konstantem Anstellwinkel bedeutet Auftriebsverminderung. Das Flugzeug erfährt zunächst noch keine Drehung im Raum; erst wenn sekundär der Anstellwinkel — infolge der Flugbahnkrümmung — gewachsen ist, wird das Momentengleichgewicht gestört und das Flugzeug um so energischer der Flugbahn nach gedreht, je stabiler das Flugzeug ist. Ein instabiles, wie auch ein indifferentes Flugzeug macht diese Bewegung nicht, sondern wird entgegen gedreht, bzw. es bleibt ungedreht; dann wächst der Anstellwinkel sehr schnell und es wird bald der übernormal hohe Anstellwinkel erreicht, bei welchem die Instabilität verschwunden ist und stabiles Gleichgewicht eintritt.

Da man bei dieser Bewegung die Geschwindigkeit nicht konstant setzen kann, läßt sich auch nicht ein übersichtlicher Ausdruck dafür formulieren; man muß, wenn man den ganzen Übergang überblicken will, mit numerischer Integration arbeiten. So ist das Beispiel der Abb. 207 durchgerechnet, das den Einfluß der statischen Stabilität zeigt; freilich dürfte die darin angenommene statische Instabilität praktisch nicht vorkommen, auch nicht in kleinen Anstellwinkelbereichen. Man sieht aber an der Abb. 207 gut die qualitativ abgeleiteten Hauptzüge der Bewegung, besonders die lange vorhaltende Konstanz von ϑ. Infolge dieses Verhaltens wird der Anfang der betrachteten Bewegung durch den Typus des indifferenten Flugzeugs (§ 6) gut dargestellt; die Kurve I der Abb. 197 ist maßgebend für den Zusammenhang von v und α und daher auch für γ in der 1. Sekunde.

Eine analytische Formulierung für den Bewegungseinsatz erhalten wir, indem wir aus der Gleichung der Bahnkräfte $\frac{dv}{dt}$ berechnen und durch Einsetzen in die andere Kraftgleichung $\frac{d^2\gamma}{dt^2}$ gewinnen; dabei befriedigen wir die Momentengleichung durch $\vartheta = \text{const.}$ Beim Abstellen des Motors kommt zu den unter sich ausgeglichenen anderen Kräften die Kraft $-S$ hinzu; daher wird:

$$\frac{dv}{dt} = -\frac{Sg}{G} \tag{5,65}$$

Bei Beginn ist $\frac{d\gamma}{dt} = 0$ und

$$\frac{d^2\gamma}{dt^2} = \frac{g}{G v_0} c_{a\,0} \frac{F\varrho}{2} 2 v_0 \frac{dv}{dt} = -c_{a\,0} \frac{\varrho g^2 S F}{G^2} \tag{5.66}$$

In dimensionsloser Form:

$$\frac{d^2\gamma}{d\mathfrak{t}^2} = -2 c_{a\,0}^2 \frac{S}{G \cos^2\gamma_0} \tag{5,67}$$

Physikalisch besagt diese Formel, daß die Flugbahn sich um so rascher nach unten krümmt, je größer $\frac{S}{G}$ und je kleiner die Flächenbelastung ist; beide Ergebnisse sind ziemlich selbstverständlich.

Der praktische Vorgang beim An- und Abstellen des Motors ist aber im allgemeinen durch die bisherigen Überlegungen nicht beschrieben; denn tatsächlich greift diese Maßnahme stark in das Momentengleichgewicht ein, sobald der Schraubenwind — wie immer beim normalen einmotorigen Flugzeug — das Leitwerk trifft. Der Schraubenstrahl ruft, wie oben (S. 188 f.) auseinandergesetzt, zwei Wirkungen hervor; einesteils wird die Anströmgeschwindigkeit der Luft gegen das Leitwerk erhöht, anderenteils wird infolge der mehr oder weniger festgelegten Richtung des Schraubenstrahles der Winkel zwischen Anströmrichtung und Schraubenachse verkleinert. Die erstgenannte Einwirkung bedeutet beim Anstellen des Motors gegenüber dem Gleitflug ein Ziehen, wenn das Leitwerkmoment schwanzlastig ist, also im allgemeinen bei kleinen Anstellwinkeln (Abb. 208a), ein Drücken bei großen Anstellwinkeln (Abb. 208b). Das bedeutet eine erwünschte Wirkung bei kleinen, eine unerwünschte bei großem Anstellwinkel. Beim Abstellen des Motors kehren sich die Wirkungen um; die schwanzlastige Drehung, welche bei großen Anstellwinkeln infolge Verminderung der kopflastigen Leitwerkskraft auftritt, geht nach oben, also auch hier entgegen der notwendigen Nachdrehung des Flugzeugs, das der abwärts gekrümmten Flugbahn folgen sollte. Je stabiler das Flugzeug ist, um so rascher wird diese unerwünschte

Drehung, da bei ihr der Anstellwinkel rasch wächst, abgebremst und umgekehrt.

Der Anstellwinkel des Leitwerkes gegen die Anströmungsrichtung ist Null bei einem mittleren Flugzustand; wir wollen der Einfachheit halber annehmen, daß die Richtung des Schraubenstrahles und die Flossensehne

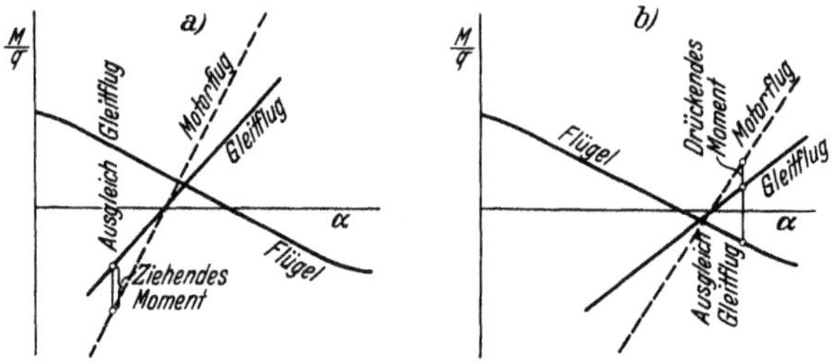

Abb. 208a und b. Staudruckvermehrung durch Schraubenstrahl.

zusammenfallen (etwa in die Richtung der Rumpfmittelachse); dann tritt bei dem Anstellwinkel entlasteten Leitwerkes eine Veränderung dieses Anstellwinkels durch den Schraubenstrahl nicht ein; bei größeren Anstellwinkeln tritt Anstellwinkelverminderung ein, wenn der Motor

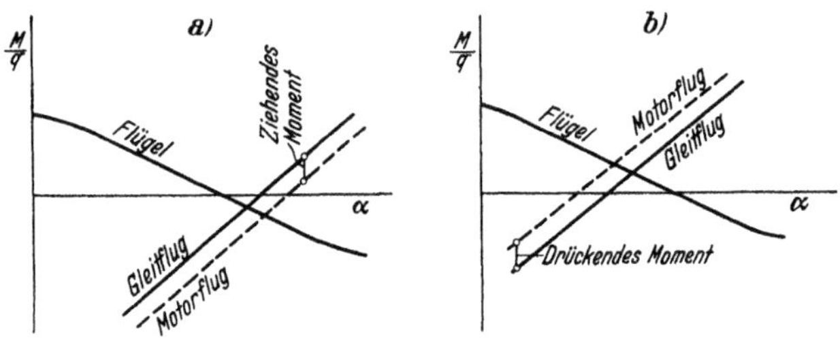

Abb. 209a und b. Anstellwinkelverminderung durch Schraubenstrahl.

angestellt wird (Abb. 209a); dies bedeutet Verminderung des kopflastigen Momentes „Ziehen", also eine Einwirkung im Sinne der Motoranstellung. Bei kleinen Anstellwinkeln (Abb. 209b) wird der Anstellwinkel vermehrt, d. h. er wird absolut kleiner; das resultierende Moment wirkt kopflastig und bringt die unerwünschte Wirkung hervor, daß das Flugzeug nach unten gedrückt wird, während die Flugbahn aufwärts gekrümmt werden soll. Es ist nicht ausgeschlossen, daß der letztgenannte Fall beim Abfangen aus dem Sturzflug Gefahrmomente birgt. In allen anderen Fällen scheinen die Einzelheiten der Bewegung nicht von großem praktischem Interesse; die beiden Einwirkungen der Abb. 208 und 209 gleichen sich wohl auch bis zu einem gewissen Grad aus. Genaue numerische Berechnungen liegen nicht vor, sind wohl auch angesichts vieler möglicher Einflüsse schwer zu erhalten.

§ 11. Der überzogene Flug.

Besonderes Interesse erfordern die Verhältnisse bei großen Anstellwinkeln. Bei Besprechung des indifferenten Flugzeugs trat der bezeichnende Flugtyp schon hervor in Kurve D, Abb. 197. Wenn die Fluggeschwindigkeit unter den Minimalwert gesunken ist, bei welchem überhaupt noch ein Gleichgewicht der bahnsenkrechten Kräfte möglich ist, so kann eine solche Störung sich nicht in der typischen Weise ausgleichen, die wir bisher immer fanden; denn bei unveränderter Geschwindigkeit können die bahnsenkrechten Kräfte nicht zum Ausgleich kommen. Daher muß der Punkt, welcher im Diagramm Abb. 200 den momentanen Flugzustand darstellt, immer auf derjenigen Seite der Kurve I bleiben, die zu negativem $\frac{d\gamma}{dt}$ gehört; die Flugbahn krümmt sich also ständig nach unten, und diese Krümmung wird nicht, wie bei größeren Fluggeschwindigkeiten, durch den raschen Ausgleich der bahnsenkrechten Kräfte gehemmt. Erst der langsame Ausgleich der Bahnkräfte, der zu einem Wiederanstieg der Geschwindigkeit führt, kann eine Zurückkrümmung der Flugbahn nach oben bringen.

Das wesentlichste Merkmal dieses gefährlichen Flugzustandes ist die kleine Geschwindigkeit; eine solche wird in der Regel erreicht, wenn der Anstellwinkel und mit ihm der Flugwiderstand zu groß wird, also insbesondere beim starken Ziehen; man spricht daher von „überzogenem Flug“.

Die typische Flugzeugbewegung im überzogenen Flug ist nun in Wirklichkeit nicht so einfach, wie es die Kurve D der Abb. 197 zeigt, und nicht so gefährlich; bei großen Anstellwinkeln wird ja jedes Flugzeug stark stabil, und eine bedeutende Kopflastigkeit verhindert übergroße Werte des Anstellwinkels. Eine reine Längsbewegung mit Anstellwinkeln, die wesentlich über den zum Auftriebsmaximum oder zum höchsten durch Ruderausschlag erhältlichen Gleichgewicht gehörigen Werten liegen, gibt es nicht; nur im Zusammenhang mit seitlicher Bewegung, beim sog. Trudeln, treten diese ganz großen Anstellwinkel auf.

Den Unterschied zwischen normalem und überzogenem Flug möge das Beispiel der Abb. 210 klarmachen, das mit Hilfe numerischer Integration berechnet ist[1]. Bei demselben Flugzeug ($G = 1530\,\text{kg}, F = 41{,}3\,\text{m}^2$, $J_y = 310\,\text{kgms}^2$, $l = 5{,}7$ m, $S = 400 - 0{,}110\,\text{v}^2$, d. h. etwa $\text{N} = 170$ PS und $\eta = 60\%$, $\varrho = 0{,}106\,\frac{\text{kg s}^2}{\text{m}^4}$ ist in den beiden Gleichgewichtszuständen

a) $\alpha_g = 8{,}0^0 \quad \gamma_g = 4{,}8^0 \quad \vartheta_g = 12{,}8^0 \quad v_g = 28{,}2\,\text{m/s}$

b) $\alpha_g = 12^0 \quad \gamma_g = 4{,}1^0 \quad \vartheta_g = 16{,}1^0 \quad v_g = 25{,}2\,\text{m/s}$

[1] Hopf, L., Der überzogene Flug. Z. Flugtechn. Motorluftsch. Beih. 1 (1920) S. 72.

eine Geschwindigkeitsstörung um — 3,45 m/s angenommen. Man sieht, wie viel rascher sich die Flugbahn im überzogenen Flug nach unten krümmt und wie langsam sich die Abwärtskrümmung vermindert. Die Geschwindigkeit gleicht sich dabei in beiden Fällen gleich langsam aus. Bemerkenswert ist die raschere Nachdrehung des Flugzeugs beim überzogenen Flug; dieses Verhalten rührt von der größeren statischen Stabilität her; für kleine Anstellwinkel ist dabei Indifferenz angenommen.

Die Gefahr dieser starken Abwärtskrümmung beim Überziehen ist

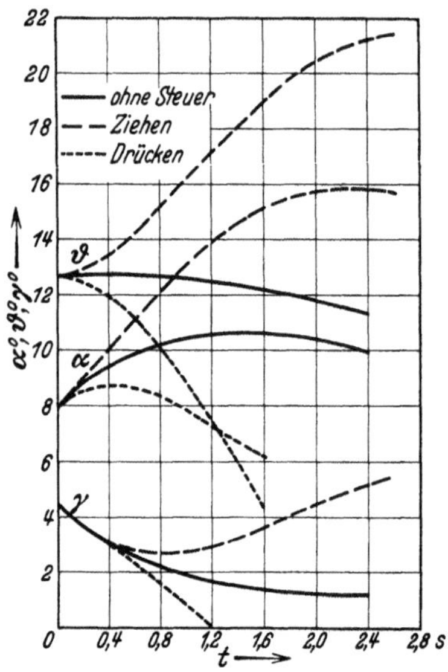

a

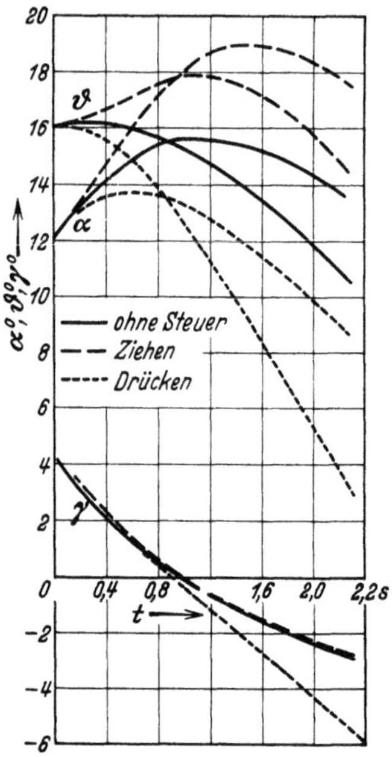

b

Abb. 210a und b. Störung und Steuermaßnahmen im Normalflug und im überzogenen Flug. a) Normalflug. b) Überzogener Flug.

in großen Höhen nicht bedeutend; es muß nur Zeit genug vorhanden sein, um die Geschwindigkeit wieder groß genug werden zu lassen. Wichtiger ist die Gefahr, die von der Unempfindlichkeit des überzogenen Flugzeugs gegen Ziehen des Höhenruders herrührt. Schon aus Formel (5,53) folgt, daß die Empfindlichkeit klein werden muß, wenn c_a' klein wird, also beim Auftriebsmaximum verschwinden muß. Abb. 210 zeigt die Wirkung eines Steuerausschlages, der das Flugzeug durch Ziehen aufrichten will, in den beiden betrachteten Fällen; der Verlauf a) bringt nichts Neues gegenüber unseren früheren Beispielen und Formeln. Im Falle b) wird das Flugzeug zwar richtig herumgedreht, die Flugbahn folgt aber nicht mit; die dadurch entstehende raschere Vergrößerung des Anstellwinkels hemmt sogar auch die Flugzeugdrehung; das Flugzeug (ϑ) folgt schließlich der Flugbahn (γ) nach.

Die Abwärtsdrehung des Flugzeugs kann hierbei unter Umständen sehr rasch und heftig erfolgen, so daß eine bedeutende Gefahr entstehen kann; dies ist dann der Fall, wenn die Strömungsverhältnisse am Leitwerk sich plötzlich ändern, und zwar kann eine derartige Änderung aus zwei Gründen entstehen:

1. Wenn die Flügelströmung bei Erreichen des Auftriebsmaximums in der Mitte abreißt, wird der Abwind plötzlich stark vermindert; der Abwind hat aber immer eine ziehende Wirkung; denn er vermindert — wie man an Abb. 177 unmittelbar sieht — das kopflastige Moment des Leitwerkes. Fällt also der Abwind plötzlich fort, so wirkt ein starkes drückendes Moment auf das Flugzeug.

2. Das Leitwerk kann, vor allem wenn es hoch liegt, nach Abb. 172, bei großen Anstellwinkeln in den Windschatten des Flügels kommen, wodurch gleichfalls die ziehende Wirkung vermindert und außerdem die Stabilität gefährdet wird.

Die Folge dieser Einwirkungen ist eine heftige kopflastige Drehung des Flugzeugs und eine stärkere Abwärtskrümmung der Flugbahn. Diese Vorgänge sind von Lachmann[1] durch Versuche im Flug geklärt worden.

Will man aus dem überzogenen Flug herauskommen, so darf man also nicht ziehen; man kann die Rückkehr zum Normalflug nur dadurch erreichen, daß man die Geschwindigkeit schnell zu vergrößern sucht, also entweder durch Motoranstellen oder durch Drücken, wenn für eine solche Maßnahme genügend Raum nach unten vorhanden ist.

Es sei hier gleich bemerkt, daß damit die Gefahren des Überziehens nicht erschöpft sind, sondern gerade die schlimmste Gefahr erst durch die seitliche Instabilität und die Möglichkeit ungewollter Seitenbewegungen bei großen Anstellwinkeln entsteht (s. sechstes Kapitel, § 7).

Der oben (S. 203) geschilderte Gedankengang, wonach jede Überschreitung des zu $\left(\frac{c_a}{c_w}\right)_{\max}$ gehörigen Anstellwinkels bereits zu einer Instabilität führen müßte, erweist sich als unrichtig; der Ausgleich einer Störung erfolgt nicht in der dort vorausgesetzten Weise; die Steuerung nach einem solchen Zustand hin wirkt ganz normal. Abb. 210 und alle früheren Betrachtungen zeigen, daß zwar zu einem höheren Anstellwinkel ein kleinerer Gleichgewichtswert von γ gehören kann, daß aber immer ein Ziehen des Höhenruders augenblicklich zum Anstieg der Bahn führt, also nicht die „Umkehrung der Steuerwirkung" eintritt, von welcher früher viel die Rede war.

[1] Lachmann, G. V., Control beyond the stall. J. Roy. aeron. Soc. Bd. 36 (1932) S. 302.

Um durch die Konstruktion dem Überziehen vorzubeugen, ist es vor allem wichtig, die kleinste im Normalflug auftretende Geschwindigkeit möglichst hoch über der zum Auftriebsmaximum gehörigen Geschwindigkeit zu halten. Der Unterschied ist durch $\delta \sqrt{c_a \frac{F}{G}}$ gegeben, wird also einerseits verkleinert durch größere Flächenbelastung, andererseits um so größer, je größer δc_a. Die Nebeneinanderstellung der beiden Profiltypen I und II in Abb. 211 zeigt, daß die Profilform von Bedeutung sein kann. Ein großer induzierter oder schädlicher Widerstand ist in dieser Hinsicht ungünstig; denn dadurch wird das Auftriebsmaximum nicht verändert, aber der zum günstigsten Normalflug gehörige Auftriebswert erhöht. Das wirkungsvollste Mittel gegen Überziehen ist der Schlitzflügel von Handley-Page, durch welchen das Auftriebsmaximum erhöht und — besonders bei dem automatisch erst bei sehr großen c_a-Werten sich öffnenden Schlitzen — weit über den c_a-Wert normalen Fluges erhöht wird (s. S. 98).

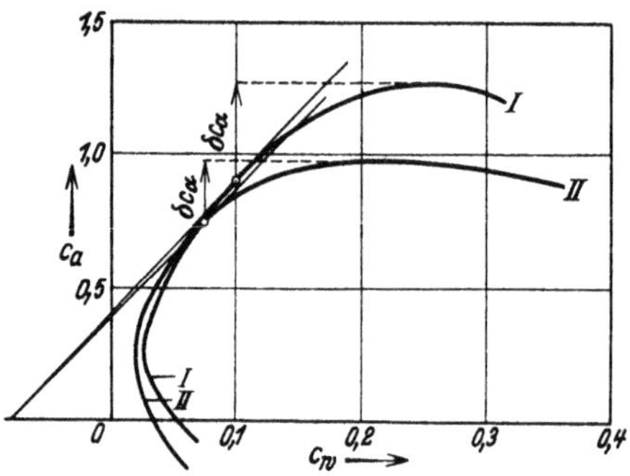

Abb. 211. Einfluß der Profilform auf die Gefahr des „Überziehens".

Es erhebt sich schließlich die Frage nach dem Verhalten eines Flugzeugs jenseits des Auftriebsmaximums, wo ein Gleichgewichtszustand statisch stark stabil, aber dynamisch instabil ist. Auch dort kann sich das Flugzeug nicht dauernd aus dem Gleichgewichtszustand, in welchen es durch das Luftkraftmoment ständig hineingedrückt wird, entfernen; es bilden sich anwachsende Schwingungen aus, und es ist nicht berechnet, wie weit die Amplitude dieser Schwingungen wächst. Eine weitere rechnerische Verfolgung dieser Vorgänge hätte auch nur theoretisches Interesse, da in Wirklichkeit die bei diesen Anstellwinkeln immer einsetzende Seitenbewegung einen ganz anderen Verlauf erzwingt.

Sechstes Kapitel.

Stationäre Seitenbewegung.

§ 1. Koordinaten und Gleichungen.

Variable. Bei allen bisherigen Betrachtungen beschränkten wir uns auf eine ebene Bewegung des Flugzeugs, bei welcher die ganze Flugbahn in der Symmetrieebene des Flugzeugs verläuft. Wie bei allen ebenen Problemen der Mechanik hatten wir dabei zwei Kraftkomponenten und eine Drehmomentkomponente zu betrachten; der mechanische Zustand war vollkommen charakterisiert durch die drei Größen: Geschwindigkeit v, Winkel zwischen Flugbahn und Horizontale γ, Winkel zwischen Flugzeugachse und Flugbahn α. Wir gehen nun zur allgemeinen Bewegung des Flugzeugs im dreidimensionalen Raum über; wir haben dazu sechs Bewegungsgleichungen nötig, entsprechend drei Kraftkomponenten und drei Momentenkomponenten. Die Lage des Flugzeugs gegen die Flugbahn ist durch zwei Winkel gegeben, also nicht mehr nur durch den Anstellwinkel vollständig beschrieben; somit hängen auch die Luftkraftbeiwerte von zwei Variablen ab; die Lage des Flugzeugs im Raum kann auch nicht durch den Winkel $\gamma + \alpha \, (= \vartheta)$ allein beschrieben werden; sondern es bedarf zweier Winkel, also einer weiteren Variablen, zur eindeutigen Festlegung. Dazu kommt als sechste Variable die Krümmung der Flugbahn in der Horizontalebene.

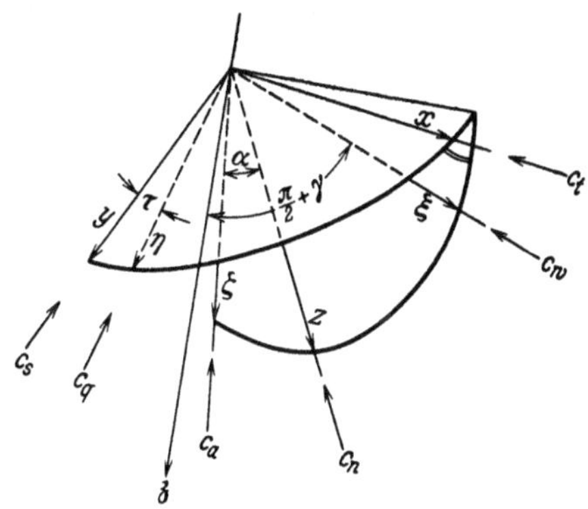

Abb. 212. Koordinatensysteme.

Wie wir die Winkel definieren, welche als unabhängige Variable unserer Gleichungen dienen sollen, ist einigermaßen willkürlich; wir müssen aus praktischen Gründen möglichst nahe an den bei der ebenen Bewegung verwendeten Begriffen bleiben: Wir legen durch den Flugzeugschwerpunkt ein flugzeugfestes Koordinatensystem x-y-z, etwa längs der drei Hauptträgheitsachsen; die x-Achse gehe nach vorne und falle praktisch mit der Rumpf- oder Schraubenachse zusammen, die y-Achse verlaufe senkrecht zur Symmetrieebene nach rechts, die z-Achse nach unten, damit x-y-z ein Rechtssystem bilden. Wir nennen x die „Längsachse“, y die „Querachse“ und z die „Hochachse“; die entgegen diesen Achsen wirkenden Luftkräfte haben — in Übereinstimmung mit früheren Bezeichnungen — die Beiwerte c_t, c_s und c_n („Tangentialkraft, Seitenkraft und Normalkraft“). Gleichfalls durch den Flugzeugschwerpunkt legen wir auch ein flugbahnfestes Rechtssystem ξ-η-ζ, mit der ξ-Achse in Richtung der Flugbahn und der ζ-Achse in der durch z und ξ gegebenen Ebene. Da ζ, ξ und z in einer Ebene liegen, muß η auch senkrecht auf z stehen; η fällt also in die x-y-Ebene. Die Luftkraftkomponente entgegen der „Bahnachse“ ξ bezeichnen wir auch jetzt als „Widerstand“ (c_w), die entgegen der ζ-Achse wirkende Komponente als „Auftrieb“ (c_a); wir nennen daher ζ die „Auftriebsachse“; die entgegen η wirkende Komponente nennen wir „Querkraft“ (c_q). Schließlich haben wir ein erdfestes Koordinatensystem zu betrachten, von welchem für uns nur die durch den Flugzeugschwerpunkt senkrecht nach unten gerichtete „Lotachse" $\mathfrak{z}$ Bedeutung hat.

Wir brauchen nun zunächst zwei Winkel, um die relative Lage des flugzeugfesten gegen das flugbahnfeste Koordinatensystem festzulegen. Als „Anstellwinkel" α sehen wir den Winkel zwischen Bahnrichtung und Sehnenebene oder Winkel $(\zeta, z) = \alpha$ an (Abb. 212). Das seitliche Anblasen des Objektes ist durch die Abweichung der Rumpfachse x von der ξ-ζ-Ebene bestimmt; wir messen diese Größe durch den „Schiebewinkel" τ zwischen x-Achse und ξ-ζ-Ebene, bzw. zwischen y- und η-Achse.

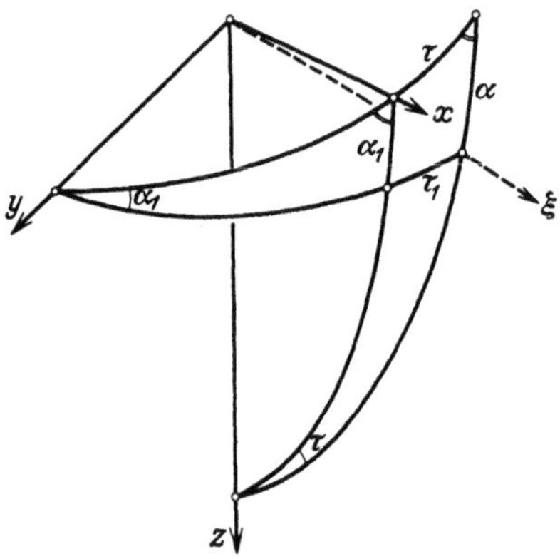

Abb. 213. Verschiedene Definition des Anstellwinkels und des Schiebewinkels.

Diese Definition der beiden Winkel α und τ, welche die Lage des Flugzeugs gegenüber seiner Bahn angeben, von welchen also die Luftkraftbeiwerte abhängen, ist die sinnvollste Erweiterung unseres früheren Anstellwinkelbegriffes. Auf diese Weise wird nämlich am besten erreicht, daß die resultierende Luftkraft im wesentlichen vom Anstellwinkel abhängt und durch kleine Schiebewinkel nicht verändert wird, und daß nur unsymmetrische Gestalt des angeblasenen Körpers eine Abhängigkeit der Luftkraft von τ hervorrufen kann. Um sich das deutlich zu machen, stelle man sich das angeblasene Objekt als Kreisscheibe vor; dann hängen bei der Zerlegung des Raumwinkels zwischen Bahnachse und Rumpfachse in α und τ (und nur bei dieser Zerlegung) alle Kräfte und Momente nur von α ab und τ bleibt ohne Einfluß; denn eine Drehung um die Hochachse bringt bei dem symmetrisch gestalteten Objekt keinerlei Änderung in der relativen Lage gegen die Anblasrichtung hervor.

Bei Modellversuchen finden meist andere Winkelgrößen Verwendung; das anzublasende Objekt wird im Windstrom so angeordnet, daß seine Symmetrieebene mit der Windrichtung einen Winkel τ_1 einschließt; dann wird das Objekt um die zur Symmetrieebene senkrechte Achse (bei Flügeln Holmachse) um den Winkel α_1 gedreht, der als „Anstellwinkel" angesehen wird, und natürlich auch für $\tau_1 = 0$ mit dem früher so genannten Winkel übereinstimmt. Die Bedeutung der verschiedenen Zerlegung und die gegenseitigen Beziehungen sind aus Abb. 213 zu entnehmen:

$$\sin\alpha = \sin\alpha_1 \cos\tau_1 \qquad \operatorname{tg}\tau = \frac{\operatorname{tg}\tau_1}{\cos\alpha_1} \tag{6,1}$$

oder

$$\operatorname{tg}\alpha_1 = \frac{\operatorname{tg}\alpha}{\cos\tau} \qquad \sin\tau_1 = \sin\tau\cos\alpha \tag{6,1a}$$

Durch die Winkel α und τ ist die Lage der Flugzeugrumpfachse gegen die Flugbahn bestimmt; durch zwei weitere Winkel wird die Lage der Flugbahn im erdfesten System angegeben. Der Anstiegwinkel γ soll wieder die Neigung der Flugbahn gegen die Horizontale bedeuten, so daß der Winkel $(\xi, \mathfrak{z}) = \frac{\pi}{2} + \gamma$ wird; dazu kommt ein Kurswinkel ψ, den die Projektion der Flugbahn auf die Horizontale mit einer willkürlich gewählten Anfangsrichtung einschließt; da die Richtung in der Horizontalebene physikalisch belanglos ist, kann nicht ψ in unseren Gleichungen auftreten, sondern nur seine zeitliche Änderung $\frac{d\psi}{dt} = \Omega$[1], die Winkelgeschwindigkeit des Flugzeugschwerpunktes in der Horizontalebene; diese tritt neben die Komponente $\frac{d\gamma}{dt}$ der Winkelgeschwindigkeit in der Vertikalebene. Nun fehlt nur noch die Festlegung der Auftriebs- und der mit ihr zwangläufig verbundenen Hochachse; zu diesem Zweck bedienen wir uns des „*Hängewinkels*" μ zwischen der ζ-Achse und der Schnittlinie $\mathfrak{z}_1$ zwischen der ξ-$\mathfrak{z}$- und der η-ζ-Ebene (Abb. 214). Wenn wir in Fahrtrichtung auf das Flugzeug blicken, so schließt die η-Richtung mit der Horizontalebene den Winkel μ ein. Man könnte den Seitenneigungswinkel auch mit Benutzung des x-y-z-Systems definieren; doch werden dann die Kraftgleichungen weniger einfach[2].

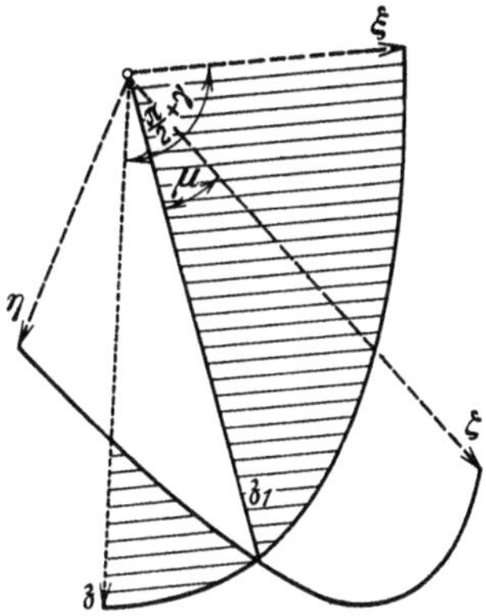

Abb. 214. Definition des Hängewinkels.

Die sechs Größen α, τ, v, γ, Ω und μ bestimmen den mechanischen Zustand des Flugzeugs vollständig; zu ihrer Bestimmung dienen die sechs Gleichungen der Mechanik des starren Körpers.

Gleichgewichtsbedingungen. Wir brauchen in diesen Gleichungen die Komponenten der Drehgeschwindigkeit der *Flugbahn* Ω_ξ, Ω_η und Ω_ζ und die Drehgeschwindigkeiten des *Flugzeugs*, zu deren Bezeichnung wir ω mit der Drehachse als Index verwenden; z. B. ω_x die Winkelgeschwindigkeit des Flugzeugs (oder des betrachteten Flugzeugteiles) um die flugzeugfeste x-Achse; bei *stationärer* Bewegung sind diese Komponenten identisch mit den Komponenten der Winkelgeschwindigkeit Ω des Schwerpunktes in der Horizontalebene; im nächsten Kapitel bei Betrachtung der nichtstationären Bewegungen kommen Glieder hinzu,

[1] Diese Bezeichnung weicht von den Vorschriften des Falu ab, in denen Ω die resultierende Gesamtgeschwindigkeit bedeutet; wir reservieren hier ω mit Indizes für die Drehgeschwindigkeitskomponenten des *Flugzeugs*.

[2] Dies ist der Grund, warum wir auch in der Definition des Hängewinkels nicht den Falu-Vorschriften folgen.

die von der zeitlichen Änderung der bei stationärer Bewegung konstanten Winkel γ, μ, α und τ herrühren. Bei stationärer Bewegung gelten die aus Abb. 213 und 214 leicht ablesbaren Beziehungen:

$$\omega_\xi = -\Omega \sin \gamma \qquad \omega_\eta = \Omega \cos \gamma \sin \mu \qquad \omega_\zeta = \Omega \cos \gamma \cos \mu \tag{6,2}$$

$$\left.\begin{aligned} \omega_x &= \Omega\,[-\sin\gamma\cos\alpha\cos\tau + \cos\gamma\sin\mu\sin\tau - \cos\gamma\cos\mu\sin\alpha\cos\tau] \\ \omega_y &= \Omega\,[\ \ \sin\gamma\cos\alpha\sin\tau + \cos\gamma\sin\mu\cos\tau + \cos\gamma\cos\mu\sin\alpha\sin\tau] \\ \omega_z &= \Omega\,[-\sin\gamma\sin\alpha + \cos\gamma\cos\mu\cos\alpha] \end{aligned}\right\} \tag{6,3}$$

Der positive Drehsinn ist immer der positiven Achsenrichtung im Sinne eines Rechtssystems zugeordnet.

Die Kraftgleichungen schreiben wir im bahnfesten Koordinatensystem hin. Zu den drei Komponenten der Luftkraft, der Schwere und des Schraubenzuges treten hier die Komponenten der Fliehkraft, nämlich $-\frac{G}{g}\,v\,\Omega_\zeta$ in der η-Richtung und $\frac{G}{g}\,v\,\Omega_\eta$ in der ζ-Richtung.

$$\xi\text{-Achse:}\ -G\sin\gamma + S\cos\alpha\cos\tau - c_w\,q\,F = 0 \tag{6,4}$$

$$\eta\text{-Achse:}\ -\frac{G}{g}\,v\,\Omega\cos\gamma\cos\mu + G\cos\gamma\sin\mu - S\sin\tau - c_q\,q\,F = 0 \tag{6,5}$$

$$\zeta\text{-Achse:}\ \frac{G}{g}\,v\,\Omega\cos\gamma\sin\mu + G\cos\gamma\cos\mu - S\sin\alpha\cos\tau - c_a\,q\,F = 0 \tag{6,6}$$

Die Beiwerte c_a, c_w und c_q hängen von α und von τ ab; doch ist die Abhängigkeit von τ, wie im nächsten Paragraphen gezeigt wird, sehr gering.

Die Momentengleichungen beziehen wir auf die drei flugzeugfesten Achsen x, y, z; wir nehmen dabei zur Vereinfachung wieder an, daß der Schraubenzug durch den Schwerpunkt geht; dann müssen die Momente der Luftkräfte mit den Momenten der Trägheitskräfte im Gleichgewicht sein. Die letzteren verschwinden beim allgemeinen Problem nicht; denn x, y, z sind bewegte Achsen; es müssen daher die sog. Kreiselglieder berücksichtigt werden. Wir bezeichnen die zu den Achsen gehörigen Trägheitsmomente mit J_x, J_y, J_z und vernachlässigen die Zentrifugalmomente; wir nehmen also an, daß x, y, z Hauptachsen des Flugzeugs sind. Die Luftkraftmomente um die drei Achsen bezeichnen wir in folgender Weise:

$$\left.\begin{aligned} &x\text{-Achse:}\ L = c_L\,q\,F\,b\ \text{(Rollmoment)} \\ &y\text{-Achse:}\ M = c_M\,q\,F\,t\ \text{(Kippmoment, Längsmoment)} \\ &z\text{-Achse:}\ N = c_N\,q\,F\,b\ \text{(Giermoment)} \end{aligned}\right\} \tag{6,7}$$

Als positiv gelte der Drehsinn entgegen dem Rechtssystem, sowie oben auch die Kräfte positiv entgegen den Achsenrichtungen gerechnet wurden. Bezeichnung und Vorzeichen des Längsmomentes sind dabei in Übereinstimmung mit den früheren Kapiteln.

Die Momentengleichungen lauten dann:

$$(J_y - J_z)\,\omega_y\,\omega_z = L \tag{6,8}$$

$$(J_z - J_x)\,\omega_z\,\omega_x = M \tag{6,9}$$

$$(J_x - J_y)\,\omega_x\,\omega_y = N \tag{6,10}$$

Zu allen Luftkraftmomenten liefern die Flügel einen Beitrag, der berücksichtigt werden muß; L und N hängen von der Stellung der Querruder wesentlich ab; das Höhenleitwerk trägt nur zu M bei, das Seitenleitwerk nur zu N. Da das Seitenleitwerk nie symmetrisch gegenüber der Rumpfachse gestaltet ist, trägt es streng genommen auch zu L bei; doch kann dieser Beitrag wohl immer vernachlässigt werden. Ebenso seien alle Momente vernachlässigt, die von anderen als der Normalkomponente auf das Leitwerk herrühren.

§ 2. Unsymmetrische Luftkräfte.

Unsymmetrische Luftkräfte entstehen aus zwei Ursachen: 1. durch unsymmetrische Lage des Geschwindigkeitsvektors im Flugzeug, unsymmetrisches Anblasen, $\tau \neq 0$; 2. durch unsymmetrische Flugzeugbewegung, durch welche die einzelnen Teile, insbesondere die einzelnen Flügelelemente, unter verschiedene aerodynamische Bedingungen gesetzt werden, d. i. verschiedene Geschwindigkeiten und verschiedene Anstellwinkel erhalten.

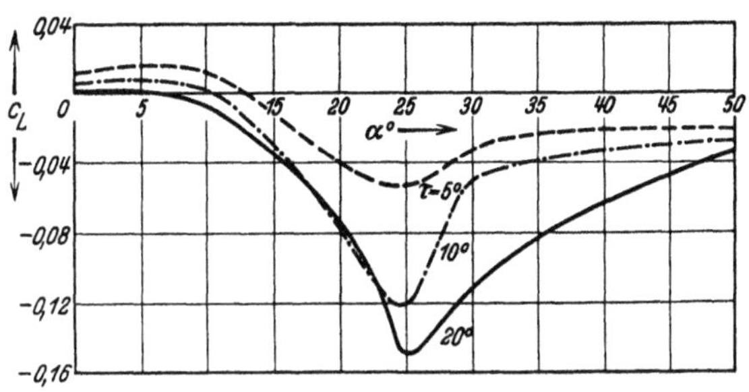

Abb. 215. Rollmoment infolge Seitenwindes (Profil Göttingen 420, Flügelform 6, Abb. 217).

Die Wirkung des Seitenwindes τ kann unmittelbar im Windkanal untersucht werden; indes ist das Versuchsmaterial nicht sehr groß, insbesondere nicht, was isolierte Flügel anlangt. Die Wirkung des Seitenwindes auf das Seitenleitwerk ist ja nicht anders als die Wirkung des Flugwindes auf das Höhenleitwerk, τ ist der Anstellwinkel des Seitenleitwerkes; man kann die Ergebnisse des vierten Kapitels, § 3, übertragen. Eine Komplikation kann hier nur dadurch auftreten, daß bei großen Anstellwinkeln leicht das Seitenleitwerk in den Windschatten des Höhenleitwerkes rückt, wofür die in Abb. 173 dargestellten Verhältnisse maßgebend sind.

Auch der schädliche Widerstand infolge Seitenwindes gehorcht den bekannten Gesetzen; im allgemeinen wird er mit dem Seitenwind wachsen; denn die dem Wind gebotene Fläche wird größer und die aerodynamische Form ungünstiger. Bei Rümpfen tritt mit τ eine

Querkraft auf, die dem Auftrieb bei α entspricht; der numerischen Abschätzung kann die Abb. 87 zugrunde gelegt werden.

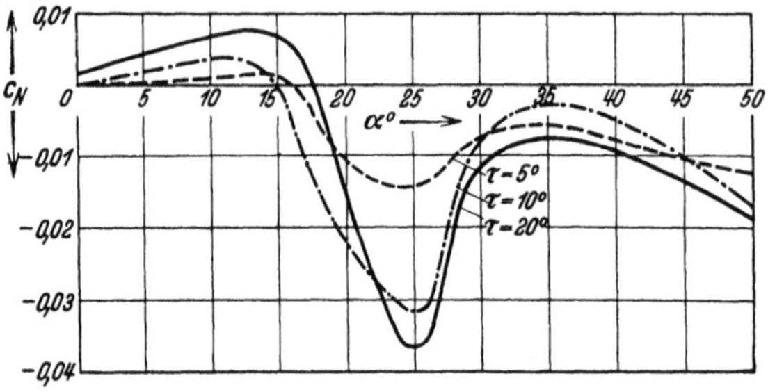

Abb. 216. Giermoment infolge Seitenwindes (Profil Göttingen 420, Flügelform 6, Abb. 217).

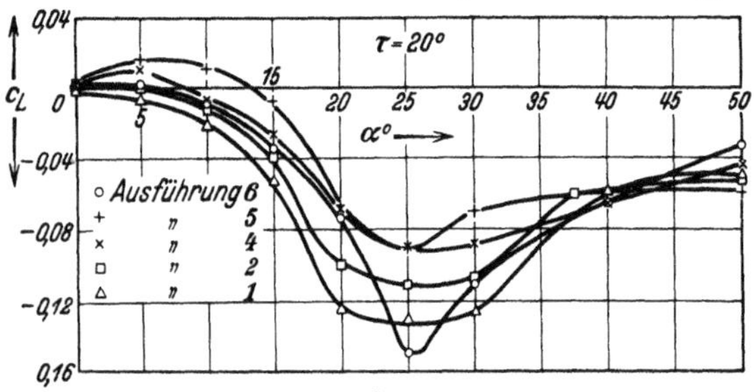

a

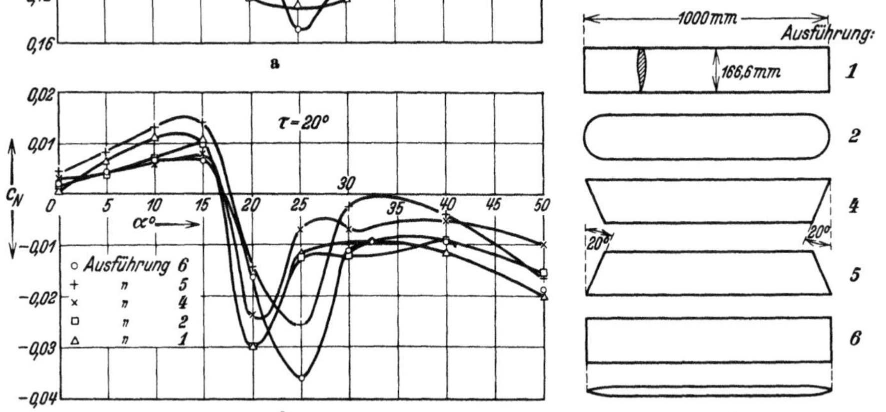

b c

Abb. 217a—c. Rollmoment und Giermoment bei konstantem Seitenwind und verschiedener Umrißform.

Ganz neue Probleme wirft indes die Wirkung des Seitenwindes auf Flügel auf[1]. Zwar erweisen sich die Luftkräfte selbst und das Längsmoment als in weiten Grenzen von τ unabhängig; man braucht ja wohl im praktischen Flugbetrieb nie mit einem Seitenwind von mehr als 20^0 zu rechnen. Auch Rollmoment und Giermoment weisen im Bereich normaler Flugwinkel keine großen Werte auf, dagegen bedeutende und flugtechnisch wichtige Werte, sobald der Anstellwinkel das Auftriebsmaximum erreicht oder überholt. Abbildungen 215 und 216 zeigen den typischen Verlauf; wieweit eine Beeinflussung der Momente durch Formgebung und Umriß möglich ist, geht aus Abb. 217 hervor.

[1] Proposto, S. del, Verhalten von Tragflächen bei Seitenwind. Diss. Aachen, T. H. 1933 und J. Inst. aeron. Sci. Bd. 1 H. 3. — Williams, D. A. and A. S. Halliday, Rolling and yawing moments due to sideslip. R & M 1059 II; 1926/27 S. 280.

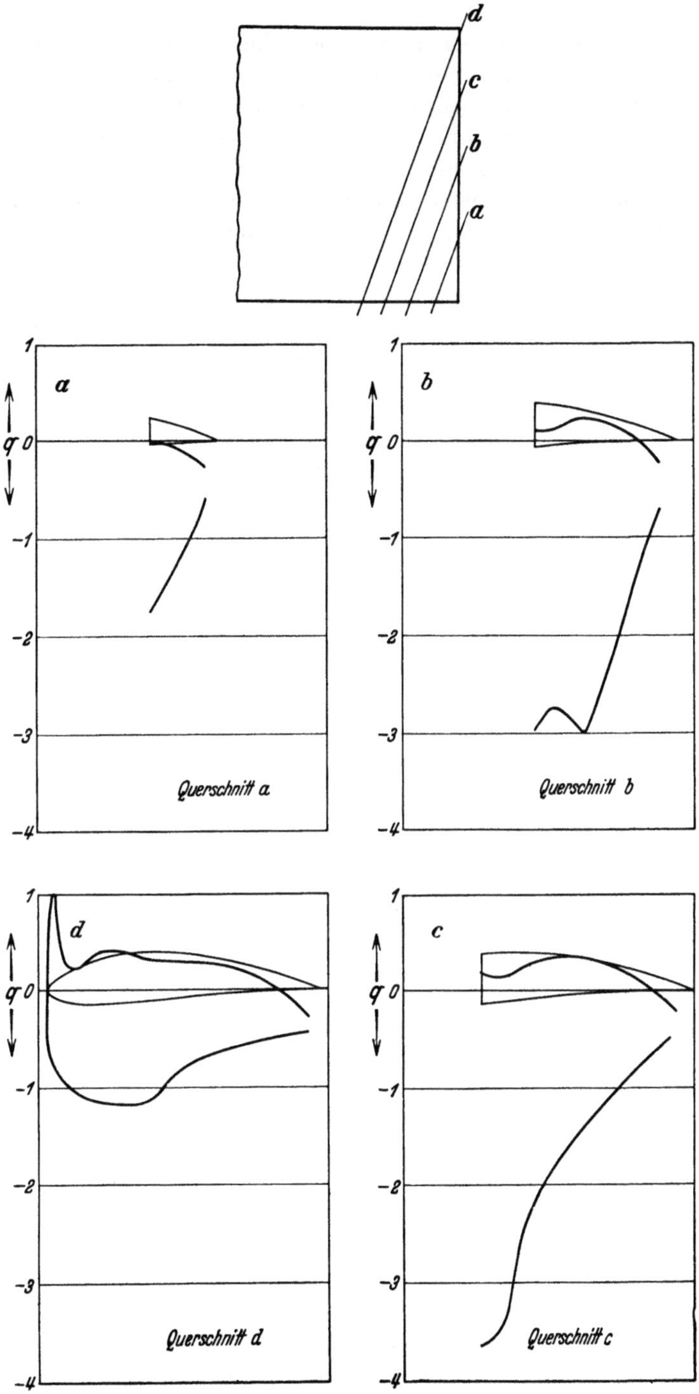

Abb. 218. Druckverteilung an der gegen den Wind vorgeschobenen Flügelspitze.
$\alpha_1 = 30°$ $\tau_1 = 20°$.

Wir bezeichnen stets einen Schiebewinkel als positiv, wenn die Flugzeugholmachse y im Sinn des Rechtssystems um die Hochachse aus der η-Richtung herausgedreht erscheint; da bei unserer Vorzeichenfestsetzung die y-Achse vom Piloten aus gesehen nach rechts läuft, ist also τ positiv, wenn das Flugzeug nach links schiebt. Die Momentenrichtungen sind so festgesetzt, daß ein positives Rollmoment von der z- zur y-Achse hindreht, ein positives Giermoment von der y- zur x-Achse. Positives c_L bei positivem τ bedeutet also, daß die gegen den Wind vorgeschobene Flügelseite nach unten gedrückt wird, negatives c_L, daß sie gehoben wird; positives c_N bei positivem τ entspricht dem Hereindrehen der Symmetrieebene in den Wind, wie bei einer Windfahne, negatives c_N dem Herausdrehen.

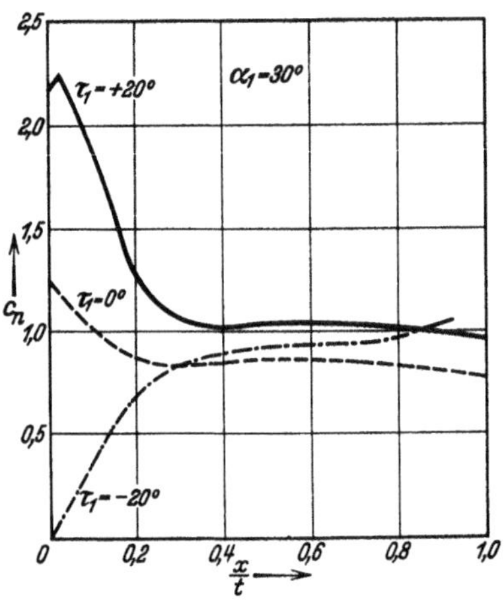

Abb. 219. Verteilung der Normalkraft am seitlich angeblasenen Flügelende (x Entfernung vom seitlichen Flügelrand, t Tiefe).

Randeffekt und Abreißeffekt. Die genauere Analyse zeigt zwei verschiedene Effekte, die zusammen diese Momente hervorrufen:

1. Der seitlich einfallende Wind findet im Mittelteil des Flügels Flügelprofile, die von dem Profil bei symmetrischem Anblasen nur wenig abweichen; am Rand hingegen trifft er auf der einen Seite Profile mit abgeschnittener Vorderkante, auf der anderen Seite Profile mit abgeschnittener Hinterkante. An ersteren treten sehr hohe Saugdrucke auf (Beispiel Abbildung 218), während an letzteren die normale Saugwirkung stark herabgesetzt wird. Man kann diesen Effekt experimentell rein erhalten, wenn man die Druckverteilung an einem nur teilweise im Luftstrom stehenden Flügelmodell mißt; an der aus dem Luftstrom herausragenden Seite muß voller Druckausgleich herrschen, jede Wirkung vom inneren Teil des Flügels aus ist daher unterbunden. Integriert man die Drucke über einen Querschnitt (parallel Symmetrieebene), so erhält man die Auftriebsverteilung längs der Spannweite (Abb. 219), die durch diesen Randeffekt hervorgerufen wird[1]. Dieser Randeffekt ist natürlich durch die Form der Flügelspitzen stark beeinflußbar.

2. Daß der Randeffekt nicht allein die beobachteten Momente hervorbringt, geht aus einem Versuch (Abb. 220) hervor, bei welchem ein

[1] S. a. Williams, D. A., Pressure distribution over a yawed aerofoil. R & M 1203; 1929/30 S. 299. — Diese Druckmessungen sind am ganzen Flügel gewonnen; sie scheiden den Randeffekt nicht von dem Abreißeffekt, stimmen darum mit Abb. 218 nur am Rand, nicht im Flügelmittelteil überein.

Parallelogrammflügel so seitlich angeblasen wird, daß der Wind überall dasselbe Profil findet. Trotzdem tritt ein Rollmoment auf, das ungefähr $^2/_3$ des gesamten an Rechteckflügeln beobachteten Rollmomentes beträgt. Für diese Erscheinung gibt es noch keine befriedigende Theorie; die Tragflügeltheorie läßt wohl das Verhalten bei kleinen Anstellwinkeln verstehen[1]; die in Richtung des Windes nach hinten ziehenden Wirbel rücken an die „vorgeschobene" Spitze des Flügels näher heran als an die hintergeschobene, erzeugen also an der vorgeschobenen Spitze einen größeren Abtrieb und bringen so ein Moment hervor, welches die vorgeschobene Spitze nach unten drückt. Aber das bedeutende Moment, das bei großen Anstellwinkeln auftritt, ist von anderem Vorzeichen und von höherer Größenordnung.

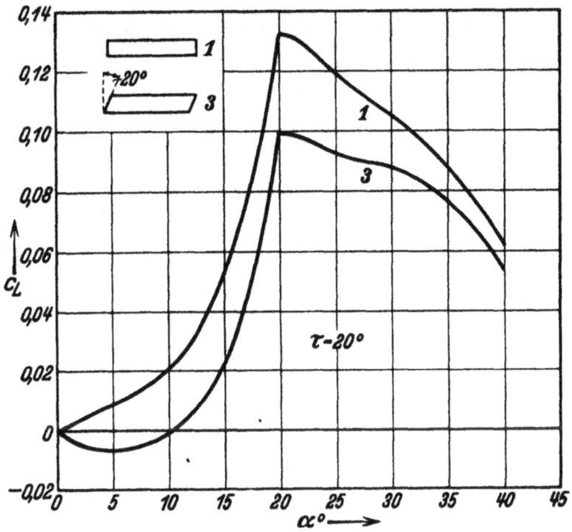

Abb. 220. Rollmoment bei Flügelform 1 und Flügelform 3. Reiner Abreißeffekt bei Flügelform 3.

Man kann sich die Vorgänge etwa in folgender Weise klarmachen: Bei einem schiebenden Flügel ohne Seitenberandung sind die einzelnen Profile so gegeneinander versetzt (Abb. 221), daß ein Druckgefälle vom vorgeschobenen zum hintergeschobenen Flügelende sich einstellt. Dieses Druckgefälle kann die Außenströmung wegen der hohen Geschwindigkeit nur wenig beeinflussen; die Grenzschicht hingegen folgt dem Druckgefälle; das wirbeldurchsetzte Grenzschichtmaterial kommt von den vorgeschobenen nach den hintergeschobenen Flügelteilen, erhöht dort wesentlich die Dicke der Grenzschicht und zwingt die Strömung zum Abreißen. Während am vorgeschobenen Ende noch eine einigermaßen normale Zirkulationsströmung mit hohem Auftrieb besteht, ist die Strömung am hintergeschobenen Ende abgerissen und bringt nur einen kleinen Auftrieb hervor. Dieser **Abreißeffekt** ist danach in seiner Entstehung der im Versuch der Abb. 98 beobachteten Erscheinung verwandt.

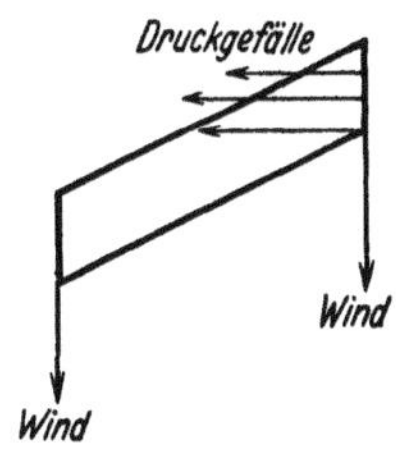

Abb. 221. Druckgefälle bei Anblasen der Flügelform 3 parallel zu den Seitenkanten.

[1] Birnbaum, W., Die tragende Wirbelfläche als Hilfsmittel. Z. angew. Math. Mech. Bd. 3 (1923) S. 290. — Blenk, H., Der Eindecker als tragende Wirbelfläche. Z. angew. Math. Mech. Bd. 5 (1925) S. 36.

Das Giermoment rührt im wesentlichen von den Tangentialkräften auf die Flügel (s. Abb. 77) her; die Komponente der Kraft senkrecht zur Normal- und zur Tangentialkraft (Seitenkraft) kann ja nur sehr klein sein, da sie nur von Reibungskräften kommen kann; die Druckkräfte auf die Flügel, auch wenn sie einen Formwiderstand hervorrufen, haben keine Komponente in der y-Richtung. Nun ist die Tangentialkraft im Bereich kleiner Anstellwinkel stets nach vorne gerichtet und wächst mit dem Auftrieb; sie ist also wie der Auftrieb kleiner an der vorgeschobenen Seite und das Flugzeug wird in den Wind gedreht. Bei abgerissener Strömung verläuft die Tangentialkraft nach hinten; an der vorgeschobenen Seite entsteht aus der Zirkulationsströmung eine nach vorne ziehende, an der hintergeschobenen Seite aus der abgerissenen Strömung eine nach hinten ziehende Tangentialkraft; die beiden Kräfte wirken zusammen, um das Flugzeug aus dem Wind herauszudrehen; erst wenn die Strömung an beiden Seiten abgerissen ist, verschwindet dieses Moment wieder. Das maximale negative Giermoment und das maximale positive Quermoment treten beim gleichen Anstellwinkel auf.

V-Stellung und Pfeilstellung. Auch bei kleinem Anstellwinkel kann man ein Quermoment auf die Flügel erzeugen, wenn man die Flügelholme nicht senkrecht auf der Symmetrieebene baut, sondern ihnen V-Stellung gibt (s. Abb. 1). Diese werde gemessen durch den Winkel ν, den die Sehnenebene des Flügels mit der zur Hochachse senkrechten Ebene, in welcher die Drehung um τ vorgenommen wird, einschließt, und zwar rechnen wir ν positiv, wenn die Drehung aus der Lage ohne V-Stellung heraus im rechtsläufigen Sinn von der y- nach der z-Achse hin erfolgt. Bei der gewöhnlichen („positiven") V-Stellung, bei welcher die Flügel nach oben gedreht sind, ist ν beim rechten Flügel negativ, beim linken positiv zu rechnen. Aus dem Kugeldreieck Abb. 222a geht hervor, daß sich der Anstellwinkel eines so eingestellten (linken) Flügels erhöht, so daß bei kleinen ν und τ

$$\alpha = \alpha_0 + \nu \tau \tag{6,11}$$

Diese Änderung ist zwar von zweiter Ordnung; doch wird dadurch die große Auftriebskomponente verändert und die Wirkung wird proportional der Größe c_n', die numerisch sehr bedeutend ist. Das Moment infolge V-Stellung wird danach, wenn die Flügel im übrigen als vollkommen gleichförmig angenommen werden:

$$L = -2 c_n' \nu \tau q \frac{F}{2} \frac{b}{4} \tag{6,12}$$

Die Luftkraft wird auf der dem Wind zugekehrten Seite erhöht, auf der anderen erniedrigt, entsprechend einem negativen Vorzeichen. Das Moment ist also dem bei kleinen Anstellwinkeln entstehenden Moment der Abb. 215 entgegengesetzt, bei großen Anstellwinkeln verliert es seine Bedeutung, da c_n' klein wird und das „Abreißmoment" weit überwiegt.

Auch durch Pfeilstellung kann ein Quermoment bei Seitenwind erzeugt werden. Bläst der Wind seitlich auf einen Flügel ohne Pfeilstellung, so sind die umströmten Profile (außer an den Spitzen) tiefer als bei symmetrischem Anblasen; der Wölbungspfeil bleibt derselbe; daher wird die Wölbung geringer. Dieser Effekt ist aber nur proportional $\cos\tau$, somit bei kleinem τ unmerklich. Bei Pfeilstellung von bedeutender Größenordnung (20 bis 30°) findet aber (Abb. 222b) eine Tiefenverminderung und somit Wölbungs- und Auftriebserhöhung auf der angeblasenen Seite statt, und zwar ist diese Minderung proportional $\tau \operatorname{tg} \iota$. Bei positivem ι wird auch in diesem Fall der dem Wind zugekehrte Flügel stärker nach oben gedrückt als der abgekehrte.

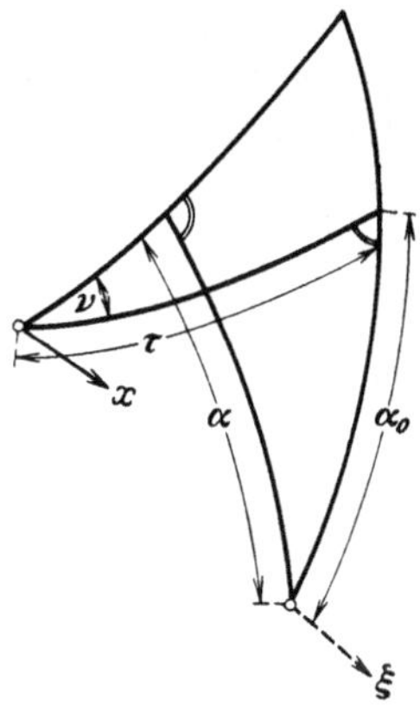

Abb. 222a. Wirkung der V-Stellung.

Unsymmetrische Flugzeugbewegung. Noch größere Kraftwirkungen als vom unsymmetrischen Anblasen rühren von der unsymmetrischen Flugzeugbewegung, d. i. von der Drehung des Flugzeugs, her; dadurch, daß die einzelnen Flügelelemente in verschiedener Weise angeblasen werden, entstehen Momente. Wir überblicken die Vorgänge am besten bei Zerlegung der Drehung nach den flugbahnfesten Achsen; dabei denken wir uns den Schwerpunkt gleichförmig geradlinig bewegt, so daß die Drehachsen durch den Schwerpunkt gehen.

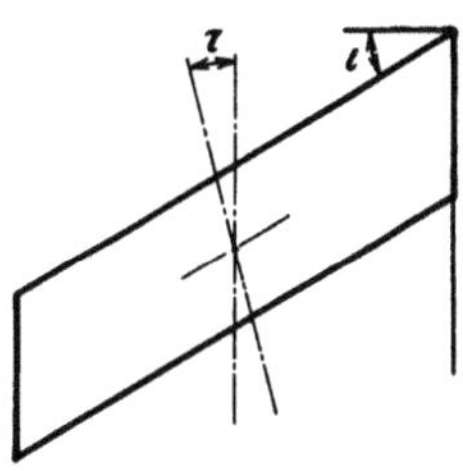

Abb. 222b. Wirkung der Pfeilstellung.

Wir wollen bei den folgenden Überlegungen nun immer $\tau = 0$ setzen, also die Wirkungen unsymmetrischer Bewegung von den Wirkungen des Seitenwindes abtrennen; wir werden ohnehin immer darauf angewiesen sein, die beiden Wirkungen einfach zu addieren, da ihr Zusammenwirken nicht experimentell klargestellt [1] ist und in 1. Näherung wohl durch Addition erfaßt werden kann.

Drehung um Bahnachse. Bei der Drehung ω_ξ des Flügels um die Bahnachse erfährt jedes Flügelelement im Abstand η eine Zusatzgeschwindigkeit in der ζ-Richtung von der Größe $\omega_\xi\,\eta$, die bei $\tau = 0$ identisch mit $\omega_\xi\, y$ gesetzt werden kann. Die Folge ist eine Anstellwinkelerhöhung um $\frac{\omega_\xi\, y}{v}$, wenn v die Geschwindigkeit des betreffenden

[1] Bradfield, F. B. and A. S. Hartsborn, Some preliminary tests on the effect of sideslips on the rolling and yawing moments due to rolling of a Bristol biplane. R & M 1439; 1931/32 S. 691.

Flügelelementes bedeutet, die wir gleich der Fluggeschwindigkeit setzen. Dadurch entsteht eine unsymmetrische Auftriebsverteilung; bei normalen Fluganstellwinkeln und positivem ω_ξ wächst der Auftrieb auf der rechten, fällt auf der linken Seite, und die Folge ist ein nach unserer Vorzeichenfestsetzung positives Moment L. Bei großen Anstellwinkeln wird hingegen die Auftriebskraft an den Flügelteilen mit erhöhtem Anstellwinkel kleiner, an den anderen größer; so ergibt sich ein negatives L. Aus demselben Grunde entsteht infolge einer Drehung ω_ξ auch ein Giermoment N, das für kleine Anstellwinkel wegen der nach vorne ziehenden Tangentialkraft bei positivem ω_ξ den rechten Flügel nach vorne dreht, also positiv zu rechnen ist, bei großen Anstellwinkeln entsprechend der umgekehrten Richtung der Tangentialkraft negativ wird.

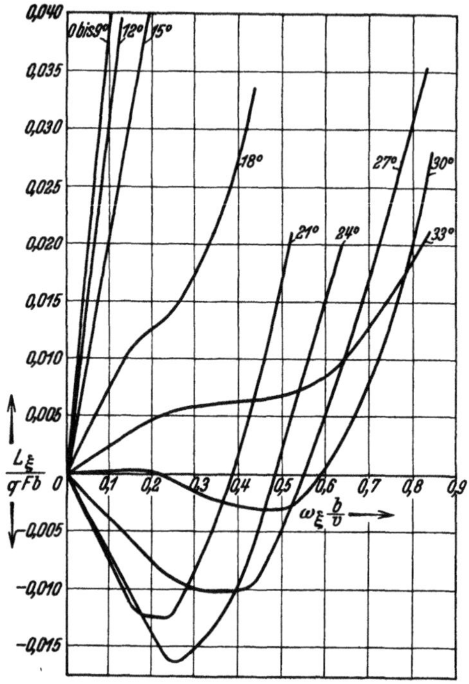

Abb. 223. Moment um die Windachse in Abhängigkeit von $\omega_\xi \frac{b}{v}$; Parameter α. Nullpunkte bedeuten Autorotations-Zustände.

Man bestimmt diese Momente aus Windkanalversuchen, bei denen man das Modell um eine in der Windrichtung liegende Achse dreht und etwa durch pendelnde Aufhängung das Drehmoment des Motors, sowie mittels eines exzentrisch angreifenden, mitrotierenden, aber an eine feste Waage führenden Drahtes das dazu senkrechte Luftkraftmoment mißt[1]. Dabei erhält man nicht unsere um flugzeugfeste Achsen gerechneten Momente L und N, sondern Momente um Bahn- und Auftriebsachse, die wir mit L_ξ, N_ξ bezeichnen wollen, und aus denen wir L und N nach den Formeln

$$\left.\begin{aligned} L &= L_\xi \cos\alpha + N_\xi \sin\alpha \\ N &= N_\xi \cos\alpha - L_\xi \sin\alpha \end{aligned}\right\} \qquad (6{,}13)$$

berechnen können.

Autorotation. Das Moment L_ξ (Abb. 223) hat auch für sich genommen Bedeutung; es verschwindet nämlich in einem gewissen Anstellwinkel-

[1] Zusammenfassende Darstellung dieser Versuchseinrichtungen: Betz, A., Ermittlung der bei Drehbewegungen von Körpern (Flugzeugen) auftretenden Kräfte und Momente. Handbuch der Experimentalphysik, Bd. 4, 2. Teil. 1932.

bereich bei bestimmten von α abhängigen Werten der relativen Drehgeschwindigkeit $\frac{\omega_\xi b}{v}$; in diesen Fällen dreht sich das mit festem α im Windstrom montierte, aber um die Bahnachse frei drehbare Modell ohne Motorkraft stationär; d. h. es stellt sich von selbst eine zu den gegebenen Werten von α, b und v gehörige Drehgeschwindigkeit ein. Aus Abb. 223 geht auch unmittelbar hervor, daß eine solche stationäre Drehung (im Modell bei festgehaltenem Anstellwinkel!) stabil sein muß; denn bei Erhöhung von ω_ξ tritt ein dämpfendes (positives) Moment auf, bei Erniedrigung ein anfachendes. Dies ist immer der Fall, wenn die Kurven der Abb. 223 an ihrer Nullstelle ansteigen; ein Abfallen zeigt aus

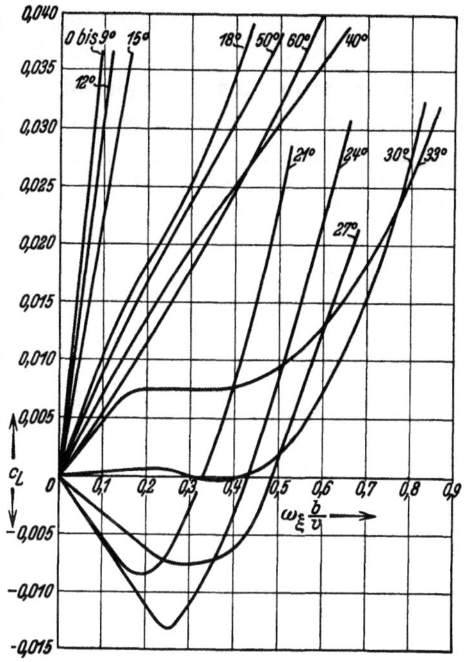

Abb. 224. Beiwert des Rollmomentes in Abhängigkeit von $\omega_\xi \frac{b}{v}$; Parameter α. Eindecker oder gestaffelter Doppeldecker.

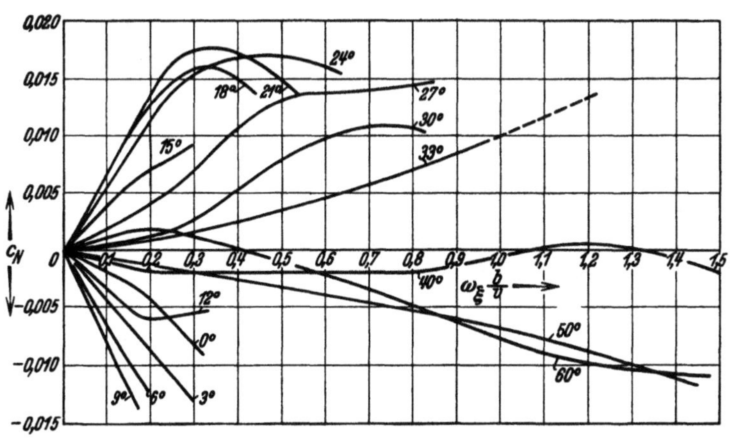

Abb. 225. Beiwert des Giermomentes in Abhängigkeit von $\omega_\xi \frac{b}{v}$; Parameter α. Eindecker oder gestaffelter Doppeldecker.

demselben Grunde Instabilität an. Man nennt die stabile Drehung eines Modells ohne Motor im Windkanal „Autorotation“ oder auch

„Eigendrehung“[1]; sie spielt eine ausschlaggebende Rolle bei allen Flugbewegungen mit großem Anstellwinkel.

Rollmoment und Giermoment. Die Beiwerte der flugzeugfesten Momente c_L und c_N für einen gewöhnlichen Flügel sind in Abb. 224 und 225 eingezeichnet[2]. Die Profilform dürfte wohl nur geringen Einfluß haben; dies ist nicht systematisch untersucht worden. Auch Doppeldeckeranordnung ändert am Verlauf dieser Momente nichts Wesentliches, solange bei den untersuchten Anstellwinkeln eine Abschirmung des oberen durch den unteren Flügel nicht in Frage kommt; damit diese Bedingung erfüllt ist, muß eine Staffelung von ansehnlicher Größe vorhanden sein; dann rückt der Oberflügel aus dem nach Abb. 173 abschätzbaren Schattengebiet heraus. Ein ungestaffelter Doppeldecker erfüllt diese Bedingung nicht; für einen solchen geben die Abb. 226 und 227 die Werte von c_L und c_N[3].

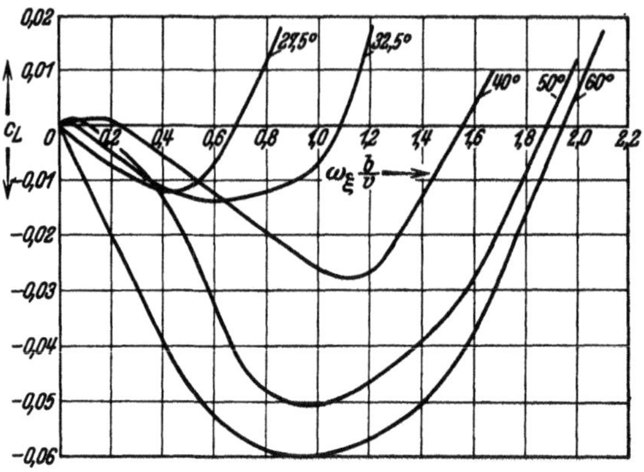

Abb. 226. Beiwert des Rollmomentes in Abhängigkeit von $\omega_\xi \frac{b}{v}$; Parameter α. Ungestaffelter Doppeldecker.

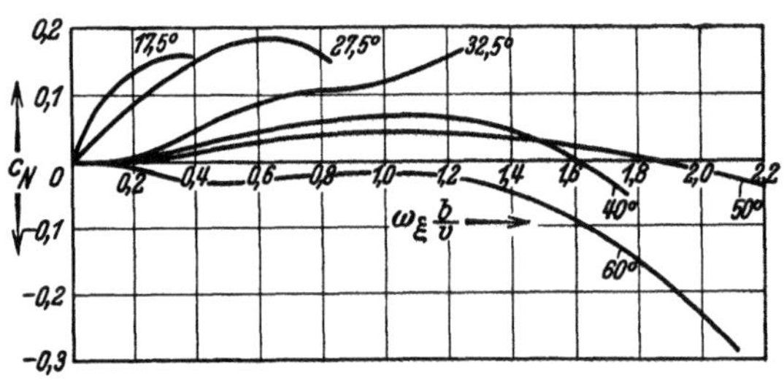

Abb. 227. Beiwert des Giermomentes in Abhängigkeit von $\omega_\xi \frac{b}{v}$; Parameter α. Ungestaffelter Doppeldecker.

Zu negativen Werten von $\omega_\xi \frac{b}{v}$ gehören natürlich — solange nicht etwa durch Querruderausschlag Unsymmetrie hereingebracht wird — dieselben Absolutwerte von c_L und c_N mit entgegengesetztem Vorzeichen.

---

[1] Eine Reihe englischer Arbeiten in R & M Nr. 618, 787, 846, 975. Zusammengefaßt bei S. B. Gates and L. W. Bryant, The spinning of aeroplanes. R & M 1001; 1926.

[2] Bradfield, F. B., Measurement of rolling and yawing moments of model wings, due to rolling. R & M Nr. 787; 1921/22 S. 212; teilweise ergänzt nach R & M 1064; 1926/27.

[3] Irving, H. B. and A. S. Batson and C. H. Burge, The Effects of Stagger and gap on the aerodynamic properties of biplanes at large angles of incidence. Part II. R & M 1064; 1926/27 S. 152.

Man kann versuchen, die umständlichen Versuche mit drehendem Modell zu vermeiden, indem man aus den Messungen von c_n und c_t (mit der gewöhnlichen Dreikomponentenwaage) die Momente L und N durch Integration berechnet; man hat dabei als Anstellwinkel für jeden Flügelstreifen dy den mit Berücksichtigung der Drehung gewonnenen Wert $\alpha + \operatorname{arctg} \frac{\omega_\xi y}{v}$ einzusetzen und bei großen Drehgeschwindigkeiten auch die Änderung der Gesamtgeschwindigkeit infolge Drehung zu $\sqrt{v^2 + \omega_\xi^2 y^2}$ zu beachten.

Dann erhält man

$$L = \frac{\varrho}{2} v^2 \int_{-\frac{b}{2}}^{+\frac{b}{2}} c_n \left\{ \alpha + \operatorname{arctg} \frac{\omega_\xi y}{v} \right\} y\, t \left(1 + \frac{\omega_\xi^2 y^2}{v^2} \right) d y \tag{6,14}$$

Hierbei soll die geschweifte Klammer unter dem Integral bedeuten, daß c_n nur von $\alpha + \operatorname{arctg} \frac{\omega_\xi y}{v}$ abhängt. Durch Einführung der Bezeichnung

$$\varphi = \frac{\omega_\xi y}{v} \qquad \varphi_0 = \frac{\omega_\xi b}{2 v}$$

und δc_n für den Unterschied der c_n-Werte, welche zu $\alpha + \operatorname{arctg} \varphi$ und $\alpha - \operatorname{arctg} \varphi$ gehören, gelangen wir für konstantes t zu dem übersichtlichen Ausdruck

$$L = \frac{\varrho}{2} \frac{v^4}{\omega_\xi^2} t \int_0^{\varphi_0} \delta c_n \cdot \varphi (1 + \varphi^2) d \varphi \tag{6,15}$$

Für nicht allzu starke Drehungen läßt sich hier φ^2 gegen 1 vernachlässigen.

Dabei kann man δc_n an der c_n-Kurve (Abb. 228) ablesen, wenn man von irgendeinem Wert $\alpha = \alpha_0$ ausgeht und die Kurve an der Geraden $\alpha = \alpha_0$ spiegelt (gestrichelte Kurven). Das statische Moment der von den beiden Kurven begrenzten Fläche, bezogen auf den Spiegelungspunkt bis zum Endpunkt φ_0, der an der eingezeichneten Skala abgelesen werden kann, ergibt L nach (6,15). Man sieht ohne weiteres, daß das Integral für Anstellwinkel unter dem Auftriebsmaximum nie verschwinden kann, und daß es in einem gewissen Bereich größerer Anstellwinkel einen bestimmten Wert von φ_0 gibt, somit bei festem b und v einen bestimmten

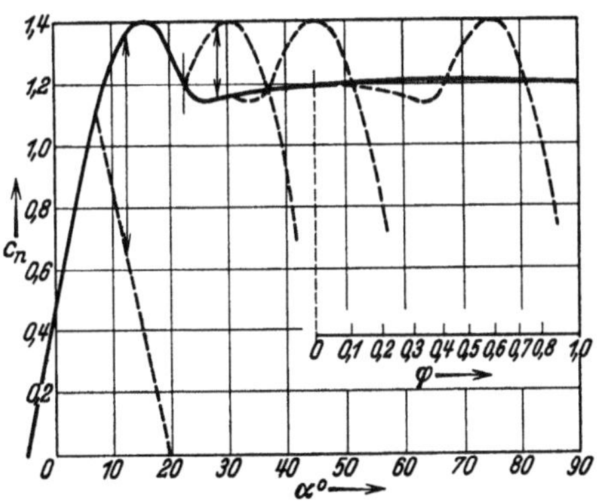

Abb. 228. Zur Berechnung des Rollmomentes aus den Normalkräften.

Wert der Drehgeschwindigkeit, bei welchem das Integral verschwindet und somit Autorotation eintritt. Je nach dem Verlauf der c_n-α-Kurve können auch zwei solche Werte bei höheren α auftreten. Abb. 229 läßt den verschiedenen Verlauf der c_n-α-Kurven beim Eindecker und beim ungestaffelten Doppeldecker erkennen; Rechnungen mit diesen Werten führen zu c_L-Kurven, die analog den Kurven der Abb. 224 bzw. 226 verlaufen; die Schattenwirkung des Unterflügels auf den Oberflügel ist verantwortlich sowohl für das Fallen der c_n-Kurve wie auch für den großen Bereich negativer c_L-Werte.

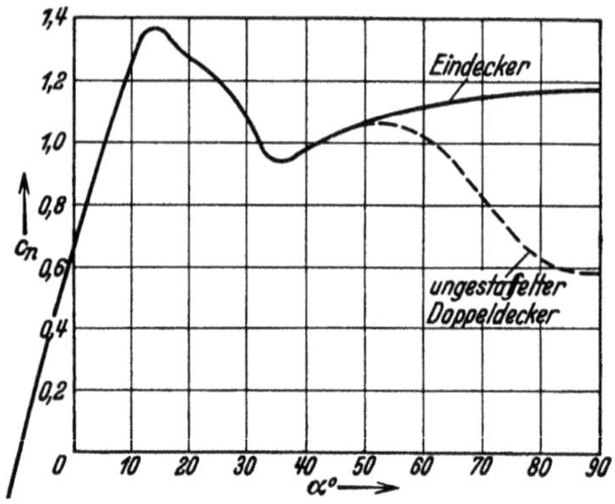

Abb. 229. Normalkraftbeiwerte des Eindeckers und des ungestaffelten Doppeldeckers bei großen α.

Die so berechneten Werte stimmen mit den Messungen recht gut überein [1].

Will man jede Autorotation vermeiden, so muß man Tragwerke suchen, deren c_n-α-Kurve nirgends mit wachsendem α fällt. Man kann dies nach Fuchs und Schmidt [2] durch Verwendung eines Hilfsflügels erreichen, den man gegen den Hauptflügel stark schränkt (Abb. 230). Diese Maßnahme ist verwandt dem Handley-Page-Schlitz, hat gegenüber diesem den Vorteil, bis zu $\alpha = 90°$ wirksam zu sein, aber den Nachteil, den Absolutwert von c_a nicht zu erhöhen und infolgedessen erst bei viel höheren Anstellwinkeln die Möglichkeit ganz langsamen Fluges zu bieten. Auch ist, wie beim nicht automatisch ausgeschalteten Schlitzflügel, ein Verlust im Wert von c_a und eine Erhöhung von c_w bei kleinen Anstellwinkeln nicht zu vermeiden.

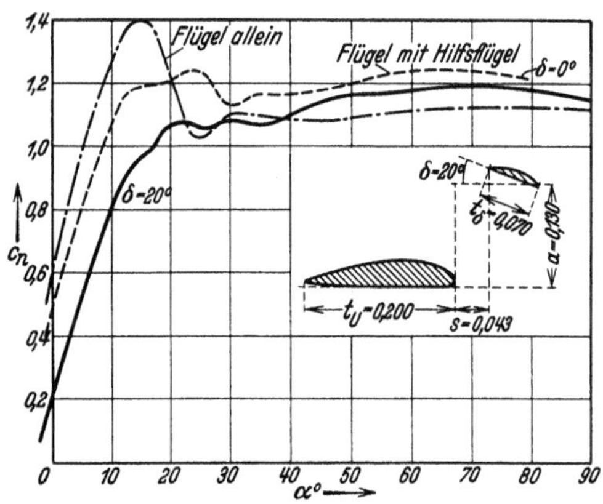

Abb. 230. Normalkraftbeiwerte eines Flügels mit Hilfsflügel.

[1] Eigentlich müßte hier überall η anstatt y stehen; wir beschränken uns aber auf den Fall $\tau = 0$.

[2] Fuchs, R. u. W. Schmidt, Luftkräfte und Luftkraftmomente bei großen Anstellwinkeln und ihre Abhängigkeit von der Tragwerksgestalt. Z. Flugtechn. Motorluftsch. Bd. 21 (1920) S. 1. — Bradfield, F. B., Lateral control of Bristol fighter at low speeds. Part II. R & M 787; 1921/22 S. 218.

Für kleine Werte von φ und konstantes t wird das Integral (6,14)

$$\left.\begin{aligned} L &= \frac{1}{12} c_n' \frac{\omega_\xi b}{v} F b q \qquad \text{oder} \qquad c_L = \frac{1}{12} c_n' \frac{\omega_\xi b}{v} \\ &\text{und entsprechend} \\ N &= \frac{1}{12} c_t' \frac{\omega_\xi b}{v} F b q \qquad \text{oder} \qquad c_N = \frac{1}{12} c_t' \frac{\omega_\xi b}{v} \end{aligned}\right\} \tag{6,16}$$

Drehung um Auftriebsachse. Auf die Berechnung in dieser Weise ist man angewiesen bei den Momenten infolge Drehung um die Auftriebsachse ζ. Diese Drehung hat zur Folge, daß die einzelnen Flügelelemente verschiedene Geschwindigkeit erhalten, und zwar ist die Geschwindigkeit in der Entfernung y gleich $v_{(y=0)} - \omega_\zeta\, y$. Das negative Vorzeichen kommt daher, daß bei positiver Drehung um die ζ-Achse die positive y-Achse eine Zusatzgeschwindigkeit entgegen der ξ-Richtung erhält.

So wird
$$L = \frac{\varrho}{2} c_n \int_{-\frac{b}{2}}^{\frac{b}{2}} (v - \omega_\zeta\, y)^2\, t\, y\, d\, y \tag{6,17}$$

oder, wenn wir konstante Tiefe annehmen:

$$\left.\begin{aligned} L &= -\frac{\varrho}{2} c_n F v\, \omega_\zeta \frac{b^2}{6} \quad \text{oder} \quad c_L = -\frac{1}{6} c_n \frac{\omega_\zeta b}{v} \\ \text{Entsprechend}\quad N &= +\frac{\varrho}{2} c_t F v\, \omega_\zeta \frac{b^2}{6} \quad \text{oder} \quad c_N = \frac{1}{6} c_t \frac{\omega_\zeta b}{v} \end{aligned}\right\} \tag{6,18}$$

Diese Formeln sind nicht grundsätzlich auf kleine $\omega_\zeta \frac{b}{v}$ beschränkt, tragen aber die Unsicherheit einer derartigen Berechnung durch Integration mit sich.

Wir werden im folgenden die aus verschiedenen Ursachen (τ, ω_ξ, ω_ζ) an einem Flügel auftretenden Momente einfach addieren; ob dies über die 1. Näherung bei kleinen τ, ω_ξ, ω_ζ hinaus nicht große Fehler ergibt, kann man nicht wissen, wird auch wohl experimentell nicht leicht festzustellen sein.

Leitwerk. Schließlich sind die infolge der Drehungen auftretenden Momente des Leitwerkes zu betrachten; sie kommen ebenso zustande wie das S. 206 besprochene Dämpfungsmoment. Das wichtigste derartige Moment ist das Moment auf das Seitenleitwerk infolge Drehung um die Auftriebsachse; der Anstellwinkel des Leitwerkes, der ohne Drehung $= 0$ ist, wird um den Betrag $\operatorname{arctg} \frac{\omega_\zeta l_S}{v} \sim \omega_\zeta \frac{l_S}{v}$ erhöht, wenn l_S die Rumpflänge (Abstand Schwerpunkt-Ruderdrehachse) bezeichnet. Dadurch entsteht ein Moment

$$N_S = c_{nS}' \frac{l_S\, \omega_\zeta}{v} \frac{\varrho}{2} v^2 F_S\, l_S \cos\alpha \tag{6,19}$$

welches, wie die anderen Dämpfungsmomente auch, proportional der Geschwindigkeit ist; dabei bedeutet der Index S, daß die betreffende Größe des Seitenleitwerkes gemeint ist. Der Faktor $\cos\alpha$ kommt daher, daß hier nur die z-Komponente des um die ζ-Achse wirksamen Dämpfungsmomentes berechnet wird.

Bei sehr großem α kann auch eine Drehung um die ξ-Achse den Anstellwinkel des Seitenleitwerkes merklich erhöhen und dadurch ein Dämpfungsmoment um die Hochachse hervorrufen. Die Momente um die anderen Achsen, die am Leitwerk infolge der Drehungen entstehen, können beim normalen Flugzeug wegen der kleinen Entfernung der Leitwerkflächen von der Rumpfachse keine Bedeutung haben. Bei besonderen Flugzeugkonstruktionen wäre ihre Berechnung analog (6,19) einfach.

§ 3. Kräftegleichgewicht.

Bei jedem stationären Kurvenflug bewegt sich der Flugzeugschwerpunkt auf einem Kreiszylinder mit vertikaler Achse; denn jede andere Drehung würde zu einer Änderung der Größen γ, τ, α, μ führen. Wir haben nun die zusammengehörigen Werte unserer sechs Unbekannten Ω, γ, τ, α, μ, v zu bestimmen.

Sind alle Konstruktionsgrößen des Flugzeugs gegeben, so erzwingt der Führer durch die Ausschläge der drei Steuerungen eine ganz bestimmte derartige stationäre Kurve, so wie im besonderen durch Ausschlag des Höhenruders allein eine bestimmte stationäre symmetrische Bahn erzwungen werden kann.

Wir gehen vor wie bei Behandlung der stationären Längsbewegung; wir betrachten zunächst nur die drei Kraftgleichungen und denken uns drei der Unbekannten durch Erfüllung der Momentengleichungen bestimmt, so daß wir sie als Parameter in die Kraftgleichungen einführen können. Anders ausgedrückt: wir ändern die Unbekannten, führen drei der bisherigen Unbekannten als Parameter ein und setzen dafür die Ruderausschläge als Unbekannte an; dann ist das Studium der Momentengleichungen vollkommen loslösbar vom Studium der Kraftgleichungen, in welchen die Ruderausschläge nicht vorkommen. So wählten wir früher den Anstellwinkel als Parameter und trennten die Momentengleichung der reinen Längsbewegung von den Kraftgleichungen ab. Jetzt denken wir uns in erster Linie durch die richtigen Ruderausschläge Ω und τ bestimmt und außerdem, je nach der Problemstellung, γ oder α; dann zeigen die Kraftgleichungen den notwendigen Zusammenhang der anderen Variablen mit diesen Parametern. An Stelle der Drehgeschwindigkeit Ω kann man auch den Krümmungsradius

$$r = \frac{v\cos\gamma}{\Omega} \tag{6,20}$$

als Unbekannte einführen.

Es gibt für das Flugzeug grundsätzlich zwei Möglichkeiten, die Zentrifugalkraft aufzunehmen, nämlich entweder durch Kräfte, welche der Seitenwind hervorruft (τ), oder durch Veränderung seiner Lage zur Drehebene (μ), wodurch die Auftriebskraft eine Komponente entgegen der Richtung der Zentrifugalkraft erhält (Abb. 231). Die von τ herrührenden Kräfte können nicht groß sein; die seitliche Komponente des Schraubenschubs ist gering, wenn man nicht den fliegerisch unmöglichen Fall eines starken „Schiebens" (großes τ) in Betracht ziehen will, und die Luftkraftkomponente c_q ist auch nur klein; sie rührt im wesentlichen vom Leitwerk und unter Umständen vom Rumpf her. Es ist aber unmöglich, eine wirklich bedeutende Kraft mit diesen Flugzeugteilen aufzunehmen. Diese Möglichkeit ist also nur dann von praktischer Bedeutung, wenn es sich um eine ganz kleine Zentrifugalkraft handelt; wir werden damit zu rechnen haben, wenn wir unten die kleinen Abweichungen von der geraden Bahn untersuchen. Beim Kurvenflug mit erheblicher Drehgeschwindigkeit jedoch treten die von τ abhängigen Glieder vollkommen zurück; Gleichung (6,5) wird fast allein durch richtige Auswahl des Neigungswinkels μ befriedigt.

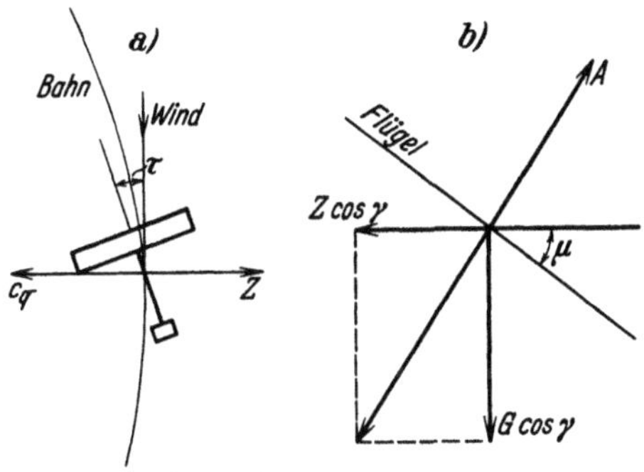

Abb. 231. Kräftegleichgewicht beim Kurvenflug (Z Zentrifugalkraft). a) Seitenwind, b) Schräglage.

Gleichungen[1]. Wir wollen also in 1. Näherung den kleinen Einfluß des Seitenwindes vollkommen vernachlässigen und $\tau = 0$ setzen. Dann folgt aus (6,5)

$$\operatorname{tg}\mu = \frac{v\,\Omega}{g} \tag{6,21}$$

Das Flugzeug legt sich in die Kurve wie ein Radfahrer, so daß die Resultierende aus Schwere und Zentrifugalkraft in die Symmetrieebene fällt. Unter diesen Voraussetzungen, und wenn wir wie früher $S = \frac{75\,N\,\eta}{v}$ setzen und die Steiggeschwindigkeit $w = v \sin\gamma$ einführen, reduzieren sich nun die Gleichungen (6,4) und (6,6) auf:

$$\left.\begin{aligned} 75\,N\,\eta - G\,w &= c_w F \frac{\varrho}{2} v^3 \\ \text{und}\qquad G\cos\gamma\sqrt{1 + \frac{\Omega^2 v^2}{g^2}} &= c_a F \frac{\varrho}{2} v^2 \end{aligned}\right\} \tag{6,22}$$

[1] Kann, H., Der waagrechte Kurvenflug des Flugzeugs. T. B. Bd. 3 S. 260. — Salkowski, E., Der Kurvenflug eines Flugzeugs. T. B. Bd. 3 S. 267.

Diese Gleichungen bestimmen zwei der vier Größen v, Ω, w und α, wenn die anderen beiden als Parameter gegeben sind. Der Winkel γ ist keine besondere Veränderliche, sondern durch v und w eindeutig bestimmt, und nur der Kürze halber in der Formel belassen. Man eliminiert nun v mit Hilfe der ersten Gleichung und erhält dann die zweite in einer übersichtlichen Gestalt durch Einführung der dimensionslosen Größen:

$$\xi = \left[\frac{(75\,N\,\eta - G\,w)^2\,F}{G^3}\,\frac{\varrho}{2}\right]^{1/3} \tag{6,23}$$

$$\zeta = \frac{2\,G\,\Omega^2}{g^2\,\varrho\,F} \tag{6,24}$$

Dann ist

$$\zeta = \frac{c_a^2}{c_w^{2/3}}\,\frac{\xi}{\cos^2\gamma} - \frac{c_w^{2/3}}{\xi} \tag{6,25}$$

ξ ist ein Maß für die aufzuwendende Arbeit, ζ ein Maß für die Drehfähigkeit des Flugzeugs. Beim Horizontalflug und beim Anstieg kann immer $\cos^2\gamma = 1$ gesetzt werden, beim Gleitflug ohne Motor

$$\cos^2\gamma = 1 - \left(\frac{w}{v}\right)^2 = 1 - c_w^{2/3}\,\xi^2\,. \tag{6,26}$$

Der Übergang aus Gleichung (6,25) in die einfachere Gleichung des geraden Flugs $\zeta = 0$ bringt die früheren Ergebnisse

und

$$\left.\begin{aligned} \xi^2 &= \frac{c_w^{4/3}}{c_a^2} \quad \text{beim Anstieg} \\ \xi^2 &= \frac{c_w^{4/3}}{c_a^2 + c_w^2} \quad \text{beim Gleitflug} \end{aligned}\right\} \tag{6,27}$$

Auch zeigt die Form der Gleichung ohne weiteres, daß bei bestimmtem Anstellwinkel ein schnellerer Anstieg und ein Gleitflug mit geringerer Fallgeschwindigkeit als der gerade durch Kurvenflug nicht zu erreichen ist. Dies ist physikalisch einleuchtend; denn im Kurvenflug wird ja die Belastung durch die Zentrifugalkraft erhöht; die Verhältnisse entsprechen also durchaus denen eines Flugzeugs mit größerem Gewicht.

Wendigste Kurve. Gleichung (6,25) gibt den Zusammenhang zwischen Anstellwinkel, Motorleistung bzw. Steiggeschwindigkeit und Drehgeschwindigkeit bei gegebenen Konstruktionsgrößen; man kann in jedem Fall eine dieser Größen aus den anderen berechnen, insonderheit etwa nach der Geschwindigkeit fragen, die bei bestimmter Motorleistung in bestimmter Höhe bei verschiedenen Anstellwinkeln ohne Höhenverlust erreicht wird, oder nach der Sinkgeschwindigkeit, wenn mit bestimmten Werten von Anstellwinkel, Motorleistung und Luftdichte eine bestimmte Geschwindigkeit erzwungen werden soll. Von besonderem Interesse sind die Extremalwerte. Wir fragen zunächst nach der „wendigsten Kurve“ im Horizontalflug, d. i. nach dem größten Wert der Drehgeschwindigkeit, der ohne Höhenverlust unter bestimmten Umständen erreicht werden kann, und sehen den Anstellwinkel dabei als veränderlich an. Dann muß sein:

$$\frac{d\zeta}{d\alpha} = 0 = \frac{d}{d\alpha}\left(\frac{c_a^2}{c_w^{2/3}}\right)\cdot\xi - \frac{d\,c_w^{2/3}}{d\alpha}\cdot\frac{1}{\xi} \qquad (6{,}28)$$

Ist ξ sehr groß, so spielt der zweite Summand keine Rolle; der Anstellwinkel für die wendigste Kurve ist dann durch das Maximum des Verhältnisses $\frac{c_a}{c_w^{1/3}}$ gegeben; für kleinere ξ wird der Winkel kleiner; denn $\frac{d}{d\alpha}\left(\frac{c_a^2}{c_w^{2/3}}\right)$ ist für kleinere Winkel positiv und $\frac{d\,c_w^{2/3}}{d\alpha}$ ist für alle Winkel positiv. Der andere Grenzfall ist durch den kleinstmöglichen Wert von ξ gegeben; dieser gehört aber zum geraden Flug und führt auf das Maximum des Verhältnisses $\frac{c_a}{c_w^{2/3}}$. Hat die Motorleistung gerade den Wert, der bei maximalem $\frac{c_a}{c_w^{2/3}}$ zum Horizontalflug gehört, so ist eine Kurve ohne Höhenverlust nicht ausführbar. Ist ein Leistungsüberschuß vorhanden, so wird dieser zum Kurvenfliegen am besten ausgenutzt durch einen Anstellwinkel, welcher durch Gleichung (6,28) eindeutig gegeben ist, und immer zwischen dem zu $\left(\frac{c_a^3}{c_w^2}\right)_{\max}$ und $\left(\frac{c_a^3}{c_w}\right)_{\max}$ gehörigen Werte liegt (Abb. 232). Für noch kleinere Werte von ξ gibt es keinen horizontalen Kurvenflug; Gleichung (6,28) gibt zwar auch für diesen Fall Extremalwerte; dieselben gehören aber zu imaginären Werten von Ω. Abb. 233 gibt einen Überblick über diese Verhältnisse, und zwar zeigt Abb. 233a den allgemeinen Zusammenhang, Abb. 233b die in einem bestimmten Fall zu folgernden numerischen Werte. Dort ist ein Flugzeug in verschiedenen Höhen verglichen und dabei die Abhängigkeit der Motorleistung ungefähr nach (3,3), die Leistungsbelastung $\frac{G}{N_0} = 6{,}0$ kg/PS, die Flächenbelastung $\frac{G}{F} = 40\,\text{kg/m}^2$ angenommen. Die Wendigkeit eines Flugzeugs wird durch dieselben Umstände erhöht wie die Steigfähigkeit, durch kleine Leistungsbelastung, kleine Flächenbelastung, große Luftdichte.

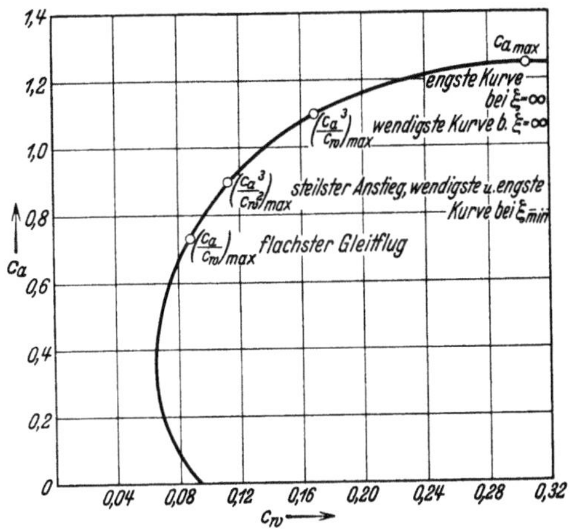

Abb. 232. Extremalwerte beim Kurvenflug.

Natürlich kann immer jeder Wert der Drehgeschwindigkeit zwischen Null und dem Höchstwert durch Veränderung des Anstellwinkels erreicht werden. Da beim Kurvenfliegen noch größere c_a-Werte benutzt werden als beim geraden Flug, ist die Gefahr des Überziehens in der Kurve erhöht. Die Beanspruchung des Flugzeugs in der Kurve ist gegenüber dem geraden Flug durch die Zentrifugalkraft erhöht; an Stelle des Flugzeuggewichtes haben die Flügel die Resultierende

$$R = G\sqrt{1 + \frac{v^2\,\Omega^2}{g^2}} = \frac{G}{\cos\mu} \qquad (6,29)$$

aufzunehmen. Abb. 233b zeigt, daß die Überbelastung im stationären Flug nicht so bedeutend ist, daß sie für die Festigkeit des Flugzeugs allein maßgebend sein könnte; im nichtstationären Flug treten erheblich höhere Beanspruchungen auf.

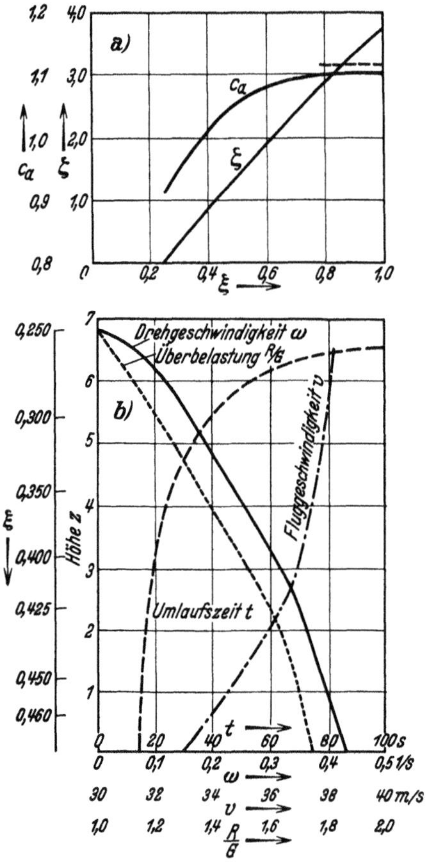

Abb. 233a und b. Wendigste Kurve.

Die wendigste Kurve beansprucht auch deshalb ein besonderes Interesse, weil sie die geringste Arbeit zum Umkehren erfordert, gleichgültig, ob diese Arbeit auf Kosten der Motorleistung oder durch Höhenverlust aufgebracht wird; denn diese Arbeit ist $(75\,N\,\eta - G\,w)\,\frac{\pi}{\Omega}$, also bei gegebener Leistung um so kleiner, je größer die Drehgeschwindigkeit ist.

Engste Kurve. Die wendigste Kurve fällt nun nicht zusammen mit der engsten Kurve; diese ist von Bedeutung, wenn man etwa den kleinsten Radius des Zylinders kennen will, auf welchem unter gegebenen Umständen das Flugzeug eine stationäre Spiralbewegung ausführen kann, was insbesondere beim Segelflug wichtig ist; man fragt dann nach der Größe r in (6,20). Zur Beziehung zwischen r, ξ und α gelangen wir in folgender Weise: Es ist nach (6,24), (6,22) und (6,20)

$$\zeta = 2\,\frac{G}{g^2\,\varrho\,F}\,\frac{v^2\cos^2\gamma}{r^2} = \left(\frac{2\,G}{g\,\varrho\,F\,r}\right)^2 \frac{\xi\cos^2\gamma}{c_w^{2/3}}$$

Wir setzen

$$\chi = \left(\frac{2\,G}{g\,\varrho\,F\,r}\right)^2 \qquad (6,30)$$

und erhalten dann nach (6,25)

$$\chi = \frac{c_a^2}{\cos^4\gamma} - \frac{c_w^{4/3}}{\xi^2\cos^2\gamma} \qquad (6,31)$$

Im Horizontalflug und Anstieg ($\cos\gamma = 1$) ist, wie bei der wendigsten Kurve, der kleinstmögliche Wert von $\xi = \left(\frac{c_w^{2/3}}{c_a}\right)_{\min}$ und gehört zum geraden Flug. Die engstmögliche Kurve wird bei jedem größeren ξ mit einem Anstellwinkel geflogen, der zu größeren c_a-Werten gehört. Für sehr große ξ nähert sich dieser Anstellwinkel demjenigen, zu welchem das Auftriebsmaximum gehört. Abb. 234 gibt einige Zahlwerte, welche die wendigste mit der engsten Kurve vergleichen lassen. Der Unterschied ist nicht groß, was den Krümmungsradius anlangt, etwas bedeutender bei der Fluggeschwindigkeit. Für Überschlagsrechnungen lohnt es sich meist nicht, exakt den günstigsten Anstellwinkel aufzusuchen; man kann den Wert $\left(\frac{c_a^3}{c_w^2}\right)_{\max}$ einsetzen, der bei Berechnungen der Steiggeschwindigkeit ohnehin verwendet wird.

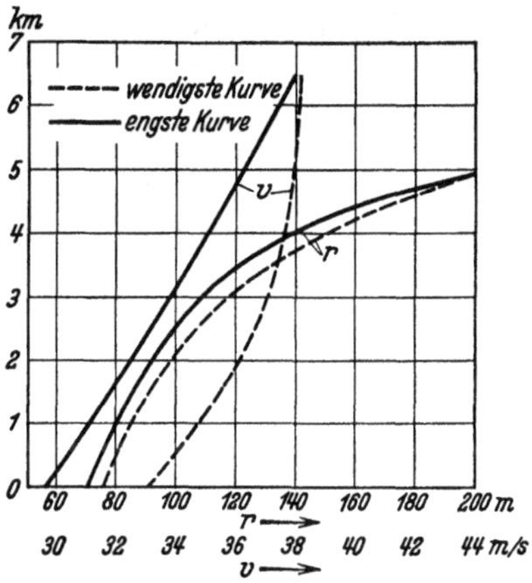

Abb. 234. Engste und wendigste Kurve.

Gleitflug. Im Gleitflug lautet die Beziehung (6,25)

$$\xi = \frac{c_a^2}{c_w^{2/3}} \cdot \frac{\xi}{1 - c_w^{2/3}\xi^2} - \frac{c_w^{2/3}}{\xi} = \frac{(c_a^2 + c_w^2)\,\xi^2 - c_w^{4/3}}{c_w^{2/3}\,\xi\,(1 - c_w^{2/3}\,\xi^2)} \tag{6,32}$$

Die untere Grenze der ξ-Werte, welche zu einer möglichen Flugkurve gehören, ist durch $\zeta = 0$ gegeben, also

$$\xi^2 = \frac{c_w^{4/3}}{c_a^2 + c_w^2}\,.$$

Das Minimum dieser Größe stellt den kleinstmöglichen Wert von ξ^2, somit die kleinstmögliche Sinkgeschwindigkeit, dar. Wird ξ etwas größer, so wächst der Anstellwinkel größter Wendigkeit ganz ähnlich wie beim Horizontalflug. Solange $c_w^{2/3}\,\xi^2 \ll 1$ ist, hat in den Überlegungen für den Horizontalflug nur $c_a^2 + c_w^2$ an Stelle von c_a^2 zu treten. Aber während beim Horizontalflug ξ nur relativ beschränkte Werte annehmen konnte, kann es im Gleitflug sehr groß werden; denn der Sinkgeschwindigkeit ist erst dann eine Grenze gesetzt, wenn sie gleich der Fluggeschwindigkeit geworden ist. Aus (6,28) folgt in diesem Fall der Wert

$$\xi = c_w^{-1/3}.$$

Formel (6,32) zeigt in der Tat, daß für diesen Wert $\zeta = \infty$ wird, und höhere ξ-Werte keinen reellen Geschwindigkeiten entsprechen. In diesem Grenzfall wird die Geschwindigkeit unendlich, nicht aber die Zentrifugalbeschleunigung $v\,\Omega\cos\gamma$; denn $\cos\gamma$ wird Null. Die Zentrifugalkraft ist

$$\frac{G}{g}\,v\,\Omega\cos\gamma = G\,\frac{c_a}{c_w} = c_a\,\frac{\varrho}{2}\,F\,v^2$$

Die Bewegung ist ein senkrechter Sturzflug, bei welchem sich das Flugzeug unendlich schnell dreht; dabei wird das Gewicht vom Widerstand, die Zentrifugalkraft vom Auftrieb aufgenommen. Eine solche Bewegung ist — soweit nur das Kräftegleichgewicht in Frage kommt — mit jedem Anstellwinkel möglich; die Art, wie sich Ω der Unendlichkeit nähert, bzw. die Größe der Drehgeschwindigkeit bei nahezu senkrechter Flugbahn, hängt vom Anstellwinkel ab.

Abb. 235 zeigt Zahlenwerte von Ω, wenn die Sinkgeschwindigkeit 90% der Fluggeschwindigkeit beträgt, also die Bahn mit der Horizontalen einen Winkel von etwa 65^0 einschließt; dabei ist $\frac{G}{F} = 40\ \mathrm{kg/m^2}$ und $\varrho = 0{,}1\ \mathrm{kg\ s^2/m^4}$ angenommen.

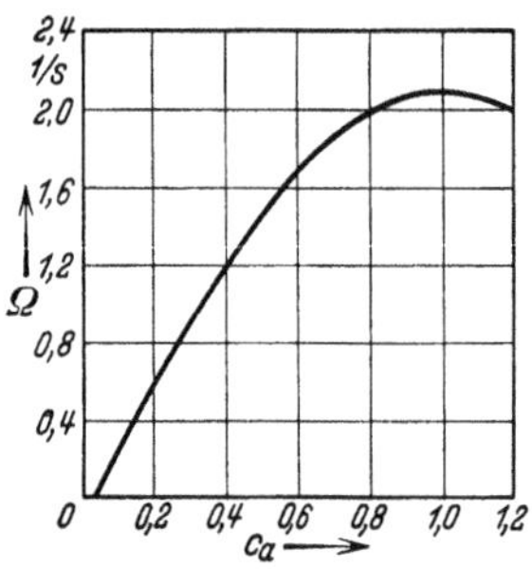

Abb. 235. Gekrümmter Gleitflug; Drehgeschwindigkeit in Abhängigkeit vom Auftriebsbeiwert; $\gamma = -65^0$.

§ 4. Momentengleichgewicht.

Die Flugbahnen, welche im vorigen Paragraphen besprochen wurden, werden durch die Ausschläge der drei Ruder erzwungen. Man kann in Ergänzung der Berechnung von γ, μ und v nun nach den drei Ruderausschlägen fragen, welche zu den als gegeben angenommenen Werten von α, τ und Ω gehören. Wir dürfen uns dabei natürlich nicht allgemein auf $\tau = 0$ spezialisieren; wohl aber können wir den Einfluß des Seitenwindes auf die Luftkräfte (nicht die Momente!) auch weiter vernachlässigen und die Ergebnisse des vorigen Paragraphen auch für $\tau \neq 0$ anwenden.

Querruderwirkung. Über den Ausschlag des Seitenruders brauchen wir keine besonderen Überlegungen anzustellen, da es sich im wesentlichen nicht anders als das Höhenleitwerk verhält. Die Abhängigkeit der von den Querrudern erzeugten Momente vom Ruderausschlag β_Q zeigen die Abb. 236 bis 239 nach englischen Messungen[1]. Man erkennt die verschiedene Wirkung des nach unten und des nach oben ausgeschlagenen Querruders aus Abb. 236 und 237, in denen nur ein Ruder wirksam ist; die Gesamtwirkung ist in verschiedenem Maßstab für c_L und c_N aufgetragen. Über die Abhängigkeit der Querruderwirkung von Form und Größe der Ruder gibt es noch keine systematischen Versuche; die Verhältnisse des hier verwendeten Versuches entsprechen dem praktisch Üblichen. Es sei darauf aufmerksam gemacht, daß in unseren Abbildungen — wie fast immer bei unseren Momentenrechnungen —

[1] Bradfield, F. B. and L. L. Peatfield, Lateral control at low speeds. R & M Nr. 717; 1921/22 S. 200. — Batson, A. S. and C. N. H. Lock, Lateral control at large angles of incidence. Yawing and rolling moments due to aileron. R & M Nr. 773; 1921/22 S. 187.

flugzeugfeste Achsen verwendet sind; die englischen Originalarbeiten benutzen meist flugbahnfeste Achsen, die für die Auswertung der Modellversuche praktischer sind, aber in den folgenden Rechnungen nicht unmittelbar verwendet werden können.

Über die Kombination der Querruder- und der Seitenwindwirkung liegen keine Messungen vor; man wird daher zunächst die beiden Wirkungen einfach addieren. Wichtig ist das Zusammenwirken von Querruderausschlag und Drehung um die Bahnachse. Die Abb. 240 und 241 enthalten die Ergebnisse von Messungen[1], bei welchen der (doppelseitige) Querruderausschlag in Richtung und entgegen der Richtung der

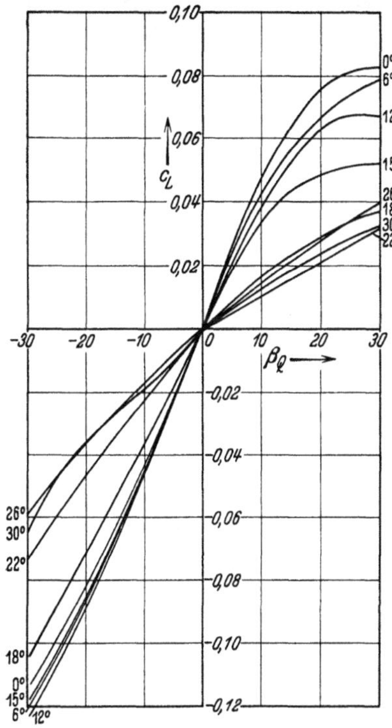

Abb. 236. Rollmoment bei einseitigem Querruderausschlag (Parameter α).

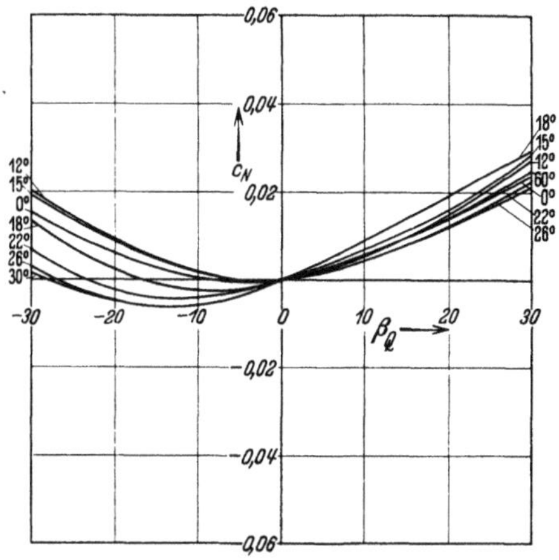

Abb. 237. Giermoment bei einseitigem Querruderausschlag (Parameter α).

Drehung gegeben ist. Die übersichtlichere Abb. 242 zeigt, daß die beiden Wirkungen sich mit guter Näherung additiv zusammensetzen lassen.

Gegebener Ruderausschlag. Indes ist die Fragestellung nach den zu gegebenen Werten der Flugvariablen gehörigen Ruderausschläge nicht sehr interessant; diese Rechnung gibt auch keinen Maßstab für die Dimensionierung des Seitenleitwerkes und der Querruder, da sicher der stationäre Flug nicht die größten notwendigen Anforderungen an diese Teile stellt, sondern die Steuerung von einem Zustand in einen andern. Von grundsätzlicher Bedeutung ist hingegen die Frage nach den Werten der Flugvariablen bei gegebenem Ruderausschlag; denn nur diese Fragestellung führt zu Einsichten in den Verlauf

[1] Bradfield, F. B.: Zit a. S. 272.

der Flugbewegungen, die nach Steuerausschlägen einsetzen. Alle solchen Bewegungen führen auf gewisse stationäre Gleichgewichte hin, deren Charakter bekannt sein muß, wenn die Bewegung verstanden

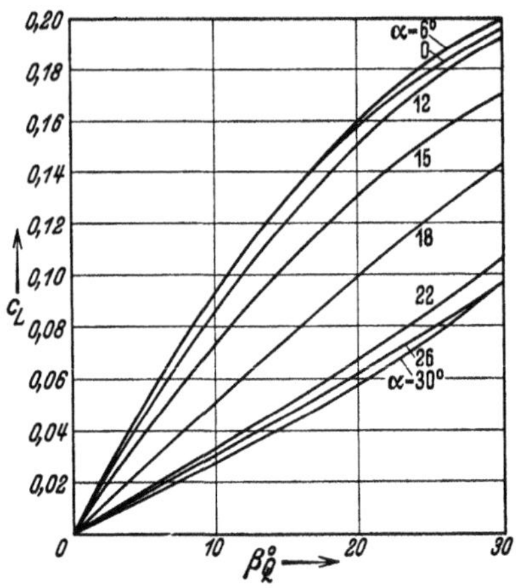

Abb. 238. Rollmoment bei doppelseitigem Querruderausschlag (Parameter α).

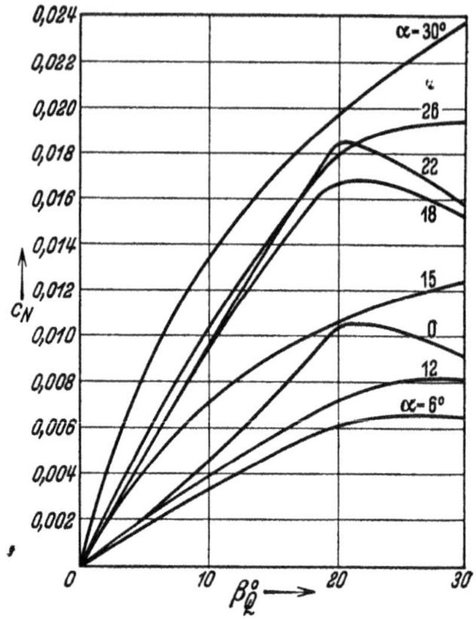

Abb. 239. Giermoment bei doppelseitigem Querruderausschlag (Parameter α).

werden soll. Im allgemeinen ist sicher der Flugzustand, der zu einer bestimmten Kombination von Steuerausschlägen gehört, nicht eindeutig

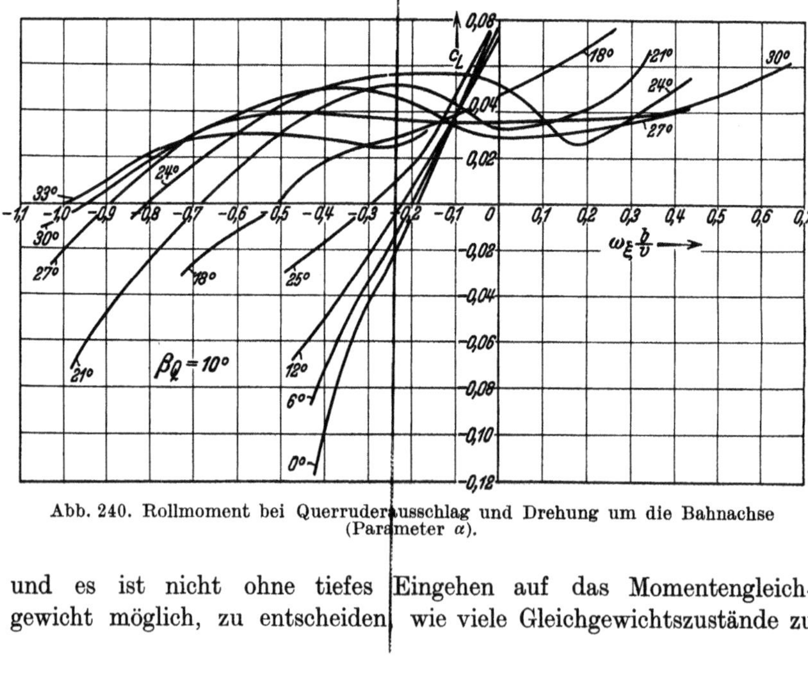

Abb. 240. Rollmoment bei Querruderausschlag und Drehung um die Bahnachse (Parameter α).

und es ist nicht ohne tiefes Eingehen auf das Momentengleichgewicht möglich, zu entscheiden, wie viele Gleichgewichtszustände zu denselben Steuerausschlägen gehören und welche Eigenschaften sie haben. Bei der reinen Längsbewegung (Abb. 180) ist der Flugzustand bei bestimmten Höhenruderausschlag auch nur eindeutig, wenn das Flugzeug statisch stabil ist; bei instabilen Flugzeugen gibt es drei

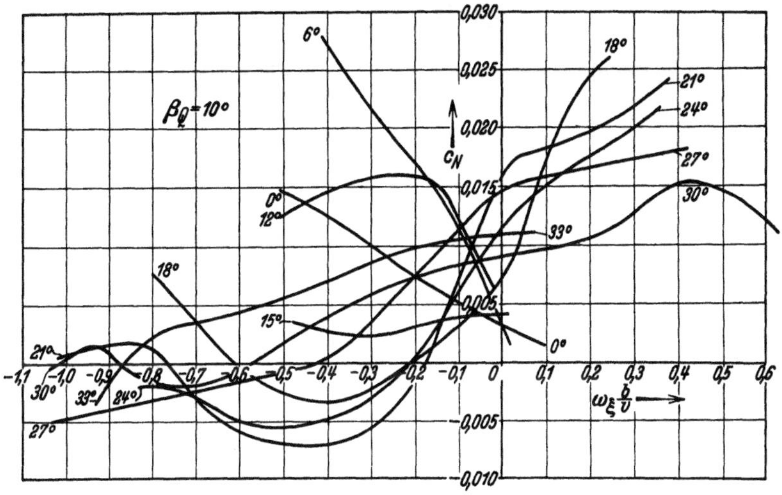

Abb. 241. Giermoment bei Querruderausschlag und Drehung um die Bahnachse (Parameter α).

Gleichgewichtszustände, von denen einer instabil, zwei stabil sind. Jeder der drei Zustände gehört zu anderen zusammengehörigen Werten der Variablen α, γ und v. So haben wir auch hier beim allgemeinen Problem mehrere zu den gleichen Steuerausschlägen gehörige Zustände

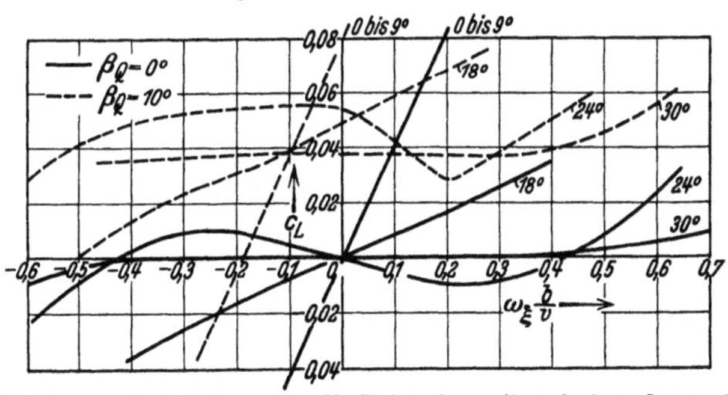

Abb. 242. Rollmoment bei Drehung um die Bahnachse mit und ohne Querruderausschlag (Parameter α).

zu erwarten, bei deren jedem andere zusammengehörige Werte der sechs Variablen auftreten. Den Typus der Gleichgewichtszustände werden wir am besten erkennen, wenn wir zuerst diejenigen aufsuchen, die ohne Ruderausschlag bestehen können; weiterhin müssen wir dann die Frage der Stabilität dieser Zustände und die Art und Weise ihrer Ausbildung untersuchen; dies geschieht — soweit möglich — im letzten Kapitel.

Kraftgleichungen und Vernachlässigungen. In jedem stationären Flugzustand sind zunächst die Variablen durch die Kraftgleichungen verbunden, die wir jetzt in folgender Form verwenden: Nach (6,21) ist

$$\operatorname{tg} \mu = \frac{\Omega v}{g} \tag{6,33}$$

Durch Berücksichtigung dieser Beziehung läßt sich (6,6) einfacher schreiben:

$$\frac{\cos \gamma}{\cos \mu} = c_a q \frac{F}{G} \tag{6,34}$$

Durch Kombination dieser Gleichung mit (6,4) können wir $q \frac{F}{G}$ eliminieren:

$$\left(\frac{S}{G \cos \gamma} - \operatorname{tg} \gamma\right) \cos \mu = \frac{c_w}{c_a} \tag{6,35}$$

Die Gleichungen (6,33) und (6,35) bestimmen μ und γ, wenn $\frac{\Omega v}{g}$ und $\frac{c_w}{c_a}$ gegeben sind; $\frac{c_w}{c_a}$ ist in bestimmter Weise mit α verbunden. Abb. 243 gibt ein Bild der Zusammenhänge für Gleitflug und Motorflug mit $\frac{S}{G} = 0{,}3$ in einem α-$\frac{\Omega v}{g}$-Diagramm. Bei anderem als dem angenommenen Verlauf von $\frac{c_w}{c_a}$ mit α bleiben die $\frac{c_w}{c_a}$-Werte im Diagramm unverändert, nur die zugehörigen α-Werte ändern sich; der Winkel μ ist an der $\frac{\Omega v}{g}$-Achse angeschrieben. Die Werte der dritten Variablen $\frac{qF}{G}$ lassen sich nach (6,34) in jedem Fall ausrechnen; man könnte sie auch in Abb. 243 eintragen; doch würde dies die Übersicht erschweren, und es gilt auch hier, wie bei den Rechnungen der Längsbewegung, daß für die meisten Probleme diese Größe weniger wichtig ist.

Das Diagramm Abb. 243 hat eine sehr allgemeine Gültigkeit; es gibt den Inhalt der Kraftgleichungen unter Vernachlässigung des Winkels τ, der auf die Kräfte nur sehr geringen Einfluß hat, der immer sehr kleinen Größe c_q und der Komponenten des Schraubenzuges senkrecht zur Bahnachse. Diese Vernachlässigungen dürften wohl belanglos sein, so daß wir im folgenden immer Abb. 243 benutzen werden. Von individuellen Eigenschaften des Flugzeugs spielt hier nur der Zusammenhang zwischen α und $\frac{c_w}{c_a}$ herein.

Da für die auftretenden Kräfte das Vorzeichen von Ω gleichgültig ist, setzen sich die Kurven der Abb. 243 spiegelbildlich gegenüber der α-Achse fort; zu negativen Ω gehören auch negative μ.

Den Überblick über die Momentengleichungen erleichtern wir uns zunächst durch zwei weitere Vereinfachungen:

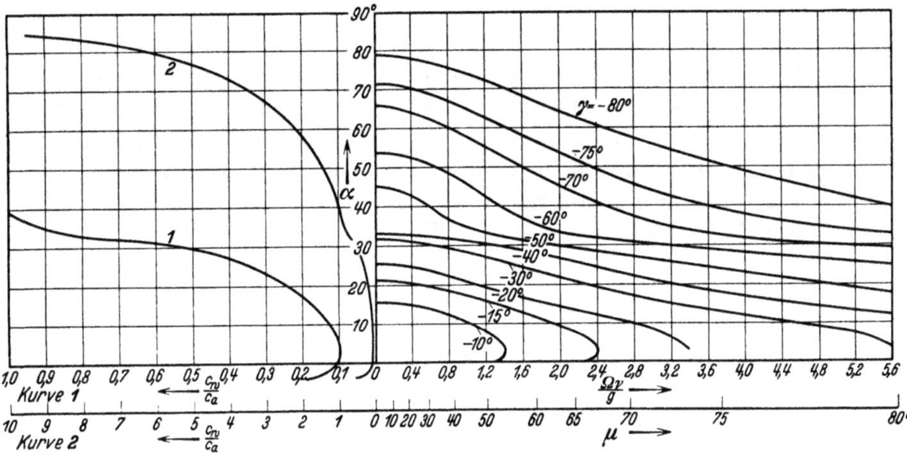

a b

1. Wir beachten nicht das Momentengleichgewicht um die z-Achse; wir nehmen an, daß dies Gleichgewicht ohne Seitenwind durch einen entsprechenden Ausschlag des Seitenruders hergestellt sei; vernachlässigen wir die relativ kleinen Momente N, so wird $\tau = 0$ ohne Seitenruderausschlag. Die Ergebnisse dieses einfachsten Falles werfen dann ein Licht auf die Verhältnisse mit Seitenwind und Seitenruderausschlag.

2. Wir sehen das Luftkraftmoment um die Holmachse (y) als nur von α abhängig an; wir vernachlässigen die durch das Dämpfungsmoment (S. 206) hervorgehende Abhängigkeit von ω_η und somit von γ und μ. Haben wir unter dieser Voraussetzung die Variablen bestimmt, so folgt ein bestimmter Wert von ω_η, daraus ein bestimmtes Dämpfungsmoment und daraus eine gewisse notwendige Abweichung des Anstellwinkels von seinem Gleichgewichtswert, die als nachträgliche Korrektion berechnet werden kann.

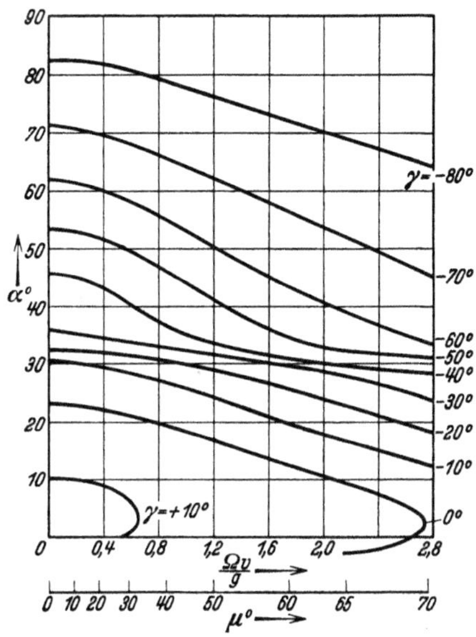

c

Abb. 243a–c. Kräftegleichgewicht beim stationären Kurvenflug. Inhalt der Gleichungen (6,33), (6,34) und (6,35). a) $\frac{c_w}{c_a}$ in Abhängigkeit von α. Kurve 1 vergrößerte Darstellung des Anfangs der Kurve 2. b) Gleitflug. c) Motorflug $\frac{S}{G} = 0{,}3$.

§ 5. Flugkurven.

Die theoretisch einfachsten stationären Kurvenflüge sind diejenigen, die bei kleinen Ruderausschlägen nur wenig vom geraden Flug abweichen, zu denen also der gerade Flug als Grenzfall bei den Ruderausschlägen Null gehört. Diese wollen wir Flugkurven nennen. Seiten- und Höhenleitwerk bestimmen α und τ. Die Stellung der Querruder muß so sein, daß das Rollmoment, welches beim Kurvenflug entsteht, aufgenommen wird. Nun rührt beim horizontalen oder nahezu horizontalen Flug das Rollmoment von der Drehung ω_ζ her; der innere Flügel hat kleinere Geschwindigkeit, also kleineren Auftrieb als der äußere; soll das so entstehende Moment, das den inneren Flügel nach unten drückt, durch die Querruder kompensiert werden, so muß das innere Querruder nach unten gezogen werden, damit der effektive mittlere Anstellwinkel des inneren Flügels erhöht wird. Eine solche Stellung der Querruder ist aber entgegengesetzt einer Stellung, durch welche das Flugzeug in die betreffende Kurve hineingelegt wird; dazu muß nämlich, da Geschwindigkeitsunterschiede noch nicht vorhanden sind, der äußere Flügel den erhöhten Anstellwinkel erhalten. Aus diesen Umständen folgt schon ohne weitere Untersuchung der nichtstationären Bewegung, daß ein einziger Querruderausschlag das Flugzeug normalerweise nicht von einer Flugkurve in die andere führt.

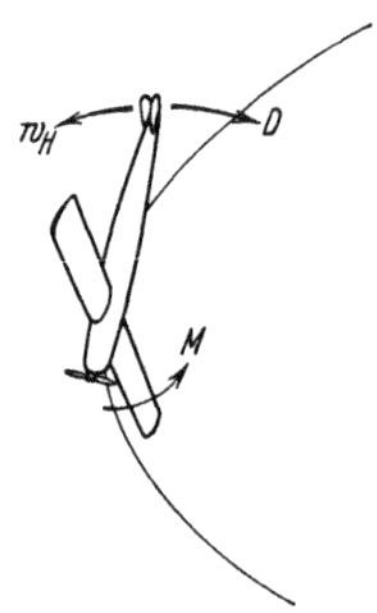

Abb. 244. Zur Erklärung der Anstellwinkelerniedrigung in der Flugkurve bei großem μ. w_H Bewegung des Leitwerkes, D Dämpfungsmoment, M notwendiges Längsmoment.

Je steiler die Flugbahn nach unten geht, um so mehr wächst ω_ξ, während ω_ζ fällt; der innere Flügel erhält durch die Drehung ω_ξ vergrößerten Anstellwinkel, der äußere verkleinerten; der zur Herstellung des Gleichgewichtes notwendige Querruderausschlag geht im entgegengesetzten Sinn als bei Horizontalflug; er ist in der Richtung gleich dem in die Kurve hineinlegenden Ausschlag. Dabei kann der Anstellwinkel nicht über einen durch größtes Ziehen des Höhenruders gegebenen mäßigen Betrag steigen (Abb. 180), so daß auch die Momente auf den Flügel infolge Seitenwindes mäßig bleiben und der Schiebewinkel τ keinen bedeutenden Einfluß auf das Gleichgewicht und somit auf die Werte der anderen Variablen hat. Der Anstellwinkel in jedem stationären Kurvenflug muß etwas kleiner sein als der zum selben Höhenruderausschlag gehörige Anstellwinkel bei geradem Flug; denn infolge der Drehung entsteht eine Komponente $\omega_\eta = \Omega \cos\gamma \sin\mu$, die eine Dämpfung hervorruft; auf das Flugzeug muß ständig ein Moment wirken, welches seine Lage zur Flugbahn stationär erhält. Man sieht das unmittelbar, wenn man etwa $\gamma = 0$, $\mu = \frac{\pi}{2}$ setzt (Abb. 244). Das Moment muß die

Spitze des Flugzeugs nach oben drücken, also schwanzlastig sein; daher ist, da wir nur statisch längsstabile Flugzeuge betrachten, der Anstellwinkel kleiner als er ohne diese ständige Arbeit gegen das Dämpfungsmoment wäre.

§ 6. Korkzieher[1].

Die besonderen Verhältnisse bei der Abhängigkeit des Rollmomentes von ω_ξ und ω_ζ erfordern zum Gleichgewicht, wie wir bei den Flugkurven sahen, bei kleinem γ und bei großem negativem γ Querruderausschläge verschiedenen Vorzeichens. Es gibt also einen Winkel γ, bei welchem zum Gleichgewicht der Rollmomente kein Querruderausschlag nötig ist, bei welchem also die Ruderstellungen dieselben sind wie beim geraden Flug. Wir haben somit einen stationären Kurvenflug ohne Ruderausschlag, zu dem wieder benachbarte Kurvenflüge mit kleinem Ruderausschlag gehören müssen, die weit von dem geraden Flug abweichen. Diese Kurven wollen wir „Korkzieher" nennen; wie bei den Flugkurven sind bei ihnen Anstellwinkel und Schiebewinkel durch Höhen- und Seitenruder bestimmt und durch die von ω_η und ω_ζ herrührende Dämpfung etwas herabgesetzt. Das Gleichgewicht der Rollmomente tritt dadurch ein, daß das Rollmoment infolge ω_ξ — erhöhter Anstellwinkel am inneren Flügel — und das Rollmoment infolge ω_ζ — verminderte Geschwindigkeit am inneren Flügel — sich gerade zu Null aufheben. Die so zusammengehörigen Werte von $\omega_\xi \frac{b}{v}$ und $\omega_\zeta \frac{b}{v}$ findet man, indem man bei festgehaltenem α die Summe der aus Abb. 224 bzw. 226 folgenden Werte $c_L\left(\omega_\xi \frac{b}{v}\right)$ und der aus Gleichung (6,18) folgenden $c_L\left(\omega_\zeta \frac{b}{v}\right) = -\frac{1}{6} c_n \omega_\zeta \frac{b}{v}$ gleich Null setzt:

$$c_L\left(\omega_\xi \frac{b}{v}\right) = \frac{1}{6} c_n \omega_\zeta \frac{b}{v}\,; \tag{6,36}$$

die zu α gehörigen c_n-Werte sind dabei der Abb. 229 zu entnehmen. Das Ergebnis ist in Abb. 245 und 246 mit dem Parameter α eingetragen; die Kurven setzen sich in der Weise spiegelbildlich fort, daß ω_ξ und ω_ζ beide das Vorzeichen umkehren.

Es gibt also bei bestimmtem α, d. i. bei bestimmtem Höhenruderausschlag ohne Querruderausschlag, nicht nur den geraden Flug (Nullpunkt der Abb. 245 und 246, durch den alle Kurven gehen), sondern unendlich viele durch die betreffende Kurve der Abb. 245 bzw. 246 gegebene Flugzustände, bei denen das Rollmoment verschwindet. Um

[1] Es muß darauf aufmerksam gemacht werden, daß in fremden Sprachen, z. B. im Russischen, das Wort „Korkzieher" nicht in unserem Sinne verwandt wird, sondern das bedeutet, was wir „Trudelkurven" nennen.

nun zu erkennen, welche von diesen Flugzuständen das Kräftegleichgewicht erfüllen, müssen wir die Abb. 243 passend umzeichnen; nach den Formeln (6,2)

$$\omega_\xi = -\Omega \sin\gamma \quad \text{und} \quad \omega_\zeta = \Omega \cos\gamma \cos\mu$$

können wir jeden Punkt der Abbild. 243b in ein $\frac{\omega_\xi v}{g}$-$\frac{\omega_\zeta v}{g}$-Diagramm übertragen, das in Abb. 247 gezeichnet ist, und zwar in zwei

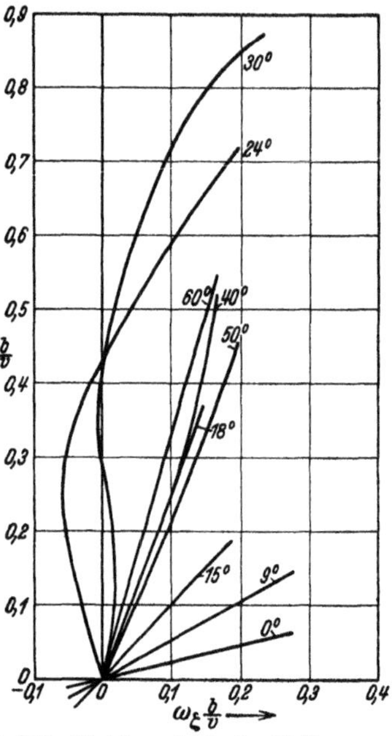

Abb. 245. Gleichgewicht der Rollmomente beim Korkzieher (Parameter α). Eindecker (nach Abb. 224).

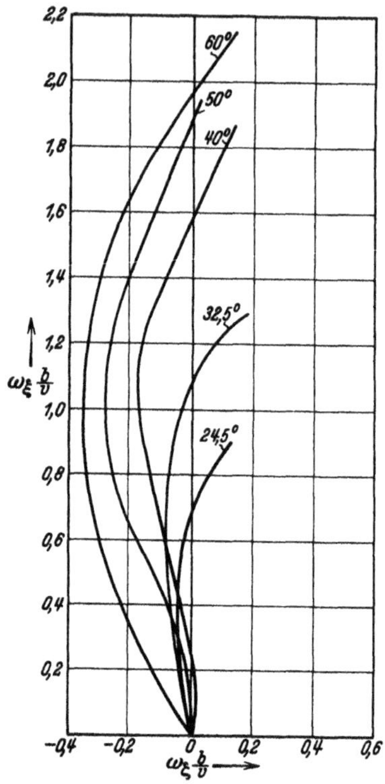

Abb. 246. Gleichgewicht der Rollmomente beim Korkzieher (Parameter α). Ungestaffelter Doppeldecker (nach Abb. 226).

verschiedenen Maßstäben. Dabei sind die Werte für große $\Omega \frac{v}{g}$ durch asymptotische Rechnung gewonnen nach den Formeln

$$\varepsilon = \frac{1}{\Omega \frac{v}{g}} = \frac{1}{\operatorname{tg}\mu}; \qquad \cos\mu = \varepsilon\left(1 - \frac{\varepsilon^2}{2}\right)$$

Für Gleitflug: $-\operatorname{tg}\gamma = \frac{c_w}{c_a} \cdot \frac{1}{\varepsilon}\left(1 + \frac{\varepsilon^2}{2}\right)$;

$$\cos\gamma = \frac{\varepsilon}{\frac{c_w}{c_a}}\left[1 - \frac{\varepsilon^2}{2} - \frac{\varepsilon^2}{2\left(\frac{c_w}{c_a}\right)^2}\right]$$

$$-\sin\gamma = 1 - \frac{\varepsilon^2}{2\left(\frac{c_w}{c_a}\right)^2}$$

$$\omega_\xi \frac{v}{g} = \frac{1}{\varepsilon}\left[1-\frac{\varepsilon^2}{2\left(\frac{c_w}{c_a}\right)^2}\right] \qquad \omega_\zeta \frac{v}{g} = \frac{\varepsilon}{\frac{c_w}{c_a}}\left[1-\varepsilon^2-\frac{\varepsilon^2}{2\left(\frac{c_w}{c_a}\right)^2}\right] \tag{6,37}$$

Der Parameter der Kurven ist eigentlich $\frac{c_w}{c_a}$; doch denken wir uns diesen Beiwert mit α in gegebener Weise nach Abb. 243a verbunden; daher sind auch in Abb. 247 die α-Werte eingetragen. Bei einer anderen Annahme des Zusammenhanges zwischen α und $\frac{c_w}{c_a}$ ändern sich die Parameterwerte der

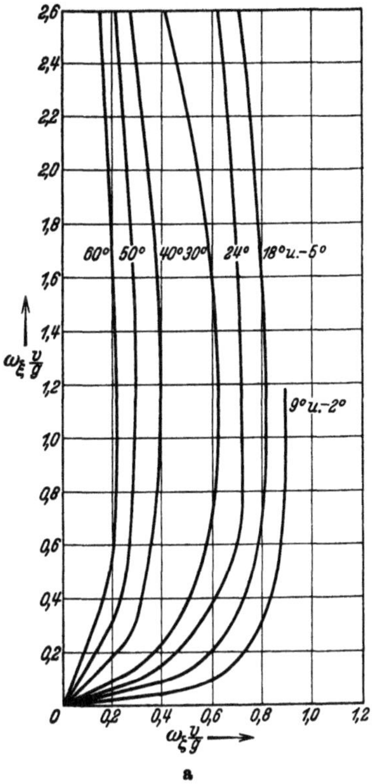

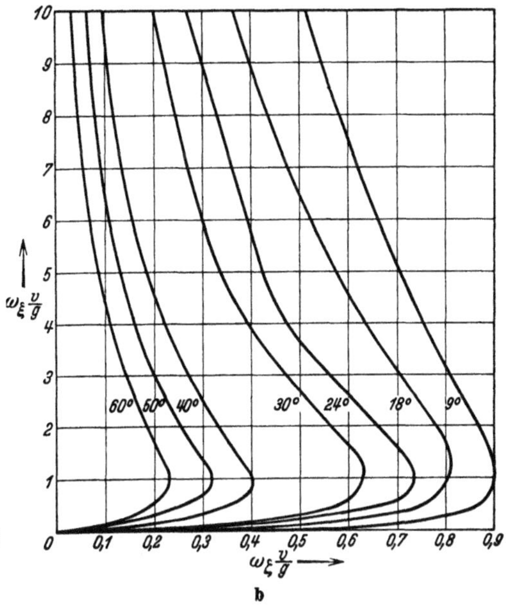

Abb. 247. Kräftegleichgewicht im $\omega_\xi \frac{b}{v}$ - $\omega_\zeta \frac{b}{v}$-Diagramm (Parameter α). Gleitflug. a) und b) unterscheiden sich nur durch den Maßstab der Koordinaten.

einzelnen Kurven, am Bilde selbst ändert sich nichts; dieses Diagramm hat also sehr allgemeine Gültigkeit. Wir beschränken uns im weiteren auf den Gleitflug; natürlich kann derselbe Rechnungsgang auf Abb. 243c übertragen werden.

Der Zusammenhang ist auch formelmäßig zu fassen; durch Einführung von (6,2) in (6,33) und (6,35) erhält man für $S = 0$:

$$\frac{c_w}{c_a} = \frac{\omega_\xi \frac{v}{g}}{\omega_\zeta \frac{v}{g}} \cdot \frac{1-\left(\omega_\zeta \frac{v}{g}\right)^2}{1-\left(\omega_\xi \frac{v}{g}\right)^2} \tag{6,38}$$

und allgemein:

$$\left(\frac{\Omega v}{g}\right)^2 = \frac{\left(\omega_\xi \frac{v}{g}\right)^2 + \left(\omega_\zeta \frac{v}{g}\right)^2}{1 - \left(\omega_\zeta \frac{v}{g}\right)^2} . \tag{6,39}$$

Das Momentendiagramm (Abb. 245 bzw. 246) und das Kraftdiagramm ergeben nun zusammen unmittelbar die Werte von α und von den Drehkomponenten, wenn man sie durch Einführung eines bestimmten Wertes der Größe

$$c = \frac{v^2}{g b} \tag{6,40}$$

auf ein Koordinatensystem bringt. Da Abb. 247 die universellere Bedeutung hat — sie ist im Gegensatz zu Abb. 245 und 246 vom Seitenwind und von den Ruderausschlägen unabhängig — sind die Koordinaten $\omega_\xi \frac{v}{g}$ und $\omega_\zeta \frac{v}{g}$ vorzuziehen. Abb. 248a gibt ein Beispiel für einen bestimmten Anstellwinkel;

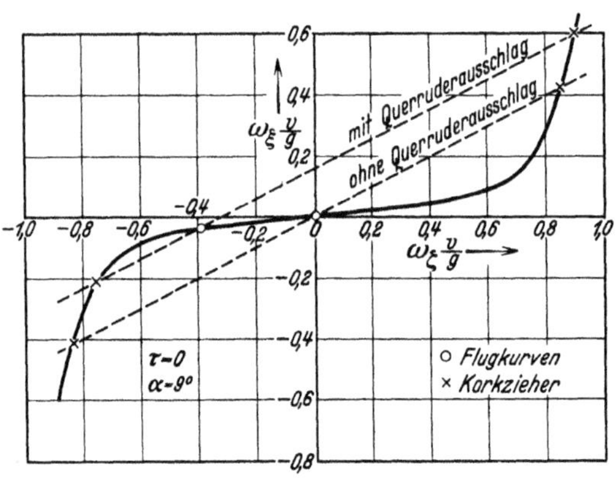

a

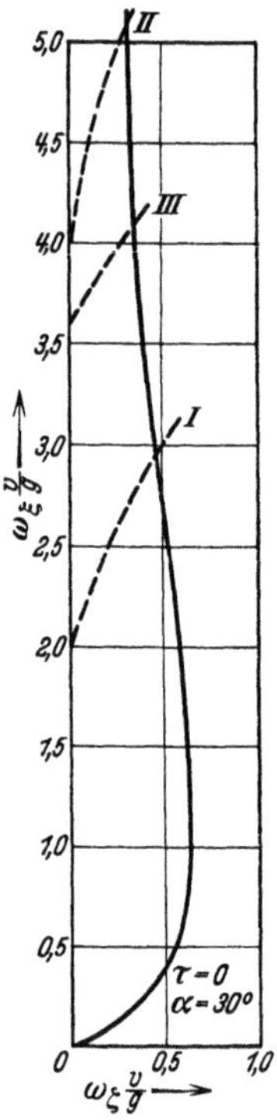

b

Abb. 248a und b. Beispiele für die Bestimmung des vollständigen Korkziehergleichgewichts aus den Diagrammen 245 bis 247. a) Unabhängig von c. b) I nach Abb. 245; $c = 5$. II nach Abb. 245; $c = 10$. III nach Abb. 246; $c = 4$.
——— Gleichgewicht der Kräfte. — — — Gleichgewicht der Rollmomente.

sie zeigt drei Schnittpunkte der beiden Kurven, somit drei stationäre Fluggleichgewichte. Der Schnittpunkt im Nullpunkt bedeutet Geradeausflug, den speziellen Fall der Flugkurve ohne Ruderausschlag; die beiden anderen Schnittpunkte entsprechen Korkziehern, bei denen die Wirkungen der beiden Drehungen ω_ξ und ω_ζ sich gerade kompensieren. Die beiden Korkzieher entsprechen Drehungen nach verschiedenen Seiten und sind bei Querruderausschlag Null in der Abb. 248a symmetrisch gelegen.

Ähnliche Kurven für andere Fälle sind den entsprechenden Diagrammen leicht zu entnehmen (Abb. 248b). Bei Querruderausschlag und Seitenwind liegen die beiden Korkzieherpunkte der Abbildungen natürlich nicht mehr symmetrisch. Bei genügend großem Querruderausschlag gibt es nur noch einen Korkzieherpunkt; die Flugkurve und der Korkzieher nach einer Seite — nämlich nach der dem Querruderausschlag entgegengesetzten Seite hin, nach welcher auch nach S. 288 die Flugkurve liegt — sind in diesem Fall unmöglich.

Der physikalische Grund dafür, daß für kleine und große α und entsprechend großen Querruderausschlag eine Flugkurve und ein dem Querruderausschlag entgegengesetzter Korkzieher nicht zustande kommen können, ist folgender: Um das durch den Ruderausschlag entstehende Quermoment zu kompensieren, muß der äußere Flügel bedeutend größere Geschwindigkeit haben als der innere; das bedeutet im ganzen eine sehr große Drehgeschwindigkeit und infolgedessen eine hohe Fliehkraft, der bei dem kleinen c_a keine Luftkraft das Gleichgewicht hält. Auch bei großem α wird mit Querruderausschlag die Drehgeschwindigkeit sehr groß und mit ihr die Fliehkraft, während der Auftrieb klein wird.

Es erscheint zunächst wohl paradox und kann Mißverständnisse hervorrufen, daß hier zu einem Querruderausschlag, der etwa den linken Flügel nach unten drückt, auch ein Korkzieher mit Rechtskurve als möglich erscheint. Bei dieser Bewegung kompensiert der Querruderausschlag einen Teil der Wirkung, die von der Übergeschwindigkeit des äußeren Flügels herrührt, ebenso wie bei der Flugkurve; nur wirkt die Anstellwinkelerhöhung am äußeren Flügel, die infolge Drehung um die Bahnachse entsteht, stärker mit als bei der Flugkurve. Natürlich wird hier keineswegs behauptet, daß ein Querruderausschlag aus dem geraden Flug heraus in diesen Korkzieher hineinführen kann; von den nichtstationären Flügen ist erst im nächsten Kapitel die Rede; als Gleichgewichtszustand existiert auch der Korkzieher mit Querruder-Gegenausschlag theoretisch; ob er praktisch jemals wirklich auftritt, ist eine andere, hier nicht zu lösende Frage.

Nur soviel wird hier schon ohne weitere Rechnung klar, daß ein Querruderausschlag, der nicht zurückgenommen wird, das Flugzeug nur in den Korkzieher mit dem Drehrichtungssinn, der dem Ausschlag entspricht, also auch nicht in die Flugkurve hineinführen kann.

Der physikalische Sinn dieses Ergebnisses kommt noch klarer heraus, wenn wir wieder zum α-$\frac{\Omega v}{g}$-Diagramm zurückkehren (Abb. 249), was am einfachsten mit Hilfe der Formel (6,39) geht. Für normale Flugwinkel erweist sich das Gleichgewicht der Quermomente unabhängig von c; dies ist nur der Fall, solange die Momentenkurve durch den Nullpunkt der Abb. 245 oder 246 geht und eine Gerade ist; dann wird ihre Gestalt durch die Maßstabsveränderung der Koordinaten, die von verschiedenen c-Werten herrührt, nicht mit verändert. Die Unabhängigkeit von c tritt also nur in einem gewissen Bereich der Anstellwinkel und bei Querruderausschlag Null ein. Bei Querruderausschlag zerfällt die Kurve für alle α in eine Schar mit dem Parameter c.

Bei kleinen c_a-Werten schneiden sich die beiden Kurven des Kräfte- und des Rollmomentengleichgewichtes überhaupt nicht; dies ist dann der Fall, wenn die zu dem betreffenden α gehörige Kurve der Abb. 247 im Nullpunkt steiler ansteigt als die entsprechende Kurve der Abb. 245.

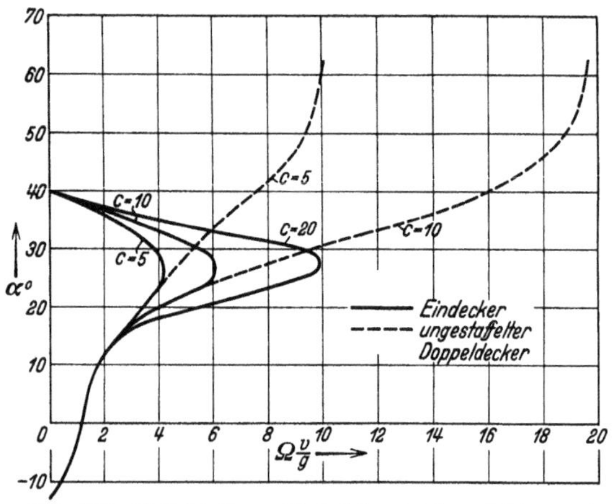

Abb. 249. Vollständiges Korkziehergleichgewicht $\tau = 0$; α durch Höhenruderausschlag bestimmt; Ω aus Abb. 248, μ und γ dazu aus Abb. 243b.

Nun ist der Differentialquotient im Nullpunkt der Abb. 247 gleich $\frac{c_w}{c_a}$, wie unmittelbar aus Gleichung (6,38) hervorgeht; der Differentialquotient im Nullpunkt der Abb. 245 ist nach Gleichung (6,16) und (6,18) gleich $2\frac{c_n}{c_n'}$. Der kleinste c_a-Wert, für welchen ein Korkziehergleichgewicht möglich ist, wird also aus der Gleichung $c_a^2 = \frac{c_w c_n'}{2}$ gewonnen. Daß für solche steilen Flüge die Flugkurve größere Bedeutung haben muß als für normale Anstellwinkel, werden wir auch bei Stabilitätsbetrachtungen (S. 310) wiederfinden. Da der Anstellwinkel des Korkziehers durch den Ausschlag des Höhenruders bestimmt ist, kann ein Korkziehergleichgewicht nicht bei einem höheren als mit Höhenruder erzwingbaren Anstellwinkel eintreten; also hat unser Diagramm nur Bedeutung bis zu etwa 20 bis 25°, d. i. kaum über den von c unabhängigen Bereich hinaus. In Abb. 249 sind auch höhere Anstellwinkel eingezeichnet im Hinblick auf die Trudelkurven.

Diagramme, die der Abb. 249 entsprechen, lassen sich für alle anderen Fälle — beliebiger Querruderausschlag, bestimmter endlicher Seitenwind ($\tau \neq 0$), Motorflug ($S \neq 0$), andere Flügelkombination u. dgl. — leicht berechnen, wenn die experimentellen Grundlagen gegeben sind. Hier soll davon abgesehen werden, da es nur auf die grundsätzlichen Gesichtspunkte ankommt und da das vorliegende Versuchsmaterial zu gering und zu unzuverlässig ist, um zu sicheren numerischen Angaben zu führen. Die sämtlichen Abbildungen dieses Paragraphen dürfen nicht als quantitativ zuverlässig genommen werden; die einzelnen Zahlwerte sind aus verschiedenen, vielleicht nicht gut zusammenstimmenden Quellen entnommen[1].

§ 7. Trudelkurven.

Es gibt aber noch andere stationäre Kurvenflüge, die seit langem in der fliegerischen Erfahrung bekannt sind und die größte Gefahrenquelle für den Flug darstellen; das sind steil nach unten gerichtete Bewegungen mit heftiger Drehung, die oft ungewollt eintreten, besonders im langsamen oder im überzogenen Flug, und die sich gegen Steuermaßnahmen äußerst widerstandsfähig zeigen. Sie waren früher sehr verhängnisvoll; im Laufe der Zeit lernte man Steuermaßnahmen kennen, die dem fliegerischen Gefühl zunächst widersprachen, aber doch aus dem gefährlichen Zustand herausführten, so daß der Praktiker heute den Gefahren größtenteils ruhig ins Auge sehen kann. Trotzdem gibt es dabei noch ausweglose Situationen. Man nennt diese Flüge Trudelkurven; man spricht von „trudeln". Die Unwirksamkeit der meisten Steuermaßnahmen zeigt, daß es sich um eine Klasse von Gleichgewichten bei normalen Ruderausschlägen handelt, die bei verschiedenen Ruderausschlägen nur ineinander übergehen und nur durch nicht naheliegende Maßnahmen in Kurvenflüge anderen Charakters übergeführt werden können. Bei Meßflügen[2] wurde schon während des Krieges einwandfrei festgestellt, daß beim Trudeln viel höhere Anstellwinkel auftreten als bei allen anderen Flugzuständen.

Man hat einesteils Anstellwinkel von 30 bis 40^0 beobachtet, anderenteils solche von der Größenordnung 60^0; da die Bahn stets steil nach unten verläuft, ist bei den letzteren die Flugzeugachse nur noch um etwa 30^0 gegen die Horizontale geneigt; man unterscheidet diese Flüge als „flaches Trudeln" von dem „steilen Trudeln" mit $\alpha \sim 30^0$.

Den Schlüssel zum Verständnis liefert die nähere Betrachtung des Längsmomenten-Gleichgewichtes. Soweit wir nur aerodynamische Wirkungen in Betracht ziehen, ist unsere bisherige Rechnung vollständig und keine Grundlage für einen weiteren Bewegungstyp vorhanden. Vor allem haben wir erkannt und schon öfters erwähnt, daß kein noch so starker Ausschlag des Höhenruders einen so hohen Anstellwinkel erzwingen kann; das kopflastige Moment, das dabei auf Flügel und Flosse wirkt, ist viel zu groß. Das Gleichgewicht muß also durch

---

[1] Auch die Abbildungen in der S. 318 zitierten Originalarbeit von Baranoff und Hopf sind numerisch nicht sicher; die Momente enthalten teilweise einen fehlerhaften Faktor $1/2$. Qualitativ bleiben die Ergebnisse richtig.

[2] Lindemann, F. A., H. Glauert, R. G. Harris, The experimental and mathematical investigation of spinning. R & M 411; 1917/18 S. 716. — Glauert, H., The investigation of the spin of an aeroplane. R & M 618; 1919/20 S. 478.

ein anderes, schwanzlastig wirkendes Moment hergestellt werden; ein solches liefert das „Kreiselglied" $(J_z - J_x)\,\omega_z\,\omega_x$ in Gleichung (6,9). Die physikalische Bedeutung dieses Gliedes wird klar, wenn wir uns das Flugzeug in Abb. 250 durch ein paar Massen ersetzen, die in einfacher Weise dieselben Trägheitsmomente haben wie das Flugzeug[1]. Zwei große Massen auf der x-Achse geben ein großes Trägheitsmoment J_z, zwei kleinere auf der z-Achse ein mäßiges J_x. Diese Anordnung stellt die Massenverteilung des Flugzeugs näherungsweise dar; beim normalen Typ liegen die großen Massen alle nahe der x-Achse, tragen also nur zu J_z bei; Flügel, Rumpf und Leitwerk tragen zu J_x und zu J_z in ungefähr gleicher Weise bei, so daß immer $J_z > J_x$; auch direkte Messungen bestätigen dies. Bei hochgebauten Konstruktionen, Mehrdeckern, Flugbooten u. dgl. mag das Verhältnis etwas gemildert sein.

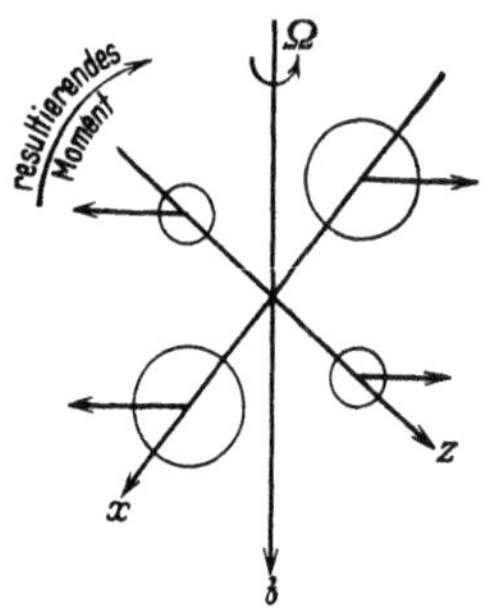

Abb. 250. Das Kreisel- (oder Schleuder-) Moment als Moment der Fliehkräfte. Wirkung beim Trudeln.

Infolge Drehung um die lotrechte $\mathfrak{z}$-Achse entstehen Fliehkräfte auf das Flugzeug, deren Sinn aus Abb. 250 hervorgeht; durch diese Kräfte entsteht ein Drehmoment, welches bei $J_z > J_x$ schwanzlastig wirkt und bei genügend rascher Drehung groß genug ist, um das aerodynamische kopflastig wirkende Moment auszugleichen. Hier tritt also bedeutungsvoll ein nicht aerodynamisches, sondern massendynamisches Moment auf, und dies ist der Hauptgrund für die Gefährlichkeit der Trudelkurven; denn das massendynamische Moment wird von ganz anderen Ursachen gefördert als die aerodynamischen.

Die Gleichung der Längsmomente lautet nun, wenn weiter das Längsdämpfungsmoment vernachlässigt wird:

$$(J_z - J_x)\,\omega_z\,\omega_x = c_M\, q\, F\, t \tag{6,41}$$

Wir führen die Trägheitsradien i_x usw. durch die Beziehungen

$$J_x = \frac{G}{g}\, i_x^2 \text{ usw.}$$

ein, und führen die Drehgeschwindigkeitskomponenten nach (6,3) auf ω_ξ und ω_ζ zurück, um das Diagramm der bisherigen Abbildungen verwenden zu können; dabei setzen wir wieder $\tau = 0$:

$$\left.\begin{aligned} \omega_x\,\omega_z &= (\omega_\xi^2 - \omega_\zeta^2)\cos\alpha\sin\alpha + \omega_\xi\,\omega_\zeta\,(\cos^2\alpha - \sin^2\alpha) \\ &= (\omega_\xi^2 - \omega_\zeta^2)\,\frac{\sin 2\alpha}{2} + \omega_\xi\,\omega_\zeta\cos 2\alpha\,. \end{aligned}\right\} \tag{6,42}$$

[1] Hopf, L., Flug- und Trudelkurven. Z. Flugtechn. Motorluftsch. Bd. 12 (1921) S. 273.

Wir schreiben nun (6,41) in der Form ($b\,t = F$):

$$\left.\begin{aligned}\frac{G}{q\,F}\cdot\frac{g\,b}{v^2}\cdot\frac{i_x^2 - i_z^2}{F}\left[\left\{\left(\omega_\xi\frac{v}{g}\right)^2 - \left(\omega_\zeta\frac{v}{g}\right)^2\right\}\frac{\sin 2\,\alpha}{2} + \right.\\ \left. + \,\omega_\xi\frac{v}{g}\,\omega_\zeta\frac{v}{g}\cos 2\,\alpha\right] = c_M\end{aligned}\right\}\qquad(6{,}43)$$

und finden in

$$\varkappa = \frac{G}{q\,F}\,\frac{g\,b}{v^2}\,\frac{i_x^2 - i_z^2}{F}\qquad(6{,}44)$$

einen weiteren Parameter, der neben c in Gleichung (6,40) für das Gleichgewicht bestimmend ist. Um ein möglichst allgemeines Diagramm zu haben, stellen wir (6,43) in einem $\omega_\xi\frac{v}{g}\sqrt{\varkappa}$-$\omega_\zeta\frac{v}{g}\sqrt{\varkappa}$-Koordinaten-

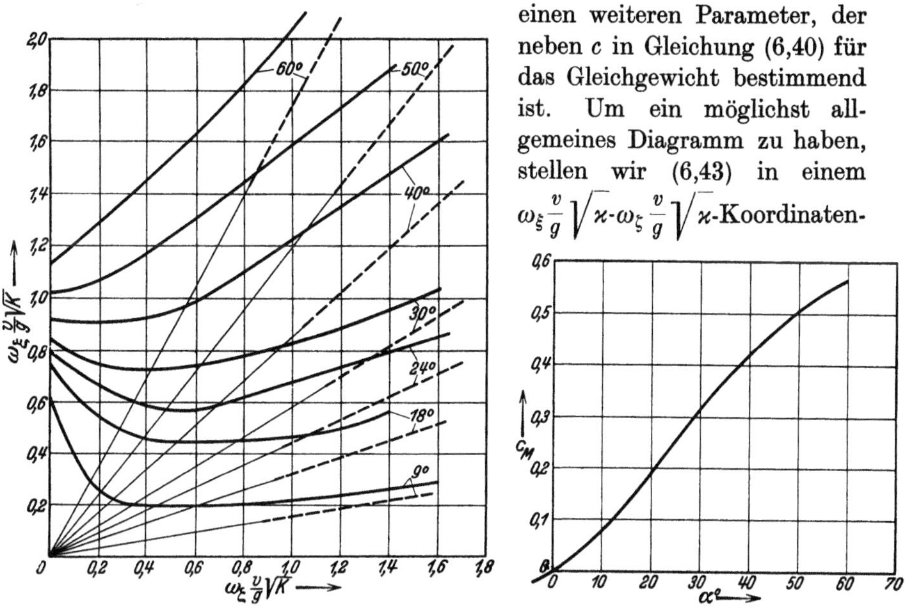

a b

Abb. 251a und b. a) Gleichgewicht der Längsmomente im $\omega_\xi\,\frac{v}{g}\sqrt{\varkappa}$ - $\omega_\zeta\,\frac{v}{g}\sqrt{\varkappa}$-Diagramm. b) In Abb. 251a verwendete Beiwerte des Längsmomentes.

system dar[1] (Abb. 251). Durch Wahl eines bestimmten $\varkappa$ können wir auch dieses Diagramm mit dem Kräftediagramm (Abb. 247) kombinieren und erhalten nach dem Muster der Abb. 252 Werte der Drehgeschwindigkeiten, die ein Gleichgewicht der Kräfte und der Längsmomente unter Berücksichtigung des Kreiselmomentes herstellen. Diese Werte brauchen

[1] Man macht dies praktisch am besten durch Einführung von Polarkoordinaten

$$\omega_\xi\,\frac{v}{g}\sqrt{\varkappa} = r\cos\varphi \qquad \omega_\zeta\,\frac{v}{g}\sqrt{\varkappa} = r\sin\varphi\,;$$

dann erhält (6,43) die leicht numerisch auswertbare Form:

$$\frac{r^2}{2}\sin 2\,(\varphi + \alpha) = c_M.$$

Die Kurven sind Hyperbeln mit den Asymptoten $\varphi + \alpha = \frac{\pi}{2}$.

wir nur, wie es in Abb. 252 geschieht, mit den in Abb. 249 erhaltenen Werten für das Gleichgewicht der Kräfte und der Rollmomente zu kombinieren, um volles Gleichgewicht zu erhalten. Abb. 252 gibt somit für einen speziellen Fall einen Überblick über alle zu gleichen Ruderausschlägen gehörigen Gleichgewichtszustände. Zu den früher besprochenen Zuständen treten jetzt im allgemeinen zwei Trudelzustände, welche durch hohe Kreiselmomente charakterisiert sind. Ein flaches Trudeln mit sehr großem Anstellwinkel tritt ein, wenn die gestrichelten Kurven der Abb. 249 mit Kurven kleinen Parameters $\varkappa$ zum Schnitt kommen; dies ist wohl ausschließlich bei ungestaffelten Doppeldeckern der Fall und würde natürlich noch gefährlicher bei einem Mehrdecker mit vorgestaffeltem Unterflügel auftreten.

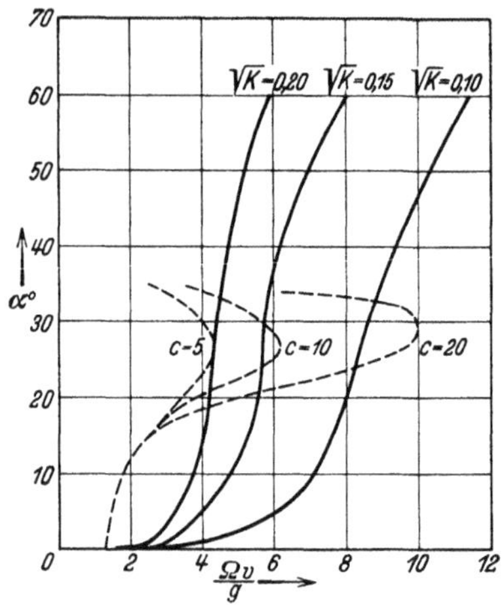

Abb. 252. Gleichgewicht beim Trudeln. Einfluß der Parameter c und $\varkappa$. (Das Zeichen K der Abbildung ist als $\varkappa$ zu lesen.)

Ob ein Trudeln möglich ist oder nicht, hängt von den relativen Größen der Parameter c und $\varkappa$ ab. Kleines c und kleines $\varkappa$ halten die beiden Kurven der Abb. 252 auseinander; allerdings rückt mit wachsendem c auch die $\varkappa$-Kurve nach rechts in Abb. 252, da $\varkappa$ einen Faktor $\frac{1}{c}$ enthält; doch greift die c-Kurve rascher nach rechts vor.

Die Abb. 252 enthält aber nicht etwa alle für die Trudelgefahr maßgebenden Umstände; sie gilt nur für $\tau = 0$. Seitenwind von außen verschiebt die c-Kurven nach rechts, und wieweit eine solche Verschiebung gehen kann, ist schwer abzuschätzen. Jedenfalls wird die Trudelgefahr heruntergedrückt, wenn das Seitenleitwerk groß genug ist, um überhaupt großen Seitenwind zu verhindern. Hierbei tritt die größte Gefahr auf, wenn das Seitenleitwerk durch Abschirmung in seiner Wirksamkeit mehr oder weniger herabgesetzt werden kann; besonders bei großen Anstellwinkeln ($\backsim$ 50 bis 60°) kommt das Seitenleitwerk leicht in den Windschatten des Höhenleitwerkes und kann dann eine das Trudeln hemmende Wirkung nicht mehr ausüben; so entstehen die gefährlichen Zustände des flachen Trudelns, unter Umständen auch bei Eindeckern oder gestaffelten Mehrdeckern.

Über die praktische Bedeutung der zwei Schnittpunkte einer bestimmten c-Kurve mit einer bestimmten $\varkappa$-Kurve kann nichts Sicheres ausgesagt werden. Es ist nicht ausgeschlossen, daß es für ein Flugzeug zwei Trudelmöglichkeiten gibt, eine steile und eine flache Trudelkurve; es kann sein, daß verschiedene Umstände die eine oder die andere stabilisieren. Doch liegt darüber keinerlei rechnerische oder experimentelle Untersuchung vor. Auch die Frage, ob der obere Ast der c-Kurven durch Seitenwind zu größeren α-Werten verschoben wird, muß einstweilen offenbleiben.

Die Erscheinung des Trudelns hat viel Ähnlichkeit mit der oben besprochenen Autorotation im Luftstrom, ist aber keineswegs mit ihr identisch; grundsätzlich könnte auch ein Flugzeug, das keine Autorotation zeigt, trudeln, wenn nur c und $\varkappa$ groß genug sind. Das Wesentliche am Trudeln ist das Kreiselmoment, durch welches Kurvenfluggleichgewichte bei großem Anstellwinkel möglich gemacht werden. Natürlich bleibt es richtig, daß Autorotation im Luftstrom das Anzeichen für starke Anfachung der Rolldrehung ist, und daß durch diese Anfachung erst die für das Kreiselmoment notwendige Drehgeschwindigkeit erzeugt wird. Nur bei autorotierenden Flugzeugen bekommt die c-Kurve bei großen Anstellwinkeln die nach rechts vorgreifende Form, durch die sie zum Schnitt mit den $\varkappa$-Kurven gebracht wird. Noch intensiver in dieser Hinsicht wirkt die Abschirmung des Oberflügels durch den Unterflügel beim ungestaffelten Doppeldecker.

Soll das Trudeln verhindert werden, so kann dies dadurch geschehen, daß man die Autorotation verhindert und in den üblichen Bereichen der c- und $\varkappa$-Werte bleibt. Dies kann durch die S. 274 erwähnten Maßnahmen geschehen. Man kann aber auch — und dies ist der radikalere Weg — durch richtige Massenverteilung $\varkappa$ herunterdrücken und so das Kreiselmoment unter allen Umständen klein halten; zu diesem Zweck muß man J_x gegenüber J_z vergrößern; das bedeutet ein Wegrücken der Massen von der Rumpfachse nach oben und unten. Kann man $J_x =$ oder $< J_z$ machen, so ist jede Art Trudeln vollkommen ausgeschlossen.

Andererseits geht aber aus Abb. 252 unmittelbar hervor, daß Verminderung von $\varkappa$, also eine Massenverteilung, die das Trudeln erschwert, die Drehgeschwindigkeit des Trudelzustandes erhöht; wenn durch eine solche Maßnahme das Trudeln nicht verhindert wird, wenn also die c-Kurve und die $\sqrt{\varkappa}$-Kurve sich trotzdem noch scheiden, so verläuft das Trudeln heftiger und gefährlicher. Diese Folgerung entspricht einer an Versuchsflügeln und an fliegenden Modellen gewonnenen Erfahrung.

Die Kurven unserer Diagramme können natürlich nicht den Anspruch auf quantitative Genauigkeit erheben; die zugrunde liegenden gemessenen und abgeschätzten Werte der aerodynamischen Größen sind zu ungenau, zumal die verschiedenen Wirkungen auf das Rollmoment einfach addiert und alle Abschirmungen, die bei großen Anstellwinkeln eine bedeutende Rolle spielen können, außer acht gelassen werden mußten. Ferner beziehen sich die Kurven nicht auf ein und dasselbe Flugzeug in den verschiedenen Zuständen; denn sowohl c wie $\varkappa$ enthalten die Fluggeschwindigkeit, welche in den verschiedenen Flugzuständen verschiedene Werte annimmt.

Die Vernachlässigung der Längsdämpfung dürfte belanglos sein; in den Trudelkurven kann sie schon deshalb nicht groß werden, weil diese immer steil nach unten verlaufen, also zu kleinem cos γ und somit kleinem ω_η gehören. Auch die Vernachlässigung der Seitenwindwirkung und die Vernachlässigung von τ bei Berechnung der Drehgeschwindigkeitskomponenten kann keine großen Fehler hereinbringen; nur die Wirkung von τ auf das Rollmoment bei großem Anstellwinkel ist bedeutend. Seitenwind von außen, d. i. bei unserer Vorzeichenfestsetzung positives τ bei positivem Ω, facht das Rollmoment an, schiebt also die c-Kurve nach rechts und erleichtert das Trudeln, Seitenwind von innen dämpft das Rollmoment und erschwert das Trudeln.

Das Gleichgewicht der Giermomente, welches τ bestimmt, haben wir bisher ganz außer acht gelassen; es ist auch wegen der Unsicherheit der Werte nicht leicht, zu einer zuverlässigen Abschätzung seiner Wirkung zu kommen. Der Seitenwind muß sich im stationären Kurvenflug hauptsächlich so einstellen, daß er das auf das Seitenleitwerk wirkende Dämpfungsmoment überwindet; dies Moment kann geschwächt oder verstärkt, aber wohl nicht leicht überwogen sein durch das Giermoment der Flügel nach den Abb. 225 oder 227. Bleibt das Seitenruder unausgeschlagen, so kann nur durch Seitenwind von innen die Dämpfung infolge der Drehbewegung aufgenommen werden; dieser Umstand wirkt auf eine Verminderung der Trudelgefahr hin; es ist ja klar, daß jedes Dämpfungsmoment wenigstens mittelbar einer Bewegung mit rascher Drehung entgegenwirken muß. Beim steilen Trudeln ist indes dieses Dämpfungsmoment sehr klein, da kleines cos γ zu kleinem ω_ζ führt; die anfachende Wirkung des Flügelgiermomentes in gewissen Bereichen kann Seitenwind von außen zur Folge haben. Im Bereich des flachen Trudelns ist das Flügelgiermoment sehr klein; ω_ξ kann größere Werte annehmen; aber die Dämpfung ist wohl doch gering, weil die resultierende Luftgeschwindigkeit das Seitenleitwerk stark seitlich faßt und zudem das Seitenleitwerk dann oft durch das Höhenleitwerk weitgehend abgeschirmt ist. Im Bereiche so großer Anstellwinkel ist aber auch die Wirkung des Seitenwindes auf das Rollmoment nicht sehr groß, so daß die Unsicherheit in der Beurteilung von τ die früheren Ergebnisse über das flache Trudeln dann kaum erheblich stören wird.

Um das Trudelgleichgewicht einschließlich seiner massendynamischen Seite im Modellversuch zu studieren, hat man in England Modelle, die in aerodynamischer Form und Massenverteilung wirklichen Flugzeugen nachgebildet sind, in einen vertikal nach oben strömenden Luftstrom gebracht und ihre Drehgeschwindigkeiten und Einstellung beobachtet. In Rußland ist eine Anordnung vorhanden, um das in einem Kardangelenk sitzende Modell sich zum Luftstrom einstellen und drehen zu lassen; auch so kann die Wirkung verschiedener Massenverteilung gemessen werden.

Schon während des Krieges wurden in England an trudelnden Flugzeugen Messungen vorgenommen[1] und vor allem der große Anstellwinkel festgestellt. In Deutschland wurde das trudelnde Flugzeug von einem senkrecht darunter befindlichen erdfesten Kinoapparat aufgenommen[2] und die Aufnahmen wurden ausgewertet. Es ergaben sich die erwarteten Verhältnisse, hoher Anstellwinkel, kleiner Bahnradius, alles mit recht guter Genauigkeit; die Werte waren alle leidlich stationär, nur der Seitenwinkel erwies sich als schwankend, was aber auch mit unseren Überlegungen über das Giermoment übereinstimmt.

Siebentes Kapitel.

Seitenstabilität und Seitensteuerung.

§ 1. Differentialgleichungen.

Für nichtstationäre Bewegungen kommen zu den in unseren Gleichgewichtsbedingungen (6,4) bis (6,10) stehenden Kräften noch weitere Trägheitskräfte und die entsprechenden Momente hinzu. Ferner treten in den Drehgeschwindigkeitskomponenten die zeitlichen Ableitungen der Winkel auf, welche die Lage des Flugzeugs bestimmen.

Die resultierende Drehgeschwindigkeit der Bahn geht nun nicht mehr um die vertikale $\mathfrak{z}$-Achse; es kommt vielmehr in der $\mathfrak{z}$-ξ-Ebene die Drehgeschwindigkeit $\frac{d\gamma}{dt} = \dot{\gamma}$ [3] hinzu, die auch schon in den Gleichungen der Längsbewegung auftritt und die Fliehkraft bestimmt. Sie verläuft im Sinn einer Drehung von der $\mathfrak{z}$- zur ξ-Achse; die Drehachse liegt in der η-ζ-Ebene und schließt mit der η-Achse den Winkel μ ein, so daß die Komponenten $\dot{\gamma}\cos\mu$ bzw. $-\dot{\gamma}\sin\mu$ sind, und für die drei Komponenten der Bahndrehung die Beziehungen gelten:

$$\left.\begin{aligned} \Omega_\xi = -\Omega\sin\gamma \qquad \Omega_\eta = \Omega\cos\gamma\sin\mu + \dot{\gamma}\cos\mu \\ \Omega_\zeta = \Omega\cos\gamma\cos\mu - \dot{\gamma}\sin\mu \end{aligned}\right\} \tag{7,1}$$

Danach lauten die Kraftgleichungen:

$$\frac{G}{g}\frac{dv}{dt} = -G\sin\gamma + S\cos\alpha\cos\tau - c_w q F \tag{7,2}$$

---

[1] Lindemann, F. A.: Zit. a. S. 295.

[2] Hübner, W. u. W. Pleines, Kinematographische Messung der Trudelbewegung. Z. Flugtechn. Motorluftsch. Bd. 30 (1929) S. 29.

[3] Wir wollen der einfacheren Schreibweise wegen im folgenden wenigstens bei Winkeln immer den Punkt über dem Symbol als Zeichen für den Differentialquotienten nach der Zeit verwenden.

$$0 = \frac{G}{g} v \dot{\gamma} \sin \mu - \frac{G}{g} v \Omega \cos \gamma \cos \mu + G \cos \gamma \sin \mu - S \sin \tau - c_q q F \qquad (7,3)$$

$$\left. \begin{aligned} 0 = \frac{G}{g} v \dot{\gamma} \cos \mu + \frac{G}{g} v \Omega \cos\gamma \sin\mu + G \cos\gamma \cos\mu - S \sin\alpha \cos\tau - \\ - c_a q F \end{aligned} \right\} \qquad (7,4)$$

Die Momentengleichungen werden:

$$J_x \frac{d\,\omega_x}{d\,t} - (J_y - J_z)\, \omega_y\, \omega_z = -L \qquad (7,5)$$

$$J_y \frac{d\,\omega_y}{d\,t} - (J_z - J_x)\, \omega_z\, \omega_x = -M \qquad (7,6)$$

$$J_z \frac{d\,\omega_z}{d\,t} - (J_x - J_y)\, \omega_x\, \omega_y = -N \qquad (7,7)$$

Dabei gelten nun aber für ω_x, ω_y, ω_z [1] nicht mehr die einfachen Ausdrücke (6,3); sie werden ergänzt durch die schon in (7,1) auftretenden Komponenten von $\dot{\gamma}$. Dazu kommen die Komponenten folgender Drehgeschwindigkeiten des Flugzeugs, welche nicht mit Drehungen der Flugbahn verbunden sind:

$\dot{\alpha}$ um die η-Achse, $\dot{\tau}$ um die z-Achse, $\dot{\mu}$ um die ξ-Achse.

Die Zusammenfassung all dieser Drehungen ergibt:

$$\left. \begin{aligned} \omega_x &= (\Omega_\xi + \dot{\mu}) \cos\alpha \cos\tau + (\Omega_\eta + \dot{\alpha}) \sin\tau - \Omega_\zeta \sin\alpha \cos\tau \\ \omega_y &= -(\Omega_\xi + \dot{\mu}) \cos\alpha \sin\tau + (\Omega_\eta + \dot{\alpha}) \cos\tau + \Omega_\zeta \sin\alpha \sin\tau \\ \omega_z &= (\Omega_\xi + \dot{\mu}) \sin\alpha + \Omega_\zeta \cos\alpha + \dot{\tau} \end{aligned} \right\} \qquad (7,8)$$

oder bei voller Zurückführung auf unsere Variablen:

$$\left. \begin{aligned} \omega_x = [(-\Omega \sin\gamma + \dot{\mu}) \cos\alpha - (\Omega \cos\gamma \cos\mu - \dot{\gamma} \sin\mu) \sin\alpha] \cos\tau + \\ + [\Omega \cos\gamma \sin\mu + \dot{\gamma} \cos\mu + \dot{\alpha}] \sin\tau \end{aligned} \right\} \qquad (7,9)$$

$$\left. \begin{aligned} \omega_y = [\Omega \cos\gamma \sin\mu + \dot{\gamma} \cos\mu + \dot{\alpha}] \cos\tau + \\ + [(\Omega \sin\gamma - \dot{\mu}) \cos\alpha + (\Omega \cos\gamma \cos\mu - \dot{\gamma} \sin\mu) \sin\alpha] \sin\tau \end{aligned} \right\} \qquad (7,10)$$

$$\omega_z = (\Omega \cos\gamma \cos\mu - \dot{\gamma} \sin\mu) \cos\alpha + (-\Omega \sin\gamma + \dot{\mu}) \sin\alpha + \dot{\tau} \qquad (7,11)$$

Aus diesen Formeln lassen sich leicht durch Elimination andere gewinnen, welche für bestimmte Rechnungen brauchbar sind; so z. B. ergibt sich für kleine τ zur Berechnung von Ω die Formel:

$$\Omega \cos\gamma = -\omega_x \sin\alpha \cos\mu + (\omega_z - \dot{\tau}) \cos\alpha \cos\mu + (\omega_y - \dot{\alpha}) \sin\mu$$

oder für $\dot{\mu}$, wenn wir τ klein und $\dot{\tau} = 0$ setzen:

$$\dot{\mu} = \omega_x \cos\alpha + \omega_z \sin\alpha + \Omega \sin\gamma$$

und ähnliche Beziehungen.

---

[1] Es bedeuten durchweg Ω_ξ ... die Komponenten der Flugbahndrehung, ω_ξ ... ω_x ... die Komponenten der Flugzeugdrehung.

§ 2. Seitenstabilität des geraden Fluges[1].

Kleine Schwingungen. Das einfachste Problem der nichtstationären Bewegung im Raum ist die Stabilitätsuntersuchung beim geraden Flug; betrachtet man nur Flugzustände mit sehr kleiner Abweichung vom geraden, stationären Flug, so kann man — wie beim Stabilitätsproblem der reinen Längsbewegung — die Differentialgleichungen linearisieren und in übersichtlicher, allgemeiner Form lösen. Linear werden die Differentialgleichungen freilich auch bei kleinen Abweichungen von einem anderen stationären Gleichgewicht; doch werden dann die Koeffizienten der Gleichungen numerisch sehr kompliziert; daher würde es der physikalischen Einsicht hinderlich sein, wenn wir das Problem allgemeiner ansetzen würden.

Wir betrachten also hier nur Flugbewegungen, die nur sehr wenig vom geraden, gleichförmigen Flug abweichen. Dann ist der stationäre Flug vollkommen beschrieben durch die drei konstanten Größen v_0, α_0, γ_0; von diesen sollen die Variablen v, α, γ nur um die unendlich kleinen Größen v_1, α_1, γ_1 abweichen; die drei Variablen der unsymmetrischen Bewegung τ, Ω, μ sind selbst als unendlich kleine Größen anzusehen, deren höhere Potenzen wir vernachlässigen. Dann vereinfachen sich die Gleichungen (7,9) bis (7,11) folgendermaßen:

$$\left.\begin{aligned} \omega_x &= -\Omega \sin(\gamma_0 + \alpha_0) + \dot{\mu} \cos \alpha_0 \\ \omega_y &= \dot{\gamma}_1 + \dot{\alpha}_1 \\ \omega_z &= \Omega \cos(\gamma_0 + \alpha_0) + \dot{\mu} \sin \alpha_0 + \dot{\tau} \end{aligned}\right\} \qquad (7,12)$$

Entwickeln wir nun die Gleichungen (7,2) bis (7,7) nach den kleinen Größen und behalten wir nur die Glieder erster Ordnung bei, so ergibt sich folgendes:

1. Aus den Gleichungen (7,2), (7,4) und (7,6), den Gleichgewichtsbedingungen beim symmetrischen Flug, verschwinden die Variablen τ, Ω, μ. Auch die Luftkraftbeiwerte c_a, c_w und c_q hängen von diesen Variablen in erster Ordnung nicht ab, weil die Einwirkungen der Drehbewegungen und des Seitenwindes auf den beiden Flugzeugseiten entgegengesetzte Richtung haben, daher keine Kräfte, sondern nur Momente um die x- und z-Achse hervorrufen.

2. In den Gleichungen (7,3), (7,5) und (7,7) treten die Variablen v_1, α_1, γ_1 nicht auf; denn unsymmetrische Luftkräfte und -momente, welche im stationären Flug nicht vorhanden sind, können nicht infolge

[1] Bryan, G. H., Die Stabilität des Flugzeugs (übers. v. H. G. Bader). Berlin 1914. — Reissner, H., Die Seitensteuerung der Flugmaschinen. Z. Flugtechn. Motorluftsch. Bd. 1 (1910) S. 101 u. 117. — Gehlen, K., Querstabilität und Seitensteuerung von Flugmaschinen. Z. Flugtechn. Motorluftsch. Bd. 4 (1913) S. 173, 186, 201, 213. — Mathias, G., Die Seitenstabilität des ungesteuerten Normalfluges und ihre technischen Vorbedingungen. Z. Flugtechn. Motorluftsch. Bd. 23 (1932) S. 193 u. 224.

Änderung der symmetrischen Variablen auftreten. Infolgedessen zerfällt unser System von sechs Bewegungsgleichungen in zwei Systeme von je drei Gleichungen. Das eine, welches die Variablen v_1, α_1, γ_1 enthält, ist identisch mit den Gleichungen der gestörten symmetrischen Bewegung; es gibt Auskünfte über die „Längsstabilität" des Fluges. Das andere läßt die Wirkungen unsymmetrischer Störungen erkennen; es zeigt also die „Seitenstabilität". Die Trennung der beiden Systeme bedeutet, daß die symmetrischen Störungen unabhängig von den unsymmetrischen verlaufen, daß Längsschwingungen und Querschwingungen sich ohne gegenseitige Beeinflussung überlagern. Dagegen gibt es keine Trennung der Störung des Kurses (Ω) von der Störung der Seitenneigung (μ); Seitenstabilität und Querstabilität hängen untrennbar zusammen, solange wir nicht noch weitere Vernachlässigungen einführen. Auch von einer besonderen Längs- und Seitenstabilität kann man nur beim geraden Fluge reden (und bei Kurven, die unendlich wenig davon abweichen); daher ist dieser — bisher allein behandelte — Fall so viel einfacher wie der allgemeine.

Die aerodynamischen Kräfte und Momente hängen vom Seitenwind und von den Drehgeschwindigkeiten des Flugzeugs um Bahn- und Hochachse ab; man darf aber nicht etwa für die letzteren die Werte Ω_ξ und Ω_ζ aus Gleichung (7,1) einsetzen; denn diese bezeichnen die Drehkomponenten der Bahn allein, nicht die Drehgeschwindigkeitskomponenten des Flügels, auf die es hier ankommt. Wir gewinnen diese durch Umrechnung der Gleichungen (7,9) bis (7,11), die wir jetzt allerdings nur in der vereinfachten Form (7,12) benutzen, auf die ξ- und die ζ-Richtung; in konsequenter Weise müssen wir sie mit ω_ξ und ω_ζ bezeichnen. Da bei kleinem τ die y-Achse und die η-Achse zusammenfallen, wird

$$\left.\begin{aligned} \omega_\xi &= \omega_x \cos\alpha_0 + \omega_z \sin\alpha_0 = -\Omega \sin\gamma_0 + \dot\mu + \dot\tau \sin\alpha_0 \\ \omega_\zeta &= \omega_z \cos\alpha_0 - \omega_x \sin\alpha_0 = \quad \Omega\cos\gamma_0 + \dot\tau\cos\alpha_0 \end{aligned}\right\} \qquad (7,13)$$

Entwickeln wir die Luftkräfte nach den Variablen, so erhalten wir z. B.

$$\left.\begin{aligned} L &= \frac{\partial L}{\partial\tau}\tau + \frac{\partial L}{\partial\omega_\xi}\omega_\xi + \frac{\partial L}{\partial\omega_\zeta}\omega_\zeta \\ &= \frac{\partial L}{\partial\tau}\tau + \left(\frac{\partial L}{\partial\omega_\zeta}\cos\alpha_0 + \frac{\partial L}{\partial\omega_\xi}\sin\alpha_0\right)\dot\tau + \\ &\quad + \left(\frac{\partial L}{\partial\omega_\zeta}\cos\gamma_0 - \frac{\partial L}{\partial\omega_\xi}\sin\varphi_0\right)\Omega + \frac{\partial L}{\partial\omega_\xi}\dot\mu \end{aligned}\right\} \qquad (7,14)$$

oder in abgekürzter Schreibweise:

$$L = \left(L_\tau + L_{\dot\tau}\frac{d}{dt}\right)\tau + L_\Omega\,\Omega + L_{\dot\mu}\,\dot\mu$$

Stabilitätsgleichung. Die Gleichungen (7,3), (7,5) und (7,7) nehmen nun bei Taylorscher Entwicklung unter Berücksichtigung von (7,12) und (7,14) die Gestalt an:

$$\left.\begin{aligned}
0 &= -\frac{G}{g} v \cos\gamma \cdot \Omega + G\cos\gamma \cdot \mu - S \cdot \tau - qF \\
&\qquad \left[\left(c_{q\tau} + c_{q\dot{\tau}} \frac{d}{dt}\right) \cdot \tau + c_{q\Omega} \cdot \Omega + c_{q\dot{\mu}} \cdot \dot{\mu}\right] \\
J_x(-\dot{\Omega}\sin\vartheta + \ddot{\mu}\cos\alpha) &= -\left(L_\tau + L_{\dot{\tau}} \frac{d}{dt}\right) \cdot \tau - L_\Omega \cdot \Omega - L_{\dot{\mu}} \cdot \dot{\mu} \\
J_z(\dot{\Omega}\cos\vartheta + \ddot{\mu}\sin\alpha + \ddot{\tau}) &= -\left(N_\tau + N_{\dot{\tau}} \frac{d}{dt}\right)\tau - N_\Omega \cdot \Omega - N_{\dot{\mu}} \cdot \dot{\mu}
\end{aligned}\right\} \quad (7,15)$$

Dabei ist der Index 0 weggelassen und wie im fünften Kapitel $\gamma + \alpha = \vartheta$ gesetzt. Diesen Gleichungen geben wir eine übersichtliche Form durch Einführung dimensionsloser Größen; wir setzen[1]

$$L = \mathfrak{l} \cdot qFb \qquad N = \mathfrak{n} \cdot qFb \quad (7,16)$$

und schreiben der Übersicht halber:

$$c_q = \mathfrak{q}$$

Wir führen auch dimensionslose Variable ein durch die Beziehungen

$$\bar{t} = \frac{v}{b} t, \qquad \bar{\Omega} = \frac{v}{b} \Omega, \qquad \bar{\dot{\mu}} = \frac{b}{v} \frac{d\mu}{dt}, \qquad \bar{\dot{\tau}} = \frac{b}{v} \frac{d\tau}{dt} \quad (7,17)$$

Die Winkel τ und μ sind ohnehin dimensionslos. Wir dividieren nun die erste Gleichung (7,15) durch qF, die anderen durch qFb; dann treten in den Gleichungen die dimensionslosen Zahlen

$$\left.\begin{aligned}
\mathfrak{G} &= \frac{G v^2}{g q F b}, & c_a &= \frac{G\cos\gamma}{qF} \\
\mathfrak{J}_x &= \mathfrak{G} \frac{i_x^2}{b^2}, & \mathfrak{J}_z &= \mathfrak{G} \frac{i_z^2}{b^2}
\end{aligned}\right\} \quad (7,18)$$

auf, wobei i_x und i_z die Trägheitsradien um die x- bzw. z-Achse bedeuten. Die Gleichungen (7,15) lauten nun, wenn die Glieder mit derselben Variablen zusammengefaßt werden:

$$\left.\begin{aligned}
0 &= \left(-\frac{S}{qF} - \mathfrak{q}_\tau - \mathfrak{q}_{\bar{\dot{\tau}}} \frac{d}{d\bar{t}}\right)\tau + (-\mathfrak{G}\cos\gamma - \mathfrak{q}_{\bar{\Omega}})\bar{\Omega} + \\
&\qquad + \left(c_a - \mathfrak{q}_{\bar{\dot{\mu}}} \frac{d}{d\bar{t}}\right)\mu \\
0 &= \left(\mathfrak{l}_\tau + \mathfrak{l}_{\bar{\dot{\tau}}} \frac{d}{d\bar{t}}\right)\tau + \left(-\mathfrak{J}_x \sin\vartheta \frac{d}{d\bar{t}} + \mathfrak{l}_{\bar{\Omega}}\right)\bar{\Omega} + \\
&\qquad + \left(\mathfrak{J}_x \cos\alpha \frac{d^2}{d\bar{t}^2} + \mathfrak{l}_{\bar{\dot{\mu}}} \frac{d}{d\bar{t}}\right)\mu \\
0 &= \left(\mathfrak{J}_z \frac{d^2}{d\bar{t}^2} + \mathfrak{n}_\tau + \mathfrak{n}_{\bar{\dot{\tau}}} \frac{d}{d\bar{t}}\right)\tau + \left(\mathfrak{J}_z \cos\vartheta \frac{d}{d\bar{t}} + \mathfrak{n}_{\bar{\Omega}}\right)\bar{\Omega} + \\
&\qquad + \left(\mathfrak{J}_z \sin\alpha \frac{d^2}{d\bar{t}^2} + \mathfrak{n}_{\bar{\dot{\mu}}} \frac{d}{d\bar{t}}\right)\mu
\end{aligned}\right\} \quad (7,19)$$

[1] Die Größen $\mathfrak{l}$ und $\mathfrak{n}$ sind identisch mit den früheren c_L und c_N und nur deshalb hier eingeführt, daß die doppelten Indizes vermieden werden.

Über die Lösung eines solchen Gleichungssystems und die Gewinnung der Stabilitätskriterien wurde bei Diskussion der Längsstabilität ausführlich gesprochen (S. 211 f.); wir verweisen hier also nur auf die dortigen Ausführungen. Wir setzen τ, Ω und μ proportional $e^{\lambda \bar{t}}$ und erklären die Flugbewegung für **stabil** gegen unsymmetrische Störungen, wenn **keiner der auftretenden λ-Werte einen positiv reellen Teil** hat. Die λ-Werte folgen aus der Bedingung, daß die Hauptdeterminante von (7,19) verschwinden muß:

$$\begin{vmatrix} -\frac{S}{qF}-\mathfrak{q}_\tau-\mathfrak{q}_{\bar{\dot\tau}}\lambda & -\mathfrak{G}\cos\gamma-\mathfrak{q}_{\bar{\Omega}} & c_a-\mathfrak{q}_{\bar{\mu}}\lambda \\ \mathfrak{l}_\tau+\mathfrak{l}_{\bar{\dot\tau}}\lambda & -\mathfrak{J}_x\sin\vartheta\cdot\lambda+\mathfrak{l}_{\bar{\Omega}} & \mathfrak{J}_x\cos\alpha\cdot\lambda^2+\mathfrak{l}_{\bar{\mu}}\lambda \\ \mathfrak{J}_z\lambda^2+\mathfrak{n}_\tau+\mathfrak{n}_{\bar{\dot\tau}}\lambda & \mathfrak{J}_z\cos\vartheta\cdot\lambda+\mathfrak{n}_{\bar{\Omega}} & \mathfrak{J}_z\sin\alpha\cdot\lambda^2+\mathfrak{n}_{\bar{\mu}}\lambda \end{vmatrix} = 0 \quad (7{,}20)$$

Auch hier tritt, wie in der Theorie der Längsstabilität, eine Gleichung vierten Grades auf; daß sie nicht vom sechsten Grad wird, hat seinen physikalischen Grund darin, daß die seitliche Lagenkoordinate des Schwerpunktes und die Kursrichtung, deren Ableitung Ω ist, keine Rolle spielen, analog den zwei Lagenkoordinaten in der Theorie der Längsstabilität. Die Ausrechnung der Determinante ergibt:

$$A\lambda^4 + B\lambda^3 + C\lambda^2 + D\lambda + E = 0$$

wobei

$$\left.\begin{aligned}
A &= \mathfrak{J}_x\mathfrak{J}_z\,[-\mathfrak{q}_{\bar{\dot\tau}}\cos\gamma + (\mathfrak{G}\cos\gamma+\mathfrak{q}_{\bar{\Omega}})\cos\alpha + \mathfrak{q}_{\bar{\mu}}\sin\vartheta) \\
B &= -\left(\frac{S}{qF}+\mathfrak{q}_\tau\right)\mathfrak{J}_x\mathfrak{J}_y\cos\gamma - \mathfrak{q}_{\bar{\dot\tau}}(\mathfrak{J}_x\mathfrak{n}_{\bar{\mu}}\sin\vartheta + \mathfrak{J}_x\mathfrak{n}_{\bar{\Omega}}\cos\alpha - \\
&\quad - \mathfrak{J}_z\mathfrak{l}_{\bar{\Omega}}\sin\alpha + \mathfrak{J}_z\mathfrak{l}_{\bar{\mu}}\cos\vartheta) + (\mathfrak{G}\cos\gamma+\mathfrak{q}_{\bar{\Omega}})(\mathfrak{J}_x\mathfrak{n}_{\bar{\dot\tau}}\cos\alpha - \\
&\quad - \mathfrak{J}_z\mathfrak{l}_{\bar{\dot\tau}}\sin\alpha + \mathfrak{J}_z\mathfrak{l}_{\bar{\mu}}) - c_a\mathfrak{J}_x\mathfrak{J}_z\sin\vartheta + \mathfrak{q}_{\bar{\mu}}\mathfrak{J}_z\mathfrak{l}_{\bar{\dot\tau}}\cos\vartheta - \\
&\quad - \mathfrak{J}_z\mathfrak{l}_{\bar{\Omega}} + \mathfrak{J}_x\mathfrak{n}_{\bar{\dot\tau}}\sin\vartheta) \\
C &= -\left(\frac{S}{qF}+\mathfrak{q}_\tau\right)(\mathfrak{J}_x\mathfrak{n}_{\bar{\mu}}\sin\vartheta + \mathfrak{J}_x\mathfrak{n}_{\bar{\Omega}}\cos\alpha + \mathfrak{J}_z\mathfrak{l}_{\bar{\mu}}\cos\vartheta - \\
&\quad - \mathfrak{J}_z\mathfrak{l}_{\bar{\Omega}}\sin\alpha) - \mathfrak{q}_{\bar{\dot\tau}}(\mathfrak{l}_{\bar{\mu}}\mathfrak{n}_{\bar{\Omega}} - \mathfrak{n}_{\bar{\mu}}\mathfrak{l}_{\bar{\Omega}}) + (\mathfrak{G}\cos\gamma+\mathfrak{q}_{\bar{\Omega}}) \\
&\quad (\mathfrak{J}_x\mathfrak{n}_\tau\cos\alpha - \mathfrak{J}_z\mathfrak{l}_\tau\sin\alpha + \mathfrak{l}_{\bar{\mu}}\mathfrak{n}_{\bar{\dot\tau}} - \mathfrak{n}_{\bar{\mu}}\mathfrak{l}_{\bar{\dot\tau}}) - c_a(\mathfrak{J}_z\mathfrak{l}_{\bar{\dot\tau}}\cos\vartheta + \\
&\quad + \mathfrak{J}_x\mathfrak{n}_{\bar{\dot\tau}}\sin\vartheta - \mathfrak{J}_z\mathfrak{l}_{\bar{\Omega}}) + \mathfrak{q}_{\bar{\mu}}(\mathfrak{J}_z\mathfrak{l}_\tau\cos\vartheta + \mathfrak{J}_x\mathfrak{n}_\tau\sin\vartheta + \\
&\quad + \mathfrak{l}_{\bar{\dot\tau}}\mathfrak{n}_{\bar{\Omega}} - \mathfrak{n}_{\bar{\dot\tau}}\mathfrak{l}_{\bar{\Omega}}) \\
D &= -\left(\frac{S}{qF}+\mathfrak{q}_\tau\right)(\mathfrak{l}_{\bar{\mu}}\mathfrak{n}_{\bar{\Omega}} - \mathfrak{n}_{\bar{\mu}}\mathfrak{l}_{\bar{\Omega}}) + (\mathfrak{G}\cos\varphi + \mathfrak{q}_{\Omega}) \\
&\quad (\mathfrak{l}_{\bar{\mu}}\mathfrak{n}_\tau - \mathfrak{n}_{\bar{\mu}}\mathfrak{l}_\tau) - c_a(\mathfrak{J}_z\mathfrak{l}_\tau\cos\vartheta + \mathfrak{J}_x\mathfrak{n}_\tau\sin\vartheta + \\
&\quad + \mathfrak{l}_{\bar{\dot\tau}}\mathfrak{n}_{\bar{\Omega}} - \mathfrak{n}_{\bar{\dot\tau}}\mathfrak{l}_{\bar{\Omega}}) + \mathfrak{q}_{\bar{\mu}}(\mathfrak{l}_\tau\mathfrak{n}_{\bar{\Omega}} - \mathfrak{n}_\tau\mathfrak{l}_{\bar{\Omega}}) \\
E &= -c_a(\mathfrak{l}_\tau\mathfrak{n}_{\bar{\Omega}} - \mathfrak{n}_\tau\mathfrak{l}_{\bar{\Omega}})
\end{aligned}\right\} \quad (7{,}21)$$

Numerische Abschätzung. Diese Ausdrücke sind natürlich sehr unhandlich; aber sie lassen sich in allen Fällen bedeutend kürzen, wenn man die numerische Größenordnung der einzelnen Summanden in Betracht zieht. Auch ist noch auszuführen, von welchen Konstruktionsgrößen die einzelnen Beiwerte abhängen:

$\mathfrak{G} = \frac{2\,G}{\varrho\, g\, b\, F}$ wächst mit der Flächenbelastung und mit der Flughöhe und sinkt, wenn die Spannweite wächst; da die Flächenbelastung meist hoch ist, wird G bei normalen kleinen Flugzeugen von der Größenordnung 5 bis 8, bei ganz schmalen Flugzeugen kann es noch größer werden, bei nicht zu hoch belasteten Riesenflugzeugen und bei Segelflugzeugen kann es bis etwa 1 bis 2 heruntersinken.

$\mathfrak{J}_x$ und $\mathfrak{J}_z$ sind von kleinerer Größenordnung; der Trägheitsradius um die x-Achse mag vielleicht ein Achtel der Spannweite betragen, der um die z-Achse ist anderthalb bis zweimal so groß. Man muß also $\mathfrak{J}_x$ zu $\frac{1}{60}\,\mathfrak{G}$, $\mathfrak{J}_z$ zu $\frac{1}{30}\,\mathfrak{G}$ veranschlagen.

$\frac{S}{q\,F} = c_w + c_a \operatorname{tg} \gamma$ wird im Motorflug von der Größe 0,1 bis 0,5, im Gleitflug natürlich $= 0$; c_a liegt zwischen 0 und 1,5.

Die Beiwerte der Luftkräfte und Luftmomente sind meist im § 2 des sechsten Kapitels schon berechnet; sie rühren wesentlich nur von den Flügeln und vom Seitenleitwerk her; nur bei $\mathfrak{q}_\tau$ können die Streben, Räder und der Rumpf einen nennenswerten Einfluß haben. Es bezeichne wieder F_s die Fläche des Seitenleitwerkes, l_s seine Rücklage hinter dem Schwerpunkt, h_s seine Höhenlage über dem Schwerpunkt, c_s den Beiwert der Normalkraft auf das Seitenleitwerk, c_n und c_t Normal- und Tangentialkraftbeiwerte der Flügel; c_s', c_n', c_t' bedeuten die Ableitungen dieser Größen nach dem Anstellwinkel der betreffenden Flügel- oder Flossenteile. Φ sei die „schädliche Fläche" des Flugzeugs ohne Leitwerk und Flügel bei Seitenwind. Dann wird:

$$\mathfrak{q}_\tau = c_S' \frac{F_S}{F} + \frac{\Phi}{F} \sim 3 \cdot 0{,}05 + 0{,}1 \sim 0{,}25\,.$$

$\mathfrak{q}_{\bar\omega_\xi} = c_s' \frac{F_s}{F} \frac{h_s}{b}$ eine Größe, die nur bei großer Höhenlage des Seitenleitwerkes, also bei ganz abweichenden Konstruktionen, in Betracht kommt.

$$\mathfrak{q}_{\bar\omega_\zeta} = c_s' \frac{F_s}{F} \frac{l_s}{b} \sim 3 \cdot 0{,}05 \cdot 0{,}5 \sim 0{,}075\,.$$

Aus den Beziehungen (7,13) ist zu ersehen, daß

$$\left.\begin{aligned} \mathfrak{q}_{\bar\mu} &= \mathfrak{q}_{\bar\omega_\xi} \\ \mathfrak{q}_{\bar\Omega} &= \mathfrak{q}_{\bar\omega_\zeta} \cos\gamma - \mathfrak{q}_{\bar\omega_\xi} \sin\gamma \\ \mathfrak{q}_{\bar\tau} &= \mathfrak{q}_{\bar\omega_\zeta} \cos\alpha + \mathfrak{q}_{\bar\omega_\xi} \sin\alpha \end{aligned}\right\} \qquad (7{,}22)$$

$\mathfrak{l}_\tau$ folgt aus Abb. 215; es hat bei normalen Anstellwinkeln sehr kleine Werte; bei V-Stellung ist nach (6,12)

$$\mathfrak{l}_\tau = -\frac{1}{4}\, c_n' \nu \sim -\frac{1}{4} \cdot 5 \cdot 0{,}05 \sim -0{,}06\,.$$

Bei Anstellwinkeln, die im Bereich unserer jetzigen Überlegung liegen, kann $|\mathfrak{l}_\tau|$ nach Abb. 215 bis 0,45 steigen; Anstellwinkel über 20^0 brauchen wir hier wohl nicht mit in Betracht zu ziehen, weil bei solchen ein gerader Flug unmöglich ist.

$\underline{\mathfrak{l}_{\bar\omega_\xi}}$ folgt aus Abb. 224. Es hat bei kleinen Anstellwinkeln nach der hier gültigen Näherungsformel (6,16) den Wert

$$\frac{1}{12}\,c_n' \sim 0{,}5\,,$$

wird aber bei größeren Anstellwinkeln kleiner, beim Auftriebsmaximum Null und bei noch höheren α negativ.

$\underline{\mathfrak{l}_{\bar\omega_\zeta}}$ gehorcht Gleichung (6,18), wird also $= -\frac{1}{6}\,c_n$, von der Größenordnung 0 bis 0,2; durch eine Verwindung der Flügel, welche die Einstellwinkel der äußeren Teile vermindert, kann dieser Betrag noch herabgesetzt werden, ebenso durch eine nach außen hin abnehmende Flügeltiefe.

Der vom Leitwerk herrührende Beitrag zu den $\mathfrak{l}$-Werten ist immer sehr gering, wenn es sich nicht etwa um eine anormale Konstruktion mit sehr hoch liegendem Seitenleitwerk handelt. Die in (7,19) stehenden Beiwerte folgen aus den Gleichungen

$$\left.\begin{aligned}
\underline{\mathfrak{l}_{\bar\mu}} &= \mathfrak{l}_{\bar\omega_\xi}\\
\underline{\mathfrak{l}_{\bar\Omega}} &= \mathfrak{l}_{\bar\omega_\zeta}\cos\gamma - \mathfrak{l}_{\bar\omega_\xi}\sin\gamma\\
\underline{\mathfrak{l}_{\bar\tau}} &= \mathfrak{l}_{\bar\omega_\zeta}\cos\alpha + \mathfrak{l}_{\bar\omega_\xi}\sin\alpha
\end{aligned}\right\} \tag{7,23}$$

$\underline{\mathfrak{n}_\tau}$ ist, soweit es von den Flügeln herrührt, nach Abb. 216 sehr klein — Größenordnung 0,01 — im Bereich normaler Anstellwinkel; in der Umgebung des Auftriebsmaximums, kann es aber bedeutende Werte annehmen, und zwar mit negativem Vorzeichen; bei $\alpha \sim 20^0$ wird ein Wert $\sim -0{,}12$ erreicht. Der Hauptteil von $\mathfrak{n}_\tau$ wird durch das Seitenleitwerk geliefert im Betrag $c_S'\frac{F_S}{F}\frac{l_S}{b} \sim 3\cdot 0{,}05\cdot 0{,}5 \sim 0{,}075$; dieser positive Teil kann also bei großem α durch die entgegengesetzte Wirkung von den Flügeln her überwogen werden.

$\underline{\mathfrak{n}_{\bar\omega_\xi}}$ kann wohl kaum einen nennenswerten Betrag erreichen $\left(\frac{1}{12}\,c_t'\right)$; $\underline{\mathfrak{n}_{\bar\omega_\zeta}}$ ist, soweit die Flügel in Betracht kommen, auch gering $\left(\frac{1}{6}\,c_t\right)$, doch trägt das Leitwerk mit dem Betrag $c_S'\frac{F_S}{F}\left(\frac{l_S{}^2}{b}\right) \sim 3\cdot 0{,}05\cdot(0{,}5)^2 \sim 0{,}04$ dazu bei; dies ist ein Dämpfungsglied ganz analog dem mit ν bezeichneten Glied des fünften Kapitels.

Analog (7,23) wird auch hier

$$\left.\begin{aligned}
\underline{\mathfrak{n}_{\bar\mu}} &= \mathfrak{n}_{\bar\omega_\xi}\\
\underline{\mathfrak{n}_{\bar\Omega}} &= \mathfrak{n}_{\bar\omega_\zeta}\cos\gamma - \mathfrak{n}_{\bar\omega_\xi}\sin\gamma\\
\underline{\mathfrak{n}_{\bar\tau}} &= \mathfrak{n}_{\bar\omega_\zeta}\cos\alpha + \mathfrak{n}_{\bar\omega_\xi}\sin\alpha
\end{aligned}\right\} \tag{7,24}$$

Näherungsgleichung. Setzt man diese Zahlenwerte in die Ausdrücke (7,21) ein, so erweisen sich die mit $\mathfrak{G}$ multiplizierten Summanden als die bei weitem größten. Sie geben für das Vorzeichen der einzelnen Koeffizienten den Ausschlag und sind deshalb für die Stabilität maßgebend. Die anderen Summanden treten so stark zurück, daß ihre Mitführung wohl kaum der Sicherheit unserer Abschätzung und der wirklichen Kenntnis der numerischen Werte entsprechen dürfte. Man wird darum nur in ganz abweichenden Fällen auf die allgemeine Form (7,21) zurückgreifen; wir benutzen im folgenden nur die Näherung:

$$\left.\begin{aligned}
A &= \mathfrak{G} \cos\gamma \cdot \mathfrak{J}_x \mathfrak{J}_z \cos\alpha \\
B &= \mathfrak{G} \cos\gamma \cdot (\mathfrak{J}_x \mathfrak{n}_{\overline{\dot{\tau}}} \cos\alpha - \mathfrak{J}_z \mathfrak{l}_{\overline{\dot{\tau}}} \sin\alpha + \mathfrak{J}_z \mathfrak{l}_{\overline{\dot{\mu}}}) \\
C &= \mathfrak{G} \cos\gamma \cdot (\mathfrak{J}_x \mathfrak{n}_\tau \cos\alpha - \mathfrak{J}_z \mathfrak{l}_\tau \sin\alpha + \mathfrak{l}_{\overline{\dot{\mu}}} \mathfrak{n}_{\overline{\dot{\tau}}} - \mathfrak{n}_{\overline{\dot{\mu}}} \mathfrak{l}_{\overline{\dot{\tau}}}) \\
D &= \mathfrak{G} \cos\gamma \cdot (\mathfrak{l}_{\overline{\dot{\mu}}} \mathfrak{n}_\tau - \mathfrak{n}_{\overline{\dot{\mu}}} \mathfrak{l}_\tau) \\
E &= - c_a (\mathfrak{l}_\tau \mathfrak{n}_{\overline{\Omega}} - \mathfrak{n}_\tau \mathfrak{l}_{\overline{\Omega}})
\end{aligned}\right\} \qquad (7,25)$$

Stabilität ist nur vorhanden, wenn die Koeffizienten $A \ldots E$ und die Routhsche Diskriminante $(BC - AD)\,D - B^2 E$ alle das gleiche Vorzeichen haben. Im normalen Flug sind A, B, C, D sicher positiv.

Fälle von Instabilität. Zu Instabilität kann es nur kommen, wenn

1. $\mathfrak{l}_{\overline{\dot{\mu}}} < 0$ ist; dies ist im Bereich großer Anstellwinkel der Fall und von großer Bedeutung für die Trudelbewegung. Das Fehlen eines Momentes, welches die Vergrößerung der Seitenneigung dämpft, macht sich im langsamen überzogenen Flug sehr störend bemerkbar; das Flugzeug zeigt Neigung zum „Wackeln“.

2. $\mathfrak{n}_\tau < 0$; dies ist der Fall, wenn das Seitenleitwerk überwiegend vor dem Flugzeugschwerpunkt liegt. Das Flugzeug muß in diesem Fall wie eine Windfahne auf seitliches Anblasen reagieren. Diese Bedingung, auf die Reissner[1] zuerst hingewiesen hat, ist wichtig für „Enten“-Konstruktionen. Bei großen Anstellwinkeln kommt von den Flügeln ein instabilisierendes Moment her, durch welches die stabilisierende Wirkung des Seitenleitwerkes erheblich vermindert und sogar überwogen werden kann. Aber auch, wenn $\mathfrak{n}_\tau$ positiv, aber klein ist, kann eine Instabilität dadurch auftreten, daß D zu klein wird; die Routhsche Diskriminante wird nämlich negativ, sobald $D < \frac{BE}{C}$ wird.

3. Am schwierigsten ist die Bedingung zu erfüllen, daß E positiv sein soll. Im horizontalen oder schwach geneigten Flug ist $\mathfrak{l}_{\overline{\Omega}}$ negativ und recht groß gegen $\mathfrak{l}_\tau$, welches nur bei starker V-Stellung oder großer Pfeilstellung einen vergleichbaren negativen Wert erhalten kann; bei

---

[1] Reissner, H., Über eine neue notwendige Bedingung für die automatische Seitenstabilität der Drachenflieger. Flugsport Bd. 2 (1910) S. 633 u. 669; ferner Reissner, H. u. K. Gehlen: Zit a. S. 303.

normalem α ist sogar $\mathfrak{l}_\tau$ negativ, wenn auch klein; auch ist im wesentlichen $\mathfrak{n}_{\bar{\Omega}} = \frac{\mathfrak{l}_S}{b}\mathfrak{n}_\tau \sim 0{,}5\,\mathfrak{n}_\tau$; also wird normalerweise das negative Glied in E überwiegen und Instabilität die Folge sein. Diese Instabilität scheint bei den meisten Flugzeugen vorhanden; daß die Determinante $\mathfrak{l}_\tau \mathfrak{n}_{\bar{\Omega}} - \mathfrak{n}_\tau \mathfrak{l}_{\bar{\Omega}}$ dafür maßgebend ist, hat Reissner[1] zuerst erkannt und aus rein statischen Betrachtungen hergeleitet (s. S. 316); in der Tat spielt dies konstante Glied in unserer Gleichung 4. Grades die analoge Rolle wie die „statische Stabilität" in der Gleichung der Längsstabilität; wir können die Determinante daher als „statische Seitenstabilität" bezeichnen; für ihre Wirkung spielen die Trägheitskräfte keine Rolle.

Um dieser Instabilität entgegenzuarbeiten, hat man vor allem vier Wege: erstens gleichseitige Verwindung der Flügel, so daß außen kleinerer Anstellwinkel herrscht; dadurch wird $\mathfrak{l}_{\bar{\Omega}}$ verkleinert; die ersten Flugzeuge, bei welchem dies Mittel Anwendung fand, waren die sog. „Tauben". Ihr Vorbild war der von Ahlborn untersuchte Zanoniasamen; bei diesem sind auch das zweite und das dritte Mittel gut ausgeprägt: starke V-Stellung der Flügel, besonders außen, und starke Pfeilstellung. Viertens kann man durch Vergrößerung der Schwanzlänge $\mathfrak{n}_{\bar{\Omega}}$ gegenüber $\mathfrak{n}_\tau$ vergrößern und dadurch die Stabilität vermehren; Vergrößerung der Leitwerksfläche ist wirkungslos, da sowohl $\mathfrak{n}_{\bar{\Omega}}$ wie $\mathfrak{n}_\tau$ dadurch vergrößert werden. Wirksamer wird die Vergrößerung von $\mathfrak{n}_{\bar{\Omega}}$ gegenüber $\mathfrak{n}_\tau$ durch Anbringung von Leitflächen vor und hinter dem Schwerpunkt erreicht; die Beiträge dieser Flächen zu $\mathfrak{n}_\tau$ werden voneinander abgezogen, da sie $\frac{l_S}{b}$ proportional sind, die Beiträge zu $\mathfrak{n}_{\bar{\Omega}}$ hingegen, die $\left(\frac{l_S}{b}\right)^2$ proportional sind, addieren sich; in dieser Hinsicht wirken die größeren schädlichen Widerstände, besonders wohl die Räder, die vor dem Schwerpunkt liegen, günstig. Mit wachsendem Anstellwinkel nimmt die statische Seitenstabilität ab; im Ausdruck

$$-c_a\,[\mathfrak{l}_\tau \mathfrak{n}_\Omega - \mathfrak{n}_\tau \mathfrak{l}_\Omega] = c_a\, c_S' \frac{F_S}{F}\frac{\mathfrak{l}_S}{b}\left[\frac{1}{4}c_n' \cdot |\nu| - \frac{1}{6}c_n\right] \qquad (7{,}26)$$

wird nämlich der erste (positive) Summand, welcher c_n' proportional ist, kleiner, der zweite (negative), c_n proportionale Summand größer. Der Ausdruck (7,26) kann bei Berechnungen der nötigen V-Stellung zugrunde gelegt werden.

Im steilen Gleitflug ändern sich die Verhältnisse der statischen Seitenstabilität; da dann $\sin\gamma < 0$ und von gleicher oder höherer Größenordnung wie $\cos\gamma$ wird, ist nach (7,23) $\mathfrak{l}_{\bar{\Omega}}$ negativ und recht groß; die Wirkung der Anstellwinkelvergrößerung am inneren Flügel (durch ω_ξ) überwiegt dann die Verkleinerung der dort herrschenden Geschwindigkeit (durch ω_ζ). Infolgedessen ist im steilen Gleitflug und im Sturzflug

[1] Reissner: H., Zit a. S. 309.

die statische Seitenstabilität stets gewahrt. Dies ist in der Praxis wohlbekannt.

Der Fall steilen Sturzfluges erfordert noch eine Bemerkung: Wenn $\cos\gamma$ klein wird, so scheinen die Näherungen (7,25) ihren Sinn zu verlieren; setzt man aber in (7,21) $\cos\gamma = 0$, $c_a = 0$ ein, so fallen auch alle nicht mit $\mathfrak{G}$ multiplizierten Glieder fort und bei Taylorscher Entwicklung von $\gamma = -90^0$ aus, geben wieder diejenigen mit dem Faktor $\mathfrak{G}$ den Ausschlag; also auch, wenn $\cos\gamma$ sehr klein wird, sind die Stabilitätsverhältnisse durch die Näherung (7,25) gut wiedergegeben.

§ 3. Typen der Seitenbewegung bei näherungsweise geradem Flug.

Wurzeln der Stabilitätsgleichung. Um nun die Wurzeln der Stabilitätsgleichung zu finden und über den Charakter der dazugehörigen Flugbewegungen Klarheit zu bekommen, vereinfachen wir die Ausdrücke (7.23) noch weiter durch die Beschränkung auf normale Flugzustände, d. h. wir setzen $\cos\alpha = 1$, vernachlässigen dagegen $\sin\alpha$ und geben $\mathfrak{l}_{\bar{\mu}}$ den oben abgeschätzten Wert $\sim 0{,}5$, so daß die damit multiplizierten Summanden in B, C und D die Hauptrolle spielen und wir die anderen bis auf $\mathfrak{J}_x \mathfrak{n}_\tau$ dagegen vernachlässigen können. Wir dividieren auch gleich die ganze Gleichung durch A; dann bekommt E den kleinen Faktor

$$\frac{c_a}{\mathfrak{G}\cos\gamma} = \frac{g\,b}{v^2}$$

dessen reziproker Wert (c) schon in § 6 und 7 des sechsten Kapitels eine große Rolle spielte und der immer wesentlich kleiner als 1 ist.

Dann lautet die Stabilitätsgleichung:

$$\left.\begin{aligned} \lambda^4 + \frac{\mathfrak{l}_{\bar{\mu}}}{\mathfrak{J}_x}\lambda^3 + \left(\frac{\mathfrak{n}_\tau}{\mathfrak{J}_z} + \frac{\mathfrak{l}_{\bar{\mu}}\,\mathfrak{n}_{\bar{\tau}}}{\mathfrak{J}_x\mathfrak{J}_z}\right)\lambda^2 + \frac{\mathfrak{l}_{\bar{\mu}}\,\mathfrak{n}_\tau}{\mathfrak{J}_x\mathfrak{J}_z}\lambda + \frac{g\,b}{v^2}\,\frac{\mathfrak{l}_\tau\,\mathfrak{n}_{\bar{\Omega}} - \mathfrak{l}_{\bar{\Omega}}\,\mathfrak{n}_\tau}{\mathfrak{J}_x\mathfrak{J}_z} = \\ = \lambda^4 + B_1\lambda^3 + C_1\lambda^2 + D_1\lambda + E_1 = 0 \end{aligned}\right\} \quad (7.27)$$

numerisch der Größenordnung nach, wenn wir $\mathfrak{J}_x = 0{,}1$, $\mathfrak{J}_z = 0{,}2$ und die im vorigen Paragraphen abgeschätzten Werte einsetzen:

$$\lambda^4 + 5\,\lambda^3 + (0{,}38 + 0{,}95)\,\lambda^2 + 1{,}9\,\lambda - 0{,}05 = 0 \qquad (7{,}27\text{a})$$

Diese Gleichung hat stets eine große, eine sehr kleine und zwei konjugiert komplexe Wurzeln von mittlerer Größenordnung; bezeichnen wir diese mit λ_1, λ_2, λ_3 und λ_4, so muß allgemein sein:

$$\left.\begin{aligned} -B_1 &= \lambda_1 + \lambda_2 + \lambda_3 + \lambda_4 \\ C_1 &= \lambda_1\lambda_2 + \lambda_3\lambda_4 + (\lambda_1+\lambda_2)(\lambda_3+\lambda_4) \\ -D_1 &= (\lambda_1+\lambda_2)\lambda_3\lambda_4 + (\lambda_3+\lambda_4)\lambda_1\lambda_2 \\ E_1 &= \lambda_1\lambda_2\lambda_3\lambda_4 \end{aligned}\right\} \quad (7{,}28)$$

Nun ergibt sich in 1. Näherung mit Rücksicht auf die Größenordnungen der Wurzeln

$$\lambda_1^{(1)} = -B_1$$

$$\lambda_3^{(1)} + \lambda_4^{(1)} = \frac{C_1}{\lambda_1^{(1)}} = -\frac{C_1}{B_1}$$

$$\lambda_3^{(1)} \lambda_4^{(1)} = -\frac{D_1}{\lambda_1^{(1)}} = +\frac{D_1}{B_1}$$

$$\lambda_2^{(1)} = \frac{E}{\lambda_1^{(1)} \lambda_3^{(1)} \lambda_4^{(1)}} = -\frac{E_1}{D_1}$$

Die verbesserte 2. Näherung lautet:

$$\lambda_1^{(2)} = -B_1 - \lambda_3^{(1)} - \lambda_4^{(1)} = -B_1 \left(1 - \frac{C_1}{B_1^2}\right)$$

$$\lambda_3^{(2)} + \lambda_4^{(2)} = \frac{C_1 - \lambda_1^{(1)} \lambda_2^{(1)} - \lambda_3^{(1)} \lambda_4^{(1)}}{\lambda_1^{(2)}} = -\frac{C_1}{B_1} \frac{1 - \frac{B_1 E_1}{C_1 D_1} - \frac{D_1}{B_1 C_1}}{1 - \frac{C_1}{B_1^2}}$$

$$\lambda_3^{(2)} \lambda_4^{(2)} = \frac{-D_1 - (\lambda_3^{(1)} + \lambda_4^{(1)}) \lambda_1^{(1)} \lambda_2^{(1)}}{\lambda_1^{(2)}} = \frac{D_1}{B_1} \frac{1 - \frac{C_1 E_1}{D_1^2}}{1 - \frac{C_1}{B_1^2}}$$

$$\lambda_2^{(2)} = \frac{E_1}{\lambda_1^{(2)} \lambda_3^{(2)} \lambda_4^{(2)}} = \frac{D_1}{B_1} \cdot \frac{1}{1 - \frac{C_1 E_1}{D_1^2}}$$

Die Zahlenwerte der Gleichung (7,25a) ergeben die 1. Näherungen:
$\lambda_1^{(1)} = -5$ $\quad \lambda_2^{(1)} = +0{,}026$ $\quad \lambda_3^{(1)} + \lambda_4^{(1)} = -0{,}26$ $\quad \lambda_3^{(1)} \lambda_4^{(1)} = +0{,}38$
also $\lambda_{3,4}^{(1)} = -0{,}13 \pm i \cdot 0{,}60$.

Die verbesserten Werte sind:

$$\lambda_1^{(2)} = -5\,(1 - 0{,}05) = -4{,}75$$
$$\lambda_2^{(2)} = 0{,}026\,(1 + 0{,}02) = 0{,}0265$$
$$\lambda_3^{(2)} + \lambda_4^{(2)} = -0{,}26\,(1 - 0{,}15) = -0{,}22$$
$$\lambda_3^{(2)} \lambda_4^{(2)} = 0{,}38\,(1 + 0{,}08) = 0{,}41.$$

Wenn man den Betrachtungen die 1. Näherung zugrunde legt, so macht man einen nennenswerten Fehler nur beim reellen Teil der Wurzeln λ_3 und λ_4; also die Dämpfung der durch $\lambda_{3,4}$ dargestellten Schwingung wird erst in 2. Näherung richtig. Das Verfahren konvergiert sehr gut; in unserem numerischen Beispiel wird die 3. Näherung

$$\lambda_1 = -4{,}78 \qquad \lambda_2 = 0{,}0265 \qquad \lambda_3 + \lambda_4 = -0{,}218 \qquad \lambda_3 \lambda_4 = 0{,}40$$

also sehr nahe gleich der 2. Näherung.

Unser Näherungsverfahren zerspaltet[1] die Gleichung 4. Grades in zwei Gleichungen 1. und eine Gleichung 2. Grades, so daß sie in 1. Näherung lautet:

$$(\lambda + B_1)\left(\lambda + \frac{E_1}{D_1}\right)\left(\lambda^2 + \frac{C_1}{B_1}\lambda + \frac{D_1}{B_1}\right) = 0 \tag{7,29}$$

Rollbewegung. Wir wenden uns nunmehr zur Diskussion der einzelnen Wurzeln:

Die Wurzel λ_1 stellt eine stark gedämpfte aperiodische Bewegung dar. Um ihren Charakter zu erkennen, gehen wir auf die Gleichungen (7,19) zurück und vereinfachen diese so, daß nur diese Wurzel λ_1 übrigbleibt; dies ist der Fall, wenn wir $\overline{\Omega}$ und τ gleich Null setzen und nur das Momentengleichgewicht um die x-Achse als gestört ansehen. Dies führt zur Gleichung

$$\mathfrak{J}_x \ddot{\mu} + \mathfrak{l}_{\dot{\mu}} \dot{\mu} = 0 \tag{7,30}$$

welche eine gedämpfte „Rollbewegung" um die x-Achse darstellt. Ein solches Rollen ist beim Flugzeug nicht eine Schwingung wie beim Schiff, da kein Moment dem Herausdrehen μ aus der Gleichgewichtslage entgegenwirkt. Nur die Drehgeschwindigkeit $\dot{\mu}$ erzeugt ein Moment, welches dämpfend wirkt. Die Flugbahn und der Seitenwind bleiben durch diese Bewegung in 1. Näherung ganz unbeeinflußt. Im normalen Flug ist die Dämpfung so groß, daß von der ganzen Bewegung kaum etwas bemerkt wird. Die Drehgeschwindigkeit sinkt auf die Hälfte ihres Anfangswertes, wenn $e^{\lambda_1 \frac{v}{b} t} = \frac{1}{2}$, also mit $\lambda_1 = -5$ und $\frac{v}{b} = 4 \cdot \frac{1}{\mathrm{s}}$, in 0,034 s. Nur bei ganz großen Anstellwinkeln, wenn $\mathfrak{l}_{\dot{\mu}}$ klein oder gar negativ wird, fällt diese starke Dämpfung fort. In diesem Fall, auf den wir unten (§ 5) ausführlich zurückkommen, gelten die hier angebrachten Vernachlässigungen nicht mehr. Jedoch bleibt bei allen Seitenbewegungen der relativ sehr schnelle Verlauf dieser Rollbewegung erhalten; die Rolldrehung verläuft in den ersten Augenblicken immer nach (7,30), unabhängig von den anderen Variablen des Fluges. Ist $\mathfrak{l}_{\dot{\mu}}$ positiv und ein Querruderausschlag vorhanden, der durch die Größe $\mathfrak{l}_0$ auf der rechten Seite von (7,30) dargestellt sei, so stellt sich sehr schnell die konstante Rolldrehgeschwindigkeit $\dot{\mu} \sim \overline{\omega}_\xi = \frac{\mathfrak{l}_0}{\mathfrak{l}_{\dot{\mu}}}$ ein, nämlich nach der Gleichung

$$\dot{\mu} = \frac{\mathfrak{l}_0}{\mathfrak{l}_{\dot{\mu}}}\left(1 - e^{-\frac{\mathfrak{l}_{\dot{\mu}}}{\mathfrak{J}_x} t}\right) \tag{7,31}$$

aus welcher mit der Anfangsbedingung $\mu = 0$ für $t = 0$ folgt

$$\mu = \frac{\mathfrak{l}_0}{\mathfrak{l}_{\dot{\mu}}}\left[t - \frac{\mathfrak{J}_x}{\mathfrak{l}_{\dot{\mu}}}\left(1 - e^{-\frac{\mathfrak{l}_{\dot{\mu}}}{\mathfrak{J}_x} t}\right)\right] \tag{7,32}$$

---

[1] Bairstow, L.: Zit. a. S. 208. — Hunsaker, J.: Zit. a. S. 208.

Mit diesem Verlauf des Hängewinkels ist nach der vereinfachten ersten Gleichung (7,19) eine Drehgeschwindigkeit der Bahn verbunden:

$$\overline{\Omega} = \frac{c_a}{\mathfrak{G} \cos \gamma} \mu = \frac{g\,b}{v^2} \mu = \frac{\mu}{c} \tag{7,33}$$

Diese typische Bewegung, welche am Anfang jeder Bewegung infolge Querruderausschlag erscheinen muß, ist in Abb. 253 eingezeichnet.

Windfahnenbewegung. Die Wurzeln λ_3 und λ_4 stellen eine periodische, gedämpfte Bewegung dar, wenn nur $\mathfrak{n}_\tau$ positiv ist, also der aerodynamische Schwerpunkt der Leitflächen hinter dem Flugzeugschwerpunkt liegt. Der physikalische Sinn dieses Bewegungstypus wird deutlich, wenn man das Gleichungssystem (7,19) vereinfacht zu der einen Gleichung:

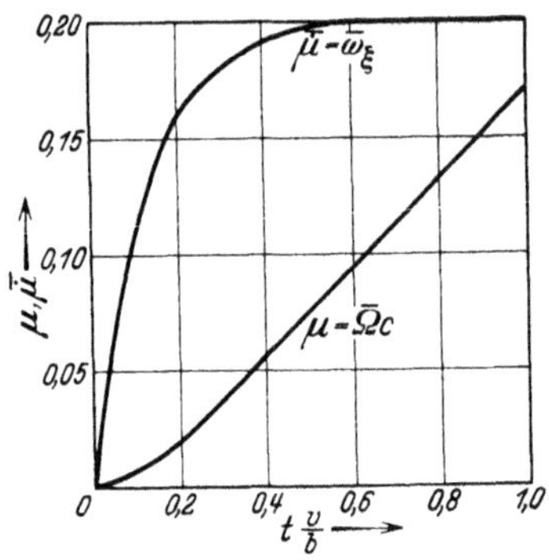

Abb. 253. Rollbewegung bei Querruderausschlag.
$\frac{\mathfrak{l}_\nu}{\mathfrak{l}_{\bar{\mu}}} = 0{,}2 \qquad \frac{\mathfrak{l}_{\bar{\mu}}}{\mathfrak{J}_x} = 8.$

$$\mathfrak{J}_z \overline{\overline{\tau}} + \mathfrak{n}_{\bar{\tau}} \bar{\tau} + \mathfrak{n}_\tau \tau = 0 \tag{7,34}$$

Hierbei ist allerdings das Glied $\frac{\mathfrak{n}_\tau}{\mathfrak{J}_z} \lambda^2$ in (7,27) fortgelassen; nimmt man es mit, so führt es aber nur wieder auf die Rollbewegung. Die Gleichung (7,34) beschreibt eine gedämpfte Schwingung, welche das Flugzeug unter Einfluß des Seitenwindes ausführt; das Flugzeug stellt sich mit Hilfe einer gedämpften Schwingung in den Wind ein; wir wollen daher diesen Bewegungstypus als „Windfahnenbewegung“ des Flugzeugs bezeichnen. Die Flugbahn und somit die Drehgeschwindigkeit werden durch diese Bewegung nicht beeinflußt. Fügt man auf der rechten Seite von (7,34) ein Glied $\mathfrak{n}_0$ hinzu, welches das Moment infolge Seitenruderausschlages darstellt, so erhält man eine 1. Näherung für die Seitensteuerung. Gleichung (7,34) beschreibt in diesem Fall den Verlauf einer erzwungenen Schwingung; das Flugzeug stellt sich unter gedämpften Schwingungen auf einen Schiebewinkel $\tau = \frac{\mathfrak{n}_0}{\mathfrak{n}_\tau}$ ein (Abb. 254).

Die Dämpfung dieser Schwingungen ist in jedem Fall ausreichend. Dagegen kann es in einem gewissen Bereich großer Anstellwinkel geschehen, daß $\mathfrak{n}_\tau$ infolge der Flügelmomente negativ wird; dann treten keine Schwingungen auf, sondern das Flugzeug wird mit wachsender Winkelgeschwindigkeit aus dem Wind herausgedreht.

Bei zu kleinem Direktionsmoment $\mathfrak{n}_\tau$ tritt an Stelle der gedämpften Schwingung in bekannter Weise ein aperiodischer Verlauf; in diesem Fall kann aber die sekundäre Wirkung der Gierschwingung — Rollmoment durch verschiedene Geschwindigkeit des äußeren und inneren Flügels — systematischer auftreten als bei einer Schwingung; es wird eine Rollbewegung samt Bahndrehung und Seitenwind von innen mit der Windfahnenbewegung gekoppelt und es treten anwachsende Störungen auf, die als „Taumelschwingungen" bezeichnet werden; sie werden bei ausreichender Dimensionierung des Seitenleitwerkes vermieden[1].

Die Flugbahn wird, da in (7,34) nur die Variable τ vorkommt, durch Seitenruderausschlag direkt gar nicht beeinflußt; ohne Koppelung mit dem Rollmoment kann Seitenruderausschlag die Flugbahn nicht krümmen. In (7,34) finden wir die τ-Bewegung von dem Verlauf der andern Variablen vollkommen abgetrennt; wir können also bei den jetzigen Vernachlässigungen tatsächlich von einer „Kursstabilität" reden, die unabhängig von der Querstabilität einen Sinn hat.

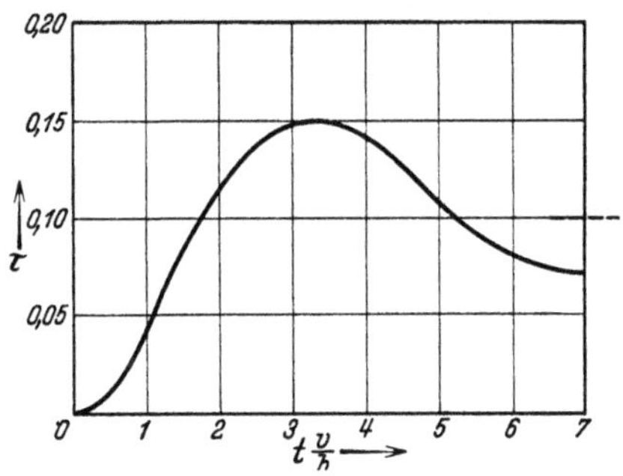

Abb. 254. Windfahnenbewegung bei Seitenruderausschlag.
$\frac{\mathfrak{n}_0}{\mathfrak{n}_\tau} = 0{,}1 \quad \frac{\mathfrak{n}_{\dot{\tau}}}{\mathfrak{J}_z} = 0{,}4 \quad \frac{\mathfrak{n}_\tau}{\mathfrak{J}_z} = 0{,}8.$

Spiralsturzbewegung. Die Wurzel λ_2, welche in der Regel eine aperiodisch anwachsende Störung darstellt, daher für die Stabilität am kritischsten ist, wird allein aus der Hauptdeterminante erhalten, wenn man das Gleichungssystem (7,19) in folgender Weise vereinfacht:

$$\left.\begin{aligned} \mathfrak{G}\cos\gamma\cdot\overline{\Omega} - c_a\,\mu &= 0 \\ \mathfrak{l}_\tau\,\tau + \mathfrak{l}_{\overline{\Omega}}\,\overline{\Omega} + \mathfrak{l}_{\dot{\mu}}\,\dot{\mu} &= 0 \\ \mathfrak{n}_\tau\,\tau + \mathfrak{n}_{\overline{\Omega}}\,\overline{\Omega} &= 0 \end{aligned}\right\} \qquad (7{,}35)$$

Die erste Gleichung besagt, daß das Flugzeug stets so in der Kurve liegt, daß die Resultierende in der Symmetriebene bleibt. Der Seitenwind, der in diesem Fall nicht verschwindet, spielt für den Ausgleich der Kräfte keine Rolle. Die dritte Gleichung setzt den Seitenwind in Beziehung zur Drehgeschwindigkeit; solange $\mathfrak{n}_\tau$ und $\mathfrak{n}_{\overline{\Omega}}$ positiv sind, haben τ und $\overline{\Omega}$ entgegengesetztes Vorzeichen; das bedeutet, daß das Flugzeug Seitenwind vom Krümmungsmittelpunkt der Kurve her erhält, daß es „nach innen schiebt". Am einfachsten wird diese Bewegung deutlich, wenn man, wie beim normalen Flugzeugtyp, nur eine hinter dem Schwerpunkt liegende Seitenleitfläche annimmt; dann ist

$$\frac{\mathfrak{n}_\tau}{\mathfrak{n}_{\overline{\Omega}}} = \frac{b}{l_S} \text{ und daher } \overline{\Omega} = -\frac{b}{l_S}\,\tau$$

Die Drehgeschwindigkeit ist $\Omega = -\frac{v}{l_S}\,\tau$ und die absolute Geschwindigkeit des Leitwerkes infolge dieser Drehung um den Schwerpunkt $= -v\,\tau$, d. i. gerade gleich und entgegengesetzt der Leitwerksgeschwindigkeit

[1] Mathias, G.: Zit. a. S. 303.

infolge des Seitenwindes. In diesem einfachsten Fall hat also das Leitwerk keine seitliche Bewegung, es wird durch die Luftkraft festgehalten, während sich der vordere Teil des Flugzeugs dreht; das Leitwerk dient als Drehungsmittelpunkt. In welcher Weise diese Bewegung anwächst oder abklingt, regelt die zweite Gleichung (7,35); die Seitenneigung wird dadurch vergrößert, daß der äußere Flügel bei der beschriebenen Drehung dem inneren voreilt und daher größeren Auftrieb erfährt; die Vergrößerung wird vermindert, wenn die äußeren Flügelteile unter kleinerem Anstellwinkel stehen und wenn infolge der V-Stellung oder der Pfeilstellung der Seitenwind den inneren Flügel hebt. In dieser Weise ist die ganze Flugbewegung zuerst von Reissner beschrieben worden; man bezeichnet sie als „Spiralsturz", weil mit der Zeit die Drehung immer schneller, die Kurve immer enger wird. Sowohl bei Stabilität als auch bei Instabilität geht die ganze Bewegung nur sehr langsam vor sich, die treibenden Momente $l_\tau \tau + l_{\bar{\Omega}} \bar{\Omega}$ sind immer recht klein, die Dämpfung $\mathfrak{l}_{\bar{\mu}}$ ist verhältnismäßig groß. Nehmen wir für λ_2 den obigen Wert $+ 0{,}026$ an, der bei guter Abgleichung durch V-Stellung und Verwindung noch erheblich herabgedrückt werden kann, so steigen die Größen μ, $\bar{\Omega}$ und τ auf das Doppelte ihres Anfangswertes, wenn $e^{\lambda_2 \frac{v}{b} t} = 2$ ist, also bei der Annahme $\frac{v}{b} = 4 \frac{1}{\mathrm{s}}$ in 6,6 Sekunden. Dies ist für das Flugzeug eine sehr lange Zeit; infolgedessen ist diese Instabilität in der Regel keine Gefahr; beim Flug im Nebel freilich, wenn der Führer von dieser Bewegung nichts fühlt, daher nicht entgegenarbeitet, kann sie zum Absturz führen. Die Instabilität stört um so weniger, je größer die Geschwindigkeit und je kleiner die Spannweite ist.

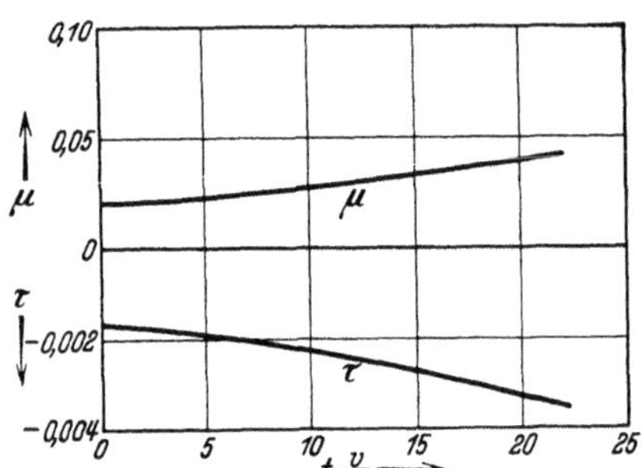

Abb. 255.
Spiralsturzbewegung bei Anfangsstörung.
$c = 6 \quad \frac{\mathfrak{l}_{\bar{\Omega}}}{\mathfrak{l}_{\bar{\mu}}} = \frac{1}{5} \quad \frac{\mathfrak{n}_{\bar{\Omega}}}{\mathfrak{n}_\tau} = \frac{1}{2} \quad \mu_0 = 0{,}02 \quad \mathfrak{l}_\tau = 0.$

Den typischen Verlauf einer solchen Störung mit $\mathfrak{l}_\tau = 0$ zeigt Abb. 255, in welcher kein Steuerausschlag, aber eine Anfangsstörung in μ angenommen ist. Die starke Rolldämpfung tritt hier wegen der Langsamkeit der ganzen Bewegung nicht hervor; man achte auf die Verschiedenheit des Zeitmaßstabes in den Abb. 255 und 253!

Für die Steuerung kann der Spiralsturztypus nur dann wesentliche Bedeutung haben, wenn der Ausdruck (7,26) positiv ist, wenn also ein Steuerausschlag in einen Gleichgewichtszustand hineinführt; diesen erhalten wir durch Hinzufügen der dimensionslosen Rudermomentglieder $\mathfrak{l}_0$ und $\mathfrak{n}_0$ auf den rechten Seiten der Gleichung (7,35) in der Form

$$\overline{\Omega} = \frac{\mathfrak{l}_0 \, \mathfrak{n}_\tau - \mathfrak{n}_0 \, \mathfrak{l}_\tau}{\mathfrak{l}_\tau \, \mathfrak{n}_{\overline{\Omega}} - \mathfrak{n}_\tau \, \mathfrak{l}_{\overline{\Omega}}} \tag{7,36}$$

$$\tau = - \frac{\mathfrak{l}_0 \, \mathfrak{n}_{\overline{\Omega}} - \mathfrak{n}_0 \, \mathfrak{l}_{\overline{\Omega}}}{\mathfrak{l}_\tau \, \mathfrak{n}_{\overline{\Omega}} - \mathfrak{n}_\tau \, \mathfrak{l}_{\overline{\Omega}}} \tag{7,37}$$

dazu $\mu = c\,\overline{\Omega}$; der Ausdruck (7,36) geht im Fall $\mathfrak{l} = 0$ in den für die reine Windfahnenbewegung gültigen Ausdruck über.

Ein Rollmoment infolge Seitenwind $\mathfrak{l}_\tau$ koppelt Windfahnen- und Spiralsturzbewegung aneinander, und zwar näherungsweise so, daß τ und mit ihm das Rollmoment $\mathfrak{l}_\tau \, \tau$ durch die rascher verlaufende Windfahnenbewegung bestimmt werden. Der qualitative Verlauf einer solchen Bewegung unter Einfluß des Seitenruders ist in Abb. 256 gezeichnet; die Bewegung zerfällt in zwei Akte, zuerst stellt sich die Windfahnenbewegung ein und erzwingt eine Seitenneigung; der Seitenwind von außen legt das Flugzeug in die Kurve hinein; dabei finden sich die Windfahnenschwingungen im wechselnd starken Anstieg von μ bzw. $\overline{\Omega}$ wieder. Nach Abklingen der Windfahnenbewegung tritt das seitliche Abrutschen ein, durch das der Seitenwind sein Vorzeichen nach und nach umkehrt und schließlich von innen kommt. μ und τ nähern sich sehr langsam ihren stationären Grenzwerten. Der Endzustand ist eine stabile stationäre Flugkurve (kein Korkzieher), die theoretisch durch Seitenruderausschlag zu verwirklichen ist, wenn nur durch genügende V-Stellung für positive statische Seitenstabilität gesorgt ist. Bei einem solchen Kurvenflug muß der Seitenwind ein Rollmoment hervorrufen, das ein Voreilen des äußeren Flügels und gegebenenfalls auch einen kleinen in die Kurve hineinführenden Querruderausschlag kompensiert. Es ist fraglich, ob ein Flug mit so großem Seitenwind in irgendeinem Falle praktische Bedeutung hat. Man findet zur Zeit wohl kaum bei einem erfolgreichen Flugzeug die starke V-Stellung, die zur Erzielung dieses Typus einer stabilen Flugkurve notwendig ist.

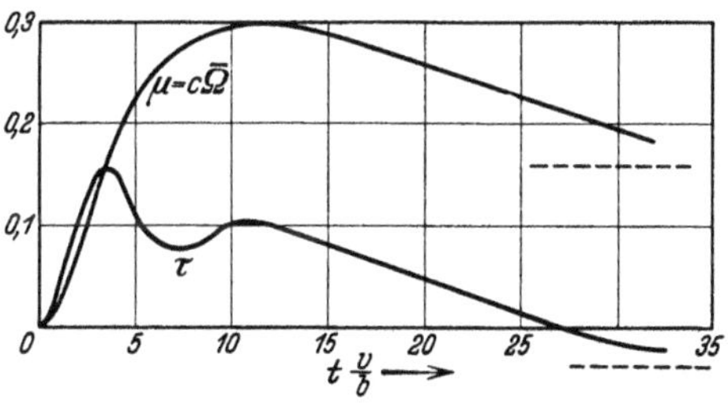

Abb. 256. Windfahnen- und Spiralsturzbewegung im Falle statischer Seitenstabilität. (Nur qualitative Veranschaulichung, nicht gerechnet.)

Dagegen wird oft die Forderung erhoben und auch erfüllt, daß alle Ruder losgelassen werden können, ohne daß der stationäre Geradeausflug erschüttert wird. Diese Forderung verträgt sich schlecht mit der hier errechneten Spiralsturzinstabilität; dem Verfasser liegen auch keine Versuchsergebnisse vor, die den Sachverhalt ganz klarstellen könnten; doch wirken hier zwei Umstände günstig auf die Stabilität ein:

1. Die Bewegung aus dem instabilen Gleichgewicht heraus entwickelt sich nur sehr langsam, so daß sie vielleicht als nicht wesentlich gewertet wird, selbst wenn sie schon einige Sekunden andauert.

2. Das Loslassen der Querruder könnte einen stabilisierenden Effekt hervorbringen; das äußere Querruder wird nämlich durch die größere dort herrschende Luftströmung an einer Drehung, die durch sein Gewicht erzeugt wird, stärker gehindert als das innere und somit auf den geringeren Anstellwinkel eingestellt; dadurch wird ein Gegenmoment erzeugt, welches das Hereinlegen des Flugzeugs in die Kurve hemmt. Allerdings entsteht andererseits ein instabilisierendes Moment durch das Gewicht des Steuerknüppels — analog dem S. 227 besprochenen Längsmoment.

§ 4. Seitensteuerung.

Die Beschreibung der drei typischen Bewegungen, welche aus der Stabilitätstheorie gewonnen wird, genügt natürlich noch nicht zum vollen Verständnis der Vorgänge bei Ausschlag des Seitenruders und der Querruder. Zuerst hat Gehlen[1] eine vollständigere Diskussion unter Beschränkung auf die Nähe des Geradeausfluges gegeben, aus welcher das Zusammenwirken der drei Bewegungstypen entsprechend den Wurzeln der Stabilitätsgleichung hervorgeht; er benutzte dabei eine exakte, aber rechnerisch sehr umständliche Methode von Routh. Baranoff und Fuchs[2] haben die Rechnung wesentlich vereinfacht, indem sie, von den getrennten typischen Bewegungen ausgehend, in sukzessiver Näherung zu der vollständigen Lösung vordrangen.

Wir wollen uns hier nicht weiter auf die Nähe des Geradeausfluges beschränken, darum nur insoweit auf den beschriebenen Typen aufbauen, als sie am Anfang jeder Seitenbewegung aus dem Geradeausflug heraus stehen müssen; wir wollen aber versuchen, die Vorgänge gleich allallgemeiner zu überblicken[3], und uns auch nicht — wie es oben S. 311 durch die Bedingung „$\sqrt{\mu}$ groß" geschehen ist — auf Anstellwinkel normalen Flugbetriebes beschränken. Dabei wird es nicht nur darauf ankommen, wie die rein seitlichen Bewegungstypen einander beeinflussen und wie sie sich bei großen Anstellwinkeln wandeln, sondern es wird vor allem auch die Koppelung der Seitenbewegung mit der Längsbewegung betrachtet werden müssen, durch welche die stationären Bewegungen der Korkzieher und der Trudelkurven erst verstanden werden können, die also maßgebend ist für die Art und Weise, wie ein

[1] Gehlen, K., Querstabilität und Seitensteuerung von Flugmaschinen. Z. Flugtechn. Motorluftsch. Bd. 4 (1913) S. 173, 186, 201, 213.

[2] Baranoff, A. v. u. R. Fuchs, Zur Theorie der Seitenbewegung des Flugzeugs. Z. Flugtechn. Motorluftsch. Bd. 18 (1927) S. 32.

[3] Baranoff, A. v. u. L. Hopf, Untersuchungen über die kombinierte Seiten- und Längsbewegung von Flugzeugen. Lufo Bd. 3 (1929) S. 39.

Steuerausschlag oder eine Störung aus dem Geradeausflug in eine solche Kurve hineinführen kann.

Zur Berechnung muß man sich einer numerischen Integration bedienen, die man aber durch Weglassen belangloser Umstände ziemlich weitgehend vereinfachen kann.

Seitenruderwirkung. Bei normalen Anstellwinkeln und ohne V-Stellung bleibt die Windfahnenbewegung die einzige durch Seitenruderausschlag erzeugte; sie ist eine gedämpfte Schwingung des Flugzeugs um die Flugbahn. Das Voreilen des äußeren Flügels gegen den inneren bringt sekundär im Rhythmus der Windfahnenschwingung wechselnde Rollmomente und Hängewinkel hervor, die aber zu keiner systematischen Bahnkrümmung Anlaß geben; dabei sehen wir ab von der sehr langsam einsetzenden Spiralsturzbewegung, die ja durch jede Störung des Hängewinkels ausgelöst werden kann. Das Seitenruder kann nicht dazu dienen, eine Krümmung der Flugbahn zu erzeugen; wir können also auch nicht von einer Wendigkeit des Flugzeugs bei Seitenruderausschlag sprechen. Das Seitenleitwerk dient im wesentlichen der Stabilisierung; durch Ruderausschlag kann der Seitenwind klein gehalten werden. Das Seitenleitwerk regelt die Einstellung des Flugzeugs zu seiner Bahn, aber nicht diese Bahn selbst; es erfüllt diese Funktion am schwersten im Bereich der Anstellwinkel kurz oberhalb des Auftriebsmaximums; dort instabilisiert das Giermoment der Flügel, so daß der Seitenwinkel unter Umständen rasch anwächst. In diesem Falle ist auch immer ein Rollmoment infolge Seitenwindes vorhanden, und zwar dreht dieses Rollmoment das Flugzeug rasch in die vom Seitenruder angegebene Kurve hinein; denn infolge Seitenruderausschlages entsteht immer Seitenwind auf den Flügel zu, welcher der äußere werden soll, und dieser wird durch das Rollmoment gehoben. Es wird also rasch eine Bewegung eingeleitet, wie wenn ein Querruderausschlag nach derselben Richtung gegeben wäre. Diese Bewegung wird natürlich verderblich, wenn die Windfahnenstabilität nicht gewahrt ist; das statische Moment des Seitenleitwerkes $F_S\, l_S$ findet seine untere Grenze durch die Beziehung

$$c_S\, F_S\, l_S > c_N\, F\, b.$$

Nehmen wir als Zahlwerte an: $c_S = 3 \cdot \tau$ und nach Abb. 216 $c_N = 0{,}15\,\tau$, so ergibt sich

$$\frac{F_S\, l_S}{F\, b} > \frac{c_N}{c_S} \sim 0{,}05 \tag{7,38}$$

eine Bedingung, deren Erfüllung unbedingt empfohlen werden muß; auch darf in dem gefährlichen Anstellwinkelbereich keine Abschirmung des Seitenleitwerkes vorkommen.

Querruderwirkung. Der Beginn einer Bewegung infolge Querruderausschlags kann nicht anders verlaufen als nach den Gleichungen der einfachen Rollbewegung (7,31) bis (7,33), gezeichnet in Abb. 253. Auch bei unnormal großen Anstellwinkeln, wenn die Rolldämpfung durch eine Anfachung ersetzt wird, ist der qualitative Verlauf derselbe; nur wird die Enddrehgeschwindigkeit ω_x sehr viel größer, nämlich gleich der Autorotations-Drehgeschwindigkeit. Die Gleichungen für diesen Beginn der Bewegung lauten — jetzt nicht mehr linearisiert — nach (7,5) in dimensionsloser Form:

$$\frac{d\left(\omega_x \frac{b}{v}\right)}{d\left(t \frac{v}{b}\right)} = -\frac{L}{J_x} \frac{b^2}{v^2} = -\frac{\varrho}{2} \frac{F\, b^3}{J_x} c_L\left(\omega_x \frac{b}{v}, \beta_Q\right) \qquad (7{,}39)$$

und nach (7,8)

$$\frac{d\mu}{d\left(t \frac{v}{b}\right)} = \omega_x \frac{b}{v} \qquad (7{,}40)$$

Ferner erhält man aus (7,3) und (7,4) durch Elimination:

$$\Omega \frac{b}{v} = \frac{g\, b}{v^2} \sin \mu^* \qquad (7{,}41)$$

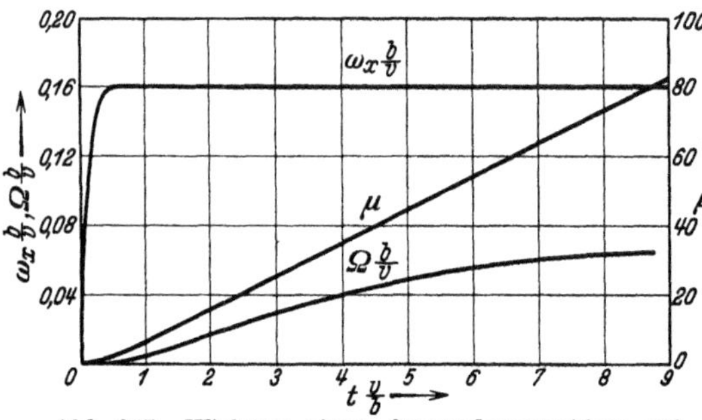

Abb. 257. Wirkung eines Querruderausschlags auf Rolldrehung, Seitenneigung und Bahnkrümmung.

Dabei ist der Unterschied zwischen ω_x und ω_ξ vernachlässigt. Ferner ist in dem betrachteten Zeitbereich Ω als sehr klein gegen $\dot{\mu}$ angenommen und $\cos\alpha = 1$ gesetzt. Das Ergebnis in Abb. 257 unterscheidet sich kaum vom früheren in Abb. 253.

Die Wendigkeit eines Flugzeugs unter Einwirkung des Querruders ist danach wesentlich abhängig nur von den Nullwerten $\left(\omega_\xi \frac{b}{v}\right)_0$ der in (7,39) stehenden und in Abb. 224 und 240 aufgezeichneten Funktion $c_L\left(\omega_\xi \frac{b}{v}, \beta_Q\right)$; je größer $\omega_\xi \frac{b}{v}$ bei bestimmtem β_Q ist, um so größer wird $\left(\omega_\xi \frac{b}{v}\right)_0$; natürlich hängt der Wert stark von α ab. Bei Beurteilung der Wendigkeit kommt der kurze Zeitraum, in welchem ω_ξ von Null zu seinem Endwert ansteigt, nicht in Betracht, da während dieses Zeitraumes die Bahndrehgeschwindigkeit Ω noch keinen nennenswerten

* Der Unterschied gegen (6,21) wird den Leser zunächst erstaunen. Dort ist stationäre Bewegung berechnet ($\gamma = 0$), hier nichtstationäre mit konstantem, durch Geradeausflug bestimmtem Anstellwinkel ($c_a\, q\, F = G \cos\gamma$).

Betrag erreicht. Weiterhin nimmt dann Ω zu nach der aus Gleichungen (7,40) und (7,41) leicht zu gewinnenden Beziehung

$$\frac{d\Omega}{dt} = \frac{g}{b} \cdot \omega_x \frac{b}{v} \cos\mu\,, \tag{7,42}$$

welche ein Maß für die Wendigkeit abgeben kann.

Gleichzeitig mit der Rollbewegung, nur weniger heftig, setzt unter Einwirkung des Querruderausschlages eine Gierbewegung ein, charakterisiert durch die Variablen ω_z und τ. Ein Giermoment entsteht immer infolge Querruderausschlages, und zwar in dem Sinne, daß es das positiv ausgeschlagene („äußere") Querruder nach hinten drückt, also eine Gierbewegung des Flugzeugs aus der Kurve heraus und einen Seitenwind von innen erzeugt. Für diesen Teil der betrachteten Bewegung sind die Gleichungen aus (7,7) und (7,11) zu gewinnen:

$$\frac{d\left(\omega_z \frac{b}{v}\right)}{d\left(t\frac{v}{b}\right)} = -\frac{\varrho}{2}\frac{F\,b^3}{J_z} c_N\left(\omega_\xi \frac{b}{v}\,,\ \beta_Q\right) - \frac{\varrho}{2}\frac{F_S\, l_S\, b^2}{J_z} c_S'\left(\tau - \frac{l_S}{b}\,\omega_z\frac{b}{v}\right)^*, \tag{7,43}$$

wobei c_N aus Abb. 225 und 241 zu entnehmen ist und das zweite Glied die S. 308 besprochenen Wirkungen auf das Seitenruder enthält; dabei ist näherungsweise ω_z an Stelle von ω_ζ gesetzt. Ferner:

$$\left.\begin{aligned} \frac{d\tau}{d\left(t\frac{v}{b}\right)} &= \omega_z \frac{b}{v} - \Omega\frac{b}{v}\cos\gamma\cos\mu\cos\alpha \\ &\quad - \left(\Omega\frac{b}{v}\sin\gamma - \frac{d\mu}{d\left(t\frac{v}{b}\right)}\right)\sin\alpha \end{aligned}\right\} \tag{7,44}$$

Die beiden ersten Summanden stellen die Drehung des Flugzeugs und der Flugbahn dar, als deren Differenz der Seitenwinkel entsteht, so wie bei der Längsbewegung der Anstellwinkel (s. S. 207). Dreht sich das Flugzeug allein in positivem Sinne um die z-Achse, so entsteht ein positives τ, Seitenwind auf den äußeren (linken) Flügel; dreht sich die Flugbahn allein, so entsteht Seitenwind von innen, wie wir ihn schon als seitliches Rutschen bei der Spiralsturzbewegung kennengelernt haben. Der dritte Summand, der bei normalem Anstellwinkel keine Rolle spielt, ist nicht aus der Stabilitätstheorie bekannt. Zum physikalischen Verständnis entnehme man aus (7,9), daß die negative Klammer dieses Summanden näherungsweise für kleine α und τ die Drehung um die Rumpfachse bedeutet. Treffen eine positive Drehung um die Rumpfachse und ein nicht zu kleiner Anstellwinkel zusammen, so entsteht ein Seitenwind von innen, den wir am anschaulichsten verstehen können, indem wir uns α auf 90^0 gesteigert denken; dann wird bei einer Drehung um die Rumpfachse nicht nur der Anstellwinkel ständig geändert,

* Diese Klammer bedeutet, wie die Klammer hinter c_N, die Variable von c_S' bzw. c_N.

sondern auch der Seitenwinkel, der nach einer Drehung um 90° von 0 zu 90° geworden ist. Die drei Summanden der rechten Seite von (7,44) sind in Abb. 258 gezeichnet; der periodische Verlauf von ω_z ist wieder die Windfahnenschwingung, welche den wesentlichen Inhalt der Gleichung (7,43) bildet.

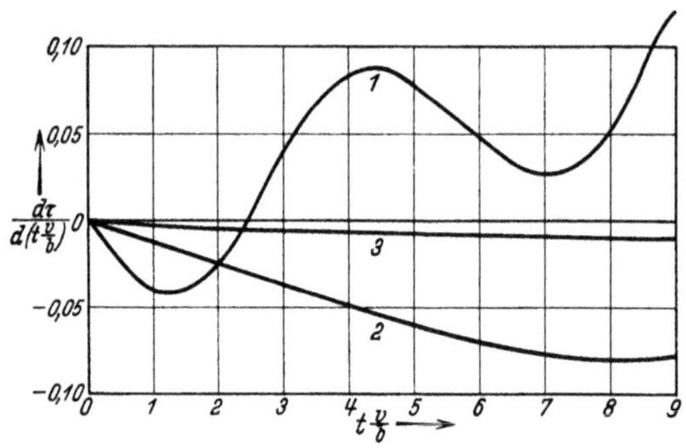

Abb. 258. Die einzelnen Wirkungen auf den Seitenwind bei Querruderausschlag. 1. Wirkung der Gierdrehung des Flugzeugs. 2. Wirkung der horizontalen Flugbahndrehung. 3. Wirkung der Rolldrehung des Flugzeugs (Dämpfung geringer angenommen als in Abb. 254).

Aus Abb. 259 geht hervor, wie die durch ω_z und τ beschriebene Gierbewegung zu einem systematisch positiven Wert von ω_z und einem negativen Wert von τ hinführt; das bedeutet physikalisch, daß das Flugzeug durch einen von innen wirkenden Seitenwind der Flugbahn nachgedreht wird. Würde diese Nachdrehung nicht stattfinden, so würde eine unbrauchbare und gefährliche Bewegung einsetzen; also auch der Querruderausschlag versagt, wenn keine Windfahnenstabilität vorhanden ist.

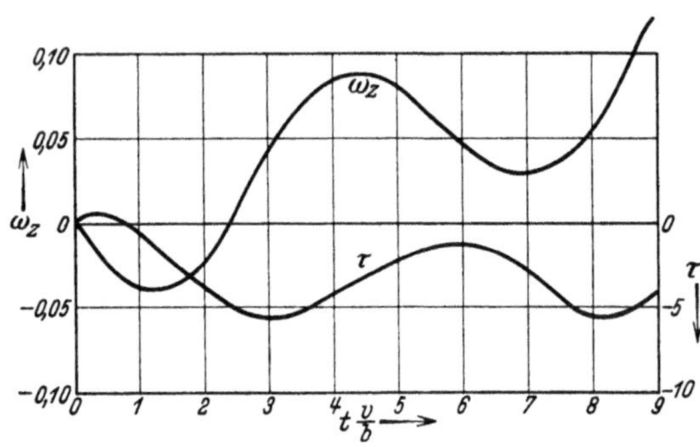

Abb. 259. Gierdrehung und Seitenwind infolge Querruderausschlags nach Abb. 257.

Eine Rückwirkung der Gierbewegung auf die Rollbewegung findet im normalen Fluge kaum statt; nur die erzwungenen Schwingungen im Rhythmus der Windfahnenbewegung findet man auch hier bei genauerer Rechnung (etwa bei exakter numerischer Integration des ganzen Gleichungssystems) wieder.

Als dritte Teilbewegung stellt sich hier aber eine bedeutende Längsbewegung ein; schon die Rollbewegung muß eine Flugbahnkrümmung in der Vertikalebene zur Folge haben; denn die Bahndrehung Ω ruft eine Fliehkraft und somit eine Überbelastung des Flugzeugs hervor. Bei konstantem α bedeutet das ein Sinken der Flugbahn; die dafür gültige Gleichung folgt aus (7,3) und (7,4):

$$\frac{d\gamma}{d\left(t\frac{v}{b}\right)} = \frac{g\,b}{v^2}\left(c_a\frac{qF}{G}\cos\mu - \cos\gamma\right) \qquad (7,45)$$

Der Verlauf ist nach den μ-Werten der Abb. 257 ohne weiteres zu berechnen. Die Drehbeschleunigung der Längsbewegung folgt aus (7,6):

$$\frac{d\left(\omega_y \frac{b}{v}\right)}{d\left(t \frac{v}{b}\right)} = -\frac{\varrho}{2} \frac{F\, \mathfrak{t}\, b^2}{J_y} c_m - \frac{\varrho}{2} \frac{F_H\, l_H^2\, b}{J_y} c'_{n\,H}\, \omega_y \frac{b}{v} + \frac{J_z - J_x}{J_y} \omega_z \frac{b}{v} \omega_x \frac{b}{v} \qquad (7{,}46)$$

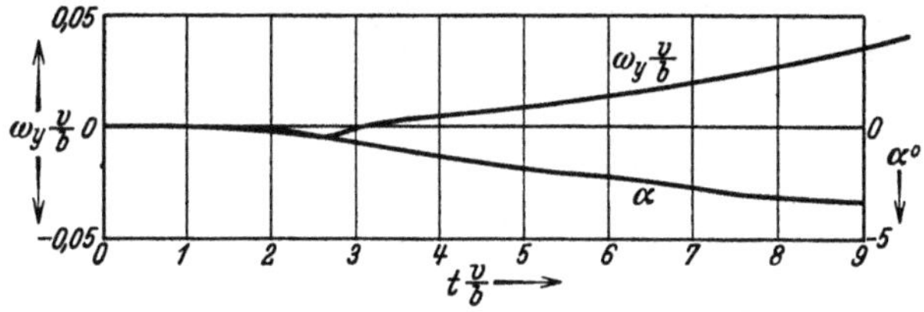

Abb. 260. Längsdrehung und Anstellwinkel infolge Querruderausschlags nach Abb. 257 und 259.

wobei $\mathfrak{t}$ für die Flügeltiefe gesetzt ist, damit das Zeichen t für die Zeit verwendet werden kann. Der erste Summand der rechten Seite bedeutet

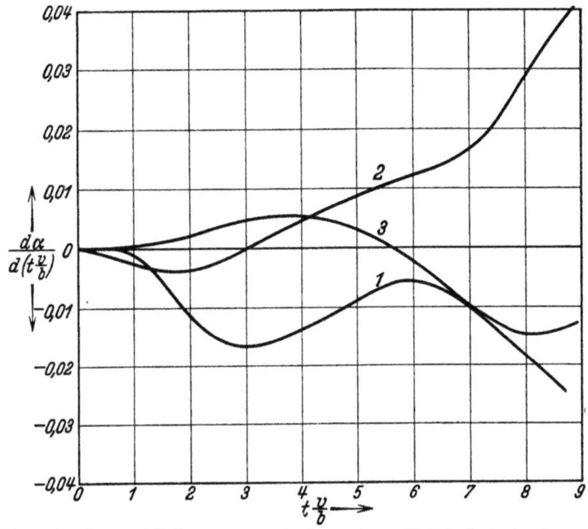

Abb. 261. Die einzelnen Wirkungen auf den Anstellwinkel bei Querruderausschlag. 1. Wirkung der Rolldrehung des Flugzeugs. 2. Wirkung der Längsdrehung des Flugzeugs. 3. Wirkung der Flugbahndrehung (Ordinatenmaßstab gegenüber den vorhergehenden Abbildungen um das 4fache vergrößert).

das stabilisierende Längsmoment, der zweite Summand, in welchem ω_y näherungsweise für ω_η gesetzt ist, die in § 2 des fünften Kapitels besprochene Längsdämpfung, der dritte Summand das Kreiselmoment. Die Gleichung muß im Zusammenhang mit der aus (7,9) und (7,10) folgenden Gleichung für α betrachtet werden;

$$\frac{d\,\alpha}{d\left(t \frac{b}{v}\right)} = \omega_x \frac{b}{v} \sin\tau + \omega_y \frac{b}{v} \cos\tau - \Omega \frac{b}{v} \cos\gamma \sin\mu - \frac{d\,\gamma}{d\left(t \frac{v}{b}\right)} \cos\mu \qquad (7{,}47)$$

Hier bedeuten die beiden letzten Summanden die Flugbahnkrümmung in der α-Ebene (ξ-z), durch welche der Anstellwinkel verkleinert wird, der zweite Summand die Nachdrehung des Flugzeugs in der α-Ebene; der erste ist ein Analogon zu dem dritten Summanden von (7,44), der dort erläutert wurde.

Die Gleichungen (7,45) bis (7,47) sind leicht in gegenseitigem Zusammenhang numerisch zu integrieren; das Ergebnis in unserem Beispiel zeigt Abb. 260; die Werte der einzelnen Summanden von (7,47) sind in Abb. 261 zu erkennen. Die absoluten Werte der Größen der Längsbewegung sind zwar viel kleiner wie die anderen; aber sie rufen eine starke Wirkung dadurch hervor, daß auch eine kleine Veränderung des Anstellwinkels den Auftrieb bedeutend verändert und dadurch das ganze Gleichgewicht empfindlich stört.

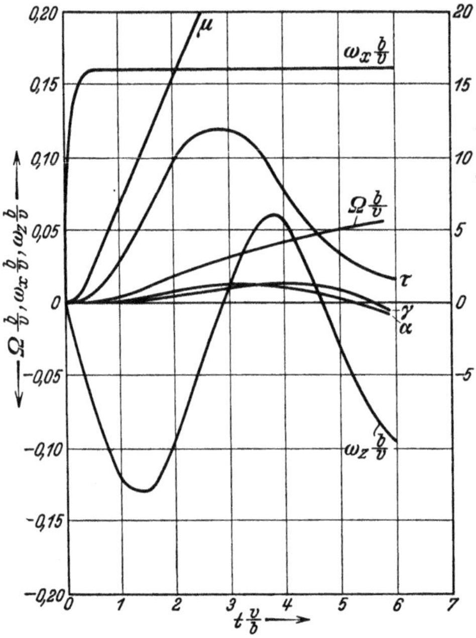

Abb. 262. Gleichzeitiger Querruder- und Seitenruderausschlag.

Zuerst ist eine kleine Drehung ω_y merklich, die von einem — infolge der entgegengesetzten Vorzeichen von ω_z und ω_x — kopflastig wirkenden Kreiselmoment herrührt; diese an sich unbedeutende Wirkung ist interessant im Hinblick auf das Trudeln, bei welchem das Kreiselmoment das entgegengesetzte Vorzeichen haben muß. Infolge des linearen Anwachsens von μ fällt γ zunächst parabolisch; der Abfall wird noch verstärkt durch die — im wesentlichen durch den Seitenwind von innen hervorgerufene — Verminderung des Anstellwinkels und des Auftriebes. Die Abwärtskrümmung der Flugbahn erhöht den Anstellwinkel, die horizontale Krümmung Ω vermindert ihn. In unserem Beispiel überwiegt zuerst keine der beiden, dann die letztere Wirkung; die Flugbahndrehung hält sich zunächst in mäßigen Grenzen; schließlich wird sie negativ und gleicht sich mit der Nachdrehung des Flugzeugs infolge Längsstabilität aus.

Hier sind die Vorgänge umgekehrt wie bei der Höhensteuerung; dort wird das Flugzeug gedreht und infolge statischer Stabilität folgt die Flugbahn dem Flugzeug nach; hier wird unter dem Einfluß des

Querruders indirekt die Flugbahn gekrümmt und das Flugzeug folgt nach. Ein statisch längsinstabiles Flugzeug würde unter Einfluß des Querruders eine völlig unbrauchbare Bewegung ausführen; **statische Längsstabilität ist also ebenso wie Windfahnenstabilität eine unerläßliche Vorbedingung für einen Kurvenflug unter Einfluß der Quersteuerung.**

Der erste Summand in (7,47) bringt eine systematische Senkung von α hervor, da von Anfang an ein Seitenwind von innen ($\tau < 0$) weht.

Kombinierte Ruderausschläge. Werden nun Querruder und Seitenruder zugleich in der gleichen Richtung ausgeschlagen, so bleibt der Verlauf von ω_x und μ, sowie auch von Ω derselbe wie ohne Seitenruderausschlag; dagegen erhalten ω_z und τ die entgegengesetzten Vorzeichen, und zwar τ dauernd, ω_z in den ersten Augenblicken. Je stärker die Seitenruderwirkung ist, um so mehr weht der Seitenwind, welcher zum Gleichgewicht nötig ist, von außen, nicht von innen, wie bei alleinigem Querruderausschlag. Schließlich muß ja ω_z bei Windfahnenstabilität immer ein Vorzeichen bekommen, das der durch den Querruderausschlag eingeleiteten Kurve entspricht; der Seitenwind, der den Seitenruderausschlag ins Gleichgewicht setzt, weht aber von außen (Abb. 262).

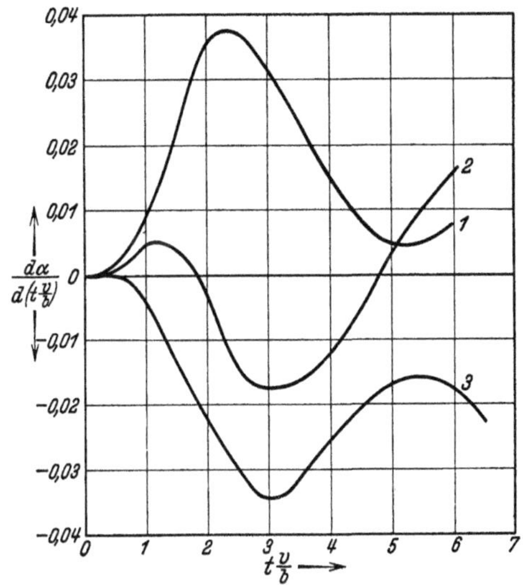

Abb. 263. Die einzelnen Wirkungen auf den Anstellwinkel bei Querruder- und Seitenruderausschlag. 1. Wirkung der Rolldrehung des Flugzeugs. 2. Wirkung der Längsdrehung des Flugzeugs. 3. Wirkung der Flugbahndrehung.

Die Folgen für die gleichzeitig einsetzende Längsbewegung zeigen die Abb. 262 und 263; der Seitenwind von außen macht den Summanden $\omega_x \frac{b}{v} \sin \tau$ in (7,47) recht erheblich und positiv; die Wirkungen, welche bei alleinigem Querruderausschlag α vermindern, werden dadurch kompensiert; auch γ wird durch die leichte Vermehrung von α am Sinken verhindert; die stärkere Flugbahndrehung wird ohnehin durch die statische Längsstabilität schnell kompensiert. So wird durch die Mitwirkung des **Seitenruders** wenigstens in den ersten Sekunden die Längsbewegung und mit ihr das **Sinken der Flugbahn verhindert.** Diese Wirkung ist natürlich keine dauernde, sondern nur eine verzögernde, auf die ersten Sekunden beschränkte; schließlich muß ja die Flugbahn infolge der Überbelastung durch Fliehkraft sinken; und der Anstellwinkel muß schließlich um einen gewissen Betrag kleiner werden als beim Geradeausflug; denn es muß ein ständiges ziehendes Moment das Flugzeug in der α-Ebene der Flugbahn nachdrehen.

Übergang zum Korkzieher. Was nach den ersten Augenblicken vorgeht, ist praktisch wegen der gerne geflogenen Korkzieher und vor allem auch theoretisch von Interesse. Will man einen vollständigen Überblick haben, so muß man die Rückwirkungen der Seiten- und der

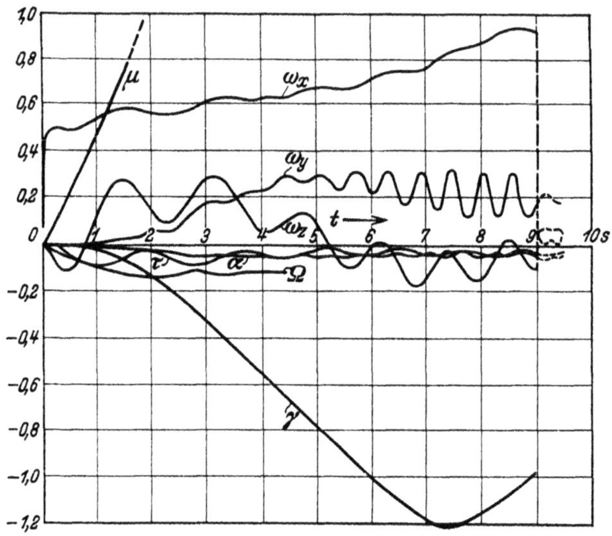

Abb. 264. Übergang in einen Korkzieher bei Querruderausschlag.

Längsbewegung auf die Rollbewegung und aufeinander gegenseitig berücksichtigen; das bedeutet eine sehr mühsame numerische Integration des ganzen Systems von Differentialgleichungen. Abb. 264 enthält das Ergebnis einer solchen Rechnung, das ich Herrn v. Baranoff danke; die Wirkung eines Querruderausschlages wird darin bis zum Einsatz einer fast stationären Korkzieherbewegung verfolgt. Gegenüber allen früheren Abbildungen sieht man neu in Abb. 264 den Einfluß der Geschwindigkeitsänderung; das abwärts fallende Flugzeug wird natürlich immer schneller; da v also keine Konstante mehr ist, kann man auch nicht gut den dimensionslosen Maßstab der anderen Abbildungen beibehalten; in Abb. 264 wurde $\frac{v}{b} = 3\frac{1}{s}$ gesetzt.

Die Flugbahn krümmt sich schnell nach unten, bis sie um einen Wert von etwa -63^0 schwankt; die Bahndrehgeschwindigkeit hält sich infolge der starken Rolldämpfung in mäßigen Grenzen. Es bildet sich eine Schwingung aus, die an den Kurven für γ, Ω, ω_z bemerkbar ist und die daher rührt, daß bei der Drehung des Flügels Gewicht und Auftrieb in einem durch die Drehgeschwindigkeit ω_x gegebenen Rhythmus bald mit-, bald gegeneinander wirken. Wir wollen sie „Korkzieherschwingung" nennen; ihre Frequenz ist näherungsweise durch ω_x gegeben; die genaue Berechnung steht noch aus[1].

Abb. 264 zeigt ferner die systematische Verkleinerung des Anstellwinkels und den Seitenwind von innen, die beide nötig sind, um das Flugzeug, dessen Längs- und Windfahnenstabilität unbedingt gewahrt sein muß, der Flugbahn nachzudrehen. Auch die aus der Stabilitätstheorie bekannten Schwingungen sind zu erkennen, und zwar bedeutend in den Drehgeschwindigkeiten, schwach aber deutlich in den Winkeln; dabei verläuft in dem zufällig gewählten Beispiel die Windfahnenschwingung (ω_z, τ) mit kleinerer Frequenz als die Drehschwingung der Längsbewegung (ω_y, α). Der langsame, aber stetige Anstieg von ω_x kommt von der allmählichen Steigerung der Geschwindigkeit, die in den bisherigen Rechnungen ganz unberücksichtigt geblieben ist; durch den Querruderausschlag ist — da ja α und τ schließlich nur wenig von ihren Anfangswerten abweichen — die Zahl $\omega_x \frac{b}{v}$ festgelegt; mit wachsendem v muß also auch ω_x allmählich zunehmen. In den Schwankungen von ω_x findet man Korkzieher- und Windfahnenschwingung wieder.

Unmerklich wird die Spiralsturzbewegung; sie wird gegenüber der einfachen Rechnung (S. 315) stark verändert durch die gekoppelte Längsbewegung, die sich rascher entwickelt wie sie. Dies muß auch bei statischer Seitenstabilität der Fall sein, wenn ein starker Querruderausschlag gegeben wird; nur bei so ganz sanften Bewegungen wie im Beispiel S. 317 tritt dieser Typus wirklich hervor.

In Abb. 264 ist auch am Ende der Kurven gestrichelt der Verlauf bei Rücknahme der Querruder in die unausgeschlagene Stellung eingezeichnet; in Bruchteilen einer Sekunde hört die Drehung auf, normale Bewegung setzt ein; die Rechnung ist nicht weit genug durchgeführt um zu entscheiden, ob eine Rückkehr zum Geradeausflug stattfindet; im vorliegenden Beispiel ist dies zu erwarten, da die stark nach unten gerichtete Bewegung statische Seitenstabilität zeigt; ob dann beim langsameren Aufrichten der Flugbahn wieder allmählich eine Spiralsturzbewegung einsetzt und in einen flacheren Korkzieher hineinführt, ist eine rein theoretische Frage, da praktisch stets eine solch langsame Störung des Geradeausflugs durch Steuermaßnahmen behoben wird. Wird nur ein schwacher Querruderausschlag gegeben und zurückgenommen, ehe eine zu steile Abwärtsbewegung eingesetzt hat, so kann man wohl einen direkten Übergang des Flugzeugs in den Korkzieher ohne Ruderausschlag erwarten; durchgerechnet ist dieser Fall nicht.

---

[1] Der Verfasser hält die Behandlung in seiner S. 318 zitierten Arbeit nicht mehr für befriedigend.

Die numerische Integration für eine große Zeitspanne ist ja immer sehr mühevoll, und es ist nicht interessant, sie auf viele Einzelfälle auszudehnen, da ja ein Flugzeug nicht so lange sich selbst überlassen wird.

§ 5. Übergang zum Trudeln.

Starkes Ziehen. Um nun die Vorgänge bei Ausbildung einer Trudelkurve zu verstehen, gehen wir vom einfachsten Fall aus, daß Seiten- und Querruder unausgeschlagen, dagegen das Höhenruder soweit gezogen sei, daß der größte bei Geradeausflug mögliche Anstellwinkel sich einstelle[1]. Diese Steuermaßnahme muß in der Fliegerpraxis verwendet werden, wenn man — etwa zum Zweck der Landung — eine möglichst niedrige Fluggeschwindigkeit erzielen will. Dann können zwei Fälle auftreten:

1. Der zum erreichten Anstellwinkel gehörige Auftrieb bleibt unter dem Auftriebsmaximum; dann bleibt der Geradeausflug ungestört.

2. Das Auftriebsmaximum wird erreicht oder etwas überschritten; dann tritt — neben dem leichten Durchsacken, das für uns jetzt belanglos ist — die Instabilität gegen Rollen ein, die durch Wegfall der Rolldämpfung verursacht wird (s. S. 309) und durch die sofort eine Bewegung eingeleitet wird wie sonst durch Querruderausschlag. Mit dem Wegfall der Rolldämpfung ist auch eine gewisse Wirkungsminderung der Querruder verbunden, die aus Abb. 242 hervorgeht. Beide Wirkungen kommen aus derselben Quelle, der Unveränderlichkeit der Normalkraft bei Änderung des Anstellwinkels, die sich eben durch das Normalkraft- (näherungsweise Auftriebs-) Maximum kundgibt. In diesem Falle stellt sich rasch die Rolldrehgeschwindigkeit der Autorotation ein, die in dem mit Höhenruder erreichbaren Bereiche nicht allzu groß ist; es setzt eine Bewegung analog der auf S. 320 betrachteten ein.

Man kann den ersten Fall dadurch erzwingen, daß man die Wirksamkeit des Höhenruders herabsetzt, so daß es keine so hohen Anstellwinkel erreichen kann. Dies ist aber im allgemeinen — nicht unter allen Umständen — unzweckmäßig, da man dadurch die Fähigkeit des Flugzeugs zum langsamen Flug beschränkt. Man kann aber auch das Auftriebsmaximum durch verschiedene, S. 97 f. ausführlich besprochene Mittel, besonders durch den Handley-Page-Schlitz, weitgehend hinaufsetzen, so daß der erste Fall realisiert wird und doch keine Verschlechterung der Minimalgeschwindigkeit in Kauf genommen werden muß. Die Wendigkeit bei Querruderausschlag bleibt dann auch bei kleinster Geschwindigkeit dieselbe wie im normalen Flug.

---

[1] Hopf, L. u. S. del Proposto, Flugtypen beim Überziehen. AAJ H. 10 (1931) S. 14.

Gierbewegung bei großem α. Die gleichzeitig einsetzende, aber langsamer sich ausbildende Gierbewegung läuft nun bei großem Anstellwinkel ganz anders ab als im normalen Fall; denn nun hängen die Momente stark vom Seitenwinkel ab und darum findet eine unmittelbare, schnelle Rückwirkung der Gierbewegung auf die Rollbewegung statt. Es gibt hier drei Möglichkeiten für die Ausbildung der Bewegung:

1. Der Seitenwinkel τ bleibt immer sehr klein; dies ist dann der Fall, wenn eine hohe Windfahnenstabilität vorhanden, also das Seitenleitwerk sehr groß und von aller Abschirmung frei ist; dann wird das Flugzeug der Flugbahn ständig nachgedreht. In diesem Falle bleibt τ mäßig, wie ja auch ω_x in diesem Winkelbereich (20°) noch keine sehr großen Werte annimmt; daher verläuft die ganze Bewegung qualitativ gerade so wie bei normalen Anstellwinkeln; nur daß quantitativ schon bei kleinerem oder selbst bei verschwindendem Querruderausschlag die Drehgeschwindigkeiten Werte erhalten werden, die bei normalem Anstellwinkel nur ein großer Querruderausschlag erzwingen kann. Dies ist eine Korkzieherbewegung.

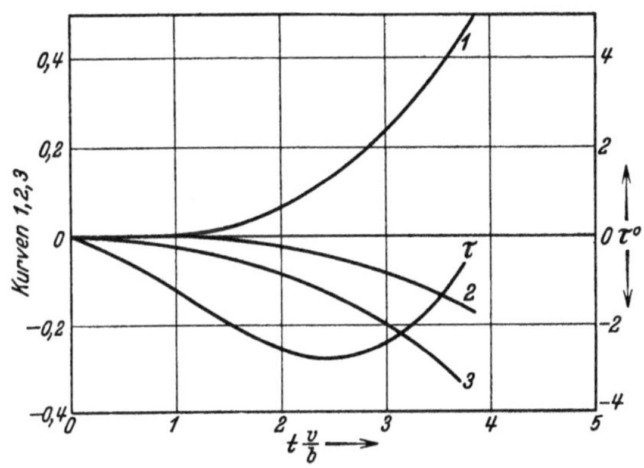

Abb. 265. Die einzelnen Wirkungen auf den Seitenwind infolge Rolldrehung bei großem Anstellwinkel. 1. Wirkung der Gierdrehung des Flugzeugs. 2. Wirkung der horizontalen Bahndrehung. 3. Wirkung der Rolldrehung des Flugzeugs.

2. Der Seitenwind kommt von innen und wächst zu nennenswerter Stärke an; dies ist der Fall, wenn — etwa durch leichten Querruderausschlag wie in Abb. 259 — zunächst eine Gierdrehung ω_z aus der Kurve heraus entsteht; ein starker Seitenwind von innen wird aber außerdem von der Bahndrehung und von der Drehung um die Rumpfachse entsprechend den zwei letzten Summanden in (7,44) hervorgerufen. Bei mäßigem Seitenleitwerk setzt die Nachdrehung des Flugzeugs nicht so schnell ein; auch ist zur Nachdrehung eine gewisse Differenz, somit ein gewisser Seitenwind von innen bei Ruderausschlag Null immer nötig. Dieser systematische Seitenwind von innen hemmt nun bei großen Anstellwinkeln die Rolldrehung, und zwar um so rascher, je schneller und bei je kleineren Anstellwinkeln das Rollmoment mit dem Seitenwinkel ansteigt; diese Wirkung wird nach Abb. 217 vermindert durch trapezförmige Ausgestaltung der Flügelspitzen. Daß mit einem solchen Rollmoment stets ein instabilisierendes Giermoment verbunden ist, wirkt hier im gleichen Sinn; es verzögert nämlich die Nachdrehung

des Flugzeugs und fördert den Seitenwind von innen. Ein Beispiel für die relative Größe der einzelnen Einwirkungen gibt Abb. 265. Die Wirkung dieser Momente muß nun eine Hemmung der Rolldrehung, aber nicht etwa eine sofortige Zurückdrehung des Flugzeugs in die Normallage sein. Das Flugzeug „hängt", die Flugbahn verläuft gekrümmt, die Rolldrehung hört auf; die Gierdrehung bleibt infolge des Seitenwindes, wenn auch vielleicht durch die Instabilität der Flügel, verzögert; das Flugzeug dreht sich der Bahn nicht richtig nach. Dieser Bewegungstypus wird in der Fliegerpraxis als Abrutschen über den Flügel bezeichnet.

Die für den Flugtypus charakteristischen Umstände sind auch maßgebend für die Vorgänge bei der Quersteuerung mit großem Anstellwinkel. Ein Querruderausschlag ruft nämlich (s. Abb. 239) stets außer dem gewünschten Rollmoment auch ein Giermoment hervor, welches den (im Sinne des Querruderausschlags) äußeren Flügel nach hinten drückt, somit Seitenwind von innen hervorruft. Dieser Seitenwind stört die Bewegung nicht bei normalem Anstellwinkel, bringt aber bei großen Anstellwinkeln eine starke Hemmung der Querruderwirkung hervor, und zwar sowohl durch das Rollmoment als auch durch das Giermoment, die durch den Seitenwind entstehen.

Diese Strömung macht sich auch bei Flügeln geltend, deren Enden mit Handley-Page-Schlitzen versehen sind; um die Querruder auch bei offenen Schlitzen, d. h. bei übernormal großen Anstellwinkeln, wirksam zu erhalten, muß das aus der Kurve herausdrehende Giermoment vermieden werden. Dies geschieht nach Handley-Page und Lachmann[1] durch einen „Interceptor", eine mit dem Querruder verbundene Platte, die nur dann hinter dem Schlitz sich aufrichtet, wenn das Querruder nach oben ausgeschlagen ist, also auf der „inneren" Flügelseite. Diese Platte bewirkt eine Störung hinter dem Schlitz, erzwingt das Abreißen der Strömung, setzt somit den Auftrieb des inneren Flügelendes herab — im Sinne der gewollten Kurvenbewegung — und erhöht den Widerstand, so daß ein Giermoment entsteht, das den inneren Flügel zurückdrückt — gleichfalls im Sinne der gewollten Kurvenbewegung.

3. Es kann aber schließlich auch Seitenwind von außen entstehen, wenn auch nicht leicht ohne Ausschlag des Seitenruders. Gibt man aber Seitenruder, so muß notwendig eine Gierdrehung des Flugzeugs in die Kurve hinein (positives ω_z) und Seitenwind von außen eintreten. In diesem Falle wird die Rolldrehung stark angefacht, mit ihr die Drehgeschwindigkeit der Bahn und die notwendige Windfahnendrehung des Flugzeugs; es muß sich rasch eine scharfe Drehbewegung ausbilden; dabei wird die Windfahneninstabilität der Flügel durch die Wirkung

[1] Lachmann, G. V.: Zit. a. S. 257.

des Seitenruders überkompensiert. Mit dieser Bewegung ist nun ein starkes schwanzlastig wirkendes Kreiselmoment verbunden, das energisch in das Gleichgewicht der Längsmomente eingreift.

Dieselbe Wirkung wie durch Seitenruderausschlag kann auch durch Gegenausschlag der Querruder erreicht werden; die Wirkung besteht wohl zunächst in einer Hemmung der Rolldrehung, aber eine gleichzeitige Gierdrehung in die Kurve hinein schafft Seitenwind von außen und kann eine Bewegung des jetzt beschriebenen Typus hervorrufen. Natürlich ist die Wirkung nicht so intensiv wie bei Seitenruderausschlag, aber dafür unerwartet und darum vom Flugzeugführer nicht so leicht zu parieren[1].

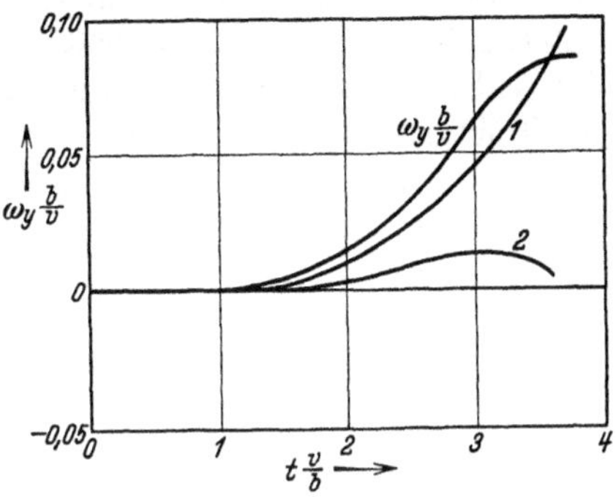

Abb. 266. Die einzelnen Wirkungen auf die Längsdrehung bei hohem Anstellwinkel. 1. Wirkung des Kreiselmomentes. 2. Wirkung der Längsstabilität.

Längsbewegung bei großem α. Die Längsbewegung ist in den Fällen 1. und 2. der Gierbewegung nicht weiter interessant; beim Korkzieher wird der Anstellwinkel vermindert, dadurch wird die ganze Bewegung gemildert und noch mehr dem normalen Fall angenähert; auch beim Abrutschen kann keine wesentliche Änderung des Anstellwinkels erwartet werden. Im dritten Fall jedoch wirkt das Kreiselmoment erhöhend auf ω_y und somit erhöhend auf den Anstellwinkel; das Flugzeug wird durch ein nicht aerodynamisches Moment stärker als die Flugbahn im schwanzlastigen Sinn gedreht. Ein Beispiel für die verschiedenen Wirkungen auf ω_y und α geben Abb. 266 und 267. Man sieht, daß nur das Kreiselmoment die dauernde Steigerung von α erzwingt.

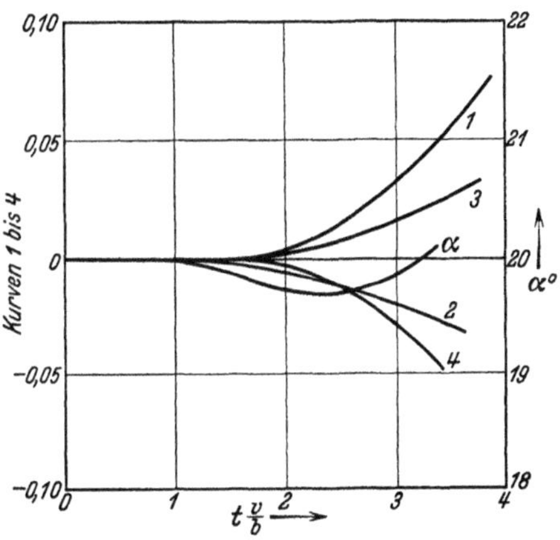

Abb. 267. Die einzelnen Wirkungen auf den Anstellwinkel bei hohem Anstellwinkel. 1. Wirkung der Längsdrehung des Flugzeugs. 2. Wirkung der Rolldrehung des Flugzeugs. 3. Wirkung der vertikalen Flugbahndrehung. 4. Wirkung der horizontalen Flugbahndrehung.

Vergrößerung des Anstellwinkels bedeutet aber Erhöhung der Rollgeschwindigkeit und der andern Drehgeschwindigkeiten, woraus wiederum

[1] Jones, B. M. u. a., The lateral control of stalled aeroplanes. R & M Nr. 1000; 1925/26 S. 274.

Erhöhung des Kreiselmomentes und somit weitere Vergrößerung des Anstellwinkels folgt. So bildet sich schließlich die oben ausführlich beschriebene und von den Fliegern — besonders früher — gefürchtete Trudelkurve aus. Man kann ihr wirksamst entgegenarbeiten durch Unterbindung der Anstellwinkelsteigerung, wenn man dem Flugzeug eine andere Massenverteilung ($J_x \sim$ oder gar $> J_z$) gibt; dies kann durch Wegrücken der Massen von der Rumpfachse nach der Höhe oder wenigstens nach der Seite erreicht werden. Diese Maßnahme hat vor den anderen gegen das Trudeln angewandten Vorbeugungsmitteln den einen Vorteil, ganz radikal zu sein und auch im überzogenen Zustand einen ungefährlichen Flug zu ermöglichen; ein solches Flugzeug könnte auch die hohe Wendefähigkeit eines Flugzeugs im Gebiet der Autorotation ausnützen. Der Handley-Page-Schlitz gibt diese Möglichkeit nicht, dafür ermöglicht er kleine Fluggeschwindigkeit, die durch Massenverteilung nicht gewonnen werden kann. Ein Schlitz, der zum Landen geöffnet, zum Wenden geschlossen werden könnte, kombiniert mit der Massenverteilung $J_x \sim J_z$, würde wohl ein besonders sicheres und manövrierfähiges Flugzeug verbürgen; ein großes Seitenleitwerk ist von diesem Gesichtspunkt aus immer ein Element der Sicherheit und braucht die Wendigkeit nicht zu stören, wenn ein genügender Teil davon als bewegliches Ruder vorgesehen ist.

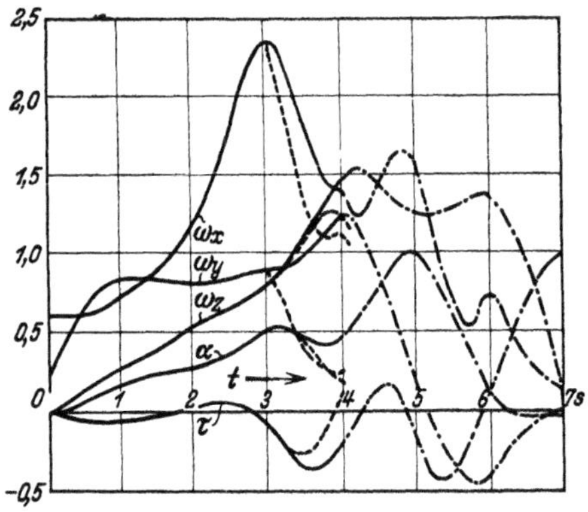

Abb. 268. Beispiel für den Übergang ins Trudeln und für die Wirkung hemmender Steuermaßnahmen. ——— Mit Ruderausschlägen. — — — Ruderausschläge nach 3 sec zurückgenommen. ·—·—· Ruderausschläge nach 4 sec zurückgenommen.

Beispiel. Ein Beispiel für den Übergang eines Flugzeugs ins Trudeln, dessen mühevolle numerische Berechnung ich Herrn v. Baranoff danke, gibt Abb. 268. Der Verlauf eines solchen Übergangs ist nicht so gleichmäßig wie bei Ausbildung eines Korkziehers; ganz bestimmte Umstände, die aber auf verschiedene Weise zusammen wirken können, veranlassen das Trudeln, und man wird bei einer mehr oder weniger zufällig angesetzten numerischen Rechnung nicht so leicht auf die charakteristischsten Bedingungen stoßen. So fehlt in dem Beispiel Abb. 268 der starke Seitenwind, der dort durch hohe Windfahnenstabilität klein gehalten ist[1]. Trotzdem ist zu erkennen, wie die

[1] Die Rechnung ist ausgeführt worden, ehe wir die Zusammenhänge grundsätzlich überblickten.

Kombination großer ω_x und ω_z den Anstellwinkel α hinaufdrückt, wodurch ω_x weiter angefacht wird; dann wird aber durch Seitenwind von innen ω_x gehemmt und so der weiteren Vergrößerung von α eine Schranke gesetzt. Auch bei Zurücknahme der Ruder wächst α zunächst noch an, da ω_x und somit das Kreiselmoment durch Seitenwind von außen angefacht werden. Eine Betrachtung von einzelnen Vorgängen der Abb. 268 zeigt, wie sehr Ruderwirkungen während der Ausbildung des Trudelns von der Bewegungsphase abhängen, in der sie eingesetzt werden. Eine Besprechung im einzelnen ist wohl nicht grundsätzlich interessant. Als wirkungsvollste Maßnahme ist seit langem das starke Drücken mit dem Höhenruder bekannt, durch welches das Kreiselmoment überwunden und normale Anstellwinkel erreicht werden können. In jedem Fall wird aber der Vorgang wesentlich längere Zeit in Anspruch nehmen und daher ungleich größere Gefahren bergen als beim Korkzieher.

Auch die **Stabilität der Trudelbewegung** kann mit der Methode der kleinen Schwingungen untersucht werden[1]; dabei ergeben sich sehr weitläufige Formeln, die noch nicht für alle Fälle durchdiskutiert sind. Als besonders stabil erweist sich das flache Trudeln, da bei Anstellwinkeln $\sim 60^0$ alle Luftkräfte kaum mehr vom Anstellwinkel abhängen und das Seitenleitwerk meist durch Abschirmung außer Wirksamkeit gesetzt wird. Fuchs und Schmidt[2] schlagen ein Höhenleitwerk von veränderlicher Größe vor; auch zeigen sie, wie man etwa mit Hilfe von Schwingungen aus dem flachen Trudeln herauskommen kann. In der Praxis wird man wohl stets dahin zu streben haben, daß ein Trudeln, wenn es nicht ganz vermieden werden soll oder kann, nur bei Anstellwinkeln $< 40^0$ stattfindet; dies kann durch Vermeidung der schädlichen Abschirmungen (Oberdeck durch Unterdeck, Seitenleitwerk durch Höhenleitwerk) sicher erreicht werden.

---

[1] Baranoff, A. v., Beitrag zur Frage der Stabilität der Trudelbewegung. Lufo Bd. 3 S. 19.

[2] Fuchs, R. u. W. Schmidt, Der gefährliche flache Trudelflug und seine Beeinflussung. Z. Flugtechn. Motorluftsch. Bd. 21 (1930) S. 325 u. 359.

Sachverzeichnis.

Berichtigung.

Formel (4,21), S. 186, muß lauten:

$$\Delta_2 = \frac{57{,}3\, c_a F}{\pi b^2} \left\{ \frac{1}{2 k^2} \left(1 + \frac{\varepsilon}{\sqrt{\varepsilon^2 + k^2}} \right) + \frac{1}{2 \varepsilon \sqrt{\varepsilon^2 + 1}} - \right.$$

$$\left. - \eta^2 \left[\frac{1}{2 k^4} + \frac{\varepsilon (2 \varepsilon^2 + 3 k^2)}{4 k^4 (\varepsilon^2 + k^2)^{3/2}} + \frac{3 \varepsilon^2 + 2}{4 \varepsilon^2 (\varepsilon^2 + 1)^{3/2}} \right] \right\};$$

daher wird für $\varepsilon = 1 \quad k = 1$:

$$\Delta_2 = \Delta_{20} (1 - 1{,}4\, \eta^2).$$

GPSR Compliance

The European Union's (EU) General Product Safety Regulation (GPSR) is a set of rules that requires consumer products to be safe and our obligations to ensure this.

If you have any concerns about our products, you can contact us on ProductSafety@springernature.com

In case Publisher is established outside the EU, the EU authorized representative is:

Springer Nature Customer Service Center GmbH
Europaplatz 3
69115 Heidelberg, Germany

Batch number: 10682323

Printed by Printforce, the Netherlands